15:30

Süddeutsche Zeitung Edition

1963/1964 1. FC KÖLN 1964/1965 WERDER BREMEN 1965/1966 TSV 1860 MÜNCHEN 1966/1967 EINTRACHT BRAUNSCHWEIG 1967/1968 1. FC NÜRNBERG 1968/1969 FC BAYERN MÜNCHEN 1969/1970 BORUSSIA MÖNCHENGLADBACH 1970/1971 BORUSSIA MÖNCHENGLADBACH 1971/1972 FC BAYERN MÜNCHEN 1972/1973 FC BAYERN MÜNCHEN 1973/1974 FC BAYERN MÜNCHEN 1974/1975 BORUSSIA MÖNCHENGLADBACH 1975/1976 BORUSSIA MÖNCHENGLADBACH 1976/1977 BORUSSIA MÖNCHENGLADBACH 1977/1978 1. FC KÖLN 1978/1979 HAMBURGER SV 1979/1980 FC BAYERN MÜNCHEN 1980/1981 FC BAYERN MÜNCHEN 1981/1982 HAMBURGER SV 1982/1983 HAMBURGER SV 1983/1984 VFB STUTTGART 1984/1985 FC BAYERN MÜNCHEN 1985/1986 FC BAYERN MÜNCHEN 1986/1987 FC BAYERN MÜNCHEN 1987/1988 WERDER BREMEN 1988/1989 FC BAYERN MÜNCHEN 1989/1990 FC BAYERN MÜNCHEN 1990/1991 1. FC KAISERSLAUTERN 1991/1992 VFB STUTTGART 1992/1993 WERDER BREMEN 1993/1994 FC BAYERN MÜNCHEN 1994/1995 BORUSSIA DORTMUND 1995/1996 BORUSSIA DORTMUND 1996/1997 FC BAYERN MÜNCHEN 1997/1998 1. FC KAISERSLAUTERN 1998/1999 FC BAYERN MÜNCHEN 1999/2000 FC BAYERN MÜNCHEN 2000/2001 FC BAYERN MÜNCHEN 2001/2002 BORUSSIA DORTMUND 2002/2003 FC BAYERN MÜNCHEN 2003/2004 WERDER BREMEN 2004/2005 FC BAYERN MÜNCHEN 2005/2006 FC BAYERN MÜNCHEN 2006/2007 VFB STUTTGART 2007/2008 FC BAYERN MÜNCHEN 2008/2009 VFL WOLFSBURG 2009/2010 FC BAYERN MÜNCHEN 2010/2011 BORUSSIA DORTMUND 2011/2012 BORUSSIA DORTMUND 2012/2013 FC BAYERN MÜNCHEN

HERAUSGEGEBEN VON KLAUS HOELTZENBEIN

15:30

DIE BUNDESLIGA. DAS BUCH.

Süddeutsche Zeitung Edition

Premiere mit Charly

Februar 1964: Gert „Charly" Dörfel in Aktion für den Hamburger SV. Der Lebemann und Muster-Linksaußen prägt die Auftakt-Saison der Bundesliga mit Flankenläufen und Humor. Er erzielt auch das erste Bundesliga-Tor des HSV, der 50 Jahre später der letzte Dauerbrenner der Liga sein wird.

Parkplatz-Idylle

März 1965: In der jungen Bundesliga gibt es keine Berührungsängste. Vor dem Braunschweiger Stadion bereitet sich Heinz Strehl, Kapitän und Mittelstürmer des 1. FC Nürnberg, zwischen Fans und Autos gewissenhaft aufs Spiel gegen die Eintracht vor. Der Club verliert trotzdem 0:1.

Torjäger vom Dienst

Juni 1972: Mit wehendem Haar und vorbildlicher Körperhaltung geht Gerd Müller gegen Frankfurts Torwart Kunter seiner Bestimmung nach: Er erzielt ein Tor. Es ist Müllers Rekordsaison. 40 Treffer steuert er zum Titelgewinn des FC Bayern bei. 1979 endet seine Bilanz bei 365 Toren. Unerreicht.

Traumberuf Fußballer

Ein regnerischer Tag in der Saison 1977/78, Eintracht Braunschweig auf dem Weg zur Arbeit. Links außen watet Weltmeister Paul Breitner. Der Fotograf Hartmut Neubauer hatte die Eintracht von 1977 bis 1979 mit Genehmigung von Trainer Branko Zebec durch alle Pfützen begleiten dürfen.

Künstler-Glück

November 1987: Die Bayern-Profis Nachtweih, Eder und Pflügler (von links) staunen über die Torschuss-Akrobatik des jungen Stuttgarters Jürgen Klinsmann. Gleich saust der Ball zum 1:0 für den VfB ins Netz. Es ist der erste große Moment in der Karriere des Weltbürgers Klinsmann.

Moderne mit Ball

August 2010: Auf der Südtribüne im früheren Westfalenstadion begrüßen die Fans von Borussia Dortmund ihre Mannschaft. Ihnen stehen goldene Zeiten bevor. In den nächsten beiden Jahren wird die Borussia des Trainers Jürgen Klopp den Bundesliga-Fußball auf ein neues Niveau heben.

Krönung in Wembley

Mai 2013: Bastian Schweinsteiger zeigt den Champions-League-Pokal nach dem 2:1 des FC Bayern über Borussia Dortmund. Zum ersten Mal stehen zwei deutsche Klubs im wichtigsten Finale des europäischen Vereinsfußballs. Das krönt das Bundesliga-Jubiläum.

15:30 – eine Verabredung, die niemand verpasst

Der Titel dieses Buches ist zwar keine Lüge, aber auch nicht die ganze Wahrheit. Dass die Zahlenfolge 15:30 eine solche Magie, eine solche Anziehungskraft entwickeln würde, war ja so nicht vorherzusehen. Als die Bundesliga startete, am 24. August 1963, wurde zunächst um 17:00 Uhr angepfiffen. Anschließend wurde erst einmal wild experimentiert. Mal ging es um 14:30 los, mal um 16:30, dann wieder um 16:00. Erst im Januar 1968, also zur Mitte der fünften Saison, hatte der Deutsche Fußball-Bund den Dreh raus: Fortan wurde samstags um halb vier begonnen.

Kaum etwas diktiert inzwischen stärker den Lebensrhythmus der Deutschen, hat einen höheren Wiedererkennungswert, als diese durch den Doppelpunkt getrennte Ziffernfolge, die sinnbildlich für das ganze Treiben am Wochenende steht: „15:30". Sie wurde zum Markenzeichen. Wie „Wetten, dass ..?" für den Samstagabend und der ARD-Tatort für den Sonntag. Und dies, obwohl das Fußball-Publikum gezwungen wurde, sich auch im Jubiläumsjahr auf fünf verschiedene Anstoßzeiten zwischen Freitag und Sonntag einzustellen. Zugegeben, wer nur die Uhrzeit meint, zu der traditionell angestoßen wird, der schreibt sie mit einem Punkt: 15.30. Der Doppelpunkt besagt allerdings, dass es immer auch ums Resultat geht – um das 1:1, das 4:3 oder, was auch schon vorkam, das 12:0.

Wie so oft bei großen Erfindungen dauerte es eine Weile, bis sich die neue Liga durchsetzte. Längst nicht immer hing das Schild „Ausverkauft" vor den Toren. Mitte der Siebziger- und Achtzigerjahre blieben viele Tribünen leer, auch der FC Bayern feierte eine seiner inzwischen 23 Meisterschaften mit nur 18 000 Besuchern im Münchner Olympiastadion. Der letzte Impuls dazu, dass die Liga vom Rand der Gesellschaft in deren Mitte rücken konnte, dass die Fernsehgelder nach 50 Jahren Bundesliga bei circa einer halben Milliarde Euro pro Saison liegen, kam dann von der Weltmeisterschaft 2006. Spätestens mit diesem Ereignis war der Fußball generell als partytauglich und familienfreundlich akzeptiert. Die Bundesliga hat den Schwung dieser WM mitgenommen, insgesamt wurden in der Jubiläumssaison 2012/13 erneut mehr als 13 Millionen Fans zu den 306 Spielen angelockt – mehr als 80 000 kommen regelmäßig zu den Heimspielen von Borussia Dortmund.

Dieses reichhaltig bebilderte Buch folgt den verschlungenen Pfaden vom milde belächelten Zeitvertreib zum gesamtdeutschen, bunten Unterhaltungspaket. Zur Orientierung dient die Chronologie der 50 Spielzeiten. Geschrieben ist es von den Reportern der *SZ*-Sportredaktion, den aktuellen wie den ehemaligen. Diese haben sich mit vielen Zeugen aus der Liga verabredet, haben sich die Geschichten von der ersten Meisterschaft für den 1. FC Köln, vom Phantomtor, vom Magischen Dreieck, aber auch vom Bundesliga-Skandal noch einmal erzählen lassen. In Essays werden die Thesen zur Bundesliga entwickelt, in Glossen wird versucht, die freiwillige wie die unfreiwillige Komik des Liga-Alltags einzufangen.

Beim Fußball hört der Spaß auf? Viel Vergnügen mit einem Buch, das nicht nur, aber auch mit einem Augenzwinkern konzipiert und geschrieben wurde. **KLAUS HOELTZENBEIN**

Inhalt

Ehrentafel der Meister ... 2
Spektakuläre Bilder ... 4
Editorial ... 19

1963/64 – 1969/70

1. FC Köln: Der erste Meister VON PHILIPP SELLDORF ... 26
Helmut Rahn: Der erste Platzverweis VON MICHAEL GERNANDT ... 28
Werder Bremen: Titel mit frühmoderner Abwehr VON RALF WIEGAND ... 39
Mit Radi und Merkel: München feiert die Löwen VON HANS EIBERLE ... 44
Tasmania Berlin: Der Minus-Rekordhalter VON BORIS HERRMANN ... 48
Eintracht Braunschweig: Kindheitserinnerungen VON AXEL HACKE ... 54
1. FC Nürnberg: Als Meister abgestiegen VON MARKUS SCHÄFLEIN ... 57
Müller und Beckenbauer: So kamen sie zum FC Bayern VON LUDGER SCHULZE ... 67
Günter Netzer: Der Regisseur der Gladbacher Fohlen VON HELMUT SCHÜMANN ... 76
Wilde Tiere: Als ein Dortmunder Hund einen Schalker biss VON CHRISTOF KNEER ... 82

1970/71 – 1979/80

Bundesliga-Skandal: Reportage aus dem Gerichtssaal VON HERBERT RIEHL-HEYSE ... 92
Bundesliga-Skandal: Interview mit Manfred Manglitz VON THOMAS KISTNER ... 95
Der 40-Tore-Stürmer: Interview mit Gerd Müller VON CHRISTOF KNEER ... 99
Braunschweiger Hirsch: Geschichte der Trikotwerbung VON BORIS HERRMANN ... 105
Grenzgänger: Ente Lippens und die Holländer VON BIRGIT SCHÖNAU ... 114
Heimatgefühle: Stürmer Heynckes und der Niederrhein VON KLAUS HOELTZENBEIN ... 120
Fohlenkultur: Trainer Weisweilers Erfolgsrezept VON HELMUT SCHÜMANN ... 124
Tor des Jahres: Klaus Fischer über Fallrückzieher VON CHRISTOF KNEER ... 128
Millionenmann: Roger Van Gool und die Ablösesummen VON JAVIER CÁCERES ... 134
Rekordsieg: Gladbachs 12:0 gegen Dortmund VON ULRICH HARTMANN ... 136
Die Profis: Fußballer in Kinofilmen VON MILAN PAVLOVIC ... 139
Mächtige Maus: Kevin Keegan belebt den HSV VON CHRISTIAN ZASCHKE ... 144
Drama auf offener Bühne: Trainer Zebec und der Alkohol VON CLAUDIO CATUOGNO ... 147
Mit Tricks und Blumen: Uli Hoeneß über Transfers VON LUDGER SCHULZE ... 151

1980/81 – 1989/90

Geleitschutz: Gaby Schuster und andere Spielerfrauen VON PHILIPP SELLDORF ... 162
Ernst Happel: Besuch am Grab des Trainers in Wien VON HOLGER GERTZ ... 166
Mielkes Feind: Der Tod von Lutz Eigendorf VON BORIS HERRMANN ... 174
Lothar Superstar: Der deutsche Weltfußballer VON HELMUT SCHÜMANN ... 183
Hitparade: Die Top 11 der singenden Profis VON BORIS HERRMANN ... 187
Das Kutzop-Drama: Ein Elfmeter kostet Bremen den Titel VON THOMAS HAHN ... 192
Abpfiff nach Anpfiff: Toni Schumachers Bestseller-Enthüllungen VON CLAUDIO CATUOGNO ... 197
Ottokratie: Trainer Rehhagel und sein Bremer Biotop VON RALF WIEGAND ... 203
Das Sportstudio: Daum contra Heynckes im ZDF VON CHRISTOPHER KEIL ... 212
Zitronenkicker: Deutsche im WM-Land Italien VON BIRGIT SCHÖNAU ... 227

Der erste Star: Interview mit dem HSV-Torjäger Uwe Seeler über die Anfänge der Liga. ▸ *Seite 30*

Die Meisterbrüder Bernd (links) und Karlheinz Förster waren 1984 beim Stuttgarter Titel dabei. ▸ *Seite 177*

Die großen Spiele!
Auch Paul Breitner prägte mit dem FC Bayern die Rangliste der besten Ligaspiele.
▸ *Seite 110*

Die Säge von Stefan Kuntz. Ein Symbol: der FCK hat getroffen.
▸ *Seite 234*

Unter Tränen stemmt Felix Magath die Schale. Sein Titelgewinn mit dem VfL Wolfsburg im Jahr 2009 war eine der größten Überraschungen in der Geschichte der Liga.
▸ *Seite 376*

1990/91 – 1999/00

Superzeitlupe: Die Liga wird reich durchs Fernsehen VON FREDDIE RÖCKENHAUS 238
Lebbe geht weiter: Frankfurt verspielt in Rostock den Titel VON ULRICH HARTMANN 244
Regelkunde: Schalke als Leidtragender vieler Reformen VON JOHANNES AUMÜLLER 249
B wie Bremen: Werders Beton-Abwehr entnervt die Liga VON HOLGER GERTZ 251
Phantomtor: Der Fehler von Schiedsrichter Osmers VON BENEDIKT WARMBRUNN 255
Im Strandkorb: Freiburgs Finke und andere Taktiker VON MORITZ KIELBASSA 258
Hitzfeld spricht: Der BVB-Trainer über seine erste Meisterelf VON FREDDIE RÖCKENHAUS 262
Dynamo Dresden: Ein Wessi als Präsident VON MATTHIAS WOLF 267
Missverständnis: Rehhagels Intermezzo in München VON CHRISTOPHER KEIL 271
Der Tonnentritt: Jürgen Klinsmann beim FC Bayern VON CHRISTOF KNEER 273
Mario Basler: Gefährlich fürs Klima bei Freund und Feind VON CHRISTOPHER KEIL 275
Magisches Dreieck: Elber, Bobic, Balakow zaubern beim VfB VON CHRISTOF KNEER 277
Andreas Brehme: Vom Abstieg zum Meister mit dem FCK VON GERALD KLEFFMANN 279
Was erlaube Strunz? Trapattoni-Kult in München VON BIRGIT SCHÖNAU 282
Die bunte Maus: Rangliste der hässlichen Trikots VON HOLGER GERTZ 284
Kung-Fu-Kahn: Die Aggression des Torwarts VON KLAUS HOELTZENBEIN 290
Eigentor in Haching: Ballacks Fehlschuss im Meisterfinale VON JOSEF KELNBERGER 295

2000/01 – 2009/10

Meister der Herzen: Die Schalker 4:38-Minuten-Tragödie VON MILAN PAVLOVIC 300
Daum-Affäre: Der Haartest und die Flucht nach Florida VON PHILIPP SELLDORF 306
Bundesliga und Politik: Gerhard Schröder im Interview VON B. HERRMANN UND S. HÖLL 313
Tilkowski, Franke, Kahn: Typologie der deutschen Torhüter VON CHRISTOF KNEER 328
Kugelblitz: Ailton und seine schönen Jahre in Bremen VON RALF WIEGAND 334
Am Bankrott vorbei: Die verhinderte Dortmunder Insolvenz VON FREDDIE RÖCKENHAUS 339
Vom Stehplatz zum Business-Seat: Die Stadien VON RALF WIEGAND 354
Oben bleiben! Stuttgarts Probleme mit der Meisterbürde VON CHRISTOF KNEER 362
Monsieur Frechdachs: Münchens Liebling Franck Ribéry VON ANDREAS BURKERT 373
Blue Chips: Fußballdorf Hoffenheim als Herbstmeister VON MORITZ KIELBASSA 380
Osten steigt ab: Auch Cottbus verabschiedet sich VON MATTHIAS WOLF 382
Westen steigt ab: Rekordabsteiger Arminia Bielefeld VON ULRICH HARTMANN 383
Der Künstler: Besuch im Atelier von Rudi Kargus VON HOLGER GERTZ 384
Feierbiest: Turbulenzen um Louis van Gaal beim FC Bayern VON ANDREAS BURKERT 388
Man schafft nicht alles: Zum Tod von Robert Enke VON RALF WIEGAND 390

2010/11 – 2012/13

Glückskeks: Dortmunds Meistertrainer Jürgen Klopp VON FREDDIE RÖCKENHAUS 393
Ultras: Widersprüchliche Fan-Kultur in den Kurven VON CHRISTOPH RUF 401
Typisch Timo: Der Tod des ersten Liga-Torschützen Konietzka VON FREDDIE RÖCKENHAUS 402
Erwachsen! Triumph der Generation Schweinsteiger/Lahm VON ANDREAS BURKERT 408
Held von Wembley: Arjen Robben, Schütze des Siegtores VON ANDREAS BURKERT 411
Mission erfüllt: Jupp Heynckes geht mit dem Europacup VON CLAUDIO CATUOGNO 413
Mann in Fesseln: Die Steueraffäre um Uli Hoeneß VON RALF WIEGAND 416
Triumphe und Tragödien: Die Europacup-Bilanz der Bundesliga 418
Tor zur Welt: Die Hauptstadt-Hertha steigt wieder auf VON CLAUDIO CATUOGNO 422
Augsburg, Schalke, Bremen, Freiburg: Geschichten aus der 50. Saison 424
Meistertrainer, Schützenkönige: Alle Spielzeiten auf einen Blick 428

Impressum 430
Bildnachweis und Danksagung 432

1963/64

58 Sekunden

Die Kuriositäten vom ersten Spieltag am 24. August 1963: Vom ersten Tor fehlt ein Foto und der Torquotient verhindert, dass der Meidericher SV die Tabellenführung übernimmt.

Nur auf Schalke schlechtes Wetter
Die Fußball-Fans interessierten sich sehr für das neue Produkt. Fast 300 000 Zuschauer kamen zu den acht Auftakt-Spielen. Eintrittskarten gab es teilweise schon ab 1,40 Mark, in den meisten Bundesliga-Städten herrschte gutes Wetter. Nur beim Schalker Heimspiel gegen Stuttgart störten Regenschauer und Wind – und entsprechend war dieses Duell auch die Partie mit dem geringsten Zuschauerinteresse (28 000). Aber immerhin durften die Anhänger der Gastgeber nach Treffern von Willi Koslowski und Waldemar Gerhardt einen 2:0-Erfolg bejubeln, obwohl die Stuttgarter in der Schlussphase gleich drei Mal Pfosten oder Latte trafen.

Drei Weltmeister im Einsatz
Drei Spieler aus der Weltmeister-Mannschaft von 1954 wirkten am ersten Spieltag mit. Helmut Rahn gewann mit dem Meidericher SV beim Karlsruher SC mit 4:1, Hans Schäfer mit dem 1. FC Köln in Saarbrücken mit 2:0. Lediglich Max Morlock musste sich mit einem Remis zufrieden geben: Seine Nürnberger kamen in Berlin nur zu einem 1:1.

Nur vier Ausländer
176 Spieler kamen am ersten Bundesliga-Spieltag zum Einsatz, darunter nur vier ausländische Spieler: der jugoslawische Torwart Petar Radenkovic (TSV 1860 München), der Österreicher Wilhelm Huberts (Eintracht Frankfurt) sowie die Niederländer Heinz Versteeg (Meidericher SV) und Jacobus Prins (1. FC Kaiserslautern).

Das erste Tor
Es dauerte nur 58 Sekunden, bis das erste Bundesliga-Tor fiel – doch es bleibt auf ewig ein geheimnisvolles. Kein Fotograf hat es festgehalten, keine Videoaufzeichnung existiert. Klar ist nur: Der Dortmunder Friedhelm Konietzka – den alle nur Timo nannten, weil er nach Meinung

> **Bundestrainer Herberger war beim Spiel Karlsruhe gegen Meidericher SV.**

seiner Mitspieler einem sowjetischen General namens Timoschenko ähnelte – erzielte es im Spiel bei Werder Bremen trotz einer Oberschenkel-Verletzung. In der Schlussminute der Partie gelang ihm sogar ein zweiter Treffer, dennoch verlor seine Mannschaft 2:3.

Sepp Herberger in Karlsruhe
Der damalige Bundestrainer Sepp Herberger zählte lange zu den Vorkämpfern für die Einführung der Bundesliga. Doch als die Liga startete, stand Herberger vor einem neuen Problem: Welches Spiel sollte er sich anschauen? Wo sollte er Kandidaten für sein Nationalteam sichten? Weil es damals noch nicht eine 90-Minuten-DVD von jedem Spiel gab, war die Wahl schwierig. Herberger tauchte zur Premiere jedenfalls bei der Partie zwischen dem Karlsruher SC und dem MSV Duisburg auf, die ganz in der Nähe seines Heimatortes Weinheim-Hohensachsen stattfand – und war damit ein Trendsetter. Knapp 50 Jahre später wurde ja auch dem achten seiner Nachfolger nachgesagt, sich besonders gerne auf Tribünen im Südwesten der Republik aufzuhalten. Joachim Löw wohnt in Freiburg.

Statist auf Linksaußen
Hätte der erste Spieltag schon mit dem modernen Regelwerk stattgefunden, wäre er für den Kaiserslauterner Rechtsaußen Walter Gawletta bereits nach wenigen Minuten vorbei gewesen. Schon in der Anfangsphase stieß er mit Frankfurts Torwart Egon Loy zusammen und zog sich eine schwere Prellung am Oberschenkel zu. Doch weil Auswechslungen erst gegen Ende der Sechzigerjahre erlaubt wurden, blieb Gawletta auch nach zweimaliger Behandlung auf dem Feld; er platzierte sich als Statist auf Linksaußen. Immerhin reichte es für den FCK trotzdem zu einem Remis – dank einer weiteren Premiere: Der Treffer von Jürgen Neumann zur 1:0-Führung war der erste verwandelte Elfmeter in der Liga.

Der erste Tabellenführer
Der Meidericher SV präsentierte sich am ersten Spieltag in starker Form: Dank Toren von Werner Krämer (zwei), Johann Cichy und Helmut Rahn siegte er beim Karlsruher SC 4:1. Ein höherer Sieg gelang am Premierensamstag keiner Mannschaft – und doch lag der MSV im Klassement nur auf Rang drei. Die ersten offiziellen Tabellenführer waren nach ihren 2:0-Siegen der 1. FC Köln und Schalke 04. Die Erklärung: In den Anfangsjahren der Liga entschied bei Punktgleichheit noch der sogenannte Torquotient (Zahl der geschossenen geteilt durch Zahl der kassierten Tore) über die Platzierung. Erst seit der Saison 1969/70 kommt es in solchen Fällen auf das Torverhältnis an.

JOHANNES AUMÜLLER

Nur zwei Heimsiege

Samstag, 24. August 1963, 17 Uhr

1860 München – Eintracht Braunschweig 1:1 (1:0)
Tore 1:0 Brunnenmeier (17.), 1:1 Gerwien (72.) – **Zuschauer** 34 000 – **Schiedsrichter** Fritz

Preußen Münster – Hamburger SV 1:1 (0:0)
T 1:0 Dörr (72.), 1:1 Dörfel (80.) – **Z** 38 000 – **S** Tschenscher

1. FC Saarbrücken – 1. FC Köln 0:2 (0:2)
T 0:1 Overath (22.), 0:2 Ch. Müller (42.) – **Z** 30 000 – **S** Kreitlein

Karlsruher SC – Meidericher SV 1:4 (0:3)
T 0:1 Krämer (29.), 0:2 Cichy (33.), 0:3 Rahn (37.), 1:3 Metzger (84.), 1:4 Krämer (89.) – **Z** 40 000 – **S** Zimmermann

Eintracht Frankfurt – 1. FC Kaiserslautern 1:1 (1:1)
T 0:1 Neumann (38., Foulelfmeter), 1:1 Schämer (40., Handelfmeter) – **Z** 30 000 – **S** Malka

Schalke 04 – VfB Stuttgart 2:0 (2:0)
T 1:0 Koslowski (38.), 2:0 Gerhardt (43.) – **Z** 28 000 – **S** Schulenburg

Hertha BSC – 1. FC Nürnberg 1:1 (0:1)
T 0:1 Morlock (41.), 1:1 Schimmöller (59., Handelfmeter) – **Z** 52 000 – **S** Seekamp

Werder Bremen – Borussia Dortmund 3:2 (1:1)
T 0:1 Konietzka (1.), 1:1 Soya (34.), 2:1 Schütz (47.), 3:1 Klöckner (50.), 3:2 Konietzka (90.) – **Z** 30 000 – **S** Ott

Die Nürnberger treffen viermal den Torpfosten

Der Club mit dem 1:1 dennoch zufrieden / Morlock ragt heraus / Auch Hertha BSC hat Chancen

Süddeutsche Zeitung

München, Montag, 26. August 1963

VfB Stuttgart vom Glück verlassen
Schalkes 2:0-Erfolg täuscht / Geiger und Waldner vergessen das Schießen

Münchner Bundesliga-Premiere total mißglückt
1860 enttäuscht beim 1:1 gegen Braunschweig / Die Löwen zeigen auffallende Konditionsschwächen

Mit dem KSC ist wenig Staat zu machen
Herberger als kritischer Beobachter

Szenen vom ersten Spieltag: ein Kopfball-Duell aus dem Spiel Münster gegen Hamburg (links oben), ein Tor-Jubel der Dortmunder Lothar Emmerich und Timo Konietzka (rechts oben), ein Kameramann bei der Partie Saarbrücken gegen Köln.

Real Madrid des Westens

Als erster Verein reiste der 1. FC Köln in Klubanzügen durchs Land, und weil er auch sonst in fast allem voraus war, gewann er in der Premierensaison den Titel.

VON PHILIPP SELLDORF

An den Mitspieler José Gilson Rodriguez, genannt Zézé, kann sich Leo Wilden beim besten Willen nicht erinnern. Auch seine Frau Geli schüttelt den Kopf. Beiden fällt zwar der Türke Coskun Tas ein, mit dem Wilden bis 1961 beim 1. FC Köln spielte. Aber Zézé? Womöglich ist dieses Kölner Import-Debüt – angeblich der erste Brasilianer der Bundesliga – ja doch nur eine Legende, die sich im Lauf der Jahrzehnte jemand ausgedacht hat. Es klingt jedenfalls nach Fiktion: dass FC-Präsident Franz Kremer Zézé auf die bloße Empfehlung eines Spielervermittlers für 150 000 Mark verpflichtete, dass er dann die Ankunft des 22-Jährigen per „Bananendampfer" ankündigte; und dass Zézé nach einem Jahr und fünf Einsätzen für den 1. FC Köln wieder verschwand, nachdem ihm ein spanischer Arzt eine Schnee-Allergie attestiert hatte.

Die typischen Ausländer, an die sich Leo Wilden erinnert, kamen nicht mit dem Bananendampfer oder mit dem Flugzeug, sondern aus Düren, 30 bis 40 Kilometer von Köln entfernt. Von den bornierten Kölnern wurden die Dürener gern und oft als „Buure", als Bauern verunglimpft. Georg Stollenwerk war einer von ihnen, Karl-Heinz Schnellinger ein anderer. Letzterer verpasste den Start in die neue Epoche des deutschen Fußballs, weil er in einer Zeit, in der die Bundesrepublik Arbeitskräfte im Süden rekrutierte, den umgekehrten Weg ging. Der Verteidiger, 1962 mit dem FC Meister geworden, wechselte ein Jahr später für eine halbe Million Mark Ablöse zu AS Rom, angeblich kassierte er ein Handgeld von 350 000 Mark. Da haben seine Kollegen ganz gut verstehen können, dass er auf die Teilnahme an der Bundesliga-Premiere dankend verzichtete.

> **Präsident Franz Kremer besorgte den Spielern Halbtagsjobs.**

Wilden, einer von Schnellingers Nebenmännern in der Verteidigung, verdiente damals beim FC, dem erfolgreichsten Klub des Landes, 1700 Mark Monatsgehalt. Die 1700 bekam er, weil er Nationalspieler war, die einfachen Kadermitglieder mussten sich mit 1200 Mark begnügen. „Aber mit den Prämien war es ein schöner, großer Betrag. Erst recht, weil wir viel gewonnen haben. So kamen 6000, 7000 Mark im Monat zusammen", erzählt er. Das Geld investierte er in das Mehrfamilienhaus im Kölner Norden, in dem er heute noch wohnt. Dort sitzt er nun auf dem Balkon und pafft Zigarillos. Sobald es abends dunkel wird, schaltet er einen Scheinwerfer ein, der dann exklusiv das an der Wand angebrachte Wappen des 1. FC Köln beleuchtet. Eine tägliche Hommage an den Verein, dem er „alles zu verdanken hat". Sogar seine Frau. Die hatte er beim Betriebsfest in der Kaufhalle kennengelernt, auf einem Rheindampfer hat er sie angesprochen. In der Kaufhalle arbeitete er halbtags, weil der FC-Präsident Franz Kremer beste Beziehungen zu dem Unternehmen besaß. Andere FC-Größen durften sich im Geschenkartikelgeschäft des Präsidenten verdingen, zum Beispiel der Weltmeister Hans Schäfer, der auch eine Wohnung in unmittelbarer Nachbarschaft des Präsidenten bezog. Das war wohl ein Privileg. „Schäfer war unser absoluter Leithengst", sagt Wilden.

Wie Schnellinger hätte auch Wilden beinahe den Bundesligastart verpasst. Sein vormaliger Trainer Tschik Cajkovski wollte ihn mitnehmen nach München, wo er ein Engagement beim FC Bayern angenommen hatte. Dieser war seinerzeit bekanntlich zweitklassig. Wilden, damals 27 Jahre alt, war interessiert. Aber der Präsident legte sein Veto ein, und dafür ist ihm der Betroffene bis heute dankbar.

Nicht so dankbar war er dem Boss für dessen Trainerwahl. 1963 kam der Schwabe Georg Knöpfle für den Jugoslawen Cajkovski. „Tschik war leicht und locker, alles war menschlich. Er war wie ein richtiger Rheinländer." Eine der fachlichen Anweisungen an den Verteidiger lautete: „Leo, musst Du oben küssen und unten treten." Karl-Heinz Thielen, damals Rechtsaußen

Schon am drittletzten Spieltag sicherten sich die Kölner die Meisterschaft. Auf dem Bild oben gratuliert Kaiserslauterns Halbstürmer Willy Reitgaßl dem FC-Kapitän Hans Schäfer zum Titel.

SAISON 1963/1964

in Köln, zitiert eine andere Empfehlung aus dem Repertoire des Trainers: „Musst Du Gegner Sohle übers Schienbein halten. Wenn Du hast schwaches Herz: Guck weg."

Knapp zehn Jahre später kehrte Cajkovski ans Geißbockheim zurück. Er hatte sich nicht verändert. Eine Anekdote handelt davon, dass er sich mal unter einem Haufen Parkas auf dem Hotelzimmer seiner Spieler Herbert Neumann und Bernd Cullmann versteckte. Die beiden hatten selbst etwas versteckt: Sie hatten sich Scampi kommen lassen, die sie nun in aller Ruhe aufessen wollten. Ihr Pech, dass der Trainer davon erfahren hatte. Sie mussten das Essen mit ihm teilen.

Georg Knöpfle, der Neue, kam aus dem Süden, aber auf Wilden wirkte er eher wie einer aus dem Norden. „Er war genau das Gegenteil von Tschik. Stand wie ein Polizist auf dem Platz und gab Anweisungen." Doch wie sein Vorgänger hat er sich gleich in den Annalen verewigt. Die Kölner wurden ihrem Favoritenrang gerecht und gewannen den ersten Meistertitel in der neuen Liga. Was zeichnete das Team aus? „Ich würde es so formulieren", antwortet Wilden, „es passte hinten und vorne gut. Fritz Pott, Hansi Sturm und meine Wenigkeit hielten hinten dicht. Vorne machten Hans Schäfer, Christian Müller, Heinz Hornig und Karl-Heinz Thielen die Tore."

Dass diese Mannschaft als arrogant verschrien war, das kann Leo Wilden „gar nicht verstehen: Wahrscheinlich lag's daran, dass wir führend waren in Deutschland." Thielen sagt es so: „Wir hatten von 1962 bis 1964 eine Bombenmannschaft, zudem eine richtige Kölner Mannschaft – aber ohne die schlechten Eigenschaften, die für Kölner typisch sind." Ohne den umsichtigen Präsidenten wäre das alles

Kölns Wolfgang Overath (re.) im Duell mit Heinz Steinmann vom 1. FC Saarbrücken.

nicht denkbar gewesen, das sagen alle, die diese Zeit miterlebt haben. Wilden: „Franz Kremer brauchte keinen Manager. Der hat alles selbst gemanagt. Er hat den FC nach oben gebracht und uns allen eine Existenz besorgt." Kremer kümmerte sich um alles und erteilte die entsprechenden Aufträge. Auch auf die Frauen der Spieler achtete er mit Sorgfalt. Während sich 1962 ihre Männer auf die da noch in einem Endspiel ausgespielte Meisterschaft in Berlin vorbereiteten (4:0 gegen Nürnberg), wurden die Frauen ins Theater ausgeführt, es gab „My Fair Lady".

Kremer legte Wert auf Stil, die FC-Spieler waren die ersten Fußballer im Land, die Klubanzüge erhielten. Es schmeichelte Kremer, dass sein Verein – „er war nur für den FC da, alles andere hat ihn nicht so sehr interessiert", erzählte seine Witwe später – als „Real Madrid des Westens" firmierte. Eines Tages arrangierte er ein Freundschaftsspiel, in dem das reale Real Madrid samt Alfredo di Stéfano vorspielte, dafür investierte Franz Kremer 100 000 Mark. Wer gewann? „Die natürlich", erwidert Leo Wilden. So gut waren die junge Bundesliga und ihr Kölner Leuchtturm dann doch noch nicht.

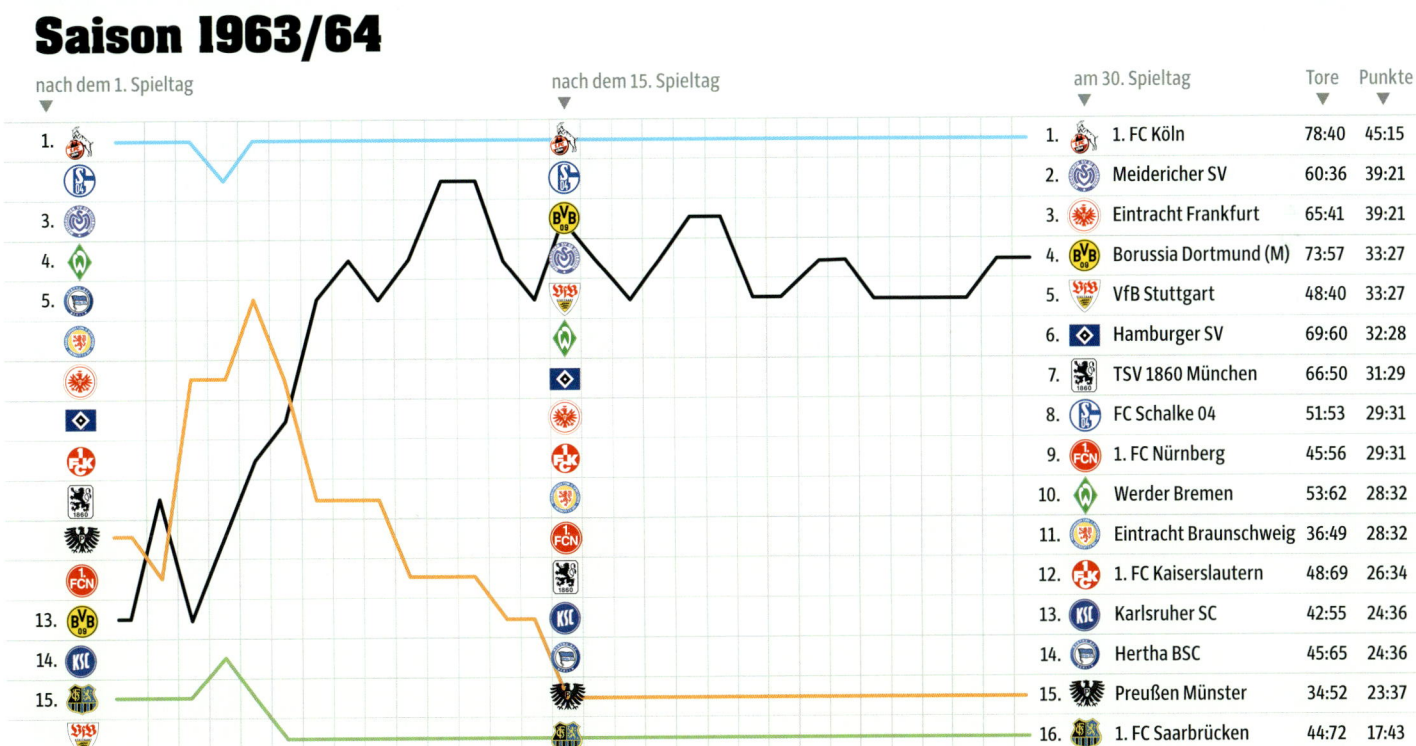

Favorit ist Dortmund, die Borussia hat das letzte deutsche Endspiel vor dem Ligastart mit 3:1 gegen Köln gewonnen. Den Geißböcken aber gelingt ein Start-Ziel-Sieg, nur am 4. Spieltag stehen sie nicht oben. Die Meisterschaft ist schon am 28. der 30 Spieltage besiegelt, auch der Abstieg steht früh fest: Preußen Münster beendet seine einzige Liga-Saison als Vorletzter.

Der Boss fliegt als Erster

Nicht mit mir! Helmut Rahn, der Held von Bern, drückt einem Gegenspieler seinen Westfalenschädel ins Gesicht und kassiert den ersten Platzverweis der Bundesliga-Geschichte.

VON MICHAEL GERNANDT

„Dat war Unrecht!" Günter Preuß ist immer noch ziemlich aufgebracht, wenn er die Vorkommnisse vom Nachmittag des 14. September 1963 im Duisburger Wedaustadion schildern soll. Der Kapitän der Zebras, wie sie im Ruhrgebiet den Meidericher SV und dessen Nachfolger MSV Duisburg ob der blau-weiß gestreiften Trikots nennen, war damals Augenzeuge mit gutem Blickkontakt zum Tatort.

Preuß sieht also – an Spieltag vier der Bundesligasaison eins, Gegner des Duisburger Vorortvereins ist Hertha BSC –, wie in der 77. Minute der Berliner „Meyer oder so ähnlich" (Preuß anno 2013) den Meidericher Helmut Rahn derb foult und ihm dann auffällig herausfordernd die Hand zur Entschuldigung entgegen streckt. Meiderichs Rechtsaußen versteht die Geste so, wie sie vermutlich gemeint war: als Provokation. Nicht mit mir, denkt der mit impulsivem Temperament ausgestattete Rahn und drückt seinen mächtigen Westfalenschädel ins Gesicht von Harald Beyer (so heißt der Kontrahent tatsächlich).

Für Schiedsrichter Edgar Deuschel ein klarer Fall: Er muss Rahn in die Kabine schicken, kein Pardon für den Weltmeister und Helden von Bern. Da es damals noch keine rote Karte gibt, wird Rahn mündlich dazu aufgefordert, das Feld zu verlassen. Zeternd zieht der Gerügte von dannen. Er ist schließlich seit Fußballergedenken der Boss, aber auch verletzlich: Sieht so Gerechtigkeit aus?

Ein Platzverweis für ein derartiges Vergehen hatte zu biederen Oberligazeiten einen schmucklosen Eintrag in den Spielbericht zur Folge, im September 1963 indessen einen goldenen ins Stammbuch der Fußballstatistik: Dokumentiert wurde dort der erste Fleck auf dem Sabberlätzchen des frischen Täuflings namens Bundesliga; dass der Fleck gleich von auffälliger Größe war, verdankt er der Prominenz des Verursachers. Von den vier 54er-Weltmeistern, die das Bundesligadebüt aktiv erlebten – Hans Schäfer/Köln/39 Einsätze, Max Morlock/Nürnberg/21, Heinz Kwiatkowski/Dortmund/3 –, war Rahn der bekannteste und aufregendste Typ.

Nationalheld, Rotsünder, Einzelgänger: Helmut Rahn vor seinem historischen Tor im WM-Finale 1954 (linkes Bild, 4. v.l.), nach seinem historischen Platzverweis 1963 (rechts gemeinsam mit seinem Trainer Rudi Gutendorf) sowie am ersten Spieltag der Bundesliga im Trikot des Meidericher SV (linke Seite).

Nach wie vor will Günter Preuß nicht gelten lassen, dass der Boss als Erster flog. „Rahn war doch eine Seele von Mensch, der hatte das doch nicht nötig, sich foulmäßig in Szene zu setzen, er war halt ein körperlich präsenter Spieler." Und als schussgewaltiger Vollstrecker des WM-Siegs von Bern so attraktiv, dass Meiderichs Vorstand nach der unverhofften Qualifikation seines Klubs für die neue Eliteklasse alle moralischen Bedenken gegen eine Verpflichtung Rahns fahren ließ. Der Weltmeister stand im Ruf, ein Luftikus zu sein.

Nach diversen Bekanntschaften mit Polizei, Justiz und Strafvollzug – Folge seiner Fähigkeit, „unheimlich gut Bierchen trinken" zu können, wie Nationalspieler Mauritz sagte – hatte sich der Fußballgott aus Essen 1960 zu den Pilsfreunden des grenznahen holländischen Klubs in Enschede abgesetzt. Dort löste ihn drei Jahre später der damals unbekannte, vom Oberligisten TSV Marl-Hüls zum MSV herübergewechselte Trainer Rudi Gutendorf gegen 60 000 Gulden aus und präsentierte „das Statussymbol" (Preuß) seinem neuen Klub zum Einstand. Der MSV, sagt Preuß, habe den Boss „geholt, um das Image der grauen Maus loszuwerden". Sich seiner Extravaganz bewusst, fuhr Rahn am ersten Arbeitstag im roten 190 SL mit holländischem Kennzeichen vor.

Mission erfüllt. Obwohl erst am achten Spieltag wieder aufgelaufen im Zebradress, trug Kopfstoß-Rahn mit acht Toren in nur 18 Spielen zu einem Ergebnis bei, das die neue Liga als Sensation empfand: Zweiter wurde er hinter Köln, der Meideri-

> **Der Erfinder des Spitznamens „der Boss" ist unauffindbar.**

cher SV. Preuß stolz: „Der Platzverweis hat uns zwar hart getroffen, uns aber nicht gehindert, unseren Weg zu gehen. Die Mannschaft war ja so gefestigt." Kunststück, mit neun im Stadtteil Meiderich geborenen Spielern (neben Preuß unter anderem Horst „Pille" Gecks, Werner „Eia" Krämer, Dieter „Pitter" Danzberg). So etwas habe es „weltweit noch nicht gegeben", behauptete Preuß. Dass rechtsaußen einer aus Essen stürmte, war für die Meidericher eine Sache der Ehre. „Er war hier der Überflieger, ein absolut toller Mensch", schwärmte Horst Gecks. Ende 1964/65, fast 36-jährig, nach 27 Jahren Fußball im Revier, machte Rahn notgedrungen Schluss. Die Achillessehne. Seine letzte Saisonbilanz: ein Spiel, kein Tor.

Hätte es eines Treffers zum Feierabend überhaupt noch bedurft? Ach. Das war Rahn doch egal. Ihm, der beim 3:2 im Berner Wankdorfstadion gegen Ungarn vielleicht „das bedeutendste Tor des deutschen Fußballs" erzielte (so *Der Spiegel* im Nachruf auf den am 14.8.2003 gestorbenen Essener), weshalb sich die Nation bis heute vor ihm verneigt. Der Boss (der Erfinder des Spitznamens ist übrigens unauffindbar) habe „das Land verändert", schrieb *Die Zeit*, „nicht wenige behaupten, die Bundesrepublik sei in diesem Moment (am Tag des WM-Gewinns 1954) erst wirklich gegründet worden".

Als lauten, wilden, liebenswerten, unberechenbaren, stolzen Mann hat man ihn in Erinnerung, als Bruder Leichtsinn und Scherzkeks, im letzten Lebensabschnitt freilich auch, ermüdet von der aufdringlichen Neugier der Fans („Hömma Helmut, erzähl mich dat dritte Tor"), als weltabgewandten Einzelgänger.

Und eben als den Fußballer mit dem ersten Platzverweis der Bundesliga.

„Ich bin sofort in die Falle"

Uwe Seeler, der erste Star der Bundesliga, über hanseatische Kaufmannskunst, Einzeltraining auf Dienstreisen, Angebote aus Mailand sowie Telefonstreiche beim Bundestrainer.

INTERVIEW: JÖRG MARWEDEL UND RALF WIEGAND

SZ: Herr Seeler, für die Jüngeren, die Sie als Stürmer nicht mehr live erlebt haben: Was waren Ihre Stärken?
Uwe Seeler: Ich hatte keine Angst.

Wirklich nicht?
Man wollte mich einschüchtern, aber keiner hat es geschafft. Keiner! Angst darf man da vorne nicht haben. Ich war sehr antrittsschnell, habe immer den direkten, den kürzesten Weg gesucht. Sepp Herberger hat einmal zu mir gesagt: „Wenn Du nur eine Drehung brauchst, um zum Tor zu kommen, dann mach auch nur eine. Bei der zweiten springt Dir schon der Gegner dazwischen." Er hatte Recht.

Es heißt ja häufig, die Alten hätten im modernen Fußball keine Chance mehr.
Moment mal, ich habe noch keinen Schnelleren gesehen. Ich war nun mal dynamisch. Bei der heutigen Pflege und dem besseren Training wäre ich vielleicht noch schneller geworden.

Auf jeden Fall waren Sie der erste Star der Bundesliga. Sie waren „Uns Uwe". Sie waren ein Held des Volkes, nicht nur Ihres Stammvereins, des Hamburger SV.
Ich habe mich nie als Star gefühlt, obwohl ich der erste Torschützenkönig der Bundesliga war.

Sie sollen ziemlich perplex gewesen sein, als 1962 die Gründung der Bundesliga beschlossen wurde.
Wir hatten immer nur gehört beim Training, bald kommt die Bundesliga, aber nicht im nächsten Jahr. Nur der Präsident des 1. FC Köln ...

... Franz Kremer ...
... der wusste es schon. Der hatte dann auch die beste Truppe und wurde erster Bundesliga-Meister. Wir in Hamburg hatten das Problem: Wie kriegen wir das beruflich hin? Außerdem hatten wir Studenten in der Mannschaft. Jürgen Werner war sogar Lehrer. Der hat, obwohl Nationalspieler, wegen der Bundesliga aufgehört.

Hamburger Familienbetrieb

Uwe Seeler wurde 1936 als drittes Kind einer Hamburger Sportfamile geboren. Vater Erwin und Bruder Dieter spielten ebenfalls beim HSV. Uwe schoss für diesen Klub in 239 Ligaspielen 137 Tore.

Ihr hochbegabter Angriffspartner Klaus Stürmer war schon ein Jahr früher weg.
Der wollte nicht noch zwei Jahre auf die Profiliga warten und ging zum FC Zürich. Wir wollten, dass der Verein ihm mehr Geld gibt, aber unser Trainer Günter Mahlmann sagte: „Wir sind Hanseaten. Wenn wir dem mehr geben, müssen wir Euch auch mehr geben." Der HSV ist immer so korrekt gewesen. Korrekt ist gut, aber die anderen Klubs haben fast alle nebenbei was bezahlt. Für das Geld, das offiziell bezahlt wurde, ist niemand Profi geworden.

Was gab es denn im ersten Ligajahr – offiziell?
Wie die Weltmeister von 1954, Hans Schäfer, Max Morlock und Helmut Rahn, durfte ich 1250 Mark verdienen. Brutto. Das war aber eine genehmigte Ausnahme. Das Fußball-Gehalt war eher ein gutes Beigeld. Es gab etwas mehr Geld als zuvor in der Oberliga, wo wir zunächst 220 Mark pro Monat, dann 400 bekommen hatten. In der Bundesliga kam zum Gehalt später die Treueprämie hinzu – 30 000 Mark im Jahr. Mein höchstes Gehalt beim HSV waren mal 90 000 Mark im Jahr.

Sie blieben trotzdem immer bei den sparsamen Hanseaten.
Wir Spieler haben versucht, das aufzuweichen. Wir merkten, dass wir hinterherlaufen. Der HSV hatte ja viel Geld, und ich sagte immer, bevor ich in Urlaub ging: „Kauft jetzt endlich mal besser ein!" Jedes Mal wurde ich enttäuscht.

Sie sind auch später noch oft enttäuscht worden vom Management des HSV.
Die Weltstadt Hamburg müsste jetzt, zum Jubiläum, nach 50 Jahren Bundesliga, besser dastehen. Nie abgestiegen, als Einziger, der Dinosaurier der Liga – das alles hätten wir besser nutzen müssen. Ich kann nicht nur kaufen und verkaufen. Dann kriege ich auf Dauer keine Mannschaft. Das war beim HSV ja oft schon Spielerhandel. Ein paar Mal waren wir sogar kurz davor, abzusteigen. Wir hatten oft Glück und andere waren noch blöder.

Ihr erster Profivertrag, heißt es, hatte eine ungewöhnliche Klausel.
Ich wollte den erst gar nicht unterschreiben. Ich wollte nämlich jede Woche einen Tag extra frei haben. Da sagte Herr Mahlmann: „Du kannst auch zwei Tage frei kriegen. Ich weiß ja, dass Du unterwegs was tust." Ich bin nämlich als Sportartikel-Vertreter bei Adidas jährlich 60 000 bis 80 000 Kilometer Auto gefahren.

Auf Ihren Dienstreisen sollen Sie dann bei kleinen Vereinen mittrainiert haben, um fit zu bleiben. Stimmt das?
Nur zwei Mal. Das ergab keinen Sinn, weil ich dort dann bis in die Nacht Autogramme schreiben musste. Das war viel zu aufreibend.

Was haben Sie stattdessen gemacht?
Alleine trainiert. Abends, irgendwo. Wenn man viel im Auto sitzt, muss man besonders viel tun. Lauftraining, Gymnastik. Danach bin ich sofort in die Falle.

Mit Ihrem Ehrgeiz und Fleiß weckten Sie früh Begehrlichkeiten: Schon 1961, vor der Bundesliga, bot Ihnen Inter Mailand eine Million Mark pro Jahr.
Ja, Inter wollte mich. Das war damals das Nonplusultra in Europa. Aber ich habe mich für die Sicherheit in meinem Beruf entschieden. So bin ich aufgewachsen, so bin ich gestrickt. Mehr als ein Steak am Tag, hat mein Vater immer gesagt, kannst du auch nicht essen.

Vielfach einsetzbar: Seeler als Bräutigam mit seiner Frau Ilka (1959), als Diplomat mit Altbundeskanzler Schmidt und dessen Frau Loki (2003) sowie als Sprinter beim Alsterlauf (ca. 1948).

Die Italiener waren fassungslos?
Der damalige Trainer Helenio Herrera meinte, er habe noch keinen Menschen erlebt, der so viel Geld ausgeschlagen hat.

Zurück zur Bundesliga. Das erste Original, neben Helmut Rahn, war Ihr HSV-Kollege Gert „Charly" Dörfel, oder?
Auf jeden Fall. Für die meisten war die erste Saison sehr, sehr ernst, niemand wusste, was auf ihn zukommt. Aber Charly war völlig unbekümmert, der sprach ja während des Spiels noch mit den Zuschauern.

Was tat er noch?
Einmal rief Bundestrainer Helmut Schön an, während einer Mannschaftsbesprechung, und wollte Herrn Dörfel sprechen. Charly aber war sauer, wegen irgendwas. Er ging an den Apparat und sagte: „Tatütata, hier ist das Hamburger Zeitzeichen. Es ist 15 Uhr sowieso." Dann legte er auf.

Zu Ihnen soll er auf dem Platz gesagt haben: „Uwe, wenn Du weiter so viel schimpfst, flanke ich ein paar Zentimeter höher."
Und ich habe geantwortet: „Du kannst den Ball so hoch spielen wie Du willst, ich kriege ihn immer! Du kannst gar nicht so hoch schießen, wie ich springen kann!"

400 seiner Flanken seien tödlich gewesen, hat Dörfel später vorgerechnet. Aber nur, weil Sie sie verwandelt hätten.
Wir hatten keine Rasenheizung, die Bälle waren glitschig. Trotzdem kamen seine Bälle genau. Er hat als Außenstürmer aus vollem Lauf geflankt. Charly hatte Auge, Schnelligkeit und Beweglichkeit – wie ein Gummiball war der. Bis heute habe ich keinen besseren Linksaußen gesehen.

Und Sie erzielten Ihre Tore in Serie, obwohl Sie hart attackiert wurden.
Damals wurde zumindest nicht weicher gespielt. Ich weiß ja, wie meine Fersen aussehen.

Wen haben Sie gefürchtet?
Alle: Piontek, Höttges, Rehhagel, Klimaschefski. Die kamen regelrecht angeflogen. Heute sieht man im Fernsehen alles, jedes Foul. Damals aber gab es maximal ein, zwei Kameras, keine Wiederholungen. Und die Abwehrspieler haben es ausgenutzt, dass ihre Fouls nicht erkannt wurden. Horst-Dieter Höttges sagte später mal zu mir: „Uwe, wie die Schiedsrichter heute pfeifen! Da dürfte ich nur noch alle acht Wochen mal mitspielen, so oft wäre ich gesperrt."

Wie gingen Sie mit dieser Härte um?
Ich habe denen gesagt: „Hört zu! Ich komme immer wieder!"

Heute sind Sie Ehrenbürger der Stadt Hamburg, ernannt im Jahre 2003, und nun in einer Reihe mit Fürst Otto von Bismarck, dem Komponisten Johannes Brahms, dem Schriftsteller Siegfried Lenz, den Politikern Herbert Wehner und Helmut Schmidt sowie dessen verstorbener Ehefrau Loki. Keine 40 Namen umfasst diese Liste – und Sie sind der einzige Sportler darin. Stolz?
Natürlich, trotzdem gehe ich nicht jeden Tag aufs Rathaus, um mich feiern zu lassen. Früher, vor 50 Jahren, zur Bundesliga-Gründung, wäre ich es nicht geworden, da hatten Sportler noch einen ganz anderen Stellenwert. Früher war gerade der Fußball ja noch verpönt.

Die Torjäger 1963/64

30 Tore
Uwe Seeler (Hamburger SV)

20 Tore
Timo Konietzka (Borussia Dortmund)

19 Tore
Rudi Brunnenmeier (TSV 1860 München)
Wilhelm Huberts (Eintracht Frankfurt)

18 Tore
Klaus Matischak (Schalke 04)

16 Tore
Lothar Emmerich (Borussia Dortmund)
Karl-Heinz Thielen (1. FC Köln)
Heinz Strehl (1. FC Nürnberg)

Ein Leben für den HSV: Seeler beim Flugkopfball in der ersten Bundesligasaison (oben), bei seinem Abschiedsspiel am 1. Mai 1972 (rechts) und vor seinem eigenen Denkmal, einem riesigen Seelerfuß, in Hamburg.

Rechnen bis zum Wunschergebnis

Anfang Dezember 1962 endete die Bewerbungsfrist für die Bundesliga. 46 Vereine wollten bei diesem Experiment dabei sein. Der DFB versuchte – ganz objektiv – die 16 legitimen Gründungsmitglieder zu ermitteln. Das konnte nicht gutgehen.

VON BORIS HERRMANN

Wenn es stimmt, was Zeitzeugen berichten, dann ist Hausmeister Jocham am 1. Dezember 1962 später als sonst zu Bett gegangen. Es muss schon nach Mitternacht gewesen sein, als er noch einmal den Garten der Villa in der Zeppelinallee 77 in Frankfurt am Main abschritt, um in den Briefkasten zu sehen. In jener Nacht endete die Bewerbungsfrist zur Teilnahme an einem Experiment. Dieses Experiment ist heute unter dem Namen Fußball-Bundesliga bekannt. Jocham war der Hausmeister des Deutschen Fußball-Bundes (DFB). Und der Briefkasten war leer.

Beim DFB nahmen sie das durchaus mit Erleichterung zur Kenntnis. Jede weitere Postsendung hätte vermutlich noch mehr Ungemach bedeutet. Die Zahl der Bewerbungen hatte ohnehin schon die kühnsten Prognosen übertroffen. Noch im Sommer 1962 sahen sich die Gründungsväter heftigem Widerstand ausgesetzt, als sie auf dem DFB-Bundestag in Dortmund die Schaffung einer deutschen Profiliga durchdrückten. Zahlreiche Vereine schienen da noch mit ganzem Herzen am Amateursportgedanken zu hängen sowie am System von fünf gleichberechtigten regionalen Meisterschaften. Zu den hartnäckigsten Widersachern zählten der 1. FC Nürnberg und der Hamburger SV. Da die Bundesliga aber einmal beschlossen war, wollten natürlich trotzdem alle dabei sein. Auch Nürnberg und Hamburg.

In den Tagen vor dem 1. Dezember 1962 waren beim DFB 46 Bewerbungen eingegangen – darunter von Kandidaten wie Westfalia Herne, Wormatia Worms, BFC Viktoria 1889 oder Hamborn 07. Der DFB hatte nun die hübsche Aufgabe, davon 16 Klubs nach objektiven Kriterien auszusieben. Das konnte nicht gutgehen. Es hätte aber auch nicht so schiefgehen müssen.

Der DFB-Pressechef Wilfried Gerhardt fasste die Sachlage so zusammen: „Nun wählen Sie mal 16 aus 46 Vereinen aus und machen sich dabei keine Feinde!" Sein Verband schien indes alles zu unternehmen, um sich möglichst viele Feinde zu machen. Er entwickelte einen bizarren Qualifikationsmodus, die sogenannte Zwölfjahreswertung.

Wer dieses Verfahren kompliziert nennt, untertreibt maßlos. Jeder Verein, der zwischen 1951 und 1963 in einer der fünf Oberligen spielte, erhielt pro Saison drei Punkte. Den Erstplatzierten der Abschlusstabellen wurden sechzehn Zähler gutgeschrieben. Der Zweite bekam fünfzehn, und so weiter. Die Punkte aus den Jahren 1956 bis 1959 wurden verdoppelt, jene von 1960 bis 1963 verdreifacht. Für die Platzierungen in den Endrunden um die Deutsche Meisterschaft gab es weitere Bonuspunkte. Der Meister und der Pokalsieger erhielten ferner zwanzig Zähler extra, die Finalisten zehn – außer im Jahr 1963, da wurden keine Sonderpunkte verteilt. So weit, so verwirrend. Das war allerdings erst der Anfang.

> **Der DFB entwickelte eine Zwölfjahreswertung, an die er sich nicht hielt.**

Zentrales Element der Zwölfjahreswertung war auch, dass ihre Kriterien vor den Vereinen zunächst geheim gehalten wurden. Wer es tatsächlich in die Bundesliga schaffte, entschied am Ende eine fünfköpfige Findungskommission um den späteren DFB-Präsidenten Hermann Neuberger, der damals noch dem Saarländischen Fußballverband vorstand. Ludwig Franz (1. FC Nürnberg), Franz Kremer (1. FC Köln), Willi Hübner (Essen) und Walter Baresel (Norddeutscher Fußball-Verband) komplettierten den Rat der fünf Weisen. Er entwickelte eine Reihe von Zusatzkriterien, die sich munter widersprachen.

Einmal teilten die Kommissionäre mit, es seien vor allem sportliche Gesichtspunkte maßgebend. Ein andermal räumte Neuberger ein: „Ein jeder wird verstehen, dass wir der wirtschaftlichen Lage der Vereine ein großes Augenmerk zuwenden."

Eine Stadiongröße von 35 000 Plätzen sowie eine Flutlichtanlage wurden vorausgesetzt. Dazu kam ein festgeschriebener Regionalproporz. Für je fünf Vereine aus den Oberligen West und Süd war ein Platz reserviert, der Norden bekam drei, der Südwesten zwei und Berlin einen Profiklub zugesprochen. Weiterhin entschied sich der DFB für ein Derby-Verbot, pro Stadt war nur ein Verein erlaubt. Die Bewerbung des FC Bayern scheiterte, obwohl er in der Zwölfjahreswertung mit 288 Punkten deutlich vor dem Gründungsmitglied 1860 München (229) lag. Dem FC Bayern wurde zur Begründung mitgeteilt, es fehle ihm an „sportlicher Vergangenheit". Der Faktor Tradition spielte also auch eine Rolle. Allerdings nur dann, wenn es die Kommission für angemessen hielt.

Beim Südwest-Klub Borussia Neunkirchen hielt sie es nicht für angemessen. Jens Kelm, der das Vereinsarchiv des heutigen Oberligisten pflegt, sagt: „Das ist hier immer noch ein Thema. Das kann keiner so richtig verstehen." Neunkirchen war von 1912 bis 1963 ununterbrochen erstklassig. Sieben Jahre länger als der HSV, wie Kelm berichtet: „Und dann mussten wir da raus, weil irgendetwas Neues konstruiert wurde." Drei Jahrzehnte nach der Gründung der Bundesliga bat Kelm den DFB noch einmal, ihm die Auswahlkriterien zu erklären. Er bekam keine Antwort. Nicht zuletzt deshalb hat sich in Neunkirchen eine weit verbreitete Verschwörungstheorie gehalten: Neuberger habe unter allen Umständen seinen 1. FC Saarbrücken in die Bundesliga hieven wollen. Die Qualifikationskriterien seien von seiner Kommission so schwammig konstruiert worden, dass sich für jede Zusage und jede Ablehnung irgendeine Begründung fand.

In der Tat sprechen einige Indizien für diese Willkür-These. Am 11. Januar 1963 gab der Ausschuss überraschend die ersten neun Bundesligisten bekannt. Es waren der HSV, Bremen, Nürnberg, Frankfurt, Köln, Dortmund, Schalke, Hertha und: Saarbrücken. Alle Nominierungen ergaben sich aus der Zwölfjahreswertung – mit Ausnahme von Saarbrücken. Auf Platz

Zwölfjahreswertung zur Ermittlung der Bundesligisten

Verein	Punkte	Verein	Punkte
Stadtliga Berlin ein Platz		**Oberliga Süd** fünf Plätze	
Hertha BSC	346	**1. FC Nürnberg**	447
Tasmania 1900	324	**Eintracht Frankfurt**	420
		Karlsruher SC	419
Oberliga West fünf Plätze		**VfB Stuttgart**	408
1. FC Köln	466	Kickers Offenbach*	382
Borussia Dortmund	440	Bayern München	288
Schalke 04	396	**1860 München**	229
Alemannia Aachen*	285		
Preußen Münster	251	**Oberliga Nord** drei Plätze	
Meidericher SV	250	**Hamburger SV**	518
		Werder Bremen	396
Oberliga Südwest zwei Plätze		VfL Osnabrück*	313
1. FC Kaiserslautern	464	Hannover 96	309
1. FC Saarbrücken	384	St. Pauli	303
FK Pirmasens	382	Holstein Kiel	294
Borussia Neunkirchen	376	**Eintracht Braunschweig**	276

Fettgedruckt = Gründungsmitglied der Bundesliga
* = trotz Qualifikation nach dem Punkteschlüssel nicht in die Bundesliga aufgenommen

Gründung der Bundesliga am 28. Juli 1962 im Dortmunder Goldsaal.

eins der Südwest-Wertung lag der 1. FC Kaiserslautern, der erst später als Oberliga-Meister 1963 die Qualifikation schaffte.

Die verbliebenen sieben Bundesligisten wurden am 6. Mai 1963 verkündet. Neben Kaiserslautern hießen sie Karlsruhe, Stuttgart, 1860 München, Münster, Braunschweig sowie Meidericher SV, der spätere MSV Duisburg. Dabei schien die Zwölfjahreswertung kaum noch eine Rolle zu spielen. Im Norden erhielten Osnabrück, St. Pauli und Hannover eine Absage, obwohl sie in der Rangliste vor Eintracht Braunschweig standen. Braunschweigs Klubchef Kurt Hopert hatte zuvor mit größtem Eifer für die Einführung der Bundesliga getrommelt.

Insgesamt 13 Vereine legten beim DFB Beschwerden ein. Alemannia Aachen und Kickers Offenbach zogen sogar vor ein ordentliches Gericht – vergeblich. Wobei Offenbach und Aachen tatsächlich Härtefälle waren, wie selbst der Verband einräumte. Beide Klubs hätten aufgrund ihrer sportlichen Vergangenheit und ihrer Infrastruktur dabei sein müssen. Der Ausschuss begründete ihre Ablehnung mit einem weiteren seltsamen Konstrukt. Demnach wurden Vereine, die in der Zwölfjahrestabelle nicht mehr als fünfzig Punkte auseinander lagen, als sportlich gleichwertig betrachtet. In diesem Fall sei die Platzierung in der Oberligasaison 1962/63 ausschlaggebend für die Lizenzvergabe.

Alemannias Geschäftsführer Willi Glauch sprach vom „tollsten Ding, das es nach dem Krieg gab". In Aachen herrscht die Überzeugung, es sei dem Kölner Kommissionsmitglied Franz Kremer darum gegangen, seinen FC als einzigen Klub des Landesverbandes Mittelrhein in den Profifußball zu heben. In Offenbach wird darauf verwiesen, dass Rudi Gramlich, der Präsident des Erzrivalen Eintracht Frankfurt, der Findungskommission als Ersatz-Beisitzer angehörte.

Bleibt die Frage: Warum eigentlich Zwölfjahreswertung? Und nicht Zehn- oder Vierzehnjahreswertung? In Neunkirchen verweisen sie in diesem Kontext auf einen eigenartigen Zufall. Neubergers 1. FC Saarbrücken stand zwölf Jahre vor Gründung der Bundesliga letztmals in einem Endspiel um die Deutsche Meisterschaft. Das verschaffte ihm genau jene zehn Bonuspunkte, mit denen er sich in der Wertungstabelle an Pirmasens und Neunkirchen vorbeischob.

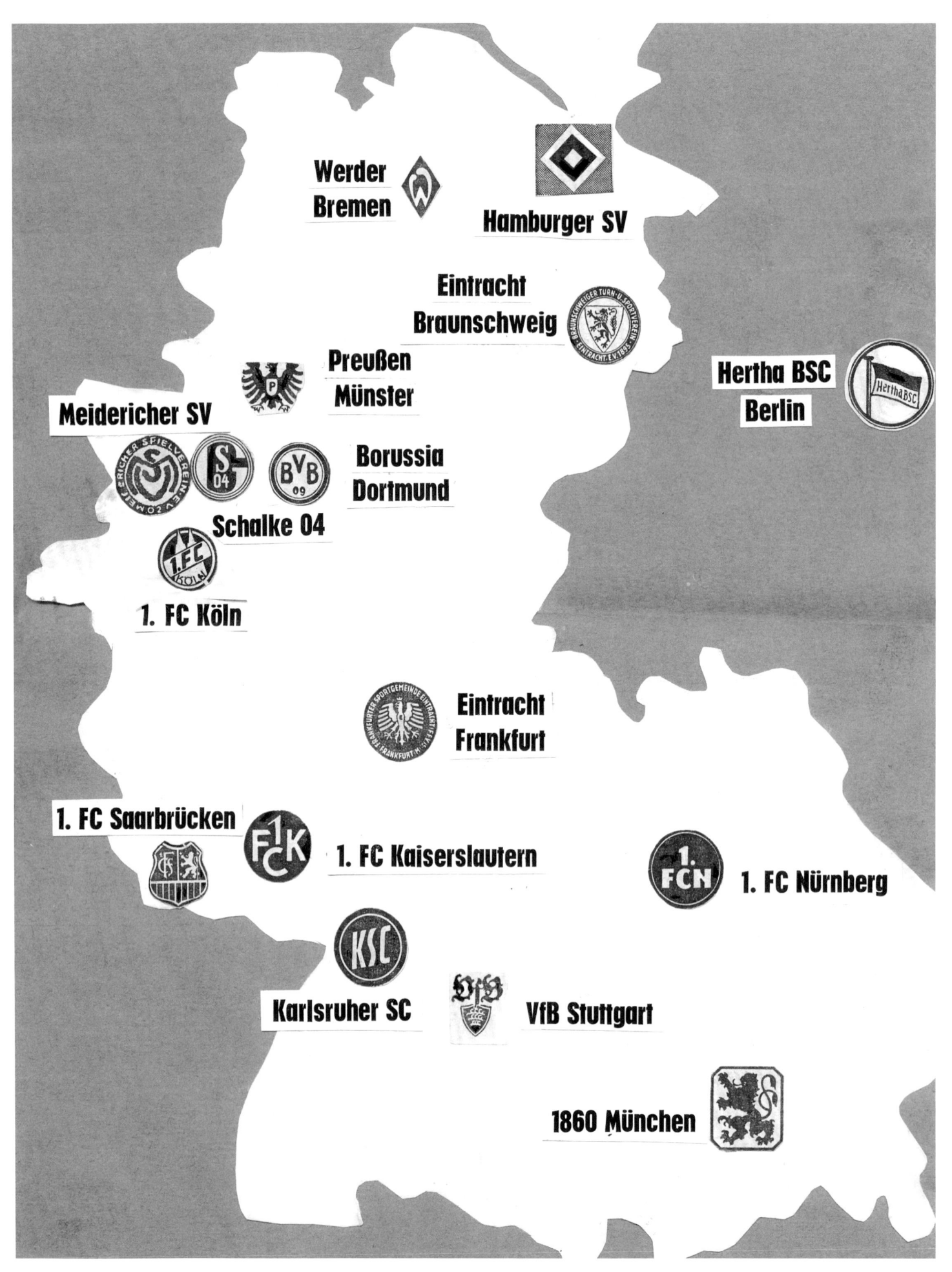

Vor der Computergrafik – die Gründungsmitglieder der Liga aus dem „kicker"-Bildarchiv. Handgeschnitten, handgeklebt.

Fonse fällt

Bundesliga-Skandale gibt es, seit es die Bundesliga gibt. Alfons Stemmer, Abwehrchef des TSV 1860 München, beteiligt sich gleich in der ersten Saison an Spielmanipulationen.

Angst kannte der alte Löwe nicht. Im Urwald von Venezuela hatten Indios dem jungen Ölsucher aus dem Allgäu Jahre zuvor mit einer Machete den Bauch aufgeschlitzt. Trotzdem nahm Adalbert Wetzel die Morddrohungen nächtlicher Anrufer ernst: Wenn ihm sein Leben lieb sei, möge er dafür sorgen, dass seine Sechziger am vorletzten Spieltag der ersten Bundesliga-Saison in Berlin die Hertha besiegen – damit Preußen Münster vom Abstieg verschont bleibe.

Der Präsident des TSV München von 1860 konnte ja nicht ahnen, dass die Niederlage so gut wie sicher war. Dafür garantierte Alfons Stemmer, Chef der Abwehr. Trainer Max Merkel hat den Stemmer Fonse einmal so charakterisiert: „Der hat alles gemacht, was verboten war, der hat gesoffen, geraucht und gezockt." Und nicht nur beim Karteln beschissen, sondern auch auf dem Spielfeld. Aber das kam erst viel später raus.

> **Stemmer kassierte für den Betrug 15 000 Mark von Hertha BSC.**

Obwohl es augenscheinlich war. Der *kicker* berichtete über dieses brisante Spiel am 25. April 1964 im Berliner Olympiastadion: „Stemmer wurde zur Achillesferse, da er fast nur den Raum deckte und im Zweikampf meist den Kürzeren zog." Und die *SZ* schrieb: „... bis der Berliner Halbrechte Lutz Steinert nach einem Slalomlauf um Stemmer und Luttrop mit dem 3:1 in der 80. Minute alle Zweifel beseitigte."

Stemmer kassierte für den Betrug 15 000 Mark von Wolfgang Holst, dem Spielausschuss-Obmann von Hertha BSC. Das Geld wechselte in einem Auto an der Gedächtniskirche den Besitzer. Reichlich Kohle für einen Fußballer, dessen Grundgehalt auf 1200 Mark limitiert war.

Vor dem Berliner Landgericht versuchte Strippenzieher Holst sich reinzuwaschen. Er blitzte ab, das Gericht sah die Bestechung als erwiesen an. Auch Stemmer klagte ohne Erfolg. Das Münchner Landgericht schlug vergebens einen Vergleich vor.

Ob Alfons Stemmer Helfershelfer hatte, blieb ungeklärt. Mitspieler Manfred Wagner hält es für möglich. In der *SZ* stand: „Böse Zungen werden behaupten, Rudi Brunnenmeier sei erschrocken, als er schon nach drei Minuten ein Tor schoss, für das er nichts konnte, weil der Ball beim 35-m-Freistoß vom Rücken des Berliner Stoppers Eder in die entfernte Torecke sprang."

Der Torschütze beteuerte seine Unschuld. Gewundert habe er sich, wie der Fonse umgefallen sei und den Weg freimachte für Hans-Joachim Altendorff zur 2:1-Führung. Und er wunderte sich auch, als vor dem 1:1 weder Otto Luttrop noch Stemmer den ballführenden Carl-Heinz Rühl angriffen.

Das Berliner Ränkespiel war nicht das erste in der Bundesliga, das dokumentiert werden kann. In der höchsten deutschen Fußball-Liga rollte der Ball gerade mal ein Vierteljahr, als Hertha BSC am 7. Dezember 1963 zur allgemeinen Überraschung im Münchner Stadion an der Grünwalder Straße 2:1 gegen 1860 gewann. Vorher soll der damalige Hertha-Schatzmeister und Bestattungsunternehmer Günter Herzog dem Fonse 2000 Mark zugesteckt haben. Wagner erinnert sich, dass vor einem Heimspiel – „ich sag' nicht, gegen wen" – im Sechziger-Trainingslager Wartaweil am Ammersee ein Unterhändler ein Unentschieden erkaufen wollte.

Es ist das historische Versäumnis des Deutschen Fußball-Bundes (DFB), dass die Funktionäre diese ersten Betrugsfälle in der Bundesliga später mit dem Hinweis ignorierten, sie seien verjährt. *Der Spiegel* schrieb 1971: „Der DFB ließ das Gras auf

Ein Mann für vieles, was verboten war: Alfons Stemmer (Mitte) mit seinen Kollegen Manfred Wagner und Rudolf Zeiser.

seinem befleckten Rasen wachsen." Auch die Medien müssen sich vorwerfen lassen, dass sie, berauscht vom neuen Sportspektakel der Nation, eher halbherzig recherchierten. Sonst wäre das Entsetzen nicht so groß gewesen, als 1971 Horst-Gregorio Canellas, Präsident der Offenbacher Kickers, auf seiner Geburtstagsparty Schiebereien in großem Stil öffentlich machte.

Alfons Stemmer war da nicht mehr verdächtig. Wegen Meineids saß Stemmer vier Monate in der Justizvollzugsanstalt Aichach ein. 1971 schloss ihn der TSV 1860 wegen „unehrenhaften Verhaltens" aus. Alfons Stemmer starb am 7. Januar 1985 im Alter von 51 Jahren.

HANS EIBERLE

1964/65

Fliegende Betonabwehr

Defensivspieler, die dicht machen und stürmen konnten – mit diesem modernen Ansatz gewann Bremen seine erste Meisterschaft.

Es war einmal in Amerika: So beginnt die Legende von der ersten deutschen Meisterschaft für Werder Bremen. Damals, 1964, war es ja noch etwas Besonderes, mit dem Flugzeug über den großen Teich zu fliegen. Werder Bremen, das im ersten Jahr der Bundesliga nur Zehnter geworden war, spielte dort bei einem traditionsreichen Turnier mit. Gemessen an heutigen Gastspiel-Reisen, die oft nicht einmal über Nacht dauern, muss es eine aufregende Tournee gewesen sein. Die Norddeutschen kickten in New York, Los Angeles, Chicago, sie spielten gegen Teams aus Brasilien, Schottland, England und Italien. Aber vor allem spielten sie sich ein für das zweite Jahr in der Bundesliga. Es war auch dringend nötig.

Denn Willi Multhaup, der Trainer, der später mit Borussia Dortmund den Europacup gewinnen sollte, hatte sich für seine Bremer Mannschaft etwas sehr Spezielles ausgedacht: Abwehrspieler, die nach vorne stürmen sollten – so etwas hatte die Bundesliga noch nicht gesehen. Und die Bremer Mannschaft hat es dummerweise zunächst auch nicht verstanden, dieses Multhaup-Prinzip, mit dem Werder im ersten Liga-Jahr fast abgestiegen wäre.

Dann aber kam die USA-Reise, kamen die Spiele gegen den EC Bahia, die Blackburn Rovers, Lanerossi Vicenza und Heart of Midlothian. Keines dieser Spiele verloren die Bremer, deren Strategie gegen vollkommen verblüffte Gegner erstmals aufging. Multhaups Taktik bestand darin, dass die Bremer ihre Gegner erst an einer kompakten Defensive auflaufen ließen, die Abwehrspieler sich dann aber, sobald sich die Gelegenheit ergab, ins Angriffsspiel einschalteten. So modern waren die Zeiten damals nicht, als dass es eine Selbstverständlichkeit gewesen wäre, Positionen je nach Spielsituation zu wechseln. Werders Abwehrspieler schossen tatsächlich Tore – vielleicht war dies das erste Wunder von der Weser.

„Siege werden in der Abwehr errungen", das ist eine Binsenweisheit, die Multhaup damals wie eine Monstranz vor sich hertrug. Stürmer hatten in seinem System zu verteidigen, Verteidiger zu stürmen – wenn es die Situation erlaubte. Es war ein moderner Spielstil, der in der Saison 1964/65 allmählich auch in der Bundesliga zum Erfolg führte. Nach einer Auftakt-Niederlage in Kaiserslautern gewann Werder gegen Braunschweig im Weserstadion mit 5:1 – mit fünf verschiedenen Torschützen. Die Elf war schwer auszurechnen.

> **Werders Verteidiger schossen Tore – es war das erste Wunder von der Weser.**

> **Die Meisterfeier dauerte zwei Tage und drei Nächte.**

In zwölf von 30 Saisonspielen blieben die Bremer ohne Gegentor, eine Betonabwehr sicherte ihnen den ersten Meistertitel. „Wenn wir auswärts ein Tor geschossen hatten, waren wir uns ziemlich sicher, dass wir zumindest nicht mehr verlieren konnten", erinnerte sich Nationalspieler Max Lorenz später. Dass sich Werder Bremen einmal über die „kontrollierte Offensive", die Trainer Otto Rehhagel an der Weser praktizieren ließ, zum angriffslustigsten Team der ersten Jahre des dritten Jahrtausends entwickeln sollte – damals war das nicht abzusehen.

Chronisten berichteten von einer sehr intensiven Meisterfeier, die zwei Tage und drei Nächte gedauert haben soll, beginnend mit dem Schlusspfiff des letzten Saisonspiels in Nürnberg (3:2). Für die offizielle „Ehrung des Deutschen Fußballmeisters 1965" vergab der Klub sogar Einlasskarten für die Bremer Stadthalle. Dort prangte auf der Bühne ein Riesenplakat: „SV Werder – Bremens ganzer Stolz".

Zwischendurch hatte der Titelgewinn aber noch eine der wahrscheinlich schnellsten Auswechslungen der Fußballgeschichte zur Folge. Die Bremer mussten am Tag nach dem Titelgewinn nämlich noch zu einem Freundschaftsspiel in Schweinfurt antreten. Dort, so schrieben die Vereinschronisten Heinz Fricke und Hans-Otto Busche im „Großen Werder-Buch", sei Helmut Schimeczek bereits nach einer Minute wieder vom Platz geholt worden – weil ihm „infolge reichlich konsumierten Alkohols am Vortage" beim Auflaufen schlecht geworden sei. **RALF WIEGAND**

Tante Hertha in der Hansakogge

Verliebt und verleumdet, verkannt und verhunzt: Jeder Bundesligist hat den Zweitnamen, den er sich verdient hat – oder auch nicht.

Zu den absonderlichsten Auswüchsen der deutschen Fußballsprache gehört der Hang, Vereine umzubenennen. Sportjournalisten und Fernsehkommentatoren sind in Sachen Vereinssynonyme besonders kreativ, wobei vor allem Tiere (Wölfe, Fohlen), Flüsse (Wesertruppe, Donaustädter), Stadtviertel (Mariendorfer, Bergeborbecker) sowie Verwandte (Tante Hertha) sachdienliche Hinweise bei der Namenssuche liefern. Viele Spitznamen sind allerdings auch als Beleidigungen zu verstehen und vorwiegend oder ausschließlich im Fanlager des jeweiligen Erzrivalen gebräuchlich (Lüdenscheid-Nord, Herne-West, die Blauen, die Roten). An dieser Stelle werden einige der wichtigsten Begriffe dokumentiert – selbstredend ohne Gewähr und ohne Anspruch auf Vollständigkeit.

FC Bayern München – FC Hollywood, FC Ruhmreich, die Dusel-Bayern, das Weiße Ballett, die Schwarze Bestie, die Münchner Bayern, der Rekordmeister, der Branchenführer, die Roten

Werder Bremen – die Werderaner, die Fischköppe, die Grün-Weißen, die Wesertruppe

Hamburger SV – die Dinos, die Rothosen, das Urgestein, die Dauerbrenner, der Rautenklub, Hamburger Schwimm-Verein

VfB Stuttgart – die Jungen Wilden, die Schwaben, die Jungs mit dem Brustring

Borussia Dortmund – die Schwatzgelben, Bussia, die Majas, die Klopp-Jünger, Lüdenscheid-Nord (vorwiegend in Gelsenkirchen gebräuchlich)

Borussia Mönchengladbach – die Fohlen, die Ponys, Lachbach, Borussia Ostholland

FC Schalke 04 – die Knappen, die Königsblauen, FC Meineid, Schalke 05, Schalke 06, der Meister der Herzen, Schlacke, Herne-West (vorwiegend in Dortmund gebräuchlich)

1. FC Köln – die Geißböcke, die Ziegen, der Äff Zäh, die Domstädter, FC Podolski, der Schweinsklub (vorwiegend in Leverkusen)

1. FC Kaiserslautern – die Roten Teufel, die Lautrer, die Betzebuben, die Pfälzer

Eintracht Frankfurt – die Launische Diva vom Main, die Schlappekicker, die Riederwälder, die Adler, Zwietracht Zankfurt

Bayer 04 Leverkusen – die Werkself, die Pillendreher, die Pillenstädter, Vizekusen, Lederbusen

VfL Bochum – die Unabsteigbaren, die Fahrstuhlmannschaft, die Graumäuse

Hertha BSC – die Alte Dame, Tante Hertha

1. FC Nürnberg – der Club, die Glubberer, der Depp, Ostvorstadt

MSV Duisburg – die Zebras, die Meidericher, MSV Dietzburg

Hannover 96 – die Niedersachsen

Karlsruher SC – die Gelbfüßler, die Fächerstädter, die Badener (in Baden), die Badenser (in Schwaben)

Fortuna Düsseldorf – Tuna, die Launische Diva, die Flingeraner

TSV 1860 München – die Löwen, die Sechzger, die Blauen

Eintracht Braunschweig – die Löwen, Tasmania Schilda, die Jägermeister

VfL Wolfsburg – die Wölfe, das Wolfsrudel, der Werksklub, die Autostädter

Arminia Bielefeld – die Ostwestfalen

SC Freiburg – die Breisgau-Brasilianer, die Schwarzwald-Gauchos, die Wilis, der Finke-Klub

Bayer 05 Uerdingen – die Krefelder

Hansa Rostock – Hansakogge, Ikeatruppe

FSV Mainz 05 – die 05er, der Karnevalsverein, die Narren, die Bruchweg-Boys

SV Waldhof Mannheim – die Waldhof-Buwe, die Blau-Schwarze

Kickers Offenbach – der OFC

Rot-Weiss Essen – die Bergeborbecker, Melches Erben

FC St. Pauli – die Freibeuter der Liga, der Weltpokalsiegerbesieger, die Kiezkicker, das Freudenhaus der Liga

FC Energie Cottbus – die Lausitzer, die Balkan-Truppe

TSG 1899 Hoffenheim – Hoppenheim, die Kraichgauer, der Retortenklub

Alemannia Aachen – Printenstädter, De Öcher

SG Wattenscheid 09 – die Lohrheide-Elf

1. FC Saarbrücken – 1. FC Neuberger, die Malstatter, die Molschder, die Blookepp

Dynamo Dresden – die Elbestädter

Rot-Weiß Oberhausen – die Kleeblätter

Wuppertaler SV – Schwebebahnstädter

Borussia Neunkirchen – die Schwarz-Weißen, die Schwarzen Teufel, die Hüttenstädter, die Neinkeijer Gruwehennesjer, Schalke des Südwestens

FC 08 Homburg – die Saarpfälzer

SpVgg Unterhaching – Vorort-Klub, die Vorstädter, das Dorf, Unterhachingen

Stuttgarter Kickers – die Degerlocher

FC Augsburg – Fuggerstädter, Datschis

SV Darmstadt 98 – die Lilien

Tennis Borussia Berlin – Veilchen, TeBe

SSV Ulm 1846 – Spatzen, Donaustädter

Fortuna Köln – die Südstädter

Preußen Münster – SCP

SpVgg Greuther Fürth – die Kräuter, die Kleeblättler, die Teeblätter

Blau-Weiß 90 Berlin – die Mariendorfer

VfB Leipzig – die Lokisten

Tasmania 1900 Berlin – Tas, die Tasmanen, die Südberliner

DER HELD MEINER JUGEND
Günter Sawitzki

Die Bundesliga war Ende der 1950er Jahre noch weit weg und aufdringlicher Starrummel uns fremd. Wir bewunderten die Spieler unseres Klubs eher still. Wir, die jungen Leichtathleten vom VfB Stuttgart. Die meisten schwärmten für Rolf Geiger, Erwin Waldner oder für den einarmigen Robert Schlienz. Mein Favorit war Günter Sawitzki, der Torhüter. Und das kam so: Oft trainierten wir gemeinsam auf dem Platz am Ende der Mercedesstraße, anschließend saß man im Klub-Restaurant zusammen. Für die Kicker wurde groß aufgefahren, wir jungen Sprinter begnügten uns mit schwäbischem Leberkäs, abgebräunt. Einmal, als es ans Bezahlen ging, winkte der Wirt ab und sagte, auf Sawitzki zeigend: „Ist schon erledigt." Freundlich grüßte der Torhüter zu uns rüber. Für viele VfBler war Sawitzkis Markenzeichen die Schiebermütze, die er zu jedem Spiel aufsetzte, damit ihn sein langes, strähniges, nach hinten gekämmtes Blondhaar nicht kitzeln konnte. Mir kommt bis heute zuerst sein unverstelltes Lachen in den Sinn, mit dem er mir damals half, beim Essen Taschengeld zu sparen. „Sawis" Umgänglichkeit, seine Geradlinigkeit und Bescheidenheit gefielen mir – und natürlich seine Torwartkunst. Von 1956 an, als ihn Trainer Schorsch Wurzer vom SV Sodingen holte, bis 1968 stand er ununterbrochen im Kasten der „Ersten", und 1970 noch zwei Mal aushilfsweise – als 38-Jähriger. Zehn Mal hielt er im Nationalteam, für die WM 1958 holte ihn Herberger als Nummer drei, 1963 war Schluss beim DFB. Dann löste Helmut Schön den Sawi als „Mann mit der Mütze" ab. **MICHAEL GERNANDT**

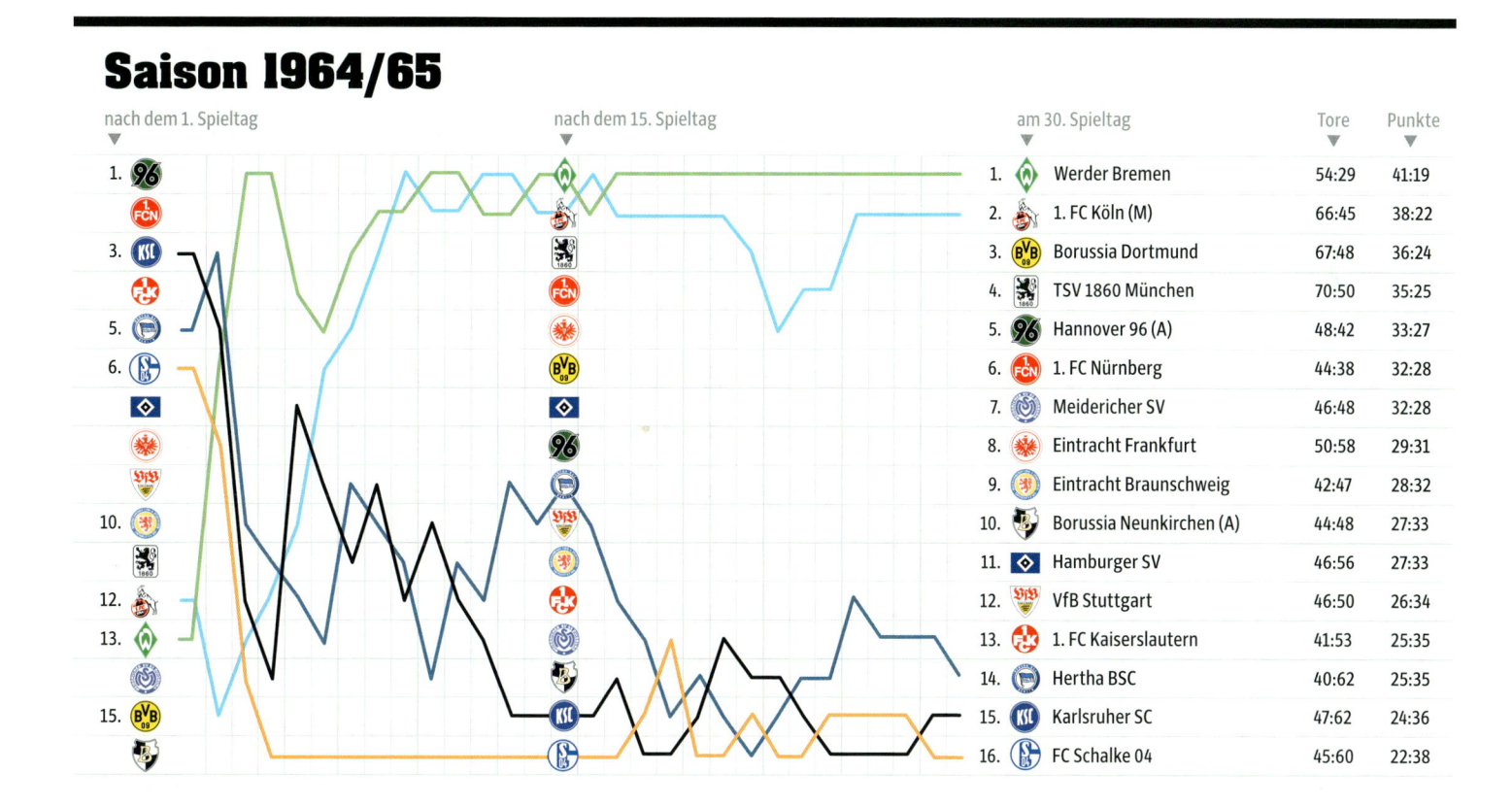

Saison 1964/65

am 30. Spieltag	Tore	Punkte
1. Werder Bremen	54:29	41:19
2. 1. FC Köln (M)	66:45	38:22
3. Borussia Dortmund	67:48	36:24
4. TSV 1860 München	70:50	35:25
5. Hannover 96 (A)	48:42	33:27
6. 1. FC Nürnberg	44:38	32:28
7. Meidericher SV	46:48	32:28
8. Eintracht Frankfurt	50:58	29:31
9. Eintracht Braunschweig	42:47	28:32
10. Borussia Neunkirchen (A)	44:48	27:33
11. Hamburger SV	46:56	27:33
12. VfB Stuttgart	46:50	26:34
13. 1. FC Kaiserslautern	41:53	25:35
14. Hertha BSC	40:62	25:35
15. Karlsruher SC	47:62	24:36
16. FC Schalke 04	45:60	22:38

Endlich Hochspannung: Die Entscheidung fällt erst am 29. Spieltag, als Bremen gegen Verfolger Dortmund 3:0 gewinnt. Mit einer Betonabwehr und nur 29 Gegentoren sichert sich der SV Werder den Titel. Absteigen muss allein die Hertha – zwangsweise. Die Berliner haben zu hohe Handgelder gezahlt. Da wüste Proteste des KSC und von Schalke befürchtet werden, bleiben beide drin.

1965/66

*Fliegender Radi:
Petar Radenkovic,
der Torwart der Meistermannschaft
des TSV 1860 München.*

Rotwein und rohe Eier

Der Meistertitel des TSV 1860 war alles andere als Zufall. Die Sechziger hatten gute Spieler, die fleißig trainierten und sich vor Pflichtspielen sogar aufwärmten. Und einen Zaubertrank hatten sie auch.

VON HANS EIBERLE

6. Juli 1954: München empfängt die Weltmeister. Der Marienplatz ist schwarz vor Menschen. Mittendrin der 15-jährige Manfred Wagner. „Bei uns in Mittersendling in einer Wirtschaft habe ich das Endspiel gesehen", erzählt er. Max Morlock und Hans Schäfer, „die habe ich bewundert. Und es war das größte Erlebnis für mich, dass ich gegen die zehn Jahre später gespielt habe". Der junge Fußballspieler hat aufgeschaut zu den Helden von Bern auf dem Rathausbalkon. Und zwölf Jahre später, im Frühsommer 1966, hat er sich selber dort oben feiern lassen als Deutscher Meister, tropfnass von der Triumphfahrt in Cabrios durch das Spalier begeisterter Fans, die damals noch Anhänger hießen oder Schlachtenbummler – der Krieg war noch nicht lange vorbei.

Ein Punkt fehlte den Sechzigern, den wollten sie dem Hamburger SV am letzten Spieltag im Stadion an der Grünwalder Straße abnehmen, sicherheitshalber, man weiß ja nie. Manfred Wagner spielte gegen Uwe Seeler, den flehte er an: „Uwe, mach' bloß koan Schmarrn." Mag sein, dass der Hamburger den Bayern nicht verstand: Eine Viertelstunde vor Schluss traf Seeler und glich damit Rudi Brunnenmeiers Führungstreffer aus. Da aber war 1860 schon Meister, denn Verfolger Borussia Dortmund wurde gleichzeitig von der Frankfurter Eintracht 1:4 abgewatscht.

Eine Woche zuvor war die Meisterschaft noch ein Brust-an-Brust-Kampf gewesen: 1. Dortmund 47:17 Punkte, 2. 1860 47:17, 3. FC Bayern 46:18. Im Stadion Rote Erde begrüßten die Zuschauer Dortmund als Europacupsieger nach einem 2:1-Sieg über den FC Liverpool drei Tage zuvor. In Sorge, seine Mannschaft könnte überrannt werden, wählte Löwen-Trainer Max Merkel die defensive Variante. Der rechte Flügelmann Fredi Heiß, zehnmaliger Torschütze, musste ebenso zuschauen wie Mittelfeldstratege Hennes Küppers. Der Trainer setzte Dauerläufer Rudi Zeiser auf Sigi Held an und ließ Bernd Patzke gegen Reinhard „Stan" Libuda verteidigen; die Raumdeckung war noch nicht erfunden. Manfred Wagner kämpfte gegen Lothar Emmerich, den Mann mit der „linken Klebe", der schon 31 Tore geschossen hatte.

Diese Entscheidung war nicht mehr zu korrigieren, Auswechselspieler gab es erst ab 1967. Doch Merkels Taktik ging auf. Die Sechziger hielten stand und konterten erfolgreich. 65. Minute: Zuspiel Rebele, Diagonalpass Grosser zu Brunnenmeier, der schlenzte den Ball mit dem Außenrist an Torhüter Tilkowski vorbei ins Netz. In vorletzter Minute spielte Peter Grosser ein Solo, dass dem Gegner Hören und Sehen verging – und traf zum 2:0-Sieg. Merkel und Grosser waren sich schon damals

Der Himmel weint, München lacht: Am letzten Spieltag der Saison sichert sich 1860 mit einem 1:1 gegen den HSV den Titel, danach rollen die Meister in Cabrios durch die verregnete Stadt (linke Seite). Unten das Team um Kapitän Peter Grosser (links).

spinnefeind, aber an diesem Tag herrschte Waffenstillstand. „So hervorragend habe ich ihn noch nie spielen sehen", lobte der Trainer Merkel.

Dass 1860 München zum ersten und bisher einzigen Mal den Titel gewann, kam so überraschend nicht. Merkel hatte die Mannschaft jedes Jahr verstärkt. 1963 mit Peter Grosser, der vom FC Bayern zu den Sechzigern konvertierte, und mit „Atom"-Otto Luttrop, einem defensiven Mittelfeldmann mit gewaltigem Schussvermögen. 1964 kam Verteidiger Bernd Patzke, 1965 wurde Zeljko Perusic endlich spielberechtigt, jugoslawischer Olympiasieger von 1960, ein bissiger Sechser nach modernem Sprachgebrauch. Und Friedhelm „Timo" Konietzka von Borussia Dortmund, der war zweitbester Torschütze hinter Brunnenmeier gewesen. Er kostete eine Toto-Lotto-Annahmestelle. Bei seinem Münchner Debüt schoss er den Lokalrivalen FC Bayern im Alleingang ab.

Ein starker Torhüter, zwei Kracher im Angriff, im Mittelfeld den Dribbelkünstler Peter Grosser und Hans „Hennes" Küppers, der aus dem Fußgelenk geniale Steilpässe schlagen konnte: „Eine ideale bach, den Spielern zumutete, hielt den Erkenntnissen moderner Trainingslehre zwar nicht stand, zum Beispiel musste auch Torhüter Petar Radenkovic auf der Aschenbahn kreiseln. Aber der Umfang des Trainings gab den Ausschlag, nicht dessen Qualität. Der stramme Max hatte was vom späteren Trainer Beckenbauer: Über andere Sportarten lästern, aber überall was abschauen. Beispiel: Aufwärmen. Bundestrainer Sepp Herberger hatte das einmal so beschrieben: „Wir hippe in der Kabin." Die Sechziger hingegen liefen sich warm wie Leichtathleten. Ein Fußpfleger kümmerte sich um die lädierten Füße. Merkel schickte seine Spieler im Januar 1964 in himmelblauen Strumpfhosen auf das vereiste Spielfeld in Braunschweig; sie gewannen 1:0. Nicht zu vergessen der Zaubertrank, sagt Manfred Wagner: „Rotwein, rohe Eier und Traubenzucker, das war ja erlaubt." Verboten war damals gar nichts, auch nicht die kleinen, weißen Pillen, Aufputschmittel vermutlich, die bei 1860 ab und an geschluckt wurden, wie ein Spieler später bestätigte.

Der steile Aufstieg des TSV München von 1860 in der Hierarchie der jungen Bundes-

Mischung aus Kämpfern und Technikern", schwärmt Manfred Wagner noch heute. 15 Spieler reichten für 34 Punktspiele, „wir hatten kaum Verletzte".

Das war kein Zufall. Wagner sagt: „Wir haben Montag bis Donnerstag morgens und nachmittags trainiert, und wenn wir verloren haben auch noch am Sonntagvormittag. Wir waren die Trainingsweltmeister." Und die Trainingslager-Könige: meist daheim in Wartaweil am Ammersee. Und zu Auswärtsspielen ging es mit der Bahn, schon am Donnerstag. Das half auch beim Ausnüchtern der Schluckspechte.

Was Merkel, zeitweise unterstützt vom deutschen Kugelstoßmeister Dieter Ur- liga bis in die europäische Beletage war ein Höhenflug auf Pump. Der Verein lebte über seine Verhältnisse, unüblich war das schon in den Gründerjahren nicht. Adalbert Wetzel, Präsident und Mäzen, verpfändete Haus und Hof. Er hatte keine Nachkommen, 1860 war seine Familie.

Kapitän Peter Grosser bewertete den Erfolg so: „Dass wir 1964 Pokalsieger wurden und ein Jahr später ins Europacup-Finale einzogen, war auch Merkels Verdienst. Aber Meister sind wir trotz Merkel geworden." Der kassierte 30 000 Mark Prämie. Den Spielern stand laut Statut nur der zehnte Teil zu. Bekommen haben sie 7500 Mark. Papier war damals schon geduldig.

DER HELD MEINER JUGEND

Reinhard „Stan" Libuda

Dass Reinhard Libuda zum Helden des Kohlenpotts wurde, lag an diesem ganz speziellen Haken – links antäuschen, rechts vorbei –, nach dem er „Stan" genannt wurde wie der Engländer Matthews. Aber Stanley Matthews wurde ein Sir, Stan Libuda blieb ein Straßenköter aus Gelsenkirchen-Haverkamp, dem Stadtteil der Pollacken und Proleten. Das war der zweite Grund, warum der Pott ihn liebte. Er selbst glühte für Schalke, mit 17 schmiss er die Lehre als Maschinenschlosser und wurde bei den Königsblauen ein Flankengott, hinter dem höhere Mächte verblassten. „An Gott kommt keiner vorbei", behauptete ein Plakat jener Jahre, neben Fußballern waren unter dem rußverhangenem Himmel auch Missionare populär. „... außer Stan Libuda", schrieben die Fans darunter, angeblich. Er zog für drei Jahre weiter zum Erzfeind Dortmund, selbst das wurde ihm verziehen. Mit der Borussia gelang ihm sein größter Erfolg, das Siegtor zum Europapokal der Pokalsieger 1966 gegen Liverpool: eine Bogenlampe aus 35 Metern, Jahrhunderttor, mindestens. Und dann: Nationalmannschaft und der Skandal, der Schalker hatte ein Spiel gegen Bielefeld verschoben. Auf die lebenslange Sperre folgte die Begnadigung, aber mit 33 war für Libuda Schichtende. Nach dem Fußball kam nicht mehr viel, er hatte den Kiosk von Ernst Kuzorra übernommen, aber es lief nicht. Die Ehe kaputt, die Gesundheit versoffen und verraucht, starb der Held des Kohlenpotts 1996 einsam und verarmt mit noch nicht einmal 53 Jahren. Auf dem Grabstein war sein Vorname Reinhard falsch geschrieben. Logisch, für alle war er nur Stan. **BIRGIT SCHÖNAU**

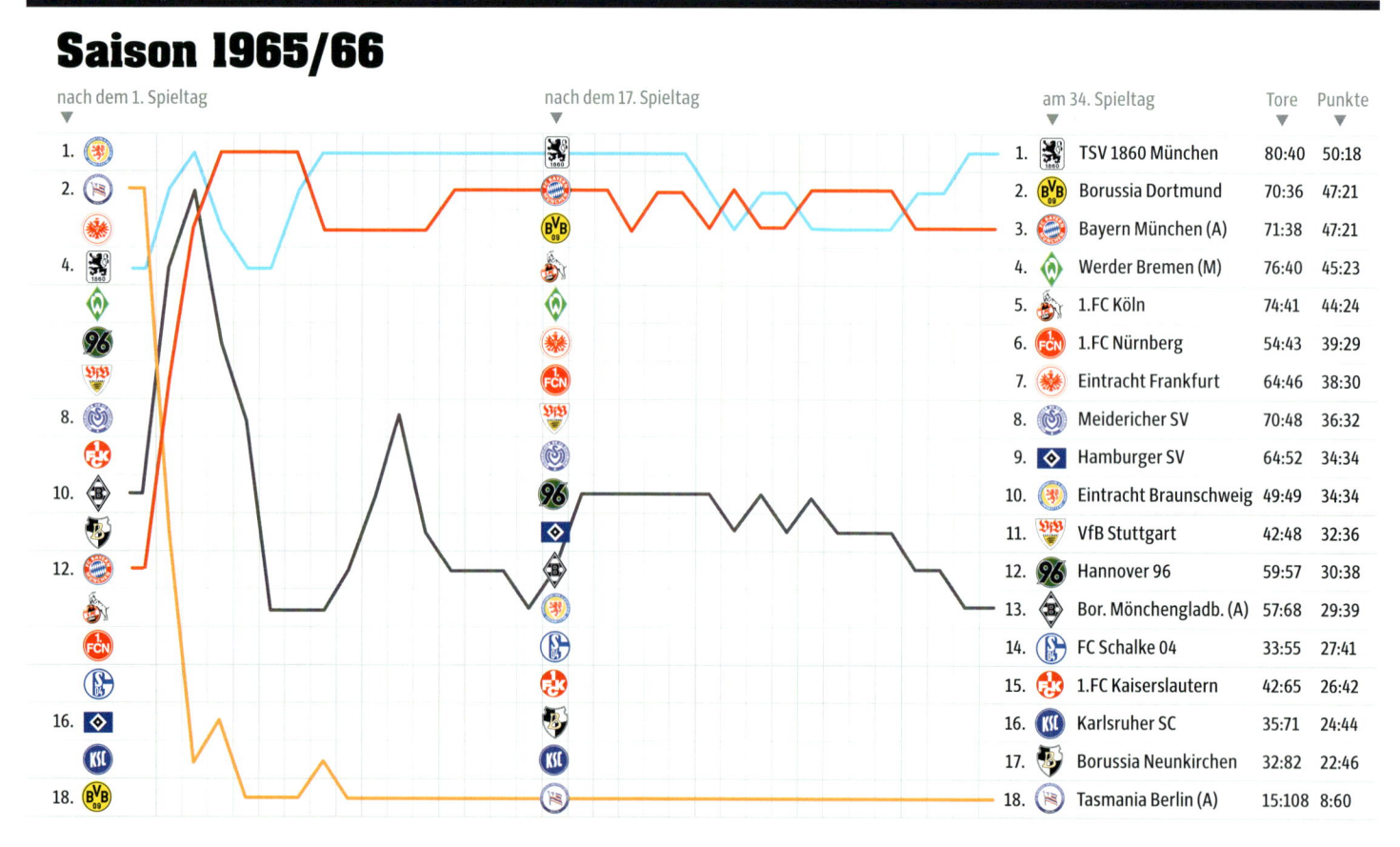

Saison 1965/66

	am 34. Spieltag	Tore	Punkte
1.	TSV 1860 München	80:40	50:18
2.	Borussia Dortmund	70:36	47:21
3.	Bayern München (A)	71:38	47:21
4.	Werder Bremen (M)	76:40	45:23
5.	1.FC Köln	74:41	44:24
6.	1.FC Nürnberg	54:43	39:29
7.	Eintracht Frankfurt	64:46	38:30
8.	Meidericher SV	70:48	36:32
9.	Hamburger SV	64:52	34:34
10.	Eintracht Braunschweig	49:49	34:34
11.	VfB Stuttgart	42:48	32:36
12.	Hannover 96	59:57	30:38
13.	Bor. Mönchengladb. (A)	57:68	29:39
14.	FC Schalke 04	33:55	27:41
15.	1.FC Kaiserslautern	42:65	26:42
16.	Karlsruher SC	35:71	24:44
17.	Borussia Neunkirchen	32:82	22:46
18.	Tasmania Berlin (A)	15:108	8:60

Nach Herthas Handgeldskandal wird die Liga von 16 auf 18 Klubs aufgestockt. Da aus sportpolitischen Gründen stets eine Mannschaft aus der geteilten Stadt Berlin mitspielen muss, rückt Tasmania nach. Für mehr Aufsehen sorgen die anderen Aufsteiger: FC Bayern und Gladbach sind erstmals dabei. 1860 hat den Titel durch das 2:0 in Dortmund am vorletzten Spieltag quasi sicher.

König Radi

Petar Radenkovic begeisterte bei 1860 als Torhüter, Schlagersänger, Clown und Fledermaus. Der Münchner Jugoslawe war der erste Entertainer der Bundesliga.

Wenn er seine Arme ausbreitete wie Flügel, war er Batman. Ganz in Schwarz bewachte Petar Radenkovic das Löwen-Tor. Das war Kalkül. Als große Fledermaus lehrte er die Stürmer das Fürchten – sie erstarrten vor Schreck.

Die junge Bundesliga hatte ihre Stars: „Uns Uwe" Seeler, den „Boss" Helmut Rahn. Radenkovic war der erste Entertainer. Er flog nicht nur durch den Torraum, er dribbelte durchs Mittelfeld, und er sang live: „Bin i Radi, bin i König, alles and're schert mich wenig, was die andern Leute sagen ist mir gleich, gleich, gleich. Bin i Radi jajaja, bin i König jajaja, und das Spielfeld ist mein Königreich." Das Talent hatte er geerbt, sein Vater war Folkloresänger und Gitarrist. Die Single ging 400 000 Mal über den Ladentisch und hielt sich neun Wochen in den Top Ten. Vergeblich dichtete sein Kollege vom Lokalrivalen FC Bayern dagegen an: „Bin i Radi, bin i Depp, König ist der Maier Sepp." Ein Duell, nicht nur der Stimmbänder.

So was wie den Radi hatte die Fußball-Welt noch nicht gesehen. Den ersten Ausflug weit hinaus aus seinem Strafraum unternahm er am 23. September 1962 im Regionalliga-Lokalderby des TSV 1860 München gegen den FC Bayern. Das Publikum tobte, der Trainer auch. Das sei nicht bloß Gaudi gewesen, sagt Radenkovic, er habe das moderne Torwartspiel erfunden. Es ist nicht die ganze Wahrheit, aber die halbe, mindestens.

> **Er dirigierte mit Weitblick, wenn es sein musste auch handgreiflich.**

Der Exzentriker begeisterte als Torhüter ebenso wie als Clown. Er dirigierte seine Abwehr mit Weitblick, wenn es sein musste auch handgreiflich; heute würde man sagen, er konnte das Spiel lesen. Das Reaktionsvermögen des 1,87 Meter großen Radenkovic war so sagenhaft wie seine Sprungkraft, überragend die Einschätzung von Flankenbällen. Und dank seiner überdurchschnittlichen Technik beschleunigte er das Spiel auch außerhalb des Strafraums passgenau.

Was fehlte, war ein Künstlername. Den schenkte ihm der *SZ*-Fußballreporter Hans Schiefele – und wurde dafür beschimpft. Nachdem er in der *Süddeutschen Zeitung* zum ersten Mal Radenkovic auf „Radi" verkürzt hatte – münchnerisch für Rettich –, läutete am Montagmorgen in der Sportredaktion an der Sendlinger Straße Schiefeles Telefon. Der wurde bleich, denn der aufgebrachte Radenkovic blaffte: „Was haben Sie gemacht mit meine Name?"

Doch schnell erkannte Radenkovic, dass er nicht beleidigt, sondern geadelt worden war. Titel seiner zweiten Schallplatte: „Radi und Radieschen", gemeint war seine Tochter. Die Münchner adoptierten den Serben. Schiefele und Radenkovic sind Freunde geworden, es wäre ihnen unmöglich gewesen, des anderen Geburtstag zu vergessen: Beide sind am 1. Oktober geboren, Schiefele 1919 (er starb 2005), Radenkovic 1934.

Petar Radenkovic war ein Exot. Unter den 176 Fußballspielern des ersten Spieltags der Bundesliga am 24. August 1963 gab es außer ihm nur noch zwei Ausländer: den Österreicher Wilhelm Huberts (Frankfurt) und den Niederländer Jacobus Prins (Kaiserslautern). Radenkovic war 1960 in die Bundesrepublik gekommen, keineswegs so, wie sein Trainer Max Merkel später höhnte: „Auf einem Esel ist er nach München geritten, jetzt fährt er Mercedes und isst flambierte Bananen."

> **Radenkovic und Merkel waren Rivalen im Kampf um die Gunst der Massen.**

Er war zwei Mal jugoslawischer Pokalsieger mit BSK/OFK Belgrad und gewann 1956 in Melbourne mit der jugoslawischen Nationalelf Olympia-Silber. Nach einer Sperre stand Radenkovic bei Wormatia Worms in der Oberliga Südwest im Tor. 1962 verpflichtete ihn Merkel für 1860 München, wie das geschah, nötigte selbst dem Wiener Zyniker Respekt ab. Der Radi, sagte Merkel, sei der erste Spieler in seiner Laufbahn gewesen, „der nicht gleich gefragt hat: ‚Was krieg' ich'". Das war vor dem Spiel am Bahnhof in Worms. Erst zuschauen, dann verhandeln, bot Radenkovic an – nach dem Spiel war er engagiert.

„Ohne den Radi hätten wir die Erfolge nicht gehabt", urteilte Merkel drei Jahre später. Freunde sind der Torwart und der Trainer trotzdem nicht geworden: Sie waren schließlich Rivalen im Kampf um die Gunst der Massen. Das ging so weit, dass Merkel 1966 dem Radi den jungen Ulmer Torhüter Wolfgang Fahrian vor die Nase setzte. Ein Fehler, Radenkovic („der Merkel war ein guter Trainer, aber ein charakterloser Mensch") und Kapitän Peter Grosser führten eine Revolte gegen Max Merkel an. Die Mannschaft hatte die ständigen Beleidigungen satt, die Klubführung musste handeln: Der Trainer flog, der Radi blieb.

HANS EIBERLE

„Bin i Radi jajaja, bin i König jajaja, und das Spielfeld ist mein Königreich."

Die ewige Schießbude

Rein in die Hölle des Profifußballs: Tasmania Berlin wurde kurzfristig für die Bundesliga nominiert und hält langfristig zahlreiche Negativ-Rekorde. Der Spott von außen schweißt die Truppe bis heute zusammen.

VON BORIS HERRMANN

Mit seinem ersten Bundesligaspiel konnte der Torhüter Klaus Basikow zufrieden sein. 81500 Zuschauer waren am 14. August 1965 ins Berliner Olympiastadion gekommen, um sich Tasmania 1900 gegen den Karlsruher SC anzuschauen. „Wir waren ja damals beliebter als die Hertha jewesen", sagt Basikow. „Der janze Berliner Süden war fest in der Hand der Tasmanen." Basikow wuchs am Kottbusser Tor in Kreuzberg auf. Man kann sagen, dass er einmal ein Südberliner Stadtheld war – an jenem Sommertag 1965. „Bei Basikow war immer Endstation", stand damals in der Zeitung. Tasmania gewann 2:0. „War eines meiner schönsten Spiele", sagt Basikow. Das glaubt man ihm gerne.

> „Wenn keen Erfolg da is, wirste fallen jelassen wie ne heiße Kartoffel."

In Nürnberg fing er sich sieben Treffer ein, in Bremen fünf, genauso wie gegen Hannover und gegen 1860 München. So ging das fast jeden Samstag. Sein letztes Bundesligaspiel machte Klaus Basikow im Frühjahr 1966 gegen den Meidericher SV. Er sagt: „Da hab ich dann zum Abschied noch mal ordentlich die Hütte vollgekriegt." Wobei man hier auf mildernde Umstände plädieren muss: Basikow litt an einem schweren Bandscheibenvorfall. Er war zur Kur im Schwarzwald und hat zwischenzeitlich „zwee Wochen inne Gipspfanne jelejen". Auch davon sind die Rückenschmerzen nicht verschwunden. Vor dem Spiel gegen den MSV wurde er mit Medikamenten vollgepumpt. „Keene Reaktion, keene Reflexe" habe er mehr gehabt, erinnert sich Basikow: „Hab die Bälle immer erst jesehen, wenn ich sie aus'm Netz jefischt habe." Tasmania verlor 0:9.

An diesem Tag, erinnert sich Basikow, konnte man fast jeden Zuschauer per Handschlag begrüßen. Die Statistiker zählten 1500 Besucher im Olympiastadion. „So isser, der Berliner. Wenn Erfolg da is, kommt er. Wenn keen Erfolg da is, wirste fallen jelassen wie ne heiße Kartoffel."

Und diese Saison 1965/66 war nun einmal ganz und gar erfolglos. 8:60 Punkte, 15:108 Tore. Die Südberliner spielten nur ein Jahr in der Bundesliga und haben sich doch einen festen Platz in den Geschichtsbüchern gesichert – den letzten Platz. Tasmania, die ewige Schießbude.

Im Klubheim des Landesligisten Alemannia Wacker in Berlin-Reinickendorf sitzt der Vereinspräsident Klaus Basikow, inzwischen 75 Jahre alt, und nippt an einem Weizenbier mit Grapefruit-Sirup. Er hat durchaus eine gewisse Ähnlichkeit mit Helmut Kohl. Im Gegensatz zum Altkanzler erfreut er sich bester Gesundheit. „Wenn man älter wird und die Verkalkung einsetzt, dann wird auch das mit den Rückenschmerzen wieder besser", berichtet er. Und die Schmerzen, von denen die Bundesliga-Statistik kündet, vergehen die irgendwann? Och, sagt Basikow, er sei nie mit sich im Unreinen gewesen.

Man müsse eben sehen, wie die Tasmania da reingeraten sei. Da rein, in die Hölle des Profifußballs. In der Tat wäre es untertrieben zu sagen, das sei unverhofft geschehen. In der Sommerpause war dem Erstligisten Hertha BSC wegen Bilanzfälschung die Lizenz entzogen worden. Weil aber aus politischen Gründen eine Mannschaft aus dem eingemauerten Westberlin in der Bundesliga mitspielen sollte, nominierte der DFB kurzfristig Tasmania 1900 nach. Die Spieler, die allesamt einen herkömmlichen Beruf ausübten, waren zu diesem Zeitpunkt größtenteils im Urlaub. Per ADAC-Fernruf wurden sie zurück nach Berlin gelotst. Basikow weilte auf einem Campingplatz am Gardasee. Ein Zeltnachbar, der einen Weltempfänger dabei hatte,

Keeper Basikow (rechts) hatte einen Bandscheibenvorfall und stand gegen den MSV trotzdem im Tor. Ergebnis: 0:9.

kam eines Abends zu ihm rübergerannt und sagte: „Klaus, sollst nach Hause kommen. Du spielst jetzt in der Bundesliga."

Das Problem war, dass Tasmania gar keine Mannschaft hatte. Jedenfalls keine, die in der ersten Liga mithalten konnte. „Und es war auch zu spät, um entsprechend nachzuordern", sagt Basikow: „Wir waren uns darüber im Klaren, dass es für uns aussichtslos wird."

Sie versuchten es trotzdem. Die Berliner orderten auf die Schnelle immerhin den erfahren Nationalspieler Horst Szymaniak nach. Ein feiner Kerl, sagt Basikow,

SC TASMANIA BERLIN

VEREINSWAPPEN	KLAUS BASIKOW	HEINZ ROLOFF	BERND MEISSEL
HELMUT FIEBACH	HORST TALASZUS	H.-G. BECKER	H.-J. BÄSLER
HORST SZYMANIAK	KLAUS KONIECZKA	WOLFGANG NEUMANN	PETER ENGLER
W. ROSENFELDT	HERBERT FINKEN	ERWIN BRUSKE	INGO USBECK

Als Fußballer wurden sie verspottet, als Sticker waren sie aber trotzdem begehrt: die Mannschaft von Tasmania 1900 Berlin.

SAISON 1965/1966

Tasmanias Rekorde

Die Berliner haben bei ihrem Kurzbesuch im Profifußball so viele Negativ-Rekorde aufgestellt wie kein anderer Verein davor und danach. Hier die eindrucksvollsten:

- die wenigsten Tore (15)
- die meisten Gegentore (108)
- die wenigsten Punkte (8 bzw. 10 nach Umrechnung auf die Drei-Punkte-Regel)
- die meisten Niederlagen (28)
- die wenigsten Auswärtssiege (0)
- die längste Heimniederlagenserie (8 Spiele)
- längste Serie ohne Sieg (31, vom 14. August 1965 bis 21. Mai 1966)
- die höchste Heimniederlage (0:9)
- das Bundesliga-Spiel mit den wenigsten Zuschauern (827 gegen Mönchengladbach)
- der Liga-Rekordtorschütze eines Klubs mit den wenigsten Toren (Wulf-Ingo Usbeck, 4)

---

aber leider Mittelfeldspieler. Das Team von Trainer Franz Linken brauchte vor allem einen Mittelstürmer. Kurz vor dem Überraschungs-Aufstieg hatte Tasmanias bester Angreifer Heinz Fischer den Verein verlassen. Er sah bei Eintracht Gelsenkirchen bessere Karriere-Chancen.

„Wir waren trotzdem eine ganz homogene Truppe", erzählt Basikow. Und das sind sie geblieben. Die Mannschaft trifft sich jedes Jahr, immer am 11.11. um 11.11 Uhr. „Weil wir alle schon so alt sind und keen Gedächtnis mehr haben, um uns den Termin zu merken", sagt Basikow. Fast alle, die nicht tot sind, kommen. Manche reisen aus Schleswig-Holstein an oder aus dem Harz. Es ist, als ob der ganze Spott von außen diese Truppe bis ans Ende aller Tage zusammengeschweißt hätte.

Zunächst fanden die Treffen in einer Kneipe in Berlin-Mariendorf statt. Nun gibt es aber einige Tasmania-Veteranen, die offenbar sehr sangesfreudig sind, die unerfüllte Sturm-Hoffnung Wolfgang Rosenfeldt zum Beispiel. „Und die alten Kampflieder sind nun mal nicht immer ganz astrein, wenn Damen dabei sind", sagt Basikow. Deshalb wird der 11.11. inzwischen bei ihm im Vereinsheim von Alemannia Wacker begangen. „Hier sind wir unter uns. Und dann erzählen wir von alten Zeiten und trinken jemütlich einen."

Getrunken haben sie angeblich schon damals ganz gerne. Szymaniak wurde in seinem Tasmania-Jahr auch „der Chef von der Literband" gerufen. „Abstinenzler war'n wa nich", gibt Basikow zu. Irgendwie muss man die vielen Niederlagen ja verdauen. Allerdings warnt er davor, Ursache und Wirkung zu verwechseln. Es sei nie einer besoffen zum Training oder zum Spiel gekommen, darauf legt er Wert.

Basikow arbeitete damals in einem Sportgeschäft. Wie viele seiner Mannschaftskollegen konnte er nur abends trainieren. Er bekam vom Verein 1200 DM Grundgehalt plus Prämien. „Da ist dann natürlich nicht mehr allzu viel dazugekommen bei den Ergebnissen." Immerhin: Zum Saisonstart gab es einmalig 400 Mark – dafür, dass er sich für die Bundesliga-Abziehbildchen fotografieren ließ.

Direkt nach seiner Höllensaison im Fußballhimmel beendete Basikow seine Karriere. Alles weitere fasst er so zusammen: „Tasmania ist dann noch drei Mal pleite jegangen und 23 Mal umbenannt worden." Der Name ist trotzdem geblieben. Als Synonym des Scheiterns.

Vieles, was nach Tasmania schiefging, wurde an Tasmania gemessen. Sobald eine Mannschaft in der Bundesliga mit einer mittelschweren Niederlagen-Serie dem Abstieg entgegen taumelt (das kann mal Hansa Rostock oder Greuther Fürth oder Hertha BSC sein), wird der „Tasmania-Check" gemacht. Ein Verein, der Gefahr läuft, einen der unzähligen Minus-Rekorde der Berliner zu brechen, macht sich vollends zum Gespött. Wer nach Tasmania riecht, gilt als Vollversager. „Da steht ich rüber. Hab andere Probleme", grummelt Klaus Basikow.

Stolz, sagt er, sei nicht ganz der richtige Ausdruck für das Gefühl, mit dem er und seine alten Kameraden auf die ewige Bundesligatabelle blickten, wo ganz unten wohl für immer Tasmania 1900 stehen wird. Aber dass es ihnen peinlich wäre? „Nee, nee, det is abjehakt." Basikow trinkt den Rest des Grapefruit-Weizenbieres in einem Zug. Dann knallt er die Flasche auf dem Tisch und ruft: „Wer kann schon von sich sagen, er hat Bundesliga gespielt?"

Ganz links unten das gewohnte Bild, der Ball landet 108 Mal im Tor der Tasmanen. Auch Nationalspieler Horst Szymaniak (daneben) kann nicht wirklich helfen. Bestleistung zeigten die drei Berliner Basikow, Posinski und Talaszus in den Sechzigern allerdings im Wellness-Bereich (rechte Seite, v.l.).

Geld im Sarg

Westberlin war zu Mauerzeiten eine sogenannte Sonderwirtschaftszone. Die Funktionäre von Hertha BSC nahmen diesen Begriff wörtlich. Sie wirtschafteten so lange nach gesonderten Regeln, bis der DFB die Hertha im Sommer 1965 aus der Bundesliga schmiss, wegen „schwerer Verstöße" gegen das Ligastatut. Ein Lizenzspieler durfte damals nicht mehr als 1200 D-Mark im Monat verdienen (inklusive Prämien). Ablösesummen waren mit 50 000, Handgelder mit 10 000 Mark gedeckelt. Hertha BSC ließ auf dem kurzen Dienstweg deutlich mehr springen, wie fast alle anderen Klubs auch. Die besten Fußballer wurden damals sozusagen auf dem Schwarzmarkt gehandelt. Im Unterschied zum Rest ließen sich die Berliner dabei erwischen. Der DFB-Kassenprüfer Dr. Ziegler hatte bei einer unangekündigten Kontrolle festgestellt, dass rund 150 000 Mark in der Vereinskasse fehlten. Dabei hatten die Berliner zuvor keine Mühen gescheut, das durch die Schwarzgeldzahlungen entstandene Loch kreativ aufzufüllen. Herthas Schatzmeister Günter Herzog, von Berufswegen Bestattungsunternehmer, ließ heimlich 55 000 Eintrittskarten fürs Olympiastadion drucken, um sie steuerfrei zu verkaufen. Die Schwarztickets sowie das damit erwirtschaftete Schwarzgeld versteckte er stilecht in einem Sarg seines Beerdigungsinstituts. Wenn man so will, hat sich der Zwangsabsteiger Hertha BSC als erster Bundesligist selbst begraben.

SAISON 1965/1966

1966/67

219

Wolf-Rüdiger Krause

Wolfgang Matz

Wolfgang Grzyb

Klaus Meyer

Lothar Ulsass

Erich Maas

Minimalisten vom Zonenrandgebiet

49 Tore, 43 Punkte: Nie wieder in der Ligahistorie ist eine Mannschaft mit einer so geringen Ausbeute Meister geworden wie Eintracht Braunschweig. Der Titel war trotzdem verdient.

Fast jede Woche dieselbe Aufstellung: Wolter, Kaack, Moll, Schmidt, Meyer, Bäse, Dulz, Maas, Saborowski, Ulsaß, Gerwien. Das klang alles nicht schlecht, aber auch nicht besonders Furcht einflößend. Im Sommer 1966 sagte der deutsche Ehrenspielführer Fritz Walter diesem Team eine große Zukunft voraus – in der Amateurliga. Vor der vierten Ligasaison war sich der in Sachen Fußball für gewöhnlich gut unterrichtete Pfälzer jedenfalls sicher, dass Eintracht Braunschweig absteigen werde. Das Orakel des Fachblattes *kicker* fiel nicht viel günstiger aus. Die Spieler von Trainer Helmuth Johannsen wurden als biedere Fußball-Handwerker dargestellt.

Es schien ja auch wirklich einiges gegen diese Eintracht zu sprechen. Ein Kader von kaum mehr als zwölf Namenlosen, fast alle dem eigenen Nachwuchs entsprungen und in herkömmlichen Berufen beschäftigt. Keine Stars. Allenfalls Stürmer Lothar Ulsaß ragte in Sachen Popularität ein wenig heraus. Braunschweig, das war die graue Maus vom Zonenrandgebiet.

> **Die Taktik war:**
> **Hinten erstmal dicht, und**
> **vorne hilft der liebe Gott.**

Am zweiten Spieltag verlor das Team um Kapitän Joachim Bäse erwartungsgemäß beim Titelverteidiger TSV 1860. Max Merkel, der Trainer der Münchner, sagte anschließend: „An denen wird sich noch mancher die Zähne ausbeißen!" Er ahnte noch nicht, wie recht er hatte. 32 Spieltage später waren die Sechziger entthront. Und Braunschweig war Deutscher Meister.

Manche hielten das für eine große Überraschung. Andere für eine kleine Sensation. Die Eintracht selbst hatte das Ziel ausgegeben, den zehnten Platz der Vorsaison zu verteidigen. Verteidigen, das war überhaupt das wichtigste Stichwort in Braunschweig. Kapitän Bäse erinnert sich: „Unser Motto hieß: Hinten erstmal dicht, und vorne hilft der liebe Gott."

Hinten dicht klappte gut. Die Braunschweiger ließen in 34 Spielen nur 27 Gegentore zu. Vorne brachten sie es mit Unterstützung des Allmächtigen sowie der Stürmer Ulsaß und Erich Maas immerhin auf 49 Treffer. Keine andere Mannschaft in 50 Jahren Bundesliga ist mit so wenigen Toren Meister geworden. Werder Bremen traf in jener Saison ebenfalls 49 Mal – und wurde Sechzehnter.

Johannsens Minimalisten genügten am Ende 43 Punkte, um die Titelfavoriten 1860 und Borussia Dortmund auf die Plätze zwei und drei zu verweisen. Auch das ist ein positiver Negativrekord der Bundesliga-Historie – genauso wie die sagenhaft schlechte Auswärtsbilanz von 14:20 Punkten. Bäse erklärte das Geheimnis dieser Mannschaft einmal so: „Nicht nur die Spieler, sondern auch die Spielerfrauen waren eine Einheit. Die Frauen haben dafür gesorgt, dass die Stimmung in der Mannschaft auch nach Niederlagen gut blieb."

Abgesehen von derartiger Gruppendynamik bleibt der Coup dieser Braunschweiger ein Rätsel. Trainiert wurde nur vier Mal pro Woche. Der Verein gehörte fünf Jahre vor dem Einstieg des Trikotsponsors Jägermeister zu den niedrigsten Nettozahlern der Bundesliga: 1200 Mark Grundgehalt, 250 Mark Siegprämie. Johannsen bekam 3500 Mark. Für Trainingslager war kein Geld da. Und Torhüter Horst Wolter erzählt nicht ohne Stolz: „Als andere Vereine schon in tollen Glitzertrikots aufliefen, trugen wir noch die alten Baumwollhemden, die im Regen immer kleiner wurden."

Trotzdem lag der einstige *kicker*-Herausgeber Friedebert Becker wohl falsch, als er im Mai 1967 beklagte, die Meisterschaft sei „vom Falschen gewonnen" worden. Einige Elemente des Braunschweiger Systems muss man rückblickend als geradezu modern beschreiben: kontinuierliche Jugendarbeit, Fokus auf Talente aus der Region, kollektive Verteidigung, überfallartiges Konterspiel sowie eine für damalige Verhältnisse überdurchschnittliche Fitness. Bei Entlastungs-Angriffen stürmte die ganze Abwehr mit. „So verlor die Mannschaft, wie regelmäßige Messungen ergaben, pro Spiel zwischen 15 und 20 Kilo Gewicht, einzelne Spieler bis zu drei Kilo", staunte *Der Spiegel* in seiner Laudatio.

Eine Brauerei brachte zum letzten Spieltag Bierdosen mit Teamfotos des Überraschungsmeisters heraus. Spätestens bei den anschließenden Feierlichkeiten dürften sich die Braunschweiger Helden wieder auf ihr ursprüngliches Kampfgewicht gebracht haben.

BORIS HERRMANN

Himmel auf Erden: Die Braunschweiger waren fit, deshalb konnten sie hoch fliegen.

Als ich elf war

Erinnerungen an eine glückliche Zeit, in der Braunschweig plötzlich Meister war und Kinder noch mit allem kickten, was ihnen vor die Füße kam.
Von Axel Hacke

Als ich elf Jahre alt war, spielten wir Fußball mit allem, was sich mit Füßen treten ließ. An der Bushaltestelle kickten wir mit Quitten aus den Sträuchern neben dem Wartehäuschen. Auf dem Pausenhof kickten wir mit flach gedrückten Kakaotüten.

Auf dem Heimweg kickten wir mit zusammengeknülltem Butterbrotpapier. Einer bekam die Stulle immer in Tupperware verpackt. Mit der Tupperware kickten wir auch. Nachmittags im Park kickten wir sogar mit einem Ball. Zum Kicken war uns alles recht.

Wenn wir kickten, nannten wir uns Kaack oder Maas oder Bäse, auch Dulz oder Ulsaß, so wie die Spieler der Braunschweiger Eintracht hießen, die Deutscher Meister wurde, als ich elf war, 1967 – und dann nie wieder. Irgendwie klingt meine ganze Kindheit nach diesen Namen, nach Wolter auch und Jäcker, nach Moll, Meyer, Schmidt, Matz, Grzyb, Gerwien, lauter kurze, ein- oder zweisilbige Namen, bis auf Saborowski, den einen der beiden Innenstürmer, er kam aus Kiel. Eine ein- bis zweisilbige Kindheit in der deutschen Provinz, nahe der Zonengrenze.

Diese Mannschaft. Niemand hatte vor der Saison mit ihr gerechnet, die Favoriten hießen Dortmund, der Europacup-Sieger, und 1860 München, der Meister von 1966, auch Köln, Bayern und Gladbach. Aber Bayern verlor in Braunschweig 2:5, Sepp Maier verbrannte hinterher seinen Pullover vor Wut, wenn ich mich recht entsinne. Trotzdem schrieben Zeitungen am Saisonende vom „schwächsten Deutschen Meister, den es je gab". Das war uns egal, wir lasen es nicht.

Wir lasen nur, dass es eine Elf ohne Stars war, dass eine große Kameradschaft unter den Spielern herrschte, dass noch nie eine Meistermannschaft weniger Tore (27) kassiert und auch noch nie eine weniger (49) geschossen hatte. Nie wurde jemand des Feldes verwiesen, und Helmut Johannsen war sieben Jahre Trainer, ein Muster an Beständigkeit.

In der Saison darauf warf die Eintracht Rapid Wien aus dem Europapokal und besiegte Juventus Turin im Hinspiel 3:2, bei drei Toren von Kaack, leider zwei davon Eigentore, ausgerechnet Kaack, der Zuverlässigste. Juve wurde sogar in ein Entscheidungsspiel in Bern gezwungen, dann war Schluss. Aber *Tuttosport* schrieb von den „entfesselten Furien aus Braunschweig". Ich lese es heute voller Rührung, denn was ist einem Braunschweiger fremder als das Furiose und das Entfesseltsein?

Gott, was haben wir sie bewundert.

> Bayern verlor 2:5 in Braunschweig, Sepp Maier verbrannte hinterher seinen Pullover vor Wut, wenn ich mich recht entsinne.

Mein Onkel war Ordner bei den Heimspielen, er trug dann eine blau-gelbe Kappe, und nach dem Spiel mussten meine Tante und ich auf ihn warten, weil er noch mit den anderen Ordnern an der Kasse stand und seinen Lohn abholte. Ich dachte: Wenn ich es einmal so weit bringe im Leben, dass ich Geld bekomme für etwas, das ich doch sowieso tun würde ...

Als ich zum Gymnasium sollte, wollte ich an die Gauss-Schule, weil dort Hennes Jäcker Studienrat war, der zweite Torwart; alle Spieler hatten damals noch einen Beruf und übten ihn auch aus. Aber meine Eltern schickten mich zum Wilhelm-Gymnasium. Dort war Hannes Vogel mein Sportlehrer, der die Mannschaft als Trainer in die Bundesliga gebracht hatte. Das war auch schön.

1968 starb Moll – der blonde, gut aussehende Moll – bei einem Autounfall, auch seine Frau kam zu Tode, und die beiden kleinen Töchter sahen ihre Eltern nie wieder. Die halbe Stadt weinte, die *Braunschweiger Zeitung* erschien mit einem Extrablatt, die Weltmeisterelf von 1954 reiste zu einem Benefizspiel an. Wir machten in unseren Fußballbilder-Alben ein Kreuz neben seinem Foto, und eine glückliche Zeit war zu Ende, auch für uns.

Es kam die Zeit, in der die Eintracht in den Bundesligaskandal verwickelt war. Es kam die Zeit, in der Herr Mast von der Firma Jägermeister von hier aus die Fußballwelt veränderte, weil er aus Eintracht Braunschweig die erste Mannschaft mit Trikotwerbung machte. Es kam die Zeit, in der Paul Breitner für Eintracht Braunschweig spielte, nicht lange, er hielt es wahrscheinlich nicht aus, dass jeden Sonntag die Leute in Massen ihre Spaziergänge an seinem Haus vorbei machten. Drei Mal stieg die Eintracht aus der Bundesliga ab, und nach dem letzten Mal dauerte es 28 verdammte Jahre, bis sie wieder aufstieg.

Sie ist jetzt wieder oben! Ehrlich gesagt, weiß ich nicht mehr richtig viel über sie, ich wohne ja nun schon sehr lange woanders. Aber immer noch sehe ich jedes Wochenende nach, wie Eintracht gespielt hat, denn sie und ich sind auf immer untrennbar verbunden: Nie wieder war Fußball etwas so Großes für mich, nie wieder rührte er so an mein Herz. Wir waren elfjährige Jungs, wir kickten als Vorbereitung auf die Rangeleien des Erwachsenenlebens, wir kickten die Spannungen und die Angst aus uns heraus, die das Leben uns schon verursachte. Und zufällig gab es genau zu dieser Zeit in unserer Stadt eine große Fußballmannschaft und danach nicht mehr.

DER HELD MEINER JUGEND
Hennes Küppers

Kurz vor Weihnachten 1962 zogen wir nach München um, ich kannte keinen Menschen und war froh, als der neue Nachbar mich mitnahm zum Fußball. Oberliga Süd, Tabellenführer 1860 München gegen den VfB Stuttgart, natürlich im Stadion an der Grünwalder Straße, das selbst die Bayern-Fans das „Sechzgerstadion" nannten. Es sollte ein schweinekalter, aber schicksalhafter Samstagnachmittag werden. Es war ein simpler Pass, der in mir, dem 12-, 13-jährigen Pubertanten, eine leidenschaftliche Liebe entzündete. Dieser Pass über 30, 40 Meter verließ den Fuß des Passgebers und begab sich auf eine offenkundig rätselhafte Reise ins Nirgendwo. Doch während die Kugel sich um die eigene Achse drehte, veränderte sie wie auf ein parapsychologisches Kommando hin plötzlich ihre Flugbahn, bog ab vom falschen Kurs und landete schließlich millimetergenau auf dem Fuß des an der Seitenlinie entlangrasenden Mitspielers. Solch ein krummes Ding war mit den klobigen Stiefeln und den schweren Lederbällen jener Zeit eigentlich unmöglich. Und doch: Ich hatte das Phänomen des Effets entdeckt und trat entschieden in eine Beziehung mit dem Passgeber, mit Hennes Küppers, ein. Küppers war, jedenfalls aus der Sicht eines 12-, 13-jährigen, auch der Erfinder des Außenristpasses, eine neue Technik, die Franz Beckenbauer später zur Vollendung brachte. Küppers und ich wurden eins. Bei unseren nachmittäglichen Schlachten auf dem Gelände des Lehrlingsheims im Stadtviertel Haidhausen konnte es passieren, dass ich beleidigt nach Hause ging, wenn ich nicht Hennes Küppers sein durfte. Ich trug, als ich endlich in den Fußballverein durfte, das Trikot mit der Nummer 8. Wie Hennes. **LUDGER SCHULZE**

Saison 1966/67

	am 34. Spieltag	Tore	Punkte
1.	Eintracht Braunschweig	49:27	43:25
2.	TSV 1860 München (M)	60:47	41:27
3.	Borussia Dortmund	70:41	39:29
4.	Eintracht Frankfurt	66:49	39:29
5.	1.FC Kaiserslautern	43:42	38:30
6.	Bayern München	62:47	37:31
7.	1.FC Köln	48:48	37:31
8.	Borussia Mönchengladb.	70:49	34:34
9.	Hannover 96	40:46	34:34
10.	1.FC Nürnberg	43:50	34:34
11.	MSV Duisburg	40:42	33:35
12.	VfB Stuttgart	48:54	33:35
13.	Karlsruher SC	54:62	31:37
14.	Hamburger SV	37:53	30:38
15.	FC Schalke 04	37:63	30:38
16.	Werder Bremen	49:56	29:39
17.	Fortuna Düsseldorf (A)	44:66	25:43
18.	RW Essen (A)	35:53	25:43

Als Abstiegskandidat gehandelt, als Betonblock gefürchtet, am Ende als Meister bestaunt: Braunschweig bleibt 17 Spiele ohne Gegentor und wird ingesamt nur 27 Mal bezwungen. Nie erzielte ein Bundesliga-Meister weniger Treffer. Die Bayern gehen in Braunschweig allerdings 2:5 unter. Der Endspurt von 1860 kommt zu spät. Erstmals gehen beide Aufsteiger, Düsseldorf und Essen, wieder runter.

Manege frei für einen der ganz großen Darsteller im Zirkus Bundesliga: Max Merkel peitschte nach dem TSV 1860 München auch Nürnberg zum Titel.

1967/68

Scheitern der Symphoniker

Der 1. FC Nürnberg schaffte es, als Außenseiter Meister zu werden – und als Meister abzusteigen. Dabei hatte Meistermacher Max Merkel eigentlich goldene Zeiten erwartet.

VON MARKUS SCHÄFLEIN

In der vierten Bundesliga-Saison drohte dem 1. FC Nürnberg der Abstieg – die Mannschaft war nach der Hinrunde 1966/67 Vorletzter. Dann kam Max Merkel. „Die Bundesliga ist ausgeglichener geworden. Selbst Nürnberg kann Meister werden. Ich traue Max Merkel alles zu", sagte Bayern-Trainer Tschik Cajkovski. In Nürnberg wurden plötzlich Wetten auf die Meisterschaft abgeschlossen – Günther Koch, später als Radioreporter und Aufsichtsrat eine Club-Ikone, verlor auf diese Weise 100 Mark an den Hausmeister seiner damaligen Schule. Bei Merkel ging es um ganz andere Summen: Sein Monatsgehalt – angeblich für damalige Verhältnisse exorbitante 10 000 Mark netto – sorgte für Gesprächsstoff. Hinterher stellte er fest: „Ich war jeden Pfennig wert."

Überhaupt drehte sich bei Merkel viel ums Monetäre. „Geld ist die beste Psychologie", lautete sein Credo – daher beschnitt er die Grundgehälter der Spieler, stattdessen erhielten sie überdurchschnittliche Prämien. Am vorletzten Spieltag der Saison 1967/68 machte sein Team den Titel mit einem 2:0 beim FC Bayern perfekt.

1966 hatte der Österreicher, Sohn eines preußischen Offiziers und einer Wienerin, bereits 1860 München zum Meister gemacht. Dabei führte der gelernte Maschinenbau-Ingenieur die Spieler mit harter Hand. Nachdem sich Merkel mit Torwart Petar Radenkovic ein Handgemenge geliefert hatte, musste der Trainer den TSV 1860 Ende 1966 verlassen. Nun also Nürnberg. Stürmer Franz Brungs erlebte im Trainingslager in Tirol die „härteste Vorbereitung, die ich je mitgemacht habe. Wir glaubten oft, wir würden zusammenbrechen. Wir hatten das Gefühl, jetzt ist es aus, jetzt geht es nicht mehr. Es war die Hölle." Mittelfeldspieler Ferdinand Wenauer meinte: „Von der Qualität her waren wir sicher keine Spitzenmannschaft, aber der Merkel hat uns so hochgetrimmt, dass es reichte." Und Heinz Strehl erinnerte: „Wir sind mit fast derselben Mannschaft Meister geworden, die knapp eineinhalb Jahre zuvor in Abstiegsgefahr schwebte. Das muss man sich immer wieder in Erinnerung rufen, denn nur dann kann man ermessen, was wir geleistet haben."

Nach einer Saison voller Höhepunkte, unter anderem einem 7:3-Heimsieg gegen den FC Bayern mit fünf Treffern von Brungs und dem entscheidenden 2:0 im Rückspiel, feierten in der Nürnberger Altstadt Tausende. Mit einem Sonderzug fuhren Mannschaft und Präsidium um 20.40 Uhr von München nach Nürnberg zurück, wo Menschenmassen am Bahnsteig warteten. Bundesgesundheitsministerin Käte Strobel staunte in ihrer Glückwunschrede: „Einen solchen Empfang erlebt kein Mitglied der Bundesregierung."

Einfach unwiderstehlich: Im Spiel gegen Bayern München schoss Franz Brungs (rechts, gegen Peter Kupferschmidt) fünf Tore. Die Partie endete 7:3, der FCN wurde Meister.

Als erster und bislang einziger Verein der Bundesliga schaffte es der 1. FC Nürnberg ein Jahr später, als amtierender Meister abzusteigen. Dabei hatte Merkel goldene Zeiten erwartet: Der Club werde so viel Geld haben, „dass wir uns mit dem Hintern gegen die Tür stemmen müssen, um den Tresor zuzukriegen", prophezeite er. Allerdings wurde falsch investiert. Merkel bezeichnete das erfolgreiche Team von 1968 als „Bauernkapelle" und wollte ein „Sinfonieorchester" bauen. Er ließ etliche Leistungsträger gehen, darunter Gustl Starek zum FC Bayern und Torjäger Brungs zu Hertha BSC. Stattdessen verpflichtete er 13 Neue. Angeblich verdiente Merkel beim Brungs-Transfer mit. „Ich weiß nur eines: Wenn der Club mich nicht verkauft hätte, wäre er nie abgestiegen", sagte Brungs später. Das neue Team kam nie an das Niveau der Bauernkapelle heran. Auch zwei Trainerwechsel (Robert Körner für Merkel, später Kuno Klötzer für Körner) halfen nicht.

Georg Volkert, der in beiden Spielzeiten Stammspieler beim FCN war, erklärte das Unerklärliche später so: „Man denkt sich immer: Ach, des pack' ma scho wieder, wir kriegen noch die Kurve. Wir haben ja noch sechs Spiele. Doch dann hat man nur noch fünf, nur noch vier ... – plötzlich ist dann ein Knacks da." Trotzdem konnte der Club mit einem Sieg im letzten Spiel beim 1. FC Köln noch den Klassenerhalt schaffen – und verlor mit 0:3. Die Kölner hätten „Messer im Stutzen" gehabt, meinte Volkert. Die Einstellung der Nürnberger Symphoniker ließ hingegen einmal mehr zu wünschen übrig.

Eine spezielle Rolle, diese Legende hört man jedenfalls noch heute an Nürnberger Stammtischen, soll angeblich der erst zu Saisonbeginn vom Karlsruher SC gekommene Club-Torwart Jürgen Rynio gespielt haben. Er hatte demnach schon einen Vertrag mit Dortmund vereinbart – und vielleicht deshalb beim 2:2 im Schicksalsspiel gegen den BVB daneben gelangt? Als Rynio 2007 in einer Fernsehreportage zu jenem Abstieg interviewt wurde, erhielt er anschließend, fast 40 Jahre nach seinem Fehlgriff, Drohbriefe von Nürnberger Anhängern. Ob die Legende stimmt oder ob sie eher dazu diente, vom Versagen anderer abzulenken: Viele der zugekauften Spieler kümmerten sich jedenfalls schon lange vor dem Abstieg um neue Vereine und Verträge, was den in Nürnberg erscheinenden *kicker* erzürnte. „Leichenfledderer sind am Werk", klagte das Fußballmagazin. „Was wirklich passiert ist", sagte Heinz Strehl im *Spiegel*, „werden wir erst merken, wenn wir auf Wiesen spielen und die Zuschauer mit Spazierstöcken nach uns stockern." Sie merkten es sehr lange: Nach dem Abstieg 1969 blieb Nürnberg neun Jahre zweitklassig.

Neben den Personaldebatten und Verschwörungstheorien gibt es übrigens eine vergleichsweise langweilige statistische Erklärung: In jener Saison herrschte eine enorme Leistungsdichte. Der 1. FC Nürnberg landete als Absteiger nur neun Punkte hinter dem Zweiten Alemannia Aachen – und verpasste die Uefa-Pokal-Teilnahme nur um sieben Punkte. Diese Ausgeglichenheit, die dem Club eine Saison vorher noch zum Titel verholfen hatte, wurde ihm nun zum Verhängnis.

Abgang als Absteiger: Die Clubberer Küppers, Müller, Zaczyk und Rynio (von links).

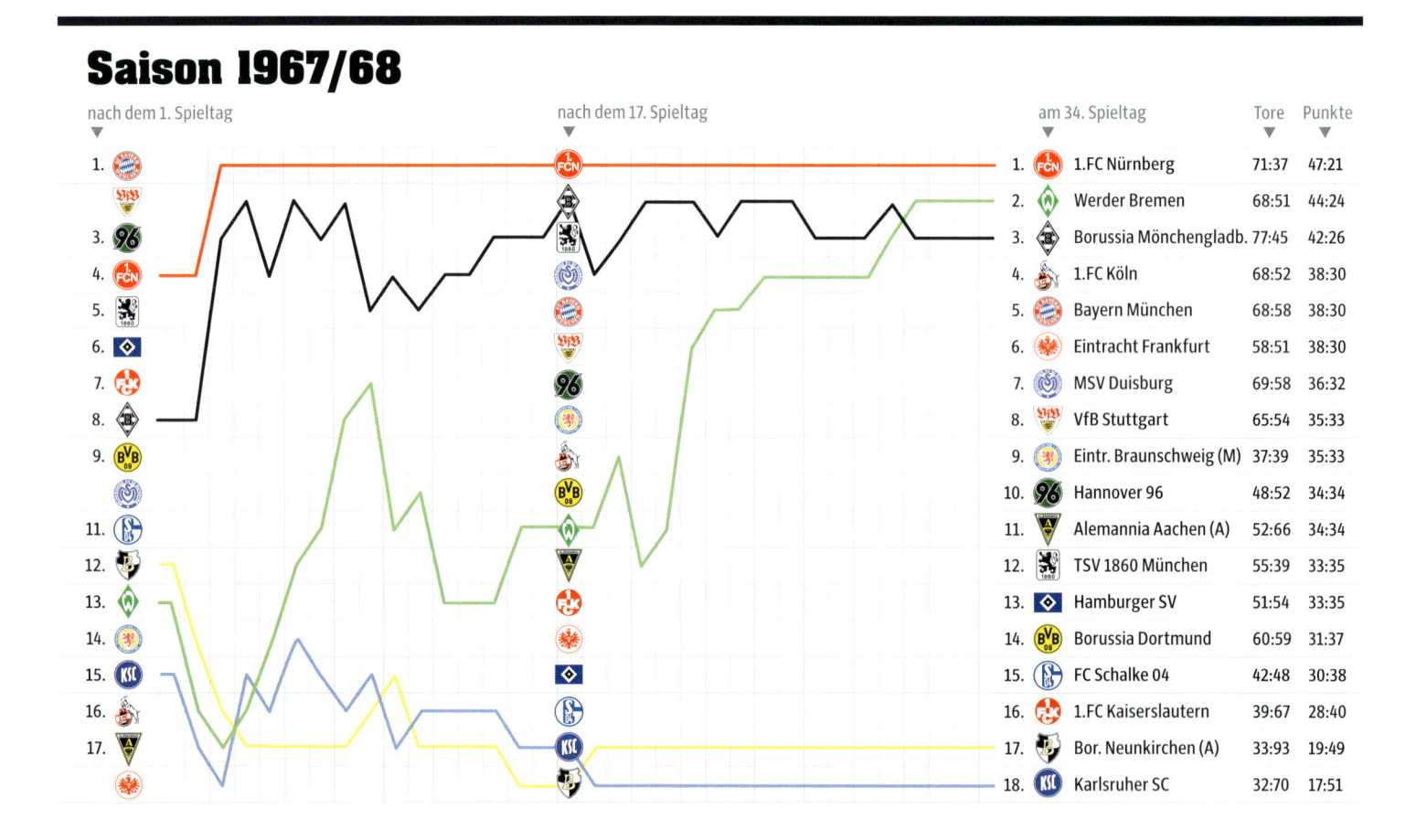

Saison 1967/68

am 34. Spieltag	Tore	Punkte
1. 1.FC Nürnberg	71:37	47:21
2. Werder Bremen	68:51	44:24
3. Borussia Mönchengladb.	77:45	42:26
4. 1.FC Köln	68:52	38:30
5. Bayern München	68:58	38:30
6. Eintracht Frankfurt	58:51	38:30
7. MSV Duisburg	69:58	36:32
8. VfB Stuttgart	65:54	35:33
9. Eintr. Braunschweig (M)	37:39	35:33
10. Hannover 96	48:52	34:34
11. Alemannia Aachen (A)	52:66	34:34
12. TSV 1860 München	55:39	33:35
13. Hamburger SV	51:54	33:35
14. Borussia Dortmund	60:59	31:37
15. FC Schalke 04	42:48	30:38
16. 1.FC Kaiserslautern	39:67	28:40
17. Bor. Neunkirchen (A)	33:93	19:49
18. Karlsruher SC	32:70	17:51

Fast ein Start-Ziel-Sieg der Nürnberger. Zur Halbzeit liegen sie sieben Punkte vorne, dann wird ein bisschen geschlampt, sodass die Titel-Entscheidung erst am vorletzten Spieltag durch ein 2:0 beim FC Bayern fällt (Tore: Brungs, Strehl). Es ist Nürnbergs neunte Deutsche Meisterschaft – die bislang letzte. Der Abstiegskampf fällt aus: Neunkirchen und der KSC gehen einträchtig hinunter.

Kuhglocke für den Club

Ein Leben – drei Karrieren. Die bescheidenste erlebte Max Merkel, geboren in Wien, als Verteidiger. Eigentlich hatte er Stürmer werden wollen, aber Rapid und später der Wiener SC buchten ihn nur für die Defensive. Seine zweite Karriere entwickelte Merkel als Trainer, er gewann vier Meisterschaften mit Rapid, dem TSV 1860 München, dem 1. FC Nürnberg und Atletico Madrid. Aus seiner Nürnberger Zeit ist überliefert, wie er die Spieler in Reihe antreten ließ, um sie zu fragen: „Wisst Ihr, warum die Kühe auf der Alm Glocken um den Hals tragen?" Als diese ihn ratlos anschauten, kam die Antwort: „Damit sie nicht im Stehen einschlafen. Übrigens: Ich habe gerade ein Dutzend für Euch bestellt." Weil Merkel nie davor zurückschreckte, Schmäh auf Kosten seiner Profis zu verbreiten, waren seine Etappen oft nur von kurzer Dauer. Bisweilen ging er flott auf Distanz, wie beim Intermezzo 1975/76 bei Schalke 04: „Das Schönste an Gelsenkirchen war schon immer die Autobahn nach München." Lokalspitzen wie diese prädestinierten ihn für die Rolle des Lästerers der Nation, die er in seiner dritten Karriere als Bundesliga-Kolumnist der *Bild*-Zeitung ausfüllte. Dabei gerierte sich Merkel weder als Taktik-Guru noch als Moral-Apostel, seine Hauptdarsteller waren die Jungs mit den charakterlichen Defiziten: „Der Basler spielt wie eine Parkuhr. Er steht rum – und die Bayern stopfen Geld rein."

Max Merkel starb im November 2006; vererbt hat er einen Zitatenschatz, der Nachhall findet bis in alle Ewigkeit.

Spieler vertragen kein Lob. Sie müssen täglich die Peitsche im Nacken fühlen.

Die wissen nicht einmal, dass im Ball Luft ist. Die glauben doch, der springt, weil ein Frosch drin ist.
Merkel über deutsche Funktionäre

In Bochum wurde früher so geholzt, dass sogar der Ball eine Gefahrenzulage verlangt hat.

Die Straßenbahn hat mehr Anhänger als Uerdingen.

Im Training habe ich mal die Alkoholiker meiner Mannschaft gegen die Antialkoholiker spielen lassen. Die Alkoholiker gewannen 7:1. Da war's mir wurscht. Da hab i g'sagt: Sauft's weiter.
Merkel über seine Zeit bei 1860 München

Wenn im Westfalenstadion der Rasen gemäht wird, stehen hinterher 20 Mann zusammen und erzählen, wie es gewesen ist.
Merkel über die Fans von Borussia Dortmund

Im Eisschrank hatte er nur noch das Nötigste: 20 Schnitzel, 33 Frikadellen.
Merkel über Leverkusens Manager Reiner Calmund

RANGLISTE 1: VERSCHWUNDENE KLUBS

Wie ein vergilbtes Foto

Für einen Verein wie Borussia Neunkirchen war die Bundesligazeit Segen und Fluch zugleich. Ein Segen, einmal dabei gewesen zu sein. Ein Fluch, nie wieder dorthin kommen zu können.

VON RALF WIEGAND

Und dann, als die Reise in die Vergangenheit von Borussia Neunkirchen schon fast vorbei ist, kommt noch die letzte Taxifahrt, zurück zum Bahnhof der kleinen Stadt, der sich Hauptbahnhof nennt. Warum auch nicht, Neunkirchen nennt sich ja auch Bundesligastadt. Immer noch. Wenigstens manchmal. Es gibt hier einen Zoo oben auf der Höhe und ein Eros-Center unten an der Einfallstraße. Es ist eine kleine Großstadt oder eine große Kleinstadt, ein liebenswerter Anachronismus jedenfalls ist er, dieser Ort, mit Straßen so steil wie in San Francisco. Der Bahnhof ist irgendwie aus der Zeit gefallen, sieben Gleise hat er, das erinnert an eine große Ära, als die Züge aus der Gegend jeden Morgen Tausende Arbeiter ausspuckten, die von hier aus zur Schicht ins Eisenwerk gingen. Wenn sie Geld bekamen, einmal in der Woche und in bar, standen die Frauen am Tor und holten ihre Männer ab, bevor die losziehen konnten in die Kneipen der Umgebung. Und damit das Geld nicht gleich im Eros-Center landete, das damals noch nicht so hieß, sondern Schmuckkästchen oder Schatzkästchen, wenn sich die Leute richtig erinnern.

Und samstags kamen die Fußballfans hier an und stiegen in die Straßenbahn, die dann voll besetzt zum Ellenfeld-Stadion schnaufte, gleich hinter dem großen Turm der Schlossbrauerei.

Heute steht die Uhr an der verwaschenen Fassade des Bahnhofs auf zwölf, auch nachmittags kurz vor halb drei. Seit vier Jahren bewegen sich die Zeiger nicht mehr, niemand weiß, warum, niemand fühlt sich verpflichtet, das zu ändern. Und das einzige Klo auf dem Bahnhof der zweitgrößten Stadt des Saarlandes ist auch schon ewig gesperrt. Der Bahnhof ist ein Symbol geworden für das Vergängliche, für Gewesenes, wovon es in Neunkirchen so viel gibt. Das alte Kino in der Stadt, geschlossen. Die Straßenbahngleise, abgerissen. Die Kohlegruben, die Eisenhütte, Geschichte. Das Restaurant Olympia, rappelvoll an Spieltagen der Borussia, gibt es nicht mehr. In dem gelb getünchten Haus gegenüber vom Stadion sind jetzt Eigentumswohnungen. Die Wirtin von früher wohnt auch in so einer Wohnung, „es war so schön alles", sagt sie, „zu schön". Sie sitzt im Borussia-Heim, der Stadionkneipe, an den Wänden hängen all die Bilder von früher in Schwarz-Weiß. Damit man nicht vergisst, dass es tatsächlich wahr war.

Man könnte endlos so weitermachen. Das Lokal, in dem die Borussia gegründet wurde, beherbergt heute einen namenlosen Asia-Imbiss. Die Brauerei neben dem Ellenfeld-Stadion ist längst abgewickelt, ein Industriedenkmal bestenfalls. Das Stadion, das sich den Parkplatz mit einem Supermarkt teilt, es zerfällt wie ein altes, vergilbtes Foto. Betonstehlen lösen sich auf, Eisengitter rosten, Stufen senken und heben sich, wie sie wollen. Aber wenn man das Bild genau anschaut, sieht man noch die goldene Zeit hindurchschimmern.

Die Elf der Vergessenen

In loser Folge werden in diesem Buch zehn *SZ*-Ranglisten aus der Ligahistorie vorgestellt. Wir präsentieren die Elf der besten Fußballsongs, der härtesten Verteidiger oder der hässlichsten Trikots. Den Auftakt machen elf ehemalige Erstligisten, die fast spurlos verschwunden sind.

1. Borussia Neunkirchen
Von 1964 bis '66 und 1967/68 in der Bundesliga
2. Blau-Weiß 90 Berlin
1986/87
3. Rot-Weiss Essen
1966/67, 1969 bis '71 und 1973 bis '77
4. VfB Leipzig
1993/94
5. FC Homburg
1986 bis '88 und 1989/90
6. Darmstadt 98
1978/79 und 1981/82
7. SSV Ulm 1846
1999/2000
8. Bayer 05 Uerdingen
1975/76, '79 bis '81, '83 bis '91, '92/93, '94 bis '96
9. Waldhof Mannheim
1983 bis 1990
10. Wuppertaler SV
1972 bis 1975
11. Alemannia Aachen
1967 bis '70 und 2006/2007

Und die Borussia spielt in der 5. Liga, Oddset-Oberliga Rheinland-Pfalz/Saar heißt die Klasse. Ein Name wie eine Beleidigung für Borussia Neunkirchen.

Aber immerhin, sie lebt, es gibt sie noch, man spricht über sie, und einer spricht sogar für sie, das ist Dirk Honecker. Er ist der Stadionsprecher – und Taxifahrer. Er sieht das Buch auf den Knien des Fahrgastes liegen, ein Buch über die große Zeit des kleinen Vereins aus dem Saarland, und Honecker sagt, „da sind Sie ja an den Richtigen geraten". Und dann erzählt er während der kurzen Fahrt zum Bahnhof von den Auswärtsspielen auf Dorfplätzen, zu denen er fährt, immer wieder, weil die Tochter ihre Mannschaft sehen will, auch wenn es 200 Kilometer durch die Prärie geht. Und bei jedem Heimspiel legt Nora den Ball auf den Mittelkreis, dabei trägt sie ein Borussen-Trikot. Frau Honecker backt Kuchen für den Vip-Raum, Dirk liest die Aufstellungen vor. Es gibt Fan-Klubs, die heißen wie früher. Hüttenjungs zum Beispiel, in Anlehnung an die Eisenhütte. Und ihre Kurve im Stadion hat einen Namen: Spieser Kurve, weil sie nach Spiesen zeigt, den Nachbarort. Drauf stehen dürfen sie nicht mehr, wegen Einsturzgefahr.

Das gibt es hier alles: Fans mit Trikots. Eine Fankurve. Einen Vip-Raum. Einen Stadionsprecher. Und Platz für mehr als 30 000 Leute. Borussia Neunkirchen ist über 40 Jahre nach dem letzten Abstieg irgendwie noch immer ein Ex-Erstligist.

„Immerhin, wir waren dabei, und wir können noch darüber erzählen", sagt Günter Kuntz, der Vater von Stefan Kuntz, dem Vorstandschef des 1. FC Kaiserslautern, und einer jener Borussen aus Neunkirchen, die Zeitzeugen sind. Er ist auch ins Borussia-Heim gekommen, um ein bisschen zu plaudern über früher, Willi Ertz ist mitgekommen, der legendäre Torwart jener Zeit, als die Saarländer für drei Jahre in der Bundesliga spielten. Sie waren vor dem FC Bayern aufgestiegen, 2:0 siegten sie damals in München in der Aufstiegsrunde, Ertz machte ein Weltklasse-Spiel und Kuntz das Tor zum 2:0. „Neulich habe ich mit Franz Beckenbauer zusammengesessen", sagt Kuntz, „da hat er wieder gesagt, er könne es nicht fassen, dass wir vor ihnen in der Bundesliga waren."

Das Ellenfeld-Stadion von Neunkirchen ist ein Erinnerungsort geworden – zu großartig, um abgerissen zu werden, und zu kaputt, um saniert werden zu können.

Die gute alte Zeit: Neunkirchens erstes Bundesligaspiel gegen Dortmund (li.), Fans beim Spiel gegen den HSV (re.), Netzers Auftritt im Ellenfeld-Stadion (unten).

Waren sie aber. Jens Kelm war damals ein Kind, heute ist er so etwas wie das Gedächtnis des Klubs. Der Orthopäde und Sportlehrer ist ein Neunkircher Junge und Borussia-Anhänger, er archiviert die Geschichte des Vereins. Ein Teil lagert im Landesarchiv in Saarbrücken, wo all die Hefte und Zeitungsberichte liegen, die Auskunft geben können, wie groß die Borussia einmal gewesen ist. Siege, stand damals sogar in Berliner Zeitungen, feierten die Neunkircher bisweilen „wie ein Volksfest, mit Marschmusik und Blumensträußen und einer schwarz-weißen Bergziege, die der Zoo als Maskottchen geschenkt hatte".

Ein anderer Teil der Geschichte lagert im Keller des Ellenfeld-Stadions. Ein Keller ist das, mit dem man Kindern Angst machen kann. In manchen Räumen brennt Licht, das man nicht ausschalten kann, in anderen ist es seit Jahren dunkel. „Die Augen müssen sich dran gewöhnen", sagt Kelm bei der Stadionführung, „dann sehen Sie es." Tatsächlich, ein Entmüdungsbecken, so groß wie ein Speisesaal. Seit Jahrzehnten leider ausgetrocknet.

Kelm hat zusammen mit Tobias Fuchs in einem Buch („100 Jahre Ellenfeld-Stadion", Ottweiler Druckerei und Verlag) die Geschichte des Ellenfeld-Stadions aufgearbeitet. Es gehört, schrieb das Magazin *11Freunde*, zu den 99 Orten, die ein Fußballfan besucht haben muss. Die Geschichte dieses Stadions ist eine Reise durch die Zeit, die noch immer nicht zu Ende ist. Man merkt das, wenn Kelm erzählt, woran er sich selbst noch erinnert. Wo genau er stand bei welchem Jahrhundertspiel. Er erzählt dann so, als würde sich alles gleich am nächsten Wochenende wiederholen. „Wenn das Stadion voll ist", schwärmt er, als er die Hauptstraße entlangfährt, „dann ist hier alles zugeparkt, das sieht aus – das können Sie sich nicht vorstellen! Dann ist es schwarz vor Menschen, die den Berg runterlaufen zum Stadion. Wie Ameisen."

Aber schwarz vor Menschen ist es schon ewig nicht mehr. 300, 350 Leute besuchen die Spiele der Borussia noch, und wenn einer stirbt von den Unentwegten, bekommt er eine Anzeige im Stadionheft. Wieder einer weniger von den treuen Zuschauern.

> **Schwarz vor Menschen ist es hier schon ewig nicht mehr.**

Kelm weiß natürlich, dass das vorbei ist, für immer. Genauso wie Günter Kuntz das weiß: „Das kommt nie wieder, völlig ausgeschlossen." Die Zeiten, in denen der Zwerg aus Neunkirchen die Riesen aus dem Reich – Reich, so nennen sie den Rest der Bundesrepublik, der nicht saarländisch ist – aufs Kreuz gelegt hat, sind Geschichte. Aber diese Geschichte steht eben nicht nur in Büchern, sie steht halt auch in Form eines Fußballstadions mitten in der Stadt. Langsam wächst ein Neubaugebiet über die Wiese hinter der Spieser Kurve an die Betonstufen heran, die von Bauzäunen umstellt sind, damit sich niemand etwas tut. Unter der Tribüne sind Netze gespannt gegen herabfallende Steinbrocken, den Hausmeister haben sie entlassen müssen, kein Geld mehr da.

Das alte Stadion hat die Stadt dem Verein vor ein paar Jahren abgekauft und ihm zur Nutzung überlassen, unter Übertragung aller Pflichten. Der Betrieb zehrt die Borussia auf, jede Saison beginnt sie mit einem fetten fünfstelligen Minus. Geld, das für die Mannschaft fehlt. Auch in der fünften Liga kommt kein Spieler nur deshalb hierher, weil die Borussia einen großen Namen hat und einen medizinischen Behandlungsraum mit angeschlossener Sauna. Jens Kelm war mal Mannschaftsarzt hier, er kann sich ärgern, dass Spieler so etwas nicht schätzen: „Die gehen lieber für fünf Euro mehr woanders hin." Und auch der Nachwuchstrainer sagt, die wenigsten der Jugendlichen wissen, was für ein großer Klub das mal war. Heute hatte der neue Kunstrasenplatz nicht mal von Anfang an einen Zaun, Chaoten kurvten nachts mit dem Auto drauf herum.

Das Stadion, damals eigens für die Bundesliga groß ausgebaut, steht für die Vergangenheit und frisst gleichzeitig die Zukunft auf, das ist wie ein Segen und ein Fluch. Der Segen, es einmal erlebt zu haben, einmal dabei gewesen zu sein. Und der Fluch, zeitlebens der Erinnerung hinterher zu laufen. Diese Zerrissenheit hat schon ganz andere Vereine ausgelöscht.

Dass es nicht lange gutgehen würde mit der Fußballherrlichkeit in diesem südwestlichen Zipfel, das haben die Spieler schon gemerkt, als das Wunder noch in

SAISON 1967/1968

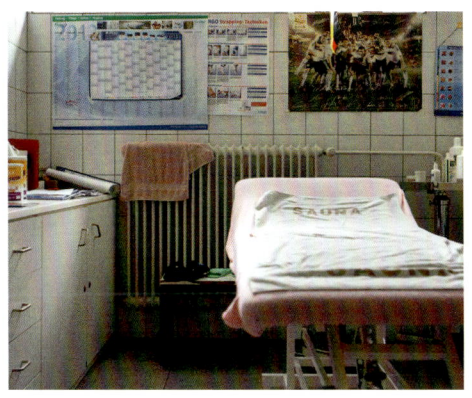

Die schlechten Zeiten heute: Das ehrwürdige Ellenfeld-Stadion deutet Borussias kurze Zugehörigkeit zur Bundesliga nur noch an.

vollem Gange war. Schon in den ersten Jahren der Bundesliga, erinnert sich Günter Kuntz, begann ja das Wettrüsten, „die anderen waren finanzstärker, konnten bessere Spieler holen". Neunkirchen war ein Familienklub, mindestens acht Spieler arbeiteten im Eisenwerk, nach den Spielen ging es ins Tanzcafé Hör, das heute ein kleines Hotel ist. „Da haben wir dann mit den Spielern und den Frauen gesessen", sagt Willi Ertz, „der Zusammenhalt war es, der uns stark gemacht hat. Wir waren wirklich Freunde." Ins Stadion kamen anfangs weit mehr als 20 000 Zuschauer im Schnitt, eine Sensation für eine Stadt mit knapp 50 000 Einwohnern. „Es war damals schon ein richtiges Fußballstadion, die Zuschauer waren ganz eng dabei, es war eine sensationelle Stimmung", sagt Günter Kuntz. Die Spieler schufteten für den Erfolg, und die Euphorie trug sie sogar durch Trainingslager, die von Dienstag bis Samstag dauerten.

Aber dann kam es, wie es kommen musste. Das mit dem Eisenwerk wurde immer weniger, die Begehrlichkeiten im Fußball wurden immer mehr. Der kleine saarländische Klub versäumte es früh, Geld von auswärts zu holen. Saarländer sind wohl so, ein bisschen stolz und ein bisschen stur und ein bisschen naiv sicherlich auch. Mehr als 50 Jahre hatte die Borussia erstklassig gespielt, auch wenn diese erste Klasse immer eine regionale Angelegenheit war. Egal. Einmal Erstligist, immer Erstligist. Das würde schon werden.

Die Bundesliga wuchs Neunkirchen einfach über den Kopf. Nach zwei Jahren stieg der Klub 1966 zum ersten Mal ab. Und 1967 wieder auf. Und 1968 wieder ab. Dass es diesmal für immer sein sollte, wollte keiner glauben.

Neunkirchen ist es ergangen wie vielen Traditionsvereinen aus dem Bauch des Fußballs. Als der Sport noch regional organisiert war, waren sie alle groß. Dann erfand der Fußball sich neu, immer und immer wieder. Aus vielen Oberligen wurde eine Bundesliga, aus vielen Regionalligen wurden zwei Zweite Bundesligen, aus zwei Zweiten Bundesligen eine, aus den vielen Oberligen wurden wenige Regionalligen,

---

Das Publikum, das nur eine erfolgreiche Borussia kannte, kam nicht mehr.

---

aus diesen Regionalligen eine Dritte Liga. Und immer so weiter. „Wir waren die Verlierer jeder dieser Reformen", sagt Jens Kelm. Der Weg nach oben wurde weiter und weiter. Das verwöhnte Publikum, das nie etwas anderes gesehen hatte als eine erfolgreiche Borussia, kam nicht mehr. Die Versuche, zurückzukehren in den Kreis der Großen, kosteten Geld. Ein Teufelskreis begann, der die Borussia mehr als einmal nahe an die Insolvenz führte.

Offiziell dürfen heute noch 12 000 Zuschauer in das vom Zerfall bedrohte Stadion. Der Vorsitzende des Klubs ist ein Abrissunternehmer, manche halten es für ein Omen. Aber eigentlich will dieser Vorsitzende das Stadion zurückkaufen und sanieren. Der Vertrag mit der Stadt kommt aber einfach nicht zustande. Es gibt Leute, die munkeln, die Stadt habe ganz andere Pläne hier, die mit Fußball nichts mehr zu tun hätten. Vielleicht soll das Stadion gar nicht gerettet werden. Vielleicht soll das Neubaugebiet hinter der Spieser Kurve noch größer werden. So denken sie hier. Vorstellen mag sich das niemand, der die Borussia der Vergangenheit kennt, und auch die Leute, die sie heute am Leben zu erhalten versuchen. „Vor diesen Menschen", sagt Willi Ertz, die Torwart-Legende, „muss man den Hut ziehen." Jedes Jahr versucht wieder eine neue Mannschaft, aufzusteigen. Wie im Jahr zuvor.

Die Leute, denen die Borussia am Herzen liegt, sind voller Stolz und Scham zugleich. Stolz, weil ihr Verein ein Stück Fußballgeschichte geschrieben hat. Und Scham darüber, wie wenig diese Geschichte gepflegt wird. Vor dem Stadion steht eine Figur aus Eisen, das Eisenwerk hat sie in den Fünfzigerjahren gestiftet. Früher stand sie stolz direkt vor dem Stadion, dann fuhr ein Lastwagen dagegen. Ein Arm brach ab. Man stellte die Statue repariert ein paar Meter daneben wieder auf. Dann wurde die Fläche für einen Parkplatz benötigt. Jetzt lungert der namenlose, eiserne Kicker auf einer Art Brachwiese in der Stadionperipherie herum.

Man wünscht der Stadt eine Idee, wie sie dem Verein auf die Beine helfen könnte, der sie so bekannt gemacht hat. Bis heute. Vielleicht sollten sie erstmal die Bahnhofsuhr reparieren. Es wäre ein Anfang.

Gekommen, um zu gehen: Vier abgestürzte Vereine

Alemannia Aachen

Als die Bundesliga 1963 ihren Betrieb aufnahm, trat Alemannia Aachen zur ersten Saisonpartie beim STV Horst-Emscher an. Die Spieler, darunter Branko Zebec, waren sauer, dass ihr Klub nicht zu den 16 Bundesliga-Gründungsmitgliedern gehören durfte. Gegen die aus Aachener Sicht geradezu skandalöse Entscheidung des DFB, Duisburg und Münster zu bevorzugen, klagte die Alemannia erfolglos. Den STV Horst-Emscher konnten die Spieler ihren Groll nur bedingt spüren lassen. Die Auftaktpartie in der Regionalliga West endete 1:1. 50 Jahre später erreichte der Klub seinen historischen Tiefpunkt. Während die Bundesliga ihr Jubiläum feierte, stürzte die Alemannia zunächst in die Insolvenz und dann erstmals in die Viertklassigkeit. Die Ursache dazu lieferte ausgerechnet jenes 2009 eröffnete, neu erbaute Tivoli-Stadion, mit dem Alemannia zurück in die nationale Spitze hatte durchstarten wollen. Doch sportlicher Misserfolg torpedierte die Rückzahlung des üppigen Stadiondarlehens. 113 Jahre nach der Klubgründung im Jahr 1900 kollabierte die Alemannia. Wer hätte das gedacht, als dem Klub 1967 mit vierjähriger Verspätung der Aufstieg in die Bundesliga gelang? 1969 folgte der Höhepunkt der Klubhistorie: Aachen sprang am letzten Spieltag auf Rang zwei hinter Bayern München, erhielt eine kleine Silberschale und wurde von Tausenden daheim gefeiert wie ein Meister. Doch das Glück war nur von kurzer Dauer. Ein Jahr später stieg man wieder ab. 1970 standen also gerade mal drei Jahre Bundesliga zu Buche, danach dauerte es 36 Jahre, ehe der Verein 2006 wieder (für ein Jahr) in die Bundesliga zurückkehrte. 2004/05 hatte die Alemannia als Zweitligist bereits im Uefa-Cup mitspielen dürfen, nachdem sie als unterlegener Pokalfinalist 2004 von der Champions-League-Qualifikation des Meisters Werder Bremen profitierte. Nach Aufstieg 2006 und Abstieg 2007 steckte alle Hoffnung im nagelneuen Stadion. Es sollte der Anfang vom Ende sein.

SSV Ulm 1846

An einem Septembersamstag im Jahre 1999 blickte Janusz Gora mit wild funkelnden Augen in die Wohnzimmer der Fernsehzuschauer, und aus seinem Mund kam ein heiserer Schrei: „Skandal!" Janusz Gora war ein polnischer Mittelfeldspieler, er kam auf seine älteren Tage nach Ulm, aber er war immer noch gut genug, um mit dem ortsansässigen SSV 1846 in die Bundesliga aufzusteigen und dort oben ein paar schöne Pässe zu spielen. Es sagt eine Menge aus über das unglückliche Erstliga-Gastspiel des schwäbischen Traditionsklubs, dass ausgerechnet der „Skandal" im Gedächtnis der Liga geblieben ist – jene 1:2-Niederlage in Rostock, bei der die Ulmer vier Platzverweise kassierten und in dreifacher Unterzahl zum zwischenzeitlichen Ausgleich kamen (Torschütze: Gora). Die Ulmer, Kosename: Spatzen, waren ein leidenschaftlicher Erstligist, taktisch gut geschult von Ralf Rangnick, dem Vorgänger des damaligen Trainers Martin Andermatt, und nach 24 Spieltagen dem Uefa-Cup näher als dem Abstieg – bis ein zweiter Samstag kam, den die Liga nicht vergessen wird: jenes 1:9 in Leverkusen, das dieser tapferen Mannschaft das Herz brach. Am SSV Ulm 1846 kann man erkennen, wie verführerisch die Bundesliga sein kann und wie gnadenlos. In der Stadt mit dem höchsten Kirchturm der Welt haben sie nach dem Abstieg Maß und Ziel verloren, die Verantwortlichen waren wie besessen von ihrer neuen Prominenz. Für einen sofortigen Wiederaufstieg haben sie teure Spieler aus aller Welt geholt und die alten, tapferen Spieler vergrätzt. Die Folge: Sie stiegen noch mal ab – und hinterließen einen Verein, der zweimal insolvent ging und auf Jahre in der Anonymität verschwand. Janusz Gora übrigens hat den Spatzen bis 2011 die Treue gehalten, als Spieler, Assistenztrainer und Trainer der zweiten Mannschaft.

VfB Leipzig

Einhunderteineinhalb Jahre nach dem größten Erfolg der Vereinsgeschichte des VfB Leipzig kam Darko Pancev, trotzdem ging es weiter wie zuvor. Nicht gut. Januar 1994, Leipzig spielte in der Bundesliga, war nach 20 Partien Tabellenletzter. Dann kam von Inter Mailand jener Pancev, der zweieinhalb Jahre zuvor seinen größten Erfolg gefeiert hatte: Nach 34 Toren für Roter Stern Belgrad wurde er als bester Torschütze Europas mit dem Goldenen Schuh ausgezeichnet. Für Leipzig traf Pancev in zehn Spielen zwei Mal, der VfB blieb Tabellenletzter, stieg ab, kämpfte mehrmals gegen die Insolvenz.

Dass sie in dem Klub das letzte Mal an eine große Zukunft geglaubt haben, war an dem Tag, an dem Pancev nach Leipzig kam. In seiner ersten und einzigen Bundesliga-Saison war Leipzig neben Dynamo Dresden die zweite ostdeutsche Mannschaft; sie hofften, endlich an die ruhmreiche Vergangenheit anzuknüpfen. 1903 wurde der Klub erster Deutscher Fußball-Meister, es folgten weitere Titel (1906 und 1913). In der Geschichte der Bundesliga blieb Leipzig jedoch eine Randnotiz, der Klub siegte so oft wie er Meister wurde, gegen Dortmund, Frankfurt und Karlsruhe. Nachdem 2004 wieder mal ein Insolvenzverfahren eingeleitet wurde, beschloss die Gläubigerversammlung, den Verein aufzulösen. Die Jugendteams und die Fußballerinnen wurden von einem neu gegründeten Verein namens 1. FC Lokomotive Leipzig aufgenommen – der Name des Klubs zu DDR-Zeiten. Inzwischen arbeitet in Leipzig wieder ein Verein am Fernziel Bundesliga. Es ist der von Red Bull finanzierte Retortenklub RasenBallsport Leipzig.

SV Darmstadt 98

Im Tor der Elektroingenieur Dieter Rudolf, als Außenverteidiger der Versicherungsangestellte Gerhard Kleppinger, daneben der Metzger Edwin Westenberger, außerdem im Team: Lehrer, Kaufleute, Handwerker, trainiert von Lothar Buschmann aus dem Landratsamt. Eine Freizeit-Elf? Fast. Es waren die Feierabendfußballer vom Böllenfalltor, die Mannschaft des SV Darmstadt 98 in der Saison 1978/1979. Es war die erste Bundesliga-Saison der Vereinsgeschichte. Und es war die letzte Saison der Bundesliga-Geschichte mit einem Team ohne einen einzigen Vollprofi. Gut, kurz vor Weihnachten kam der Südkoreaner Bum Kun Cha, aber der war ja auch kein Vollprofi, sagte Präsident Georg Schäfer: „Er ist Schüler. Er lernt Deutsch." Außerdem blieb Cha nur für ein Spiel in Darmstadt. Dann wollte er in Seoul eine paar Dinge regeln. Kurz darauf wurde er zum Wehrdienst eingezogen. Vormittags arbeiteten die Feierabendfußballer, um 16 Uhr war Training, viermal die Woche. Den meisten war es zu gewagt, für eine Saison den Beruf aufzugeben; auch der Verein war nicht bereit, finanzielle Risiken einzugehen. Das Halbprofitum, sagte Schäfer, „ist eine zwingende Notwendigkeit". Bezahlt wurden die Spieler mit einem niedrigen Grundgehalt, dafür wurden sie an den Zuschauereinnahmen beteiligt. Der größte Erfolg der Feierabendfußballer war ein 1:1 an einem Samstagmittag im November, beim FC Bayern. In der 89. Minute traf der Versicherungskaufmann Uwe Hahn aus 25 Metern, der Treffer wurde zum Tor des Monats gewählt. Die Saison beendete das Team als Tabellenletzter; Ernst Huberty sprach in der ARD-Sportschau jedoch vom „besten Schlusslicht, das die Bundesliga je gesehen hat". Ein Jahr nach dem Abstieg spielten auch in Darmstadt nur noch Profis. 1981 stieg der Klub wieder in die Bundesliga auf. Um die Auflagen zu erfüllen, verschuldete er sich, es wurden kaum Spieler verpflichtet; mit diesen Schulden hatte der Verein jahrzehntelang zu kämpfen. Die erste Profi-Mannschaft des SV Darmstadt 98 in der Bundesliga wurde Tabellenvorletzter.

1968/69

Der Tag danach: Gerd Müller und Sepp Maier präsentieren exklusiv die Schale. Auf Wunsch des Fotografen Günter R. Müller hatten sie noch einmal ihre patschnassen, verdreckten Trikots übergezogen. Grund: Fotograf Müller wollte unbedingt ein schönes Farbfoto. Ob des miesen Wetters waren am Tag zuvor, am 7. Juni 1969, an dem der FC Bayern erstmals die Schale bekam, nur die Schwarz-Weiß-Bilder halbwegs gelungen.

60 Minuten für die Ewigkeit

Am 10. Juli 1964 fuhr Walter Fembeck, der Geschäftsführer des FC Bayern, nach Nördlingen, um einen jungen Stürmer namens Gerd Müller zu verpflichten. Der Kollege Maierböck vom TSV 1860 hatte an diesem Tag genau denselben Plan – er fuhr eine Stunde später los.

VON LUDGER SCHULZE

Mal angenommen, Ludwig Maierböck wäre 60 Minuten früher losgefahren, und ebenfalls angenommen, der 13-jährige Gerhard König hätte etwas mehr Selbstbeherrschung besessen, dann ... dann wäre der TSV 1860 München vermutlich deutscher Rekordmeister mit circa 23 Titeln. Dann hieße der Präsident Uli Hoeneß. Und dann würde, wenn der, sagen wir, viermalige Gewinner der Champions League einen neuen Ribéry oder Martínez bräuchte, Sportdirektor Matthias Sammer in die Festgeldabteilung der Hausbank gehen und die nötigen Millionchen vom Konto abheben. Aber leider kickt der TSV 1860 München nach 50 Jahren Bundesliga mit mäßigem Erfolg in der zweiten Liga, im Briefkopf des chronisch chaotischen Klubs steht lediglich ein aus den Gründerjahren der Liga datierender Meistertitel, Präsident ist mal ein prolliger Großgastronom, mal ein wackerer Autohändler aus Röhrmoos, mal ein gescheiterter Oberbürgermeisterkandidat der Grünen. Und Geld haben die „Löwen" schon gleich gar keines, es sei denn, ihr jordanischer Investor hat zufällig gute Laune und steckt ihnen mal wieder was zu. Und das alles nur, weil Ludwig Maierböck verspätet startete und Gerhard König die Nerven verlor.

> Das Gespräch war gut.
> Nur Mutter Müller
> widersetzte sich noch.

Von der Grünwalder Straße 114 im Münchner Stadtviertel Harlaching, dem Sitz des TSV 1860, bis nach Nördlingen im schwäbischen Landkreis Donau-Ries sind es 141 Kilometer. Auch die Säbener Straße, wo die Bayern residieren, liegt in Harlaching – nach Nördlingen sind es ebenfalls 141 Kilometer. Walter Fembeck und Ludwig Maierböck hatten am 10. Juli 1964 also die exakt gleiche Strecke vor sich, mit dem kleinen, entscheidenden Unterschied, dass Fembeck, Geschäftsführer des FC Bayern München, sich eine Stunde früher in seinen Dienstwagen, einen VW 1200, setzte als der Kollege Maierböck von den Münchner Löwen.

Fembeck hatte über ein Vereinsmitglied aus Kaufbeuren von einem sagenhaften 18-jährigen Stürmer gehört, der für die Jugendmannschaft des TSV 1861 Nördlingen 180 von 204 Toren in einer Saison geschossen hatte. Fembeck hatte den jungen Mann, der inzwischen mit einer Sondergenehmigung für die Seniorenmannschaft spielen durfte, beobachtet und war einigermaßen beeindruckt. „Gleich fünf Tore hat er da geschossen", erinnert sich Fembeck, der im Februar 2013 92 Jahre alt geworden ist.

Dummerweise hatte auch der Lokalrivale 1860 Wind bekommen von dieser Tor-Maschine aus Fleisch und Blut und sich bei Familie Müller zum Gespräch angemeldet: Freitag, 12.30 Uhr. Dass die Herren eine Stunde zu früh aufkreuzten, irritierte den jungen Torjäger ein wenig. Außerdem stutzte er kurz, als sich der eine mit dem Namen Fembeck vorstellte, wo er doch mit einem Herrn Maierböck verabredet war, aber dann gestaltete sich das Gespräch sehr angenehm. Man war sich einig. Nur Mutter Müller widersetz-

Auch Franz Beckenbauer (r., im Münchner Derby von 1968) wäre um ein Haar bei 1860 gelandet. Nach einer historischen Watschn entschied er sich aber lieber für den FC Bayern.

SAISON 1968/1969

te sich, sie hatte Angst, der Bub könnte in der sündigen Großstadt unter die Räder kommen. Nach seinerzeitiger Gesetzeslage hatte sie die letzte Entscheidung, Sohn Gerhard war noch nicht volljährig. Erst als Fembeck 5000 Mark Handgeld auf den Tisch des Hauses legte, willigte sie ein, kurz zuvor war der Vater gestorben und ohnehin waren die Müllers alles andere als reich. Just in dem Moment, als sie in ungelenker Handschrift „Müller Karoline" unter die Quittung schrieb, klingelte es an der Tür.

Gerd Müllers Schwester, so erzählt Walter Fembeck, habe aufgemacht und sei ins Wohnzimmer zurückgekommen mit den Worten: „Da sind zwei Herren von 1860." Fembeck verschwand durch den Hintereingang und wartete in einem Café, bis die beiden Löwen-Offiziellen unverrichteter Dinge wieder verschwanden. Doch nicht alleine das Geld (Gerd Müller: „Ein Lottogewinn für mich!") hatte für die „Roten" vom FC Bayern gesprochen. Bei 1860 rechnete Gerd Müller sich keine Chance auf einen Platz im Bundesliga-Team aus, denn die fünf offensiven Positionen bei den Blauen, der klaren Nummer eins in der Stadt, blockierten fünf Nationalspieler: Heiß, Küppers, Grosser, Rebele und auf Müllers angestammtem Mittelstürmer-Posten natürlich die Löwen-Legende Rudi Brunnenmeier.

Trainer Cajkovski fragte: „Was willst Du mit diesem Gewichtheber?"

Doch auch bei den damals noch zweitklassigen Bayern blieb Müller außen vor, Trainer Tschik Cajkovski rüffelte Fembeck sogar wegen des untersetzten Zugangs: „Was Du willst mit diese Gewichtheber? Hat Oberschenkel wie Ochse." Gerd Müller spielte zunächst in der zweiten Mannschaft und war sich nicht sicher, ob sein Ausflug in die große, weite Fußballwelt eine kluge Entscheidung gewesen war. Er wohnte möbliert zur Untermiete bei einer pensionierten Lehrerin am Ostbahnhof, und weil das Grundgehalt von 160 Mark kaum ausreichte, verdingte der gelernte Weber sich halbtags als Hilfskraft und Beifahrer bei Möbel Morhart in der Orleansstraße.

Zum Guten wendete sich die Angelegenheit erst, als der mächtige Präsident Wilhelm Neudecker Cajkovski unmissverständlich aufforderte, dem jungen Mann endlich eine Chance zu geben. Am 18. Oktober 1964 kam Gerd Müller zu seinem ersten Pflichtspiel-Einsatz und erzielte beim 11:2 gegen den Freiburger FC sein erstes Tor. Es sollten mehr als tausend weitere folgen, Meisterschaften, Pokale, Titel und Triumphe in Hülle und Fülle. In jener Mannschaft, die damals den zweistelligen Kantersieg in Freiburg herausschoss und am Ende der Saison mit dem sagenhaften Torverhältnis von 146:32 in die Bundesliga aufstieg, stand übrigens auch ein knapp zwei Monate älterer Mitspieler namens Franz Beckenbauer, der wenige Wochen zuvor zum Stammspieler geworden war. Fünf Jahre später waren Müller und Beckenbauer die Wegbereiter zur ersten Meisterschaft des FC Bayern München nach 1932. Müller schoss fast die Hälfte aller Tore, 30 von 61, und Beckenbauer sorgte als Abwehrchef für rekordverdächtig wenig Gegentore, nämlich 31.

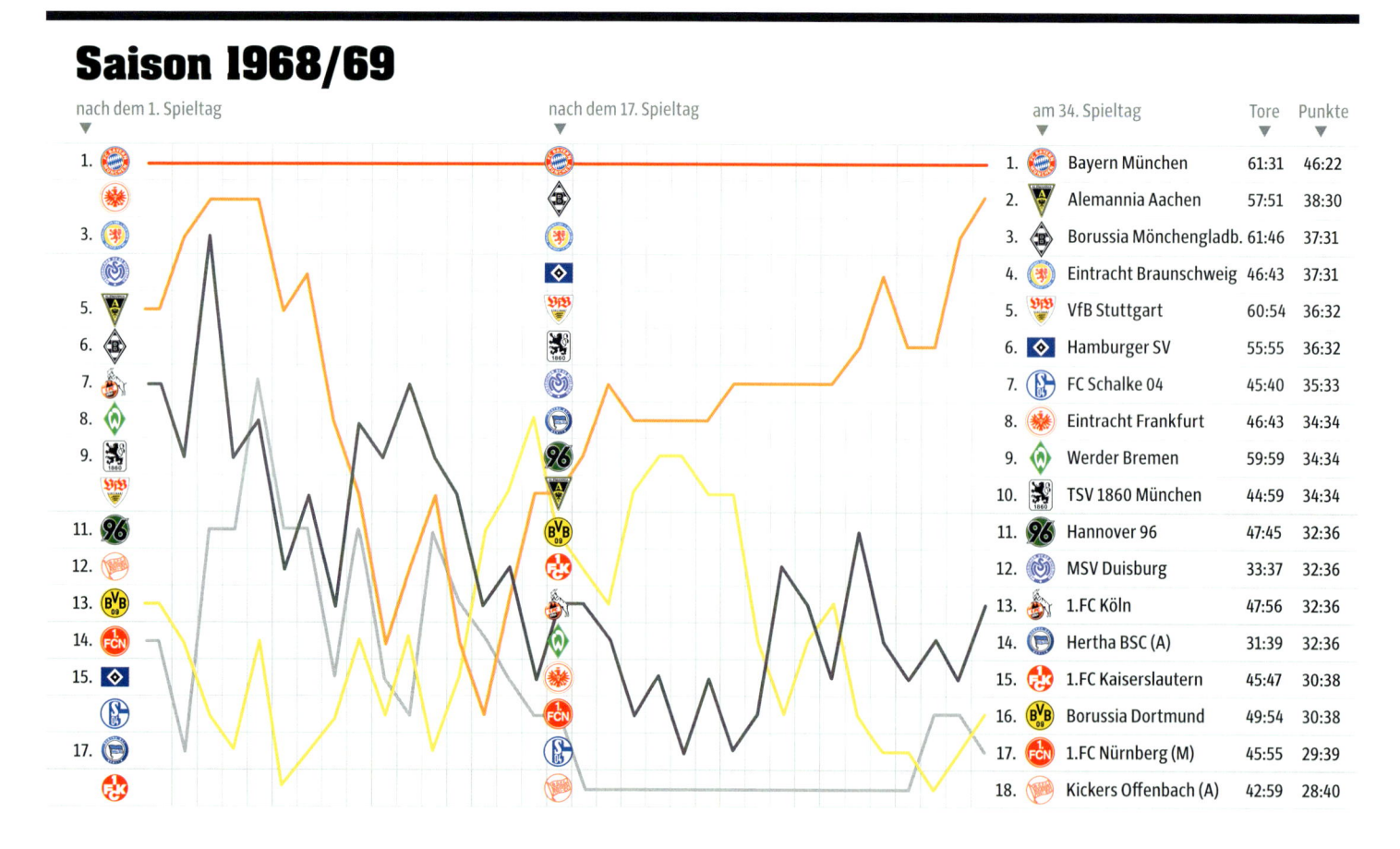

Saison 1968/69

am 34. Spieltag	Tore	Punkte
1. Bayern München	61:31	46:22
2. Alemannia Aachen	57:51	38:30
3. Borussia Mönchengladb.	61:46	37:31
4. Eintracht Braunschweig	46:43	37:31
5. VfB Stuttgart	60:54	36:32
6. Hamburger SV	55:55	36:32
7. FC Schalke 04	45:40	35:33
8. Eintracht Frankfurt	46:43	34:34
9. Werder Bremen	59:59	34:34
10. TSV 1860 München	44:59	34:34
11. Hannover 96	47:45	32:36
12. MSV Duisburg	33:37	32:36
13. 1. FC Köln	47:56	32:36
14. Hertha BSC (A)	31:39	32:36
15. 1. FC Kaiserslautern	45:47	30:38
16. Borussia Dortmund	49:54	30:38
17. 1. FC Nürnberg (M)	45:55	29:39
18. Kickers Offenbach (A)	42:59	28:40

Ein einmaliger Absturz: Meister Nürnberg steigt ab! Im März 1969 muss Trainer Merkel gehen, es kommt zum Abstiegs-Finale in Köln. Auch Dortmund und Offenbach bangen noch. Dortmund gewinnt 3:0, Köln gewinnt 3:0 – Nürnberg weint. Oben bleibt es nur spannend, weil Gerd Müller beim 0:1 in Hannover einen Fan ohrfeigt (acht Wochen Sperre). Am Ende aber: Durchmarsch des FC Bayern.

Auch Beckenbauer, der das Fußballspielen beim SC 1906 München auf dem Ascheplatz gleich neben dem Ostfriedhof gelernt hatte, war gut ein Jahrzehnt davor schon auf dem Sprung zu 1860 gewesen. Eine logische Wahl, denn die Heimat der Löwen ist das Arbeiterviertel Giesing, wo Beckenbauer als Sohn eines Postobersekretärs in der Zugspitzstraße aufgewachsen war. Sein letztes Spiel für den alten Verein bestritt der damals noch als Stürmer eingesetzte 13-Jährige ausgerechnet gegen seinen vermeintlich künftigen Klub, gegen 1860. Der mit allen Fußball-Talenten gesegnete Franz spielte der Löwen-Abwehr Knoten in die Beine, und irgendwann, als der Schiedsrichter gerade wegschaute, haute ihm Mittelläufer Gerhard König mit voller Wut eine runter. Das war's, zu solch „einem Grattlerverein", wie man im Glasscherbenviertel Giesing sagt, beschloss der junge Franz, würde er unter keinen Umständen gehen und besorgte sich einen Aufnahmeantrag beim vornehmeren Lokalrivalen FC Bayern. Es war, wenn nicht die berühmteste, so doch die wegweisendste Ohrfeige (bayr.: Watschn) der Fußball-Historie.

Der Rest der Geschichte gehört zur Allgemeinbildung jedes Fans. Beckenbauer, der Vater aller Liberos, und Müller, die Tormaschine, die um ein Haar einen guten Abschlag entfernt beim Turn- und Sportverein München von 1860 gelandet wären, schrieben zusammen mit dem Altersgenossen und Torwart Sepp Maier das erste Kapitel der Erfolgsgeschichte des FC Bayern, die auch nach 50 Jahren Bundesliga noch lange nicht am Ende ist.

Und 1860? Hätte vielleicht noch die Kurve gekriegt, wenn Ludwig Maierböck, ja genau, jener Ludwig Maierböck, ein paar Jahre später bei zwei anderen begabten Nachwuchskickern wenigstens einmal schneller als der FC Bayern gewesen wäre. „Alle 14 Tage saß der Maierböck sonntagmorgens zu Hause bei meinen Eltern in Ulm zum Kaffee auf dem Sofa", erzählt der eine der beiden, „mein Freund und ich waren eigentlich wild entschlossen, zum TSV 1860 zu gehen." Doch als der Trainer der deutschen Jugend-Nationalmannschaft, Udo Lattek, vom FC Bayern verpflichtet wurde, nahm er seine zwei Besten gleich mit an die Säbener Straße. Sie hießen: Uli Hoeneß und Paul Breitner.

Gesichter des Erfolgs: Bayern-Präsident Wilhelm Neudecker (unteres Bild, Mitte) mit seinen wichtigsten Juwelen Gerd Müller (links) und Franz Beckenbauer. Oben Manager Robert Schwan und Meistertrainer Branko Zebec (rechts).

TSV 1861 NÖRDLINGEN EV.

SPORTPLATZ BEI DER TURNHALLE, AUGSBURGER STRASSE
MITGLIED DES BAYERISCHEN LANDESSPORTVERBANDES

Fußball
Handball
Faustball
Turnen
Leichtathletik
Gymnastik
Rollschuhlauf
Tischtennis
Fechten

BANKKONTO: KREIS- UND STADTSPARKASSE NÖRDLINGEN NR. 2175

An den
FC. Bayern München e.V.

8000   M ü n c h e n

Betreff: Quittung   Nördlingen, den 10. August 1964

Q u i t t u n g
================

Hiermit wird der Empfang der Ablösesumme
in Höhe von DM 4.400,-- (Viertausendvierhundert)
anläßlich des Wechsels des Amateurspielers
Gerhard Müller vom TSV 1861 Nördlingen
zur Vertragsspielerabteilung des FC. Bayern München
bestätigt.

Die Ablösesumme setzt sich wie folgt zusammen:

a) Ablösesumme gemäß Bestimmungen	3.000,-- DM
b) Ablösegeld für fünfjährige Spielertätigkeit mit jährlich 200,-- DM	1.000,-- DM
c) 10 % der Summen a) und b) für die Berufung des Spielers in die Bayer. Jugendauswahl im Spieljahr 1963/64	400,-- DM
	4.400,-- DM

T.S.V. 1861 Nördlingen e.V.

1. Vorsitzender   Geschäftsführer

Der mutmaßlich wichtigste Vertrag der Ligageschichte, im Sturm der Ereignisse ganz schnöde „Quittung" genannt: Der FC Bayern und der TSV Nördlingen einigen sich auf den Verkauf des Amateurspielers Gerhard Müller. Für 4400 D-Mark erwarben die Münchner einen Stürmer, der 365 Ligatore schoss und damit den Aufstieg seines Vereins zur Großmacht begründete. (Abdruck mit freundlicher Genehmigung der FC Bayern Erlebniswelt).

Aufzucht und Hege: Gerd Müller flaniert mit seiner Verlobten Uschi durch seine Heimatstadt Nördlingen (oben), stellt sie seiner Mutter vor (unten links) und speist mit ihr im Hofbräuhaus (Mitte). Franz Beckenbauer zeigt sein Geburtshaus in Giesing (r.).

1969/70

Landwirtschaftlicher Verkehr frei: Gladbachs Winfried Schäfer auf recht schwer bespielbarem Geläuf bei Rot-Weiss Essen.

Fohlen mit Säbel

Am Bökelberg begeisterte Mönchengladbachs Offensive das Publikum. Titelreif war die Borussia aber erst, nachdem auf einer Motorhaube ein Vertrag geschlossen wurde.

Natürlich lag es auch an diesem Stadion. Einem Geviert, in dem man nicht langsam spielen konnte; einem Geviert, so eng, dass der Druck kaum entweichen konnte. 34 500 Plätze, 25 000 Stehplätze. Ein Stadion, das als unmodern galt, denn ein modernes Stadion hatte damals eine Laufbahn. Schon der Name war eine Täuschung: Bökelberg! – gerade 61 Meter über dem Meeresspiegel. Wer zu diesem Berg pilgerte, und das taten in den Siebzigerjahren Tausende aus Neuss, Viersen, Jüchen, aus Kleve und sogar aus den Niederlanden, der wunderte sich: Wer zum Berg wollte, der musste runter. Die Steilwände hinab. Die Namensgebung war verwirrend, sie wurde einem Reporter der *Rheinischen Post* zugeschrieben – das Geviert lag an der Bökelstraße, die Flutlichtmasten sollten wohl die Bergspitzen sein. Bökelberg – ein Synonym dafür, dass dort nichts zu holen war, denn ursprünglich hatte dieser legendäre Platz im Stadtteil Eicken „dä Kull", die Kuhle, geheißen, da das Gelände einst eine Kiesgrube war.

In diesem Geviert, diesem Kellerkessel, da trieb das Publikum, war die Reaktion der Zuschauer schon damals laut, unmittelbar, fordernd – und Hennes Weisweiler präsentierte dazu das passende Programm. Offensive, Offensive, Offensive, die Dressur der flinken Fohlen. Weisweiler wollte kein 1:0, er hatte lieber ein 5:4. So waren die Fohlen in die Bundesliga gestürmt, doch dort wurden naive Unbekümmertheit und jugendlicher Leichtsinn bestraft: 68, 49, 45 und 46 Gegentore hatten die Borussen kassiert, ehe Weisweiler vor dem Start in die Spielzeit 1969/70 drohte: „Wenn wir in diesem Jahr nicht Meister werden, gehe ich." Er hatte erkannt: „Nur mit dem Florett geht's nicht, man braucht auch schwere Säbel." Nur einen hatte er, Berti Vogts.

Den zweiten Säbel kauft Weisweiler der Legende nach auf einem Parkplatz. Das letzte Spiel seiner Borussia in der Saison 1968/69 hat Weisweiler sausen lassen, stattdessen sitzt er in Köln im Stadion. Köln gegen Nürnberg, einer wird absteigen, und Weisweiler tut eine kühne Spekulation: Steigt Köln ab, holt er Wolfgang Weber, erwischt es Nürnberg, holt er Ludwig „Luggi" Müller. Schon kurz nach Abpfiff unterschreibt Müller seinen Vertrag auf einem Parkplatz in Stadionnähe, als Unterlage dient die Motorhaube des Fahrzeugs von Gladbachs Manager Helmut Grashoff.

Seinen dritten Säbel entdeckt Weisweiler beim VfB Stuttgart. Dort hat der Nationalspieler Klaus-Dieter Sieloff gerade verletzungsbedingt eine mäßige Saison hinter sich, in Gladbach aber blüht der kräftige Blonde, der sich zuvor auch als Amateurboxer verdingt hat, wieder auf. Müller und Sieloff sind bereits 27, als sie zur Borussia stoßen, aber ihre Verpflichtung zeigt schnell den erwarteten Effekt: Nur 29 Tore kassiert Gladbach in 34 Spielen, die erste Meisterschaft gelingt – vor Titelverteidiger FC Bayern, mit dem die

> **Borussia begriff:
> Angriff gewinnt Spiele,
> Abwehr gewinnt Titel.**

Borussia in der Saison 1965/66 in die Liga eingestiegen war. Es ist der Start in den Dualismus dieser beiden Klubs in den Siebzigerjahren. Auf der Basis dieser neuen, solideren Defensive perfektioniert die Borussia ihr gefürchtetes Konterspiel, für das die Fohlen fortan auch in Europa viel Applaus bekommen.

Bester Torschütze war Herbert Laumen, der in 34 Spielen 19 Treffer erzielte, und sogar Weisweilers Säbel-Block mit dem begnadeten Grätscher Berti „Terrier" Vogts (34 Spiele/5 Tore), Luggi Müller (33/1), Sieloff (33/1) und Hartwig Bleidick (28/2) steuerte neun Tore zur Titelpremiere bei. Auch die Fohlen hatten kapiert, dass Abstriche bei der Schönheit des Spiels gemacht werden müssen, denn titelfähig wurden sie erst, als auch sie den bekannten Lehrsatz begriffen: Angriff gewinnt Spiele, Abwehr gewinnt Titel.

Dä Kull, der Bökelberg, ist abgerissen. Dort, wo das Stadion war, entstand ein Wohngebiet. Die erste Sprengung der Haupttribüne im März 2006 misslang. Die Fundamente der Tragesäulen leisteten erbittert Widerstand.

Die Säulen hatten einfach zu viele rauschhafte Jubelstürme ausgehalten, als dass sie sich mir nix dir nix aus dem Weg hätten räumen lassen. **KLAUS HOELTZENBEIN**

Fünf aus der ersten Meistermannschaft: Sieloff, Laumen, Trainer Weisweiler, Luggi Müller (von links) – und vorne Günter Netzer.

SAISON 1969/1970

Geist der Straße

Anfang der Siebzigerjahre nahm Trainer Hennes Weisweiler seinen Star Günter Netzer nach dem Training beiseite: „Langer, der Herberger will Dich sprechen. Und zwar nirgends woanders als in Deinem Dings da, in dieser Disko." Dazu muss man zweierlei wissen: Netzer verdiente in Mönchengladbach bei weitem nicht so gut wie seine Kollegen beim FC Bayern. Also erschloss er sich andere Geschäftszweige, unter anderem eröffnete er 1971 in Mönchengladbach die Disko „Lovers Lane". Das lag für Traditionalisten wie Weisweiler schon weit über dem Erträglichen. Zum anderen hatte Netzer ein paar Tage vor der Herberger'schen Selbsteinladung einen noch heute gültigen Satz ausgesprochen: „Vergesst doch das ganze Getue mit den elf Freunden auf dem Fußballplatz, das ist doch Kokolores." Für Herberger, der den „Geist von Spiez" erfunden hatte, der an ihn glaubte bis zum Wunder von Bern, gab es also erheblichen Gesprächsbedarf.

Und dann kam Sepp Herberger.

Die Gladbacher hatten Hertha BSC 4:0 besiegt, der Laden war gerammelt voll. Herberger, damals immerhin schon 74 Jahre alt, benahm sich, wie Netzer später sagte, „heldenhaft". Als der alte Mann die Disko betrat, erhoben sich alle, die gesessen hatten, die Trinker an der Bar stellten die Gläser ab, die Tänzer erstarrten, und alle zusammen klatschten dem einstigen Bundestrainer zu. Aber dann wurde es doch so laut, dass er und Netzer sich anbrüllen mussten, bei ihren Darstellungen der unterschiedlichen Geschäftsmodelle. Netzer erklärte Herberger, dass er nicht hinterm Tresen stehen müsse, dass er auch nachts nicht die Kasse abhole oder in der Früh zum Großmarkt fahre. Ob Herberger diese ihm so fremde Welt verstand und den Geist in der „Straße der Liebenden" akzeptierte, ist unklar. Als historisch gesichert gilt allerdings, dass er seinen Drink genossen hat und Netzers Disko damit geadelt war.

Karamba, Karacho

Günter Netzer kam aus der Tiefe des Raumes, wie es die Welt noch nicht gesehen hatte.
In den politischen Siebzigern erkannten viele darin Revolutionäres. Dabei war er eigentlich
nur lauffaul und bequem. *Von Helmut Schümann*

*Sein Spiel war auf etwas Zukünftiges ausgerichtet, und wahrscheinlich guckt
er deshalb so nachdenklich: Netzer führt seine Mannschaft aufs Feld.*

Der Mann mit dem wehenden Haar. Der Mann mit den großen Füßen, kolportiert wurde mal die Größe 51, bestätigt hat er das nie. Der Mann mit den extravaganten Autos, Jaguar E, Ferrari, Ferrari, Ferrari. Der Mann mit der extravaganten Freundin, die ihn in existenzialistischem Schwarz kleidete; er selber wird wohl nicht gewusst haben, wer Jean-Paul Sartre war und wer Juliette Gréco. Der Mann der Kunst, dem sie sogar einst an der Kunsthochschule in Düsseldorf eine Professur anboten für angewandte Kunst. Die er, so viel Gespür hatte er, dankend ablehnte. Der Mann, der Rebell war, zu einer Zeit, zu der man kaum wusste, was das ist, er selber schon gar nicht. Der Mann der Show, eine Legende.

Günter Netzer war jede Menge in seiner Zeit als Fußballspieler. Aber vor allen Dingen war er der Mann des genialen Passes, der Mann, der aus der Tiefe des Raumes kam, ihn durchlief mit großen Schritten und dann diese Pässe spielte. Pässe waren das, die man so noch nicht kannte, Pässe, die keinen Anspielpartner hatten, sondern erst erlaufen werden mussten, eben dort, in der Tiefe des Raumes; nur er sah, dass dort bald ein Anspielpartner sein konnte. Sein Spiel war auf Vision ausgerichtet, auf etwas Zukünftiges. Das ließ ihn in den Sechzigern, den frühen Siebzigern – die Zeiten waren politisch – politisch Fußball spielen. Zumindest wurde das in sein Spiel hineininterpretiert. Seine Pässe wollten mehr, hieß es. Ob sie auch mehr Demokratie wagten, wie es Zeitgenosse Willy Brandt in der Politik propagierte, sei dahingestellt. Netzer selbst sagt, dass er als Profi wohl wusste, wer Willy Brandt war, aber nicht, dass er dessen Visionen auf dem Fußballplatz dargestellt haben soll.

SAISON 1969/1970

Aber so wurde Günter Netzer zum Mythos. Zum Konterpart des konformen Franz Beckenbauer, der Kraft in den Teller forderte und Knorr auf den Tisch. Günter Netzer hat nie etwas gefordert, schon gar nichts Politisches. Allenfalls mehr Geld. Und weil ihm das keiner geben konnte in seinem kleinen Klub Borussia Mönchengladbach, und weil er diese umtriebige, kunstbeflissene Freundin zur Seite hatte, die Goldschmiedin Hannelore Girrulat, entwickelte sich Netzer zum nonkonformen Individualisten, den er bis in die Gegenwart hinein gibt.

Sein Fußballspiel war wirklich ein besonderes. Netzer war Herz, Hirn und Motor der Mönchengladbacher, die dem FC Bayern so lange die Stirn boten. Dabei war er lauffaul, bequem, wohl deshalb spielte er lieber Pässe, als den Ball übers Feld zu treiben. Später hat ein gewisser Zinédine Zidane es ähnlich getan.

Das geringere Gehalt in Mönchengladbach kompensierte Netzer mit der Vermarktung des Stadionheftes und mit der Eröffnung einer Diskothek. Aus der Kleinstadt unternahm er Ausflüge in die vermeintlich große Welt. Zu denen setzte er sich in den Ferrari, raste mal kurz nach Erlangen zum Skat mit Elke Sommer, die ein Film- und Fernsehstar war, und Elke Sommers Mutter; zumindest hieß es, dass er mit Frau Sommer nur Skat spiele. Oder er traf den Freund und Regisseur Michael Pfleghar im Fernsehstudio. Und als diesem ein Heino-Interpret absagte, sang Günter Netzer eben „Karambo, Karacho, ein Whiskey". Was seinen Trainer Hennes Weisweiler, als er die Aufzeichnung sah und darin seinen Günter Netzer, an den Rand des Herzinfarktes brachte. Später, da war Netzer schon bei Real Madrid, schlich er sich mit Freund Pfleghar ohne Pass, aber mit Schlapphut und Sonnenbrille, aus dem faschistischen Spanien, um drüben in Las Vegas mit der Familie Sinatra Hochzeit zu feiern. Zum nächsten Training allerdings war er pünktlich zurück.

Denn die Disziplinlosigkeit, die ihm immer vorgeworfen wurde, auf dem Platz lebte er sie nicht aus. Davon erzählt jene Szene, die zu seiner bedeutendsten verklärt wurde, die aber nur am Rande mit der Bundesliga zu tun hatte. Jene Szene seiner Selbsteinwechselung im Pokalfinale 1973 zwischen Köln und Mönchengladbach. Weisweiler hatte ihn aus dem Spiel gelassen. Und, bei aller Wut und Enttäuschung, sagt Netzer heute, habe Weisweiler nur allzu richtig gehandelt. In den Tagen zuvor war Netzers Mutter gestorben, war sein Wechsel zu Real Madrid bekannt geworden, ein Transfer, der damals noch als Vaterlandsverrat galt. Und beides wurde miteinander verbunden, der Tod der Mutter mit 61 Jahren als Folge des Vaterlandsverrats dargestellt.

Kurzum: Netzer war außer Form. Mürrisch nahm er Platz auf der Bank. Das Spiel lief hin und her, es fand keine Oberhand, aber es war ein grandioses Spiel. Zur Pause kam Weisweiler: „Netzer, Sie spielen jetzt!" Aber der weigerte sich. Weil er es als bodenlos empfand, einen aus der Mannschaft zu nehmen, weil er selber wusste, wie Recht Weisweiler hatte, ihn außen vor zu lassen, weil er keine Möglichkeit sah, in dieses Spiel einzugreifen. Dann kam die Verlängerung. Der junge Christian Kulik kam auf Netzer zu, fiel um, röchelte, dass er nicht mehr könne. Und dann siegte das Pflichtgefühl im Netzer. Er schritt an seinem Trainer vorbei, der scheinbar gedankenverloren auf den Boden starrte, zog seine Trainingsjacke aus und sagte: „Trainer, ich spiele jetzt."

Was folgte, erzählt er so: „Ich bekam sofort den Ball zugespielt. Ich rannte los, mit dem Ball am Fuß, spielte ihn zu Rainer Bonhof und rannte weiter, hinein in die Gasse, in die Rainer den Ball eigentlich spielen müsste. Wir hatten das jahrelang probiert, aber ein Doppelpass mit Rainer Bonhof hatte nie funktioniert. Rainer spielte den Ball genau in die Gasse, genau dahin, wo er hin musste. Ich lief noch ein, zwei Schritte, hinein in den Kölner Strafraum, trat dann zu."

Zum richtigen Zeitpunkt, am richtigen Ort, der richtige Mann. Netzer traf zum Siegtor. Als er wieder gelandet war nach einem überschwänglichen Jubelsprung, ging er zu Real Madrid.

Und wurde zum Mythos. Der er bis heute, auch als inzwischen abgedankter Kommentator, geblieben ist. Günter Netzer war eine Menge in seinem Leben im Fußball.

Netzer-Posen: Pokalfinale 1973 – und an einem Rastplatz.

Kicker-Kutschen

Ein Fußballer hat nicht mehr so viele Freiheiten wie einst, nicht mal in der Wahl der Automarke. Verpflichtend ist die Marke des Klubsponsors, vor Saisonbeginn geht's fürs PR-Foto zu den Mitarbeitern ins Werk. Dennoch ist die Leidenschaft der Kicker für spektakuläre Kutschen nicht abgekühlt, es ist ja kein Geheimnis, dass der Zweit- oder Drittwagen oft ein italienischer Sportwagen und der eigentliche Erstwagen ist. Vor wenigen Jahren, das sei verraten, waren Fußballer wie Angestellte des FC Bayern zuverlässig am Kennzeichen „M-RM" zu erkennen, das RM steht für Rekordmeister. Heute wird dieses Kennzeichen auch unter Bayern-Fans hoch gehandelt und ist im Straßenverkehr inflationär in Mode. Uli Hoeneß und Paul Breitner warben einst mit einem Foto für Bademode, der Oldtimer diente allein der Dekoration (1). Ein größerer Autonarr als die beiden war Günter Netzer, der seinen Ferrari Dino 246 GT präsentiert (5). Zeig mir Deine Kühlerhaube, und ich sag Dir, wer Du bist – nach diesem Motto posierten auch Pierre Littbarski (4/1983) und Lothar Matthäus (2/1985). Typisch für die Sechzigerjahre war die Besitzstands-Präsentation des Hamburgers Willi Schulz, der seinen BMW 1800 TI vor dem neuen Eigenheim parkt (3). Apropos Netzer: Legendär ist jene Geschichte, wie er Franz Beckenbauer einen Jaguar E, anthrazitgrau, sechs Zylinder, 265 PS, 240 km/h, verkaufte. Netzer riet sogar ab, zu hart sei der Wagen in der Federung, Beckenbauer aber zahlte 10 000 Mark. Wenig später kam der Anruf aus München: „Das ist ja eine Schrottkiste, die du mir da verkauft hast." Bei starkem Regen war das Dach nicht dicht, der Franz fuhr in der Badewanne. Was tun? Der Jaguar wurde weiterverkauft. An Wolfgang Overath. Es heißt, der Kölner habe nie reklamiert.

SAISON 1969/1970

SAISON 1969/1970

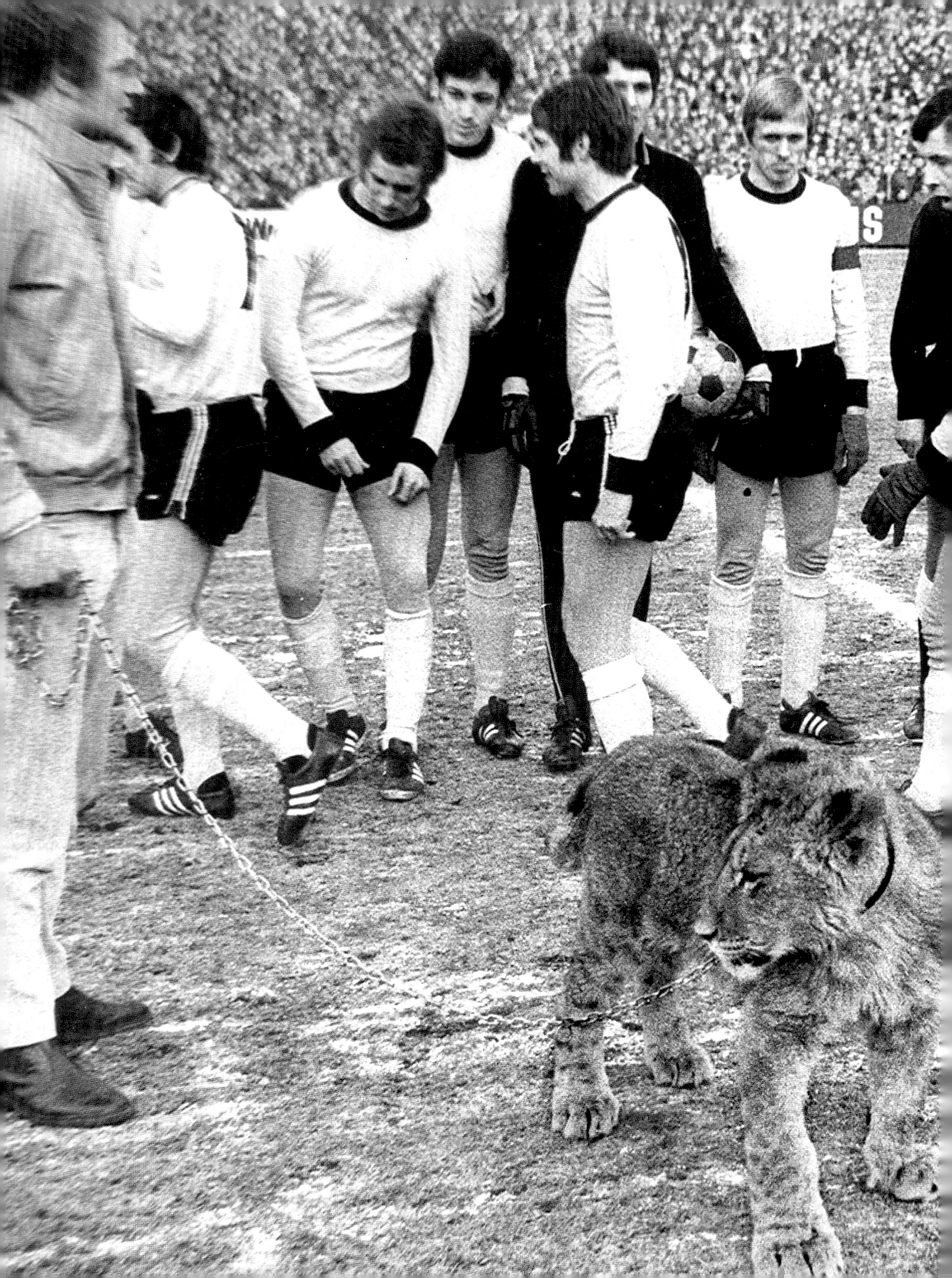

Tierische Liga

Die Fußballwelt pflegte stets ein enges Verhältnis zur Tierwelt. Diese – angeblich zahme – Löwin hatte sich der FC Schalke 04 vor dem Ruhrderby 1970 vom Löwenpark Westerholt ausgeliehen. Der Verein reagierte damit auf den berühmten Hundebiss von Dortmund. Schalkes Friedel Rausch war ein halbes Jahr zuvor im Westfalenstadion von einem Schäferhund angeknabbert worden.

RANGLISTE 2: WILDE TIERE

Warnung vor dem Hunde

Am 6. September 1969 wird der Abwehrspieler Friedel Rausch vom Schäferhund gebissen – die schmerzhafte Episode steht für die ewige Rivalität zwischen Schalke und Dortmund.

VON CHRISTOF KNEER

Nein, sagt Friedel Rausch, er wolle sich jetzt keinen Hund mehr zulegen. Dabei haben sie doch meistens Hunde gehabt in ihrem Leben, das ist auch im inzwischen hundelosen Haushalt nicht zu übersehen. Vor allem seine Frau Marlies hat Hunde immer geliebt, das Bild ihres Lieblingshundes steht gerahmt neben den Enkeln. Aber Friedel Rausch ist ja Profi, ihm macht keiner was vor. Er weiß doch, wie das läuft. Wenn sie sich jetzt noch mal einen Hund anschaffen, dann verlieren die Enkel irgendwann das Interesse. Außerdem wohnen die Enkel im nächsten Tal, und der

eine Enkel ist schon so groß, dass er einen Vertrag bei einer Fußballmannschaft unterschreiben könnte. „Und am Ende bin ich es, der jeden Tag mit dem Hund raus muss", sagt Friedel Rausch. Das ist der Grund, warum er keinen Hund mehr will.

Mit Rex hat das nichts zu tun.

Fürs Protokoll wäre demnach festzuhalten, dass Rex offenbar tatsächlich „Rex" hieß. Das behauptet jedenfalls Friedel Rausch, der es wissen sollte, weil er den Hund, wie man wohl sagen darf, persönlich kannte. Das ist wichtig zu wissen, weil die Fabel von Friedel und Rex mit jeder Überlieferung etwas unpräziser geworden ist. Friedel Rausch kann das nicht wissen, er hat kein Internet in seinem gepflegten

Terrassenhaus in den Hügeln über dem Vierwaldstättersee, und ehrlich gesagt: Es stört ihn auch nicht besonders, dass der Hund, der ihn am 6. September 1969 in den Hintern biss, nach manchen Recherchen und laut so mancher Internet-Nacherzählung „Blitz" geheißen habe. Rausch ist da ein Geistesbruder von Uli Hoeneß, der das Internet von Herzen „albern" findet.

„Ach ja, mit dem Uli Hoeneß würde ich auch gern mal wieder ein Stündchen plaudern", sagt Friedel Rausch, „schreiben Sie das ruhig, vielleicht ruft er dann an."

Der Fußballtrainer Rausch ist schon ein paar Jahre aus dem Geschäft, die Sehnsucht merkt man ihm manchmal noch an. Der FC Bayern habe sich mal für ihn inte-

SAISON 1969/1970

Er war ein ordentlicher Abwehrspieler und ein erfolgreicher Trainer, aber berühmt wurde Friedel Rausch (Mitte) durch dieses Foto.

te, aber er hat auch akzeptiert, dass er den Hund nicht mehr loswird.

„Timo Konietzka hat mal zu mir gesagt: ‚Ich werde für immer der mit dem ersten Bundesliga-Tor sein, und Du bist für immer der mit dem Hund.'"

Wer 50 Jahre Bundesliga nach Tieren absucht, der findet Enten, Steinadler, Geißböcke und Wolfgang Wolf, aber sie haben alle keine Chance gegen diesen Hund. Das Foto, das Rex (so soll er jetzt mal geheißen haben) beim herzhaften Biss ins Hinterteil des Schalker Linksverteidigers Friedel Rausch zeigt, ist mehrfach zum besten Sportfoto gekürt worden, „der Fotograf hat richtig Kohle verdient", sagt Rausch. Was Rex aber wirklich unschlagbar macht,

> **Heribert Faßbender sagt: „Frau Rausch, fallen Sie bitte nicht in Ohnmacht."**

ist dies: Er steht nicht nur für sich. Er ist mehr als nur ein bissiger Schäferhund in einer Bissiger-Schäferhund-Geschichte.

Was sich da am 6. September 1969 in der Dortmunder Rote-Erde-Kampfbahn beim Derby Borussia Dortmund gegen Schalke zutrug, ist eine Fabel im fast schon literarischen Sinne. Im Mittelpunkt einer Fabel stehen meist Tiere, denen menschliche Eigenschaften zugeordnet werden, es sind Tiere, die charakteristische Stereotype darstellen sollen.

Wofür Rex steht, ist ja klar: für einen anständigen Dortmund-Fan.

Knackiger als Rex kann man sie nicht zusammenfassen, diese Rivalität, die die Fußball-Bundesliga vom ersten Tag an begleitet. Rex hat das Revierderby auf den Punkt gebracht – auf einen Punkt, den auch fast viereinhalb Jahrzehnte später eine Narbe ziert.

Friedel Rausch erinnert sich: „Es war der vierte Spieltag, das Stadion war überfüllt, es gab noch keine Zäune, die Leute sind bis fast an den Spielfeldrand gesessen. Ja, und kurz vor der Pause schießt dann Hansi Pirkner das 1:0 für uns." Es ist der Moment, als es einige euphorisierte Schalker Fans nicht mehr auf ihren Sitzen hält. Sie stürmen den Rasen, Dortmunder Ordner und Hundeführer hasten mit ihren angeleinten Schäferhunden aufs Spielfeld.

Marlies Rausch erinnert sich: „Ich war an dem Tag nicht mit im Stadion, ich hab' das Spiel zu Hause im Radio gehört. Ich weiß noch, wie Heribert Faßbender plötzlich sagt: ‚Frau Rausch, fallen Sie bitte nicht in Ohnmacht, Ihr Mann ist verletzt, aber nicht vom Fußball.'"

Friedel Rausch: „Nach dem Tor bin ich zum Jubeln zu den Jungs hin gelaufen, aber plötzlich hab ich einen Riesen-

ressiert, erzählt Rausch, Anfang der Achtziger, kurz nachdem er mit Frankfurt den Uefa-Cup gewonnen hatte. Aber es ist nie was draus geworden, Rausch stand schon anderweitig im Wort. Wobei, das mit dem Uefa-Cup-Finale, das war schon ein Ding.

So laufen Gespräche mit Friedel Rausch. Er ist gerne bereit, noch mal die berühmte Geschichte vom berühmten Hundebiss zu erzählen, er weiß ja, dass man sie hören will. Aber wenn er einem dann den Gefallen tun und die berühmte Geschichte erzählen will, kommt ihm doch wieder der Fußball dazwischen.

Beim Uefa-Cup-Sieg 1980, sagt er, hat er Fred Schaub in der 77. Minute eingewechselt, für Norbert Nachtweih. „Da haben die Leute gepfiffen, die haben das nicht verstanden", sagt er mit dem seligen Leuchten des Zeitzeugen, der das Ende der Geschichte kennt.

Drei Minuten nach seiner Einwechslung erzielte Fred Schaub das Siegtor.

Friedel Rausch ist einverstanden mit seiner Karriere, mit der als Spieler bei Schalke 04 und auch mit der als Trainer. Als Trainer ist er in den Achtzigern viel getingelt, Istanbul, Maastricht, Saloniki, aber er wurde auch Zweiter mit Schalke (1977), Zweiter mit Kaiserslautern (1994) und Schweizer Meister und Pokalsieger mit dem FC Luzern (1989, 1992). Es ist ihm schon wichtig, dass es mal eine Zeit gab, in der er zu den etablierten Trainern gehör-

SAISON 1969/1970

schmerz gespürt, ich hab laut geschrien, auf meiner Hose war Blut." Er wurde vom Platz getragen, bekam eine Tetanusspritze und kehrte aufs Feld zurück.

Später haben Rausch und seine Schalker noch den Ausgleich kassiert, 1:1 endete das Derby an diesem 6. September 1969, und sie haben auch noch den Spieler Gerd Neuser verloren, den im Durcheinander vor der Pause ein anderer Hund (Blitz?) am Oberschenkel erwischt hatte. Neuser musste eine Viertelstunde vor Schluss raus, mit Lähmungserscheinungen im Bein.

Friedel Rausch ist immer noch ein Prominenter rund um Luzern, wo er seit langem lebt, die Menschen erkennen ihn auf der Skipiste und in der Tiefgarage seiner Siedlung. „Herr Rausch, muss der FC Luzern nicht den Trainer entlassen?", fragen ihn die Leute. Auf solche Fragen antwortet Rausch nicht, er will nicht der Besserwisser aus dem schönen Haus am Hang sein, aber es freut ihn schon, dass sie ihm in seiner neuen Heimat immer nur Fachfragen stellen. In seiner alten Heimat, das weiß er, obwohl er nicht mehr oft dort ist, fragen sie manchmal noch nach dem Hund.

„Besonders schlimm war's in den ersten Monaten nach dem Biss", sagt Friedel Rausch. Manchmal ist er mit seiner Frau spazieren gegangen, und plötzlich kam ein Bekannter aus dem Gebüsch und hat gebellt. „Wenn die Leute mich gesehen haben, haben sie wau-wau gerufen", sagt er. Er erinnert sich noch an den Kegelklub, der ihn erkannt hat, Herr Rausch, haben die gefragt, können wir mal die Narbe sehen? Frau Rausch erinnert sich auch noch, was ihr Mann geantwortet hat.

Er sagte: „Wenn die Männer rausgehen, zeig ich den Frauen die Narbe."

Friedel Rausch kann das, er beherrscht diesen Macho-Slang, den die Trainer damals draufhaben mussten. Rausch war ein starker Trainer, er konnte immer gut mit sogenannten schwierigen Typen wie Stefan Effenberg oder Toni Polster, aber Rausch ist keiner, der mal eben eine Provokation raushaut, wie das in der Branche heißt. Ob er den Dortmundern damals wegen der Hunde Vorwürfe gemacht hat? Ach, sagt er, er wolle nicht mehr zu tief in den alten Geschichten rühren, er wolle keine Unruhe. Erst später sagt seine Frau, dass der Hundeführer die Leine – angeblich – etwas sehr lang gelassen hätte.

Die Kraft des Revierderbys spürt man bis ins Terrassenhaus bei Luzern. Der alte Profi Rausch weiß ja, wie schnell sich Sätze auf ihrem Weg von Kriens ins Ruhrgebiet mit einer Bedeutung aufladen können, die in Kriens gar nicht beabsichtigt war, erst recht in Zeiten dieses albernen Internets, wo sie alles haltbar und auf ewig konsumierbar machen. Friedel Rausch würde sich, pardon, in den Hintern beißen, wenn er die alte Schalke-Dortmund-Rivalität aus der Ferne anfüttern würde. Warum auch? Am besten hat ihm damals ja das Rückspiel gefallen, ein halbes Jahr nach dem Hundebiss. Der Schalker Präsident Günter Siebert ließ aus dem Tierpark Westerholt Löwen besorgen, die er vorm Spiel als ironisches Zitat übers Feld laufen ließ – an der Leine. Die Raubtiere waren zahm, ewig jung und gut gepflegt, es waren quasi die Jogis unter den Löwen.

Der große Ernst Kuzorra saß bei seinen Eltern im Wohnzimmer.

Noch heute schmunzelt Friedel Rausch über den munteren Konter von damals. Als guter Schalker kennt er natürlich die meisten Geschichten, er weiß, dass Schalkes Triumphzug nach der Meisterschaft 1934 in Dortmund Halt machte, wo Tausende den Schalkern zujubelten, die sich dann tatsächlich im Goldenen Buch der Stadt Dortmund verewigten. Er hat als Jugendlicher mitbekommen, wie der BVB nach dem Krieg immer mehr zum ernstzunehmenden Rivalen wurde, und auch von den neueren Geschichten hat er gehört: von Dortmunder Schmähgesängen („ein Leben lang/keine Schale in der Hand"); von entwendeten BVB-Bannern, die irgendwann in den Schalker Fankurven wieder auftauchen; von aufs Schalker Arena-Dach geschmuggelten BVB-Fahnen; auch von der Randale.

Friedel Rausch ist Schalker, immer gewesen, aber militant war er nie. Er ist immer noch stolz, dass die Klublegende Ernst Kuzorra einst bei seinen Eltern im Wohnzimmer saß, um den Vater zu überreden, den jungen Friedel vom Meidericher SV nach Schalke wechseln zu lassen. „Mein Vater war natürlich auch Schalker", sagt Rausch, „und dann Kuzorra im Wohnzimmer, Mensch, ihm ist fast die Tasse aus der Hand gefallen." Trotzdem nennt Rausch den Rivalen nicht beim Schmähnamen, er sagt nicht „Lüdenscheid-Nord". Er sagt ordnungsgemäß „Dortmund".

Später erzählt Friedel Rausch dann noch, dass nach dem Vorfall damals die Maulkorbpflicht für Stadionhunde eingeführt wurde und dass man etwas später auch damit begann, Zäune um die Spielfelder zu bauen. Alles wegen des Derbys und wegen Friedel und Rex.

Friedel Rausch ist eine fußballhistorische Figur, und wer das nicht glaubt, muss ihm nur ins Gesicht sehen. In der rechten Backe trägt er eine kleine Delle, die jahrzehntelang als Grübchen missverstanden wurde. In Wahrheit ist auch das eine Narbe, aber sie stammt von keinem Hund. Die Narbe hat er sich im Strafraumgetümmel zugezogen, „wir lagen beide am Boden, mein Gegenspieler und ich", sagt er, „und beim Aufstehen treffen mich seine Lederstollen aus Versehen im Gesicht".

Es waren die Lederstollen von Franz Beckenbauer.

Fang die Biene: Schalke-Torwart Timo Hildebrand jagt das BVB-Maskottchen.

SAISON 1969/1970

Wecke den Tiger in Dir – oder an Deinem Hinterkopf: Stefan Effenberg beweist mit seiner, nun ja, Frisur immerhin Mut.

Kobra, Adler, Heidschnucken-Bock: die Elf der Bundesliga-Tiere

1. Schäferhund (Name: Rex?, oder: Blitz?) – Jenes Prachtexemplar, das den Schalker Friedel Rausch in Dortmund biss, am 6. September 1969.

2. Steinadler – Saison 1993/94: Mit neun Siegen und zwei Unentschieden führte Eintracht Frankfurt die Tabelle souverän an. Um seine Spieler noch mehr zu motivieren, brachte Trainer Klaus Toppmöller einen handzahmen Adler, das Wappentier des Vereins, in die Kabine. „Ihr müsst den Gegner packen wie ein Adler seine Beute", soll Toppmöller erfahrenen Profis wie Stein, Bein, Yeboah und Okocha zugerufen haben. Die Hessen wurden am Saisonende Fünfter. Auch spätere Eintracht-Trainer – wie im Bild Armin Veh – zeigten sich gerne mit dem Vogel.

3. Junge Löwen – Als Reflex auf den Hundebiss (Platz 1) entlieh sich Schalke zum Rückspiel 1970 aus dem Löwenpark Westerholt ein paar Raubtiere und ließ sie auf der Laufbahn patrouillieren.

4. Hennes 1 bis Hennes 8 – Die Geißböcke, die schon seit 1950 versuchen, dem 1. FC Köln Glück zu bringen.

5. Fritzle – Das grüne Krokodil des VfB Stuttgart, das gefährlichste Maskottchen in der Geschichte der Bundesliga.

6. Würmer – Entdeckt auf jener Online-Seite (bvb.de), auf der Borussia Dortmund stolz die Historie seines Stadions präsentiert. Originalton: „Nur ein einziger Fußballer sammelt in diesen 32 Jahren wirklich schlechte Erfahrungen in der Scala an der Strobelallee: der Braunschweiger Danilo Popivoda. Am 23. April 1977 – Würmer haben den Rasen befallen – steht Popivoda ungedeckt keine sechs Meter vor dem Borussen-Gehäuse, holt aus zum Torschuss und rutscht samt Rasen weg, der keinen Halt mehr findet in den angefressenen Wurzeln, landet auf der Nase, während der Ball vor der Linie liegen bleibt." Endstand: 0:0.

7. Kobra – Beiname für Jürgen Wegmann, der von 1984 bis 1992 für Dortmund, Bayern und Schalke in der Bundesliga stürmte. In einem Interview behauptete er: „Ich bin giftiger wie die giftigste Schlange."

8. Ente – Am 15. Mai 1976 langweilte sich Bayern-Torwart Sepp Maier im Münchner Olympiastadion beim 4:0 gegen den VfL Bochum und jagte im Hechtsprung auf dem Rasen Geflügeltes.

9. Heidschnucken-Bock – In der Bremer Meistersaison 1964/65 kam die euphorisierte Bremer Fleischerinnung (!) auf die Idee, den Werderanern einen Bock zu schenken. Er wurde zum ersten Liga-Maskottchen des Klubs. Name: Pico, nach Kapitän Pico Schütz.

10. Die Biene Emma (frei nach Klub-Ikone Lothar Emmerich) – Dortmunds schwarz-gelbes Maskottchen, das Schalkes Torwart Timo Hildebrand vor dem Revier-Derby am 9. März 2013 auf seiner Facebook-Seite in einer Karikatur mit der Fliegenklatsche jagte. Es half, irgendwie: Schalke siegte 2:1.

11. Der Tiger – Im Frühjahr 1994 stand der damalige Mönchengladbacher Stefan Effenberg plötzlich mit einer Tigerfrisur auf dem Platz. Gegen diese Aktion sprach: Es sah ziemlich bescheuert aus. Dafür sprach allenfalls: Es war das Ergebnis einer Wette, die Effenberg gegen Thomas Gottschalk verloren hatte.

SAISON 1969/1970

SZENE DER SAISON

Herr Ober! Einen Rechtsanwalt!

Der Morgen des Auswärtsspiels in der Saison 1969/1970 beim Hamburger SV. Hermann Lindemann, der Trainer von Borussia Dortmund, trank einen Schluck Kaffee, schaute auf die Zeitung, dann wurde er blass. Lindemann sagte: „Herr Ober, ich brauche einen Rechtsanwalt." Vor ihm auf dem Tisch lagen die *St. Pauli Nachrichten*, mit der Schlagzeile: „Hermann Lindemann im Bordell verhaftet." Als der Busfahrer dann erzählte, dass die Zeitung sich in Dortmund „wie warme Semmeln" verkaufe, vermutete Lindemann dahinter eine Intrige des Vorstands. Erst später konnten ihn die Spieler beruhigen. In der Nacht zuvor waren Ferdi Heidkamp, Reinhold Wosab und Jürgen Rynio mit dem HSV-Spieler Klaus Zaczyk auf der Reeperbahn unterwegs, tranken ein paar Bierchen und landeten in einer Kneipe, in der sich Gäste eine eigene Ausgabe der *St. Pauli Nachrichten* drucken konnten. Sie fanden, dass das ein sehr gutes Angebot war. Ihr eigenes Exemplar legten sie Lindemann auf den Frühstückstisch. Nachdem dieser über den Streich informiert wurde, reagierte er wenig amüsiert, sagte vor dem Spiel lediglich: „Ihr könnt das nur gutmachen, wenn Ihr gewinnt." Dortmund führte bis zur 63. Minute 3:1. Nach 90 Minuten stand es 4:3 für den HSV.

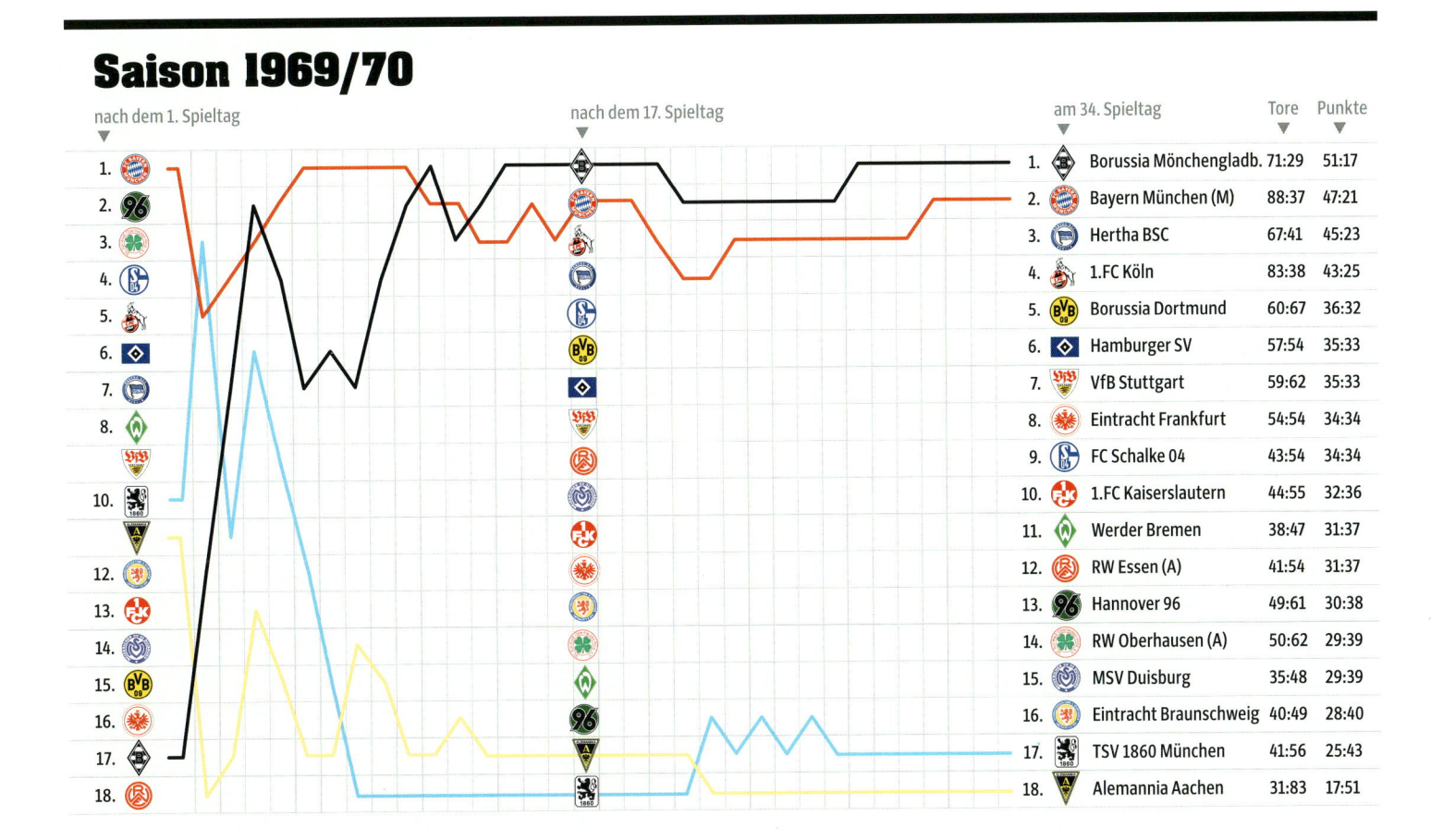

Saison 1969/70

	am 34. Spieltag	Tore	Punkte
1.	Borussia Mönchengladb.	71:29	51:17
2.	Bayern München (M)	88:37	47:21
3.	Hertha BSC	67:41	45:23
4.	1.FC Köln	83:38	43:25
5.	Borussia Dortmund	60:67	36:32
6.	Hamburger SV	57:54	35:33
7.	VfB Stuttgart	59:62	35:33
8.	Eintracht Frankfurt	54:54	34:34
9.	FC Schalke 04	43:54	34:34
10.	1.FC Kaiserslautern	44:55	32:36
11.	Werder Bremen	38:47	31:37
12.	RW Essen (A)	41:54	31:37
13.	Hannover 96	49:61	30:38
14.	RW Oberhausen (A)	50:62	29:39
15.	MSV Duisburg	35:48	29:39
16.	Eintracht Braunschweig	40:49	28:40
17.	TSV 1860 München	41:56	25:43
18.	Alemannia Aachen	31:83	17:51

Start in die Siebziger, Start in den Dualismus Gladbach – Bayern. Im siebten Bundesliga-Jahr ist die Borussia der siebte Meister. Am 6. Spieltag kommt es zum bestbesuchten Bundesligaspiel überhaupt: An einem Freitagabend sehen 88 075 Zuschauer im Berliner Olympiastadion das 1:0 der Hertha gegen Köln. Aachen stürzt vom zweiten Tabellenplatz im Vorjahr in den Abstieg.

1970/71

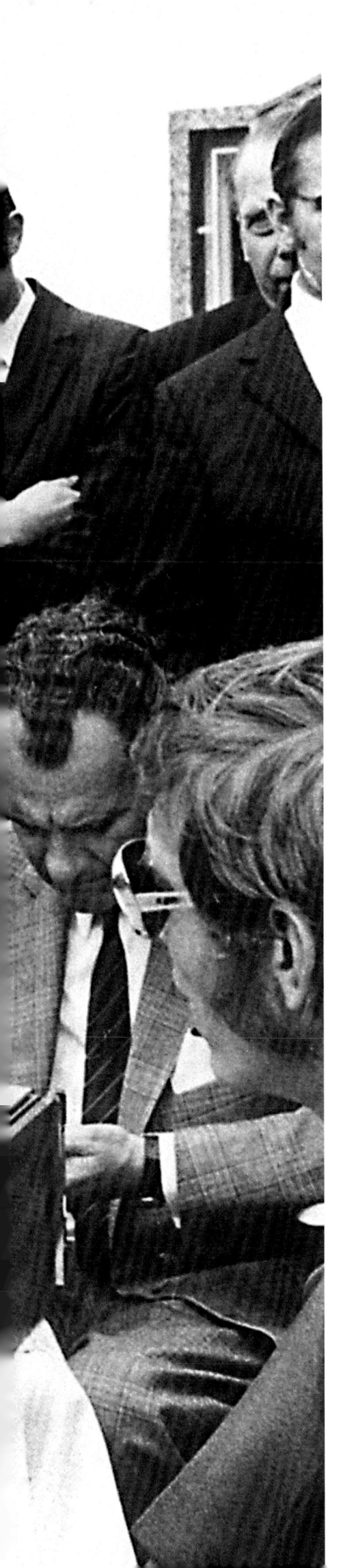

„Hören Sie mal!"

Schock beim Gartenfest: An seinem 50. Geburtstag startet der Südfrüchtehändler Canellas den Liga-Skandal – mit einem Tonband.

Der 6. Juni 1971 ist ein sommerlicher Sonntag, wie geschaffen für eine Geburtstagsparty. Der Jubilar bittet in den Garten, und die Gäste, die ihm mit Sektkelchen und Cocktailgläsern folgen und ein nagelneues Telefunken-Tonbandgerät auf dem Tisch erblicken, nehmen an, dass das Geburtstagsprogramm von Horst-Gregorio Canellas gleich zum Tanztee überschwenken wird. Sie irren sich. Canellas, Präsident der am Vortag abgestiegenen Offenbacher Kickers, schaltet das Gerät ein. Die Spulen drehen sich, heiser krächzt seine Stimme: „Und nun, meine Herren, hören Sie mal!"

Was folgt, erschüttert den Ligafußball. Ein geschockter Zuhörer nimmt schon Reißaus, bevor die letzten Gäste das Gartenfest erreichen: Bundestrainer Helmut Schön leert nicht mal mehr sein Glas mit Orangensaft, als erste Klarheit aus den Tonbandaufnahmen dringt. Hier geht es um manipulierte Fußballspiele, darum, dass die am Vortag zu Ende gegangene Saison von vorne bis hinten verschoben worden war. An Canellas' Kaffeetafel werden mafiöse Telefongespräche serviert, es geht um hohe Bestechungssummen, um konspirative Treffs, um die Laufwege von Geldkofferträgern. Scherzbolde werden bald sagen, man solle die Trikots der Kicker künftig statt mit Rückennummern besser gleich mit Kontonummern beflocken.

Die Partygäste hören den Kölner Nationaltorwart Manfred Manglitz, der von Canellas eine Siegprämie von 25 000 Mark fordert. Andernfalls wolle er sich im Match gegen Rot-Weiss Essen, den Abstiegsrivalen von Canellas' Klub Offenbach, „nicht besonders anstrengen". Zu hören ist auch Südfrüchtehändler Canellas, wie er Spielern von Hertha BSC einen Koffer voll Geld anbietet für einen Sieg über Arminia Bielefeld, einen weiteren Konkurrenten seiner Offenbacher. Woraufhin ihm Berlins Nationalverteidiger Bernd Patzke offenbart: „Gestern war schon einer von Bielefeld da." Von denen, ergänzt in einem anderen Mitschnitt Hertha-Spieler Tasso Wild, „bekommen wir 120 000 Mark, wenn wir sie gewinnen lassen". Canellas verhandelt tapfer weiter, bis Wild sagt: „Also, hören Sie, ich habe einen ganz duften Vorschlag. Weil es Offenbach ist, und ohne Kuhhandel hin und her: 140 000, und die Sache ist für Sie in Ordnung." War sie ganz und gar nicht. Die Bielefelder erhöhten kurzfristig auf angeblich 240 000 Mark; Hertha BSC unterlag ihnen beim Saisonfinale überraschend zu Hause 0:1.

Diese Bombe ist nicht aus heiterem Sonntagshimmel geplatzt, wie es später gerne dargestellt wurde. Dass sich die abstiegsgefährdeten Teams der ablaufenden Saison bereits über Wochen trickreich darum bemüht hatten, irgendwie im Oberhaus zu verbleiben, dürfte allen Szenekennern bis hin zum Deutschen Fußball-Bund kaum entgangen sein. Viel zu hartnäckig waren die Indizien und Gerüchte, die ihre äußere Entsprechung bald in „Schiebung, Schiebung"-Chören fanden, die in Köln und Berlin von den Rängen hallten.

Absteigern aus der Bundesliga drohte damals der Sturz ins Bodenlose.

Die Abstiegsfrage war zu jener Zeit von existenzieller Bedeutung. In der Bundesliga ließ es sich mit den rund sechs Millionen Mark Jahreseinnahmen angemessen leben. Das halbwegs weiche Polster einer zweiten Liga gab es noch nicht. In den Regionalligen aber musste ein Absteiger plötzlich mit rund 300 000 Mark auskommen. Es drohte der Sturz ins Bodenlose.

„Hören Sie mal!", hatte Canellas an seinem 50. Geburtstag ausgerufen – und alle hörten zu, erst die Gäste, unter denen viele Journalisten weilten, dann das deutsche Sportpublikum via Fernsehen, schließlich die halbe Fußballwelt. Weil die aber damals längst nicht globalisiert war, gelang es manchem der mit langen Berufssperren belegten Kicker, im Ausland wieder auf die Füße zu kommen. „Es ist noch viel mehr geschoben worden", sagte Canellas später. „Aber ich bin zu müde, alles aufzudecken."

Gesperrt wurde im Zuge der Affäre auch er selbst, was ihn nie wieder losließ. Seine Offerten, von denen im Garten vom Band zu hören war, seien doch nur Scheinangebote gewesen, beteuerte Canellas stets. Er habe den DFB sogar frühzeitig darüber informiert und so maßgeblich dabei geholfen, den Manipulationssumpf auszutrocknen. Ob das so war? Es ließ sich nie ergründen. Dass Whistleblowern wie Canellas im Profifußball jedoch stets der Ruf des Nestbeschmutzers anhängt – das war schon damals so.

THOMAS KISTNER

Hinter Gittern, hier aber nur spaßeshalber: Klaus Scheer (links) und Norbert Nigbur standen zwar im Kader von Schalke 04, gehörten aber nicht zu den bestraften Spielern.

Die Strafen im Bundesliga-Skandal

Bestrafte Vereine
Arminia Bielefeld am 15.4.1972 Lizenzentzug und Versetzung in die Regionalliga, 50 000 DM Geldstrafe.
Kickers Offenbach am 24.7.1971 Lizenzentzug für zwei Jahre, dennoch Wiederaufstieg 1972.

Bestrafte Spieler
1. FC Köln
Manfred Manglitz: Sperre ab 4.7.1971 auf Lebenszeit*, 15 000 DM Geldstrafe.

Hertha BSC
Franz Brungs Sperre 21.6.1972 bis 20.6.1974*, 15 000 DM; **Peter Enders** Sperre 21.6.1972 bis 20.6.1974*, 15 000 DM; **Karl-Heinz Ferschl** Sperre 21.6.1972 bis 20.6.1974*, 15 000 DM; **Wolfgang Gayer** Sperre 21.6.1972 bis 20.6.1974*, 15 000 DM; **Laszlo Gergely** Sperre ab 23.1.1972 auf Lebenszeit*, 15 000 DM; **Volkmar Groß** Sperre 21.6.1972 bis 20.6.1974*, 15 000 DM; **Michael Kellner** Sperre 21.6.1972 bis 20.6.1974, 15 000 DM, Verlängerung der Sperre bis 12.10.1981, weil er Strafe und Verfahrenskosten nicht zahlte; **Bernd Patzke** Sperre 24.7.1971 bis 30.6.1975*, Freigabe fürs Ausland; **Jürgen Rumor** Sperre ab 23.1.1972 auf Lebenszeit*, 15 000 DM; **Hans-Jürgen Sperlich** Sperre 21.6.1972 bis 20.6.1974*, 15 000 DM; **Arno Steffenhagen** Sperre 21.6.1972 bis 20.6.1974*, 15 000 DM; **Zoltan Varga** Sperre 23.1.1972 bis 30.6.1974, ab 1.7.1972 Freigabe fürs Ausland, 15 000 DM; **Jürgen Weber** Sperre 21.6.1972 bis 20.6.1974*, 15 000 DM; **Tasso Wild** Sperre 24.7.1971 bis 30.6.1975*, Freigabe fürs Ausland; **Uwe Witt** Sperre 21.6.1972 bis 20.6.1974, 15 000 DM, Verlängerung der Sperre auf Lebenszeit, weil er nicht zahlte.

VfB Stuttgart
Hans Arnold Sperre ab 23.10.1971 auf Lebenszeit*, 15 000 DM; **Hans Eisele** Sperre ab 22.1.1972 auf Lebenszeit*, 15 000 DM; **Hartmut Weiß** Sperre ab 22.1.1972 auf Lebenszeit*, 15 000 DM.

FC Schalke 04
Dieter Burdenski Sperre 4.2.1973 bis 21.5.1973*, 2300 DM; **Klaus Fichtel** Sperre 18.3.1973 bis 17.3.1975*, ab 25.6.1973 Freigabe fürs Ausland, 2300 DM; Sperre 3.1.1978 bis 22.1.1978, 10 000 DM für die Krebshilfe; **Klaus Fischer** Sperre 30.9.1972 bis 30.9.1973, 2300 DM, Freigabe fürs Ausland; Sperre 21.2.1976 bis 24.3.1976 sowie 9.12.1976 bis 14.1.1977, 10 000 DM für die Krebshilfe; **Jürgen Galbierz** Sperre 5.8.1972 bis 4.8.1974*, 2300 DM; **Reinhard Libuda** Sperre ab 30.9.1972 auf Lebenszeit*, 2300 DM; **Herbert Lütkebohmert** Sperre 18.3.1973 bis 28.2.1974*, Freigabe fürs Ausland ab 25.6.1973, 2300 DM; Sperre 21.2.1976 bis 24.3.1976 sowie 9.12.1976 bis 14.1.1977, 10 000 DM für die Krebshilfe; **Hans Pirkner** Sperre 5.8.1972 bis 4.8.1974*, 2300 DM. **Manfred Pohlschmidt** Sperre ab 5.8.1972 auf Lebenszeit, 2300 DM, begnadigt am 25.1.1978; **Rolf Rüssmann** Sperre 18.3.1973 bis 28.2.1974*, Freigabe fürs Ausland ab 25.6.1973, 2300 DM; Sperre 21.2.1976 bis 24.3.1976 sowie 9.12.1976 bis 14.1.1977, 10 000 DM für die Krebshilfe; **Klaus Senger** Sperre 21.2.1976 bis 30.6.1976; **Jürgen Sobieray** Sperre 5.8.1972 bis 30.9.1973, Freigabe fürs Ausland ab 25.6.1973, 2300 DM; Sperre 21.2.1976 bis 24.3.1976 sowie 9.12.1976 bis 14.1.1977, 10 000 DM für die Krebshilfe; **Heinz van Haaren** Sperre 25.4.1973 bis 24.4.1975, 2300 DM; **Hans-Jürgen Wittkamp** Sperre 18.3.1973 bis 28.2.1974*, Freigabe fürs Ausland ab 25.6.1973, 2300 DM Geldstrafe; Sperre 21.2.1976 bis 24.3.1976 sowie 9.12.1976 bis 14.1.1977, 10 000 DM für die Krebshilfe.

Arminia Bielefeld
Jürgen Neumann Sperre ab 23.10.1971 auf Lebenszeit, 15 000 DM, begnadigt am 20.8.1976; Entzug der Spielerlaubnis am 11.12.1978, weil er nicht zahlte; **Waldemar Slomiany** Sperre 8.4.1972 bis 31.7.1974.

MSV Duisburg
Volker Danner Sperre 26.4.1972 bis 25.8.1972; **Gerd Kentschke** Sperre 8.4.1972 bis 7.4.1982*, 2500 DM.

Eintracht Braunschweig
Max Lorenz: Sperre 15.1.1972 bis 31.3.1973 und 2200 DM; **Burkhardt Öller**: Sperre 9.2.1973 bis 8.5.1973, 2000 DM; **Lothar Ulsaß**: Sperre 7.8.1971 bis 1.1.1973, ab 16.8.1972 Freigabe fürs Ausland, 2200 DM; zudem mussten 14 weitere Spieler 4400 DM zahlen, wurden aber nicht gesperrt.

Bestrafte Trainer
Günter Brocker (Rot-Weiß Oberhausen): Sperre 11.11.1972 bis 10.11.1974.
Egon Piechaczek (Arminia Bielefeld): Sperre ab 15.4.1972 auf Lebenszeit, begnadigt am 1.4.1975.

Bestrafte Funktionäre
Horst-Gregorio Canellas (Offenbach): Sperre ab 24.7.1971 auf Lebenszeit, begnadigt am 16.12.1976; **Wolfgang Holst** (Hertha BSC): Sperre 24.3.1973 bis 23.3.1978, begnadigt am 20.12.1977; **Waldemar Klein** (Offenbach): Sperre 24.7.1971 bis 1.7.1972; **Fritz Koch** (Offenbach): Sperre 24.7.1971 bis 1.7.1972; **Peter Maaßen** (Oberhausen): Sperre 7.7.1972 bis 6.7.1974; **Friedrich Mann** (Offenbach): Sperre 24.7.1971 bis 1.7.1972.

* im Zuge einer großen Amnestiewelle 1973/1974 begnadigt.

FC Meineid 04

Weil sie hartnäckig leugneten, ein Spiel verkauft zu haben, rückten die Schalker ins Zentrum des Skandals. Sie kassierten weniger als andere, wären aber fast im Gefängnis gelandet.

Wer weiß, vielleicht wäre alles ganz anders gekommen, wenn Waldemar Slomiany ein Schalker geblieben wäre. Jedenfalls sagten später einige, sie hätten dem früheren Kollegen nur einen Gefallen tun wollen, als sie am 17. April 1971 den Bielefeldern einen 1:0-Auswärtssieg auf Schalke überließen. Das ist die Version, die Klaus Fischer erzählt hat, der es später „den größten Fehler meines Lebens" nannte, dass er sich in die Geschichte hat reinziehen lassen.

Eine Geschichte, die sich in die Länge zog. So sehr, dass in der Rückschau heute für viele die Schalker im Zentrum des Bundesliga-Skandals stehen, obwohl ihr Vergehen vergleichsweise gering war. 40 000 Mark hatten sie für ihre Gefälligkeit gegenüber Slomianys Arminia kassiert, bescheiden im Vergleich zu jenen 240 000 Mark, die Hertha BSC für ein 0:1 einstrich. Die Hertha ging halt mit der Konjunktur, Schalke hatte sich am 28. Spieltag gebeugt, Hertha erst am 34. und letzten Spieltag, um der Arminia den Abstieg zu ersparen.

> **Eine talentierte Elf ging im Labyrinth von Sport- und Ziviljustiz verloren.**

Den Schalkern allerdings gelang es, den Skandal auf fast sieben Jahre zu strecken, aus einer Neben- in die Hauptrolle zu schlüpfen – und am Ende als „FC Meineid 04" dazustehen. Stur und juristisch schlecht beraten sorgten die Königsblauen dafür, dass sich eine ihrer talentiertesten Mannschaften im Labyrinth der Sport- und Ziviljustiz verlor. Wann endlich Schluss war? Eigentlich erst am 22. Januar 1978, da lief die letzte Sperre aus, die der Deutsche Fußball-Bund gegen Klaus Fichtel verhängt hatte. Weitere zehn Jahre später beendete Fichtel seine Laufbahn; im Alter von 43 Jahren und sechs Monaten, damit war er der älteste aktive Spieler des ersten halben Bundesliga-Jahrhunderts überhaupt.

Auch für Fichtel gilt, was besonders Mittelstürmer Klaus Fischer, der zum Zeitpunkt der Bestechung 21 Jahre jung war, für sich reklamierte: Er hätte viel mehr aus seiner Karriere machen können. „Wie blöd war ich gewesen?", fragte sich Fischer noch Jahrzehnte später. Erst 1977 wurde er für die Nationalelf nominiert, anschließend holte der Fallrückzieher-Experte aus dem Bayerischen Wald einiges nach. Mit 32 Toren in 45 Länderspielen hat Fischer eine Gerd-Müller-Quote erreicht.

Bestraft wurde er nicht nur, weil er half, ein Spiel zu verschieben, sondern auch, weil er vor dem Landgericht Essen einen Eid darauf schwor, dass nichts verschoben worden war. Nach Essen hatte DFB-Chefankläger Horst Kindermann die Schalker gezerrt, nachdem sie vom Sportgericht nicht zu knacken waren. Zwischen April und Juni 1972 behaupteten Fischer und sieben weitere Beteiligte, dass kein Geld geflossen sei. Auch nicht jener Anteil von 2300 Mark, der bei Fischer den Ankauf eines Fernsehers ermöglicht haben soll, in dem er fortan die Tagesschau-Bilder vom Prozess in Farbe sehen konnte. Doch nachdem der junge Torwart Dieter Burdenski gegenüber Kindermann als Erster gestand, wurde das Lügengebäude zum Kartenhaus. Fichtel, Fischer, Reinhard Libuda, Jürgen Galbierz, Herbert Lütkebohmert, Rolf Rüssmann, Hans-Jürgen Wittkamp und der Bielefelder Slomiany bildeten den „FC Meineid 04".

Was die Essener Richter dazu bewog, die Fußballer nur zu Geldstrafen zu verurteilen, blieb rätselhaft. Fischer zahlte symbolisch seinen Arminia-Anteil von 2300 Mark zurück, zudem 10 000 Mark an die Krebshilfe. Nur knapp entging auch er der bei Meineid üblichen Gefängnisstrafe. Vielleicht half das späte Geständnis, vielleicht sorgte auch der Jubel über den WM-Titel 1974 bei der Justiz für Milde.

31. März 1973: Die gesperrten Klaus Fischer (Dritter von links) und Klaus Fichtel (rechts) verfolgen ein 1:1 gegen Hertha BSC.

Nicht völlig geklärt ist das Motiv der freiwilligen Niederlage. „Falsche Kameradschaft", behauptet Fischer, einer habe den anderen mitgezogen, die Jüngeren seien den Älteren gefolgt. Und vor Gericht stellte sich dann die Frage: Leugnen? Oder lebenslange Sperre? DFB-Kindermann drohte mit drakonischen Strafen. Niemand wies einen Ausweg aus dem Labyrinth. Trotz belastender Aussagen und erdrückender Beweise wiederholten die Schalker sogar ihre Falschaussagen. Unter Eid. Dabei, so Fischer, „wollte ich doch nur Fußball spielen".

KLAUS HOELTZENBEIN

Kickergeschäfte vorm Kameradengericht

Die Wochenendjustiz des DFB in Frankfurt: Mit unpräzisen Regeln versuchen die Rechts-Verteidiger dem Fußballskandal beizukommen. Eine Reportage von Herbert Riehl-Heyse, erschienen in der *Süddeutschen Zeitung* am 24. Juli 1971.

Der Richter verweist den Angeklagten auf die Rechtslage: „Das ist doch ein ungeschriebenes Gesetz unter den Lizenspielern, daß man so etwas nicht tut." Der Richter rügt den Lebensstil des Angeklagten: „Daß Sie hier von Ihrer Alkoholstimmung sprechen, das hört man gar nicht gern, wenn man selbst einmal Fußball gespielt hat." Der Richter zeigt dem Angeklagten gleich, was er von ihm hält: „So was können Sie doch mir nicht erzählen, das muß ich doch nicht glauben."

Der Richter, der sich so merkwürdig benimmt, ist allerdings kein normaler Richter: Er ist Beisitzer beim DFB-Sportgericht, das am Freitagvormittag über die Fußballspieler Manglitz, Patzke und Wild verhandelt, weil sie in das verwickelt sind, was man den Bundesligaskandal nennt.

Der Fall, das zeigen schon die ersten Stunden der Verhandlung, ist ein einziger juristischer Alptraum, und der wird um so drückender, je länger er untersucht wird. Das liegt zum Teil daran, daß sich die angeklagten Fußballer viel frecher und intelligenter verteidigen, als man es Leuten, die ihr Geld mit den Füßen verdienen, gemeinhin zutrauen würde. Da tritt der eloquente Kölner Torwart Manglitz auf, der mit dem unschuldigsten Gesicht der Welt zugibt, 25 000 Mark dafür genommen zu haben, daß er im Spiel gegen Rot-Weiß Essen „nur seine Pflicht getan" und gewonnen hat, und der, ohne mit der Wimper zu zucken, behauptet, auf das üble zweite Geschäft mit Offenbachs Präsident Canellas – 100 000 Mark für einen Sieg Offenbachs in Köln – nur zum Schein eingegangen zu sein, um es vielleicht später mal literarisch auswerten zu können. Genommen, sagt er, hätte er das Geld nie – und genommen hat er es ja auch nicht.

Da ist der fixe Berliner Junge „Bernie" Patzke („Ich dachte, mich trifft der Schlag, als mir Canellas 100 000 Mark für einen Sieg gegen Bielefeld anbietet"), der das Ganze für einen einzigen Jux gehalten haben will und dem man das schwer wird widerlegen können. Der Berliner Stürmer Tasso Wild schließlich, dessen Freizeitbeschäftigung hauptsächlich darin zu bestehen scheint, dann und wann mal wieder mit ein bißchen Alkohol „in Stimmung zu kommen", macht ohnehin in seiner Harmlosigkeit den Eindruck, als habe er den fairen Sport erfunden: „Ich bin in den acht Jahren als Lizenzspieler noch nie bestraft worden." Daß der Südfrüchte-Millionär Canellas, anfangs als der große Saubermann des deutschen Fußballs gefeiert, in diesem Schauerstück ebenso Mörder wie Leiche ist, war schon nach den ersten Aussagen ziemlich klar, obwohl er sich am Nachmittag mit Bravour und Temperament seiner Haut wehrte.

Ein Fall also, der verwickelt genug wäre, um selbst die Einser-Juristen des Bundesgerichtshofs, die ihn sich freilich erst einmal ein Jahr ablagern lassen würden, in Verlegenheit zu bringen. Aber er muß an diesem Wochenende Hals über Kopf ausgerechnet von jenen Fußballrichtern gelöst werden, denen ihre Kritiker nachsagen, mit ihren juristischen Methoden ließe sich im normalen Leben nicht einmal ein Hühnerdieb rechtskräftig verurteilen.

Warum sie trotzdem angesichts der ständigen Anwürfe auch diesmal wieder voller Eifer dabei sind, Kicker-Recht zu sprechen, ist unverständlich genug: Wann immer sie nämlich eines ihrer berühmten Urteile verkünden, bekommen sie von irgendwo eins über den Kopf.

Leicht möglich, daß nach den Strapazen des jetzigen Prozesses das Ende des Fußballgerichts nicht mehr fern ist. Schon bei wesentlich kleineren Belastungsproben war der Ruf der Juristen und Vereinsbosse nach Reformern in der letzten Zeit immer unüberhörbarer geworden.

Und der Ruf war verständlich: Mit einer Verfahrensordnung, die von Turnvater Jahn persönlich geschrieben sein könnte und die sich statt auf präzise Regelungen auf das „geschriebene und ungeschriebene Wort des Sports" beruft, werden seit Jahren die drakonischsten Strafen ausgesprochen, wie sie bestenfalls bei Amateurspielern sinnvoll sind. Die Sperre eines Profis, die laufend verhängt wird, kommt ja in der Praxis einem Berufsverbot gleich, das bürgerliche Gerichte nicht auszusprechen wagen würden. Der Münchner Rechtsanwalt Timm, der als Vertreter von 1860 schon leidvolle Erfahrung mit den Fußballrichtern gesammelt hat, sagt: „Die haben immer noch nicht kapiert, daß es in der Bundesliga um ein knallhartes Geschäft geht."

So lebensnah ist denn auch das „geschriebene Recht des Sports". Da gibt es zwar z.B. eine Bestimmung, die dem Lizenzspieler die Pflicht auferlegt, „die vereinseigene Sportausrüstung und die überlassenen Geräte" schonend zu behandeln. Die heißumstrittene Frage aber, die bei der Verhandlung an diesem Wochenende im Mittelpunkt steht, ob nämlich die Spieler sich von Dritten Prämien bezahlen lassen dürfen – diese Frage wurde schlicht vergessen.

Man hat es nicht mit gewöhnlichen Richtern zu tun, sondern mit rechtsprechenden Sportskameraden. Unter Kameraden aber kann man zwar auf so unfeine Dinge wie einen Eid verzichten – dafür kommt hier aber auch oft genug der Grundsatz abhanden, daß im Zweifel für den Angeklagten zu entscheiden ist. Am Ende stehen dann Urteile mit manchmal so enormen wirtschaftlichen Folgen, daß eine Geldstrafe für einen Supermarktdiebstahl im Vergleich dazu mit dem Kleingeld aus der Hosentasche bezahlt werden könnte. Sollte nach den Verhandlungen in Sachen Manglitz & Co. etwa einem Verein die Lizenz entzogen werden, wäre immerhin eine ganze Firma mit wenigstens 15 fußballspielenden Angestellten, ob schuldig oder nicht, fürs erste brotlos.

Die Herren Freizeitrichter in der Frankfurter Zeppelinallee scheint solche Verantwortung freilich wenig zu drücken und auch nicht die Tatsache, daß sie dafür unzulängliche juristische Mittel zur Verfügung haben. Vorsitzender Werner Kirsch, 61 Jahre und im Hauptberuf Strafrichter in Koblenz, streift, wie er sagt, „die Strafprozeßordnung ganz einfach ab", wenn er verhandelt, und der gefürchtete Ankläger Herr Kindermann („Kindermann ist kein Kinderfreund", heißt es in Frankfurt), Landgerichtsdirektor in Stuttgart, dessen Familie nach aufsehenerregenden Prozessen von den Fans jeweils einige Tage mit Morddrohungen eingedeckt wird, hat offenbar auch keine größeren Schwierigkeiten. Beim Kronenberg-Prozeß in Stuttgart hat er, als Profi, 111 Sitzungstage lang vorsichtig und gründlich über Wechsel- und Scheckreitereien verhandelt. Hier in Frankfurt, wo er nur Amateur ist, sollen für einen Fall, bei dem es für die betroffenen Vereine immerhin um den Umsatz von zwei Millionen geht, zwei Tage reichen.

Aber schließlich ist das alles für den Juristen und erst recht für die Laienbeisitzer im Grunde nur eine Freizeitbeschäftigung: „Wir bekommen nichts dafür", sagt Herr Kirsch.

Dabei gibt es natürlich keinen Zweifel, daß der 74-jährige Zechenbeamte aus Dortmund, der pensionierte Oberamtsanwalt aus Duisburg und der 64-jährige Rechtsanwalt aus Hannover, die als Beisitzer mit wild entschlossenen Gesichtern an ihrem Tisch sitzen, als gelte es, einen Raubmord aufzuklären, ihre Aufgabe ungeheuer ernst nehmen. Ob sie freilich – in einer Zeit groß geworden, wo Fußball ausschließlich ein Sport und kein Millionengeschäft war – wirklich in der Lage sind, Recht in dieser total undurchsichtigen Affäre zu sprechen, darf wenigstens gefragt werden. Und ob sie – längst tausendfach beeindruckt durch unzählige Schlagzeilen, die fordern, im deutschen Fußball müsse endlich „reiner Tisch" gemacht werden – noch objektiv urteilen können, bezweifelt nicht nur jener Beobachter, der in der Mittagspause schon Wetten auf den Ausgang des Verfahrens entgegennimmt: „Dreimal lebenslänglich Sperre für Manglitz, Patzke und Wild."

Manfred Manglitz selbst, mit und ohne seine hübsche Verlobte wenigstens hundertmal an diesem Tag von den Photographen abgelichtet, ist da wesentlich optimistischer: „Das gibt natürlich einen Freispruch. Alles andere wäre eine Sensation."

Im Zweifel gegen die Angeklagten: Die Spieler Tasso Wild, Bernd Patzke und Manfred Manglitz (von links) im Juli 1971 vor dem DFB-Sportgericht in Frankfurt. Auch der Aufruf am Rande eines Liga-Spiels, Rot-Weiß Oberhausen freizusprechen, blieb ohne Wirkung.

Lothar Kobluhn (24 Tore)

SZENE DER SAISON
Torjäger ohne Kanone

Am 12. April 2008 erhielt Lothar Kobluhn die Torjäger-Kanone des Fußballmagazins *kicker*. Er hatte in einer Bundesliga-Saison 24 Tore für Rot-Weiß Oberhausen erzielt und damit mehr als jeder andere Bundesliga-Spieler in jener Saison. Sogar zwei mehr als Gerd Müller. An die besten Torschützen einer Saison übergibt der *kicker* jedes Jahr seine Torjäger-Kanone, vor dem 8. April 2008 bereits 41 Mal. Doch diese 42. Auszeichnung war eine besondere. Kobluhn hat 37 Jahre darauf warten müssen. An dem Tag, an dem er sie für seine 24 Tore aus der Saison 1970/1971 überreicht bekam, wurde Kobluhn 65 Jahre alt. Weil Oberhausen 1971 mit zwei Spielen in den Bundesliga-Skandal um verschobene Partien verstrickt war, hatte der *kicker* dem Oberhausener Torjäger die Kanone strikt verweigert. Das hat Kobluhn derart gewurmt, dass er dem Blatt 37 Jahre lang kein Interview gegeben hat. „Ich wurde für Schiebereien bestraft, mit denen ich nichts zu tun hatte", sagte Kobluhn später – einigermaßen versöhnt.

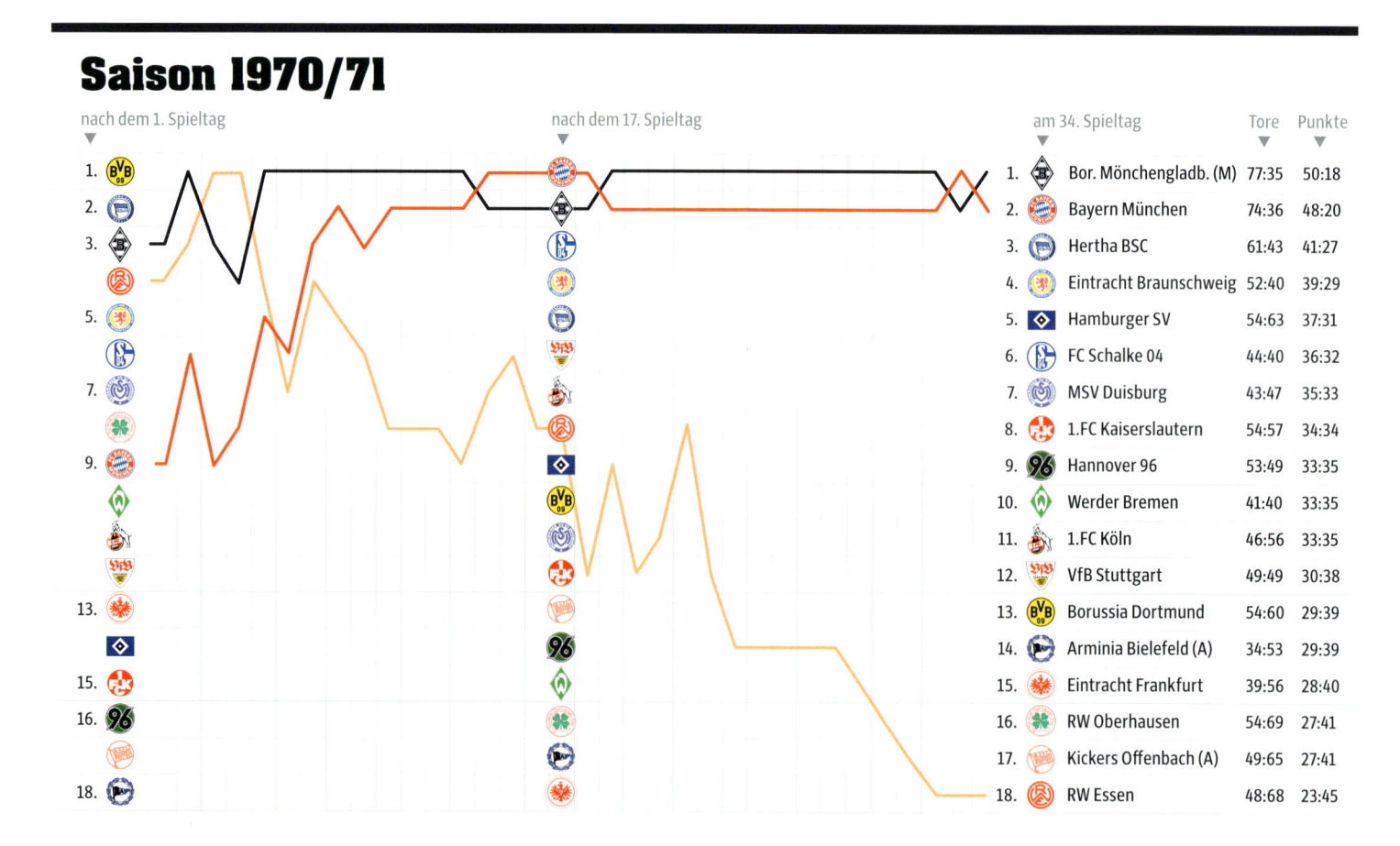

Saison 1970/71

am 34. Spieltag	Tore	Punkte
1. Bor. Mönchengladb. (M)	77:35	50:18
2. Bayern München	74:36	48:20
3. Hertha BSC	61:43	41:27
4. Eintracht Braunschweig	52:40	39:29
5. Hamburger SV	54:63	37:31
6. FC Schalke 04	44:40	36:32
7. MSV Duisburg	43:47	35:33
8. 1.FC Kaiserslautern	54:57	34:34
9. Hannover 96	53:49	33:35
10. Werder Bremen	41:40	33:35
11. 1.FC Köln	46:56	33:35
12. VfB Stuttgart	49:49	30:38
13. Borussia Dortmund	54:60	29:39
14. Arminia Bielefeld (A)	34:53	29:39
15. Eintracht Frankfurt	39:56	28:40
16. RW Oberhausen	54:69	27:41
17. Kickers Offenbach (A)	49:65	27:41
18. RW Essen	48:68	23:45

Dramatisches Finale im Schatten des Skandals: Bayern liegt vor dem letzten Spieltag ein Tor vor Gladbach. Noch bei Halbzeit ist Bayern Meister, es steht 0:0 in Duisburg, in Frankfurt steht es 1:1. Bayern aber verliert 0:2, Borussia siegt 4:1. Gladbach ist der erste Bundesligist, der seinen Titel erfolgreich verteidigen kann. Auch Essen steigt ab, Rot-Weiss war am Liga-Skandal nicht beteiligt.

„Jeder wusste, die tun da was"

Der ehemalige Nationaltorhüter Manfred Manglitz über seine Verstrickung in den Bundesliga-Skandal, über eine allgemeine Abzockermentalität sowie die Rolle des DFB.

INTERVIEW: THOMAS KISTNER

Herr Manglitz, gab es wirklich nur im Skandaljahr 1970/71 die Tendenz, zum Saisonende hin die Spielentscheidungen eher mit Geld als mit vollem Körpereinsatz auszutragen?
Manfred Manglitz: Natürlich nicht, diese Tendenz gab es auch früher. Das war nichts wirklich Neues, man hat darüber gesprochen, mit den Kollegen oder auch mal beim Treffen in der Nationalmannschaft.

Da wurde über verschobene Spiele gesprochen?
Es war ein offenes Geheimnis. Einer wusste vom anderen, die tun da was. Jeder versuchte, für sich das Beste draus zu machen. Aber Prämien von dritter Seite gab es doch oft im Fußball, nicht nur in der Bundesliga. Und was ist schon dran, wenn Prämien für Siege gezahlt werden? Man will doch als Spieler sowieso gewinnen. Ich wurde dann ja dafür verurteilt, dass ich eine Prämie angenommen hätte – dabei haben wir Kickers Offenbach geschlagen.

Stimmt. Aber die Prämie, die Sie angenommen hatten, die wurde Ihnen ja schon früher bezahlt – und zwar von den Offenbachern.
Ja. Die gab es dafür, dass wir gegen Rot-Weiss Essen gewinnen, den Offenbacher Abstiegskonkurrenten – das haben wir auch getan. Meine damalige Freundin bekam dann für den Sieg 25 000 Mark von einem Mittelsmann von Kickers Offenbach übergeben. Ich habe nie ein Spiel verkauft.

Sie sehen sich als Opfer der Umstände?
Ich hatte mit Köln das Pech, dass wir damals nicht mehr Meister werden und nicht mehr absteigen konnten. Zugleich gab es vier Abstiegskandidaten, die alle noch gegen uns spielten. Nun wollten die einen, dass Köln gegen Konkurrenten gewinnt, die anderen, dass Köln gegen sie verliert. Ich war als Torwart einfach zum falschen Zeitpunkt am falschen Ort. Aber verlieren war bei mir nicht drin. Warum sollte ich denn meinen Namen ruinieren, wenn die andere Seite auch zahlte, aber für Siege?

Wie verlief dann am letzten Spieltag die erneute Begegnung mit den Abgesandten von Offenbach?

Kicken und kochen

Manfred Manglitz machte zwischen 1963 und 1971 in der Bundesliga 258 Spiele für Duisburg und Köln. 1975 eröffnete er ein Restaurant in Spanien.

Ich traf samstags vor dem Spiel gegen die Kickers deren Geschäftsführer Willy Konrad am Bonner Autobahnverteiler. Konrad war der Ziehsohn von Horst Canellas. Sie zeigten mir die 100 000 Mark in einem Koffer. Daraufhin bin ich direkt zum Kölner Geißbockheim gefahren, wo wir uns damals vor den Spielen umzogen. Ich sagte zu unserem Trainer Ernst Ocwirk: Trainer, ich kann nicht spielen, ich fühle mich heute nicht gut. Er akzeptierte das und setzte den Ersatztorwart ein. Dazu muss ich betonen: Ich habe in meiner Laufbahn nur einmal wegen einer kleinen Formschwäche ausgesetzt, dazu vielleicht sieben-, achtmal wegen Verletzung, ansonsten aber habe ich immer gespielt. Dieser Verzicht, obwohl ich fit war, fiel mir verdammt schwer. Und ich hatte die hunderttausend Mark ja gesehen. Und ich habe das ganze Geld nicht genommen, obwohl es gar nichts Kriminelles gewesen wäre.

Canellas hat immer gesagt, diese Gespräche und die Geldofferten seien nur Bluff gewesen.
Die Hunderttausend im Koffer waren kein Bluff. Meine spätere Frau saß beim Spiel auf der Tribüne, da hockte der Abgesandte der Kickers direkt neben ihr. Und als Offenbach gegen uns mit 2:1 führte, sagte der Mann: „So, jetzt kann ich Ihnen das Geld wohl geben, da passiert ja nichts mehr."

Aber dabei blieb es nicht, am Ende siegte Köln mit 4:2.
Und ich bin heute sicher, dass Canellas diese ganze Sache mit den Tonbändern niemals abgefeuert hätte, wenn ich da im Tor gestanden wäre und einen durchgelassen hätte. Dann wäre Offenbach gerettet und für ihn alles okay gewesen. Aber so kam es nicht, und dann nahm er Rache, man sieht seinen Charakter daran, dass er die Gespräche heimlich aufzeichnete.

Jenes Telefonat damals mit Canellas, Tage vor dem Spiel – wie lief das ab?
Er hatte mich angerufen, nicht ich ihn. Es war Dienstag oder Mittwoch, am Vormittag. Ich hatte mit Canellas guten Kontakt, er wollte mich mal aus Duisburg nach Offenbach holen, und wir hatten ja schon die Sache vorher mit Essen gehabt.

Als Ihnen ein Kickers-Abgesandter 25 000 Mark Siegprämie brachte.
Ja. Canellas also sagte, wir müssen unbedingt bei Euch gewinnen, 100 000 Mark sind drin. Ich fragte, ist das nur Geschwätz? „Nein", sagte er, „wir treffen uns vorher, damit Du siehst, dass wir das Geld dabei haben." Den Rest kennen Sie.

Canellas hat also keineswegs nur gebluff, um den Skandal aufzudecken?
Sein Ansinnen war, dass die Bundesliga noch einmal um zwei Plätze erweitert wird und die beiden damaligen Absteiger drinbleiben, also Offenbach und Essen. Aber ich finde, es gibt auch sowas wie Ganoven-Ehre. Und ich sach' mal auf Kölsch: Es ist ihm schiefgegangen, aber dann putz' ich mir den Mund ab und es ist gut. Überlegen Sie nur, wie viele Karrieren der Kerl mit seiner Enthüllung niedergerissen hat.

Was wusste der DFB?
Ich bin mit dem DFB wieder auf gutem Weg. Ich kam damals ja auch von der lebenslänglichen Strafe runter, und ich werde jedes Jahr einmal zu einem Länderspiel eingeladen. Jetzt will ich das nicht alles wieder kaputt machen. Aber dass der DFB generell schon Bescheid wusste, das war klar. Das war ja ein offenes Geheimnis.

Ein Tor fällt

Weil auf dem Bökelberg ein Pfosten aus Holz bricht, muss Borussia Mönchengladbach um den Meistertitel bangen. Nach diesem Spiel wird das Metalltor eingeführt.

VON ULRICH HARTMANN

Herbert Laumen war Torjäger. Vielleicht hat er deshalb am 3. April 1971 ein Tor erlegt. Statt des Balls zappelte an jenem Samstag gegen 17.15 Uhr aber Laumen selbst im Netz, gefangen im hölzernen Torgestänge auf der Nordseite des Stadions am Bökelberg. 14 500 Zuschauer waren amüsiert und erschrocken. Borussia Mönchengladbach hätte das Tor noch gebraucht. 1:1 stand es zwei Minuten vor Schluss gegen Werder Bremen am 27. Spieltag. Gladbach wollte den Meistertitel von 1970 verteidigen und musste gewinnen. In der 88. Minute war eine Flanke in den Strafraum geflogen, Laumen hatte köpfen wollen, doch Bremens Torwart Günter Bernard boxte den Ball über die Latte. Laumen stürzte ins Netz wie ein Skifahrer, den es aus der Kurve trägt. Das Netz zog am hölzernen Torgebälk. Es knackte. Der rechte Pfosten brach knapp über der Grasnarbe. Wie in Zeitlupe neigte sich das morsche Kiefernholztor zu Boden.

Spieler, Ordner und Zuschauer leisteten erste Hilfe, rührend bemüht richteten sie das Tor wieder auf. Weil es nicht mehr alleine stehen konnte, wollten sie es bis zum Schlusspfiff festhalten, weil: Gladbach musste doch gewinnen. Das Spiel durfte doch nicht abgebrochen werden. Aber plötzlich kursierte unter den Gladbachern eine Idee: Das Spiel könnte wiederholt werden. 90 neue Minuten, um Bremen zu besiegen und das Meisterrennen gegen Bayern München zu gewinnen. Fortan bemühte sich kaum mehr jemand darum, das Tor zu reparieren. Kein Ersatztor weit und breit. „Nichts zu machen", sagte Günter Netzer zum Schiedsrichter Gert Meuser, „brechen Sie das Spiel ab!" 15 Minuten vergingen, dann pfiff Meuser ab. Die Spieler rieben sich die Hände. Am Abend saß Bundesliga-Spielleiter Walter Baresel im ZDF-Sportstudio und erklärte, was der Abbruch bedeute.

Am nächsten Morgen kehrte Laumen zum Tatort zurück. Das zerbrochene Tor lag unverändert da, drum herum rot-weiß gestreiftes Absperrband. Es sah aus, als wäre im Strafraum ein Mord passiert. Ein vereidigter Sachverständiger sollte die Szenerie noch begutachten.

Als das Sportgericht des Deutschen Fußball-Bundes am 29. April in Frankfurt getagt und die Partie mit 2:0 für Werder Bremen gewertet hatte, brachen in einer deprimierten Stadt Selbstmitleid und Zorn aus. „Man will es im DFB einfach nicht wahrhaben, dass die ‚Bauern', wie man früher so gerne sagte, noch einmal

SAISON 1970/1971

Pfostenbruch am Bökelberg: Mit rührender Fürsorge versuchen Spieler von Werder Bremen und einige Zuschauer das Kiefernholz-Tor zu retten, das der Borusse Herbert Laumen im Eifer des Spiels niedergerissen hatte.

Meister werden", stand in einem wütenden Leserbrief in der *Rheinischen Post*. Ein anderer schrieb: „Uns Fußballfreunden in Mönchengladbach ist schon länger bekannt, dass man Borussia nicht sehr liebt, weil es eben nur Gladbach ist." Verschwörungstheorien. Am 19. Mai bestätigte das DFB-Bundesgericht das Urteil nach vierstündiger Berufungsverhandlung in Düsseldorf. „Ein Bundesliga-Verein ist kein Dorfverein", hieß es im Urteil, „er hat dafür zu sorgen, dass in angemessener Frist ein zusammengebrochenes Tor wieder sachgemäß aufgestellt werden kann."

Sollte morsches Holz die Meisterschaft 1971 entscheiden? Gladbachs Trainer Hennes Weisweiler zweifelte an der Seriosität der DFB-Entscheidung und setzte eine Diskussion über strukturelle Veränderungen in Gang. „Wir brauchen die eigene Verantwortung der Bundesliga", sagte er am 28. Mai der *Westdeutschen Zeitung*. „Ich will damit nicht sagen, dass wir aus dem DFB ausscheiden sollten, aber wir müssen selbstständiger unsere Sache verwalten, vielleicht mit einem Generalmanager."

Die Meisterschaft wurde eine Woche später dann doch sportlich entschieden. Im Showdown zweier punktgleicher Spitzenteams am 5. Juni, dem letzten Spieltag, gewann Mönchengladbach 4:1 in Frankfurt, während Bayern München 0:2 in Duisburg verlor. Die stolze Stadt bereitete ihren Fußballern eine triumphale Heimkehr. Im Stadion am Bökelberg standen zu diesem Zeitpunkt bereits Tore mit runden Pfosten aus Metall. Holz hatte ausgedient.

Herbert Laumen ist mit 97 Toren Gladbachs zweitbester Torjäger hinter Jupp Heynckes (195 Tore). Doch für seine 97 Treffer ist Laumen kaum bekannt. Mehr für dieses eine Tor, das am 3. April 1971 gefallen ist und die bundesweite Etablierung des Metalltors ausgelöst hatte. Laumen musste seine Geschichte Hunderte Male erzählen. Gerne auch in der Loge Nummer 44 im neuen Borussia-Park. Die Loge heißt: „Pfostenbruch".

Die sieben Spielabbrüche

Datum	Begegnung	Zeit	Grund
07.12.1963	Hamburger SV – Borussia Dortmund	61. Min.	Nebel
02.12.1967	VfB Stuttgart – Borussia Neunkirchen	54. Min.	Nebel
03.04.1971	Mönchengladbach – Werder Bremen	88. Min.	Bruch eines Torpfostens
31.10.1972	Braunschweig – Eintracht Frankfurt	Halbzeit	Nebel
27.11.1976	Kaiserslautern – Düsseldorf	76. Min.	Flaschenwurf auf Linienrichter
11.04.2008	1. FC Nürnberg – VfL Wolfsburg	Halbzeit	Dauerregen
02.04.2011	FC St. Pauli – Schalke 04	87. Min.	Becherwurf auf Linienrichter

1971/72

„Tor ist Tor"

Der Strafraum war sein Königreich: Ein Gespräch mit Gerd Müller über blinde Treffer, Schüsse aus der Drehung und Doppelpässe mit Franz Beckenbauer.

INTERVIEW: CHRISTOF KNEER

Dann macht es bumm

Sie nannten ihn den „Bomber der Nation": Gerd Müller, geboren 1945 in Nördlingen, traf aus allen Lagen und mit allen Körperteilen. 1971/72 erzielte er 40 Bundesliga-Tore – unerreicht! Dieses Interview erschien in der Süddeutschen Zeitung im November 2005.

SZ: Herr Müller, welche Frage ist Ihnen am häufigsten gestellt worden?
Gerd Müller: Die nach meinem schönsten Tor.

Und? Was haben Sie geantwortet?
Manchmal hab ich zum Spaß gesagt: Am schönsten ist ein Schuss ins leere Tor. Das Einzige, was klar ist: Das 2:1 im WM-Finale 1974 gegen Holland war das wichtigste. Schönheit ist egal. Tor ist Tor, so einfach ist das. Das gilt für alle Tore, die ich geschossen habe, in der Bundesliga und in der Nationalmannschaft.

Schildern Sie doch mal dieses berühmteste Tor Ihrer Karriere: das 2:1 gegen Holland.
Eigentlich war das ja auch ein schönes Tor, jetzt muss ich mich mal selber loben. Es waren drei Holländer um mich herum, ich starte, täusche an, aber auf einmal kommt der Ball auf den linken Fuß. Ich wollte

> „Wenn der Franz mich schwach angespielt hat, sollte ich zurückspielen."

ihn eigentlich mit rechts stoppen und sofort schießen, aber nachträglich war es ein Glück, dass er auf links kam. Von da springt er ein bisschen weg und kommt direkt auf meinen rechten Innenspann. Und ich kann schön aus der Drehung ins lange Eck schießen.

Wenn man davon ausgeht, dass Toreschießen das Wichtigste im Fußball ist, dann waren Sie der beste Fußballer, den es je gegeben hat. Ist Ihnen das bewusst?
Hören'S auf, so denk ich nicht. Ich hab halt nur ab und zu ein paar Tore geschossen.

365 waren es in der Liga, 68 in der Nationalelf, und viele davon sahen aus wie das berühmte 2:1 gegen Holland.
Ja, der Strafraum war mein Reich. Von außerhalb des Sechzehners habe ich in meiner Karriere nicht viele Tore geschossen, vielleicht waren es fünf oder so. Einmal hab ich gegen die Glasgow Rangers einen Freistoß verwandelt, aber das war mehr aus Versehen. Ich sollte gar nicht schießen, ich hab mir einfach den Ball geschnappt. Und in meinem 200. Bundesligaspiel, das weiß ich auch noch, da hab ich ein Tor gegen den Nigbur von Schalke gemacht, aus 18 Metern. Nicht mit Vollspann, nur geschoben. Aber meist bin ich gar nicht auf die Idee gekommen, von außerhalb zu schießen.

Sie waren meist im Strafraum, und manchmal kam vom anderen Ende des Feldes Franz Beckenbauer angelaufen.
Wenn der Franz kam, wusste ich immer: Er will Doppelpass. Wenn der Franz mich schwach angespielt hat, dann sollte ich zurückspielen. Hat er mich aber scharf angespielt, dann musste ich mit dem scharfen Ball was machen.

Dann kam die typische Müller-Aktion: Ball mit dem Rücken zum Tor annehmen, blitzschnell drehen, schießen.
Ja, das war meine Spezialität, das geht aber nur, wenn du beidfüßig bist. Wenn der Verteidiger weiß, der Müller dreht sich immer in eine Richtung, dann geht's nicht. Und man muss auch blind treffen können, man muss ohne hinzuschauen wissen, wo das Tor steht. Wenn ich mich erstmal drehen konnte, hat der Verteidiger keine Chance gehabt. Ich hab dann den Ball abgeschirmt ...

... um genau zu sein, haben Sie den Hintern rausgestreckt ...
... ja, und der Verteidiger kommt dann nicht hin. In dem Moment, in dem er die Bewegung mitmacht, hat er schon verloren. Wenn er sich mitdreht, dann spiel' ich ihn schwindlig. Eine Chance hatte er nur, wenn er vor mir am Ball war – aber dafür wiederum waren die Pässe vom Franz zu gut.

Haben Sie schon als Jugendspieler beim TSV Nördlingen gemerkt, dass Sie drehen und schießen besser können als andere?
Anfangs nicht. Ich hab das als Jugendlicher einfach so gemacht, und dann sind halt immer Tore gefallen. Ich hab das jeden Tag geübt, ich hab überall mittrainiert: in der Jugend, bei der Reserve, bei den Alten Herren. Ach ja, und die Firmenspiele gab's auch noch. Darf ich da mal eine Geschichte erzählen?

Klar.
Als ich bei den Bayern meinen Vertrag unterschrieben hatte, war am selben Tag ein Spiel unserer Firma gegen eine andere Firma in Nördlingen. Ein Freund hat mich zurückgefahren, aber da war zwischen Augsburg und Nördlingen eine Bundeswehrkolonne, und wir konnten nicht

> „Mein Spielstil, der ist ausgestorben. Den gibt es nicht mehr."

überholen. Die Leute in Nördlingen haben sich schon lustig gemacht: Der Müller, der kommt doch gar nicht. Als ich mit Verspätung doch noch gekommen bin, sind die plötzlich ganz ruhig geworden.

Wie stand's denn da?
1:0 für die anderen.

Und wie ging's aus?
4:1 für uns.

Wie viele Tore haben Sie gemacht?
Vier.

Ist Ihr Spielstil eigentlich ausgestorben oder gibt es den noch irgendwo?
Nein, es gibt auch diese Stürmer nicht mehr. Der Bruno Labbadia ging noch in diese Richtung, aber sonst? Einer wie der Miroslav Klose geht links oder rechts auf den Flügel, das war nicht meine Aufgabe.

Sind Sie froh, dass Sie nicht heute spielen? Da müssten Sie mehr laufen.
Im Gegenteil, ich würde gerne heute spielen. Von den Viererketten wirst du nicht so gedeckt wie wir früher. Ich hatte immer zwei Vorstopper und einen Libero gegen mich. Wenn wir in Duisburg gespielt haben, ist mir immer der Pirsig ins Kreuz gesprungen, und der Schiedsrichter hat nie gepfiffen. In München hat der Pirsig sich das nicht getraut, dann hab ich meine Tore gemacht.

Und gegen Abwehrketten ist es leichter als gegen Pirsigs?
Ja, das hat man beim Klinsmann gesehen. Als der bei Bayern war, gab's eine Phase, als er in der Liga nicht getroffen hat, im Europacup aber schon. Das lag daran, dass er in der Liga noch gegen Manndecker antreten musste, im Europacup aber gegen Viererketten.

> „Gegen die Viererketten würde ich heute noch viel mehr Tore schießen."

Das heißt, Sie würden heute mindestens genauso viele Tore schießen.
Mehr würd' ich schießen, viel mehr. Wenn ein Stürmer den Instinkt hat und weiß, wo das Tor steht, dann hat er heute viel bessere Chancen.

Beckenbauer hat gesagt, Sie würden heute 80 Tore pro Saison schießen.
80 ist übertrieben, aber mehr als meine 40 wären's schon.

Obwohl Viererketten clever sind und beim Verschieben einen Strafraumstürmer gerne mal ins Abseits stellen?
Einer von den vieren schläft ja immer – und das würd' ich dann riechen.

Ärgert es Sie manchmal, wenn der Fußballer Gerd Müller in der Rückschau nur auf den Torjäger reduziert wird?
Es gibt welche, die behaupten, ich hätte keine Technik gehabt, aber das ist Käse. Ich wurde 90 Minuten von zwei Mann gedeckt, und wenn ich keine Technik gehabt hätte, wie hätte ich dann die Bälle verarbeiten können? Und im Training hab ich auch gelernt, Leute auszuspielen. Da hat Branko Zebec einen Pass gespielt, und ich musste erst den Katsche Schwarzenbeck ausspielen und dann den Franz. Du kommst schon am Katsche kaum vorbei, aber dann noch am Franz! Der war ja auch ein hervorragender Zweikämpfer. Wenn der wollte, hat der kein Duell verloren.

Und gegen Sie wollte er.
Wenn ich ihn ausgespielt habe, ist er immer narrisch geworden.

Hätten Sie auch woanders spielen können, im Mittelfeld zum Beispiel?
Mein Spiel war es nicht, da rumzurennen,

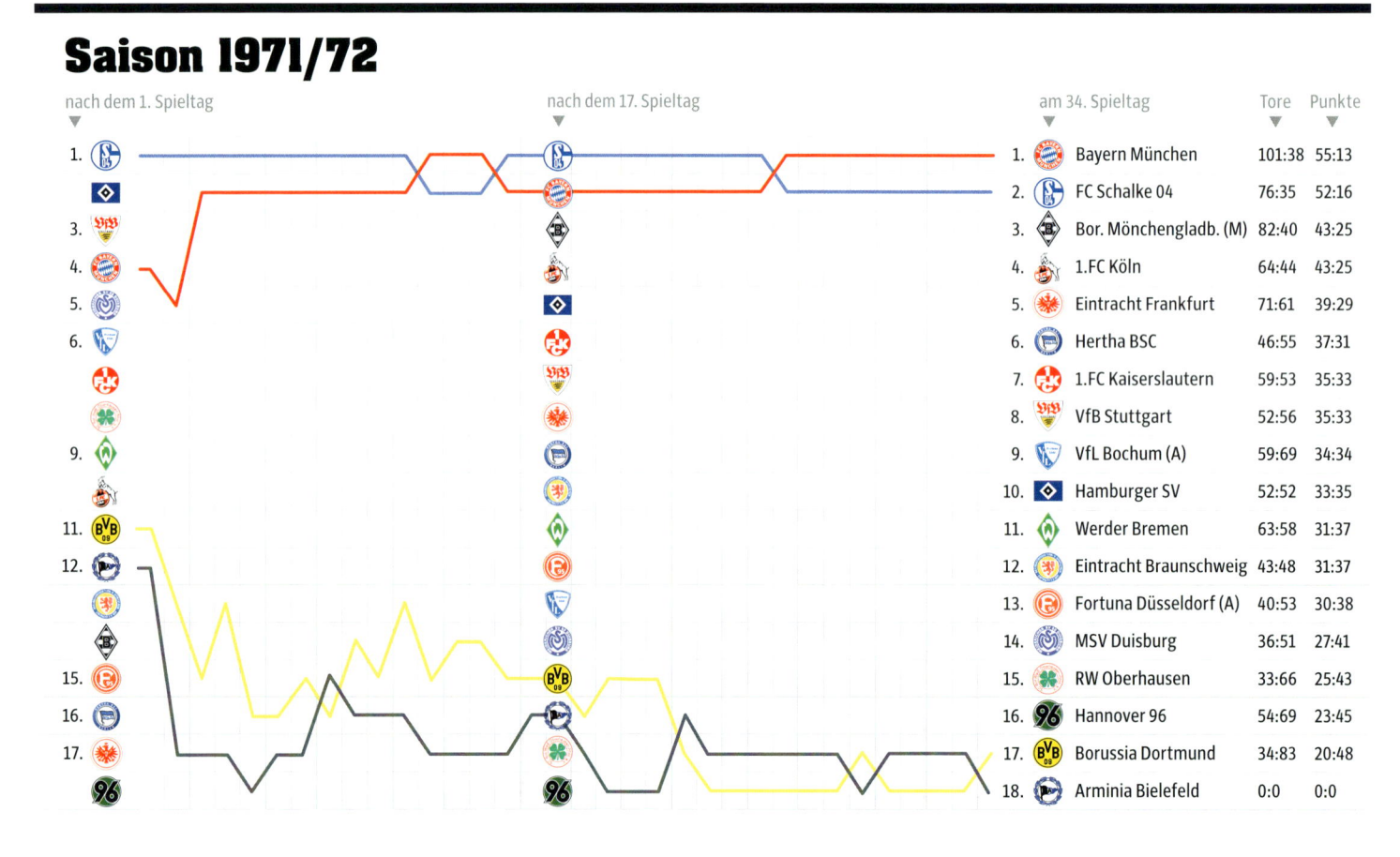

Saison 1971/72

am 34. Spieltag	Tore	Punkte
1. Bayern München	101:38	55:13
2. FC Schalke 04	76:35	52:16
3. Bor. Mönchengladb. (M)	82:40	43:25
4. 1.FC Köln	64:44	43:25
5. Eintracht Frankfurt	71:61	39:29
6. Hertha BSC	46:55	37:31
7. 1.FC Kaiserslautern	59:53	35:33
8. VfB Stuttgart	52:56	35:33
9. VfL Bochum (A)	59:69	34:34
10. Hamburger SV	52:52	33:35
11. Werder Bremen	63:58	31:37
12. Eintracht Braunschweig	43:48	31:37
13. Fortuna Düsseldorf (A)	40:53	30:38
14. MSV Duisburg	36:51	27:41
15. RW Oberhausen	33:66	25:43
16. Hannover 96	54:69	23:45
17. Borussia Dortmund	34:83	20:48
18. Arminia Bielefeld	0:0	0:0

Erst im April 1972 wird das Urteil im Liga-Skandal rechtskräftig, Bielefeld muss zwangsabsteigen. Alle Spiele der Arminia (41:75 Tore, 19:49 Punkte) werden mit 0:0 Punkten und 0:0 Toren gewertet, für die Gegner zählen die tatsächlichen Ergebnisse. Es gibt ein Endspiel in München: Die Bayern besiegen die in den Skandal verwickelten Schalker 5:1. Sie erzielen 101 Tore – Rekord!

Von wegen immer nur Drehung, Schuss und Tor: Gerd Müller ist zwar mit diesem Trick berühmt geworden, er wusste sich aber auch im Nahkampf durchzusetzen (Bild links, gegen Torwart Dieter Burdenski und Norbert Leopoldseder von Arminia Bielefeld), oder er traf per Flugkopfball (Bild oben, gegen Hannover 96). Oft landete Müller samt Ball im gegnerischen Tor.

aber gekonnt hätte ich das schon. Ich hab bis auf Linksaußen alles gespielt, einmal hab ich im Pokal unter Tschik Cajkovski Manndecker im Mittelfeld gespielt, gegen Overath.

Und?
Kaltgestellt natürlich. Und ein anderes Mal war ich in Hamburg eine Viertelstunde im Tor, vor 74 000 Zuschauern. Der Sepp Maier hatte sich verletzt. Und ich hab kein Tor kassiert.

Kann es sein, dass der Spielstil des FC Bayern auch lange nach Ihrer Karriere noch von Ihnen und Franz Beckenbauer geprägt war?
Wie meinen Sie das?

Mit Ihnen und Ihrem Doppelpasspartner Beckenbauer hat der FC Bayern in seiner großen Zeit das Spiel durch die Mitte geprägt – ein Stilmittel, das zur Vereinskultur gehörte, bis Robben und Ribéry verpflichtet wurden.
Das stimmt, wir hatten damals überhaupt keine Flügel, bei uns sind ab und zu die Mittelfeldspieler rechts und links raus, der Dürnberger, der Zobel, der Bulle Roth. Wir haben zwar immer Flügel gekauft wie den Klaus Wunder aus Duisburg, aber die haben nie Fuß gefasst. Aber den Wunder hat der Robert Schwan ja nur geholt, um uns zu ärgern.

Tatsächlich?
Ja, weil wir uns in unserer Spielweise so sicher gefühlt haben. Deshalb hat der Schwan absichtlich Konkurrenz geholt.

Gute Flügelstürmer hat der FC Bayern auch später eher selten gehabt.
Einmal haben sie den Del'Haye aus Gladbach geholt und dann nie spielen lassen. Es kann schon sein, dass das mit der Spielweise der Siebzigerjahre-Mannschaft zu tun hat – weil der Stil durch die Mitte so erfolgreich war, hat man weiter so gespielt, auch als der Franz und ich nicht mehr aktiv waren. Brecher, die Flanken brauchen, hat's hier kaum gegeben. Spontan kann ich mich nur an Dieter Hoeneß erinnern.

Unter uns: Hätten die heutigen Stürmer eine Chance gegen Katsche Schwarzenbeck?
Leicht hätten sie's nicht gehabt, denn der Katsche hatte eine besondere Eigenschaft: harte Knochen. Der hat dich nie umgehauen oder so, aber nach jedem Zweikampf hat dir alles weh getan. Da würden die Heutigen staunen.

Wahrscheinlich haben Sie also nur deshalb so viele Tore in Ihrer Karriere geschossen, weil Sie nie gegen den Katsche spielen mussten.
Ach, den Katsche, den hätt' ich schon gepackt.

Gerd Müller – Rekorde

Die meisten Tore in der Bundesliga	365
Die meisten Tore in einer Bundesliga-Saison (1971/72)	40
Die meisten Tore in aufeinanderfolgenden Spielen (27.9.1969 bis 3.3.1970)	16
Rekordtorschützenkönig der Bundesliga	7
Die meisten verschossenen Elfmeter in der Bundesliga	12
Die meisten Tore für die deutsche Nationalmannschaft	68
Die meisten Tore im DFB-Pokal	78

In sieben Bundesliga-Spielzeiten sicherte sich Gerd Müller die Torjägerkanone.

Die meisten Bundesligatore
1. **Gerd Müller** FC Bayern 365
2. **Klaus Fischer** TSV 1860 München, Schalke 04, 1. FC Köln, VfL Bochum 268
3. **Jupp Heynckes** Borussia Mönchengladbach, Hannover 96 220
4. **Manfred Burgsmüller** RW Essen, Bor. Dortmund, 1. FC Nürnberg, Werder Bremen 213
5. **Ulf Kirsten** Bayer Leverkusen 182
6. **Stefan Kuntz** VfL Bochum, Bayer Uerdingen, 1. FC Kaiserslautern, Arminia Bielefeld ... 179
7. **Klaus Allofs** Fortuna Düsseldorf, 1. FC Köln, Werder Bremen 177
7. **Dieter Müller** 1. FC Köln, VfB Stuttgart, 1. FC Saarbrücken 177
9. **Hannes Löhr** 1. FC Köln 166
9. **Claudio Pizarro** Werder Bremen, FC Bayern 166

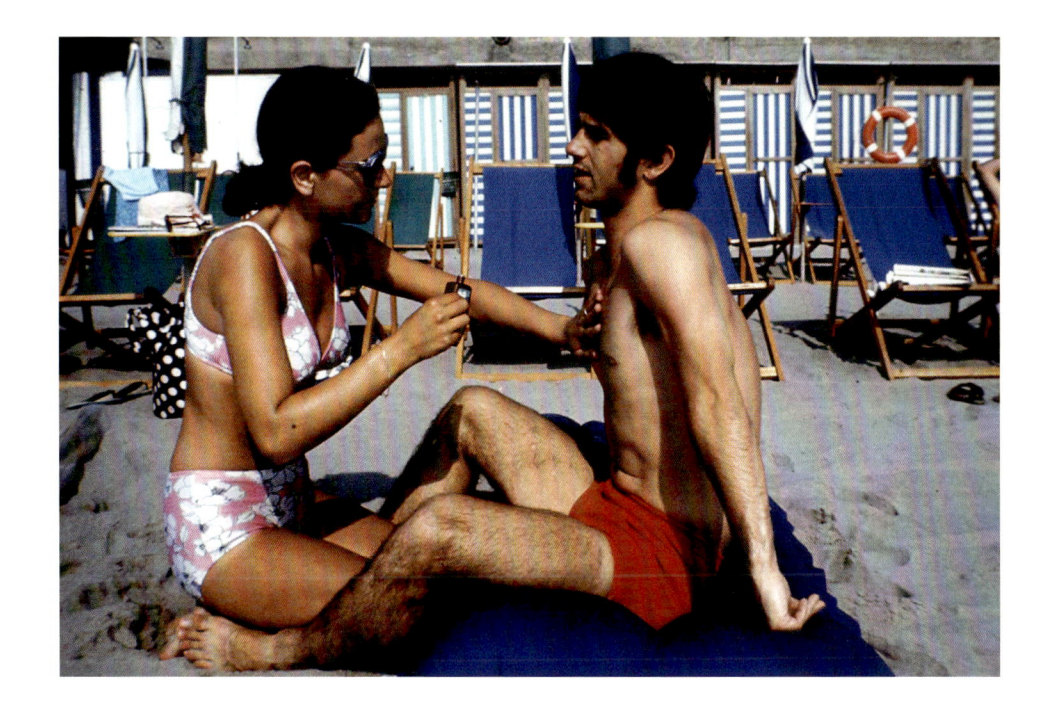

Eincremen hat er sich lassen (von Ehefrau Uschi am Strand), eingenetzt hat er selbst: Sein wichtigstes Tor erzielte Gerd Müller am 7. Juli 1974 im WM-Finale gegen die Niederlande: Das 2:1 (43. Minute) machte Deutschland zum Weltmeister. Zu Hause in München, in seinem Olympiastadion, in dem er der Nation bereits ein neues Verb geschenkt hatte: „müllern".

1972/73

»Ich trinke Jägermeister, weil die Stimmen immer lauter werden, die eine eigene Nationalelf Bayerns fordern.«

»Ich, Hennes Weisweiler, trinke Jägermeister, weil er in der Tabelle weit oben steht.«

»Ich, Max Merkel, trinke Jägermeister, weil er die einzige Flasche ist, die ich nie vom Platz stellen würde.«

»Ich trinke Jägermeister, weil das doch was anderes ist als Bayerisches Bier!«

Zum blau-gelben Hirschen

Im Oktober 1973 erlaubt der eigentlich konsumkritische DFB als erster Fußballverband Europas die sogenannte „Werbung am Mann". Er hatte sich von einem Likörproduzenten aus Braunschweig austricksen lassen. Die Geschichte einer wegweisenden Schnapsidee.

VON BORIS HERRMANN

Die Geschichte der Trikotwerbung beginnt an einem Karfreitag im siebten Jahrhundert. In jener Zeit begab es sich, dass der Pfalzgraf Hubertus von Lüttich auf der Jagd einen Hirsch erblickte, in dessen Geweih angeblich ein Kruzifix leuchtete. Ob der Mann damals nüchtern war, ist heute schwer zu ermitteln. Der Legende nach erkannte er in seiner Vision jedenfalls ein Zeichen des Himmels. Er entsagte der Aussicht auf einen köstlichen Hirschbraten am heiligsten Tag der Fastenzeit und lebte fortan als frommer Katholik. Hubertus sicherte sich damit den Titel als Schutzpatron der Jäger. Ausgerechnet der Hubertus-Hirsch aber, der so viel Tugendhaftes im Mittelalter bewirkt hatte, wurde später zum Schnaps-Symbol. Heutige Zeitgenossen kennen ihn von den Etiketten der Jägermeister-Fläschchen.

Zwischen dem siebten Jahrhundert und 1972 passierte in der Geschichte der Trikotwerbung nicht allzu viel. Mal abgesehen von jenem Spiel der Regionalliga Südwest am 20. August 1967, das Wormatia Worms 0:3 gegen den SV Alsenborn verlor. Als mutmaßlich erster deutscher Verein spielten die Wormser an diesem Tag mit einem Sponsor auf dem Trikot. Sie warben für die Caterpillar Zeppelin-Metallwerke GmbH. Das Spiel wurde ordnungsgemäß durchgeführt, wenig später aber erließ der streng antikapitalistische Deutsche Fußball-Bund (DFB) ein allgemeines Reklame-Verbot auf der Spielkleidung. Wormatia Worms hatte Angst vor einem juristischen Grabenkrieg und zog seine Caterpillar-Trikots nie wieder an.

Das mit dem Grabenkrieg übernahm dann Günter Mast, der Jägermeister-Chef aus Wolfenbüttel. Im August 1972 erklärte der klamme Bundesligist Eintracht Braunschweig, dass er künftig für Masts Kräuterlikör werben wolle, um seine Finanzlöcher zu stopfen. Die Verbandsspitze des DFB war nicht verärgert: Sie war entrüstet. Und die Presse hatte ein schönes Thema, das sie über Monate genüsslich ausschlachtete. Zum Vergnügen von Mast. Seine Trikotwerbung funktionierte bereits, bevor es ein einziges Trikot mit Werbung gab.

Als die Hemden beflockt waren, funktionierten sie noch besser. Mast versuchte, das Sponsoring-Verbot mit einem Trick zu umgehen – und der DFB fiel darauf herein. Im Januar 1973 beschloss die Mitgliederversammlung der Eintracht mit 145:7 Stimmen (bei drei Enthaltungen), das Vereinswappen zu ändern. Der Löwe wurde durch einen Hubertus-Hirschen ersetzt. Der Verband legte keinen Widerspruch ein, weil er offenbar nicht merkte, dass sich hier ein Fußballklub auf basisdemokratischem Weg ein Schnaps-Logo zugelegt hatte. „Löwe oder Hirsch – das war den ahnungslosen Herren erst einmal egal", erinnerte sich Günter Mast.

Als der DFB sein Versäumnis registrierte, war es zu spät. „Die Satzungsänderung ist ins Vereinsregister eingetragen, dagegen kann keine Instanz etwas unternehmen", teilte Eintracht-Präsident Ernst-Balduin Fricke genüsslich mit. Zum ersten Heimspiel der Rückrunde gegen Kickers Offenbach sollte die Mannschaft von Trainer Otto Knefler erstmals in Sponsoren-Trikots auflaufen. Allerdings hatte der Verband durchsetzen können, dass der Hirschkopf nicht größer als 14 Zentimeter sein dürfe. Schiedsrichter Walter Eschweiler maß vor 8000 Zuschauern mit dem Zollstock nach – es waren 18 Zentimeter. Eschweiler pfiff das Spiel erst an, als die Braunschweiger die Leibchen gewechselt hatten.

Am 24. März 1973 stand dem ersten Bundesligaspiel mit Trikotwerbung aber nichts mehr im Wege. Zur Partie gegen Schalke 04 hatten die Braunschweiger ihren Hirschen auf 14 Zentimeter verkleinert. Das ergab jedenfalls die unparteiische Messung von Schiedsrichter Franz Wengenmayer. Die Kommentatoren der Zeitungen lästerten über „lebendige Litfaß-Säulen", die Fernsehanstalten liefen gegen die Schleichwerbung Sturm. Und Mast rieb sich mal wieder die Hände. Er sprach von einem „unbezahlbaren Werbeeffekt". Wenn Jägermeister ab diesem Tag vielleicht auch nicht in aller Munde war, so war es doch zumindest in fast allen Köpfen.

Der spätere Eintracht-Spieler Paul Breitner nannte die Erfindung der Trikotwerbung einmal „den wahrscheinlich größten Schritt in der Geschichte der Bundesliga". Das mag übertrieben sein. Aber nicht allzu sehr. Der Hirsch blieb nicht lange alleine im Werbezoo. Braunschweig bekam von Jägermeister 100 000 D-Mark pro Saison. Die anderen Vereine empfanden das als Wettbewerbsverzerrung. Sie

Die älteste dokumentierte Trikotwerbung im deutschen Fußball: Die Mannschaft von Wormatia Worms vor ihrem Spiel im August 1967 gegen Alsenborn.

wollten jetzt ebenfalls ihre Brüste verkaufen. Dem DFB blieb schließlich keine andere Wahl, als am 30. Oktober 1973 die „Werbung am Mann" zu erlauben – als erster Fußballverband Europas.

Noch in derselben Saison betätigten sich auch der Hamburger SV (Campari), der MSV Duisburg (Brian Scott), Eintracht Frankfurt (Remington) sowie Fortuna Düsseldorf (Allkauf) als Werbebotschafter. Ab 1979 spielten alle Bundesligisten mit Trikotsponsor. Mast hatte ein Geschäftsfeld erschlossen, auf dem die 18 Erstligisten in der Jubiläums-Saison 2012/13 rund 130 Millionen Euro ernten konnten.

Der passionierte Jäger Günter Mast starb im März 2011. Nach eigener Aussage hatte er keine Ahnung von Fußball. Das hinderte ihn allerdings nicht daran, 1983 auch noch das Präsidenten-Amt bei Eintracht Braunschweig zu übernehmen. Seinen Kräuterlikör hatte er da längst vom Trikotsponsor zur ganzheitlichen Sportmarken-Erlebniswelt weiterentwickelt. Mast sponserte Volleyball-, Schwimm- und Rollhockeyklubs sowie ein Springpferd, dem er natürlich den Namen „Jägermeister" gab. Auch seine Eintracht hätte er 1983 gerne in „Jägermeister Braunschweig" umbenannt, die Mitgliederversammlung hatte bereits feuchtfröhlich zugestimmt. Diesmal allerdings ließen sich die Juristen des DFB nicht austricksen.

Der Gerichtsprozess war trotzdem wieder ein voller Werbeerfolg für Mast. Genauso wie die politisch ganz und gar unkorrekte Anzeigenkampagne: „Ich trinke Jägermeister, weil ..." Auch Fußballer wie Braunschweigs Kapitän Bernd Gersdorff und Trainer wie Hennes Weisweiler, Max Merkel oder Udo Lattek ließen sich als Schnaps-Fans ablichten. „Ich trinke Jägermeister, weil er die einzige Flasche ist, die ich nie vom Platz stellen würde", gab Merkel prostend bekannt.

Heute erscheint es undenkbar, dass Trainer wie Jürgen Klopp, Thomas Tuchel oder Christian Streich die häufig minderjährigen Fußballfans zum Besäufnis aufrufen. In der Anfangszeit der Liga aber ging es insgesamt erstaunlich hochprozentig zu – in den Kabinen, in den Kurven, in der Werbung, auf den Trikots. Der Spirituosen-Phase mit Jägermeister, Campari und Osborne (Bochum) folgte die Bierphase mit Dinkelacker (Stuttgart), Diebels (Düsseldorf, Gladbach), Karlsberg (Kaiserslautern) und Löwenbräu (1860). Wer sich für Fragen der Moral interessierte, war bei Mast stets an der falschen Adresse: Dem *Spiegel* sagte er im Jahre 1984: „Der Jugendliche wird ja doch nicht deshalb, weil er im Sportbereich der Alkoholwerbung begegnet, nun früher anfangen mit dem Alkoholgenuss." Sein einleuchtendes Argument: Die Uhu-Trikotwerbung von Borussia Dortmund habe auch noch keinen Jugendlichen dazu veranlasst, sein Spielzeug zusammenzukleben.

Die Jägermeister-Trikotwerbung hat die Eintracht allerdings auch nicht dazu veranlasst, besser Fußball zu spielen. In der Saison 1972/73, als die Braunschweiger vom Löwen zum Hirschen kamen, stiegen sie erstmals aus der Bundesliga ab.

Klare Hierarchien: Der Schnapsbrenner und Eintracht-Mäzen Günter Mast lässt auch auf Teamfotos keine Zweifel aufkommen, wer der Chef ist (unten). Die Spieler Bernd Franke (oben links) und Hartmut Konschal präsentieren sich derweil als Geweih-Fans.

London gehört zu Homburg

Die Geschichte der Werbung im Fußball ist bunt und skurril. Uwe Seeler machte Reklame für Rasierwasser, Franz Beckenbauer für Tütensuppen, der Trainer Ristic für Klebestifte, der FC Bayern für Bananen und der FC Homburg für Kondome. An dieser Stelle wurde es 1988 besonders skurril. Ist es nicht widersinnig, dass die Funktionäre des DFB bereits 1973 die Trikotwerbung für Schnäpse erlaubten, aber 15 Jahre später aus sittlichen Gründen gegen Werbung für Kondome vor Gericht zogen? „Nö", fand Manfred Ommer, der Präsident des Kondom-Werbeträgers FC Homburg. Wenn er sich die Herren so anschaue (er meinte vor allem den selbsternannten Tugendwächter Gerhard Mayer-Vorfelder vom Ligaausschuss), dann hätten die nun einmal mehr Bezug zu dem einen Produkt (Alkohol) als zu dem anderen (Verhütungsmittel). Der unterhaltsame Streit zwischen Ommer und dem DFB wurde unter der Gürtellinie geführt. Er hatte erstens zur Folge, dass damals jeder wusste, dass die Firma „London" Kondome vertreibt. Und zweitens, dass sich Normalsterbliche überhaupt noch an die drei Erstligajahre des saarländischen Klubs erinnern werden. Als der DFB mit Punktabzug drohte, klebte der Klub seine Trikotreklame zwischenzeitlich ab (wie im Bild), was den Werbe-Effekt nur erhöhte. Slobodan Cendic, der Trainer des damaligen Tabellenletzten, fragte lakonisch: „Was für Punkte wollen sie uns eigentlich abziehen?"

SAISON 1972/1973

Saison 1972/73

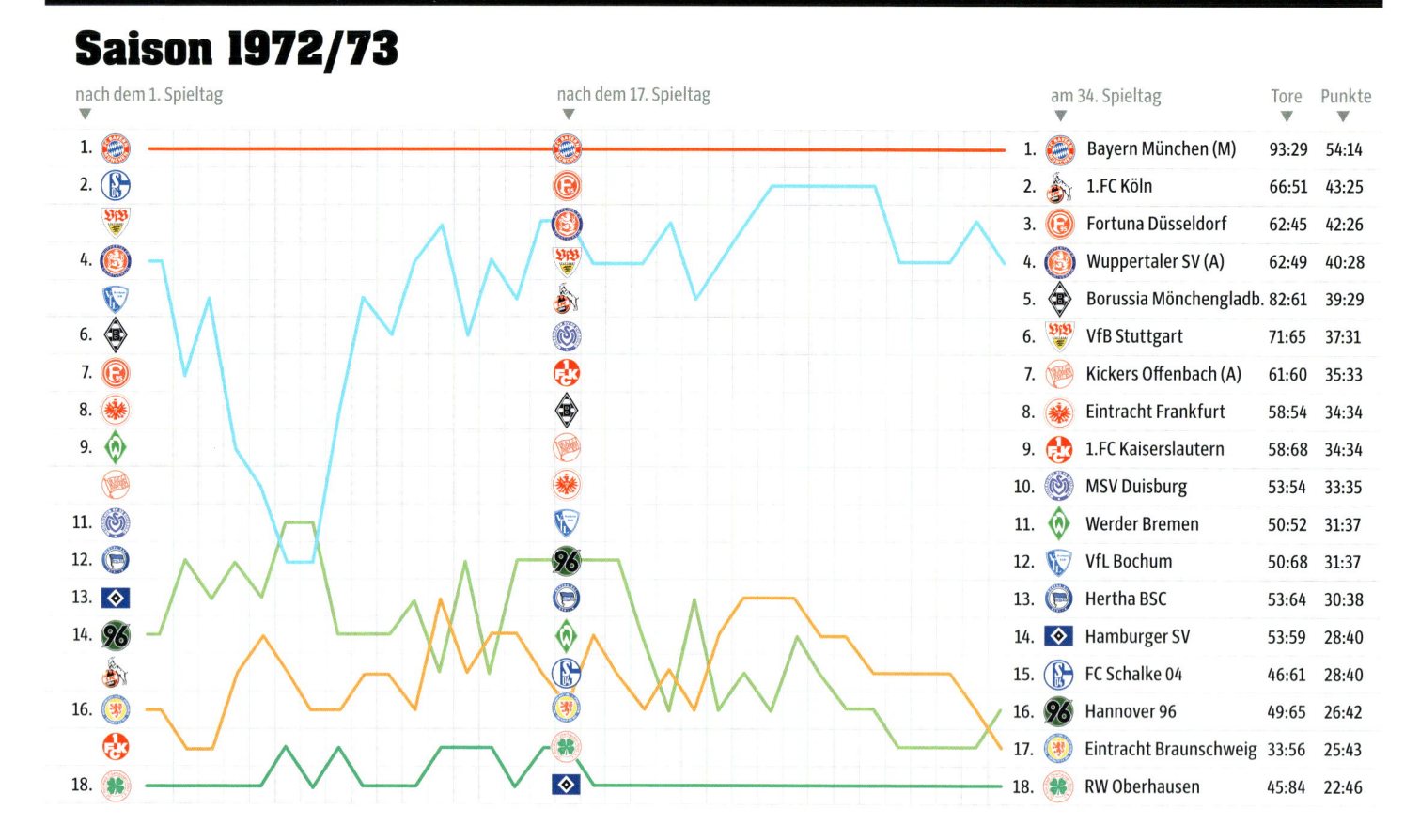

	nach dem 1. Spieltag	nach dem 17. Spieltag		am 34. Spieltag	Tore	Punkte
1.	Bayern	Bayern	1.	Bayern München (M)	93:29	54:14
2.	Schalke	Düsseldorf	2.	1.FC Köln	66:51	43:25
3.	VfB Stuttgart	Stuttgart	3.	Fortuna Düsseldorf	62:45	42:26
4.	Düsseldorf	Köln	4.	Wuppertaler SV (A)	62:49	40:28
5.	Bochum	Gladbach	5.	Borussia Mönchengladb.	82:61	39:29
6.	Gladbach	Offenbach	6.	VfB Stuttgart	71:65	37:31
7.	Kaiserslautern	Kaiserslautern	7.	Kickers Offenbach (A)	61:60	35:33
8.	Frankfurt	Gladbach	8.	Eintracht Frankfurt	58:54	34:34
9.	Bremen	Frankfurt	9.	1.FC Kaiserslautern	58:68	34:34
10.	Offenbach	Bremen	10.	MSV Duisburg	53:54	33:35
11.	Duisburg	Bochum	11.	Werder Bremen	50:52	31:37
12.	Hertha	Hannover 96	12.	VfL Bochum	50:68	31:37
13.	HSV	Hertha	13.	Hertha BSC	53:64	30:38
14.	Hannover 96	Bremen	14.	Hamburger SV	53:59	28:40
15.	Köln	Schalke	15.	FC Schalke 04	46:61	28:40
16.	Braunschweig	Braunschweig	16.	Hannover 96	49:65	26:42
17.	Kaiserslautern	Oberhausen	17.	Eintracht Braunschweig	33:56	25:43
18.	Oberhausen	HSV	18.	RW Oberhausen	45:84	22:46

Der bisher souveränste Triumph: Der FC Bayern marschiert durch, im neuen Olympiastadion wird nur am letzten Spieltag beim 1:1 gegen Köln ein Punkt abgegeben. Braunschweig steigt als dritter Bundesliga-Meister nach 1860 und Nürnberg ab.

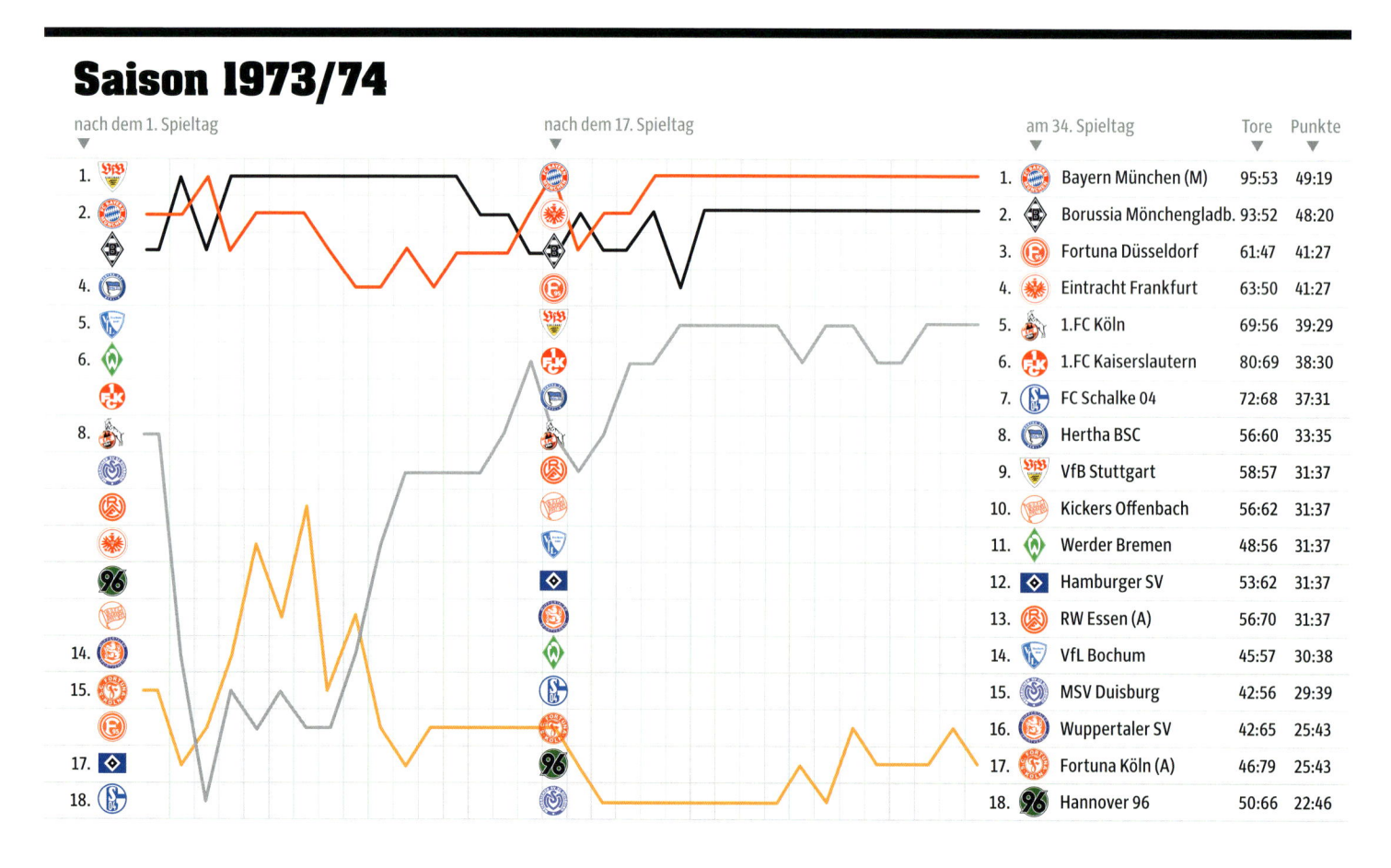

Saison 1973/74

	nach dem 1. Spieltag	nach dem 17. Spieltag		am 34. Spieltag	Tore	Punkte
1.	VfB Stuttgart	Bayern	1.	Bayern München (M)	95:53	49:19
2.	Bayern	Frankfurt	2.	Borussia Mönchengladb.	93:52	48:20
3.	Gladbach	Gladbach	3.	Fortuna Düsseldorf	61:47	41:27
4.	Hertha	Düsseldorf	4.	Eintracht Frankfurt	63:50	41:27
5.	Bochum	VfB Stuttgart	5.	1.FC Köln	69:56	39:29
6.	Bremen	Offenbach	6.	1.FC Kaiserslautern	80:69	38:30
7.	Kaiserslautern	Köln	7.	FC Schalke 04	72:68	37:31
8.	Köln	Hertha	8.	Hertha BSC	56:60	33:35
9.	Duisburg	Oberhausen	9.	VfB Stuttgart	58:57	31:37
10.	Offenbach	Offenbach	10.	Kickers Offenbach	56:62	31:37
11.	Frankfurt	Bochum	11.	Werder Bremen	48:56	31:37
12.	Hannover 96	HSV	12.	Hamburger SV	53:62	31:37
13.	Oberhausen	Essen	13.	RW Essen (A)	56:70	31:37
14.	Bochum	Bremen	14.	VfL Bochum	45:57	30:38
15.	Essen	Schalke	15.	MSV Duisburg	42:56	29:39
16.	Kaiserslautern	Düsseldorf	16.	Wuppertaler SV	42:65	25:43
17.	HSV	Hannover 96	17.	Fortuna Köln (A)	46:79	25:43
18.	Schalke	Duisburg	18.	Hannover 96	50:66	22:46

Im Schatten des Hattricks des FC Bayern spielen die Kölner ihre Stadtmeisterschaft aus: Es verliert die Fortuna – nach einer Spielzeit steigt der Aufsteiger wieder ab und kehrt nicht mehr zurück.

Helden der 70er

Meister Pröpper

Die berühmtesten Wuppertaler sind Friedrich Engels und Johannes Rau. Die berühmtesten Zugereisten sind der Elefant Tuffi, der 1950 aus der Schwebebahn fiel, und der Fußballstürmer Günter Pröpper, Brancheninsidern als „Meister Pröpper" bekannt. Pröpper schoss während der Bundesliga-Ära des Wuppertaler SV von 1972 bis 1975 in 87 Spielen 39 Tore und war in der Spielzeit 1972/73 mit 21 Toren drittbester Bundesliga-Torschütze hinter Bayern Münchens Gerd Müller (36) und Gladbachs Jupp Heynckes (28). Der gebürtige Westfale hatte zunächst im Bergbau und als Schweißer gearbeitet, aber nachdem er 1969 für eine Ablöse von 30 000 Mark aus Essen zum WSV gewechselt war, durfte er im städtischen Schulamt eine erholsamere Tätigkeit verrichten. Mit Pröppers Toren wurde Wuppertal in der Liga auf Anhieb Vierter und qualifizierte sich für den Uefa-Pokal. Der polnische Vertreter Ruch Chorzow gastierte am 3. Oktober 1973 im Stadion am Zoo und gewann nach dem Hinauch das Rückspiel. Es sollte Wuppertals einziges Europacup-Heimspiel bleiben. 1975 stieg der WSV wieder ab. 1979 beendete Pröpper seine Karriere. Der Klub stürzte bis in die vierte Liga ab.

Das Besatzungskind: Erwin Kostedde

Es gibt Menschen, denen gelingt einfach alles im Leben. Und es gibt Erwin Kostedde. Manchmal, so sagte er im Jahr 2009 dem Reporter vom *RevierSport*, spreche er mit seiner Frau Monique darüber, was wohl geworden wäre, wenn er etwas anderes gemacht hätte als Fußball. „Eine Arbeit im Handwerk oder morgens zum Büro und abends nach Hause. Vielleicht wäre das für mich und meine Familie besser gewesen." Vielleicht wäre das so, ganz sicher aber hätte dieser Erwin Kostedde dann keinen Platz in der Geschichte des Fußballs, den er nie mehr verlieren wird: Das Besatzungskind aus Münster war der erste farbige Nationalspieler des Deutschen Fußball-Bundes – lange bevor aus der DFB-Elf die gefeierte Multi-Kulti-Elf der Neuzeit wurde. Drei Spiele waren es nur, die er in den Siebzigerjahren unter Helmut Schön gemacht hat, aber diese drei Spiele waren die Ankunft in einem Land, das ihn nie haben wollte. So empfand das zumindest dieser Erwin, mit dem die Kinder früher nicht spielen wollten, weil er ein „Nigger" war. Ein „Mischling". Den Vater, einen US-Soldaten, hat er nie kennengelernt. Erst der Fußball hat ihn zu etwas gemacht, einem gefragten Bundesligaspieler und zum D-Mark-Millionär. Dann hat er das Geld falschen Freunden gegeben und alles verloren. Am 22. August 1990 wurde in Coesfeld eine Spielhalle überfallen. Beute: 190 Mark. Die Polizei verhaftete Erwin Kostedde. Eineinhalb Jahre saß er in Untersuchungshaft, vor Gericht wurde er aus Mangel an Beweisen freigesprochen und mit 3000 Mark für die Haft entschädigt.
Dem Reporter des *RevierSport* sagte er: „Ganz ehrlich: Seit damals 1990 im Knast ist der frühere Erwin Kostedde tot."

Der Polyvalente: Bernard Dietz

Hätte Bernard Dietz einen Berater gehabt, dann wäre das alles nicht passiert. Zwölf Jahre beim selben Verein! Immer wieder den Vertrag verlängert, immer ohne Ausstiegsklausel! Nie in Interviews mehr Gehalt gefordert! Und immer dieser volle Einsatz, selbst in unwichtigen Spielen! Aus Sicht der zynischen Karriere-Optimierer hat Bernard Dietz alles falsch gemacht in seiner Karriere. Aus Sicht von Bernard Dietz war alles richtig – und auch aus Sicht aller übrigen Menschen, die am Fußball mehr interessiert als nur das Geld, das sich damit verdienen lässt. Dietz steht für Treue, für Unverwüstlichkeit, für all jene Tugenden, die man mitunter bieder nennt – die man aber begeistert feiern würde, wenn man sie in einem Spieler entdeckte. Bernard Dietz spielte zwölf Jahre für den MSV Duisburg, von 1970 bis 1982, „Dietzburg" hat man die Stadt damals scherzhaft genannt. „Solange ich beim MSV bin, steigt er nicht ab", hat Dietz einmal in einem für ihn untypischen Anflug von Übermut gesagt. Das stimmte zwölf Jahre lang, dann erwischte es den MSV. Bernard Dietz, gelernter Schmied, war einerseits ein klassischer Malocher der Siebziger, andererseits war er seiner Zeit weit voraus. Er war, wie heutige Trainer sagen würden, polyvalent. Er war vielseitig einsetzbar, auf höchstem Niveau, er konnte Linksaußen, Libero und Mittelfeld, aber seine Herzensposition war die linke Abwehrseite. Er war schon ein moderner Außenverteidiger, als dieser Begriff noch nicht erfunden war. Er konnte das unnachahmlich: den Gegner abmelden und dann nach vorne preschen. 77 Tore hat er in der Bundesliga erzielt, als Abwehrspieler.

1973/74

Frühjahr 1973. Paul Breitner sagte später, es sei weniger Überzeugung als Wissbegier und Pose gewesen, dass er zu Hause die Peking-Rundschau las: „Ich war die Provokation in Person."

RANGLISTE 3: DIE BESTEN SPIELE DER BUNDESLIGA

Es war einmal ein Samstag

Kaiserslauterns 7:4 gegen den FC Bayern erzählt das wahre Märchen vom Aufbäumen gegen alle Wahrscheinlichkeit – und vom magischen Lärm einer Kultsportstätte.

VON THOMAS HAHN

In jedem Sommer seines Fußballerlebens erwartete Klaus Toppmöller den Spielplan für die neue Bundesliga-Runde mit Spannung und unterdrückter Ungeduld. Wenn der Plan dann endlich da war, ging Toppmöller ihn durch und machte ein Kreuz an den Spieltagen, an denen sein Klub, der 1. FC Kaiserslautern, gegen den FC Bayern anzutreten hatte. Auch im Sommer 1973 tat Toppmöller das. Er markierte den zwölften Spieltag. Samstag, 20. Oktober. Der FC Bayern war damals noch nicht ganz die hollywoodeske Titelfabrik, die er später werden sollte, aber schon die größte Nummer im deutschen Fußball, der aktuelle Meister mit den Europameistern Beckenbauer, Maier, Müller, Schwarzenbeck, Hoeneß, Breitner. Die Bayern waren die Besten, und der junge hochbegabte Toppmöller aus Rivenich in der Eifel wollte gegen die Besten zeigen, was er drauf hatte. Er machte also sein Kreuz. Aber natürlich ahnte er nicht, wie besonders das Spiel dann tatsächlich werden würde.

15 242 Bundesliga-Spiele hat es in den 50 Jahren seit der Premiere 1963 gegeben; Relegationsspiele nicht mitgerechnet. Nicht jedes dieser Spiele ist unvergesslich gewesen. Zur Natur des Ligabetriebs gehört es nun mal, dass er von Zeit zu Zeit auch gähnende Langeweile produziert. Aber im Großen und Ganzen ist der Ball ganz ansehnlich gelaufen – und manchmal auf eine so seltsame Art, dass die Leute es nicht mehr aus dem Kopf bekamen. Ein Fußballspiel ist oft keine gute Geschichte, weil es zu einseitig oder zu ausgeglichen ist. Und dann ist es wieder eine so gute Geschichte, dass selbst kühne Märchenerzähler sie sich so nie ausdenken würden, weil die Handlung zu schräg und phantastisch erscheint.

Es war einmal ein Spiel, in dem der FC Bayern mit seiner versammelten Spielerprominenz 3:0 und 4:1 führte und die Mittelklasse-Mannschaft des 1. FC Kaiserslautern trotzdem noch 7:4 gewann. Es war jenes Spiel am 20. Oktober 1973, auf das der junge Toppmöller schon im Sommer hingefiebert hatte. Die Sportberichterstattung war damals etwas weniger hysterisch als heute. Aber selbst in der züchtigen Sachlichkeit, mit welcher das ZDF die Partie im Aktuellen Sportstudio aufarbeitete, flackerte ein ungläubiges Staunen. „Wann hat man je ein solches Spiel mit so unterschiedlichen Halbzeiten gesehen?", fragte Moderator Harry Valérien. Und der brave Kaiserslautern-Kapitän Ernst Diehl erklärte als Studiogast auf die Frage, was die Mannschaft nach dem Triumph „gesagt" habe, mit unbewegter Miene: „Wir konnten es kaum fassen."

Es lässt sich drüber streiten, ob das Lauterer Sieben-Vier von 1973 wirklich das beste Spiel der Liga-Geschichte war. Es war nämlich nicht nur ein Torfestival, sondern auch ein ziemliches Fehlerfestival, vor allem von der Abwehr der Bayern. Aber das irrste Spiel war es auf jeden Fall. „Das war ein Spiel, dat kann man nicht erklären", sagt Klaus Toppmöller im Brummton seiner Moselländer Gemütsruhe. Er ist heute ein ergrautes FCK-Idol, Rekordtorschütze des Vereins mit 108 Treffern, ehemaliger Nationalspieler, ehemaliger Amerika-Legionär, ehemaliger Salmrohrer Zweitliga-König. Als Trainer stand er mit Leverkusen im Champions-League-Finale gegen Real Madrid (1:2). Toppmöller hat viel erlebt. Aber diese Sternstunde bleibt ein Juwel im Schatz seiner Erinnerungen, und sie mitgeprägt zu haben, damals noch als Mittelfeldspieler, erfüllt ihn mit leisem Stolz. „Dat Spiel ist ja heute noch in aller Munde. Wo man sagt, dat war dat tollste Spiel, das je in der Bundesliga gelaufen ist."

Man weiß gar nicht, wo man anfangen soll bei diesem Spiel, so viel erzählt es über den Fußball, über das Leben, über Ergebniskosmetik, die viel mehr ist als das, über die Klatschen, die es manchmal braucht, über den magischen Lärm einer Sportkultstätte. Vielleicht bei Bernd Gersdorff, der damals Linksaußen spielte für die Münchner und sich etwas abgeschnitten fühlte vom Spielfluss der Mannschaft mit ihrer zentralen Achse Maier – Beckenbauer – Müller. Gersdorff war ein intelligenter Dynamiker mit Tordrang und auffälligem Schnauzer, bis zum Spiel am Betzenberg hatte Trainer Udo Lattek ihn in jeder Partie eingesetzt, und gegen Kaiserslautern gelangen ihm endlich seine ersten Treffer. Zuspiel Schwarzenbeck, Flachschuss – 1:0 (5. Minute). Dribbling, Bogenflanke – 2:0 (12.). Aber Gersdorff jubelte gar nicht richtig. „Ich fühlte da schon, dass ich nicht so zurechtkomme", sagt er.

Bernd Gersdorff, gebürtiger Berliner, 301 Bundesliga-Spiele, 68 Tore, ein Länderspiel, ist auch ein Fußball-Idol geworden, allerdings in Braunschweig, wo er bei der Eintracht als Kapitän und Toreerzieler

Betzenberg, 20. Oktober 1973: Lauterns Emporkömmling Klaus Toppmöller (links) trifft per Kopf gegen Münchens Nationaltorwart Sepp Maier.

Leid und Freud': Bernd Gersdorff (linkes Bild, Mitte) verlässt den Platz nach seiner roten Karte. Lauterns Hermann Bitz jubelt mit Dietmar Schwager (Nummer 4).

einen nachhaltigen Eindruck hinterließ. Er lebt immer noch in Braunschweig, er ist jetzt ein Marketing-Agent, und er blickt dankbar auf sein Fußballerleben zurück. Auch auf die Zeit in München, die nicht lange dauerte, was nichts mit den vermeintlich großkopferten Kollegen zu tun hatte, wie Gersdorff sagt. Aber viel mit dem Vier-Sieben am Betzenberg.

Gerd Müller köpfelte das 3:0 (36.), die Bayern dominierten. Aber Franz Roth, den sie „Bulle" nannten, vertändelte den Ball, Josef Pirrung nahm das Geschenk an. 1:3 (43.). Es war ein kleines Tor, dessen Bedeutung sich Außenstehenden nicht gleich erschließen musste. Aber es weckte die Zuschauer aus ihrer Enttäuschung, und in den Köpfen geschah etwas. „Das gab noch mal so einen richtigen Ruck in der Kabine. Wir haben gesagt: Komm, wir machen noch ein bisschen mehr", sagt Toppmöller. „Der Lattek hat sich tierisch aufgeregt. Er sagte: Ihr seid verrückt. Ihr wisst, was hier los ist", sagt Gersdorff.

Der Betzenberg war damals ein besonderer Ort. Das Stadion, das dort, am Südrand der Stadt, über den Dächern aufragte, war eine Fußball-Festung, wie es sie sonst noch kaum gab. Zwischen Rasen und Tribünen lag keine Leichtathletik-Bahn wie in den meisten Arenen, steil stiegen die Ränge an, sodass die Stimmung wie in einem Kessel hochkochte und die Luft über dem Rasen so sehr erfüllte, dass sich ihr keiner entziehen konnte – auch der Schiedsrichter nicht. „Der Linienrichter hat ein paar Mal den Schirm auf den Kopp bekommen", sagt Toppmöller, „hautnah war dat, hautnah." Der Lärm kroch in Körper und Geist, er beflügelte die Heimspieler und verdarb die Gelassenheit der Gäste. Die Schmähungen der Pfälzer trafen sie. Gerade die Bayern konnten jahrelang nicht gewinnen in der bebenden Burg des Betzenbergs.

Als Pirrung traf, war die Atmosphäre wieder da. Müller dämpfte sie noch mal durch sein 4:1 (57.), das Gersdorff im ersten Moment für die Vorentscheidung hielt: „Das war für mich Klarheit in dem Spiel." Aber dann senkte sich ein Kopfball von Toppmöller aufs Bayern-Tor. Maier flog vergeblich – 2:4. „Postwendend." Toppmöller erinnert sich mit stillem Genuss. „Das war der Schlüssel." Wieder erwachte der Betzenberg. Zuschauer, die schon aufgebrochen waren, kehrten zurück, und

> „Dieses Spiel würde in einem anderen Stadion so nicht stattfinden."

ein Sturm aus Lärm und Hoffnung brach los, der die Münchner in die Defensive drückte. „Ab der 60. Minute gab es keinen FC Bayern mehr", sagt Gersdorff, „wir wurden überrannt. Da explodierte etwas."

Pirrung traf. Einmal. Zweimal (61., 73.) – plötzlich stand es 4:4, die Flammen der Pfälzer Begeisterung schlugen um sich. „Dieses Spiel würde in einem anderen Stadion so nicht stattfinden", sagt Gersdorff. In den anderen weitläufigen Arenen brüllten die Zuschauer in der Ferne, ihr Feuer erreichte die Spieler nicht. Am Betzenberg schon. „Du wirst emotional", sagt Gersdorff, „die sind ja gegen dich. Du wirst, glaube ich, auch aggressiver." Und es kann sein, dass es auch deshalb zu seiner roten Karte kam, als er, vorher schon verwarnt, seinem Gegenspieler Hermann Bitz in die Parade grätschte. „Der kriegt einen langen Ball. Ich versuche ihm von hinten den Ball wegzuspielen, und dann war er einen Tick eher dran und hat sich dreimal überschlagen. Puff, Rot." Gersdorff schmunzelt. Gersdorff grummelt. „Das war überhaupt nicht wild." Er findet den Platzverweis immer noch zu hart.

Bernd Gersdorff hörte in der Kabine, wie das Wunder seinen Lauf nahm. Toppmöllers 5:4 ließ Schiedsrichter Horst Bonacker nicht gelten, was Toppmöller bis heute „völlig daneben" findet. Aber dann legte er Ernst Diehl einen Traumpass in den Lauf, und kurz darauf erwachte auch der elegante Herbert Laumen.

5:4 Diehl (84.). 6:4 Laumen (87.). 7:4 Laumen (89.).

„Dat war wie in Trance", sagt Klaus Toppmöller. „Das war wie so 'ne Lawine", sagt Bernd Gersdorff.

Nach dem Spiel fuhr Toppmöller gleich heim nach Rivenich, wo seine Eltern eine Gaststätte hatten. „Ich konnte nicht schnell genug heim. Ich habe immer gemeint, ich würde irgendwas verpassen vom Kartenspielen oder von sonst was." Ihm war klar, dass etwas Denkwürdiges geschehen war, den Lärm hatte er noch im Ohr. „Man ist ja Volksheld im Prinzip." Aber was sollte er anderes tun als heimzufahren? Sein Leben ging weiter.

Und Bernd Gersdorff dachte nach. Der alte Gersdorff kann sich heute gut amüsieren über das Spiel, über seine Rätsel und seinen Wahnsinn. Aber er sieht schon auch noch den jungen Gersdorff, wie er untröstlich in der Kabine sitzt und draußen die Menge tobt. Der alte Gersdorff lächelt väterlich. „An dem Tag war alles durcheinander,

SAISON 1973/1974

Die 11 besten Spiele

20.10.1973
1. FC Kaiserslautern – FC Bayern 7:4 (1:3)
FCK Elting – Huber, Diehl, Schwager, Fuchs – Toppmöller, Bitz, Laumen – Pirrung, Sandberg, Ackermann – Tr.: Ribbeck. **FCB** Maier – Hansen, Schwarzenbeck, Beckenbauer, Dürnberger – Zobel, Roth, U. Hoeneß – Hoffmann, Müller, Gersdorff – Tr.: Lattek. **Tore** 0:1 Gersdorff (5.), 0:2 Müller (12.), 0:3 Müller (36.), 1:3 Pirrung (43.), 1:4 Müller (57.), 2:4 Toppmöller (57.), 3:4 Pirrung (61.), 4:4 Pirrung (73.), 5:4 Diehl (84.), 6:4 Laumen (87.), 7:4 Laumen (89.). **SR** Bonacker. **Zuschauer** 35 000. **Rot** Gersdorff (76.).

05.12.2008
FC Bayern – TSG Hoffenheim 2:1 (0:0)
FCB Rensing – Oddo, Lucio, Van Buyten, Lahm – van Bommel, Zé Roberto – Schweinsteiger (61. Borowski), Ribéry – Toni, Klose – Trainer: Klinsmann. **TSG** Haas – Beck, Jaissle, Compper, Ibertsberger – Luiz Gustavo – Weis, Carlos Eduardo (90.+2 Vorsah) – Obasi (74. Salihovic), Ibisevic, Ba – Trainer: Rangnick. **Tore** 0:1 Ibisevic (49.), 1:1 Lahm (60.), 2:1 Toni (90.+2). **SR** Meyer. **Z** 69 000.

24.04.1982
FC Bayern – Hamburger SV 3:4 (2:1)
FCB Junghans – Beierlorzer, Weiner, Augenthaler, Horsmann – Dremmler, Kraus, Breitner, Dürnberger – Rummenigge, D. Hoeneß – Trainer: Csernai. **HSV** Stein – Kaltz, Jakobs, Hieronymus, Groh – von Heesen, Hartwig, Magath, Wehmeyer – Hrubesch, Bastrup – Trainer: Happel. **Tore** 1:0 D. Hoeneß (23.), 1:1 Hartwig (32.), 2:1 Horsmann (36.), 3:1 D. Hoeneß (64.), 3:2 von Heesen (70.), 3:3 Hrubesch (76.), 3:4 Hrubesch (90.). **SR** Föckler. **Z** 78 000.

30.03.2012
Borussia Dortmund – VfB Stuttgart 4:4 (1:0)
BVB Weidenfeller – Piszczek, Subotic, Hummels, Schmelzer – Gündogan (67. S. Bender), Kehl – Blaszczykowski, Kagawa (81. Barrios), Großkreutz (79. Perisic) – Lewandowski – Trainer: Klopp. **VfB** Ulreich – Sakai, Maza, Niedermeier, Boka (61. Molinaro) – Kvist, Kuzmanovic, Harnik, Hajnal (70. Gentner), Schieber (84. Bah) – Ibisevic – Trainer: Labbadia. **Tore** 1:0 Kagawa (33.), 2:0 Blaszczykowski (49.), 2:1 Ibisevic (71.), 2:2 Schieber (77.), 2:3 Schieber (79.), 3:3 Hummels (82.), 4:3 Perisic (87.), 4:4 Gentner (90.+2). **SR** Weiner. **Z** 80 720.

28.03.2004
VfB Stuttgart – Werder Bremen 4:4 (2:3)
VfB Hildebrand – Lahm, Zivkovic, Bordon, Gerber (82. Szabics) – Soldo – Meira, Meißner (52. Yakin) – Hleb – Kuranyi, Streller – Trainer: Magath. **Bremen** Reinke – Stalteri, Ismael, Krstajic, Schulz – Baumann – Lisztes (79. Lagerblom), Ernst – Micoud – Ailton (86. Valdez), Klasnic (83. Skripnik) – Trainer: Schaaf. **Tore** 1:0 Bordon (3.), 1:1 Klasnic (13.), 2:1 Bordon (24.), 2:2 Klasnic (35.), 2:3 Ailton (43.), 3:3 Bordon (50.), 4:3 Streller (69.), 4:4 Ailton (70.). **SR** Fandel. **Z** 48 000. **Gelb-Rot** Schulz (80.).

18.09.1976
VfL Bochum – FC Bayern 5:6 (3:0)
VfL Scholz – Gerland, Franke (11. Ellbracht), Herget, Lameck – Eggert, Miß, Tenhagen, Trimhold – Pochstein, Kaczor – Tr.: Höher. **FCB** Maier – Horsmann, Beckenbauer, Schwarzenbeck, Andersson – Kapellmann, Torstensson (85. Künkel), Dürnberger – U. Hoeneß, Müller, Rummenigge – Tr.: Cramer. **Tore** 1:0 Ellbracht (24.), 2:0 Kaczor (38.), 3:0 Ellbracht (43.), 4:0 Pochstein (53.), 4:1 Rummenigge (55.), 4:2 Schwarzenbeck (57.), 4:3 Müller (63.), 4:4 Müller (74., Foulelfmeter), 4:5 U. Hoeneß (75.), 5:5 Kaczor (80.), 5:6 U. Hoeneß (89.). **SR** Horstmann. **Z** 17 000.

27.09.2008
Werder Bremen – TSG Hoffenheim 5:4 (4:2)
Bremen Wiese – Fritz, Mertesacker, Naldo, Boenisch (59. Pasanen) – Frings – Hunt (65. Prödl), Özil – Diego – Pizarro, Rosenberg (65. Vranjes) – Trainer: Schaaf. **TSG** Özcan – Beck, Nilsson, Compper, Ibertsberger – Luiz Gustavo – Teber (46. Weis), Salihovic – Obasi, Ibisevic, Ba – Trainer: Rangnick. **Tore** 1:0 Özil (8.), 1:1 Ba (15.), 2:1 Pizarro (16.), 3:1 Diego (21.), 4:1 Hunt (30.), 4:2 Salihovic (36.), 4:3 Ibisevic (62., Foulelfmeter), 4:4 Compper (71.), 5:4 Özil (81.). **SR** Perl. **Z** 40 059. **Rot** Mertesacker (62.).

30.03.2013
FC Bayern – Hamburger SV 9:2 (5:0)
FCB Neuer – Lahm (61. Rafinha), Boateng, Dante, Luiz Gustavo – Martinez, Schweinsteiger – Robben (64. Müller), Kroos, Shaqiri (65. Ribéry) – Pizarro – Tr.: Heynckes. **HSV** Adler – Diekmeier, Bruma, Westermann, Aogo – Rincon (57. Rajkovic), Badelj (81. Kacar) – Son (57. Arslan), van der Vaart, Skjelbred – Rudnevs – Tr.: Fink. **Tore** 1:0 Shaqiri (5.), 2:0 Schweinsteiger (19.), 3:0 Pizarro (30.), 4:0 Robben (33.), 5:0 Pizarro (45.), 6:0 Pizarro (52.), 7:0 Robben (54.), 8:0 Pizarro (68.), 8:1 Bruma (75.), 9:1 Ribéry (76.), 9:2 Westermann (86.). **SR** Winkmann. **Z** 71 000.

25.02.1978
1. FC Köln – Borussia Mönchengladbach 1:1 (0:1)
Köln Schumacher – Konopka, Gerber, Strack (18. Simmet), Zimmermann – Cullmann, Flohe, Neumann – Van Gool, Müller, Okudera (75. Willmer) – Trainer: Weisweiler. **Gladbach** Kleff – Wohlers, Wittkamp, Hannes, Vogts – Bonhof, Wimmer, Nielsen (54. Klinkhammer), Kulik (84. Schäffer) – Simonsen, Lienen – Trainer: Lattek. **Tore** 0:1 Simonsen (38.), 1:1 Flohe (86.). **SR** Biwersi. **Z** 60 000.

11.09.1965
Bor. Mönchengladbach – Bor. Dortmund 4:5 (1:1)
Gladbach Krätschmer – Jansen, Vogts – Milder, Wittmann, Lowin – Laumen, Heynckes, Rupp, Netzer, Elfert – Trainer: Weisweiler. **BVB** Tilkowski – Geisler, Redder – Kurrat, Paul, Assauer – Wosab, Weber, Held, Sturm, Emmerich – Trainer: Multhaup. **Tore** 0:1 Emmerich (20., Foulelfmeter), 1:1 Milder (42., Foulelfmeter), 1:2 Sturm (49.), 2:2 Rupp (59.), 3:2 Netzer (62.), 3:3 Emmerich (64.), 3:4 Wosab (68.), 4:4 Netzer (70., Foulelfmeter), 4:5 Emmerich (73., Foulelfmeter). **SR** Lutz. **Z** 36 000. **Bes. Vorkommnis** Milder verschießt Foulelfmeter (78.).

09.03.2013
FC Schalke 04 – Borussia Dortmund 2:1 (2:0)
S04 Hildebrand – Uchida, Höwedes, Matip, Kolasinac – Höger, Neustädter (73. Fuchs) – Farfan, Draxler (82. Raffael), Bastos – Huntelaar (54. Pukki) – Trainer: Keller. **BVB** Weidenfeller – Piszczek, Subotic, Hummels (46. Sahin), Schmelzer – Gündogan (76. Leitner), S. Bender – Blaszczykowski, Götze, Großkreutz (46. Reus) – Lewandowski – Trainer: Klopp. **Tore** 1:0 Draxler (11.), 2:0 Huntelaar (35.), 2:1 Lewandowski (59.). **SR** Gagelmann. **Z** 61 673.

ist ja klar." In dem Durcheinander wurde dem jungen Gersdorff bald klar, dass er fort musste aus München, wenn er nach der wochenlangen Rot-Sperre nicht als Reservist für links außen enden wollte, zumal der FC Bayern gerade den Schweden Conny Torstensson verpflichtet hatte. Gersdorff bat Manager Robert Schwan um Vertragsauflösung. Nach dem Vier-Sieben spielte er nie mehr für die Bayern. Er kehrte nach Braunschweig zurück, schoss die Eintracht zurück in die Bundesliga und wurde glücklich. Gersdorff freut sich immer noch über die Entscheidung. Das Vier-Sieben hatte ihn auf den rechten Weg geführt. „Wenn das nicht passiert wäre, wären die Gedanken vielleicht gar nicht gekommen."

Man weiß auch gar nicht, wie man aufhören soll bei diesem Spiel, das so viel erzählt, dass es im Grunde nie auserzählt ist. Vielleicht mit Toppmöller, der auch keine Ahnung hat, wie dieses Sieben-Vier zustande kommen konnte. Der aber immerhin weiß, was ihn damals antrieb. Eine einfache Botschaft, die man den alten Toppmöller ruhig sagen lassen kann, weil sie in seiner beredten Rivenicher Einsilbigkeit überhaupt nicht kitschig klingt. „Ich hab' in der Jugend das Sprichwort gelernt vom Winston Churchill." Vom Premierminister, der Großbritannien durch den Zweiten Weltkrieg führte. „Das war der bestsprachige Redner der Welt damals, und der kam in die Schulklasse rein", 1941 war das bei einem Besuch Curchills an dessen alter Schule Harrow in London. „Alle waren erwartungsvoll, und der hat nur ein paar Wörter gesagt: ‚Nie, nie, nie aufgeben.' Das ist bei mir so eingeprägt. Selbst wenn man 0:4 zurückliegt in letzter Minute, will ich noch versuchen zu kämpfen." Es klingt fast wie die Anleitung zum Märchen-Wahrmachen, als Klaus Toppmöller sagt: „Nie aufgeben. Dat is das A und O."

„Die Leichtigkeit haben die Deutschen nun mal nicht", sagte Willi Lippens. Der Holländer in ihm hatte allerdings die Leichtigkeit, um sich gepflegt einen Ball zu angeln.

RANGLISTE 4: SCHILLERNDE NIEDERLÄNDER

Der Grenzgänger

Willi „Ente" Lippens war bei Rot-Weiss Essen ein begnadeter Linksaußen und umschwärmter Entertainer – aber er geriet zwischen deutsch-holländische Aufgeregtheiten.

VON BIRGIT SCHÖNAU

Willi Lippens hat immer noch diesen Gang. Er geht ins Haus, einen Lappen holen, die Stühle unter der grellrosa blühenden Japanischen Kirsche sind noch feucht vom vergangenen Regenguss. Der berühmteste Wiege-Watschelgang der Bundesliga: Ente Lippens. Der Spaßvogel, der Paradiesvogel, das verrückte Huhn – komisch, dass im Deutschen ausgerechnet die Vögel für die lustige Abteilung zuständig sind. Lippens hat der Spitzname nie gestört. „Andere haben Titel gesammelt", grinst er: „Weltmeister. Europameister. Deutscher Meister. Aber Ente Lippens kennen alle."

Ente klopfte Sprüche, einer steht jetzt über seinem Restaurant, ein mächtiger Fachwerkhof in einer grünen Vierhektar-Oase zwischen den Schnellstraßen und Industrietürmen von Bottrop und Essen, Eingang hinterm Kirschbaum. „Ich danke Sie", heißt die Wirtschaft, das hatte Lippens einst schlagfertig einem Schiedsrichter entgegnet, der ihn grammatikalisch etwas unsicher ermahnt hatte: „Lippens, ich verwarne Ihnen." Der stutzte kurz und dann kam's auch schon, und war schneller raus, als er's bremsen konnte: Ich danke Sie. Es folgte der Platzverweis, natürlich. Ein Schiedsrichter muss humorlos sein, als Autoritätsperson, Fußball ist eben auch ein Rollenspiel.

Theater, wie Lippens glaubt. „Ich hätte vielleicht auch Schauspieler werden können. So wurde ich der Komiker auf dem Platz. Aber professionell musste es sein. Erst die Tore, dann den Komik-Koffer aufmachen. Erst die Buden, dann der Zauber." Eine Menge Buden, 92 in 242 Bundesliga-Spielen. Und für Rot-Weiss Essen insgesamt 233 Tore in 434 Spielen, vermutlich ewiger Rekord.

Von 1965 bis '76 und von 1979 bis '81 spielte Lippens für RWE, insgesamt 13 Jahre, eine Ewigkeit. Dazwischen war er drei Jahre bei Borussia Dortmund. Einen kurzen Abstecher in die USA, zu den Dallas Tornados, hat er sich zum Karriereende auch gegönnt, schnell noch etwas Geld

SAISON 1973/1974

verdienen. Und dann nichts wie ab nach Essen. Nach Hause.

Eigentlich kommt Willi Lippens vom Niederrhein, aus Kleve. Aus dem Grenzgebiet zwischen Holland und Deutschland. Der Vater Holländer, die Mutter Deutsche, der kleine Wilhelm wurde 1945 als Holländer geboren und blieb ein Grenzgänger, sein ganzes Berufsleben lang. Fußballer und Witzbold, Holländer und Deutscher, das Komische sei die holländische Seite gewesen, „die Leichtigkeit haben die Deutschen nun mal nicht. Bei ihnen muss alles fest sitzen". Lippens sagt von sich, er habe nie eine Torchance überhastet vergeben. Lieber habe er sie vertändelt.

Sein Lieblingsgegner war Berti Vogts. Der deutsche Terrier, verbissen, verbohrt, berechenbar. „Für den hätten sie mich nachts wecken können", zwitschert Lippens, das Niederrhein-Idiom hat er in all den Ruhrgebiets-Jahren nie abgelegt. Er freute sich auf Berti, er ließ ihn ja jedes Mal Karussell fahren, spielte ihn schwindlig. Raus mit dem Hintern und rasant vor Berti rumgewackelt, der sah gar nichts mehr, schon gar nicht den Ball. Es war ein großer Entenspaß, „und der machte sich ja schon acht Tage vorher in die Hose. Er kriegte mich einfach nicht, da konnte er machen, was er wollte. Der Berti lag mir". Er hätte gern mit der Nationalmannschaft gegen ihn gespielt. Oder auch mit ihm.

> „Wenn Du für Deutschland spielst, brauchst Du nicht mehr nach Hause kommen."

Aber aus dem Grenzgänger Lippens ist kein Nationalheld geworden. Sein großes Talent als Täuscher, Trickser, Torjäger hat ihm da nicht helfen können, er wurde zwischen Deutschland und der Niederlande ausgebremst. Denn als Helmut Schön anrief, der Bundestrainer, sagte Willi Lippens' Vater: Nein. „Wenn Du für Deutschland spielst, brauchst Du gar nicht mehr nach Hause zu kommen." Dieser Satz war entscheidend.

Wilhelm Lippens, der Vater, lebte schon lange in Deutschland. Auf der anderen Seite der Grenze war er geboren, dann nach Kleve gezogen, die Niederlande immer noch im Blick. Holland oder Deutschland, das war lange Zeit fast schon egal, wichtig war der Boden am Niederrhein für das Obst und Gemüse, das Lippens anbaute. Dann kam der Krieg, und Lippens war nicht mehr der Gärtner, er war jetzt der Niederländer, den die Nazis wieder und wieder zusammenschlugen. Sie wollten ihn zum Militär prügeln, er sollte für ihr Deutschland kämpfen. Da kriegten sie Wilhelm Lippens nicht hin.

Er blieb auch nach dem Krieg in Kleve, die Narben verheilten, es gab das Geschäft, die Frau, die Kinder. Der alte Lippens spielte selbst gern Fußball in Kleve, nur für Deutschland sein, das konnte er nicht, nie mehr. Und sein Sohn Willi durfte wohl in Essen spielen. Aber die deutsche Hymne singen und die Farben tragen, das sollte er nicht. Nicht für Deutschland kämpfen und nicht für Deutschland spielen. Punkt, aus.

„Da gab es nichts zu diskutieren", sagt Willi Lippens, wortkarg. Er hat gar nicht erst versucht, diese Grenze zu überschreiten. Statt sich wie Rainer Bonhof einbürgern zu lassen, folgte er dem Ruf nach Holland, zum EM-Qualifikationsspiel gegen Luxemburg am 24. Februar 1971 in Rotterdam. Lippens spielte Rechtsaußen diesmal, „wo man mich hinstellte, war mir ja egal". Seine mittlerweile angestammte Position war Linksaußen, da stand aber Piet Keizer. Der war Lippens nicht grün, er wollte keine Konkurrenz, schon gar nicht von einem Deutschen.

Sie schnitten ihn, sie ließen ihn nicht an den Ball. Das Spiel endete 6:0, der erste Treffer war von Lippens, er hatte damit seinen Platz in den Annalen, mehr hat Oranje ihm nicht geben wollen. „Für die war ich ein halber Nazi", sagt Lippens, vor allem aber ein Spieler zu viel. Holland war Ajax, und Ajax war Johan Cruyff. Beim Turnier gab's eine Menge Geld zu holen, bei der Weltmeisterschaft 1974 würde es noch mehr sein. Lippens wurde noch zum nächsten Spiel eingeladen, da war er aber verletzt. Und danach war schon Schluss.

Bonhof und die Deutschen besiegten 1974 die Niederlande im Endspiel.

Lange ist ihm das nachgegangen. Der Torjäger Lippens vertändelte vielleicht mal eine Chance, aber erst gar keine bekommen zu haben, das wurmte ihn gewaltig. Gar nichts machen zu können. Es war nicht Fußball, es war die Geschichte, und er war mittendrin und damit nirgends. Einmal Holland, nie mehr Deutschland. Der Sprücheklopfer Lippens kann darüber hinwegturnen. „Ein Länderspiel, ein Tor. Hundertprozentige Ausbeute." – „Mit mir für Holland wäre 1974 nur ein Deutscher Weltmeister geworden." – „Wenn ich gespielt hätte, würde über Cruyff keiner mehr reden." Einen nach dem anderen feuert er ab unterm Kirschbaum, er weiß die Pointen zu setzen, dass man die Routine nur leise ahnen kann.

Aber hinter den lockeren Sprüchen liegt eine gewisse Härte, die Nebelmenschen vom Niederrhein tanzen auf kaltem, schwerem Boden. Lippens kann schmal-

Augen zu und durch: Lippens (Mitte) beim Aufstiegsspiel 1973 gegen Osnabrück.

lippig werden, wenn er von seiner Kindheit erzählt, das war nicht so lustig, den Marktkarren mit klammen Fingern vom Land bis nach Kleve ziehen und dann beten, dass man ihn nicht genauso voll wieder zurück ziehen musste. Die vielen Pflichten, die viele Arbeit, die Strenge im Elternhaus, in Kirche und Schule. Nur der Fußball war leicht. „Und ich hatte ja zum Glück dieses Talent. Das musste ich ausschöpfen, und das habe ich getan."

Per Anhalter zum Training bei Schwarz-Weiss Essen. Die Lackschuhträger wollten

Charmeure und Kokser – die Holländer-Elf

1. Willi „Ente" Lippens.

2. Youri Mulder – der Rebell. Packte einmal seinen Trainer Jörg Berger am Kragen und hielt ihn über das Entmüdungsbecken („Soll ich Dich reinschmeißen?"). Berger forderte Mulders Entlassung, stattdessen wurde Mulders Vertrag verlängert und Berger selbst gefeuert. Mulder und die anderen Spieler des Mannschaftsrates kritisierten, der Trainer sei bequem geworden und halte sich mehr in der Sauna als am Trainingsplatz auf. Die Stadt Gelsenkirchen benannte später eine Straßenbahn nach dem beliebten Angreifer (Youri-Mulder-Bahn).

3. Jacobus Prins – der Entführer. Spielte in der Premierensaison der Liga beim 1. FC Kaiserslautern. Neben Heinz Versteeg (Meidericher SV) ist er somit der erste Niederländer der Bundesliga. Kam mit einem Cadillac zum Training und war Stammgast im Mannheimer Rotlichtdistrikt, wo er seinen Kumpels angeblich mit brennenden Zehn-Mark-Scheinen Feuer zu geben pflegte. Entführte außerdem seine minderjährige Verlobte, nachdem sich deren Eltern gegen die Heirat ausgesprochen hatten. Sorgte aber auch auf dem Platz für Aufsehen. Gewährte dem Publikum auf dem Betzenberg einen ausgiebigen Blick auf seinen Hintern, nachdem es ihn ordentlich ausgepfiffen hatte. Starb 1987 während eines Spiels der Alten Herren des Antwerpener Klubs FC Schilde. Erlitt beim Torjubel einen Herzinfarkt.

4. Kees Bregman – der Dealer. War erst Friseur, bevor er mit 23 Jahren Fußballprofi wurde. Kam als gescheiterter Stürmer in die Bundesliga und ging als gefürchteter Libero. Grätschte gnadenlos für MSV Duisburg und Arminia Bielefeld. Wurde sechs Monate gesperrt für ein Foul an einem Schiedsrichter. Saß zweieinhalb Jahre in Düsseldorf im Gefängnis, weil er 1989 einem Lockvogel der Polizei auf einem Friedhof ein Kilo Kokain verkaufen wollte. Bregman ist heute wieder Friseur in Amsterdam.

5. Arjen Robben – der Erfinder der Thermo-Strumpfhose. Trägt in der harten deutschen Winterzeit (also von Oktober bis April) traditionell lange Unterhosen, um seine zarten Muskeln zu schützen. Spielte zunächst mit grauer Allerwelts-Thermowäsche unter roter Bayern-Hose. Wurde 2010 aber vom DFB ermahnt, sich an die Kleiderordnung zu halten, die ein unifarbenes Beinkleid vorschreibt. Besitzt inzwischen die passende Strumpfhose zu jeder Gelegenheit. Musste sich zunächst noch als „Robben Hood" verhöhnen lassen, gilt heute aber als Trendsetter für Strumpfhosenträger wie Franck Ribéry oder Bastian Schweinsteiger.

6. Quido Lanzaat – der Klischee-Niederländer. Wurde 2000 nach dem Hallenmasters positiv auf THC getestet und als Kiffer enttarnt. Machte sich somit um die Pflege eines der wichtigsten Niederlande-Klischees verdient. Gab an, die Joints an Silvester in Amsterdam geraucht zu haben und umging so eine langfristige Doping-Sperre. Brachte es in dreizehn Jahren im deutschen Fußball (Mönchengladbach, Aachen, 1860, Jena, Wiesbaden) immerhin auf einen Erstliga-Einsatz.

7. Ruud van Nistelrooy – der Missverstandene. Kam zum Hamburger SV, obwohl er zuvor bei Real Madrid war. Verließ den HSV, weil er beim HSV bleiben musste, obwohl er wieder ein Angebot von Real hatte.

8. Michaël Antonius Bernardus van de Korput – der Schnäuzer. Sah zu jenen Zeiten, als Magnum im Fernsehen lief, genau wie Magnum aus. Der Verteidiger des 1. FC Köln beherrschte nicht alle Tricks des schmutzigen Fußballs, aber viele. War später Truck-Fahrer im Hafen von Rotterdam. Sah dabei immer noch wie Magnum aus.

9. Roy Makaay – das Phantom. War ausgewiesener Monokulturist. Konnte nichts außer unsichtbar sein und Tore schießen. Das aber ziemlich gut. Traf für den FC Bayern München in 129 Spielen 78 Mal. Spitzname in Kennerkreisen: „Rheuma-Kai".

10. Hans van de Haar – der ewige Ulmer. Bundesliga-Rekordtorjäger des SSV Ulm – mit zehn Toren. Verschwand nach Erstliga-Kurzbesuch 1999/2000 mit dem Klub in der Versenkung.

11. Mark van Bommel – der Meister der Gemeinheiten. Beherrschte alle 1000 Tricks des schmutzigen Spiels und fügte noch einige eigene Erfindungen hinzu. Stieg fern des Balls dem Gegner auf den Fuß und kniff ihm dann in den Unterleib, während sich das Opfer beim Schiedsrichter beschwerte. Pflegte die Schiedsrichter durch charmante Konversation für sich zu gewinnen, sodass er sie später ungestraft anbrüllen und durch ständiges Protestieren beeinflussen durfte.

---

ihn nicht, da zog er weiter zu Rot-Weiss. Einmal vorgespielt, da sagte der Trainer: „Ich will den Bauern aus Kleve." Er kam mit einem Persilkarton, einen Holzgriff hatte er dranmontiert, es war alles so einfach. Man gab ihm ein Trikot und ein Zimmer im Stadion, drei kleine Räume lagen in der Tribüne, für die Spieler von auswärts. 80 Mark verdiente Lippens, 30 zahlte er für die Miete, er ernährte sich von Graubrot mit Margarine und verkaufte nebenbei immer noch Gemüse. Er war jetzt im Stadion zu Hause.

In Essen zählte nicht, ob einer Holländer oder Deutscher war, Pole oder Türke. Im Ruhrgebiet wurde Wilhelm Lippens, die Ente, einer der besten Linksaußen Europas und einer der größten Entertainer des Fußballs. Da lief einer komisch und wusste daraus die wildesten Sachen und tollsten Tore zu machen. Lippens war ehrgeizig, er wollte nicht einfach nur treffen, sondern „clevere Tore servieren", wie er das nennt. Gegner zum Umtanzen und Tore zum Einrahmen, mehr Kunst als Kampf. Also schnörkelte Willi Lippens sich durch die Stadien des Kohlenpotts, es war eine Freude, ihm zuzusehen, vor allem aber hat er es selbst genossen. Es war ja keine Arbeit, wie er heute noch sehr ernsthaft betont. Maloche war etwas anderes. „Mein Talent", sagt

Sie nannten ihn Ente, aber nicht wegen seiner Automarke. Lippens fuhr einen Fiat 500. Später betrieb er das Restaurant „Mitten im Pott", da gab es Krüstchen und Cordon Bleu – so wie früher.

Lippens, „war diese besondere Körpertäuschung."

Manche fühlten sich auch noch anders von ihm getäuscht, Günter Netzer etwa, der Lippens vor dem Spiel Rot-Weiss Essen – Mönchengladbach im April 1970 in der Kabine ein Unentschieden vorschlug. Es ging nicht um Geld, sondern darum, die Saison gemütlich abzuschließen, Gladbach als Meister, Essen mit dem Klassenverbleib. Lippens war einverstanden und bis zur 77. Minute passierte nicht viel. Dann aber bekam er knapp vor dem Gladbacher Strafraum den Ball auf den Hinterkopf. „Der prallte ganz unglücklich ab", sagt Lippens. Der Ball ging ins Netz. Lippens beteuert noch heute, er habe alles getan, um den Ausgleich herbeizuführen, sogar mit einem provozierten Elfmeter für Gladbach. Es blieb beim 1:0, und Günter Netzer war sauer. „Es ist mir so rausgerutscht", beteuerte Lippens. Gladbach wurde trotzdem Meister. Und Lippens blieb Rot-Weiss Essen treu.

Es kamen Anfragen aus Dortmund, von Schalke, sie boten viel Geld. Das ging aber nicht, erklärt Lippens. „Wenn ich mich in Essen auf der Straße zeigte, liefen 200 Leute hinter mir her. Ich war deren Idol. Wie hätte ich da zu Schalke gehen können? Man kann doch den eigenen Fans nicht den Tomahawk in den Rücken stoßen!" Er sagt tatsächlich Tomahawk, als habe er Essen sein Großes Indianerehrenwort gegeben. Rot-Weiss hielt es jedenfalls nicht. 1977 komplimentierten sie ihn hinaus, zu Borussia Dortmund. Die Tore wurden weniger, trotzdem waren die Jahre bei den Nachbarn nicht schlecht. Doch er war noch nicht fertig in Essen, er kam noch einmal wieder, noch zwei Jahre, noch 23 Buden.

> **Frisches Geld ist auch in Essen wichtiger als ein alter Fußballer.**

Seitdem hat er sich nicht mehr als fünf Kilometer von der Hafenstraße entfernt. Gerade so weit, dass der Südwind die Kurvenmusik unter den Kirschbaum von Lippens' Hof tragen kann. Es wird jetzt ein neues Stadion gebaut, ein Antrag auf Denkmalschutz wurde abgelehnt. Lippens' alte Wohnung in der Haupttribüne – Entenfutter für den Bagger. Die neue Tribüne sollte eigentlich nach ihm benannt werden, aber daraus wird wohl nichts, sie soll nun den Namen des Sponsors tragen. Frisches Geld ist wichtiger als ein alter Fußballer.

Lippens zuckt die Achseln. Er hat seinen Hof, er braucht kein Stadion mehr und keine Haupttribüne. „Mitten im Pott" heißt sein Anwesen, auf der Koppel steht ein Pferd, die Familie wohnt hier, die Frau, der Sohn, die Schwiegertochter, die Enkel. Im Restaurant gibt es Krüstchen und Schweinemedaillons und Cordon Bleu, alles das, was man in Essen schon aß, als Rot-Weiss mit Willi Lippens in der Bundesliga spielte. Inzwischen krebst der Verein nach Insolvenz und Wettskandal viertklassig in der Regionalliga West. Im Ruhrgebiet herrschen jetzt schon spanische Verhältnisse, obenauf BVB und Schalke, alle anderen müssen mächtig strampeln.

Die Rivalität ist weg, sagt Lippens. Das echte Gegeneinander zwischen kleinen und großen Nachbarn, Dortmund gegen Bochum, Essen gegen Schalke, Duisburg gegen Wattenscheid. „Und ohne echte Rivalität kein Fußball." Deutschland gegen Holland, das ist geblieben, aber heute ist es ein Regionalderby. Willi Lippens hat übrigens nie den deutschen Pass beantragt, obwohl er seit 1999 seinen niederländischen hätte behalten dürfen. Wozu? „Es ist ja jetzt nur noch ein Stück Papier", sagt Ente Lippens. Ein Wind ist aufgekommen, die Blüten fliegen. Ein Handschlag noch und im Wiege-Watschelgang ins Haus.

1974/75
1975/76
1976/77

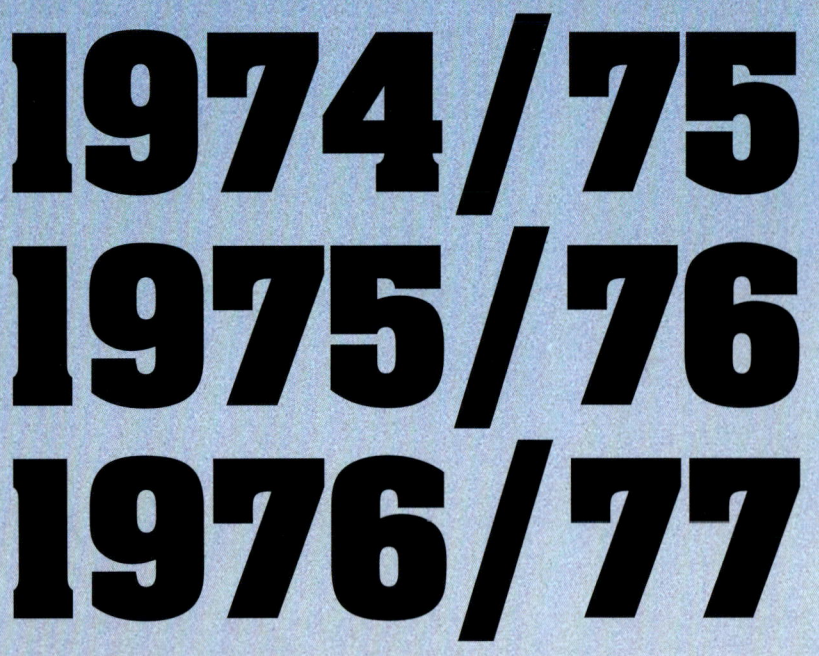

Die Trainer, die sich die Gladbacher Meisterschaften teilten: Weisweiler (rechts) holte die ersten drei, Lattek die übrigen zwei. Hier die Rosenübergabe im Juni 1975.

Wasser für die Wurzeln

Im Bubi-Sturm von Mönchengladbach ist er groß geworden. Als Trainer zog Jupp Heynckes hinaus in die Welt. Seine Heimat am Nieselregen-Niederrhein hat er nie verleugnet.

Sie haben sich eine schöne Adresse ausgesucht für ihr neues Stadion: Hennes-Weisweiler-Allee 1, 41179 Mönchengladbach. Dort liegt der Borussia-Park, dort hat Jupp Heynckes am 18. Mai 2013 geweint. Ein 68 Jahre junger Mann, dem es nicht gelang, seine Rührung zu verbergen. Es war ein seltsames Wasser, das da in den Tränensäcken zusammenfloss, gebildet aus Schmerz, Erleichterung, Freude und Genugtuung, aber auch einem intensiven Gefühl für den Niederrhein, seine Heimat.

Ausgerechnet in die Stadt, in der er geboren wurde, hatten die Terminplaner sein Bundesliga-Abschiedsspiel mit dem FC Bayern gelegt. Mehr als tausend Partien hatte er zuvor gesammelt, 369 als Spieler (220 Tore), die übrigen als Trainer mit Gladbach, Frankfurt, Schalke, Leverkusen und den Münchnern. „Kitschig" sei das alles, sagte Heynckes an jenem Nachmittag, an dem er unter Tränen mit einem 4:3-Sieg der Bayern ausgerechnet bei Borussia, seiner ewigen Liebe, mit der Bundesliga abschloss: „Das ist wie ein Drehbuch von Steven Spielberg."

Der Weg dorthin, wo dieses Drehbuch beginnt, ist kurz: Raus aus dem Borussia-Park, links in die Aachener Straße, links in die Monschauer Straße, links zu den Holter Sportstätten – laut Routenplaner 3,7 Kilometer, circa neun Minuten Fahrzeit.

Neun Minuten, um vom Ende zurück an den Anfang zu kommen. Neun Minuten aus der Hennes-Weisweiler-Allee zurück zu einer von Bäumen gesäumten Anlage, in der Grün-Weiß Holt heute zu Hause ist. Früher, als der Heynckes-Jupp am alten Bökelberg stürmte, hatte die Borussia dort ihr Trainingsgelände.

In Mönchengladbach-Holt wird Josef 1956 von seinem Bruder Hans bei Grün-Weiß angemeldet, damit der Elfjährige, das neunte von zehn Kindern, fortan unter Aufsicht das tun kann, was er am liebsten tat: „Ich wollte Tore schießen. Immer. In jedem Spiel. Als ich ein Junge war, hatte ich nur Fußball im Kopf. Ich wollte nur eins: Profi werden. Ich war besessen von meinen Träumen."

Die Träume des kleinen Josef hatten schon damals nur wenig gemein mit dem, was am Tag seines Bundesliga-Abschieds im Mai 2013 als Aufmacher auf der Onlineseite von GW Holt zu entdecken war. Unter dem Titel „Kreisklassefußball ist:..." schilderte ein Autor den Sport in den Niederungen: „Kreisklassefußball ist, wenn man als Abwehrspieler einen Ball völlig unbedrängt auf die benachbarte Kuhweide ballert und dafür noch von der versammelten Mannschaft ehrlich gefeiert wird. Frei nach dem Motto: Endlich mal einer, der klare Dinger hinten rausspielt."

Klare Dinger? Die gab's für Heynckes nur im Angriff, er blieb immer ein Freund des gehobenen Spiels, fernab jeder Kreisklassen-Folklore. 1962 zieht der junge Jupp um aus Holt in den Nachwuchs der Borussia, bald nimmt Trainer-Legende Weisweiler (der mit der eigenen Straße) ihn in seinen Bubi-Sturm auf: Heynckes, Laumen, Rupp, Netzer und Werner Waddey dominieren 1964/65 die damalige Regionalliga West. In der Aufstiegsrunde erzielt Heynckes sechs Tore, die Fohlen ziehen, gemeinsam mit dem FC Bayern im Süden, verspätet in die Bundesliga ein. Diese war zwei Jahre zuvor gegründet worden, ohne jene beiden Teams, die die Siebzigerjahre im deutschen Fußball dominieren sollten.

Heynckes verkörpert das, was man einen kompletten Stürmer nennt, beidfüßig, schnell, kopfballstark, schussgewaltig – extrem ehrgeizig. Er ist ein Super-Fohlen für Weisweilers überfallartigen Konterfußball. Und doch fehlt ihm ein Titel: Borussia wird fünf Mal Meister, Heynckes vier Mal. Weil er ein Angebot von Gladbachs Manager Helmut Grashoff als demütigend niedrig empfindet, verbringt er drei Spielzeiten bei Hannover 96. Das Online-Portal Transfermarkt.de hält eine Ablöse von umgerechnet 67 500 Euro fest. Drei Spielzeiten bleibt Heynckes in Hannover, ehe er von 1970 bis 1978 wieder für Borussia antritt.

Seine Rückkehr gestaltet sich nicht einfach, nicht nur sein Verhältnis zu Berti Vogts ist getrübt. Lange steht der Vorwurf im Raum, Heynckes habe die Solidarität der Borussia des Geldes wegen aufgebrochen. Mühsam aber überbrückt Weisweiler alle Vorbehalte und sorgt später für eine relativ spannungsfreie Re-Integration. Heynckes dankt, Heynckes liefert: 19 Tore steuert er allein 1971 zur Titelverteidigung bei, er steigt auf zum besten Torschützen der Liga-Historie nach Gerd Müller und Klaus Fischer; zudem ist er mit drei Treffern am 5:1 im Uefa-Cup-Final-Rückspiel 1975 gegen Enschede beteiligt. Mit mehr als 50 Toren zählt Heynckes bis heute zu den erfolgreichsten Torschützen im Europapokal. Er spielt auch eine tragende Rolle beim Gewinn der EM 1972 und eine weniger tragende beim WM-Titel 1974 – Heynckes kommt nur zu zwei Einsätzen.

Langsam aber tritt das Knie in Streik. Sein letztes Spiel ist zugleich das letzte in der Saison 1977/78. Heynckes verabschiedet sich standesgemäß mit fünf Toren beim 12:0 gegen Borussia Dortmund.

Neben der Profilaufbahn hat er die Trainerausbildung absolviert, zunächst wird er Assistent von Udo Lattek, ab 1979 dessen Nachfolger. Mit 34 Jahren ist Heynckes der jüngste Cheftrainer der Liga.

Als erfolgreich gilt seine erste Trainerzeit bei der Borussia auch heute noch, obwohl sie titellos blieb. Heynckes stellte der Liga viele hochbegabte Talente wie Lothar Matthäus oder Uwe Rahn vor, doch 1987 entschwand er vom Nieselregen-Niederrhein erstmals nach München.

In Bayern war er Gast, ebenso wie später in Spanien, in Bilbao, Teneriffa und Madrid. Gerne gesehen, aber eben emotional ein Gast, das hat er immer betont, nie hat er seine Heimat verleugnet. Die Wurzeln blieben dort, wo ihn alle Welt im Mai 2013 weinen sah.

KLAUS HOELTZENBEIN

Küsse und Tränen: Heynckes als Spieler mit Berti Vogts, und im Mai 2013 bei seinem letzten Ligaspiel als Trainer.

*Dynamisch, wendig, schnell:
Jupp Heynckes vor den Steilwänden
des Mönchengladbacher Bökelbergs.*

SAISON 1974/1975, 1975/1976, 1976/1977

Saison 1974/75

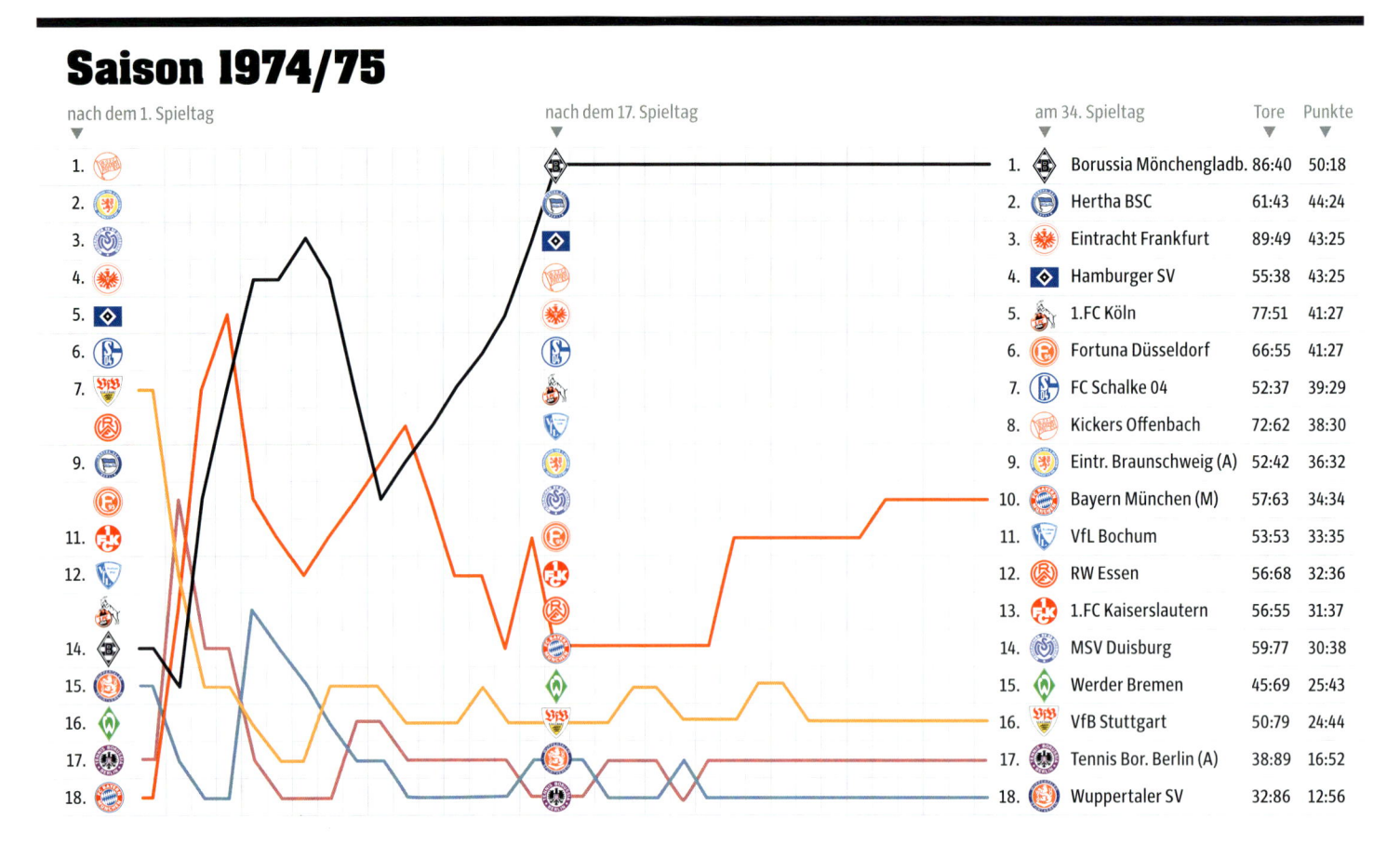

	nach dem 1. Spieltag	nach dem 17. Spieltag		am 34. Spieltag	Tore	Punkte
1.			1.	Borussia Mönchengladb.	86:40	50:18
2.			2.	Hertha BSC	61:43	44:24
3.			3.	Eintracht Frankfurt	89:49	43:25
4.			4.	Hamburger SV	55:38	43:25
5.			5.	1.FC Köln	77:51	41:27
6.			6.	Fortuna Düsseldorf	66:55	41:27
7.			7.	FC Schalke 04	52:37	39:29
8.			8.	Kickers Offenbach	72:62	38:30
9.			9.	Eintr. Braunschweig (A)	52:42	36:32
10.			10.	Bayern München (M)	57:63	34:34
11.			11.	VfL Bochum	53:53	33:35
12.			12.	RW Essen	56:68	32:36
13.			13.	1.FC Kaiserslautern	56:55	31:37
14.			14.	MSV Duisburg	59:77	30:38
15.			15.	Werder Bremen	45:69	25:43
16.			16.	VfB Stuttgart	50:79	24:44
17.			17.	Tennis Bor. Berlin (A)	38:89	16:52
18.			18.	Wuppertaler SV	32:86	12:56

Änderung der Abstiegsregel: Es steigen drei statt bislang zwei Mannschaften ab, sogar die vom WM-Sieg 1974 ermatteten Nationalspieler des FC Bayern schauen kurz in der Gefahrenzone vorbei – Platz zehn für den Titelverteidiger.

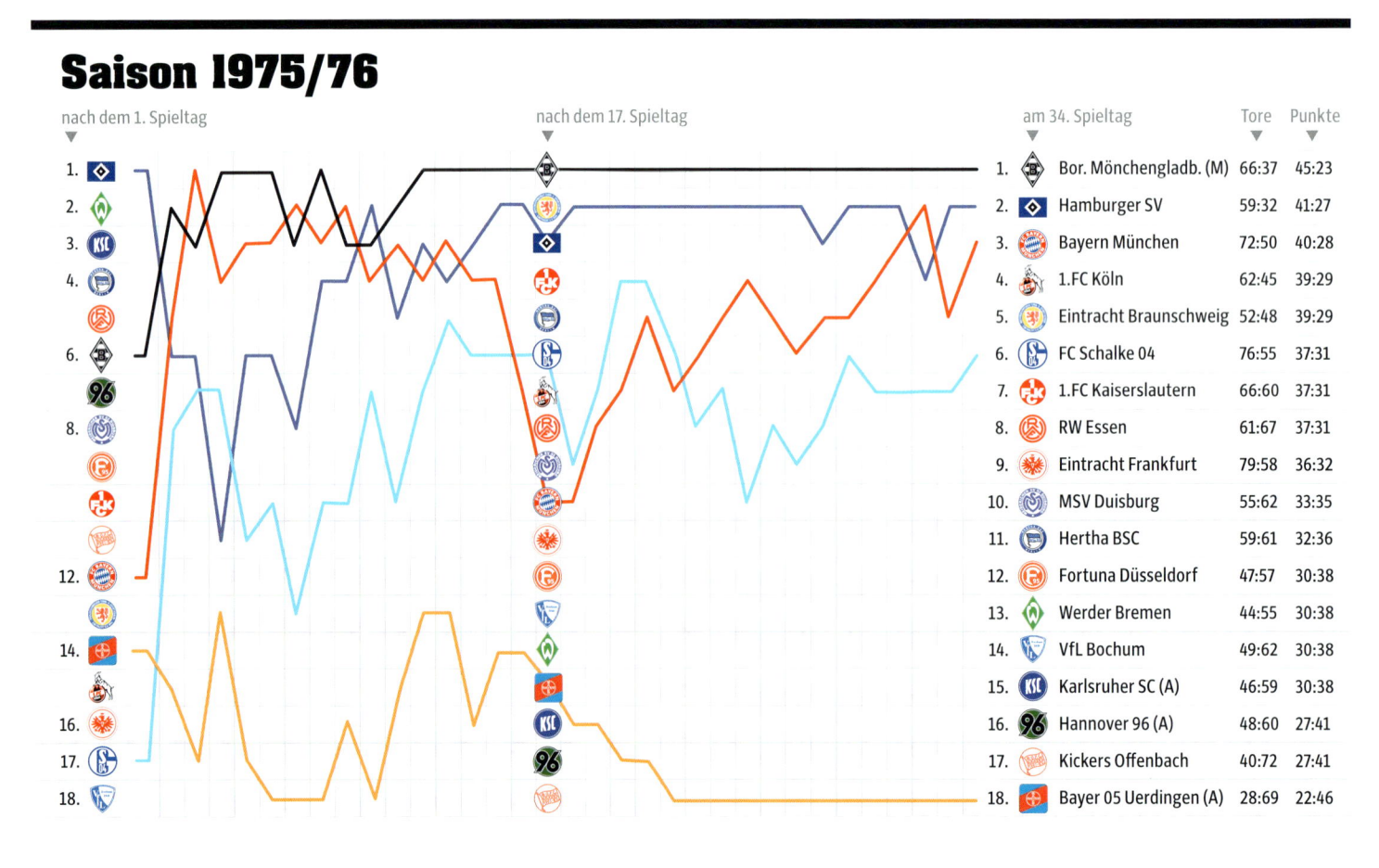

Saison 1975/76

	nach dem 1. Spieltag	nach dem 17. Spieltag		am 34. Spieltag	Tore	Punkte
1.			1.	Bor. Mönchengladb. (M)	66:37	45:23
2.			2.	Hamburger SV	59:32	41:27
3.			3.	Bayern München	72:50	40:28
4.			4.	1.FC Köln	62:45	39:29
5.			5.	Eintracht Braunschweig	52:48	39:29
6.			6.	FC Schalke 04	76:55	37:31
7.			7.	1.FC Kaiserslautern	66:60	37:31
8.			8.	RW Essen	61:67	37:31
9.			9.	Eintracht Frankfurt	79:58	36:32
10.			10.	MSV Duisburg	55:62	33:35
11.			11.	Hertha BSC	59:61	32:36
12.			12.	Fortuna Düsseldorf	47:57	30:38
13.			13.	Werder Bremen	44:55	30:38
14.			14.	VfL Bochum	49:62	30:38
15.			15.	Karlsruher SC (A)	46:59	30:38
16.			16.	Hannover 96 (A)	48:60	27:41
17.			17.	Kickers Offenbach	40:72	27:41
18.			18.	Bayer 05 Uerdingen (A)	28:69	22:46

Borussia wechselt von Trainer Weisweiler zu Trainer Lattek, der Hurra-Fußball wird gedrosselt, auch 20 Treffer weniger als im Vorjahr genügen zur Titelverteidigung. Uerdingen schaut erstmals vorbei, geizt mit Toren und ist wieder weg.

DER HELD MEINER JUGEND
Allan Simonsen

Okay, ich hatte die falsche Sportart. Viel zu klein, um groß rauszukommen. Nicht einmal 1,80 kurz – und dann Handball. Zu feige für den Kreis, wo mein bester Freund die Prügel bezog, zu ungelenk als Außen. Also Rückraum, wo die langen Kerls in der Abwehr mitleidig grinsten. Da gab's nur eins: Tempo! Tempohandball, bevor der überhaupt erfunden war. Unser Vorbild war ja nicht weit: Wir in Neuss, er am Bökelberg, alle am Niederrhein. Auch er zunächst verkannt, belächelt – und fast schon verkauft. „Dürfen bei uns Schüler mitspielen?", fragte Günter Netzer, selbst keine 1,80, als sich Allan Simonsen im Training vorstellte: „Den pusten sie doch in der Bundesliga um." Hennes Weisweiler hatte den „Spatz von Vejle", wie sich Simonsen auch noch nennen lassen musste, als er längst „Europas Fußballer des Jahres 1977" war, bei einem Nachwuchsturnier entdeckt. Zunächst stellte aber auch Weisweiler fest: „Wird keiner!" (Nur nebenbei: Später wäre ich fast mal, aber eben nur fast, zu ihm rübergegangen, zum Hennes, um das noch mal zu besprechen, er wohnte ja bei uns in Neuss in der Straße.) Aber auch Netzer hat sich begeistert korrigiert, niemand hat diesen Dänen – auf dem Bild neben Uwe Kliemann, dem Hertha-Riesen – weggeblasen, ein Windfang war er dennoch. Unvergessen, wie bei seinen Dribbelsprints das Trikot flatterte, wie er die Ärmelenden mit den Fingern krallte, weil sie für einen 57 Kilo leichtes und 1,68 Zentimeter großes Renn-Fohlen nicht auf Länge zu schneidern waren. Das war damals unsere Mode. Auch beim Handball. Wurde eben hochgekrempelt. Wir wollten solche Trikots. Wir wollten die Ärmel Allan-lang. **KLAUS HOELTZENBEIN**

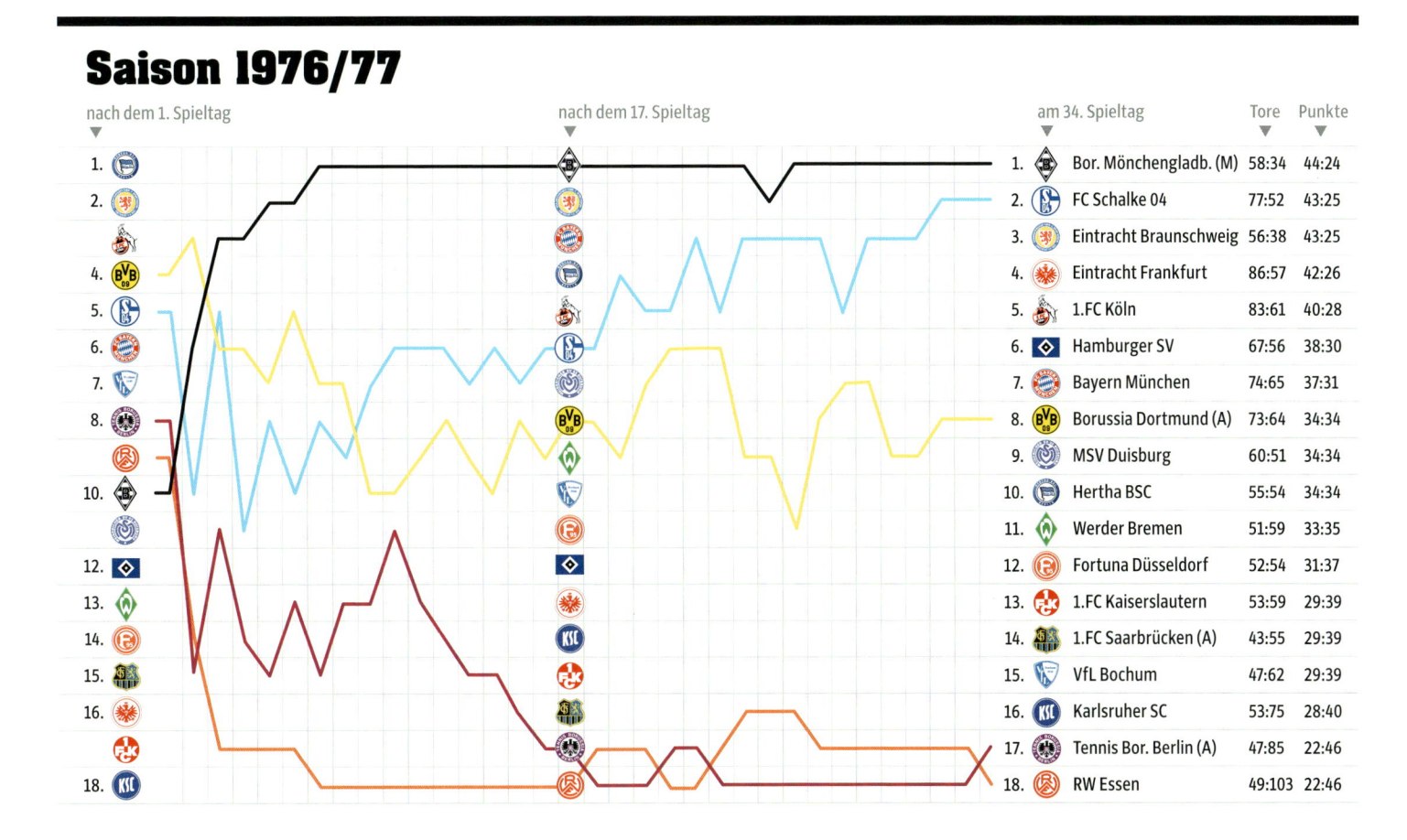

Saison 1976/77

am 34. Spieltag	Tore	Punkte
1. Bor. Mönchengladb. (M)	58:34	44:24
2. FC Schalke 04	77:52	43:25
3. Eintracht Braunschweig	56:38	43:25
4. Eintracht Frankfurt	86:57	42:26
5. 1.FC Köln	83:61	40:28
6. Hamburger SV	67:56	38:30
7. Bayern München	74:65	37:31
8. Borussia Dortmund (A)	73:64	34:34
9. MSV Duisburg	60:51	34:34
10. Hertha BSC	55:54	34:34
11. Werder Bremen	51:59	33:35
12. Fortuna Düsseldorf	52:54	31:37
13. 1.FC Kaiserslautern	53:59	29:39
14. 1.FC Saarbrücken (A)	43:55	29:39
15. VfL Bochum	47:62	29:39
16. Karlsruher SC	53:75	28:40
17. Tennis Bor. Berlin (A)	47:85	22:46
18. RW Essen	49:103	22:46

Der fünfte und bislang letzte Meistertitel der Gladbacher Borussia. Schalkes Endspurt kommt zu spät; die nach dem Abstieg 1972 zurückgekehrten Dortmunder sorgen ab und an für Aufsehen, sind aber zu instabil. Absteiger: Karlsruhe, Tennis Borussia und Essen.

Fohlenkultur

„Rauf-und-runter-Fußball" oder „Hurra-Fußball" wurde das genannt, was Hennes Weisweiler präsentierte. Zögern und Zaudern zählte wenig in seiner Welt. Er stieß auf Widerstand, aber er hat das Spiel in Deutschland verändert. *Von Helmut Schümann*

„Es ist der Niedergang der Fußballkultur, wenn sich das Spiel dem Erfolg unterordnet": Seinem Lieblingsschüler Günter Netzer (links) hat Hennes Weisweiler das bisweilen erklären müssen.

Der wahrscheinlich berühmteste Satz von Hennes Weisweiler? „Abseits is', wenn dat lange Arschloch zu spät abspielt." Das lange Arschloch? Günter Netzer!

Die möglicherweise berühmteste Szene mit Hennes Weisweiler? In der saß der Trainer von Borussia Mönchengladbach scheinbar ratlos auf der Bank. Ein Spiel war abgepfiffen worden. Es hatte keinen Sieger gegeben. Aber weil es ein Endspiel um den DFB-Pokal war, ging es in die Verlängerung. Ein Ersatzspieler lief an Weisweiler vorbei. Weisweiler hatte gute Gründe gehabt, diesen Spieler auf die Bank der Reservisten zu setzen. Der Ersatzspieler sagte etwas zu ihm. Zog sich die Trainingsjacke aus. Ging aufs Spielfeld. Schoss das Siegtor. Der Ersatzspieler? Günter Netzer!

Das war schon ein merkwürdiges Gespann, dieser Hennes Weisweiler und sein Star Günter Netzer. Einerseits mochten sie sich. Wie soll man auch einen Menschen nicht mögen, dem wie Weisweiler ständig das Herz überging, und das war groß, das Herz. Kölner war Weisweiler, durch und durch, dazu auf diese merkwürdige Art burschikos, mit der er jeden einfing.

Einmal kam ein mit Weisweiler befreundeter Fotograf zum Trainingsplatz, um seiner Arbeit nachzugehen. „Do kütt ja dä Arsch mit Finger", begrüßte Weisweiler den wackeren Mann, woraufhin der sich derartig ausschüttete vor Lachen, dass er seiner Arbeit erst einmal nicht nachkommen konnte. Das war einerseits.

Andererseits hatte Hennes Weisweiler den Fußball in Deutschland revolutioniert. Und auch dabei prägte seine Leidenschaft den Stil. Er hatte Borussia Mönchengladbach 1964 übernommen, da war er schon 45 Jahre alt. In den Jahren zuvor hatte er, noch geprägt durch den für ihn anfangs gottgleichen Weltmeistertrainer Sepp Herberger, in Köln an der Sporthochschule die Trainerausbildung geleitet. Und beim damaligen Oberligisten 1. FC Köln war er erst Spielertrainer, später Trainer gewesen. Offenbar mit solchem Temperament, dass in Köln der Geißbock, den der Klub im Wappen und als Maskottchen an den Spielfeldrand führt, seit 1950 Weisweilers Namen trägt: Hennes.

Diese Leidenschaft war es, an der Netzer mitunter verzweifelte.

Weisweiler ließ das Spiel spielen, wie es die Welt noch nicht gesehen hatte. „Rauf-und-runter-Fußball" nannte man das, oder auch „Hurra-Fußball", eine Taktik voller Kombinationen, ein Spiel, das nur nach vorne schaute, mit nur einem Ziel: das gegnerische Tor. Im zweiten Bundesligajahr jagte die Borussia auf diese Weise Schalke 04 mit 11:0 Toren vom Bökelberg. Voraussetzung dieses ungemein temporeichen Spiels waren junge, begeisterungsfähige und schnelle Leute, Weisweiler holte sie alle, der Beiname der „Fohlen-Elf" wurde erfunden. Zentrales Fohlen war Netzer, der junge Offensivkräfte wie Herbert Laumen, Ulrik le Fevre oder Jupp Heynckes mit langen Pässen in die Tiefe des Raumes zu schicken hatte. Netzer war lauffaul, war konditionsschwach. Und dann gab es Diskussionen: „Abseits is', wenn dat lange Arschloch zu spät abspielt."

Darf ich bitten?
Rainer Bonhof chauffiert Uli Stielike (rechts) und dessen zukünftige Frau Doris zum Standesamt. Stielike und Bonhof waren prägende Mittelfeldspieler der Weisweiler-Ära. Neben Netzer natürlich.

Aber Abwägen, Verklausulieren, das zählte wenig in der Welt von Hennes Weisweiler. Aus einer Regionalliga-Mannschaft wurde binnen weniger Jahre eine europäische Spitzenkraft, der Gegenentwurf zum FC Bayern, und das nicht nur im Konkurrenzkampf um Meistertitel, sondern weit darüber hinaus, als weltanschauliche Ideologie.

Es gibt eine weitere Anekdote, die verdeutlicht, wie wesensfremd diesem Weisweiler Nüchternheit war. Sie spielt am 5. September 1970, die Borussia war kurz zuvor erstmals Deutscher Meister geworden und hatte in der neuen Saison bei Aufsteiger Arminia Bielefeld anzutreten. Borussia ging in Führung, die Mönchengladbacher um Netzer bestimmten das Spiel. Weisweiler wollte mehr in der Halbzeit, wollte Tore, Tore, Tore. Die Mannschaft, das heißt Netzer, wollte nicht. Also begann Netzer, tief in Weisweilers Herzen eigentlich dessen Lieblingsschüler, das Spiel zu verzögern. Schlug keine langen Pässe mehr, hetzte die Außenstürmer nicht mehr in die Tiefe des Raumes, trotzdem gewann Borussia 2:0.

Weisweiler stapfte wütend in die Kabine, stapfte wütend wieder hinaus, sagte erst an der Tür ein paar Worte: „Morgen, zehn Uhr, Mannschaftssitzung auf dem Bökelberg." Auf der legte er los. Und sprach einen Satz aus, der heute leider nur noch bei Romantikern des Fußballs zählt: „Es ist der Niedergang der Fußballkultur, wenn sich das Spiel dem Erfolg unterordnet!" Und der Protagonist des Niedergangs, der Spielverzögerer Netzer, der Pragmatiker Netzer bekam sein Fett gleich mit weg: „Ich lass' mir von Ihnen doch nicht meinen Namen kaputtmachen, Herr Netzer!"

Das war wahrscheinlich nie Absicht gewesen, es gelang auch nicht. Weisweiler wechselte später nach Barcelona, etwas glücklos verlief seine Zeit dort, dann wurde er mit Cosmos New York Meister, führte den 1. FC Köln zum Erfolg, und am Ende, 1983, auch den Grashopper Club Zürich. Auch ohne „dat lange Arschloch", das eben dort 1977 seine Karriere beendet hatte.

Netzer, das sei noch erwähnt, war Jahrzehnte später noch voller Bewunderung für den Trainer, der ihn quälte, aber auch zu dem machte, was er wurde.

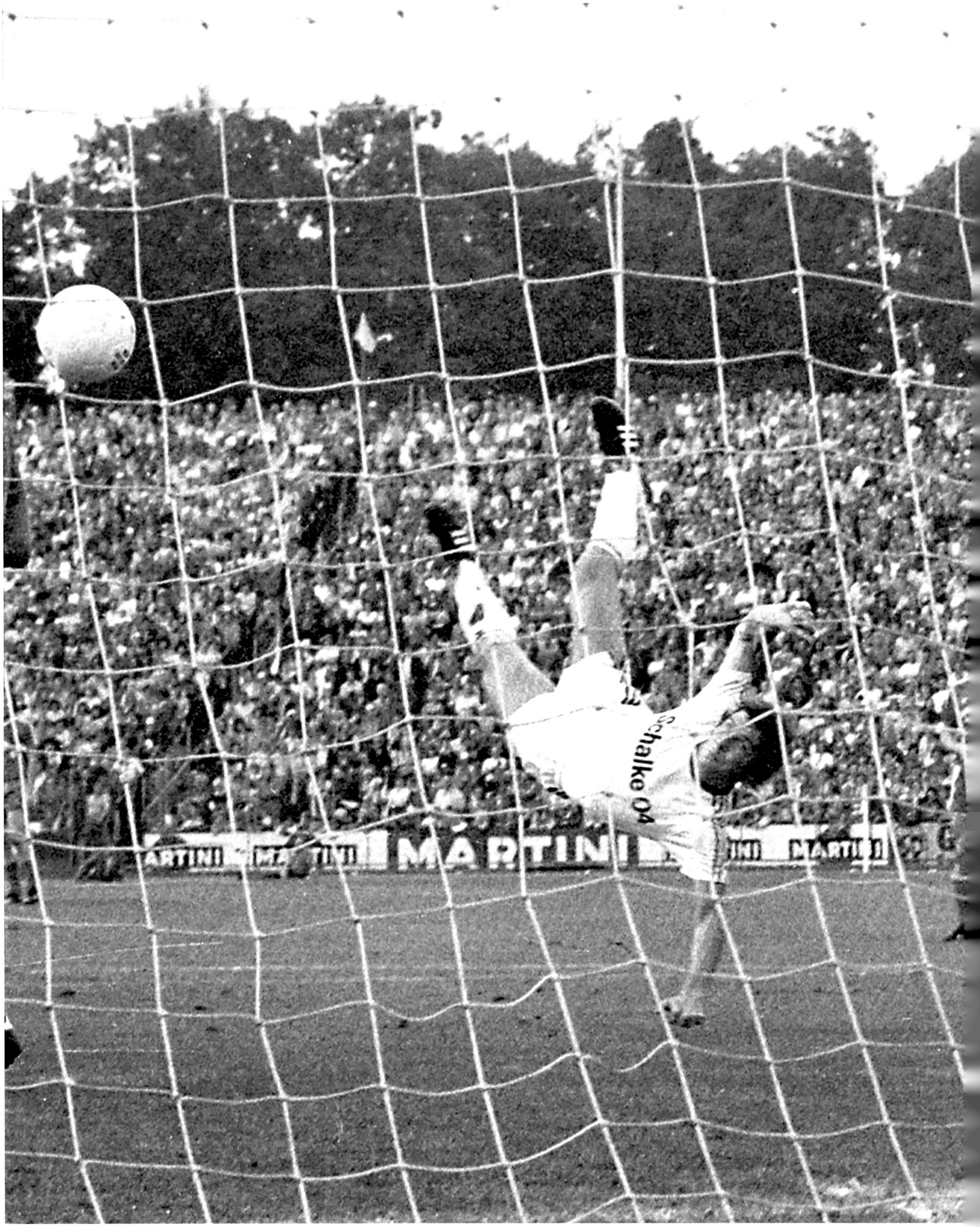
Schalke 04
MARTINI

Tor des Jahres

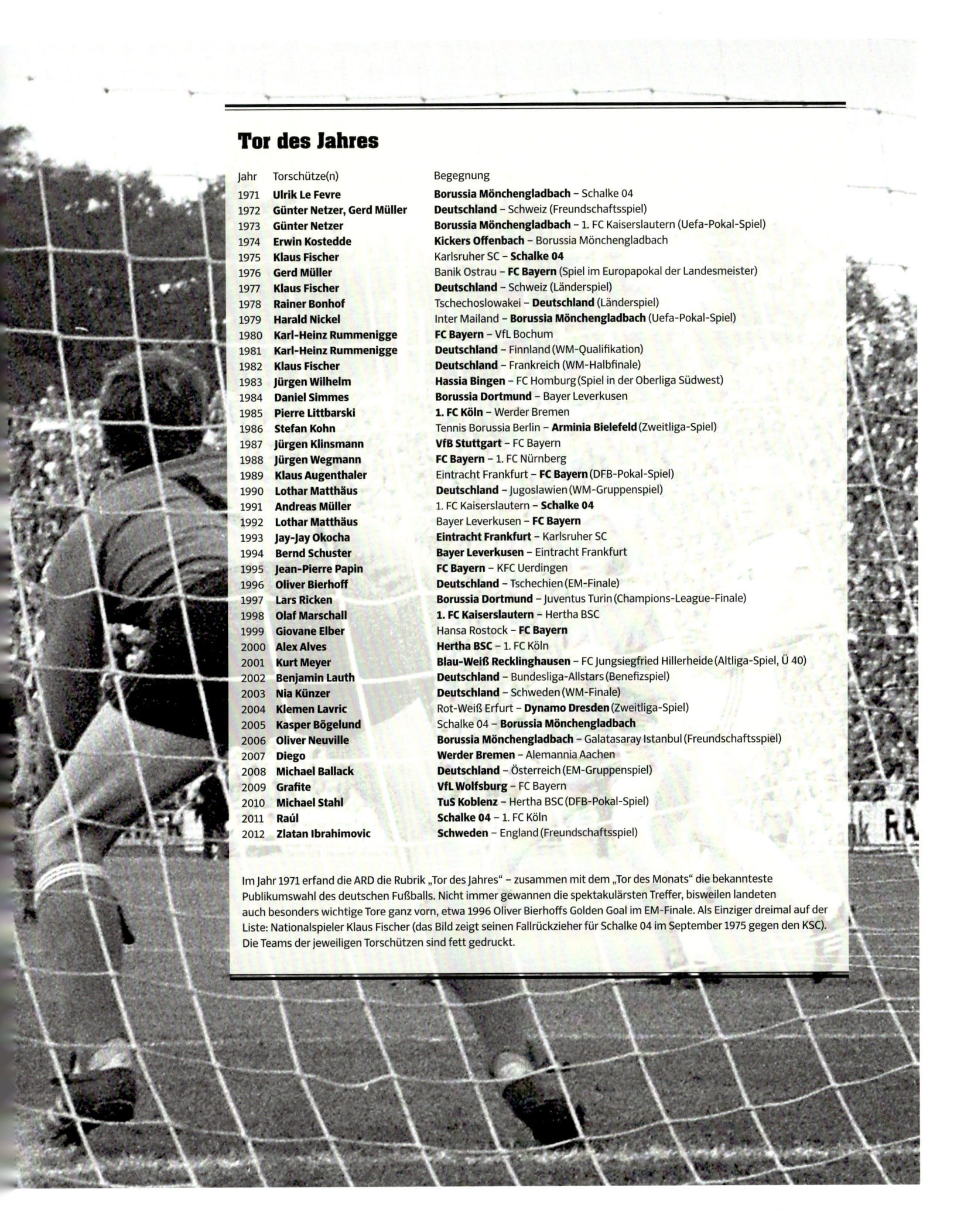

Jahr	Torschütze(n)	Begegnung
1971	Ulrik Le Fevre	**Borussia Mönchengladbach** – Schalke 04
1972	Günter Netzer, Gerd Müller	**Deutschland** – Schweiz (Freundschaftsspiel)
1973	Günter Netzer	**Borussia Mönchengladbach** – 1. FC Kaiserslautern (Uefa-Pokal-Spiel)
1974	Erwin Kostedde	**Kickers Offenbach** – Borussia Mönchengladbach
1975	Klaus Fischer	Karlsruher SC – **Schalke 04**
1976	Gerd Müller	Banik Ostrau – **FC Bayern** (Spiel im Europapokal der Landesmeister)
1977	Klaus Fischer	**Deutschland** – Schweiz (Länderspiel)
1978	Rainer Bonhof	Tschechoslowakei – **Deutschland** (Länderspiel)
1979	Harald Nickel	Inter Mailand – **Borussia Mönchengladbach** (Uefa-Pokal-Spiel)
1980	Karl-Heinz Rummenigge	**FC Bayern** – VfL Bochum
1981	Karl-Heinz Rummenigge	**Deutschland** – Finnland (WM-Qualifikation)
1982	Klaus Fischer	**Deutschland** – Frankreich (WM-Halbfinale)
1983	Jürgen Wilhelm	**Hassia Bingen** – FC Homburg (Spiel in der Oberliga Südwest)
1984	Daniel Simmes	**Borussia Dortmund** – Bayer Leverkusen
1985	Pierre Littbarski	**1. FC Köln** – Werder Bremen
1986	Stefan Kohn	Tennis Borussia Berlin – **Arminia Bielefeld** (Zweitliga-Spiel)
1987	Jürgen Klinsmann	**VfB Stuttgart** – FC Bayern
1988	Jürgen Wegmann	**FC Bayern** – 1. FC Nürnberg
1989	Klaus Augenthaler	Eintracht Frankfurt – **FC Bayern** (DFB-Pokal-Spiel)
1990	Lothar Matthäus	**Deutschland** – Jugoslawien (WM-Gruppenspiel)
1991	Andreas Müller	1. FC Kaiserslautern – **Schalke 04**
1992	Lothar Matthäus	Bayer Leverkusen – **FC Bayern**
1993	Jay-Jay Okocha	**Eintracht Frankfurt** – Karlsruher SC
1994	Bernd Schuster	**Bayer Leverkusen** – Eintracht Frankfurt
1995	Jean-Pierre Papin	**FC Bayern** – KFC Uerdingen
1996	Oliver Bierhoff	**Deutschland** – Tschechien (EM-Finale)
1997	Lars Ricken	**Borussia Dortmund** – Juventus Turin (Champions-League-Finale)
1998	Olaf Marschall	**1. FC Kaiserslautern** – Hertha BSC
1999	Giovane Elber	Hansa Rostock – **FC Bayern**
2000	Alex Alves	**Hertha BSC** – 1. FC Köln
2001	Kurt Meyer	**Blau-Weiß Recklinghausen** – FC Jungsiegfried Hillerheide (Altliga-Spiel, Ü 40)
2002	Benjamin Lauth	**Deutschland** – Bundesliga-Allstars (Benefizspiel)
2003	Nia Künzer	**Deutschland** – Schweden (WM-Finale)
2004	Klemen Lavric	Rot-Weiß Erfurt – **Dynamo Dresden** (Zweitliga-Spiel)
2005	Kasper Bögelund	Schalke 04 – **Borussia Mönchengladbach**
2006	Oliver Neuville	**Borussia Mönchengladbach** – Galatasaray Istanbul (Freundschaftsspiel)
2007	Diego	**Werder Bremen** – Alemannia Aachen
2008	Michael Ballack	**Deutschland** – Österreich (EM-Gruppenspiel)
2009	Grafite	**VfL Wolfsburg** – FC Bayern
2010	Michael Stahl	**TuS Koblenz** – Hertha BSC (DFB-Pokal-Spiel)
2011	Raúl	**Schalke 04** – 1. FC Köln
2012	Zlatan Ibrahimovic	**Schweden** – England (Freundschaftsspiel)

Im Jahr 1971 erfand die ARD die Rubrik „Tor des Jahres" – zusammen mit dem „Tor des Monats" die bekannteste Publikumswahl des deutschen Fußballs. Nicht immer gewannen die spektakulärsten Treffer, bisweilen landeten auch besonders wichtige Tore ganz vorn, etwa 1996 Oliver Bierhoffs Golden Goal im EM-Finale. Als Einziger dreimal auf der Liste: Nationalspieler Klaus Fischer (das Bild zeigt seinen Fallrückzieher für Schalke 04 im September 1975 gegen den KSC). Die Teams der jeweiligen Torschützen sind fett gedruckt.

Klaus Fischer über Fallrückzieher

INTERVIEW: CHRISTOF KNEER

Herr Fischer, können Sie noch Fallrückzieher?
Klaus Fischer: Man wird nicht jünger, aber ja: Es geht noch. Man springt nicht mehr so hoch wie früher, aber den Bewegungsablauf hab ich schon noch drauf.

Müssen Sie inzwischen eine Weichbodenmatte drunterlegen?
Nein, ich mach das alles auf dem Rasen, wie früher. Nur auf Kunstrasen hab ich immer ein bisschen Bedenken, da lass ich es lieber sein. Ich komme ja auf dem linken Ellenbogen auf, und da ist mir Kunstrasen ein bisschen zu hart.

Sie unterhalten eine Fußballschule für Sieben- bis Vierzehnjährige. Wird da noch etwas anderes gelehrt außer Fallrückzieher?
Schön wär's, wenn man das lehren könnte, aber das bringt ja leider nichts. Der Fallrückzieher kommt viel zu selten vor im Spiel. Außerdem bin ich nicht immer da in meiner Fußballschule, das meiste machen meine Trainer – und wer sollte den Jungs denn Fallrückzieher zeigen, wenn nicht ich?

Sie haben unzählige Fallrückzieher-Tore erzielt, in der Nationalmannschaft ebenso wie im Schalker Klubtrikot. Sie haben dem Fallrückzieher viel zu verdanken, denn zweieinhalb Jahrzehnte nach dem Ende Ihrer Spielerkarriere ist Ihr Name immer noch ein Begriff.
Und der Fallrückzieher hat mir viel zu verdanken, so oft wie ich über ihn rede ... Aber im Ernst: Mich sprechen immer noch wildfremde Menschen auf der Straße an und sagen: Herr Fischer, Ihre Fallrückzieher waren toll! Auch die Kinder in meiner Fußballschule wissen Bescheid, die haben Eltern und Großeltern, die ihnen das erzählen, und dann schauen sie sich das im Internet an oder in einer der vielen Zusammenfassungen im Fernsehen. Und wenn ich in meinen Schulen vorbeischaue, sagen sie: Herr Fischer, bitte Fallrückzieher!

Erklären Sie mal: Was macht einen echten Fallrückzieher aus?
Eigentlich gibt es ja nur einen richtigen: mit dem Schussbein abspringen, dann quer und hoch in die Luft legen, eine Scherenbewegung machen und schießen. Das ist der Klassiker, eine ganze andere Welt als alle anderen Fallrückzieher, viel schwerer. Es gibt aber auch andere Arten, je nach Spielsituation. Bei meinem Tor bei der WM 1982 ...

... gegen Frankreich, in der Verlängerung des Halbfinales ...
... bei diesem Tor hab ich mich nur nach hinten fallen lassen, weil die Situation nur so zu lösen war. Dann gibt es noch den Seitfallzieher, das ist halt so ein halber Fallrückzieher, und inzwischen gibt's auch noch die Version, die der Ibrahimovic im Jahr 2012 vorgeführt hat. Das war vom Bewegungsablauf her ein richtiger Fallrückzieher, aber von seitlich außerhalb des Strafraums. Es gab keine Flanke vorher, Ibrahimovic hat einfach auf Stellungsfehler von Abwehr und Torwart reagiert.

Warum sind Fallrückzieher-Tore so selten?
Man kann halt nicht ins Spiel gehen und sagen: Heute mach ich mal ein Fallrückzieher-Tor. Fallrückzieher kann man nicht planen, Fallrückzieher müssen sich ergeben. Trotzdem bin ich überzeugt, dass im modernen Spiel nicht mehr viele einen gescheiten Fallrückzieher beherrschen.

Haben Sie eine Erklärung dafür?
Vielleicht hängt es damit zusammen, dass die Strafräume heute noch voller sind als früher, da kommt man gar nicht mehr dazu, mal einen Fallrückzieher zu probieren. Und wenn, dann wird gleich „gefährliches Spiel" gepfiffen. Es liegt aber auch an den fehlenden Flanken. Ohne gute Flanke kein Fallrückzieher, so einfach ist das.

Flanken denn die modernen Spieler schlechter?
So gut wie Rüdiger Abramczik, Stan Libuda oder Manni Kaltz flankt leider keiner mehr. Es gibt ja auch diese Art von Spieler nicht mehr. Es gibt zwar wieder Flügeldribbler, zum Glück, aber die ziehen dann vom Flügel nach innen, schießen oder legen den Ball in den Strafraum. Dass ein Spieler zur Grundlinie durchzieht und aus vollem Lauf eine Bananenflanke schlägt, die sich vom Torwart wegdreht – das kommt doch fast nicht mehr vor.

Das heißt: Auch zum 100. Geburtstag der Bundesliga wird der Fallrückzieher noch mit Ihnen in Verbindung gebracht werden.
Niemand weiß, wie sich der Fußball entwickeln wird, aber im Moment geht es ja sehr in Richtung Kollektiv. Es sieht nicht so aus, als ob Duos wieder in Mode kommen. Nach dem Motto: Draußen flankt einer, und drinnen macht einer einen Kopfball oder eben einen Fallrückzieher. So wie früher beim Hamburger SV Charly Dörfel und Uwe Seeler, Manni Kaltz und Horst Hrubesch – oder eben Rüdiger Abramczik und ich.

SAISON 1974/1975, 1975/1976, 1976/1977

Sechs Super-Tore!

Sechs Tore? Vier Bilder!? In den Wahnsinn gedribbelt wie der Karlsruher SC von Jay-Jay Okocha? Nun gut, jener Abend mit dem Frankfurter Okocha war einer wie im Illusionstheater. Lässt den Reich, den Bilic und Lars Schmidt aussteigen, und immer wieder den jungen Oliver Kahn, der vergeblich eine Haltung zur Situation sucht (1). So wie Jay-Jay winden sich in dessen Heimat Nigeria sonst die Schlangen. Haken, Haken, Haken – die Chronisten waren später nicht sicher, ob sie jetzt eher Zeuge eines Oko-Cha-Cha oder doch eines Jay-Jay-Samba geworden waren. Es war das Tor zum 3:1-Endstand und das Tor des Jahres 1993. Der flache Fallrückzieher von Lauterns Olaf Marschall (2) siegte 1998, und Schalkes Spanier Raúl lag mit seinem Heber 2011 vorne (3). Sind erst drei? Drei draufgepackt hat Bernd Schuster (4). 1994 belegten seine Tore für Leverkusen in der ARD-Wahl die Plätze eins, zwei, drei.

SAISON 1974/1975, 1975/1976, 1976/1977

1977/78

Circus Williams

STÄNDIGE ADRESSE: WILLIAMSBAU · KÖLN/RHEIN · AACHENER STR 116

z. Zt. Sulsbach, den 1.7.1952

An den I. FC
K ö l n

Da Ihnen Ihr Maskottchen Hennes seither soviel Freude bereitet hat, möchten wir nicht versäumen, Ihnen wunschgemäß etwas über seine Herkunft zu erzählen. Auf der Flucht des CIRCUS WILLIAMS von Prag nach Neustadt a.d.Orla in jenem unglückseligen Jahr 1945 fanden wir Liesl, die Mutter von Hennes, als hilfloses Zicklein erschöpft und abgezehrt an der Landstraße liegen - ein Anblick, der einem tierliebenden Menschen sehr nahe gehen muß. Deshalb war es für Herrn Direktor Williams als einem der bekanntesten und bei seinen Tieren beliebtesten Dresseur nur ein Akt der Selbstverständlichkeit, sich des schutzlosen Tierchens anzunehmen, das ohne menschliche Hilfe zweifellos dem Hunger- und Kältetod preisgegeben war.

Herr Direktor Williams übergab Liesl unserem Stallmeister, Herrn Renters, zur Pflege, der es ebenfalls als eine Selbstverständlichkeit ansah, das Tierchen unter seine liebevolle Obhut zu nehmen, was immerhin bemerkenswert ist, wenn man sich die derzeit herrschenden Unruhen und Strapazen, die ein solches Unternehmen durchzumachen hatte, ins Gedächtnis zurückruft.

Liesl wuchs also im CIRCUS WILLIAMS zu einer stattlichen Ziege heran, und wie stolz war die kleine Mama, als 4 Jahre darauf ihr Hennes geboren wurde

Nun, von der Zeit an, da Herr Direktor Williams Ihnen Karneval 1950 das Böckchen als Geschenk überreichte, kennen Sie ja seinen Werdegang besser als wir.

Wir danken Ihnen, daß Sie in so liebenswürdiger Weise an diesem Zeichen der Freundschaft, das zwei in Köln beheimatete Unternehmen miteinander verbinden soll, festhalten. Wir denken dabei daran, daß Sie Hennes seit der Zeit ständig bei sich führen, ja, daß er bei Ihren Spielen gleichsam als Torhüter fungieren muß.

Möge Ihnen Ihr Maskottchen noch recht viel Freude bringen, und möge es Ihnen vor allen Dingen weiter zu siegreichen Torschüssen verhelfen.

In diesem Sinne begrüßen wir Sie herzlichst

CIRCUS WILLIAMS

Obiges Schriftstück ist keine Schenkungsurkunde, historisch betrachtet gilt es aber als wichtigstes Hennes-Papier, freundlicherweise zur Verfügung gestellt vom Archiv des 1. FC Köln. Aufgeklärt wird über die familiären Verhältnisse von Hennes I., der dem FC im Jahre 1950 überlassen wurde und dessen Name auf den Trainer Hennes Weisweiler zurückgeführt wird.

Gänsehaut am Geißbockheim

Harald Konopka war Mitglied der Kölner Meistermannschaft von 1978. Der Verteidiger erzählt von Weisweilers geglückter Komposition aus Kreativität und Konsequenz.

In Hamburg regnete es, als der 1. FC Köln Ende April 1978 sein letztes Saisonspiel beim FC St. Pauli bestritt. Für den Tabellenführer ging es um die Meisterschaft. Eigentlich hatten die bereits zum Abstieg verurteilten Gastgeber die Partie am Millerntor austragen wollen, aber FC-Manager Karl-Heinz Thielen trickste. Vor der Atmosphäre am Millerntor hatten die Kölner nämlich Respekt. So ließ Thielen eine stattliche Anzahl Tickets in Hamburg aufkaufen, und das Spiel wurde aus Sicherheitsgründen ins zugige, triste Volksparkstadion verlegt, wo sich 25 000 Zuschauer verloren. Was sollte da noch passieren?

Es wurde dramatisch. Weil zur gleichen Stunde in Düsseldorf der punktgleiche Titelkonkurrent Mönchengladbach gegen Dortmund Tore im Akkord produzierte – am Ende stand es 12:0 –, mussten auch die Kölner ein Wettschießen veranstalten. Trainer Hennes Weisweiler trieb seine Leute unentwegt nach vorn. „Da dachte man: Mein Gott, der kriegt den Hals nicht voll", erinnert sich der damalige Abwehrspieler Harald Konopka, „es steht 5:0, und der turnt immer noch wie ein Wilder an der Seitenlinie rum." Schließlich war es genug, und der FC wurde mit drei Toren Vorsprung Meister. „Wir haben die ganze Zeit nur gefeiert", sagt Konopka, zumal sie vorher schon Pokalsieger geworden waren.

Konopka sitzt auf der Terrasse des Geißbockheims, sein ehemals eindrucksvoller schwarzer Schnäuzer ist grau, doch immer noch stattlich, auch mit 60 Jahren ist er ein drahtiger, kräftiger Mann. Nach seiner Zeit beim FC hat er ein Weilchen in Dortmund gespielt und war nach der Karriere 25 Jahre bei einem Lebensmittelkonzern angestellt, aber diese Meisterschaft bleibt das große Erlebnis. „Gänsehaut", sagt er. 18 Polizisten auf Motorrädern eskortierten den Bus vom Flughafen in die Stadt, doch vor dem Ziel am Kölner Rathaus gab es kein Durchkommen mehr. „Wir mussten zu Fuß weiter, das war aber kaum möglich." Balkon, Empfang beim OB, Goldenes Buch, dann die Fahrt in Cabrios zum Geißbockheim. „Das hat Stunden gedauert, die Leute kamen mit Kölsch aus den Kneipen, und man musste mit ihnen trinken."

Diese Kölner Meistermannschaft war eine geglückte Komposition: eine eingespielte Abwehrreihe, in der viel Kölsch gesprochen wurde; im Mittelfeld exqui-

Meisterkicker mit eindrucksvollem Schnäuzer: Harald Konopka.

site Fußballer wie Herbert Neumann und Heinz Flohe; ausländische Stars wie Roger Van Gool und Yasuhiko Okudera; im Sturmzentrum der begnadete Dieter Müller. Dieser hatte das Signal zum Titelgewinn gesetzt: Am dritten Spieltag, einem Mittwochabend, erzielte er sechs Tore beim 7:2 gegen Bremen. Vier davon mit dem Kopf.

Für Köln im Tor stand Toni Schumacher, dessen extrovertierte Art nicht ständig für Entzücken sorgte. „Manchmal", sagt Konopka, „war er positiv bekloppt – manchmal auch negativ bekloppt." Für die klare Linie sorgten andere, Autoritäten wie Heinz Simmet oder eben Harald Konopka: „Wir waren in der glücklichen Lage, dass der eine dem anderen mal 'nen Arschtritt gegeben hat." Im Spiel musste gelegentlich anderweitig nachgeholfen werden: „Dann gab es bei uns welche, die gesagt haben: Passt mal auf. Wenn jetzt hier nicht marschiert wird, holen wir morgen im Training die 18er-Alustollen raus." Als Verteidiger war Konopka hart gegen seine Gegner und, wenn's sein musste, gegen sich selbst. Auf 335 Ligaspiele für Köln hat er es so gebracht.

Prägende Bedeutung hatte auch für ihn Trainer Weisweiler. Der Verein hatte 1976 viel investiert in den Coach, der ein Monatsgehalt von 30 000 Mark bezog. Das sorgte für Aufsehen. Sein Arbeitseinsatz war allerdings ebenso außergewöhnlich. Konopka: „Er hat uns eines beigebracht: Was man durch stetiges Arbeiten erwirbt, damit hat man auch im Spiel Erfolg." Weisweiler war aufbrausend, stur, öfter mal

> **Der FC war zu dieser Zeit eine gute Adresse mit einem mutigen Manager.**

ungenießbar, aber er war überzeugend. „Man ist damals nach dem Trainingsende nicht vom Platz gegangen", sagt Konopka, „man hat weitergemacht."

In dieser Zeit gehörte der 1. FC Köln zu den besten Adressen im deutschen Fußball. Thielen betrieb ein mutiges Management. Weisweiler und er holten 1976 den Belgier Roger Van Gool – es war der erste Millionentransfer der Liga. Sie rechneten viel, aber auch clever zu jener Zeit in Köln. Jahre später verdiente Thielen sogar Geld mit einem Spieler, der nie beim FC spielte. Mit Gordon Strachan hatte der Manager bereits einen Vertrag geschlossen, als der schottische Nationalspieler es doch vorzog, zu Manchester United zu wechseln. Der FC erstritt eine halbe Million Mark Entschädigung.

Beim Wechsel von Bernd Schuster nach Köln ging es umgekehrt aus. Mönchengladbach wähnte sich schon einig mit dem jungen Spielmacher und ging leer aus. Der FC war damals für Talente ein gutes Ziel. Pierre Littbarski kam 1978 aus Berlin als 18-Jähriger zum Vorspielen an den Rhein. Dass er dort blieb, daran hat auch Harald Konopka seinen Anteil.

„Hier hat Litti seinen ersten Ball beim FC gespielt", sagt er und zeigt auf den Trainingsplatz am Geißbockheim: „Am Tag zuvor hatte Thielen zu mir gesagt: ,Komm morgen ein bisschen früher, dann gucken wir uns einen an.' Litti machte ein paar Tricks – und nach ein paar Minuten war das Ding geritzt." Littbarski blieb – mit einer kurzen Pause in Paris – 15 Jahre. Danach brachen für den FC die weniger glorreichen Zeiten an. **PHILIPP SELLDORF**

Das schönste Fußballjahr der Domstadt: Heinz Flohe und Trainer Hennes Weisweiler präsentieren Schale und Pokal.

Dann macht es boing

Ein Besuch in Belgien bei Roger Van Gool. Der Stürmer war der Erste, der der Bundesliga eine Ablöse von einer Million D-Mark wert war. Eine Narbe erinnert ihn auf ewig an turbulente Tage in Köln.

Oberkörper über den Ball – in der für ihn typischen Haltung ist Roger Van Gool unterwegs. In 96 Ligaspielen für Köln erzielte er 28 Tore. 1980 zog er weiter nach Coventry.

VON JAVIER CÁCERES

Die Erinnerung an das Double von 1978 trägt Roger Van Gool immer bei sich. Unwiderruflich, auf der Stirn. „Hier", sagt er und streicht sich mit dem rechten Zeigefinger über den Schmiss, der, genau betrachtet, nun auch nicht mehr auffällt zwischen all den Falten, die das Leben in seine Haut gegraben hat.

Van Gool, schwarze Hose, schwarzer Rollkragen, fein rasierter Schädel, sitzt in Brüssel in einem ebenerdigen Büro, das wohl noch eingerichtet werden soll oder gerade ausgeräumt wird, und er erzählt, dass er in den Tagen nach seiner Stirn-Verletzung zum ersten und vielleicht einzigen Mal das verspürte, was ihm vom ersten Arbeitstag an beim 1. FC Köln vorhergesagt worden war: Druck.

Druck? Es wäre nur allzu verständlich gewesen. Van Gool, geboren am 1. Juni 1950 in einem flämischen Ort namens Nieuwmoer, direkt an der belgisch-niederländischen Grenze, hatte 1976 mit seinem Transfer nach Köln eine Grenze gerissen. „Das Millionending" stand auf den Titelseiten der Zeitungen. In so großen Buchstaben, dass Van Gool es nie vergessen hat.

„Das Millionending", der erste Wechsel, den sich ein Bundesligist mehr als eine Million D-Mark kosten ließ, hatte vor allem mit Hennes Weisweiler zu tun. Nach einem ziemlich desaströsen Ausflug zum FC Barcelona war der vormalige Gladbacher Meistertrainer in die Bundesliga zurückgekehrt – und hatte zum Amtsantritt in Köln einen „Klassestürmer" gefordert. Weisweiler wollte eigentlich einen anderen haben, René van de Kerkhof, der als Weltstar galt, Mitglied der legendären niederländischen Nationalelf, die bei der WM 1974 mit Johan Cruyff der deutschen Auswahl erst im Finale unterlegen war. Kölns Konditionstrainer Rolf Herings fuhr also nach Rotterdam, um van de Kerkhof bei einem EM-Qualifikationsspiel zu beobachten, das die Niederländer gegen Belgien 5:0 gewannen. Doch als er wieder in Köln war, redete er nur noch von Van Gool. Weisweiler schickte Herings ein weiteres Mal über die Grenze, diesmal nach Belgien, zu einem Pokalspiel des FC Brügge. Und obwohl Van Gools Mannschaft erneut verlor (Van Gool: „Verpfiffen wurden wir, und wie!"), kehrte Herings mit derselben Kaufempfehlung nach Köln zurück. Weisweiler willigte ein – wäre am Ende aber fast mit leeren Händen dagestanden.

Der Grund: Karl-Heinz Thielen, Kölns Manager, kam auf den letzten Drücker nach Brügge, am letzten Tag der Transferperiode. In Brügge tagte zwar das Präsidium, aber eine Entscheidung über die Freigabe für Van Gool wollte es nicht treffen, ohne zuvor den starken Mann des Klubs zu konsultieren, Michel Van Maele. Der war Bürgermeister der Stadt – und hatte gerade einen Minister zu Besuch. „Da sind Thielen und ich also zum Rathaus, und dort steckten wir dem Einsatzleiter der Polizei einen Zettel zu", erzählt Van Gool. Nach einer Viertelstunde sei der Bürgermeister herausgekommen („Was ist denn los, Roger?") – und habe den Deal abgesegnet: „Er hatte mir ja auch versprochen: Wenn Du eine Million bringst, kannst Du gehen."

Thielen sei ins Auto gesprungen und zurück nach Köln zur Bahnhofspost gerast. Um fünf vor zwölf habe dort der Schalterbeamte den Brief an den Deutschen Fußball-Bund abgestempelt – was zu einer Zeit, da die Bundespost noch keinen Faxservice eingeführt hatte, maßgeblich war.

Zum ersten Training, so Van Gool, seien fast 10 000 Fans ans Geißbockheim gekommen. Neugierig seien die Kölner auf ihn gewesen, aber er hatte nicht den Eindruck, dass da jemand vorrechnete, wie viel Geld er den FC gekostet habe. „Das mit der Million hat mich nicht belastet", sagt er. Auch die Debatten, ob ein einzelner Fußballer so viel wert sein könne, ignorierte er. Als Sohn eines Viehhändlers, der das Gewicht von Kühen auf zehn Kilogramm genau schätzen konnte, hatte er ein eher entspanntes Verhältnis zu den Relationen bei der Investition in Fleisch und Beine. Zudem hatte er den Status des Rekordablösespielers bereits in Belgien genossen, bei seinem Wechsel von Antwerpen nach Brügge, damals eine europäische Spitzenmannschaft, war auch schon eine hohe Summe geflossen – umgerechnet sogar mehr als eine Million D-Mark. Und überhaupt: „Ich hab das Geld ja nicht bekommen, und rückblickend muss man sagen, dass ich rentabel war. Als ich 1980 nach Coventry ging, holte Köln die Million wieder rein."

> **Er hatte einen guten Start. Dann brachen die Debatten über die Million los.**

Auch in der Mannschaft habe er keinen Neid verspürt, weder von Veteranen wie Overath, Weber oder Löhr noch von aufstrebenden Leitwölfen wie Cullmann oder Flohe. Zudem hatte er einen guten Start: Köln holte in den ersten fünf Spielen fünf Siege. Danach aber fielen die Kölner in ein Loch, und die Debatten um die Million brachen doch noch auf. „Richtig Mist habe ich da gespielt", sagt Van Gool. Sein Manager erzählte ihm, Feyenoord Rotterdam sei bereit, ihn gegen die ominöse Million in Köln wieder auszulösen. „Ich dachte, ich würde Weisweiler einen Gefallen tun, wenn ich gehe: Er hatte mich ja nicht persönlich gesehen, das fiel ja auch auf ihn zurück." Weisweiler zeigte aber kein Interesse. „Roger, hat er gesagt, denen zeigen wir's. Denen zeigen wir, dass wir echte Männer sind."

> **Auch der Chauffeur war eingeschlafen. Das Taxi landete in der Leitplanke.**

Sie zeigten es „denen" so richtig erst in der Saison 1977/78, also mit Verzögerung. In Van Gools erster Saison holte der FC zwar den DFB-Pokal. In der zweiten Saison aber folgte das Double – und jener Unfall, an den ihn seine Stirn erinnert.

Wenige Tage vor Saisonende war Roger Van Gool tief in der Kölner Nacht versackt, hatte sich in ein Taxi gesetzt und war sofort auf dem Rücksitz eingeschlafen. Was er getrieben hat, damals, „das weiß ich nicht mehr". Er erinnert sich daran, dass ihn der Taxifahrer nicht erkannt habe. Und dass er irgendwann auf dem Rücksitz „instinktiv wieder wach" wurde, es aber schon zu spät war: Sein Chauffeur war ebenfalls eingenickt, „und dann macht es boing". Das Taxi war erst an der Leitplanke zum Stehen gekommen.

Andertags stand alles in der Zeitung, wie das im schwatzhaften Köln so üblich ist, die Konzentration des FC aufs Pokal- und aufs Bundesligafinale war grob gestört. „Und dann setzte mich Weisweiler unter Druck: Wenn wir nicht mindestens einen Titel holen, bist Du dran, sagte er mir. Vor der gesamten Mannschaft", erinnert sich Van Gool: „Das war Druck!"

Das Tor zum 2:0, das er daraufhin im Pokalfinale am 15. April 1978 in Gelsenkirchen gegen Fortuna Düsseldorf erzielte, sei längst nicht sein schönstes gewesen. Er traf nach Hereingabe von Dieter Müller aus kurzer Distanz ins Netz: „Aber mein wichtigstes war es schon."

Ablöserekorde – von Herrmann bis Martínez

Roger Van Gool war der erste Spieler, der mehr als eine Million Mark kostete, Heiko Herrlich brach die Zehn-Millionen-Marke – und seit 2012 ist der 40 Millionen Euro teure Spanier Javier Martínez der Rekordmann. Ein Überblick über die Akteure, die in der Geschichte der Liga das Etikett „Spieler mit der höchsten je bezahlten Ablösesumme" trugen.

Jahr	Spieler	von	nach	Ablösesumme
1963	**Günter Herrmann**	Karlsruher SC	Schalke 04	100 000 DM*
1966	**Friedel Lutz**	Eintracht Frankfurt	1860 München	175 000 DM
1968	**Horst Köppel**	VfB Stuttgart	Bor. Mönchengladbach	225 000 DM
1969	**Lorenz Horr**	SV Alsenborn	Hertha BSC	336 000 DM
1973	**Jupp Kapellmann**	1. FC Köln	FC Bayern	880 000 DM
1976	**Roger Van Gool**	FC Brügge	1. FC Köln	1,05 Mio. DM
1977	**Kevin Keegan**	FC Liverpool	Hamburger SV	2,3 Mio. DM
1979	**Tony Woodcock**	Nottingham Forest	1. FC Köln	2,5 Mio. DM
1987	**Lajos Detari**	Honved Budapest	Eintracht Frankfurt	3,6 Mio. DM
1990	**Brian Laudrup**	Bayer Uerdingen	FC Bayern	6,0 Mio. DM
1992	**Thomas Helmer**	Borussia Dortmund	FC Bayern	7,5 Mio. DM
1993	**Matthias Sammer**	Inter Mailand	Borussia Dortmund	8,5 Mio. DM
1993	**Karl-Heinz Riedle**	Lazio Rom	Borussia Dortmund	9,5 Mio. DM
1995	**Heiko Herrlich**	Bor. Mönchengladbach	Borussia Dortmund	11,0 Mio. DM
1997	**Giovane Elber**	VfB Stuttgart	FC Bayern	12,5 Mio. DM
1999	**Alex Alves**	Cruzeiro Belo Horizonte	Hertha BSC	15,2 Mio. DM
2000	**Emile Mpenza**	Standard Lüttich	Schalke 04	17,0 Mio. DM
2001	**Tomas Rosicky**	Sparta Prag	Borussia Dortmund	25,0 Mio. DM
2001	**Marcio Amoroso**	AC Parma	Borussia Dortmund	50,0 Mio. DM
2009	**Mario Gomez**	VfB Stuttgart	FC Bayern	35,0 Mio. Euro
2012	**Javier Martínez**	Athletic Bilbao	FC Bayern	40,0 Mio. Euro

Summen teilweise geschätzt

* *Bei der Einführung der Bundesliga hatte der DFB festgelegt, dass die maximale Ablösesumme für einen Spieler 50 000 DM betragen dürfe. Schalke 04 wollte unbedingt Günter Herrmann verpflichten, der KSC für den Spieler aber 100 000 DM kassieren. Also holten die Schalker zusätzlich zu Herrmann einen weiteren Karlsruher Akteur, den Reservisten Hans-Georg Lambert – offiziell kosteten beide je 50 000 DM.*

Schützenfest mit Eskorte

Am 29. April 1978 gelangen Mönchengladbach zwölf Tore gegen devote Dortmunder. Es waren immer noch drei zu wenig, um Meister zu werden.

Mirko Votava hat davon gehört, dass es rote Rosen regnen kann, aber er selbst hat diese Metapher anders kennengelernt. Zumindest erzählt er das so. „Wir mussten uns ja einiges anhören damals", sagte Dortmunds Mittelfeldspieler viele Jahre nach der anrüchigen 0:12-Niederlage im Saisonfinale 1978. Er hat mit der Zeit eine Pointe entwickelt, die diese Blamage lakonisch rezensiert: „In der Nachbarschaft haben sie Blumen auf mich geworfen, aber da waren die Töpfe noch dran."

Borussia Dortmund erlitt am 29. April 1978 die höchste Niederlage der Bundesliga-Historie und eine Schmach, die allenfalls dadurch gemildert wurde, dass der Sieger Borussia Mönchengladbach durch einen 12:0-Sieg am letzten Spieltag nicht auch noch Meister geworden ist. „Ein Geschmäckle" habe dieses Ergebnis gehabt, sagt Toni Schumacher als damaliger Torwart jenes 1. FC Köln, der trotzdem den Titel gewonnen hat. „Im Nachhinein waren wir froh, dass wir nicht Meister geworden sind", sagt Gladbachs Torwart Wolfgang Kleff über das verdächtige Schützenfest.

Gladbach war mit einem um zehn Treffer schlechteren Torverhältnis gegenüber dem punktgleichen 1. FC Köln ins letzte Spiel gegangen. Die Partie musste im Düsseldorfer Rheinstadion ausgetragen werden, weil der Bökelberg renoviert wurde. Köln spielte beim FC St. Pauli und hatte bis zur 60. Minute bloß eine magere 1:0-Führung erspielt. Da lag Gladbach bereits 8:0 vorne. Die Borussen hatten sieben Tore aufgeholt und hätten weitere vier gebraucht, um Köln zu überholen. Vier weitere Treffer gelangen zwar – allerdings auch den Kölnern auf St. Pauli. Am Ende wurde Köln durch ein 5:0 Meister. Gladbach verpasste den vierten Titel in Serie.

Sie hatten bedingungslos gestürmt und wurden von lethargischen Dortmundern devot eskortiert. Es war beschämend. Sigi Held weigerte sich in der Pause, vom BVB-Trainer Otto Rehhagel eingewechselt zu werden. Jahrzehnte später hätte man nach einem solchen Resultat überprüft, ob es Auffälligkeiten auf dem Wettmarkt gab. Aber auch 1978 kursierten Gerüchte. Jupp Heynckes, der an jenem Tag fünf Tore schoss, sagte nach der vergeblichen Mühe: „Vielleicht ist es besser so. Es hätte einen bitteren Geschmack hinterlassen, mit einem 12:0 Meister zu werden."

Nach 27 Sekunden köpfte Heynckes eine Flanke von Wimmer ins Tor. Nach 13 Minuten stand es 3:0, zur Pause 6:0. „Hinter meinem Tor stand jemand mit einem Radio", erinnert sich Kölns Toni Schumacher an die Partie auf St. Pauli: „8:0, 9:0, 10:0, rief er in regelmäßigen Abständen, und ich dachte: Was ist da los? Das stinkt doch!" Die Zwischenstände aus Hamburg erhielt Gladbachs Trainer Lattek ebenfalls aus dem Radio, weshalb er nach dem Abpfiff gefasst wirkte. Köln wurde Meister mit 48:20 Punkten und 86:41 Toren, Gladbach Zweiter mit 48:20 Punkten und 86:44 Toren. So spannend war es selten. So umstritten nie wieder.

ULRICH HARTMANN

Es war ein Torreigen, wie es ihn nur einmal gab in einem halben Jahrhundert Bundesliga: Elf der zwölf Treffer, die Dortmunds Torwart Peter Endrulat beim historischen Debakel in Mönchengladbach kassierte, sind im Bild zu sehen. Nur vom 8:0 war kein Dokument in den Archiven zu finden.

Die höchsten Siege in der Bundesligageschichte

Datum	Begegnung	Ergebnis
29.04.1978	**Borussia Mönchengladbach** – Borussia Dortmund	12:0
07.01.1967	**Borussia Mönchengladbach** – FC Schalke 04	11:0
27.11.1971	**FC Bayern München** – Borussia Dortmund	11:1
06.11.1982	**Borussia Dortmund** – Arminia Bielefeld	11:1
04.11.1967	**Borussia Mönchengladbach** – Borussia Neunkirchen	10:0
11.10.1984	**Borussia Mönchengladbach** – Eintracht Braunschweig	10:0
27.02.1965	**TSV 1860 München** – Karlsruher SC	9:0
26.03.1966	Tasmania 1900 Berlin – **Meidericher SV**	0:9
10.09.1976	**FC Bayern München** – Tennis Borussia Berlin	9:0
13.03.1984	**FC Bayern München** – Kickers Offenbach	9:0
16.04.1966	Borussia Neunkirchen – **TSV 1860 München**	1:9
18.04.1970	**Hertha BSC** – Borussia Dortmund	9:1
05.10.1974	**Eintracht Frankfurt** – Rot-Weiss Essen	9:1
18.03.2000	SSV Ulm 1846 – **Bayer Leverkusen**	1:9
12.02.1966	**Hamburger SV** – Karlsruher SC	8:0
08.11.1969	**1. FC Köln** – FC Schalke 04	8:0
08.09.1979	**1. FC Köln** – Eintracht Braunschweig	8:0
07.03.1964	**TSV 1860 München** – Hamburger SV	9:2

DER HELD MEINER JUGEND
Bernd Franke

Es gab nun wirklich keinen Grund, sich in Bernd Franke zu verlieben. Franke war Torwart, das schon, er war ein Torwart wie ich, aber er spielte in Braunschweig. Die Stadt sagte mir nichts, ich war nie dort, kannte dort niemanden. Ich kannte nur Bernd Franke, einen stillen Menschen im blauen Torwartpulli, mit dem ich aus unerfindlichen, aber offenbar einleuchtenden Gründen eine tiefe Freundschaft schloss. Bis heute rechne ich mir hoch an, dass ich mir keinen dieser lauten Showtorhüter ausgesucht habe. Franke war anders, Franke war echt. Ich habe ihn nicht oft sehen können, meinen Franke, weil die Sportschau nur drei Spiele zeigte und Braunschweig meistens eines von den sechs anderen war. Aber jeder Schnipsel Franke war ein Abenteuer. Ein geheimnisvoller Torwart, der immer schon da war, wo der Ball hinkam, und nie klagte, auch wenn er wieder ein WM-Turnier verpasste, weil er sich wieder was gebrochen hatte. Meinem Franke zuliebe habe ich zur Eintracht gehalten, ihm zuliebe kannte ich Spieler namens Merkhoffer und Studzizba. Ich habe mit meinem Franke gelitten, als Popivoda die Eintracht verließ, ich habe mit ihm gebangt, ob die Eintracht den kleinen Peter Lux wohl halten kann. Als mein Franke aufhörte, hab ich die Eintracht ab und zu noch in der Sportschau getroffen, ich hab sie aus alter Verbundenheit noch eine Weile gegrüßt. Aber es war nicht mehr wie vorher. Eine Weile hab ich versucht, Frankes Nachfolger irgendwas anzuhängen, aber der arme Uwe Hain konnte ja nichts dafür.
Im Mai 2013 habe ich wegen der Eintracht plötzlich wieder Schmetterlinge im Bauch bekommen. In der Zeitung stand, Bernd Franke, 65, käme zur Aufstiegsfeier. **CHRISTOF KNEER**

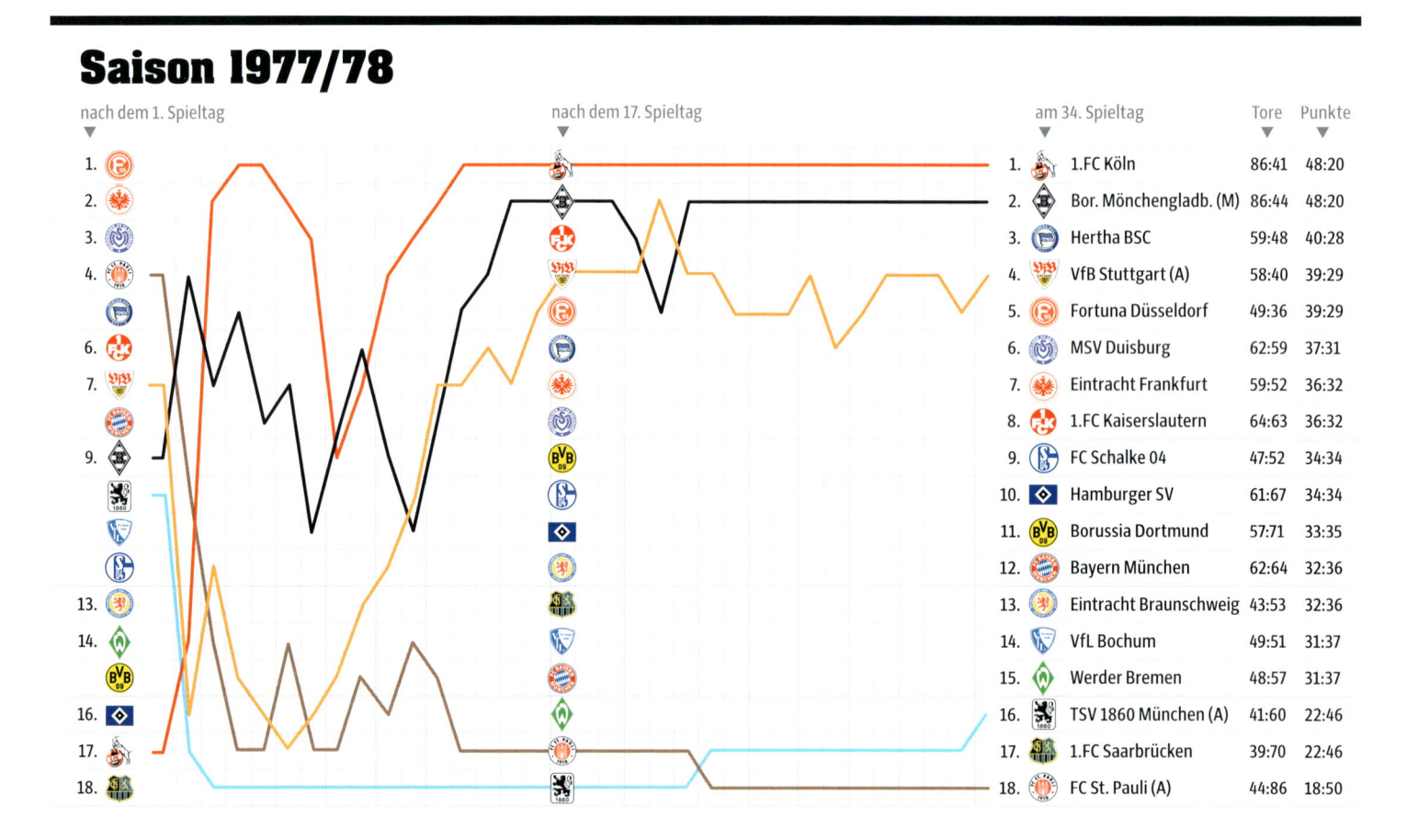

Saison 1977/78

am 34. Spieltag	Tore	Punkte
1. 1.FC Köln	86:41	48:20
2. Bor. Mönchengladb. (M)	86:44	48:20
3. Hertha BSC	59:48	40:28
4. VfB Stuttgart (A)	58:40	39:29
5. Fortuna Düsseldorf	49:36	39:29
6. MSV Duisburg	62:59	37:31
7. Eintracht Frankfurt	59:52	36:32
8. 1.FC Kaiserslautern	64:63	36:32
9. FC Schalke 04	47:52	34:34
10. Hamburger SV	61:67	34:34
11. Borussia Dortmund	57:71	33:35
12. Bayern München	62:64	32:36
13. Eintracht Braunschweig	43:53	32:36
14. VfL Bochum	49:51	31:37
15. Werder Bremen	48:57	31:37
16. TSV 1860 München (A)	41:60	22:46
17. 1.FC Saarbrücken	39:70	22:46
18. FC St. Pauli (A)	44:86	18:50

In der 15. Saison entscheidet erstmals die Tordifferenz: Köln kassiert drei Treffer weniger und kommt vor Gladbach ins Ziel. Aufsteiger Stuttgart begeistert mit Hansi Müller und Platz vier – ein Zuschauerschnitt von mehr als 53 000 pro Heimspiel bedeutet vorerst Liga-Rekord. Der Abstiegskampf ist keiner, 1860, Saarbrücken und St. Pauli verabschieden sich kampflos.

"Ja, so klingt das eben, wenn Uwe Seeler singt!"

Willi wird das Kind schon schaukeln

Spiel mir das Lied vom Tor

Cowboys, Postboten und fliegende Pfannen: Die Geschichte des deutschen Fußballfilms ist eine Geschichte der Peinlichkeiten – mit wenigen Ausnahmen.

VON MILAN PAVLOVIC

Seit Jahrzehnten verheben sich deutsche Filmemacher am Genre des Fußballfilms. Sicher, es gibt „Das Wunder von Bern" (2003) vom einstigen Fußballer Sönke Wortmann; oder die schrullige Komödie „Aus der Tiefe des Raumes" (2004), in der eine Günter-Netzer-artige Tipp-Kick-Figur zum Leben erwacht; oder die Feminismus-Komödie „FC Venus" mit Nora Tschirner (2006).

Aber selbst diese Filme scheitern spätestens dann, wenn es darum geht, die Magie des Sports festzuhalten, weil die eben aus viel mehr besteht als aus Fallrückziehern oder Hackentricks. Das wird immer dann schmerzlich deutlich, wenn es zu nachgestellten Spielszenen kommt, die garantiert auf Fallrückzieher und Hackentricks hinauslaufen.

Nicht viel besser sieht es aus, wenn es darum geht, aktive Fußballprofis in Filme zu integrieren – sieht man vielleicht davon ab, dass der rustikale englische Kicker Vinnie Jones sein Bad-Boy-Image noch während seiner Zeit bei den Queens Park Rangers nahtlos auf die Leinwand transportierte. Seit „Bube, Dame, König, grAs" (1998) hat Jones über 70 (Film-)Titel angesammelt. In Deutschland haben es Fußballer nicht einmal zusammengezählt auf so viele Kino-Einsätze gebracht.

Eine Hauptrolle für einen Bundesliga-Profi in einem reinen Spielfilm hat es noch nicht gegeben, auch wenn Spieler wie Stefan Effenberg oder Mario Basler phasenweise den Eindruck vermittelten, sie übten für eine Rolle neben Chuck Norris oder Dolph Lundgren. Meistens spielen die Profis sich selbst. So wie Uwe Seeler, der immerhin als Schlusspointe in der Klamotte „Willi wird das Kind schon schaukeln" (1972) herhielt. Heinz Erhardt spielt die Titelfigur: einen ebenso lieben wie windigen Familienvater, der als Präsident des 1. FC Jungborn ein bisschen Geld verdaddelt hat, das er für die Rettung des Klubs braucht und nun als alter Schlawiner von seiner reichen Schwester holen will, deren Besuch ansteht. Erhardt erinnert an einen dieser Emire, die den internationalen Fußball inzwischen bevölkern, aber sie ist gutherzig und selbstlos und verpflichtet schließlich als Rettung einen internationalen Star. Auftritt Uwe Seeler, keine 30 Sekunden lang ist er im Bild, sagt aber flüssig seine große Zeile: „Ich hoffe, dass ich dem 1. FC Jungborn keine Schande machen werde." Präsident Willi dreht sich in der letzten Einstellung zu seinem Sitznachbarn und flüstert: „Wer ist denn das überhaupt?" Ein Zyniker, wer dabei an aktuelle Oligarchen, Mäzene und Klubchefs denkt.

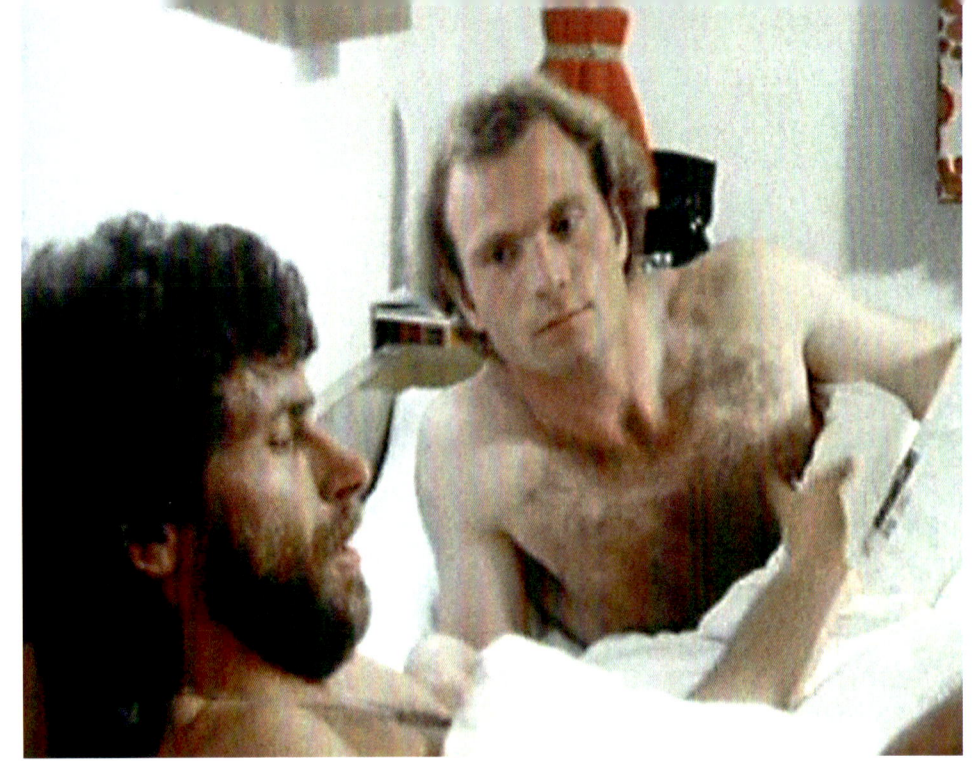

Nicht viel länger ist die Einsatzzeit von Sepp Maier, Gerd Müller und Tschik Cajkovski (als Kompaniekoch) in dem Ludwig-Thoma-Schwank „Wenn Ludwig ins Manöver zieht" (1967). Die Drei sind in dem Werk dem bayerischen Heer unterstellt. Sepp Maier analysierte danach treffend: „Im Tor bin ich ein besserer Schauspieler." Maiers Teamkollege Georg „Katsche" Schwarzenbeck schenkte dem deutschen Kino ein paar Jahre später einen der markantesten Filmtitel: „Wehe, wenn Schwarzenbeck kommt" (1979) wurde dann aber weder der Qualität des Titels noch den frühen Komödien von May Spils („Zur Sache, Schätzchen") gerecht. Schwarzenbecks Auftritt als Postbote brannte sich längst nicht so ins Gedächtnis ein wie etwa sein Tor zum 1:1 gegen Atletico Madrid in Bayerns erstem Landesmeister-Endspiel 1974.

Der FC Bayern München stellte alles in allem die meisten Schauspieler. Paul Breitner war allerdings bei Real Madrid unter Vertrag, als er einem Wunsch des Regisseurs Peter Schamoni entsprach. Der „alte Spezi aus Schwabinger Zeiten" (Breitner) drehte in Spanien den Western „Potato Fritz – Zwei gegen Tod und Teufel" (1976), deutlich inspiriert von den Spaghetti-Western um Django & Co. Hardy Krüger ist der enigmatische Held in einer mysteriösen Geschichte um Gold und Kartoffeln. Breitner hat als Sergeant Stark exakt fünf Auftritte, die solide sind, bei denen man sich aber die Ohren reibt: Der Bajuware war vom Schauspieler Hartmut Reck synchronisiert worden. Keine Synchronisation war bei Günter Netzer in „Panische Zeiten" (1980) nötig – Protagonist Udo Lindenberg gönnte dem damaligen HSV-Manager nicht eine Dialogzeile.

Nach den 1970ern wurden die Ausflüge von Fußball-Profis zum Zelluloid wieder rarer. Paul Breitner wurde von Freunden für den faden Abenteuerfilm „Kunyonga" angeworben, was ihm 1986, drei Jahre nach seinem Karriereende, eine Woche Urlaub in Südafrika einbrachte. Jean-Marie Pfaff hatte drei Mini-Einstellungen in der Thomas-Gottschalk-Klamotte „Zärtliche Chaoten" (1987). Er fängt darin Töpfe und Pfannen, die ein über Helmut Fischer erboster Koch aus einem Fenster wirft. Dafür lässt der damalige Torwart des FC Bayern den Schuss eines Jugendlichen passieren, wodurch eine Fensterscheibe zu Bruch geht. Fürs WDR entstand die Farce „In den Todeskrallen des Dr. Do" (1989), in der man Frank Mill bemitleidet, weil er in die Fänge von Piet Klocke gerät. Eine Antwort auf Mills Jahrhundert-Fehlschuss im August 1986 in München bekommt man darin allerdings auch nicht.

Yves Eigenrauch gehört neben Huub Stevens und Rudi Assauer zu den Schalkern, die ihre Köpfe in die Komödie „Fußball ist unser Leben" (2000) steckten. Uwe Ochsenknecht entführt darin als eingefleischter S04-Fan einen divenhaften Starkicker (der übrigens nicht Lincoln heißt) und spült ihm vor dem letzten Spieltag im alten Parkstadion die Flausen aus dem Kleinhirn. Ein Jahr später wurde der Film durch das Liga-Finale im Mai 2001 in punkto Dramatik, Tragik und Absurdität allerdings mühelos überboten.

Kein deutscher Fußballer war so oft in Film und Fernsehen vertreten wie Franz Beckenbauer. Abgesehen von unvergesslichen Werbespots wie jenem für Knorr („Kraft in den Teller") tauchte das Na-

SAISON 1977/1978

turtalent schon 1967 neben Dieter Hildebrandt in „Die Spaßvögel" auf und 1969 in der englischen Blitzkrieg-Komödie „Till Death Us Do Part". Kein Wunder, dass dem „Kaiser" 1973 ein ganz eigener, eigenartiger Kinofilm gewidmet wurde. „Libero" vermengt reale Szenen mit gespielten und tontechnisch übersteuerte Szenen aus Bundesliga-Partien mit privaten Momenten am Strand, er bringt echte Schauspieler (Harald Leipnitz, Klaus Löwitsch) mit Selbstdarstellern wie Udo Lattek (im Tip&Tap-T-Shirt) zusammen.

Manchmal sieht es so aus, als habe Regisseur Wigbert Wicker versucht, eine deutsche Version des Semi-Doku-Klassikers „A Hard Day's Night" zu drehen, in dem die Beatles 1964 am Tag eines Auftritts vergeblich versuchen, unbedrängt durch Notting Hill zu kommen. Beckenbauer, mit schwarzer Lockenpracht und weitem weißen Anzug, sollte nicht weniger als John, Paul, George und Ringo in einem sein. „Libero" wollte aber auch die Schattenseiten des Startums beleuchten, melancholische Zwischentöne einbauen über die Tücken des Alltags (hinterlistige Presse, launische Fans, anmaßende Sponsoren) und die Gefahren schwerer Sportverletzungen. Also gibt sich Beckenbauer grüblerisch, redet über Karriereende und trinkt Whiskey. Immerhin antwortet er auf die Frage, wie er schmeckt: „Scheußlich!"

Am eindrucksvollsten sind deutsche Fußballer in Dokumentationen. Wobei die nicht immer gleich die Wahrheit festhalten müssen. Als umstrittenes Kultobjekt gilt der fast nie gezeigte Film „Fußball über alles: Spielerfrauen – der lebende Ausgleich der Profis" (1986), in dem die Spielerfrauen des VfL Bochum im Zentrum stehen und sich prompt schlecht be-

Sie spielten da, wo man sie nicht vermutet hätte: Paul Breitner und Uli Hoeneß im Bett, Gerd Müller und Sepp Maier im Kriegsdienst, Breitner an der Seite von Hardy Krüger in einem Kartoffel-Western oder Uwe Seeler an der Seite von Heinz Erhardt (Seite 139). Thomas Broich (unten) spielte einfach sich selbst. Das klappte deutlich besser.

handelt fühlten. Die damalige Freundin von Stefan Kuntz klagte: „Wir wurden (...) als einfältig hingestellt, als notwendiges Übel und Anhängsel der Profifußballer." Aber auch die Männer kommen nicht besser rüber. VfL-Trainer Rolf Schafstall sagt vor laufender Kamera: „Frauen gehören eben an den heimischen Herd, dürfen zu Hause bleiben."

Was auch immer die Regisseure von „Profis" im Sinn hatten, als sie 1978 begannen, Paul Breitner und Uli Hoeneß eine Saison lang zu beobachten – das Ergebnis hätten sie sich nicht erträumen können. Sie erwischten eines der wildesten Jahre beim FC Bayern München: mit Misserfolgen, Vereinswechseln, Trainerentlassung, Spieleraufstand, Präsidenten-Rücktritt. Sowie im März 1979 Hoeneß' Übergang vom Spieler zum Manager – vermutlich die prägendste Personalie in 50 Jahren Bundesliga, in der Hoeneß 1970 als Spieler begann.

Abgesehen von allen spektakulären Momenten erlebt man also obendrein, wie die Waage kippt: wie der als Intellektueller und Revoluzzer etikettierte Breitner von Hoeneß als markanteste Persönlichkeit im Fußball überholt wird. Anfangs liegen die beiden im Trainingslager mit nackten Oberkörpern im Bett, und man denkt unweigerlich an Poldi & Schweini in Sönke Wortmanns WM-2006-Doku „Deutschland. Ein Sommermärchen" – aber dann emanzipiert sich Hoeneß vor den Augen der Zuschauer und wird zu einem der Macher des deutschen Fußballs.

Im Gegensatz etwa zum informativen und kurzweiligen „Frei:Gespielt – Mehmet Scholl: Über das Spiel hinaus" (2007), einer Dokumentation über die Karriere von Mehmet Scholl, ist „Profis" nicht von Freundlichkeiten und künstlerischen Ausrufezeichen durchsetzt, sondern von Zweifeln, Unwägbarkeiten und Fragezeichen. Auch gut 35 Jahre später ist „Profis" ein beeindruckendes Erlebnis.

So ein Langzeitprojekt „wäre heute nicht mehr möglich", sagt Breitner in den DVD-Extras; mehr noch: „Ich würde es Spielern sogar verbieten", sagt Hoeneß. Dass so etwas sehr wohl noch möglich ist, wenn auch wahrscheinlich nicht beim FC Bayern, zeigt der seelenverwandte Film „Tom meets Zizou – kein Sommermärchen" (2011). Darin erleben wir die kurzen Höhenflüge und tiefen (fußballerischen) Abstürze von Thomas Broich, auch bekannt als „Mozart", weil er gerne mal Klassik hört. Regisseur Aljoscha Pause sprach über den Zeitraum mehrerer Jahre immer wieder mit dem Spieler. Und auch wenn die Sympathien klar verteilt sind (zu den Oberschurken zählt Christoph Daum), wird auf entwaffnende Weise deutlich, dass (und warum) Broich nie das Zeug hatte, in der Bundesliga wirklich zu reüssieren: Er fügte sich immer ins Muster des unangepassten, stolzen Außenseiters – und wurde ungewollt zum Schauspieler. Um sein Fußball-Glück zu finden, musste er in ein weit, weit entferntes Land: nach Australien. Da musste er keine Rolle mehr ausfüllen. Er konnte Fußball spielen.

SAISON 1977/1978

1978/79

*Rivalität als Puppenspiel:
Die Bayern Sepp Maier, Klaus Augenthaler
und Udo Horsmann (rote Trikots, von rechts) versuchen,
den HSV-Stürmer Horst Hrubesch (Mitte)
am Kopfball zu hindern. Jimmy Hartwig staunt.
Die Hamburger siegten im Dezember 1978
in München 1:0.*

Mächtige Maus

Die größte Zeit des HSV fand erst nach Kevin Keegan statt. Aber er hat sie eingeleitet. Und Hamburg ist auf ewig froh, dass der erste Popstar der Liga mal dort vorbeigeschaut hat.

VON CHRISTIAN ZASCHKE

Jeder, in dessen Herzen ein klitzekleines Eckchen für den Hamburger SV freigeräumt ist, muss manchmal an den kleinen Mann denken, der eine anbetungswürdige Lockenfrisur trug. Als der kleine Mann an der Elbe ankam, war Hamburg plötzlich Mittelpunkt der deutschen Fußballwelt. Sicher, der FC Bayern war damals auch nicht ganz übel, Gladbach sogar ziemlich wunderbar, selbst der 1. FC Köln hatte lichte Momente. Und niemand würde behaupten, dass sie in Frankfurt nicht kicken konnten. Aber Kevin Keegan kam 1977 zum Hamburger SV. Der Kapitän der englischen Nationalmannschaft. Vom FC Liverpool. Nach Hamburg. Für 2,3 Millionen Mark. Rekordablöse. Es war ziemlich genau so unglaublich wie die Mondlandung, mit dem einzigen Unterschied, dass es bis heute keine Verschwörungstheoretiker gibt, die behaupten, Kevin Keegans Auftritte in Hamburg hätten niemals stattgefunden. Es gibt tausende und abertausende Zeugen, die auch heute, selbst wenn sie Norddeutsche der drögesten Bauart sind, mit zittriger Freude von dieser Zeit sprechen und ernsthaft feuchte Augen bekommen. Kevin Keegan. Zum HSV. Es war ein Wunder.

Das vielleicht noch größere Wunder vollzog sich dann in seinem ersten Jahr beim HSV, der Saison 1977/1978, die übrigens allen Ernstes der 1. FC Köln als Meister abschloss. Letzteres war immerhin wunderlich. Das Wunder aber war, dass Kevin Keegan, den sie „Mighty Mouse" nannten, die mächtige Maus, eine ziemliche Grütze zusammenspielte. Wie konnte das sein? Er war doch als Messias gekommen, als Heilsbringer. An seiner Seite standen ein paar hilfreiche Halbgötter: Volkert, Hidien, Kaltz, Buljan, Magath, Kargus, um nur einige wenige zu nennen. Trainer war Rudi Gutendorf, der legendäre Weltenbummler, der damals schon in entlegenen Landstrichen wie Chile, Botswana und Schalke gearbeitet hatte.

Wie konnte es sein, dass Keegan in diesem Umfeld nicht sofort die Liga in Trümmer schoss und den HSV zum Meister machte? Es war rätselhaft. Hatte der notorische Präsident Peter Krohn die 2,3 Millionen Mark am Ende für einen 1,69 Meter kleinen Gernegroß mit – bei näherer Betrachtung doch ziemlich lächerlichen – Locken ausgegeben? Verwandelten sich Engländer vielleicht umgehend in klumpfüßige Rumpelfußballer, sobald sie ihre geliebte Insel verließen? Möglich erschien alles. Doch Hamburg blieb ruhig.

> **Der Verein bezahlte ihm ein Anwesen mit Pool und Tennisplatz.**

Der HSV landete in Keegans erster Saison auf Platz zehn. Zu wenig für eine Mannschaft, die 1977 den Europapokal der Pokalsieger gewonnen hatte. Um einen ungefähren Eindruck davon zu bekommen, wie wenig hinnehmbar dieser zehnte Platz war, muss man sich lediglich in Erinnerung rufen, dass Hertha BSC damals Dritter wurde. Ja, Hamburg blieb ruhig. Doch Hamburg war nicht glücklich. Am unglücklichsten aber war Kevin Keegan.

Der Verein hatte ihm ein halbes Jahr lang ein Anwesen mit Swimming Pool und Tennisplatz bezahlt. Er verdiente mehr als jeder andere Spieler im Klub. Doch er konnte es auf dem Platz nicht zurückzahlen. Das nagte an Keegan, der in einfachen Verhältnissen im Norden Englands aufgewachsen war. Zwar war er 1978 zu „Europas Fußballer des Jahres" gewählt worden, aber was war das wert, wenn sein Klub unter ferner liefen spielte? Keegan suchte das Gespräch mit dem damaligen Manager Günter Netzer. Nach eigener Aussage hat Keegan ihm gesagt: „Use me or sell me." Benutzt mich oder verkauft mich. Und mit „Benutzt mich" meinte er: Stellt verdammt noch mal das Spielsystem so um, dass ich öfter an den Ball komme. Netzer versprach, er werde sich darum kümmern.

Zur Saison 1978/79 trat der HSV mit einem neuen Trainer an. Branko Zebec war ein Schleifer erster Kajüte, was Keegan

„Use me or sell me": Kevin Keegan forderte von HSV-Manager Günter Netzer eine wichtigere Rolle im Spiel. Er bekam sie. Und der HSV bekam Keegans Tore.

SAISON 1978/1979

nichts ausmachte. Er quälte sich gern. Es gibt Fotos von ihm aus dieser Zeit, auf denen er sich mit nacktem Oberkörper zeigt, und es gab damals vermutlich wenige Spieler, die in dieser Weise durchtrainiert waren. Vor allen Dingen aber entschied sich Zebec nach kurzer Zeit dazu, Keegan nicht mehr als Rechtsaußen aufzustellen. Er beorderte ihn auf dem Platz hinter die Spitzen und gab ihm alle Freiheiten. Die nutzte Keegan mit Freude.

Im Team war er viel besser integriert, weil er allmählich besser Deutsch sprach. Zudem sahen nun all die hilfreichen Halbgötter in der Mannschaft, dass sie mit Keegan alle besser wurden. Keegan erzielte 17 Tore, er war bester Torschütze des Teams. Er legte aber auch viele Tore auf, zum Beispiel für einen kantigen Mittelstürmer namens Horst Hrubesch, der minutenlang in der Luft zu stehen vermochte, um dort auf ankommende Flanken zu warten. Und wann immer Manfred Kaltz der Bananenflankenzulieferung müde wurde, war es Keegan, der den Ball auf eine Flugbahn schickte, die es dem in der Luft herumstehenden Hrubesch erlaubte, die Kugel ins Tor zu nicken. 13 Tore erzielte er. Der HSV wurde erstmals seit Gründung der Bundesliga Deutscher Meister und Keegan erneut zu „Europas Fußballer des Jahres" gewählt. Es konnte nicht mehr besser werden. Oder doch? Aber natürlich.

Keegan war im Laufe der Saison so groß geworden, dass die Plattenfirma EMI beschloss, er müsse unbedingt einen Song aufnehmen. Der gar nicht mal so uneitle Keegan hielt das für eine famose Idee. Praktischerweise hatte die unerträgliche Band Smokie, bekannt für das unhörbare Lied „Living Next Door to Alice", ein weiteres unhörbares Lied im Studio herumliegen, das sie gemeinsam mit Keegan aufnahm. Das Lied war natürlich noch schlechter als Keegans Fußball im ersten Hamburger Jahr, aber das spielte keine Rolle. Es hieß „Head over Heels in Love" und eroberte die Charts neun Tage, nachdem der HSV 1979 Meister geworden war. Dort hielt es sich beachtliche 15 Wochen, und wer nicht glaubt, dass das wirklich beachtlich ist, möge das Internet anwerfen und den Song bei Youtube aufrufen.

Zugegeben, viele Fußballer haben noch weit schlechtere Lieder aufgenommen. Gerd Müllers „Raba da da" aus dem Jahr 1967 muss erwähnt werden, ebenso Petar Radenkovic' „Radi und Radieschen" von 1966. Und auch Peter Közles „Guten Morgen Duisburg" von 1994 soll nicht unterschlagen werden. Keegans Lied aber hatte eine brubbelnde Käsigkeit, die die Ohren auf einzigartige Weise ganz und gar verklebte. Hamburg liebte ihn.

Es war, um kurz bei der Musik zu bleiben, die kanadisch-portugiesische Sängerin Nelly Furtado, die im Lied „All Good Things (Come To An End)" fragte: Warum muss alles Gute ein Ende haben? Keegan hat Hamburg ein Jahr nach der Meisterschaft verlassen, und das schien eigentlich keinen Grund zu haben. Warum muss alles Gute ein Ende haben? Vermutlich war es das Heimweh, vielleicht war es auch diese seltsame Saison. Der HSV spielte lange wunderbaren Fußball, die Zeichen standen erneut auf Meisterschaft.

Das größte Spiel dieser Saison zeigte der HSV nicht in der Bundesliga, sondern im Halbfinal-Rückspiel des Europapokals der Landesmeister. Das Hinspiel bei Real Madrid hatte die Elf 0:2 verloren. Diesen Rückstand machten Kaltz und Hrubesch innerhalb von 17 Minuten wett. Zwar erzielte Real noch den Anschlusstreffer, aber erneut Kaltz und Hrubesch und zum Abschluss Caspar Memering sorgten am Ende für ein 5:1.

> **Überraschend wechselte er nach Southampton. Hamburg erstarrte.**

Unter den Fans anderer deutscher Mannschaften fühlten nur die mit steinernem Herzen damals nicht zumindest ein kleines bisschen Zuneigung zum HSV. Den meisten Hamburger Fans gilt die Partie bis heute als vielleicht bestes HSV-Spiel der Geschichte, Keegan stand 90 Minuten auf dem Platz. Alles sah nach einem wunderbaren Double aus, doch der HSV verspielte die Meisterschaft durch eine Niederlage in Leverkusen und verlor das Europapokalfinale gegen Nottingham Forest. 0:1, in Madrid. Obwohl er die klar bessere Mannschaft gewesen war.

Alles war möglich gewesen, alles ging verloren. Kevin Keegan wechselte am Ende der Saison nach Southampton. Hamburg erstarrte. Hamburg trauerte. Dann schüttelte Hamburg sich und gewann unter dem neuen Trainer Ernst Happel die Meisterschaften 1982 und 1983 sowie 1983 auch den Europapokal der Landesmeister durch ein 1:0 gegen Juventus Turin, also mehr oder weniger gegen die italienische Weltmeister-Mannschaft von 1982, verstärkt durch Michel Platini und Zbigniew Boniek.

Es war die größte Zeit des Klubs, sie fand ohne Keegan statt, aber sie wurde durch ihn eingeleitet. Kevin Keegan war der erste ausländische Superstar in der Bundesliga, und er war der erste echte Popstar der Bundesliga. Die Freunde des Fußballs, und nicht nur die, in deren Herzen ein klitzekleines Eckchen für den HSV freigeräumt ist, danken ihm bis heute dafür, dass er mal vorbeigeschaut hat.

Januar 1979, Schnee im Volkspark. Für Kevin Keegan ein weiterer Anlass, eine bemerkenswerte Figur abzugeben. Am Ende der Saison 1978/79 stand dem Engländer dann auch die Meisterschale recht gut.

Kevin Keegan ,51
(Hamburger SV),Außenstürmer
danach zu Southampton, jetzt Newcastle

A-Nationalspieler Englands

Es war ganz einfach damals: Man schrieb einen Autogrammbrief, packte ihn mit einem frankierten Rückumschlag in einen anderen Umschlag und schickte ihn an Kevin Keegan, c/o Hamburger SV. Nach Erhalt des Autogramms klebte man es in ein Album und beschriftete es liebevoll, u.a. mit dem Geburtsjahr des Spielers („51").

SAISON 1978/1979

In den Teppich gerollt

Ein Drama auf offener Bühne: Trainer Branko Zebec führte den Hamburger SV zum Meistertitel – und soff sich in den Tod.

Nach dem Spiel griff Branko Zebec zum Cognacglas und stürzte den Weinbrand hinab. In einem Zug. Es war der 16. Dezember 1980, ein Dienstag, später Abend. Sie hatten ihn einfach zurückgelassen im Presseraum des Hamburger SV, Zebec, ihren Meistertrainer. Verärgert, ratlos, weil er mal wieder gesoffen hatte. Also soff er weiter. Neben ihm stand seine Frau und weinte.

„Fernet-Branko", so nannten sie Branko Zebec schon eine Weile. Dabei war der Fall längst zu ernst für lustige Spitznamen und Zebec ein kranker Mann. Dass er deutlich mehr Alkohol trank, als er nach einer Bauchspeicheldrüsen-OP vertrug – der HSV-Manager Günter Netzer wusste das schon, als er den Jugoslawen 1978 an die Alster holte. „Aber ich wusste nicht, was Alkoholismus ist", sagte Netzer Jahre später, als Zebec längst tot war, „ich wusste nicht, was das bedeutet."

Was das bedeutet. Spätestens seit dem 19. April 1980 ahnten es viele. Ein Auswärtsspiel des HSV in Dortmund, schon am Vorabend hatte Zebec im Rausch die Abfahrt des Mannschaftsbusses verschlafen, mit dem Mietwagen raste er hinterher und direkt in eine Polizeikontrolle hinein. 3,25 Promille, Führerscheinentzug. Aber die netten Beamten kutschierten ihn persönlich zu seinen Spielern. Dort spülte Zebec dann erst mal mit Hochprozentigem nach. Und niemand beim HSV hinderte ihn daran, am Samstag im Westfalenstadion zur Bank zu torkeln, wo die Fotografen schon warteten. Ab diesem Moment war der Verfall des Branko Zebec, des damals „besten Trainers der Welt", wie Netzer findet, ein Drama auf offener Bühne.

Und nun also dieses 4:1 gegen 1860 München im Dezember 1980. „Der Mann sieht ja aus wie ein Toter", entfuhr es danach einem Sechzig-Vorstand, aber Zebec drängte zur Pressekonferenz: „Weg, ich rede!" Das Wort „Vogelperspektive" war dann das letzte, das er als HSV-Trainer nicht mehr fehlerfrei rausbrachte. Am nächsten Tag hat ihn der verzweifelte Netzer entlassen – verzweifelt wegen der menschlichen Tragödie, aber auch, weil sie den Trainer Zebec noch hätten brauchen können. Weil der HSV mit ihm blendend dastand trotz allem: Meister 1979, Liga-Zweiter 1980, und nun wieder Tabellenführer zum Ende der Hinrunde. Aber was hilft das, blendend dazustehen, wenn der Trainer halt nicht mehr stehen kann?

Mit dem FC Bayern, seiner ersten Station in der Bundesliga, war Zebec 1969 Meister geworden, es war der erste Liga-Titel für Franz Beckenbauer, Gerd Müller, Sepp Maier. Schon damals war Zebec ein harter, manchmal brutaler Trainer gewesen. Gefürchtet und verehrt. Und nun, elf Jahre später: am Ende.

Netzer drängte ihn zur Therapie. Zebec lehnte ab. Und es meldeten sich dann ja auch bald wieder Klubs, die vorgaben, ihn dringender zu brauchen als er irgendwelche Psychologen. Alkohol? Gehörte das im Männer-Business Bundesliga nicht zum guten Ton? Kompensierten damit nicht viele den Stress auf der Bank und verklärten den Rausch: Happel, Lattek?

Zebec machte also weiter. Trank weiter. Borussia Dortmund führte er 1982, nach 16 Jahren, zurück in den Europapokal. Während einer Partie kippte er von der Bank. Als nächstes ging es zu Eintracht Frankfurt. Da rollten sie ihn nach einem Spiel, das er allenfalls durch einen trüben Schleier verfolgt hatte, mal in einen Teppich und schmuggelten ihn aus dem Stadion. Bloß niemanden was merken lassen. Haltung bewahren.

Aus heutiger Sicht hat es wohl daran gefehlt in dieser tragischen Trainergeschichte: an einer Haltung zum Alkoholismus. An der Vogelperspektive auf diesen Fall. Zebec hätte wohl eine andere Art Hilfe gebraucht als Transporthilfe im Teppich. Am 26. September 1988 starb Branko Zebec an den Folgen seiner Krankheit. Er wurde 59 Jahre alt.

CLAUDIO CATUOGNO

Gefürchtet, verehrt, betrunken: HSV-Coach Branko Zebec schläft seinen Rausch aus. Auf der Trainerbank. Ein Verfall bei laufendem Spielbetrieb.

SZENE DER SAISON
Chaos bei der Meisterfeier

Rund 70 Verletzte, viele Schwerverletzte, keine Toten. Glücklicherweise, sonst würde der 9. Juni 1979 heute in einem Atemzug mit der Heysel-Katastrophe genannt, die sich sechs Jahre später ereignete. Anders als beim Europacup-Finale in Brüssel prallten in Hamburg auch nicht rivalisierende Gruppen aufeinander. Die Fans des HSV hatten eigentlich feiern wollen. Besonders jene in der Westkurve des damaligen Volksparkstadions, sie drängten auf den Rasen, um die Übergabe der Meisterschale unmittelbar zu erleben. Die ersten kamen noch über den Zaun, doch von hinten drängten die Massen, Menschen stürzten auf den Traversen, Zäune gaben nach, die Stahlspitzen wurden zur Gefahr. Krankenwagen parkten zur Erstversorgung auf dem Rasen. 60 000 waren im Stadion, sie erlebten gegen den FC Bayern ein sportlich wertloses 1:2, die Siegerehrung fiel aus. Es erscheint wie ein Wunder, dass an diesem traurigen Tag niemand zu Tode kam.

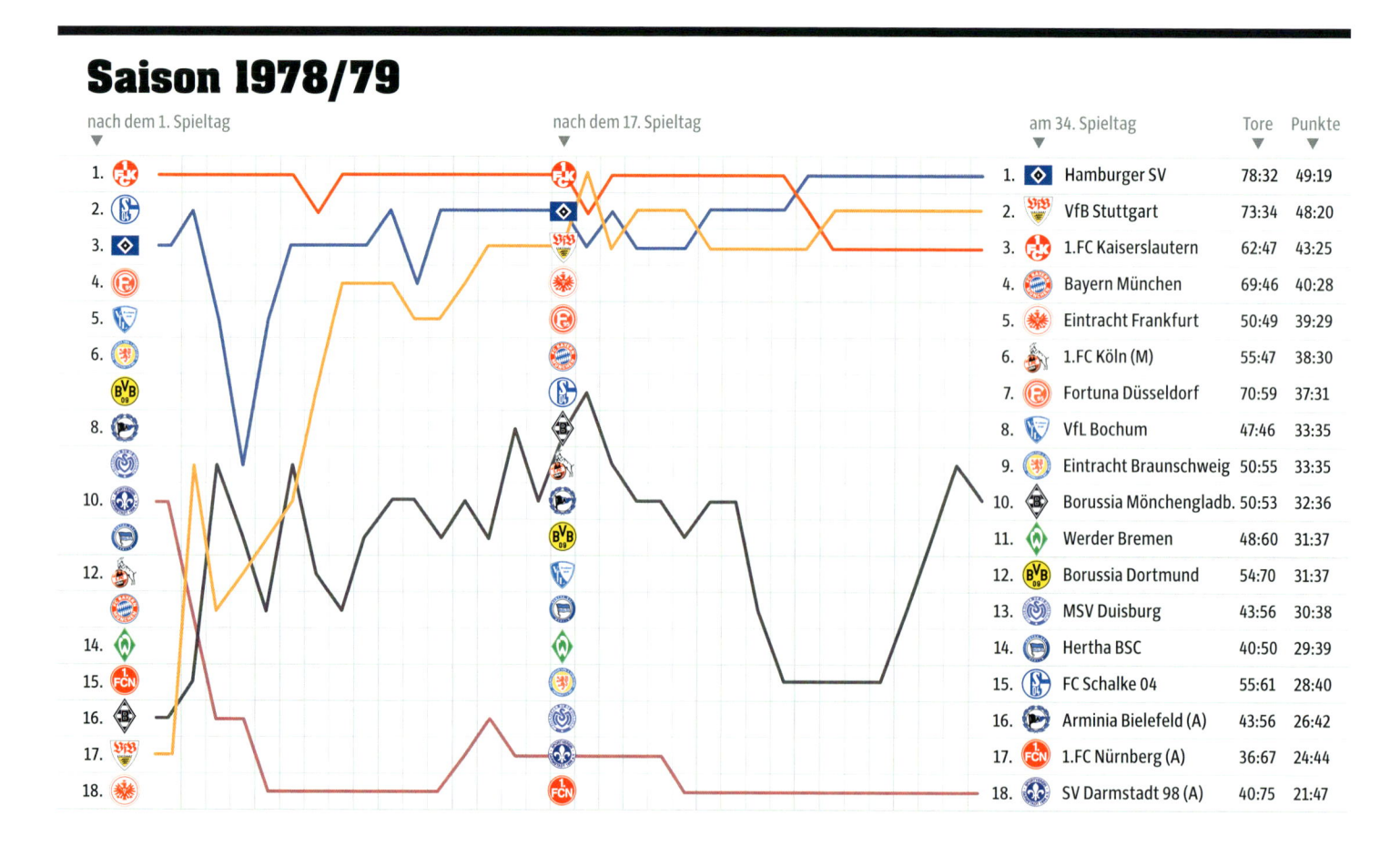

Saison 1978/79

am 34. Spieltag	Tore	Punkte
1. Hamburger SV	78:32	49:19
2. VfB Stuttgart	73:34	48:20
3. 1.FC Kaiserslautern	62:47	43:25
4. Bayern München	69:46	40:28
5. Eintracht Frankfurt	50:49	39:29
6. 1.FC Köln (M)	55:47	38:30
7. Fortuna Düsseldorf	70:59	37:31
8. VfL Bochum	47:46	33:35
9. Eintracht Braunschweig	50:55	33:35
10. Borussia Mönchengladb.	50:53	32:36
11. Werder Bremen	48:60	31:37
12. Borussia Dortmund	54:70	31:37
13. MSV Duisburg	43:56	30:38
14. Hertha BSC	40:50	29:39
15. FC Schalke 04	55:61	28:40
16. Arminia Bielefeld (A)	43:56	26:42
17. 1.FC Nürnberg (A)	36:67	24:44
18. SV Darmstadt 98 (A)	40:75	21:47

Das größte Terminchaos in der Geschichte der Liga: 46 Spiele fallen wegen des schneereichen Rekordwinters aus. Im Januar werden 21 der 27 angesetzten Spiele gestrichen. Erst Ende Mai, vor dem vorletzten Spieltag, ist die Tabelle begradigt. Aus den Wirren des Winters schält sich der HSV unter Branko Zebec als Meister heraus, verfolgt zwar vom Vorwurf des Rasenschachs, allerdings auch mit den meisten Toren und den wenigsten Gegentoren.

Fluchtpunkt USA

Ende einer Ära, die große Elf des FC Bayern zerfällt. Gerd Müller flieht nach Florida – nachdem Trainer Pal Csernai ihn im Februar 1979 in Frankfurt (1:2) auswechselt, bittet er um sofortige Freigabe. Müller schließt sich den Fort Lauderdale Strikers an, mit denen er in der American Soccer League der Star-Truppe von Cosmos New York mit Franz Beckenbauer begegnet. Beckenbauer ging schon ein Jahr zuvor in die USA, im Bild flaniert er mit Mutter Antonie (links), Lebensgefährtin Diane Sandmann und Tante Paula. Im Wrack eines Mercedes 450 SEL endet im Juli 1979 die Karriere von Sepp Maier. Er wurde schwer verletzt, an ein Comeback war nicht mehr zu denken.

SAISON 1978/1979

1979/80

Uli Hoeneß im Januar 1970, als 18-jähriger Abiturient auf der Schulbank. Damals spielte er noch bei der TSG Ulm 1846, im folgenden Sommer wechselte er zum FC Bayern.

„Ich habe die Ellbogen ausgefahren"

Uli Hoeneß hat sich mit seinem Wirken als Vereinsmanager und Präsident nicht nur Freunde gemacht. Für den FC Bayern allerdings war er ein Glücksfall. Ein Gespräch über gelungene und weniger gelungene Transfers, über Spießrutenläufe und den Weltrekord im Bratwurst-Essen.

INTERVIEW: LUDGER SCHULZE

SZ: Herr Hoeneß, eine Knieverletzung zwang Sie 1979, vom Fußballrasen an den Schreibtisch zu wechseln. Der 1. Mai war Ihr erster Arbeitstag als Manager des FC Bayern an der Säbener Straße. Erinnern Sie sich daran?
Uli Hoeneß: Ich erinnere mich sehr genau daran. Ich hatte ein grau-weißes Sakko an, weil ich dachte, man muss als Manager ein Sakko anhaben. Ob ich eine Krawatte anhatte, weiß ich nicht mehr ...

... Sie tragen doch so gut wie nie Krawatten!
Jedenfalls hatte ich einen Notizblock unter den Arm geklemmt und bin ins Büro gegangen. Es war das von meinem Vorgänger Robert Schwan, völlig leer geräumt, da war nur ein Schreibtisch und ein Sideboard. Und ein Telefon, sonst nix.

Und dann haben Sie losgelegt.
Na ja. Es gab damals nicht so viele Möglichkeiten für einen Verein, Geld zu verdienen auf die Schnelle. Gut, Freundschaftsspiele am Sonntagnachmittag für 10 000 Mark, vielleicht 15 000 oder 20 000 Mark. Ich hatte während meiner Zeit als Spieler beim 1. FC Nürnberg einen Araber kennengelernt, der angeblich gute Kontakte nach Kuwait hatte. Den hab ich angerufen, ob man da nicht mal spielen könnte. Nach zwei Stunden hab ich mir gedacht: Und jetzt? Dann bin ich wieder heimgegangen.

Aber Sie waren doch schon als Spieler geschäftlich aktiv für den FC Bayern.
Ich stamme aus Ulm, wo die Firma Magirus-Deutz ihren Sitz hatte. Eines Tages sprach mich ein Bekannter an, ob der FC Bayern sich vorstellen könne, Magirus-Deutz als Sponsor auf dem Trikot zu haben. „Das kann ich mir gut vorstellen", hab ich gesagt. Bis dahin hatten wir unseren Ausrüster Adidas auf der Brust, aber das war mehr ein Freundschaftsdienst, damit das Hemd nicht leer blieb. Kurz darauf haben Präsident Neudecker und ich uns mit dem Magirus-Chef in München im Franziskaner getroffen. Mitten unter allen Leuten im Franziskaner – undenkbar heute. Wir haben uns eine Weile unterhalten, und als wir uns weitgehend einig waren, hat der Magirus-Mann gesagt: „Wann können wir uns treffen, um den Vertrag zu machen?" Ich hab geantwortet: „Mach ma doch gleich direkt." Ich hab mir dann eine Speisekarte gegriffen und auf der Rückseite haben wir die Rahmenbedingungen notiert.

Mit dieser Summe, so heißt es, wurde der Transfer von Paul Breitner finanziert, der von Eintracht Braunschweig zum FC Bayern zurückkehrte.
Der Vertrag brachte 600 000 Mark, eigentlich die ersten Marketingeinnahmen des FC Bayern München. Neudecker sagte dann: „So, und jetzt können wir uns den Paul Breitner leisten." Der kostete 1,3 Millionen.

Bayern-Bauherr

Uli Hoeneß, geboren am 5. Januar 1952 in Ulm, hat den FC Bayern zu dem gemacht, was er heute ist. Als pfeilschneller Stürmer (35 Länderspiele) trug er in den Siebzigerjahren dazu bei, dass der Verein zur internationalen Größe wuchs. Als Manager baute er ab 1979 die Marke aus.

Als Sie Ihren Job antraten, hatte der FC Bayern bei einem Jahresumsatz von zwölf Millionen Mark mehr als sieben Millionen Mark Schulden. Sie standen also vor einer äußerst problematischen wirtschaftlichen Situation.
Kann man so sagen. Und das blieb ein paar Jahre lang so. Ich erinnere mich beispielsweise an den Transfer von Sören Lerby 1983. Wir hatten damals fast sechs Millionen Mark Schulden, also eigentlich kein Geld, um so einen Mann zu holen. Mittags, ehe wir zum Verhandeln nach Amsterdam flogen, hatten wir eine Beiratssitzung, bei der unser Mäzen Rudi Houdek, ein Wurstwaren-Fabrikant aus Starnberg, gesagt hat: „Auf die zwei Millionen kommt's jetzt auch nicht mehr an."

Ein Jahr später wurde Karl-Heinz Rummenigge zu Inter Mailand transferiert, und auf einen Schlag war der FC Bayern in den schwarzen Zahlen.
Mit den elf Millionen, die wir für Karl-Heinz bekamen, haben wir die Schulden abbezahlt, Lothar Matthäus für zwei Millionen von Borussia Mönchengladbach gekauft und Roland Wohlfarth für eine Million vom MSV Duisburg. Hinzu kamen noch Ludwig Kögl und Norbert Eder. Da war das Geld weg. Aber wir hatten wieder eine gute Mannschaft, die prompt Meister wurde.

Das waren für damalige Verhältnisse riesige Transfers. Woher hatten Sie eigentlich die Erfahrung, um in schwierigen Verhandlungen zu bestehen?
Ich hatte meine eigenen Verträge stets ohne Berater gemacht. Da saß man als Spieler dem gesamten Präsidium gegenüber: Neudecker, Schwan, Schatzmeister Willi O. Hoffmann – alle hockten sie aufgereiht vor einem. Und da passierte es, dass ich nach einer Viertelstunde rausgeflogen bin. „So geht das hier gar nicht, Ihre Forderungen sind unverschämt – raus!", hieß es. Vor der Tür traf ich Paul Breitner – dem war es genauso gegangen.

Und dann ...?
... sind wir nach Hause gefahren und am

SAISON 1979/1980

Stationen einer Ära: Uli Hoeneß bei der Arbeit in seiner ersten Saison als Manager des klammen Ex-Meisters FC Bayern 1979/80. Und 2008 beim letzten Auswärtsspiel des damaligen Trainers Ottmar Hitzfeld in Duisburg als Macher des schwerreichen Fußball-Unternehmens FC Bayern.

nächsten Tag wiedergekommen. Es hat jedoch nie dazu geführt, dass wir mit unseren Forderungen runtergegangen sind. Im Gegenteil, am Ende haben wir manchmal mehr bekommen, als wir ursprünglich verlangt hatten.

Wie das?
Das ging ja oft wochenlang hin und her, und in der Zwischenzeit kamen immer neue lukrative Angebote. Einmal war ich schon so gut wie in Bremen bei Werder, da hat man mir ein 20-Familien-Haus angeboten. Und Fiffi Kronsbein, der Trainer von Hertha BSC, saß ständig bei mir zu Hause.

Sie hatten zu Beginn Ihrer Manager-Tätigkeit nicht das allerbeste Image. Sie galten als der hemdsärmelige Aufsteiger, der mit dem Geldkoffer durch die Lande zieht und rücksichtslos Spieler kauft.
Nicht ganz zu Unrecht. Ich habe schon die Ellbogen ausgefahren, schließlich wollte ich den FC Bayern nach oben puschen. Ich hab mich mit allen möglichen Etablierten angelegt. Besonders mit Gladbachs Manager Helmut Grashoff. Dem hat es mordsmäßig gestunken, dass ich ihm den Matthäus weggenommen habe.

Erinnern Sie sich an Ihren ersten Transfer?
An die ersten. Wolfgang „Scheppe" Kraus, Wolfgang Dremmler, Hans Weiner ...

... eher unspektakulär.
Bis dahin waren wir stets so Achter, Neunter, Zehnter geworden. Wir haben also gute, solide Bundesligaspieler geholt und damit die Breite unseres Kaders verbessert. Das war der Anfang einer sehr erfolgreichen Zeit.

Ihr Bruder Dieter schoss damals viele Tore. Waren Sie es, der ihn zum FC Bayern holte?
Schon, aber da war ich ja noch Spieler. Ich hatte das vermittelt, aber ich war noch kein Manager. Später haben viele Leute behauptet, der Präsident Neudecker hat den Hoeneß nur eingestellt, damit er seinen Bruder holt. Das stimmte nicht, das war schon vorher.

Wegen Ihres Bruders mussten Sie ohnehin viel erdulden. Jedes Mal, wenn er schlecht spielte, wurden Sie kritisiert.
Das war die schlimmste Zeit als Manager überhaupt. Anfangs hatte Dieter große Probleme, die Zuschauer haben getobt und die Journalisten gätzt: Der spielt ja nur, weil der Bruder hier Manager ist. Jedes Spiel, in dem Dieter nicht so gut war, wurde für mich zur Tortur.

Vor allem hat man Ihnen vorgeworfen, dass Sie eines der größten Stürmertalente des deutschen Fußballs übersehen haben, Rudi Völler, der von 1980 bis 1982 bei 1860 München spielte. Haben Sie ihn aus Rücksicht auf Ihren Bruder nicht von der anderen Straßenseite herübergeholt?
Nein. Bis heute ist es problematisch, einen Spieler vom Lokalrivalen 1860 zu verpflichten. Die Löwen waren damals halbwegs auf Augenhöhe mit uns. Von ihnen hat man nur dann einen Spieler weggeholt, wenn man keine Alternative besaß. Und ich war der Meinung, dass wir in Dieter und Karl-Heinz Rummenigge zwei sehr gute Stürmer hatten.

SAISON 1979/1980

Top und Hopp: Sören Lerby wurde nach schwierigem Beginn eine prägende Bayern-Gestalt der Achtzigerjahre. Radmilo Mihajlovic (rechtes Bild, links) und Alan McInally glänzten nur kurz.

Insgesamt betrachtet hat Ihr Transfergeschick jedoch wesentlich dazu beigetragen, dass der FC Bayern nach einer Durststrecke bald wieder an das Niveau der erfolgreichen Siebzigerjahre heranreichte. Doch nicht jeder Spieler schlug ein.

Das ist ja auch gar nicht möglich. Da fällt mir eine Geschichte ein, das war mitten im Winter 1979/80, kurz vor Ende der Transferperiode. Wir brauchten dringend einen Libero. Unsere Scouts hatten in Norwegen beim Moss FK einen langen, fast einsneunzig großen, tollen Abwehrspieler entdeckt, Jan-Einar Aas. Auf der Weihnachtsfeier des FC Bayern habe ich Gaggi Eyrich von unserem Partner Adidas angesprochen: „Hast Du Lust, morgen mit mir nach Norwegen zu fliegen? Du brauchst nichts mitzunehmen, wir sind am Abend wieder zurück." Am nächsten Morgen sind wir mit einer Privatmaschine nach Kristiansand, gut 300 Kilometer südwestlich von Oslo, geflogen. Dort hatte es 20 Grad minus. Weil wir davon ausgegangen waren, dass die Sache schnell über die Bühne geht, hatte ich keinen Mantel dabei, sondern nur einen Pullover. Und Sommerschuhe an, so dünne Salonschleicher. Und natürlich hatte ich keine Zahnbürste mitgenommen, keine frische Unterwäsche, nix. Wir haben dann stundenlang verhandelt, und ich wollte ihn unbedingt gleich mit nach München zur medizinischen Untersuchung nehmen. Er wollte aber noch eine Nacht darüber schlafen und mit seiner Freundin reden, die in Oslo wohnte. Also sind wir nach Oslo geflogen, wo es 25 Grad minus hatte. Der Pilot hat die kleine Maschine in der äußersten Ecke des Flughafens geparkt, und als nach ewig langer Zeit immer noch kein Auto gekommen war, um uns abzuholen, haben wir beschlossen, zu Fuß zum Flughafengebäude zu marschieren. Das war fast einen Kilometer weit weg, und als wir dort ankamen, waren wir total durchgefroren, die Füße waren wie Eisklumpen. Im Hotel habe ich dann sofort gefragt, ob sie eine Sauna haben. Da haben wir uns reingesetzt – nach etwa zweieinhalb Stunden hatten wir das Gefühl, wieder aufgetaut zu sein.

Und wie ging es mit Aas weiter?
Der stand am nächsten Morgen brav am Flughafen und ist mit nach München gekommen.

Richtig warm ums Herz wurde Ihnen später nicht, wenn Sie ihn spielen sahen. Er bestritt lediglich 13 Spiele für den FC Bayern.
Ein toller Charakter, aber er war einfach zu langsam und zu unbeweglich.

Welches war denn der schwierigste Transfer, den Sie gemacht haben?
Franck Ribéry. Er wurde uns von dem Spielerberater Holger Klemme angeboten …

… der früher Rudi Völler beriet, später aber von einigen seiner Klienten vor Gericht gebracht wurde …
Klemme hatte uns signalisiert, wir würden Ribéry für 20 Millionen Euro kriegen. Wir sind also in voller Besetzung, Karl-Heinz Rummenigge, Karl Hopfner und ich, nach Paris geflogen mit dem Plan, wir fangen mal bei 16 Millionen an und kommen im Laufe der Verhandlungen auf besagte 20 Millionen. Im 20. Stock eines Hotels wartete schon der Präsident von Ribérys damaligem Klub Olympique Marseille, Pape Diouf, mit seinem Finanzchef auf uns. Ich habe dann eine sehr freundliche Einleitung gemacht, bis Diouf mich unterbrach: „Hier liegt ein Missverständnis vor", sagte er, „wir brauchen gar nicht weiter zu reden. Unter 30 Millionen geben wir Franck nicht her." Dann haben wir noch unseren Kaffee ausgetrunken und sind aufgestanden. Unten angekommen habe ich dem Herrn Klemme gesagt: „Das war das erste und das letzte Mal, dass Sie uns angeschmiert haben." Die Verhandlung hatte keine fünf Minuten gedauert. Wir wussten nicht, wie die Sache weitergehen sollte, wir wussten nicht einmal, mit wem wir reden sollten, denn Franck hatte ja drei Berater, den Heiderscheid, den Bernès und den Migliaccio, ja wir wussten nicht einmal, ob Ribéry überhaupt zu uns kommen wollte. Es hatte ja noch kein Gespräch gegeben. Also haben wir unsere französischen Spieler, Bixente Lizarazu und Willy Sagnol, eingeschaltet und auf diesem Weg erfahren, dass Bernès und Migliaccio zuständig waren. Mit Migliaccio haben wir uns dann darauf verständigt, dass Franck, wenn er denn von Marseille weggehe, nur zu uns kommt, zu keinem anderen Verein. Das war der Durchbruch, denn Marseille brauchte dringend Geld, die konnten sich Ribéry nicht mehr leisten. Und dann sind wir ein zweites Mal nach Paris und haben uns mit Olympique auf 25 Millionen plus Prämien für dies und jenes geeinigt. Das Ganze ging über Monate.

Sie wussten ja, um wen Sie so lange gekämpft hatten.
Keineswegs, wir kannten ihn ja nicht. Wir haben einen Spieler gekauft, den ich noch nie gesehen hatte, außer im Fernsehen.

Aber Sie waren sehr glücklich, als endlich alles unter Dach und Fach war.
So glücklich, dass ich gleich meinen Führerschein abgeben musste. Als ich nach unserem zweiten Paris-Treffen vom Flughafen zurückkam, bin ich vor lauter Euphorie mit 80 Sachen durch die Ungererstraße gebrettert und gestoppt worden. 30 drüber, vier Wochen Führerscheinentzug.

> „Wenn ein Transfer die Konkurrenz schwächte, nun gut."

Normalerweise legen Sie bei Neuverpflichtungen Wert darauf, das Umfeld, die Familie kennenzulernen.
Absolut. Zum Beispiel bei Rabah Madjer, dem algerischen Stürmer, der durch ein Tor mit der Hacke hauptverantwortlich dafür gewesen war, dass uns seine Mannschaft, der FC Porto, 1987 im Endspiel um den Europapokal der Landesmeister 2:1 besiegt hatte. Zu ihm und seiner Familie bin ich, um nicht erkannt zu werden, nach Lissabon geflogen und dann mit dem Auto 300 Kilometer weit nach Porto über unzählige Dörfer und Hinterhöfe gefahren. Bei ihm zu Hause haben wir uns dann schnell vertraglich geeinigt, nachdem er uns seinen Vertrag mit Porto vorgelegt hatte, in dem eine Ablöse von 800 000 Dollar stand.

Die Sache war schon so weit gediehen, dass Madjer im Bayern-Trikot fotografiert wurde vor einem Schild mit der Aufschrift „Freistaat Bayern".
Alles war klar, bis uns der Verein einen zweiten Vertrag vorlegte, in dem es hieß, dass er mindestens 800 000 Dollar kosten würde. „La somme minime", hieß das auf Französisch, das werde ich nie vergessen. Und dieser Vertrag war der gültige, nicht der, den er uns gezeigt hatte. Der FC Porto hat dann gesagt, la somme minime heißt, wenn wir fünf Millionen wollen, ist das immer noch mindestens. Damit standen wir vor einem Riesenproblem, denn, da wir aus dem Vertrag mit Madjer ja nicht mehr rausgekommen wären, hätten die jede Summe der Welt verlangen können. Geld, das wir überhaupt nicht hatten, das hätte den FC Bayern ruinieren können. Dann kam uns das Glück zu Hilfe, denn plötzlich wollte Inter Mailand Madjer unbedingt haben. Bevor wir angefangen haben, mit Inter zu verhandeln, haben wir Madjer gesagt, wenn er nach Mailand wolle, müsse zuerst der Vertrag mit uns aufgelöst werden. Das hat er gemacht. Bei der anschließenden medizinischen Untersuchung hat Inter dann einen Knieschaden festgestellt. Daraufhin haben wir noch in Mailand ein rauschendes Fest gefeiert, denn wenn Inter nicht aufgetaucht wäre, hätten wir ihn mitsamt seinem kaputten Knie für eine Unsumme nehmen müssen. La somme minime!

Eigentlich wollten Sie erzählen, wie sehr Sie bei Transferverhandlungen auf das Umfeld, die Familie eingegangen sind.
Michael Sternkopf! Weil so schlechtes Wetter war, haben Jupp Heynckes und ich beschlossen, mit dem Zug zu fahren. Am Karlsruher Hauptbahnhof sind wir erst mal in einen Blumenladen gegangen, um Blumen für Sternkopfs Mutter zu kaufen. Da haben uns schon Hunderte Leute gesehen. Und dann sind wir Trottel mit den Blumen in der Hand in ein Taxi gestiegen und zu Sternkopfs nach Hause gefahren. Und noch ehe wir dort angekommen waren, meldeten alle Radiostationen: Hoeneß und Heynckes sind mit einem Strauß Blumen bei der Familie Sternkopf. Ich weiß nicht, ob es die Taxifahrer am Bahnhof waren oder die Blumenhändlerin, die uns verraten hatten.

So viel zum Thema Geheimhaltung von Transferverhandlungen. Je früher so etwas bekannt wird, desto schwieriger und teurer wird die Angelegenheit in der Regel. Deshalb lief ein Gespräch mit Miroslav Klose im Jahr 2007 geradezu geheimdienstmäßig ab.

SAISON 1979/1980

Transfers der besonderen Art: Rabah Madjer (links) trug das Bayern-Trikot nur beim Foto-Shooting. Schlechte Spiele von Stürmer Dieter Hoeneß waren für seinen Manager-Bruder Uli eine „Tortur".

Wir waren uns bereits einig, aber Klose wollte vor der Unterschrift unbedingt noch unseren Trainer Ottmar Hitzfeld kennenlernen. Ich habe gesagt, da flieg ich nicht mit, das ist mir zu heiß – in Bremen durfte das ja um Gottes Willen niemand erfahren. Aber Ottmar bestand darauf. Wir sind dann mit einer Privatmaschine nach Hannover geflogen, und weil ich ja aus der Sternkopf-Sache etwas gelernt hatte, sind wir den Weg ins Hotel nicht mit dem Taxi gefahren, sondern zu Fuß zum Treffen gegangen. Aber Miroslav Klose ist mit seinem Auto in die Tiefgarage des Hotels gefahren und wurde dort von einer Kamera gefilmt. Ein Hotel-Angestellter hat ihn darauf entdeckt und, weil er wusste, dass wir auch im Haus sind, hat er zwei und zwei zusammengezählt und die Zeitungen informiert.

Für Boulevardmedien ist es ein ertragreicher Sport, solche Verhandlungen exklusiv zu melden.

Die haben Leute bei den Fluggesellschaften, die sie über Passagierlisten informieren. Sie bezahlen Hotelportiers und Restaurantangestellte. Ich bin auch schon von Autos mit Reportern und Fotografen verfolgt worden.

Das ist sicher unangenehm, aber gefährlicher waren die Verhandlungen mit Roque Santa Cruz in Paraguay.

Zunächst mussten wir zum Präsidenten des paraguayischen Verbandes, der das Ganze vermittelt hatte. Als die Tür aufging, standen da ein Kampfhund und ein Mann mit einer Pumpgun. Später trafen wir den Präsidenten von Olimpia Asuncion in seinem Haus. Der hatte bei einem Vorgespräch mit unserem Chef-Scout Wolfgang Dremmler wie zufällig eine Pistole auf dem Tisch liegen gehabt. Der Präsident wirkte auf mich wie unter Drogen, wir saßen in seinem Wohnzimmer, mit im Raum und im Nebenzimmer waren etwa zwanzig Journalisten. Alle zwanzig Minuten verschwand er und kam eine Viertelstunde später geduscht und mit einem frischen Hemd wieder zurück. Als wir uns schon auf zehn Millionen geeinigt hatten, kam plötzlich das Problem auf: Dollar oder D-Mark? Ich sagte: „Natürlich Mark", die Mark stand ja günstiger als der Dollar. Da ist er wieder aufgestanden und verschwunden. Nach zehn Minuten kam er zurück, frisch geduscht mit frischem Hemd, und dann ging's weiter. Abenteuerlich! Am Ende haben sie ihre zehn Millionen für Roque bekommen ... Mark!

Roque Santa Cruz hat auch mehr versprochen, als er letztlich gehalten hat. Aber ein richtiger Flop war das Sturmduo Alan McInally und Radmilo Mihajlovic, die unter dem Namen „Mic und Mac" zur kurzfristigsten Legende der Bayern-Geschichte wurden, weil sie nach einem spektakulären Beginn kaum mehr spielten.

Nein, nein, die haben wir ja noch gut weiterverkauft. Ein größerer Flop war Bernardo. Ich war mit Jupp Heynckes beim Endspiel um die brasilianische Meisterschaft, São Paulo gegen Bragantino, da fiel mir Bernardo, der defensive Mittelfeldspieler, auf. Den Stürmer Mazinho hatten wir schon verpflichtet, und ich dachte mir, nehmen wir den gleich noch dazu.

Bernardo kostete immerhin 1,8 Millionen Mark Ablöse. Es stellte sich aber schnell heraus, dass er besser Gitarre als Fußball spielen konnte.

Ein furchtbar netter Kerl, aber viel zu langsam. Der hat nur vier Spiele für uns gemacht.

Ein nervenaufreibender Transfer war der von Jürgen Klinsmann 1995.

Die Verhandlungen mit seinem Anwalt und Berater Andreas Gross waren irre, weil es so viele Zusatzklauseln gab. Er wollte eine Beteiligung am Trikotverkauf, eine Ausstiegsklausel, die besagte, dass er sofort und ablösefrei gehen kann, sofern ihn der Trainer drei Mal hintereinander nicht aufstellt, obwohl er gesund ist. Das ging von mittags um 12 bis abends um 10, und du warst kaum einen Schritt weiter. Damals hab ich den Gross verflucht – heute habe ich ein super Verhältnis zu ihm.

Viele Verhandlungen wurden bei Ihnen zu Hause in Ottobrunn geführt. Die Kochkünste Ihrer Frau Susi dürften manches Gespräch erleichtert haben.

SAISON 1979/1980

Ganz bestimmt. Eine der lustigsten Geschichten war die mit dem Vater von Claudio Pizarro. Nach vier, fünf Stunden hatten alle Beteiligten Hunger. Ich hatte nur noch Nürnberger Rostbratwürste aus meiner eigenen Fabrik da, die meine Frau in die Pfanne geworfen hat. Sie musste immer nachlegen, weil Vater Pizarro in drei Stunden 70 Stück gegessen hat – absoluter Weltrekord.

Auch mit dem niederländischen Weltstar Ruud Gullit haben Sie daheim verhandelt.
Vorher bin ich aber mit Franz Beckenbauer zu ihm nach Mailand geflogen. Um halb zehn Uhr morgens haben wir geklingelt, es machte auf: der Butler. „Die Herrschaften schlafen noch." Wir haben im Vorzimmer gewartet und so lange Kaffee getrunken, bis die Herrschaften erwachten. Schließlich kam die Frau im Bademantel, dann er. Kurz darauf haben wir in München alle Fragen geklärt, er hatte die ärztliche Untersuchung absolviert und übernachtete bei uns daheim im Kinderzimmer. Am nächsten Morgen schwärmte er, er habe selten so gut geschlafen und alles sei ja so familiär, aber er müsse noch einmal mit seiner Frau reden und eine Nacht drüber schlafen. Und dann kam die Absage.

Transfers sind ein zentraler Bestandteil der Tätigkeit eines Fußballmanagers. Auf diesem Gebiet macht Ihnen vermutlich so schnell keiner Ihrer Kollegen etwas vor.
Ich habe die Verhandlungen ja nicht alleine geführt, da waren immer andere dabei. Willi O. Hoffmann, Fritz Scherer oder Kurt Hegerich, Karl Hopfner natürlich und Karl-Heinz Rummenigge. Ich war immer eher derjenige, der die große Linie gezogen hat; wenn es aber um Klauseln, Paragraphen, schriftliche Details und Dinge wie Krankenversicherung, Lohnfortzahlung im Krankheitsfall ging, um Auto, Wohnung, wie viele Flüge nach Hause – dann war Karl Hopfner eminent wichtig. Für mich hieß es: Ablösesumme, Jahresgehalt, Prämien – zack, fertig, auf Wiederschauen. Aber da ging es ja eigentlich erst richtig los.

Haben Sie im Lauf der Jahre Ihr Verhandlungsgeschick verbessert wie ein Handicap im Golfen?
Wichtig ist, dass man lernt, die andere Seite einzuschätzen. Wie taktieren die? Da hilft Erfahrung eine Menge. Ich wusste meistens nach einer Viertelstunde, wie es ausgeht.

Teil Ihrer Strategie war es lange Zeit, den schärfsten Rivalen die besten Spieler wegzunehmen.
Keineswegs. Alle Transfers wurden immer unter der Prämisse abgeschlossen, den FC Bayern besser zu machen. Wenn als Nebeneffekt der Gegner geschwächt wurde, nun gut.

Welcher Transfer hat Sie am glücklichsten gemacht?
Keiner, denn es gab bei allen Spielern Phasen, in denen es nicht so gut lief. Sören Lerby war ein großartiger Transfer. In seinem ersten Jahr wurde allerdings geschrieben, da müsse der Hoeneß wohl den älteren Bruder gekauft haben. Und denken Sie an Mehmet Scholl, an Oliver Kahn, an Manuel

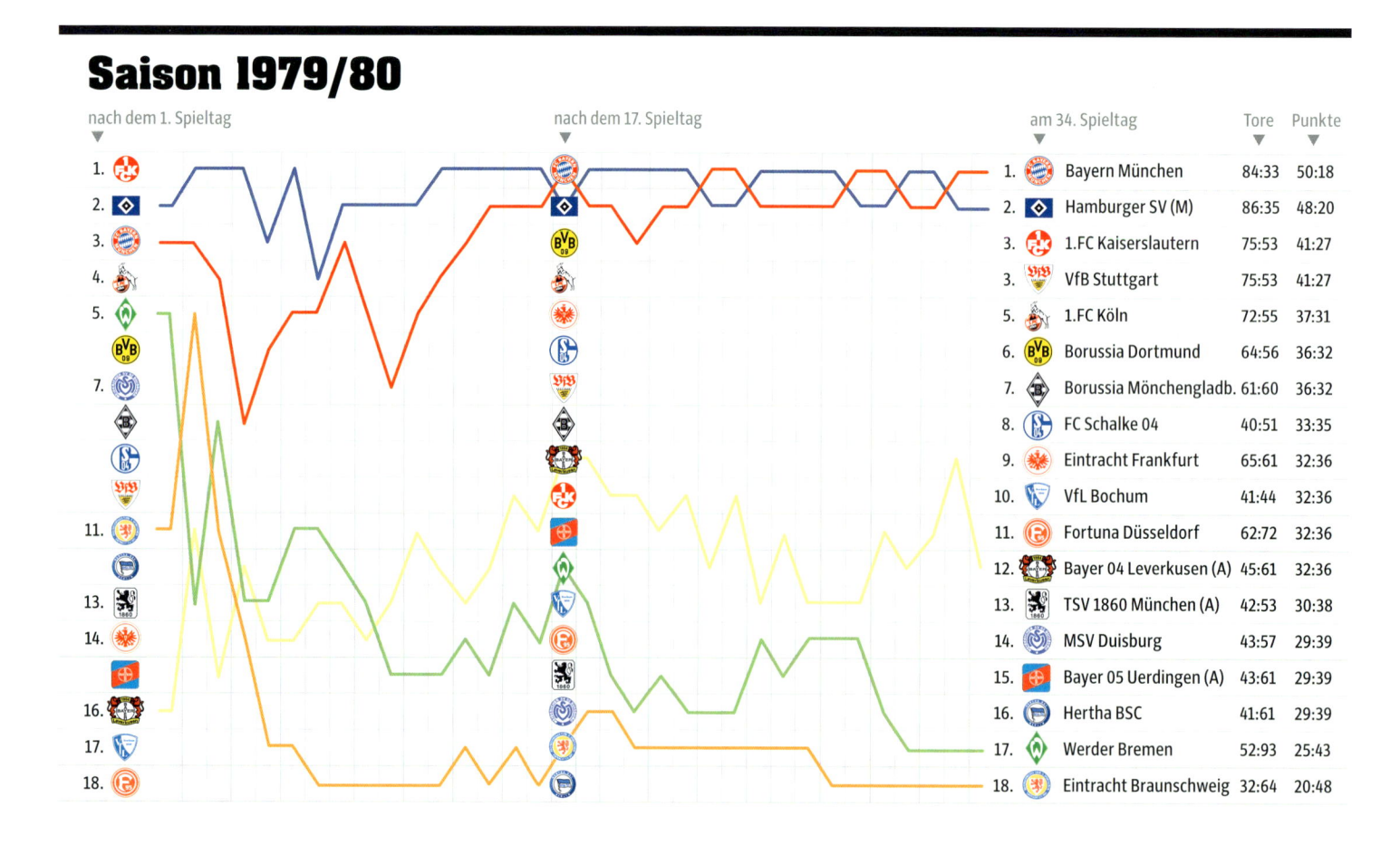

Saison 1979/80

	am 34. Spieltag	Tore	Punkte
1.	Bayern München	84:33	50:18
2.	Hamburger SV (M)	86:35	48:20
3.	1.FC Kaiserslautern	75:53	41:27
3.	VfB Stuttgart	75:53	41:27
5.	1.FC Köln	72:55	37:31
6.	Borussia Dortmund	64:56	36:32
7.	Borussia Mönchengladb.	61:60	36:32
8.	FC Schalke 04	40:51	33:35
9.	Eintracht Frankfurt	65:61	32:36
10.	VfL Bochum	41:44	32:36
11.	Fortuna Düsseldorf	62:72	32:36
12.	Bayer 04 Leverkusen (A)	45:61	32:36
13.	TSV 1860 München (A)	42:53	30:38
14.	MSV Duisburg	43:57	29:39
15.	Bayer 05 Uerdingen (A)	43:61	29:39
16.	Hertha BSC	41:61	29:39
17.	Werder Bremen	52:93	25:43
18.	Eintracht Braunschweig	32:64	20:48

Die Siebziger waren vom Duell Bayern-Gladbach bestimmt, die Achtziger beginnen mit dem Duell Hamburg-Bayern. Der HSV büßt seine Chance auf die Titelverteidigung im Grunde durch ein 1:2 am vorletzten Spieltag in Leverkusen ein, die Münchner ziehen durch ein 3:1 in Stuttgart und ein 2:1 gegen Braunschweig vorbei. Sechs Jahre lang haben die Bayern auf ihre sechste Meisterschaft warten müssen.

Spielerprominenz mit Einkäufer: Franck Ribéry umarmt Uli Hoeneß (oben, 2011), Paul Breitner trinkt aufs gemeinsame Wohl (Mitte, mit Trainer Pal Csernai, 1980). Und Lothar Matthäus wirkt eher distanziert (1997).

Neuer! Das waren Transfers, bei denen es immer mal Probleme gab, die aber den FC Bayern wesentlich weitergebracht haben.

Der Rekord-Transfer war der von Javier Martínez für eine Ablöse von 40 Millionen Euro. Vermutlich war es auch ein sehr komplizierter Transfer.
Gar nicht, weil der Präsident von Athletic Bilbao sich bis zum Schluss geweigert hat, mit uns zu reden, obwohl er unter Jupp Heynckes in den Neunzigerjahren Spieler war. Wir haben den bis heute nicht kennengelernt. Im Vertrag stand drin, dass Martínez für 40 Millionen gehen darf. Wir haben das Geld gemäß der Rechtslage beim Verband hinterlegt, der hat es an den Verein weitergeleitet, fertig. Martínez spielt ohne Zustimmung von Bilbao für uns.

Noch spektakulärer war die Verpflichtung des Trainers Josep Guardiola, die für Aufsehen in der Fußballwelt gesorgt hat. Wer kam eigentlich auf die Idee, ihn 2013 nach München zu holen?
Er selbst. Vor zweieinhalb Jahren, beim Audi-Cup in der Sommerpause, kam er zu uns und sagte: „I can imagine to work for Bayern" – ich kann mir vorstellen, für Bayern zu arbeiten. Und nachdem er beim FC Barcelona aufgehört hatte, haben wir den Kontakt intensiviert. Karl-Heinz Rummenigge ist nach Barcelona geflogen, Guardiolas Bruder, der seine Interessen vertritt, hat uns in München besucht. Und als eigentlich alles klar war, hat er gesagt, er wolle auch mich kennenlernen, bevor er den Vertrag endgültig unterschreibt. Ich bin dann mit dem unterschriftsreifen Vertrag nach New York, wo er während seines Sabbaticals lebte, und habe mich zwei, drei Stunden mit ihm unterhalten, ehe er fragte: „Soll ich jetzt unterschreiben?" Ich hab gesagt: „Yes!"

Wo fand das Treffen statt?
Bei ihm zu Hause in seinem Appartement am Central Park. Ursprünglich wollte ich mich abends mit ihm zum Essen bei Cipriani in der Fifth Avenue treffen. Aber das wollte er vorsichtshalber nicht. Er hat mich dann in einem Auto mit verdunkelten Scheiben abholen lassen, in die Tiefgarage durch ein paar Kellergewölbe hindurch und dann rauf in seine Wohnung.

Wieder einmal wie in einem Spionagekrimi.
Abends bin ich mit einem amerikanischen Freund dann doch in dieses Lokal gegangen. Während des Essens kam ein Ober an den Tisch und bat mich, ob ich mal mit um die Ecke kommen wolle: Da saß Alex Ferguson, der Trainer von Manchester United. Das wäre ein Traum gewesen: Ich mit Guardiola beim Essen in New York – und Ferguson kommt dazu.

SAISON 1979/1980

1980/81

Karl-Heinz Dribbeltänzer

Den Ball führte er am Fuß wie ein dressiertes Schoßhündchen, Grätschen der Gegner ignorierte er – und so hat es Karl-Heinz Rummenigge, der beste Angreifer seiner Zeit, sogar in einen beachtlich erfolgreichen Popsong geschafft.

VON LUDGER SCHULZE

Eigentlich ist es ja ein Unding, eine Lobeshymne mit Rummäkelei beginnen zu lassen. Aber eine Annäherung an den großen Fußballer Karl-Heinz Rummenigge, der das Zeug gehabt hätte, der Größte zu sein, gelingt eben nur, wenn man bedenkt, was er alles nicht war. Karl-Heinz Rummenigge war: erstens nicht Weltmeister und zweitens nicht Weltfußballer des Jahres. Der Weltmeistertitel ist die Einlassberechtigung für die geschlossene Gesellschaft der lebenden Legenden, für Männer wie Pelé, Beckenbauer, Maradona oder Zidane. Weltmeister wurde Rummenigge nicht, weil ausgerechnet er, der mit Abstand beste deutsche Fußballer jener Zeit, in den entscheidenden Momenten der Turniere 1982 und '86 schwer angeschlagen und folglich weit unter dem eigenen Niveau war. Und Weltfußballer wurde der Münchner aus einem einzigen, profanen Grund nicht: Den gab's zu seiner Zeit noch nicht.

Ein paar Jahre später wurde die Auszeichnung als Weltfußballer des Jahres eingeführt, 1991, und Rummenigges ehemaliger Zuträger Lothar Matthäus bekam den Preis als Erster, auch deshalb, weil er ein Jahr zuvor als Kapitän der Nationalmannschaft Weltmeister geworden war. Beides, wie gesagt, blieb Rummenigge versagt.

Apropos Matthäus. Der hatte, damals noch in Diensten von Borussia Mönchengladbach, das zweifelhafte Vergnügen mit dem Gegenspieler Karl-Heinz Rummenigge. Danach sprach er: „Ich habe gegen Zico und Maradona gespielt und weiß jetzt, wer der beste Fußballer der Welt ist: Karl-Heinz Rummenigge." Das nur zur Einordnung.

Der Unvollendete erreichte den Zustand weitgehender fußballerischer Vollendung in den Jahren 1980 und 1981. „Meine besten Jahre", sagt er schmucklos über diese Zeit, die eine Aneinanderreihung von Erfolgen, Titeln und persönlichen Triumphen war. Europameister 1980. Deutscher Meister '80. Deutscher Meister '81. Bundesliga-Torschützenkönig in dem einen wie anderen Jahr. Und, als logisches Nebenprodukt aus all dem, zwei Perlen obendrein – Europas Fußballer des Jahres '80 und '81. Das sind die technischen Eckdaten.

> **Beiläufig hüpfte er über die als Waffen ausgefahrenen Beine.**

Will man ihnen Leben einhauchen, muss man diesen Rummenigge vor dem geistigen Auge wiederauferstehen lassen. Wie er in der eigenen Hälfte startet, den Ball am Fuß wie ein dressiertes Schoßhündchen, wie er Fahrt aufnimmt, schneller und schneller wird, wie von links einer mit mordversuchsverdächtiger Grätsche anrauscht und dann von rechts ein anderer, wie Rummenigge seinen rasenden Lauf nur für diese Wimpernschläge unterbricht, in denen er wie beiläufig über die als Waffen ausgefahrenen Beine der Gegenspieler drüberhüpft, ehe er diesen unwiderstehlichen Slalom wieder aufnimmt und, natürlich, mit der Präzision eines amtlichen Landvermessers zum krönenden Abschluss bringt.

Man darf, wenn man an den Rummenigge dieser Ära denkt, allerdings seinen Partner nicht vergessen, Paul Breitner, der es im Laufe der Zeit vom windhundhaften Linksverteidiger zum souveränen Mittelfeldherrscher gebracht hatte. Breitner, 1978 über Real Madrid und Eintracht Braunschweig zum FC Bayern zurückgekehrt, war der Vorbereiter, Rummenigge der Vollender, Breitners Pässe waren das Schmiermittel, die Butter auf dem Brot, Rummenigges Dribblings und Torschüsse die edle Konfitüre. Jeder Gegenspieler kannte den Plan der beiden, doch keiner fand ein Mittel, ihn zu durchkreuzen. Immer wieder landete der von Breitner

Bomber der Achtziger: Rummenigge mit Klub-Präsident Willi O. Hoffmann und Kanone.

Die Jungs von der Roller-Gang: Wenn die Pässe von Paul Breitner (am Lenker) die Butter im Spiel der Bayern waren, dann sorgte Karl-Heinz Rummenigge wahrscheinlich für die Konfitüre.

gezirkelte Ball exakt auf dem Fuß des in Höchsttempo spurtenden Rummenigge – und wieder und wieder.

Jeder für sich war wertvoll, gemeinsam bildeten sie eine sportliche Übermacht. Die Boulevardpresse erfand für das Schrecken verbreitende Duo den mäßig kreativen, aber irgendwie doch treffenden Namen „Breitnigge". Rummenigge schoss in den beiden strahlenden Jahren (1980: 26, 1981: 29) rund ein Viertel seiner insgesamt 218 Bundesliga-Tore. Gemeinsam wurden sie zwei Mal Deutscher Meister und ein Mal DFB-Pokalsieger. „Die große Bayern-Elf der Siebzigerjahre", sagte Rummenigge später, „erlebte damals eine Wiedergeburt."

Das kann niemand so einschätzen wie er, denn Rummenigge war bereits Teil dieser brillanten Mannschaft um Kapitän Franz Beckenbauer gewesen. Der aus Lippstadt in Ostwestfalen stammende Karl-Heinz Rummenigge war im WM-Jahr 1974 zum FC Bayern gekommen. Der 18-jährige Banklehrling war derart schüchtern, dass er im ersten Training den Kollegen Gerd Müller höflich siezte. „Spinnst Du", antwortete der Welttorjäger, „ich bin der Gerd." Von Weltstars wie Beckenbauer, Müller oder Uli Hoeneß erhielt Rummenigge „die beste Ausbildung, die man sich vorstellen kann". Schon im ersten Jahr durfte er in 21 von 34 Ligaspielen mitmachen, auch wenn ihm mitunter die Konzentration fehlte. In Hamburg, gegen den HSV, beispielsweise lieferte er eine Leistung an der Grenze zum Komplettausfall ab; sein direkter Gegenspieler, ein Mann namens Peter Hidien, schoss obendrein den einzigen Treffer der Partie. Die anschließende Kritik von Trainer Udo Lattek war mehr eine Schmähung, er betitelte Rummenigge als „Rummelfliege" oder „Rotbäckchen", um dessen fußballerische Naivität zu geißeln. Die Herabsetzung traf den Jüngling tief, sie konnte aber nicht verhindern, dass sich seine Klasse von

Spitze des Kontinents

Fünf deutsche Nationalspieler, die Europas Fußballer des Jahres wurden:

1970	Gerd Müller	(FC Bayern)
1972	Franz Beckenbauer	(FC Bayern)
1976	Franz Beckenbauer	(FC Bayern)
1980	Karl-Heinz Rummenigge	(FC Bayern)
1981	Karl-Heinz Rummenigge	(FC Bayern)
1990	Lothar Matthäus	(Inter Mailand)
1996	Matthias Sammer	(Bor. Dortmund)

Einsatz zu Einsatz verdichtete. Kurz zusammengefasst: In ihm vereinigten sich Dynamik und Eleganz. Das englische Pop-Duo Alan & Denise widmete ihm 1983 deshalb einen beachtlich erfolgreichen Popsong mit dem Titel „Rummenigge", Rummenigge „with his sexy knees".

Der Besungene war unglaublich schnell auf seinen beeindruckend muskulösen Beinen, ein virtuoser Dribbeltänzer, ein entschlossener Draufgänger und kalter Torschütze. Aber den Europapokal der Landesmeister gewannen er und Paul Breitner in jenen Glanzjahren trotzdem nicht. Das beste Team Europas schied 1981 ungeschlagen im Halbfinale gegen Liverpool (0:0, 1:1) aus, ein Jahr später unterlag die Mannschaft nach hoch überlegen geführtem Spiel 0:1 gegen Aston Villa.

Das beste Spiel seiner Karriere übrigens machte Karl-Heinz Rummenigge im November 1982, Achtelfinale gegen Tottenham Hotspur im Europapokal der Pokalsieger. Rummenigge spielte die Briten, den Aussagen seiner Mannschaftskollegen zufolge, beim 4:1 in nie gekannter Weise schwindelig. Beweisen lässt sich das nicht, denn kein Zuschauer hat das Spektakel mit eigenen Augen gesehen: Über dem Rasen des Münchner Olympiastadions lag 90 Minuten lang ein undurchdringlicher Nebel-Teppich. Irgendwie typisch.

DER HELD MEINER JUGEND
Egon Köhnen

Irgendwann vor ein paar Jahren – der Fortuna ging es gerade fürchterlich schlecht, sie war in die vierte Liga abgerutscht, und es ging ihr noch viel schlechter, weil Thomas Berthold das Management übernommen hatte –, irgendwann also saß ich bei Egon Köhnen in der Küche seines Reihenhauses in Düsseldorf-Golzheim. Wir hatten ihn damals „Mönch" genannt, weil er früh schon am Hinterkopf eine Tonsur trug, die sich rasch ausbreitete. Später wurde der schöne, wahrhaftige Spruch kreiert: „Der Egon Köhnen muss sich nicht föhnen." Aber ein Recke war er, der nichts anbrennen ließ im Strafraum. Und nun saß er da, mit Glanz in den Augen. Das lag wohl zum einen daran, dass er traurig erzählte, dass er schon seit geraumer Zeit hier alleine wohnte, was mal anders war und anders geplant. Zum anderen lag es an der Fortuna. Für die hat er 15 Jahre gespielt, zwischen 1966 und 1981. Und in Basel war er auch dabei. Basel, Mensch, Leute, das Fast-Wunder von Basel, damals, im Mai 1979, als Düsseldorf den FC Barcelona im Endspiel des Europapokals der Pokalsieger an den Rand einer Niederlage brachte. Und als ich Egon erzählte – ich darf doch jetzt Egon sagen, der ist jetzt, 2013, 66 Jahre alt –, als ich Egon erzählte, dass Schulfreund Thomas beim vorübergehenden Ausgleich von Wolfgang Seel ein kleines Rattanstühlchen durch die Luft schwang und es durch das Fenster meiner Wohnung schleuderte, leider war das Fenster zuvor geschlossen, da lachte Egon. Egon, dem Held meiner Jugend, etwas zurückzugeben, war die Scherben allemal wert. **HELMUT SCHÜMANN**

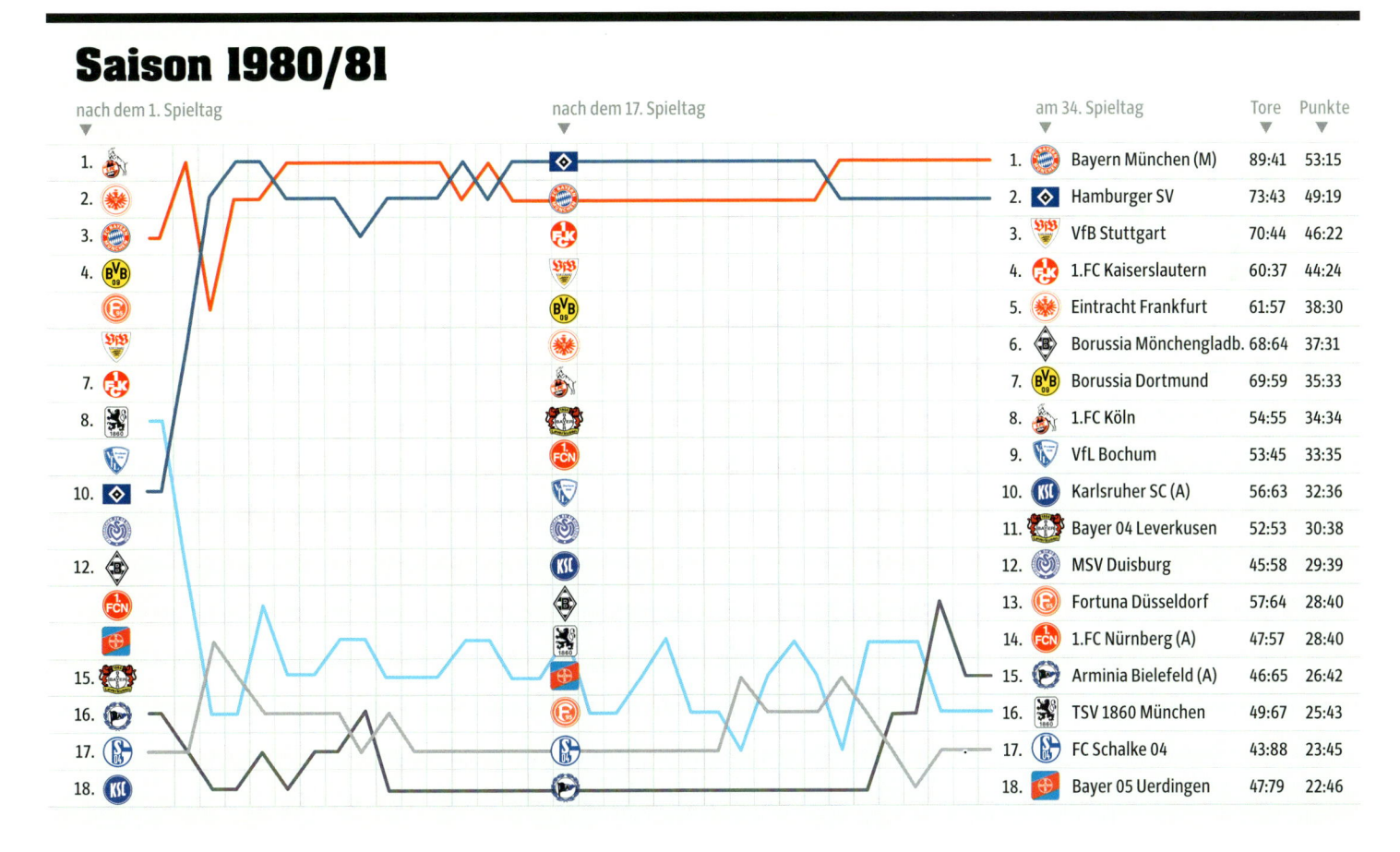

Saison 1980/81

am 34. Spieltag	Tore	Punkte
1. Bayern München (M)	89:41	53:15
2. Hamburger SV	73:43	49:19
3. VfB Stuttgart	70:44	46:22
4. 1.FC Kaiserslautern	60:37	44:24
5. Eintracht Frankfurt	61:57	38:30
6. Borussia Mönchengladb.	68:64	37:31
7. Borussia Dortmund	69:59	35:33
8. 1.FC Köln	54:55	34:34
9. VfL Bochum	53:45	33:35
10. Karlsruher SC (A)	56:63	32:36
11. Bayer 04 Leverkusen	52:53	30:38
12. MSV Duisburg	45:58	29:39
13. Fortuna Düsseldorf	57:64	28:40
14. 1.FC Nürnberg (A)	47:57	28:40
15. Arminia Bielefeld (A)	46:65	26:42
16. TSV 1860 München	49:67	25:43
17. FC Schalke 04	43:88	23:45
18. Bayer 05 Uerdingen	47:79	22:46

Samstag, 21. März, der Tag, der über die Saison entscheidet: Drei Punkte liegt der HSV vorne, zudem zur Halbzeit 2:0 gegen die Bayern. Doch Rummenigge (67.) und Breitner (89.) gleichen zum 2:2 aus. Während die Bayern eine Siegesserie folgen lassen, verliert der HSV gleich danach 2:6 in Dortmund. Am Tabellenende hätte 1860 München ein Punkt gereicht, stattdessen: 2:7 beim KSC – Abstieg trotz Rudi Völler.

Geleitschutz

Frau Schuster, Frau Illgner, Frau Häßler, Frau Effenberg – in den Achtzigern und Neunzigern waren revolutionäre Spielermanagerinnen tätig. Nachfolgerinnen haben sie nicht gefunden.

VON PHILIPP SELLDORF

Gemeinhin lautet Bernd Schusters zweiter Name „der blonde Engel". Er trug aber auch ganz andere Ehrentitel. „Ein-Mann-Torpedo" hat ihn der Bayer-Leverkusen-Funktionär Jürgen von Einem getauft, als der Trennungskrach zwischen Spieler und Klub seinen Höhepunkt erreichte und alle bei Bayer verzweifelten. Als „Amokläufer" bezeichnete ihn sein Mitspieler Karl-Heinz Rummenigge 1982 nach einem Krach im Nationalteam, während sich Paul Breitner in demselben Streitfall zu beherrschen wusste: Er beließ es dabei, Schuster mit einer „rasenden Wildsau" zu vergleichen.

Diesen Verwünschungen und den vielen, die es sonst noch gab, war gemein, dass sie sich zwar gegen Schuster richteten – dass sie im Stillen aber auch seiner einflussreichen Frau Gaby gewidmet waren. Die war mindestens so blond wie Bernd und besaß ebenfalls ein spezielles Charisma. Sie trat nicht nur als stets bestens gebräunte Beraterin und erbarmungslose Interessenvertreterin ihres Mannes in Erscheinung, sondern auch durch Zärtlichkeiten, die im Gegensatz zu ihrem einschüchternden Auftreten standen. Vor Journalisten nannte sie ihren Gatten „Engelchen", und sie sprach fürsorgliche Sätze wie: „Mir geht es in erster Linie um Mausis Glück."

> **Mausi kultivierte die Launen des Genies, Frau Schuster verhandelte.**

Während Mausi die Launen des Genies kultivierte, strahlte Frau Schuster eine herbe Autorität aus, die selbst altgediente Patriarchen einschüchterte. Der DFB-Präsident Hermann Neuberger machte ihr mit Blumen und Pralinen die Aufwartung, damit sie ihren Mann zur Rückkehr in die Nationalmannschaft bewegte – oder, wie auch gemutmaßt wurde, die Freigabe erteilte. Reiner Calmund würdigte sie als die härteste Gegnerin, der er je begegnete („da wurde so richtig im Sumpf gebadet"). Jean Löring, Alleinherrscher beim SC Fortuna Köln, wurde in ihrer Gegenwart zum zahmen Galan, als Schuster in dem Klub seinen ersten Trainerjob antrat.

In Schusters Fußballerlaufbahn war seine Frau Gaby der ständige Geleitschutz, und wenn es ums Geschäftliche ging, um Streit und Skandale, stand häufig sie und nicht ihr Mann im Vordergrund. Sie lernten sich kennen, als er beim 1. FC Köln in die Profikarriere startete, 1978 war er als 18-Jähriger aus Augsburg gekommen. Angeblich liefen sie sich in einer Disko über den Weg, sie war sechs Jahre älter als er, arbeitete unter anderem als „Fotomodell". Als sie am Trainingsplatz in ziemlich frivoler Kostümierung erschien, soll Hennes Weisweiler ausgerufen haben: „Dat Luder muss weg." Stattdessen begann sie damit, sich einzumischen, bis sie schließlich die Geschäfte ihres Engelchens führte. Die Ehefrau als Managerin, das war damals schockierend ungewohnt, aber eine prägende Schule wurde nicht daraus. Die Frauen der heutigen Spieler haben sich kein Beispiel an den Damen genommen, die in den Achtzigern und Neunzigern in den Kampf für ihre Männer zogen.

Außer der Lehrmeisterin Gaby Schuster gehörten Bianca Illgner, Angela Häßler und Martina Effenberg der Schule der Spielermanagerinnen an. Die ersten drei im Quartett haben ihren Weg in Köln begonnen. Das mag Zufall sein, aber wahrscheinlicher ist, dass das liberale Köln der richtige Ort war, um gewisse Konventionen zu überwinden. Der Typus der selbstbewussten, lebenslustigen Frau mit großer Klappe ist im Kölner Leben ziemlich präsent, Karneval und Comedy-Szene profitieren davon. Von Gaby Schuster ist die Geschichte überliefert, wie sie in einem Fachgeschäft ein Ehebett erwerben wollte und wie sie den Verkäufer erröten ließ, als sie ihm ausmalte, was dieses Bett alles auszuhalten hätte.

An Selbstbewusstsein hat es den drei Frauen nie gemangelt. Angela Häßler, die ihren Thomas auf einer Silvesterparty kennenlernte und laut Augenzeugen sofort vereinnahmte (allerdings noch vor dessen Durchbruch als Profi), war gelernte Kosmetikerin. Bianca Illgner hat später auf ein „Romanistikstudium" und eine „Führungsposition bei der Lufthansa" verwiesen, aber zeitgenössische Quellen besagen, sie habe dem Bodenpersonal angehört, bevor sie die Betreuung ihres Bodo übernahm. Nicht unbedingt die Voraussetzungen, um komplexe Arbeitsverträge zu schließen. Doch wenn sie in der Presse über ihre Beratungs- und Verhandlungsleistungen sprachen, dann hörte sich das an, als ob sie ganz allein ihre Nationalspielergatten zu Juventus Turin (Häßler) und zu Real Madrid (Illgner) transferiert hätten. In Wahrheit waren Steuerberater und Rechtsanwälte für die Einzelheiten zuständig. Aber Selbststilisierung gehörte zum Geschäftsmodell, und so hat Bianca Illgner immer gern davon berichtet, wie sie 1996 ihren ahnungslosen Mann in den Lear Jet bugsierte, den Real Madrid am letzten Tag der Transferperiode geschickt

SAISON 1980/1981

Starke Frauen für berühmte Fußballer: Gaby Schuster mit Bernd (1), Angela Häßler mit Thomas (2), Bianca Illgner mit Bodo (3). Das Ehepaar Sylvie und Rafael van der Vaart (4) hat sich mittlerweile getrennt.

hatte, wie sie dann ganz allein einer Phalanx spanischer Funktionäre („alles Super-Machos") trotzte und deren Angst vor der auslaufenden Wechselfrist auskostete. Und dass der 1. FC Köln nur vier Millionen Mark Ablöse erhielt: Ergebnis der von ihr fixierten Ausstiegsklausel.

Trotz des Aufsehens, das sie mit ihrem grellen und durchaus auch vulgären Auftreten erzeugten, hielten die revolutionären Spielermanagerinnen den Rahmen des Systems ein. „Die raubeinigen Fußballstars wollen zu Hause ihre Leibgerichte und ihre Ruhe haben", berichtete 1983 *Der Spiegel*. Trainer und Manager wünschten seit jeher Fußballer, die in stabilen Beziehungen leben. „Wer keine feste Frau hat, hat viele Frauen", gab Rudi Assauer im Jahr 1980 zu bedenken. Der Trainer Max Merkel erkannte: „Extreme Spieler brauchen extreme Weiber." Auch Otto Rehhagel war ein erklärter Anhänger des Ehebundes. „Ich schätze es, wenn ein Spieler verheiratet ist", stellte er schon in frühen Bremer Zeiten fest, „denn die eigene Frau ist das beste Trainingslager."

Die Aussage ist alt und unfreiwillig komisch, aber tendenziell weiter gültig. Die Trennung des Traumpaares van der Vaart löste im Frühjahr 2013 in Hamburg große Besorgnis aus. Würde Rafael künftig ohne seine Sylvie das HSV-Spiel lenken können? Zum Glück finden Stars wie er relativ zügig Trost. Van der Vaarts darauffolgende Freundin hatte Erfahrung im Fußball: Sie war schon mit einem Mitspieler liiert. Nicht der erste Fall dieser Art, Forscher erkannten darin einen Trend.

1981/82
1982/83

*Der Traum jedes Bikers:
Die Spieler des Hamburger SV müssen
im Trainingslager in Durbach zu Fuß
gehen, Trainer Ernst Happel genießt da
natürlich gewisse Vorzüge.*

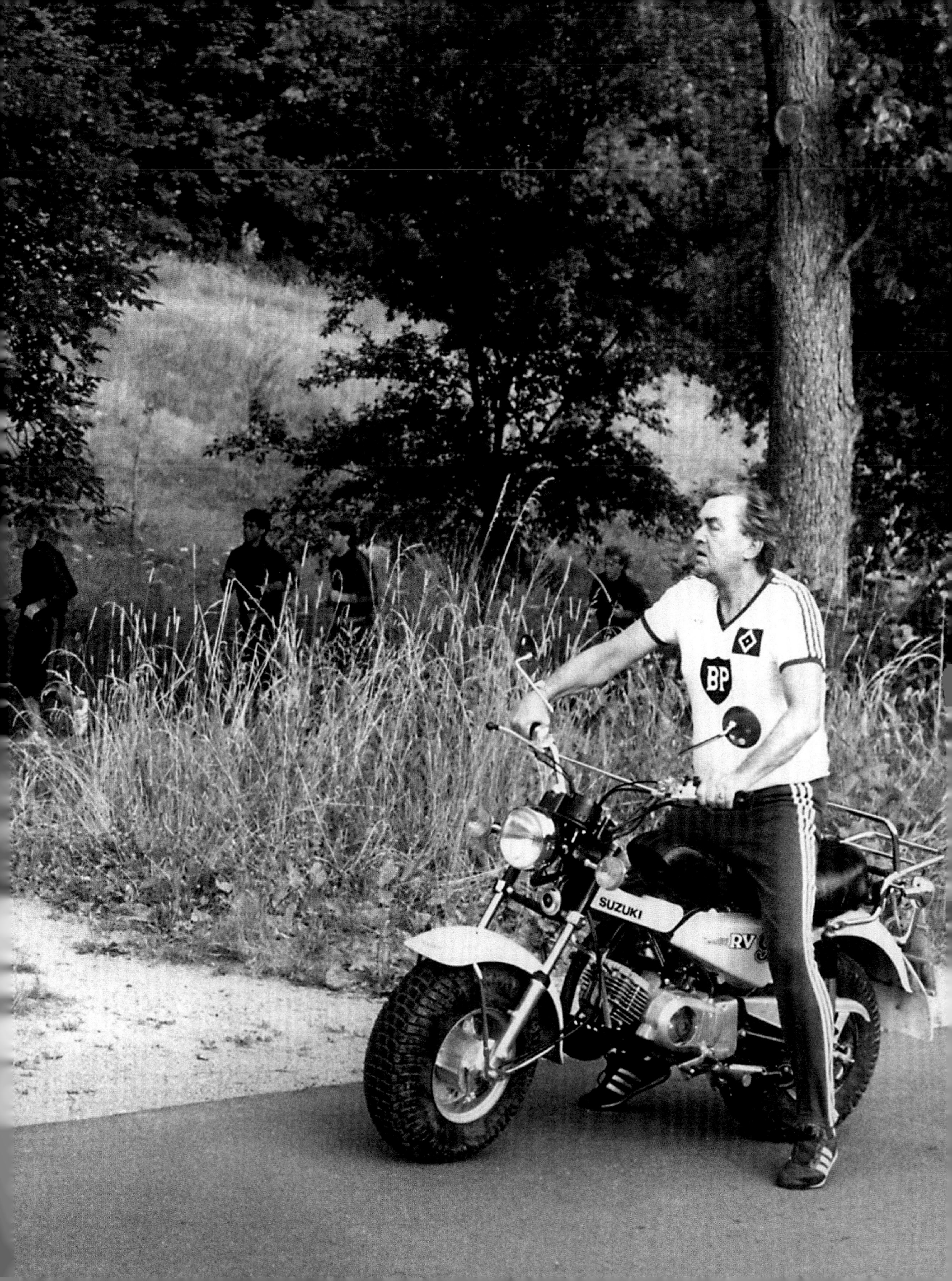
BP
SUZUKI
RV

Nordisch by nature

Der Wiener Fußballlehrer Ernst Happel brachte dem HSV die Abseitsfalle und den Erfolg, geliebt wurde er in Hamburg aber vor allem wegen seiner Seemannsattitüde. Ein Friedhofsbesuch.
Von Holger Gertz

Drei Packerl täglich. Happel rauchte, schwieg und rauchte.

Ernst Happel liegt auf dem Wiener Friedhof Hernals, ein Ehrengrab, Gruppe 1, Nummer 238. Zwischen der Familie Sandner und der Familie Kouba ist der Grabstein der Happels, das Grab ist gut gepflegt, schweigsam und schlicht. Wer genau hinschaut, erkennt das etwas ausgeblichene Stofftuch, mit dem eine Vase umhüllt ist, das Tuch hat eine längere Reise hinter sich, aus Deutschlands Norden ganz runter nach Wien. Das Stofftuch, blau und weiß und schwarz, trägt die Raute des Hamburger SV. Ernst Happel hat in Wien und Paris gespielt, er war Trainer in Den Haag und Rotterdam, Sevilla, Lüttich und Brügge; mit den Niederlanden ist er Zweiter bei der Weltmeisterschaft gewesen. Er war überall, aber nur die Fans vom HSV legen noch immer ihre Schals und Farben hier in die Blumengebinde, ausgerechnet den Hamburgern ist dieser Österreicher unvergessen. Die Geschichte von Happel und Hamburg war eine Liebesgeschichte.

Sie begann zu Beginn der Saison 1981/82, Happel hatte zuvor den Fußballern von Standard Lüttich in Belgien eine Art Raumdeckung beigebracht, ein Pressing, so etwas wie die Vorstufe des One-Touch-Fußballs, den Jahrzehnte später der FC Barcelona perfektionieren sollte. In Hamburg praktizierten sie zu der Zeit noch, wie überall in der Liga, die altdeutsche Manndeckung, sie hatten eine gute Mannschaft, unter Branko Zebec waren sie kurz zuvor Meister geworden, aber der HSV-Manager Günter Netzer glaubte, dass noch Besseres aus diesem Team herauszuholen sei. Netzer wollte nicht einfach einen neuen Trainer, er wollte ein neues Spielsystem. Er wollte Happel, koste es, was es wolle. Und es kostete viel. Happel kassierte zeitlebens große Gehälter, aber er zahlte ja auch zeitlebens großzügig zurück. Das Engagement Happels „hat den HSV über seine Grenzen gebracht", hat Netzer gesagt. Das bezog sich erst einmal aufs Finanzielle, konnte aber schon bald aufs Sportliche übertragen werden.

Die Einführung der Abseitsfalle, das Attackieren des Gegenspielers schon in dessen Hälfte – all das war neu in der Liga. So neu wie der Ton, den Happel anschlug beziehungsweise nicht anschlug. Er sprach nicht, schon gar nicht in der Öffentlichkeit. Er schwieg wie jetzt sein Grab. Netzer hatte Mühe, seinen Trainer überhaupt zu den Pressekonferenzen nach den Ligaspielen zu schleppen, dort hielt sich Happel dann sehr zurück mit Wortspenden. Es waren die frühen Achtziger, im Fußball gab es schon damals jede Menge Menschen, die unheimlich gern und weitgehend besinnungslos plapperten. Lothar Matthäus' große Karriere hatte soeben in

Happel und HSV-Manager Netzer. Das Grab des Trainers in Wien.

Gladbach begonnen. Happels Kontrastprogramm, sein einziger Redebeitrag nach einem Spiel kurz vor Weihnachten: „Ich wünsche allen Beteiligten frohe Festtage." Er sagte zu den Journalisten am Trainingsplatz: „Haut's eich in Schnee!" Selbst wenn Happel länger sprach, formulierte er auf den Punkt. Was die Journalisten so schreiben? „Is ja sowieso alles für Arsch und Friederich." Die Journalisten hassten ihn dafür, aber den Spielern gefiel, wie ihr Trainer sämtliche Rechnungen beglich, die sie selbst offen hatten mit *Bild* und *Morgenpost*.

Dem Chansonnier Serge Gainsbourg legen die Besucher noch immer Zigaretten – Gitanes ohne Filter – auf das Grab in Paris, Friedhof Montparnasse. Gainsbourg zelebrierte die Raucherei, seine Fans pflegen sozusagen diese Tradition. Happel machte kein Ereignis aus seinem Zigarettenkonsum, seine Fans müssen ihm keine Kippen aufs Grab legen, Lieblingsmarke Belga übrigens. Er führte sie in solchen Massen aus Belgien ein, dass einmal sein Wagen gestoppt wurde, die Polizisten hielten ihn für einen Zigarettenschmuggler. Rauchen war keine Pose. Rauchen war ein Teil seiner selbst. Drei Packerl Belga täglich. Er rauchte und schwieg, schwieg und rauchte. Er machte sich keine Gedanken darüber, ob es cool aussehen würde, sein Charaktergesicht mit den buschigen Brauen halb verhängt im blauen Nebel. Er rauchte. Aber natürlich sah es cool aus.

Es gibt herrliche Bilder, die HSV-Spieler keuchend beim Waldlauf, Trainer Happel auf einer Suzuki lässig am Rand. Selten lächelt er, oft schaut er ernst, immer wahrt er Distanz. Er verlangte seinen Spielern alles ab, sie mussten topfit sein für sein System. Happel war ein Schleifer. So eine Haltung gefiel den Hamburgern, die ja nicht so großsprecherisch sind wie die Münchner oder rührselig wie die Rheinländer. Sondern die ihre Seemannskneipen lieben, in denen Porträts von Seeleuten und Fischern im Rahmen an der Wand hängen. Und Fischer sind ja doch auch eher Menschen, die sich allein wohler fühlen als in der Gruppe. Um mal ein Lied der Band Fettes Brot in einer früheren Zeit zu verankern: Der Wiener Happel war irgendwie nordisch by nature.

Und er war erfolgreich mit seinem neuen System. Der HSV wurde Meister 1982, 1983. 36 Bundesligaspiele hintereinander ohne Niederlage. Uefa-Cup-Finale 1982, Pokalsieger 1987. Der große Triumph war der Sieg im Europapokal der Landesmeister 1983, Magaths 1:0 gegen die favorisierten Fußballer von Juventus Turin. Vorm Spiel hatten die Mannschaften das Stadion in Athen inspiziert, die Hamburger in Trainingsklamotten, die Turiner im Anzug. „Die feiern schon", hat Happel geraunt. „Aber die Einzigen, die am Ende feiern, sind wir."

Da ist viel Bewunderung, wenn die Spieler von damals über ihn sprechen, die Hamburger Magath und Hrubesch, der Niederländer van Hanegem, der Manager Netzer, die Lichtgestalt Beckenbauer, in der letzten Phase seiner Karriere war er kurz Happels ältester Schüler beim HSV. „Von seinem Fußballsachverstand her war Ernst Happel einer der größten Trainer aller Zeiten", hat Beckenbauer gesagt. Da ist Bewunderung, ein bisschen Liebe, sehr großer Respekt. Im ersten Training in Hamburg hatte Happel, der ein Verteidiger der Extraklasse gewesen war, eine Coladose aufs Lattenkreuz gestellt und sie aus 30 Metern runtergeschossen, beim ersten Versuch. „Nachmachen", befahl er seinen Fußballern. Mehr als ein Wort braucht man nicht, um die Verhältnisse zu klären.

Ernst Happel, 1925 geboren, hatte ein aufregendes und erfolgreiches Leben. Wo er war, füllten sich die Trophäenschränke und sprangen die Rauchmelder an. Aber ob ein aufregendes und erfolgreiches Leben auch glücklich ist? Seine Eltern waren Wirtsleute, er wurde von der Großmutter erzogen: Viel mehr Belastbares geben die ratlosen Archive nicht her. Viel später hat Happel gesagt, einem Kind wie ihm, ohne Elternliebe aufgewachsen, falle das Liebegeben schwer. Er war: ein Suchender. Ein Spieler im Casino oder im Caféhaus Ritter drüben in Ottakring, im Westen Wiens. Ein Frauentyp, was privat für schwerere Turbulenzen sorgte. Das Stadion war auch Heimathöhle, besonders der kühle Volkspark in Hamburg. Happel blieb bis 1987 beim HSV. Als sein Biograf Klaus Dermutz ihn 1991 in Innsbruck besuchte, bemerkte er den HSV-Wimpel am Rückspiegel von Happels Mercedes. „Warum hängt der da?", fragte Dermutz. Und Happel: „Der HSV war mein Leben."

Eine Liebesgeschichte. Happel wurde in seinen letzten Jahren österreichischer Bundestrainer, aber er war schon schwer krank, Lungenkrebs. Er nahm – die Chemotherapie – stark ab, schützte seinen Knochenschädel mit einer Kappe. Beim ersten Länderspiel nach seinem Tod lag die Kappe auf seinem Trainerstuhl, daneben eine Rose.

Horst Hrubesch übers Angeln

INTERVIEW: BENEDIKT WARMBRUNN

SZ: Herr Hrubesch, bekannte Fußballer wie Klaus Augenthaler und Miroslav Klose angeln. Sie gelten als geistiger Vater dieser Bewegung, seit Sie 1980 das Buch „Dorschangeln vom Boot und an den Küsten" geschrieben haben.

Horst Hrubesch: Ach, hören Sie doch auf. Ich kam damals aus Westfalen an die Küste, hatte keine Ahnung, wie man da angelt. Ich wollte mich schlau machen, aber es gab überhaupt keine Literatur. Also habe ich einen Lektor angerufen, der hat gesagt: Schreib' es doch selber! Ich habe dann eineinhalb bis zwei Jahre lang mit einem Autor gesprochen und das aufgeschrieben. Wie funktioniert das Meer, wie die Fische. Wie kommt man für wenig Geld an Angelgeräte. Das hatte drei Auflagen, alle sofort ausverkauft. Auch die Auflage in Norwegen und Dänemark – sofort ausverkauft.

Warum angeln Fußballer?
Zum Luftholen. Als Fußballer bist du ja nur ein Mensch in der Masse, bist mittendrin. Beim Angeln hast du Platz für dich, bist außen vor. Du kannst das Wasser genießen, die Natur. Nachdenken. Du merkst, was wichtig und was unwichtig ist. Dass der Mensch ziemlich klein ist. Um den Fisch geht es manchmal gar nicht mehr.

Der HSV-Torjäger Hrubesch und der Angler Hrubesch sind also verschieden?
Nein, so kann man das auch nicht sagen. Ich bin ja ein aktiver Angler, immer beweglich, dem Fisch hinterher. Bloß nicht stundenlang sitzen. Wenn man so will, kann man sagen, dass auch Angler immer versuchen, große Fische zu fangen, dass sie versuchen, erfolgreich zu sein. Lachse, Hechte, Zander. Es gab aber auch Jahre, da habe ich keinen Fisch gefangen und war trotzdem zufrieden.

Im Ernst? Ein Torjäger, der nicht an seiner Erfolglosigkeit verzweifelt?
Ja, klar. Ich habe zum Beispiel für mich entschieden, dass ich alle Weibchen wieder schwimmen lasse. Um den Fortbestand zu sichern. Ich weiß, wie es geht. Ich weiß einfach, wo ich erfolgreich bin. Aber manchmal probiere ich eben auch etwas Neues aus. Neue Gewässer, neue Seen, neue Fliegen.

Im 50. Jahr der Bundesliga sollen Sie in Norwegen den größten Fisch Ihrer Karriere als Angler gefangen haben: einen 80 Zentimeter großen, 32 Kilogramm schweren Lachs.
Nee, das war eine totale Ente der Boulevard-Zeitungen. Den Lachs habe ich in Alaska gefangen, nach meinem Karriereende als Spieler. Das war schon im Jahr 1987. Diesen Lachs habe ich ausnahmsweise präparieren lassen. Ich habe mich nur für ein Foto hingestellt, und der Boulevard hat daraus diese Geschichte gemacht. Der schwerste Lachs, den ich in Norwegen gefangen habe, war in Wahrheit neun Kilogramm schwer.

Haben Sie, das Kopfball-Ungeheuer von einst, vom Angeln profitiert?
Also, hören Sie mal. Ich habe ein paar Kopfball-Tore gemacht, und viele davon waren wichtig. Aber die Mehrzahl meiner Tore habe ich mit dem Fuß erzielt. Ich hatte im Kopfballspiel sicherlich eine Stärke, aber das wird jetzt immer so hervorgehoben. Dass ich da gut war, kam übrigens von meiner Zeit als Handballer. Das Laufen und Lösen auf engem Raum. Auch, dass ich mit beiden Beinen einbeinig abspringen konnte.

Trotzdem: Was hilft dem Fußballer das Angeln?
Gut, du brauchst bei beidem einen freien Kopf. Beim Angeln bekommst du ihn aber auch einfach so. Schon als Spieler habe ich das immer genossen. Und ich habe dabei darüber nachgedacht, was ich verändern und verbessern kann. So gesehen habe ich sicher von der Zeit im Wasser profitiert.

Sie sind seit 2000 Junioren-Nationaltrainer. Empfehlen Sie Ihren Spielern, für ein paar Stunden angeln zu gehen?
Ich sage ihnen, dass es wichtig ist, dass sie rauskommen. Fußball ist nicht alles. Aber das Angeln habe ich noch nie empfohlen. Dafür sage ich ihnen gerne, dass sie mit ihrer Freundin tanzen gehen sollen. Musik, Rhythmus, das ist auch für Fußballer gut.

Hamburger Jahre

Nach zwei Meisterschaften gewann der HSV 1983 auch den Cup der Landesmeister. Es war Felix Magath, der beim Endspiel in Athen das Siegtor gegen Juventus Turin erzielte, deshalb hatte er allen Grund, mit der Trophäe für einen Augenblick alleine zu sein (1) – Stürmer Horst Hrubesch und Torhüter Uli Stein bekamen bei der Präsentation in der Heimat nur einen Henkel vom Topf zu fassen (2). Kapitän Hrubesch zeigte zu dieser Zeit auch als Torschützenkönig in der Bundesliga seine Klasse. Man nannte ihn nicht von ungefähr das Kopfball-Ungeheuer, im Bild (3) lehrt er Dortmunds Rolf Rüssmann das Fürchten. Auch das beste Ungeheuer ist aber auf Futter angewiesen, dafür war Manfred Kaltz (4) zuständig. „Manni Bananenflanke, ich Kopf, Tor", so umschrieb Hrubesch das Erfolgsrezept jener Tage. Magaths Stärken lagen dagegen eher in irdischen Gefilden. Und wenn ein Schachbrett und ein Teamkollege wie Lars Bastrup (5) daneben lagen, dann war der Felix glücklich.

Saison 1981/82

	am 34. Spieltag	Tore	Punkte
1.	Hamburger SV	95:45	48:20
2.	1.FC Köln	72:38	45:23
3.	Bayern München (M)	77:56	43:25
4.	1.FC Kaiserslautern	70:61	42:26
5.	Werder Bremen (A)	61:52	42:26
6.	Borussia Dortmund	59:40	41:27
7.	Borussia Mönchengladb.	61:51	40:28
8.	Eintracht Frankfurt	83:72	37:31
9.	VfB Stuttgart	62:55	35:33
10.	VfL Bochum	52:51	32:36
11.	Eintr. Braunschweig (A)	61:66	32:36
12.	Arminia Bielefeld	46:50	30:38
13.	1.FC Nürnberg	53:72	28:40
14.	Karlsruher SC	50:68	27:41
15.	Fortuna Düsseldorf	48:73	25:43
16.	Bayer 04 Leverkusen	45:72	25:43
17.	SV Darmstadt 98 (A)	46:82	21:47
18.	MSV Duisburg	40:77	19:49

Abschied von einem Gründungsmitglied: Der MSV steigt nach 19 Jahren ab. Darmstadt 98 steigt auf, steigt ab – und kommt nie wieder. Die Relegationsspiele werden eingeführt: Trainer Dettmar Cramer rettet Leverkusen gegen Offenbach (1:0, 2:1).

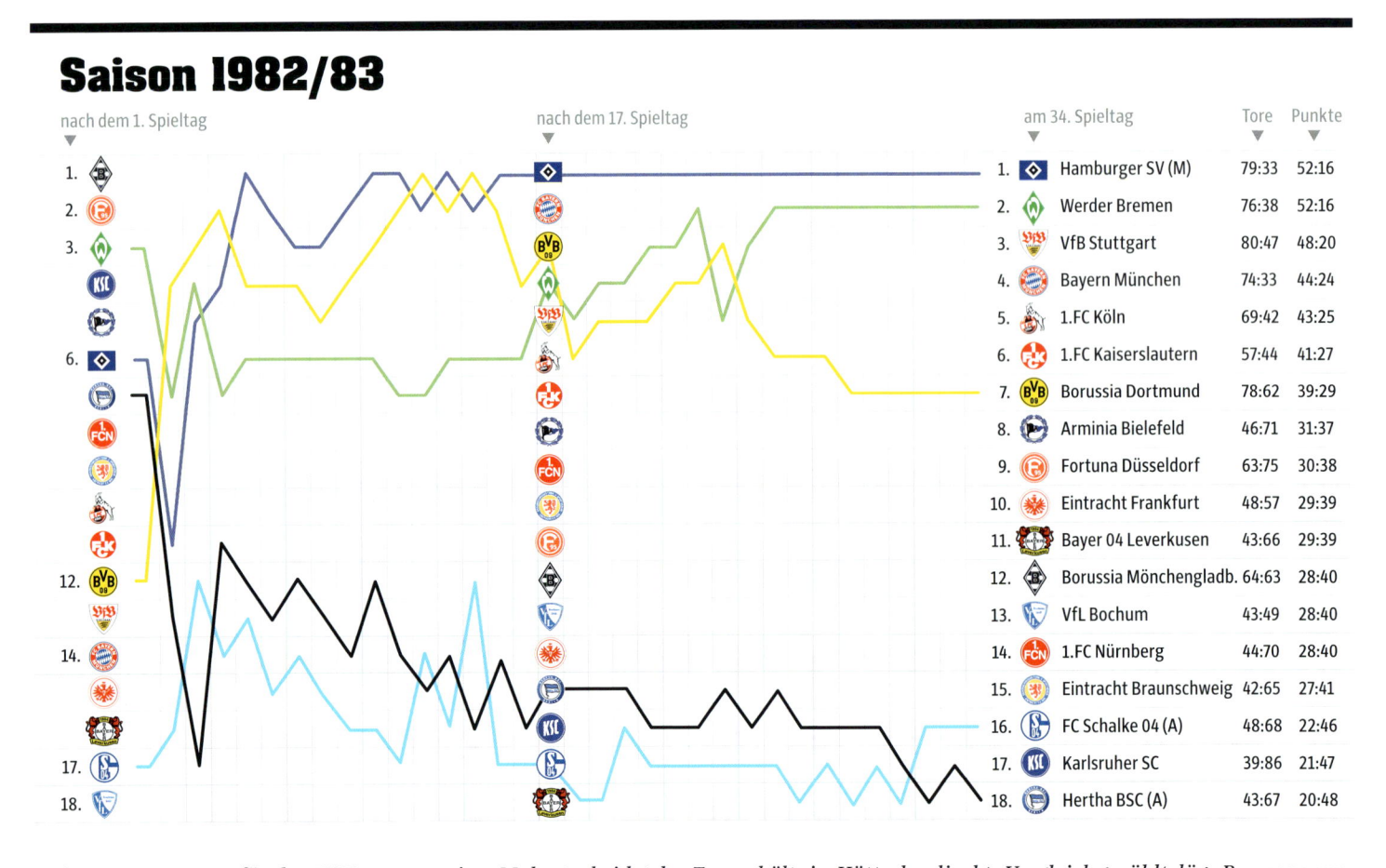

Saison 1982/83

	am 34. Spieltag	Tore	Punkte
1.	Hamburger SV (M)	79:33	52:16
2.	Werder Bremen	76:38	52:16
3.	VfB Stuttgart	80:47	48:20
4.	Bayern München	74:33	44:24
5.	1.FC Köln	69:42	43:25
6.	1.FC Kaiserslautern	57:44	41:27
7.	Borussia Dortmund	78:62	39:29
8.	Arminia Bielefeld	46:71	31:37
9.	Fortuna Düsseldorf	63:75	30:38
10.	Eintracht Frankfurt	48:57	29:39
11.	Bayer 04 Leverkusen	43:66	29:39
12.	Borussia Mönchengladb.	64:63	28:40
13.	VfL Bochum	43:49	28:40
14.	1.FC Nürnberg	44:70	28:40
15.	Eintracht Braunschweig	42:65	27:41
16.	FC Schalke 04 (A)	48:68	22:46
17.	Karlsruher SC	39:86	21:47
18.	Hertha BSC (A)	43:67	20:48

Acht Tore Vorsprung für den HSV – zum zweiten Mal entscheidet das Torverhältnis. Hätte der direkte Vergleich gezählt, läge Bremen vorn. Nach dem 1:1 im Hinspiel endet im Rückspiel (3:2) die längste Erfolgsserie der Liga-Historie – 36 Spiele hat der HSV zuvor nicht verloren.

Schwarzer Oktober

1982 prügeln sich Anhänger aus Bremen und Hamburg. Der 16-jährige Werder-Fan Adrian Maleika stirbt im Krankenhaus. Er gilt als das erste Todesopfer durch Fangewalt in Deutschland.

Roland Maleika hat sich auch nach mehr als 30 Jahren nicht verziehen, seinen jüngeren Bruder Adrian zum Fußball gezogen zu haben. Immer wieder geht ihm dieser 16. Oktober 1982 durch den Kopf. An diesem Tag stand das DFB-Pokalspiel zwischen dem Hamburger SV und dem Nordrivalen Werder Bremen im Volksparkstadion auf dem Programm. Der damals 16 Jahre alte Adrian Maleika, glühender Fan des SV Werder, war zusammen mit seinem Bremer Fanklub „Die Treuen" nach Hamburg gereist. Das Spiel endete 3:2 für den HSV, aber das interessierte bald niemanden mehr. Am nächsten Tag war Adrian Maleika tot. Er gilt als erster Fan eines Bundesligaklubs, der bei einem Spiel aufgrund von Fangewalt ums Leben kam.

Zum nächsten Spiel brachten einige Werder-Fans ein Transparent mit, auf dem zu lesen war: „Fußball ist Kampf um den Ball – und nicht Kampf zwischen den Fans." Das klingt wie eine Selbstverständlichkeit, aber spätestens seit diesem Tag muss man das offenbar dazusagen.

Maleikas Tod stand in Zusammenhang mit der seit Ende der Siebzigerjahre zunehmend aufgeheizten Stimmung zwischen den Bremer und den Hamburger Hardcore-Anhängern. Da gab es Überfälle von Bremer Rockern auf HSV-Freunde. Die revanchierten sich, indem sie Werder-Fans in der S-Bahn angriffen. Sogar die Ostkurve des Volksparkstadions, wo die Bremer untergebracht waren, wurde gestürmt. An diesem 16. Oktober gerieten 150 Werder-Anhänger im Volkspark in einen Hinterhalt von Hamburger Komplizen. Sie hatten nicht die klassische Fan-Route vom S-Bahnhof Stellingen genommen, wo es Polizeischutz gab, sondern waren vom Bahnhof Eidelstedt Richtung

> **Zur Beerdigung des ersten Toten eines Fankrieges kamen 600 Menschen.**

Stadion marschiert. Besonders Mitglieder des berüchtigten HSV-Fanklubs „Die Löwen" beschossen die Bremer mit Gaspistolen und Leuchtraketen, schließlich flogen auch Mauersteine. Einer traf Maleika, der bewusstlos liegenblieb und später in einem Gebüsch gefunden wurde. Er starb in der Notaufnahme des Krankenhauses Altona an einem Schädelbasisbruch und schweren Gehirnblutungen.

Zur Beerdigung des ersten Toten eines Fankrieges kamen 600 Menschen, darunter auch die Manager Günter Netzer (HSV) und Willi Lemke (Werder), der damals sagte, dies sei der „schwärzeste Tag in meinem Leben". Danach wurden die ersten Fanprojekte und Sonderermittlungsgruppen zur Bekämpfung von Gewalt im Fußball gegründet. Es gab erste Videoüberwachungen, und die Trennung der Fangruppen wurde zur Regel. Bei einem Treffen beider Fangruppen auf halber Strecke zwischen Hamburg und Bremen wurde im Beisein der Manager Netzer und Lemke der „Frieden von Scheeßel" besiegelt.

Die Täter wurden nie ermittelt. Nur drei der acht Angeklagten wurden überhaupt verurteilt, weil ihnen die Teilnahme an dem Überfall nachgewiesen werden konnte. Der mutmaßliche Rädelsführer bekam eine Freiheitsstrafe von zwei Jahren und sechs Monaten, ein anderer Beteiligter erhielt zwölf Monate auf Bewährung.

Doch auch die nachfolgenden Fan-Generationen beider Klubs sind alles andere als befreundet. Immer wieder gab es bösartige Scharmützel. Sogar im Buch „Unser HSV" ist der Fall Adrian Maleika als „Mahnung für alle HSV-Fans" aufgeführt. Das solle man „nicht völlig vergessen, wenn es um die Rivalität zum Verein mit dem Stadion geht, um das selbst die Weser einen Bogen macht".

JÖRG MARWEDEL

19. Spieltag, Saison 2012/13: Anhänger des SV Werder entrollen in Hamburg ein Transparent, das an Maleikas Tod erinnert. Der Fall belastet die Beziehungen der beiden Fanlager bis heute.

Wie mit dem Skalpell

Im August 1981 war Ewald Lienen Opfer eines brutalen Fouls. Den Schmerz hat er überwunden. Und er ist froh, dass die Szene eine Debatte auslöste – denn Stürmer waren damals Freiwild.

VON GERALD KLEFFMANN

Die Aktion dauerte nur den Bruchteil einer Sekunde, aber selbst nach mehr als drei Jahrzehnten regt sich Ewald Lienen auf, wenn er den Vorfall detailliert schildert. 14. August 1981, zweiter Spieltag, Werder Bremen gegen Arminia Bielefeld, 19. Minute. „Ich nehme den Ball auf der linken Seite an, ich lege ihn vor", Lienen holt Luft: „Da stürzt Norbert Siegmann heran, irgendwie macht er mit den Beinen eine Kickbewegung. Dann war es geschehen."

Es – damit meint er das berühmteste Foul der Liga-Geschichte.

25 Zentimeter lang ist die Risswunde an Lienens rechtem Oberschenkel, die Muskeln liegen frei. Siegmanns Stahlstollen haben Wirkung gezeigt. Ein sauberer Schnitt wie mit einem Skalpell. Mit den Händen fasst sich das Opfer fassungslos an den Kopf, während im Hintergrund zwei noch ahnungslose Bremer Verteidiger im ersten Reflex gestikulierend versuchen, Lienen als vermeintlichen Übeltäter anzuschwärzen. Eine groteske Szenerie. Lienen steht kurz unter Schock: „Ich sah die Wunde und dachte, ich bin im Krieg, die Welt geht unter", erzählt er später.

Doch Lienen sammelt sich schnell. Kurz nach Siegmanns Foul, das nur mit einer gelben Karte bestraft wird, attackiert er Bremens Trainer Otto Rehhagel, den er als Initiator ausgemacht hat. „Ich hatte das Bild vor Augen, wie Siegmann kurz zuvor noch bei Rehhagel an der Seitenlinie steht. Otto schlägt mit der Faust in die offene Hand, es war ganz klar das Zeichen: Geh' mal richtig hin!" Lienen krümmt sich zunächst vor Schmerz, dann springt er vorwärts. Mannschaftsbetreuer und Ordner versuchen, Rehhagel zu schützen. Flüche fliegen hin und her. Kurz eskaliert die Situation. Dann sackt Lienen auf der Tartanbahn zusammen. Er ist mit den Kräften und den Nerven am Ende.

Es klingt makaber, aber in Lienen traf es bei allem Leid den Richtigen, um eine notwendige Debatte anzustoßen. Der gebürtige Westfale war nicht nur ein begnadeter, Haken schlagender Dribbelkünstler. Der Mann mit den langen Haaren und dem Ziegenbärtchen war auch ein gesellschaftskritischer Querdenker mit ausgeprägtem Sinn für Gerechtigkeit. Einer, der Position bezog und sich für das einsetzte,

Das Opfer schreit, der Täter Siegmann sieht bloß Gelb (linke Seite). Bevor Lienen hinausgetragen wird, attackiert er Bremens Trainer Otto Rehhagel – im Glauben, der habe Siegmann zum Foul angestiftet. Im Rückspiel trägt Rehhagel eine schusssichere Weste.

woran er glaubte. Und Lienen wollte an einen faireren Wettkampf glauben.

Dieses Foul, „es war nur die Spitze des Eisbergs", urteilt Lienen über die damalige Zeit. „Wir Stürmer wurden in den Siebziger- und Achtzigerjahren wie Freiwild behandelt. Die Vorgabe der Trainer lautete, uns in die Steinzeit zu befördern." Siegmann? „Das, was er gemacht hat, haben zig andere an jedem Wochenende praktiziert. Er hatte einfach Pech, dass er als Erster einen Gegner so schlimm traf." Lienen ist Siegmann nie wirklich böse gewesen. Vielmehr haderte er mit der allgemeinen rustikalen Spielkultur der Verteidiger – und vor allem mit jenen, die diese Unsitte zuließen, ja befeuerten. Genau deshalb setzte er seinen Kampf „gegen die Jagdszenen" abseits des Platzes fort.

Lienen verfasste einen Aufsehen erregenden Artikel, in dem er über die Folgen des Erfolgsdrucks im Kommerzfußball für den Einzelnen referierte. Und er versuchte auf juristischem Wege, eine Botschaft zu erzwingen: „Ich habe bewusst den öffentlichen Weg gewählt, um gegen die damaligen Zustände anzugehen." Er klagte nicht etwa auf Schadensersatz, sondern er strengte wegen des Fouls ein Strafverfahren an, „um die Strafwürdigkeit derartigen Verhaltens festzustellen". In zwei Instanzen scheiterte Lienen. Die Generalstaatsanwaltschaft beschied letztlich: Wer Fußball als Beruf wählt, muss damit rechnen, dass er sich verletzen kann. „Diese Argumentation war für mich nur eine Bestätigung der damaligen Verhältnisse", sagt Lienen.

Lienen sagt, die Narbe sehe eher wie ein Reißverschluss aus.

Immerhin blieben seine Bemühungen nicht folgenlos. „Im DFB begann man, umzudenken", sagt Lienen, „rote Karten waren für diese üblichen Attacken nicht mehr tabu." Ihn selbst erinnert noch immer die Narbe, die „eher wie ein Reißverschluss als wie eine Sportverletzung" aussieht, an das Foul von 1981. Die öffentliche Debatte zog sich über Wochen. Unabhängig davon, dass Lienens Wunde noch am Tag des Foulspiels im Klinikum Links der Weser genäht wurde. Nur einen Monat später konnte er wieder spielen. Wie aufgeheizt jedoch die Atmosphäre zwischen den beiden Klubs war, zeigte sich im Rückspiel, das Bremen – nach dem 1:0 im Hinspiel – abermals gewann (2:0). Rehhagel, vom DFB-Sportgericht freigesprochen, trug wegen einer Morddrohung eine schusssichere Weste. Bodyguards begleiteten den Trainer auf Schritt und Tritt. Stets versicherte Rehhagel, Siegmann nicht zum Foul gegen Lienen angestachelt zu haben. Schon vor dem Rückspiel hatte sich Lienen mit Rehhagel versöhnt.

An zwei Personen erinnert sich Lienen mit einer Mischung aus Humor und Grauen. „Ein Highlight war die Adresse des Anwalts, der Werder Bremen vertrat. Wissen Sie, wo der wohnte? In der Knochenhauerstraße wohnte der", erzählt Lienen amüsiert. Mehr noch aber amüsiert er sich im Nachhinein über jenen Bremer Mannschaftsarzt, der ihn stoppte, als er mit verbundenem Oberschenkel auf der Trage lag. „Das muss man sich mal vorstellen", bricht es aus Lienen heraus, „da liege ich in diesen staubigen Katakomben, und der öffnet den sterilen Verband und will sich die Wunde noch einmal ansehen." Der Arzt also schaute – und diagnostizierte: „Muss genäht werden." Lienens Stimme überschlägt sich fast: „Muss genäht werden! Ja, wer hätte das gedacht?"

Mielkes Feind

**Wurde Eintracht Braunschweigs Mittelfeldspieler Lutz Eigendorf von der Stasi ermordet?
Der letzte Beweis fehlt noch immer, doch die Indizienlage ist erdrückend.**

VON BORIS HERRMANN

Am 29. Januar 1983 schoss Lutz Eigendorf, 26, sein letztes Tor für Eintracht Braunschweig. Tatsächlich waren es sogar zwei. Eigendorf verwandelte an diesem 19. Spieltag zwei Fouelfmeter beim 3:0 gegen Arminia Bielefeld. Am 22. Spieltag in Dortmund stand er ein letztes Mal auf dem Rasen. Am 23. Spieltag, beim 0:2 gegen Bochum, saß er auf der Ersatzbank. Ein paar Stunden später raste er mit seinem Alfa Romeo GTV6 gegen einen Baum. Unangeschnallt. Es geschah am 5. März 1983 gegen 23 Uhr. Am Morgen des 7. März war Lutz Eigendorf tot.

In seinem Blut wurde nach dem Unfall ein Alkoholwert von 2,2 Promille gemessen. Ein Arzt stellte fest, der Fußballer hätte 4,3 Liter Bier trinken müssen, um zum Zeitpunkt der Blutentnahme auf diesen Wert zu kommen. Mehrere Zeugen berichteten indes, Eigendorf sei an jenem Abend nüchtern gewesen. Einer der Letzten, der ihn lebend sah, war sein Fluglehrer Manfred Müller. Die beiden trafen sich am Samstag nach der Sportschau im Restaurant „Cockpit" am Braunschweiger Flugplatz. Sie redeten über Eigendorfs ersten längeren Alleinflug, der Sonntagfrüh stattfinden sollte. Laut Aussage von Müller sind dabei ein oder zwei Bier geflossen. Gegen 22 Uhr verabschiedeten sich die beiden Männer, sie wollten ja am nächsten Morgen fit sein.

Die Unfallmeldung bei der Braunschweiger Polizei ging um 23.08 Uhr ein. Das bis heute nicht gelöste Rätsel lautet nun, ob Müller tatsächlich der letzte Mensch war, dem Eigendorf begegnete. Oder ob er zwischen zehn und elf seinen Mörder traf. Seinen Mörder von der Stasi.

An einem Motiv mangelt es jedenfalls nicht. Der DDR-Nationalspieler Eigendorf, geboren in Brandenburg an der Havel, spielte in den Siebzigern für den Serienmeister BFC Dynamo in Ostberlin. Der Klub war das Lieblings-Spielzeug von Stasi-Chef Erich Mielke. Und Eigendorf war einer seiner Lieblingsspieler. Bis zu jenem Tag im Frühjahr 1979, als Dynamo ein Freundschaftsspiel beim 1. FC Kaiserslautern bestritt und Eigendorf auf der Rückfahrt verschwand. „Beim Einkaufsbummel in Gießen bin ich ausgebüxt", hat er später erzählt.

Mit dem Taxi fuhr Lutz Eigendorf zurück nach Kaiserslautern. In die Freiheit, wie er annahm. Er hielt sich ein Jahr als

Eigendorfs Unfallauto (links), ein Alfa Romeo GTV6, wurde nie ausführlich kriminaltechnisch untersucht, seine Leiche nie obduziert. Das untere Bild zeigt ihn im Februar 1980, ein knappes Jahr nach seiner Flucht, auf der Tribüne seines ersten Westklubs, des 1. FC Kaiserslautern.

Jugendtrainer über Wasser und debütierte im April 1980 schließlich in der Bundesliga für den FCK. Im ersten Spiel schoss er ein Tor. Der Westen mochte ihn, und er mochte den Westen. Eigendorf tauchte bei Frank Elstner in „Wetten, dass..?" auf und erklärte vor Kameras, dass es sich bei seiner Flucht um einen rein „beruflichen, sportlichen Entschluss" gehandelt habe. Seine Frau Gabriele und seine Tochter Sandy wolle er so schnell wie möglich nachholen. Dazu kam es nie. Eigendorf ahnte offenbar nicht, dass sein Leben zu diesem Zeitpunkt schon vollständig verwanzt war.

Einer der mächtigsten Männer des Ostens mochte ihn jetzt überhaupt nicht mehr. Es gibt zahlreiche Hinweise, dass es ein persönliches Anliegen Mielkes war, diesen prominenten Republikflüchtling zur Strecke zu bringen. Sein Ministerium entfaltete seinen ganzen Schrecken: Spitzel aus der Verwandtschaft, dem Freundeskreis, dem Heimatklub, der Arbeitsstelle sowie der ehemalige Hausarzt beschatteten Eigendorfs Familie in Ostberlin. Die Stasi-Führungsoffiziere warben sogar einen inoffiziellen Mitarbeiter an mit dem klaren Auftrag, Gabriele zur Scheidung zu drängen und sie selbst zu heiraten (was tatsächlich gelang). In Kaiserslautern und später in Braunschweig war derweil ein Agenten-Netz um den ehemaligen Berufsboxer und Gelegenheits-Gangster Karl-Heinz Felgner alias IM „Schlosser" für die Rundum-Beschattung Eigendorfs zuständig.

> **Der Mordauftrag ist dokumentiert. Fragt sich nur, ob er ausgeführt wurde.**

In der umfassenden Schlosser-Akte fehlen ausgerechnet die Jahre 1980 bis 1983. Bekannt ist allerdings aus anderen Unterlagen, dass sich Felgner in den Wochen vor Eigendorfs Tod viel häufiger als sonst mit seinem Führungsoffizier in Ostberlin traf. Und danach nie wieder. Zumindest seltsam ist auch der zeitliche Zusammenhang des Unfalls mit einem Freundschaftsspiel des BFC Dynamo beim VfB Stuttgart. Es fand am 8. März 1983 statt – einen Tag, nachdem Eigendorf starb. Die Botschaft an die Dynamo-Spieler lautete (gewollt oder zufällig): Wer es sich mit Mielke verscherzt, lebt gefährlich.

Ist es also denkbar, dass es dieser IM „Schlosser" war, den Eigendorf in der Unfallnacht zuletzt traf? Der ihm Alkohol einflößte, ihn in die Flucht trieb und ihn schließlich in einer Kurve mit starkem Gegenlicht blendete und von der Fahrbahn drängte?

Denkbar ist alles. Belegbar ist nicht alles. Aber einiges.

Auch das ist der akribischen Arbeit von Mielkes Behörde zu verdanken. Über 2600 Stasi-Dokumente sind zum Fall in den vergangenen Jahrzehnten ausgewertet worden. Das stärkste Indiz für einen Auftragsmord dürfte ein handbekritzeltes Papier sein, das in Lutz Eigendorfs Akte gefunden wurde. Darauf ist in Stichworten zu lesen: „Unfallstatistiken? Von außen ohnmächtig? Verblitzen, Eigendorf, Narkosemittel."

Der Journalist und Dokumentarfilmer Heribert Schwan gehört zu jenen Leuten, die sich im Nachhinein am intensivsten mit diesem Fall beschäftigt haben. Er tendiert klar zur These, Eigendorf sei umgebracht worden. Von IM „Schlosser". Das soll in den Neunzigern auch ein ehemaliger Stasi-Offizier einem Mitarbeiter der Gauck-Behörde bestätigt haben.

Die Staatsanwälte in Braunschweig sowie die ab 1990 für die Aufklärung von Stasi-Morden zuständige Staatsanwaltschaft in Berlin kamen dennoch zu dem Schluss, es sei ein herkömmlicher Verkehrsunfall gewesen. Dabei wurde das Unfallauto nie ausführlich kriminaltechnisch untersucht, Lutz Eigendorf nie obduziert.

Es war ausgerechnet Felgner, der den Fall noch einmal aufwühlte, als er eigentlich schon längst eingestellt war. 2010 wurde er im Alter von 65 Jahren vor dem Düsseldorfer Landgericht angeklagt, weil er einen Drogeriemarkt ausgeraubt hatte. Dort sagte er aus, er habe von der Stasi einen Mordauftrag für Eigendorf sowie 5000 D-Mark für den Kauf einer Schusswaffe erhalten. In seiner Akte fand sich später eine Quittung vom April 1982 über 5000 Mark, versehen mit dem Verwendungszweck: „Zur Durchführung eines Auftrags". Am Todestag Eigendorfs erhielt er außerdem eine Prämie von 500 Mark. Felgner beteuerte allerdings, den Auftragsmord nie ausgeführt zu haben.

Die Berliner Staatsanwaltschaft stellte die Ermittlungen Anfang 2011 endgültig ein. Es gebe „keine objektiven Hinweise auf ein Fremdverschulden", hieß es.

Dass es zumindest konkrete Planungen gab, um den Fußballprofi Eigendorf zu töten, hat dagegen der pensionierte Braunschweiger Oberstaatsanwalt Hans-Jürgen Grasemann später mehrmals öffentlich eingeräumt. Allerdings, so Grasemann: „Der letzte Beweis fehlt."

Der letzte Beweis könnte nur in einer der rund 15 000 Tüten mit geschredderten Stasi-Akten zu finden sein, die nach wie vor in der Jahn-Behörde darauf warten, zusammengepuzzelt zu werden.

Der alte Eisenbieger und die Meisterschale: Karlheinz Förster, Vorstopper des VfB Stuttgart und davor von Waldhof Mannheim, war der beste unter den vielen harten deutschen Verteidigern.

1983/84

RANGLISTE 5: DIE HÄRTESTEN MANNDECKER

Gruß aus der Küche

Schnell, drahtig, präzise und am Ende auch noch visionär: Karlheinz Förster ragt heraus aus der Menge der hieb- und trittfesten Gesellen, die die Zweikampfkultur der Bundesliga geprägt haben.

VON CHRISTOF KNEER

Im Jahr 1985 hat der Abwehrspieler Karlheinz Förster die Zukunft gesehen. Die Zukunft war fünf Fußballspiele lang, und sie sah gut aus. Karlheinz Förster sah eine Zukunft, vor der die Menschen keine Angst haben müssen. In dieser Zukunft gab es fast blindes Verständnis unter den Menschen, es gab weniger Gewalt und fast keine Grätschen. Diese Zukunft schien recht ausbaufähig zu sein, sie hätte ruhig so weitergehen können, aber nach fünf Spielen kam der Trainer und nahm sie ihm wieder weg. „Das mit der Raumdeckung lasst Ihr sofort wieder sein, dieses Übergeben und Übernehmen gefällt mir überhaupt nicht", sagte Helmut Benthaus.

Alle, die Förster damals bewundert haben, müssen nun für immer mit dieser Enttäuschung leben: Karlheinz Förster, dieser Mustermann des guten, alten deutschen Verteidigers, wollte irgendwann gar nicht mehr der gute, alte deutsche Verteidiger sein. Er hat gespürt, dass der Fußball für Abwehrspieler noch mehr bereithalten muss als immer nur dieses Leben aus zweiter Hand. Ein Abwehrspieler hatte kein eigenes Leben, damals, in den Achtzigern. Er war nur auf der Welt, um anderen Spielern das Leben zur Hölle zu machen.

„Ich musste halt immer gegen den besten Mann des Gegners spielen", sagt Förster, „es hieß immer: Das ist der Beste, den nimmst Du." Meistens waren das die Mittelstürmer, sie hießen Völler, Hrubesch oder Fischer, aber manchmal war der Beste auch kein Mittelstürmer. „Bei Braunschweig", erinnert sich Förster, „war der Beste der Rechtsaußen Popivoda." Gegen Braunschweig hat Karlheinz Förster praktisch Linksverteidiger spielen müssen, und der richtige Linksverteidiger hat damit leben müssen, dass der Förster ständig in seinem Revier herumrennt und dass er ihm ständig im Weg herumsteht und dass er nicht weiß, wie er sich sonst nützlich machen soll.

Nach innen verschieben? Nach vorne pressen? Gute Idee. Nur leider damals noch nicht erfunden. Karlheinz Förster, der alte Eisenbieger, war die erste Emanze.

Es hat ihn geärgert, dass Vorstopper immer nur plätten, bügeln und staubsaugen sollten, er wollte, dass sie endlich eigene Rechte haben, dass sie endlich nicht mehr ausgeschlossen sind von diesem Fußballspiel. Er hat das hinter dem Rücken des Trainers entschieden, damals in Stuttgart, gemeinsam mit seinem Bruder Bernd. Sie haben beim VfB in der Innenverteidigung gespielt, wie man heute sagen würde, Karlheinz rechts, Bernd links. „Bernd war eigentlich der Libero, ich der Vorstopper, aber wir haben irgendwann beschlossen, dass wir die sture Manndeckung aufgeben. Kam Klaus Fischer mehr über links, bin ich hin und der Bernd ist eingerückt und hat mich abgesichert. Kam Fischer mehr über rechts, hat er ihn genommen."

> **Kein Mensch, kein Tier – die Nummer vier. So ging der Spruch damals.**

Nach fünf Spielen kam also Helmut Benthaus, der Meistertrainer, der den VfB im Jahr zuvor zum Titel geführt hatte, und sagte: „Schluss damit!"

Darauf Karlheinz Förster: „Aber Trainer, das hat doch super funktioniert! Das ist ein Riesen-Fortschritt!"

Darauf der Trainer: „Ja, schon, aber trotzdem Schluss damit. Zu riskant."

Karlheinz Förster ist auch deshalb der beste härteste Verteidiger der 50-jährigen Bundesliga-Geschichte, weil er ein Gespür für dieses Spiel besaß, das weit über sein Vorstopper-Image hinausreicht. Auch das ist es, was ihn neben einem EM-Titel (1980) und zwei WM-Finalteilnahmen (1982, 1986) heraushebt aus der kleinen Mustersammlung der Spitzenverteidiger, die ihre Härte in den Dienst der Sache stellten, ohne die Regeln des zwischenmenschlichen Zusammenlebens allzu sehr zu beugen – ähnlich wie Jürgen Kohler oder Georg Schwarzenbeck. Die drei heben sich auch mit ihren internationalen Erfolgen ab aus der Masse jener Verteidiger, die mit detektivischem Pflichtbewusstsein einfach nur ihre Beschattungsaufgaben erfüllten. Und erst recht heben sie sich ab vom abgerichteten Rudel jener Verteidiger, deren Verdienste eher darin bestehen, dem Bundesliga-Archiv schöne, schlimme Bilder zugefügt zu haben – jenes vom aufgeschlitzten Oberschenkel Ewald Lienens etwa, dessen Gegenspieler Norbert Siegmann traditionell recht gut in die Zweikämpfe kam, wie man heute sagen würde.

Die Geschichte der Bundesliga ist auch die Geschichte ihrer zärtlichen und weniger zärtlichen Chaoten. So blättert die nebenstehende Rangliste auf den Plätzen vier bis elf einen Bilderbogen auf, den ehemalige Stürmer für eine Galerie des Grauens halten dürften. Furchterregende Menschen gab es in den unterschiedlichsten Ausprägungen: Es gab seriöse Treter, plumpe Grobiane und hinterhältige Typen, deren einstudierte Automatismen dergestalt waren, dass sie Gegenspielern im Getümmel dahin griffen, wo es selbst Stürmern, die dahin gehen, wo's weh tut, besonders weh tut. Einer konnte das besonders gut, er ist später ein bekannter Bundesliga-Trainer geworden, aber sein Name ist außer einem Dutzend ehemaliger Stürmer aus Sicherheitsgründen nur der Redaktion bekannt.

Förster hat viel gesehen in dieser Zeit, in Köln kennt er zwei Abwehrspieler (Namen der Redaktion bekannt), die den Stürmern schon beim Warmmachen auf die Zehen gestiegen sind, als amuse gueule quasi, als kleiner Gruß aus der Küche. Gerade in Försters besten Jahren – Anfang, Mitte der Achtziger –, gab es eine Menge hieb- und trittfester Gesellen, die ihren Job als sorgfältige Aneinanderreihung von Kampfhandlungen verstanden haben. Sie haben sich vor dem Spiel die Rückennummer des Stürmers gemerkt, und mit dieser nützlichen Gedächtnisstütze haben sie dann Zugriff aufs Spiel gefunden, wie man heute ebenfalls sagen würde. Wobei: Es war eher ein Zugriff auf den Spieler, manchmal war es auch ein Zutritt oder ein Zubiss.

Fußball als Sportart? Dafür haben sich diese Jungs eher am Rande interessiert.

Kein Mensch, kein Tier – die Nummer vier: So ging der Spruch damals. Ja, sagt Förster, der nie eine andere Nummer als

Immer gegen den besten Mann des Gegners: Karlheinz Förster (rechts) verarztet in diesem Fall den damaligen Angreifer von Werder Bremen, Rudi Völler.

die „4" auf dem Rücken trug, er sei „schon auch ein harter Spieler" gewesen, aber er habe „immer die Absicht gehabt, den Ball zu spielen". Und überwiegend, sagt Förster mit einem kleinen Schmunzeln, überwiegend habe er den Ball auch getroffen.

Eine einzige rote Karte habe er in seiner Karriere gesehen, in Düsseldorf, und die, sagt er, war unberechtigt.

Das Leben von Karlheinz Förster, den alle immer nur „Kalli" nannten, ist immer noch so bodennah, wie es sein Spiel einst war. Er wohnt immer noch in Unterschwarzach im südlichen Odenwald, im selben Haus mit derselben Frau, nur grätschen kann er nicht mehr. Sein rechter Grätschfuß hat vier Operationen hinter sich, „Gelenkversteifung", sagt er, eine Spätfolge der Vorstopper-Karriere und vielleicht auch der Spritzen, die sich Spieler manchmal setzen lassen, wenn sie unverzichtbar sind. Um den Wert dieses pfeilschnellen, drahtigen und präzisen Abwehrspielers zu verstehen, muss man vielleicht das Viertelfinale der Weltmeisterschaft 1986 gesehen haben, Deutschland gegen Gastgeber Mexiko, für Mexiko stürmte Hugo Sánchez, ein grandioser Spitzbube, teuflisch in Form und permanent kratzend, spuckend, quengelnd.

„So was hat mich noch mehr motiviert", sagt Förster, „bei solchen Spielern hab' ich mir geschworen: Der macht heut' nix."

Hugo Sánchez allerdings machte nicht nix. Er machte gar nix.

Förster ist keiner, der zu Hause sitzt, sich hinter alten Geschichten verschanzt und den modernen Fußball hasst, weil der ihn nicht mehr mitspielen lässt. Förster gehört nicht zu denen, die finden, dass früher alles besser war. Dass früher alles härter war, das findet er allerdings schon.

Die Geschichte der Bundesliga ist auch die Geschichte einer ständigen Verwandlung. Vorstopper gibt es schon lange nicht mehr, auf ihren Visitenkarten steht heute in schicker Designerschrift „diplomierter Innenverteidiger", und es gibt den Bundestrainer Löw, der Grätschen für die schlimmste der sieben Sünden hält. Oft lästern die alten Helden über das akademische Getue der Neuzeit, aber Förster ist ein zeitloser Experte. Der Mann, der in den Achtzigern die Raumdeckung einführen wollte, aber nicht durfte, hat einen engen Draht in die Moderne, er arbeitet als Berater in einer großen Sportleragentur.

„Es gefällt mir, dass heute nicht mehr so hart gespielt wird wie früher", sagt Förster,

> „Die modernen Spielsysteme wären ein Traum für mich."

„ich finde es auch gut, dass Schiedsrichter nicht mehr so viel durchgehen lassen, dass man sich weniger erlauben kann als wir früher und überhaupt, dass das Spiel weniger auf direkte Duelle angelegt ist."

Einerseits.

Andererseits verlangt es die Standesehre eines Vorstoppers, dass er die guten Seiten der alten Zeiten manchmal vermisst. „Manchmal sitze ich auf der Tribüne und weiß: Jetzt gibt's gleich ein Foul", sagt er. Was seine Nachnachnachfolger perfekt können, ist: den Raum sichern, Bälle ablaufen, Zweikämpfe so antizipieren, dass man sie gar nicht erst führen muss (hätte man den Berüchtigsten der Achtzigerjahre-Verteidiger gesagt, sie sollten antizipieren, hätten sie das vermutlich für eine besonders fiese Schweinerei gehalten). Was Försters Nachnachnachfolger weniger gut können: Zweikämpfe führen, wenn sie sich nicht mehr vermeiden lassen.

„Das ist kein Vorwurf", sagt Karlheinz Förster, „die modernen Verteidiger sind im Zweikampf einfach nicht mehr so geschult wie wir das früher waren." Die heutigen Verteidiger führen ihre Zweikämpfe manchmal so tapsig, wie die früheren Verteidiger manchmal tapsig nach vorne gespielt haben.

Der große Kalli Förster hat auch mal ein entscheidendes Duell verloren, 1982 im WM-Finale gegen den Italiener Paolo Rossi, da hat er gelernt, dass man in Spielen gegen Italiener „immer einen Tick mehr Aggressivität im Zweikampf" braucht. Er möchte jetzt nicht behaupten, dass das der deutschen Mannschaft auch im EM-Halbfinale 2012 geholfen hätte.

Aber denken, denkt er, wird man sich das wohl noch dürfen.

Es ist ein beliebtes, wunderbar sinnloses Spiel, die alten Zeiten auf die neuen hochzurechnen. Könnte Günter Netzer heute noch mithalten? Wäre Gerd Müller heute immer noch Torschützenkönig? Auf welcher Position würde Franz Beckenbauer spielen? (Die Antworten: Hm./Gut möglich./Auf der Sechs.) Diese beliebte, wunderbar sinnlose Frage hat auch Förster zum Maßstab für seine Karriere erhoben, und er findet, er schneidet ganz gut dabei ab. Er war ja schon handlungsschnell, als dieses Unwort aus den modernen Fußballfibeln noch gar nicht erfunden war. „Das heutige System wär' ein Traum für mich", sagt er, „man ist nie allein, immer kommt ein Kollege zum Doppeln, das wär' mir entgegengekommen. Ich glaube, dass ich heute auch einen hohen Stellenwert hätte."

> **Förster wollte 1986 gegen Maradona spielen – Beckenbauer lehnte ab.**

Förster sei „der Klopper mit dem Engelsgesicht", hat damals mal ein gemeiner Mensch geschrieben, „das ärgert mich noch heute". Man findet das jetzt ja überall im Internet. Förster fühlt sich – zu Recht – unter Wert beurteilt, wenn man in ihm nur einen der Söhne Mannheims sieht. Der Legende nach steht beim SV Waldhof Mannheim ja eine Vorstopperschule, ein finsteres Gebäude vermutlich, in dem angehende Vorstopper rohes Fleisch essen, Ochsenblut trinken, rostige Nägel unter die Schuhe schrauben und mit Kanonenkugeln Kopfball üben. „Dass viele Vorstopper aus dieser Gegend kamen, ist Zufall", sagt Förster. Er will kein reiner Verfolgungsfußballer gewesen sein, er nimmt für sich in Anspruch, dass er das große Ganze im Blick hatte, wie damals, beim Versuch mit der Raumdeckung.

Wie die deutsche Fußballgeschichte wohl aussehen würde, wenn seine Trainer immer auf ihn gehört hätten? 1986, vorm WM-Finale gegen Argentinien, hat er dem Teamchef Beckenbauer abgeraten, Lothar Matthäus gegen Maradona zu stellen, „der Maradona ist immer in die Spitze gegangen, das war eher ein Fall für mich". Aber Förster musste gegen Valdano spielen, Valdano kam über rechts, Förster wurde wieder mal zum Linksverteidiger, während Matthäus ständig in den eigenen Strafraum hetzte.

In der Halbzeit haben sie dann umgestellt. Er sei doch kein Vorstopper, hat Lothar Matthäus gesagt.

Die Elf der Eisenfüße

1. Karlheinz Förster – Hart, aber (erstaunlich häufig) fair. Weltweit anerkannter Vorstopper.

2. Jürgen Kohler – Auch hart, aber auch (vergleichsweise) fair. Weltweit anerkannter Vorstopper und zweiter Vorzeige-Absolvent aus der Waldhöfer Vorstopper-Schule, die es in Wahrheit nie gab.

3. Georg „Katsche" Schwarzenbeck – Die Kehrseite von Kaiser Franz. Besaß laut Gerd Müller die härtesten Knochen der Liga. Tat Stürmern weh, auch wenn er gar nicht foulte.

4. Herbert Finken – Spielte 1965 für Tasmania Berlin und führt auf Platz vier die Rangliste jener Profis an, die eher hart als fair spielten. Grund für seinen Spitzenplatz: Formulierte jenen stilbildenden Satz, den seither kein noch so ehrenwerter Klopper überbieten konnte. Der Legende nach sagte Finken zu seinem Gegner: „Mein Name ist Finken, und Du wirst gleich hinken."

5. Uli Borowka – Knochenharter Verteidiger (Mönchengladbach, Bremen) mit knochenhartem Schuss und knochenhartem Spitznamen („die Axt"). Trug eben ein solches Werkzeug als Kettenanhänger um den Hals. Soll Olaf Thon bei dessen Bundesligadebüt 1984 mit einem kumpelhaften Gruß willkommen geheißen haben („Ich brech' Dir gleich beide Beine"). Verteidigte bei der rituellen Kollegenwahl mehrfach seinen Titel als unbeliebtester Bundesligaspieler. Angeblich mit über 100 Prozent der abgegeben Stimmen.

6. Tomasz Hajto – Aufrichtiger Eisenfuß, der meistens mit Ansage durch die Gegend holzte. Wurde auf diese Weise in Schalke zum Holzer der Herzen. Kassierte in einer Saison mal 16 gelbe Karten. Ging später nach Polen zurück, um dort fachkundig weiter zu holzen.

7. Die Söhne Mannheims – Die restlichen Absolventen der Waldhöfer Vorstopperschule waren in den Fächern „Technik" und „Übersicht" schwächer als die Spitzenabsolventen Förster und Kohler, dafür im Fach „Angst und Schrecken" klar stärker. Sie waren gefürchtet: Roland Dickgießer, Dieter Schlindwein und der legendäre Dimitrios Tsionanis, auf den sich leider auch nichts reimt. Der frühere Bochumer Stürmer Uwe Leifeld soll über Dickgießer und Tsionanis gesagt haben: „Die wissen, wie sie an den Schienbeinschützern vorbeitreten müssen, um Dich zu treffen." Vorerst letzter Absolvent der Klopper-Uni war Christian Wörns, der einen – ehemaligen – Mittelstürmer aber nie in den Griff bekam und sich darüber bitter beklagte. Er fand Jürgen Klinsmann „unehrlisch und link".

8. Helmut Rahner – Zu Unrecht vergessener Nicht-Waldhöfer mit zu Unrecht vergessenem Spitznamen („Alu"). Freundlicher Franke, der meist in Uerdingen spielte und die Kunst des Begrüßungsfouls meisterhaft beherrschte: Konnte Gegenspielern nach wenigen Sekunden sehr einleuchtend klar machen, dass es nicht die schlechteste Idee wäre, sich lieber gleich auswechseln zu lassen. Wurde in seiner Uerdinger Zeit als „Rambo-Rahner" geadelt, was er als „großes Kompliment für einen Abwehrspieler" betrachtete. Nannte seinen Spielstil „ehrliche Arbeit". Nahm 1993 an der Militär-WM teil.

9. Bernd Hollerbach – Gelernter Metzger, der die Werte der Metzger-Innung mit heiligem Ernst auf den Platz brachte. Sah in der letzten Saison beim HSV zehn Mal Gelb in 13 Partien (wobei er einmal nur für acht Minuten eingewechselt wurde). Zuletzt als Co-Trainer von Felix Magath seriös besetzt: Will Magath Profis quälen, lässt er Hollerbach mittrainieren.

10. Klaus Augenthaler – Weltklasse-Libero, der es wegen eines berühmten Fouls in die Rangliste schaffte. Senste 1985 den heranrasenden Rudi Völler derart brachial um, dass der mehrere Meter weit durch die Luft flog und nach der Landung fast fünf Monate ausfiel. Motto: Mein Name ist Klaus, und Du fliegst gleich raus.

11. Maik Franz – Mein Name ist Maik, und Du bist gleich Teig? Hm. Jedenfalls gebührt ihm die Ehre, die Kunst der alten Meister in die Neuzeit überführt zu haben. Zeitgenössischer Rowdy, der sich wegen der lästigen TV-Kameras nur noch selten der guten, alten Blutgrätsche bedient. Hat modernere Gemeinheiten im Handwerkskasten, den zufällig unabsichtlichen Ellbogencheck oder den unabsichtlich zufälligen Tritt auf den Fuß. Wurde von Mario Gomez einmal ohne größere diplomatische Verrenkungen als „Arschloch" beschimpft.

Wadlbeißer: Uli Borowka (links), bei einem Zweikampf mit Bremens Norbert Meier im Jahr 1982. Später spielte Borowka selbst für Werder.

Karl Allgöwer, 57
(VfB Stuttgart), Mittelfeld

Karl Allgöwer
VfB Stuttgart

A - Nationalspieler

Es war ganz einfach damals: Man schrieb einen Autogrammbrief, packte ihn mit einem frankierten Rückumschlag in einen anderen Umschlag und schickte ihn an Karl Allgöwer, c/o VfB Stuttgart. Nach Erhalt des Autogramms klebte man es in ein Album und beschriftete es liebevoll, u.a. mit dem Geburtsjahr des Spielers („57").

SZENE DER SAISON

Letztes Hemd, letzte Hose

Die besten Botschaften sind die unmissverständlichen, das wusste auch Wolfgang Kleff. Saison 1983/1984, die Verantwortlichen von Fortuna Düsseldorf hatten verkündet, dass sie Kleffs Vertrag nicht verlängern – mit ihm, dem Torwart, der mit Mönchengladbach fünf Mal Deutscher Meister war. Also überlegte sich Kleff eine Choreografie. In seinem letzten Heimspiel für die Fortuna, gegen Waldhof Mannheim, täuschte er in der 73. Minute beim Stand von 1:1 eine Verletzung vor und ließ sich auswechseln. Statt sich behandeln zu lassen, startete er eine Ehrenrunde, er verschenkte seine Handschuhe, seine Schuhe, sein Trikot. Dann lief Kleff auf die Haupttribüne zu, er blieb stehen. Er drehte sich, beugte sich nach vorne. Dann zog er die Hose runter. Alle Zuschauer, darunter Fortuna-Präsident Bruno Recht, schauten: auf seinen entblößten Hintern. Später soll Kleff noch gesagt haben: „Für die Fans gebe ich mein letztes Hemd, für manch anderen nur meinen Arsch." Das Spiel verlor Düsseldorf übrigens 1:2.

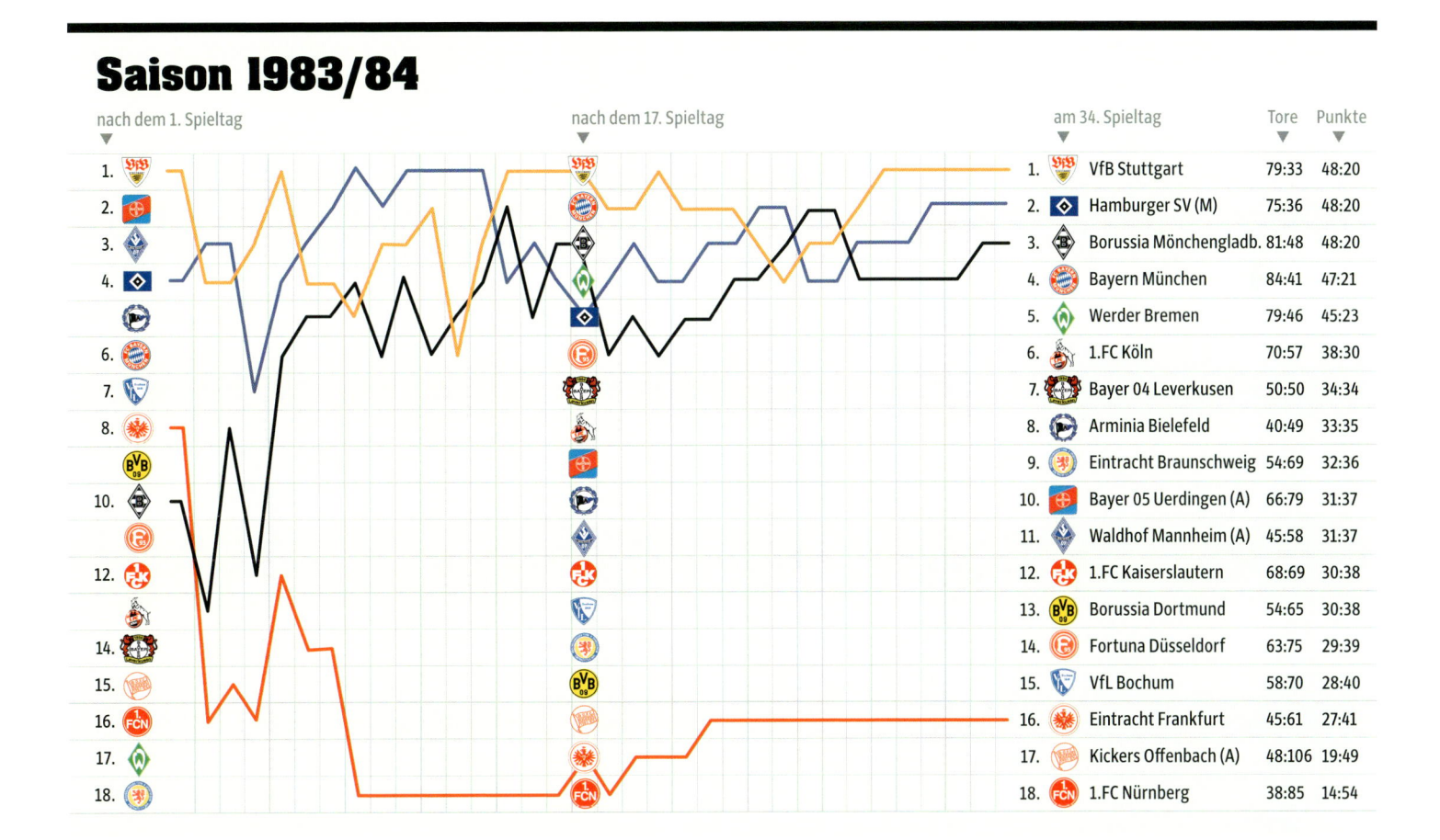

Saison 1983/84

am 34. Spieltag	Tore	Punkte
1. VfB Stuttgart	79:33	48:20
2. Hamburger SV (M)	75:36	48:20
3. Borussia Mönchengladb.	81:48	48:20
4. Bayern München	84:41	47:21
5. Werder Bremen	79:46	45:23
6. 1.FC Köln	70:57	38:30
7. Bayer 04 Leverkusen	50:50	34:34
8. Arminia Bielefeld	40:49	33:35
9. Eintracht Braunschweig	54:69	32:36
10. Bayer 05 Uerdingen (A)	66:79	31:37
11. Waldhof Mannheim (A)	45:58	31:37
12. 1.FC Kaiserslautern	68:69	30:38
13. Borussia Dortmund	54:65	30:38
14. Fortuna Düsseldorf	63:75	29:39
15. VfL Bochum	58:70	28:40
16. Eintracht Frankfurt	45:61	27:41
17. Kickers Offenbach (A)	48:106	19:49
18. 1.FC Nürnberg	38:85	14:54

Bis zum vorletzten Spieltag haben vier Mannschaften eine Titelchance. Doch durch ein 2:1 in Bremen stellt der VfB die Weichen – Hermann Ohlicher erzielt das wegweisende 2:1 (82.). Der HSV verliert völlig unerwartet zu Hause 0:2 gegen Frankfurt. Das Endspiel ist keines mehr: Der HSV hätte in Stuttgart 5:0 gewinnen müssen, es reicht nur zu einem 1:0 durch Jürgen Milewski.

Die Karriere von Lothar Matthäus ist unerreicht. Dem einzigen Weltfußballer aus der Bundesliga ist auf dem Platz fast alles gelungen, daneben eher weniger.

1984/85

Lothar Superstar

Hilft ja nix: Ein Beckenbauer, mit dem er sich stets verglichen hat, ist er nicht geworden. Dafür trägt er sein Herz zu sehr auf der Zunge. Aber eines hat er seinem Vorbild voraus: Matthäus war Weltfußballer des Jahres.

VON HELMUT SCHÜMANN

Ob der Schuss der Schlüssel ist? Ein Fehlschuss zum Start einer Weltkarriere? Es war der 31. Mai 1984, streng genommen hat der Anlass nichts mit der Bundesliga zu tun. Sondern mit dem anderen wichtigen Fußball-Termin in Deutschland, mit dem DFB-Pokal. In Frankfurt stehen sich der FC Bayern und Borussia Mönchengladbach gegenüber. Jene Gladbacher, die ihre ganz große Zeit um Netzer, Heynckes, Rupp usw. hinter sich haben, die sich aber fünf Jahre zuvor einen jungen Mann sicherten, einen in Erlangen gebürtigen Franken, der das Talent hatte, den Klub vom Niederrhein zurück in die Höhen des deutschen Fußballs zu führen. 18 Jahre alt war der Kerl, als er von Herzogenaurach nach Mönchengladbach umzog, entdeckt und gefördert von einem jungen Trainer namens Jupp Heynckes, und 18 Jahre alt war er auch, als er erstmals in der Nationalmannschaft mitwirken durfte.

Und nun steht dieser junge Mann, 23 inzwischen, in der Frankfurter Arena, die damals noch Waldstadion heißt, am Elfmeterpunkt. Der Pokalsieger muss im Elfmeterschießen ermittelt werden. Der junge Mann übernimmt als Erster die Verantwortung. Das ehrt ihn, es ist andererseits auch selbstverständlich, wenn der Leistungsträger mit gutem Beispiel vorangeht. Selbstbewusst genug ist er ohnehin. Matthäus läuft an – und versemmelt.

Man hat ihm das nie verziehen in Mönchengladbach, auch wenn das trauernde Gesicht nach dem Fehlschuss von ähnlichem Schmerz und Leid kündete wie die vors Gesicht geschlagenen Hände des Uli Hoeneß, nachdem er im EM-Finale 1976 seinen Elfmeter in den Belgrader Nachthimmel gejagt hatte. Die Flugkurven beider Versuche ähnelten sich.

Das zweite Problem des Lothar Matthäus an jenem 31. Mai 1984 war nur: Kurz zuvor hatte er bekanntgegeben, dass er eben von diesem Uli Hoeneß, längst Manager des FC Bayern, engagiert worden war und nach München wechseln würde. Am Niederrhein blühten Zorn und Phantasie: Ein verschossener Elfmeter gegen den künftigen Brötchengeber, na, wenn das mal keine Absicht war.

Man tut Lothar Matthäus böse Unrecht, ihm für diesen Moment auch nur ein Fünkchen mangelnder Konzentration zu unterstellen, ihn egoistischer, opportunistischer Motive zu schimpfen. Aber vielleicht ist es tiefenpsychologisch nicht zu arg übertrieben, wenn man konstatiert, dass mit diesem Fehlschuss ein Schalter umklappte im Lothar; der Schalter, der vorgab, nie mehr in solch entscheidenden Situationen so kläglich, so jammervoll, so

Mamas Liebling und Schwarm aller Teenager: Für Lothar Matthäus war auch das Private öffentlich. Einer für alle eben.

bitter zu scheitern. (Dass dieser Schalter später immer mal wieder zurückklappte, steht auf einem anderen Blatt.)

Ob psychologisch oder historisch – faktisch begann in diesem Augenblick eine Weltkarriere. Lothar Matthäus ist der erfolgreichste Fußballer, den die Bundesliga, den der deutsche Fußball je hervorgebracht hat. Er hat an fünf Weltmeisterschaften teilgenommen (was seine Ehen angeht, muss er, Stand 2013, also noch etwas nachlegen, aber nicht viel); er ist Weltmeister, Europameister. Es gibt Viten im deutschen Fußball, die annähernd so rund klingen, nicht ganz, aber annähernd. Es gab aber, Stand Sommer 2013, keine zweite Vita, in der zudem der Titel „Weltfußballer des Jahres" verzeichnet gewesen wäre. Der ist ihm streng genommen zwar nicht als Bundesligaspieler verliehen worden, denn 1989 wechselte Matthäus für den heute vergleichsweise lächerlichen Preis von 8,4 Millionen Mark zu Inter Mailand, 1991 wurde er erster offiziell gekürter Weltfußballer. Aber 1992 kehrte er wieder zurück zu den Bayern, bitte, wer will da päpstlicher als der Papst sein? Er steht in einer Reihe mit Maradona, Zidane, Messi oder Cristiano Ronaldo. 150 Länderspiele hat Matthäus gespielt, kein anderer in Deutschland hat mehr. Lothar Matthäus, Superstar.

Kurzer Rückblick für alle, die nie das Glück hatten, Lothar Matthäus einmal live in seiner Blüte zu erleben: In seiner ersten Münchner Saison, 1984/85, bestritt er

Den Fehlschuss im DFB-Pokalfinale 1984 gegen den FC Bayern haben ihm die Fans in Mönchengladbach nie verziehen. Danach wurde Lothar Matthäus selbst ein Münchner.

33 von 34 Ligaspielen, erreichte als Mittelfeldspieler den exorbitanten Wert von 16 Toren. Der FC Bayern wurde auf Anhieb wieder Meister, und Gladbach erkannte bitter, wen es da großgezogen und verloren hatte.

Franz Beckenbauer, der Guru schlechthin des deutschen Fußballs, der Dalai Lama am Ball und König Midas allen fußballerischen Schaffens, dem alles zu Gold wird, vor das er tritt, und der es geschafft hat, drei Widersprüche in nur einem Satz unwidersprochen plappern zu dürfen – Beckenbauer war nie Weltfußballer, wird auch in diesem Leben nicht mehr auf 150 Länderspiele kommen. Aber im Weg gestanden hat er dem Lothar Matthäus, diesem unwiderstehlichen Dynamiker auf dem Platz, dem Antreiber und Tempobestimmer, dem Lenker und Vollstrecker, dennoch.

Lothar Matthäus hat später nie einen Hehl daraus gemacht, dass dieser Beckenbauer sein Vorbild ist. Auf dem Platz kann er damit nicht gemeint haben, den Libero gab Matthäus erst in der Endphase seiner Karriere. Eher schon den Beruf „Beckenbauer", die sozusagen eingetragene Marke „Beckenbauer". Aber das ist kein Lehrberuf. Man ist es, oder man ist es nicht.

Lothar Matthäus ist es nicht. Die Nonchalance, mit der Beckenbauer seine Eskapaden herunterlächelte, geht Matthäus ab. Als der Kaiser übereilt nach New York wechselte (auch wegen ein paar privater Geschichten), war Thema, dass er dort mit Pelé spielt oder mit dem Balletttänzer Nurejew im Helikopter über die Metropole schwebt. Als der Loddar nach New York ging, sagte er „I hope, we have a little bit lucky". Er wurde der Lächerlichkeit preisgegeben. Beckenbauers Affären? Mei, der Franz, der kann's. Die von Matthäus? Vielleicht sollte er seine Mädels lieber adoptieren als heiraten, im adoptionsfähigen Alter sind sie auf jeden Fall schon.

Und als der FC Bayern München einmal kränkelte, betrat der Trainer Beckenbauer den Mittelkreis und alles wurde gut. Der Trainer Matthäus? Vergesst es, Leute. Als der Franz beim Hamburger SV, fast schon im Ruhestand, die Bälle eher mal ins eigene Tor kickte als nach vorne, da wurde ihm verziehen. Als bei Matthäus kurz vor Abpfiff des Champions-League-Finales 1999 gegen Manchester United in Barcelona „der Muskel zumachte", er sich auswechseln ließ, war auch er schuld an der tragischen Last-Minute-Niederlage. Wollte er nicht mehr oder konnte er nicht mehr?

Lothar Matthäus ist eine grundehrliche Haut, man kann mit ihm wunderbar streiten, er trägt nahezu nichts nach und sein Herz auf der Zunge. Eine Deutsche Meisterschaft mehr, nämlich acht, haben Mehmet Scholl und Oliver Kahn, aber der Lothar ist trotzdem der erfolgreichste Profi, der je in der Bundesliga seine Heimat hatte. Nur Beckenbauer wird er nie werden. Hilft ja nix. Um es mit Lothar Matthäus abzurunden: „Wir dürfen jetzt nur nicht den Sand in den Kopf stecken."

SAISON 1984/1985

SZENE DER SAISON

Grätschen für den Pepitahut

Das erfolgreichste Jahr des Fußball-Entertainers Klaus Schlappner war das Jahr 1985, und das lag nicht nur an der CD, die er gemeinsam mit Werner Böhm veröffentlichte (Titel: „Schlappi Räp / Du lachst Dich schlapp"). Er wurde auch gefeiert für seinen Pepitahut, seinen Schnauzbart oder seine Sprüche, stets vorgetragen im kurpfälzer Dialekt. Es war Schlappners Jahr, weil seine Mannschaft, der SV Waldhof Mannheim, 1984/1985 die erfolgreichste Saison der Vereinsgeschichte spielte, beendet auf Platz sechs. Vor Schalke, vor Dortmund, vor Titelverteidiger Stuttgart. In seinem Team hatte Schlappner Grätscher und Wadenbeißer versammelt, an dieser giftigen Defensivkompetenz verzweifelte ein Stürmer nach dem anderen. Seine größte Entdeckung: ein gewisser Jürgen Kohler, der sich in Mannheim zu einem international respektierten Nationalverteidiger entwickelte. 1992 wurde Schlappner chinesischer Nationaltrainer; seine nachhaltigste Maßnahme: das in seinem Auftrag gebraute Schlappner-Bier.

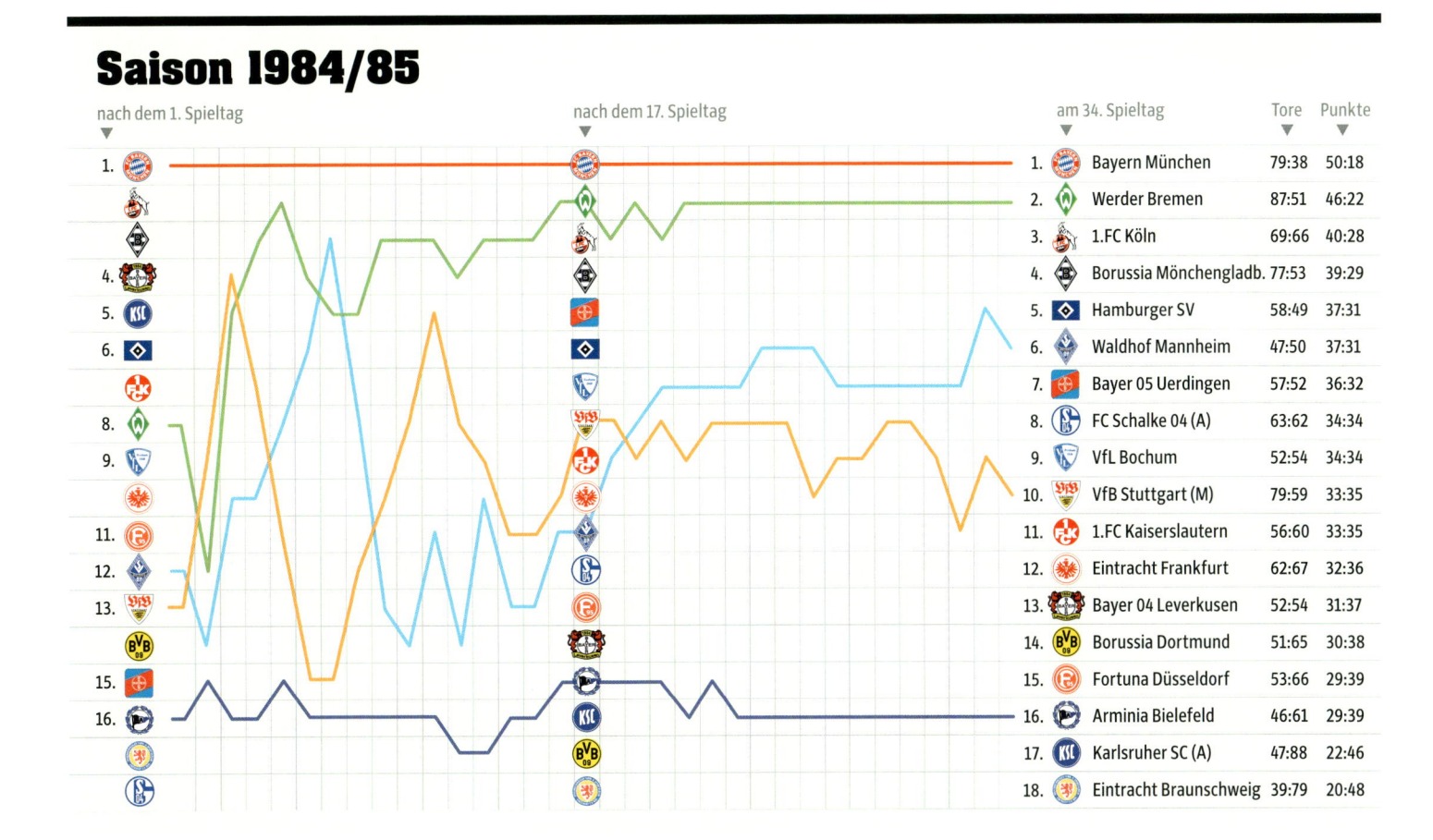

Saison 1984/85

am 34. Spieltag	Tore	Punkte
1. Bayern München	79:38	50:18
2. Werder Bremen	87:51	46:22
3. 1.FC Köln	69:66	40:28
4. Borussia Mönchengladb.	77:53	39:29
5. Hamburger SV	58:49	37:31
6. Waldhof Mannheim	47:50	37:31
7. Bayer 05 Uerdingen	57:52	36:32
8. FC Schalke 04 (A)	63:62	34:34
9. VfL Bochum	52:54	34:34
10. VfB Stuttgart (M)	79:59	33:35
11. 1.FC Kaiserslautern	56:60	33:35
12. Eintracht Frankfurt	62:67	32:36
13. Bayer 04 Leverkusen	52:54	31:37
14. Borussia Dortmund	51:65	30:38
15. Fortuna Düsseldorf	53:66	29:39
16. Arminia Bielefeld	46:61	29:39
17. Karlsruher SC (A)	47:88	22:46
18. Eintracht Braunschweig	39:79	20:48

Erst der HSV, dann Bremen – in den Achtzigern fordern die Nordlichter den FC Bayern. Die Entscheidung fällt am letzten Spieltag: Der FC Bayern siegt in Braunschweig 1:0 durch ein Tor von Dieter Hoeneß (49.), Bremen verliert 0:2 in Dortmund. Die Borussia sichert so gerade noch den Klassenerhalt, Braunschweig steigt ab und kehrt erst 2013 zurück.

SAISON 1984/1985

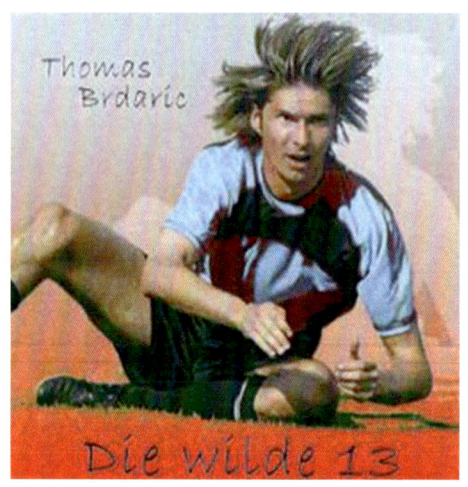

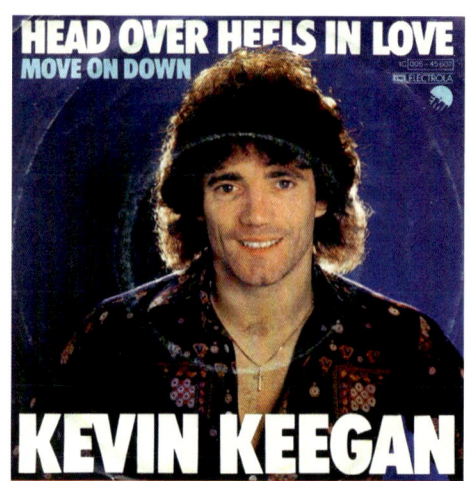

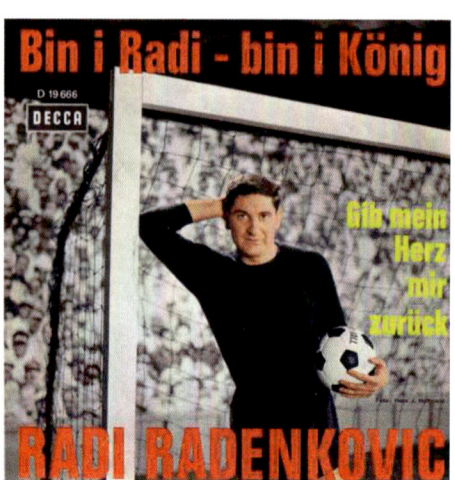

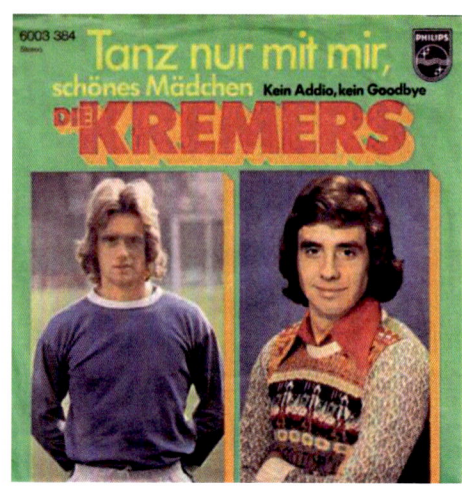

RANGLISTE 6: FUSSBALLSCHLAGER

Das Geheimnis vom Leberkäs'

Der einstige Bayern-Torwart Jean-Marie Pfaff war ein Gesamtkünstler: Trikotdesigner, Schauspieler, Zirkusartist, Fernsehstar und Sänger eines wegweisenden Fußball-Songs – schuld daran war sein Friseur.

VON BORIS HERRMANN

Ich war ein Belgier
und jetzt bin ich ein Bayer
Ich trinke Bier und esse
Leberkäs' mit Eier
Und jeden Samstag steh' ich
froh in meinem Tor
und kein Stürmer
macht dem Jean-Marie was vor

Jean-Marie Pfaff, 59, steht natürlich längst nicht mehr im Tor. Gerade hockt er wie ein Kuscheltier auf seiner Wohnzimmercouch im belgischen Ort Brasschaat, nahe seiner Heimatstadt Beveren. Er trinkt ein Glas Orangensaft. Und kaut auf einem Schokoriegel herum. Und er singt: „Ich war ein Belgier und jetzt bin ich ein Bayer. Ich trinke Bier und esse Leberkäs' mit Eier ..."

In Sachen Harmonie und Rhythmus gibt es an seinem Vortrag wenig zu beanstanden. Es fehlt bloß noch ein Akkordeon, dann klänge es fast wie damals im Jahr 1984, als Pfaff noch Samstag für Samstag das Tor des FC Bayern München hütete – und nebenbei dieses Lied entstand. Das Problem, das Pfaff jetzt hat, bezieht sich auf den Text. „Ich weiß gar nicht mehr, wie die zweite Strophe ging", sagt er.

Vielleicht hängt das auch damit zusammen, dass es diese zweite Strophe nie gab. Das Lied „... Jetzt bin ich ein Bayer" beginnt mit dem charakteristischen Achtzigerjahre-Klang einer Stadiontröte. Dann kommt zehn Mal die erste Strophe – also zehn Mal der Belgier, zehn Mal der Leberkäs', zehn Mal der Jean-Marie. Und dann noch einmal die Tröte. Das war's. Im Wesentlichen.

An einigen Stellen wird die Wiederholungsschleife von Kurzinterviews mit dem Interpreten aufgelockert. Das klingt dann etwa so:

„Jean-Marie, was ist eigentlich der Unterschied zwischen Beveren und München?"

Pfaff: „Chhhr, die Sprache."

Oder so:

„Jean-Marie, man hat ein bisschen gelächelt über Dir Flämisch-Deutsch in Fernsehen. Hat es Sie gestört?"

Pfaff: „Ja, was wollen Sie? Ich bin Torwart. Und kein Redner. Ich stehe vor die Bälle."

Und schließlich so:

„Jean-Marie, erzählen Sie doch noch einmal Ihr ganz großes Geheimnis. Wie halten Sie einen Elfmeter?"

Pfaff: „Viel Bier trinken! Und Leberkäs' essen!"

Unweigerlich drängt sich die Frage auf: Wer denkt sich sowas aus? „Das war mein damaliger Friseur aus Beveren", erzählt Pfaff. Der habe immer so gerne Akkordeon gespielt. Und tolle Texte geschrieben. Gilbert De Nockere hieß der musisch begabte Friseurmeister. Pfaff sagt, von ihm aus sei es aber okay, wenn man in der Zeitung schreibe, er selbst sei der Komponist gewesen. Er ist und bleibt eben ein netter Kerl, dieser Jean-Marie Pfaff.

> **Die Trophäe als Welttorhüter steht im Einbauschrank.**

Man kann wohl sagen, dass dieser Mann mit sich im Reinen ist. Er sieht sich so: „Ich war immer Mensch. Und ich war auch ein guter Torwart." Ein erfolgreicher Torwart war er allemal. Drei Mal Deutscher Meister mit dem FC Bayern (1985, '86, '87). Einmal WM-Halbfinalist mit Belgien (1986). Und vor allem: Welttorhüter 1987. Die Trophäe steht im Einbauschrank. Gleich neben dem Fernseher. Weiterhin lässt sich in Pfaffs Wohnzimmervitrine bestaunen: eine Schildkappe mit 61 Sternchen, eines für jedes Länderspiel. Die Medaille von der WM in Mexiko. Dazu eine kleine Bronze-Statue von Pelé, der Pfaff 2004 unter die 125 besten noch lebenden Fußballer wählte. Sowie ein Satz Weingläser mit der Gravur „The Pfaffs".

Muss man einen, der so viel erreicht hat, auch noch zum wichtigsten Sänger der Bundesliga-Geschichte küren? Pfaff war gewiss kein Pionier unter den musizierenden Fußballprofis. Pionierarbeit leistete etwa Radi Radenkovic, Torhüter des TSV 1860 München, als er Mitte der Sechzigerjahre trällerte: „Bin i Radi, bin i König". Ginge es hier streng nach Popularitätswerten und Verkaufszahlen, dann wäre auch der britische Import-Schlagersänger Kevin Keegan (HSV, 1979) ein Titelkandidat. Es geht aber auch um die Ausdrucksnote. Pfaff hat weder das bekannteste noch das exotischste, weder das schönste noch das peinlichste Lied der Ligageschichte interpretiert. Allerdings hat kein anderer Bundesligaspieler die Grenzen zwischen Popkultur und Fußball so konsequent zertrümmert wie dieser bayerische Belgier. Gerd Müller fühlte sich im Strafraum definitiv wohler als im Tonstudio. Franz Beckenbauer nahm seine Liebeslieder im Nana-Mouskouri-Stil auf. Der singende HSV-Profi Charly Dörfel klang wie Hildegard Knef nach dem Genuss einer Schachtel Ernte 23. Nur bei Pfaff wirkte die Rolle des Schlager-Sängers nie aufgesetzt. Sie schien eher Ausdruck seines Wesens zu sein. Womöglich haben wir es hier mit dem ersten ganzheitlichen Popstar der Bundesliga zu tun.

1987, auf dem Höhepunkt seiner Karriere, übernahm er eine Rolle in der Kino-Komödie „Zärtliche Chaoten". In dem Film schwängern Thomas Gottschalk, Helmut Fischer und Michael Winslow ein und dieselbe Frau (Rosi). Pierre Brice spielt Winnetou. Und Pfaff spielt Pfaff. In seiner besten Szene steht er in voller Torwartmontur im Garten eines Restaurants und fängt Teller, die andere aus dem Fenster werfen. „War lustig", findet er noch heute.

Überhaupt die Torwartmontur: Pfaff hat sie selbst entwickelt. Sein berühmtes Trikot mit dem Brustpolster, stets himmelblau oder zitronengelb, genau so wie seine Handschuhe – die angeblich ersten, die nicht außen, sondern innen vernäht wa-

Auch in der Hitparade der lustigsten Gegentore hat der begnadete Ballfänger Pfaff einen Ehrenplatz: Uwe Reinders von Werder Bremen gelang gegen den belgischen Bayern ein Tor durch einen Einwurf (rechts). Da machte es bumm!

ren. Heute, behauptet Pfaff, spielten alle Torhüter der Bundesliga mit seinem Modell. Er habe damals versäumt, ein Patent anzumelden und deshalb „sehr, sehr viel Geld verloren".

Wenn das stimmt, dann hat er es auf anderen Wegen wieder reingeholt. Pfaff werkelte nicht nur als Sänger, Schauspieler, Modedesigner – mit wechselndem Erfolg – an der Eigenmarke JMP. Er trat im Zirkus auf, nahm zwei Mal an der Rallye Dakar teil und gründete sein eigenes Weinlabel unter dem programmatischen Namen „De Pfaff". Vor allem aber ist er ein belgischer Fernsehstar geworden. Er glaubt: „Die Leute mögen mich, weil ich nie so distanziert war wie andere Fußballer." Der zweite Teil des Satzes stimmt auf jeden Fall.

Pfaff bewohnt das wohl berühmteste Wohnzimmer Flanderns. Von 2002 bis 2012 wurde hier die Daily-Soap „De Pfaffs" gedreht. In den Hauptrollen: Jean-Marie, seine Frau Carmen, die Töchter Debby, Kelly und Lyndsey („alle schön mit Ypsilon hinten"), dazu zahlreiche Schwiegersöhne und Enkel, zwei Chihuahuas sowie der inzwischen leider verstorbene Opa Bompa. Ein Drehbuch gab es nicht, die Leute vom Privatsender VTM drehten einfach alles und überall („außer auf dem Klo"). Zehn Jahre lang schauten jeden Sonntag rund zwei Millionen Menschen in Belgien und den Niederlanden zu. „Ich habe mein ganzes Leben auf Band. Wie meine Töchter ihre Freunde kennenlernten. Wie Sie schwanger waren. Ist doch schön", sagt Pfaff.

Wer vor laufenden Kameras Kinder großzieht, wer dort lacht, weint und sich die Fußnägel schneidet, dem braucht man natürlich nicht mit längst verjährten Peinlichkeiten auf einer alten Schallplatte zu kommen. Zumal Pfaff versichert: „Ich war ein Belgier und jetzt bin ich ein Bayer – das ist mit Herz und Seele gesungen!" Ein paar Fragen zum Text gäbe es dann aber schon noch. Freut sich da einer darüber, dass er einmal Belgier war? Oder dass er es nicht mehr sein muss? Beides falsch, wenn man ihn richtig versteht.

„Ach, die Lederhosen, die Dirndls! Oktoberfest, Tegernsee! Stoiber!"

Dass er es bei den großen Bayern geschafft hat, und dass die Münchner Torwart-Legende Sepp Maier einmal sagte: „Der Jean-Marie ist einer von uns" – das ist Pfaffs ganzer Stolz. Bis heute. „Ich war kein Ausländer in Bayern", sagt er, „ich wurde dort nie ausgepfiffen." Nicht mal nach seinem ersten Spiel, in dem er sich gleich das weltberühmte Einwurf-Tor des Bremers Uwe Reinders eingefangen hatte.

Den Wechsel von Belgien nach Bayern hat Jean-Marie Pfaff als sozialen Aufstieg empfunden. Er war mit zehn Geschwistern in einem Wohnwagen aufgewachsen. „Ich habe in der Adventszeit auf der Straße gesungen, um mir die ersten Torwart-Handschuhe kaufen zu können", erzählt er. Da ging es also schon los mit dem Hang zur Populärmusik. Als er dann nach der WM 1982 nach München kam, wurde er umgehend zum Überzeugungsbayer. Wenn man ihn auf seine sechs Münchner Jahre anspricht, schwärmt er: „Ach, die Lederhosen, die Dirndls! Oktoberfest, Tegernsee, Bad Wörishofen! Franz Josef Strauß! Stoiber!"

Das wäre eigentlich auch schon fast wieder ein Songtext.

Und wieso Bad Wörishofen? „Ja, da war mein Friseur damals." Pfaff, diese ewige Dauerwelle und seine Coiffeure, das scheint ein bislang sträflich vernachlässigtes Forschungsgebiet zu sein. Der Friseur in Flandern hat angeblich noch vier unveröffentlichte Pfaff-Songs in der Schublade. „Und dabei habe ich schon für den ersten eine goldene Schallplatte bekommen", behauptet Pfaff. Die anderen Lieder habe er auf Geheiß des FC Bayern damals nicht mehr aufgenommen. Denn: „Die haben mir gesagt, Du bist Torwart, nicht Sänger."

Zu den vielen Besonderheiten von Jean-Marie Pfaff gehört, dass seine Erinnerungen mit der Zeit nicht verblassen, sondern immer kräftiger werden. Und bisweilen ins Phantastische changieren. Was die Geschichte mit der goldenen Schallplatte betrifft, so ist die Indizienlage durchwachsen. Der Friseurmeister De Nockere bekräftigt auf Anfrage, dass sich „... Jetzt bin ich ein Bayer" in Deutschland über 100 000 Mal verkauft habe. Der für goldene Schallplatten zuständige Bundesverband der Musikindustrie findet dieses Lied allerdings nicht einmal in seiner Datenbank. Pfaff und De Nockere erzählen außerdem übereinstimmend, sie hätten die goldene Platte bei späterer Gelegenheit in Rom an den Papst weiter verschenkt. Auch das lässt sich schwer überprüfen. „Das war noch bei diesem Polen, der vor ein paar Jahren gestorben ist", sagt Pfaff.

Nach Auskunft seines Langzeitgedächtnisses gab es auf der Rückseite seiner Erfolgs-Single ein Lied mit dem Titel „Ein bisschen Frieden". Das habe er damals mit einem jungen Mädchen namens Nicole aufgenommen, meint Pfaff sich zu erinnern. Tatsächlich befindet sich auf der B-Seite ein Anti-Kriegs-Schlager. In Wahrheit hieß das Lied aber „Wir zwei". Und das Mädchen, mit dem er im Duett sang, war natürlich nicht die berühmte Nicole, sondern das belgische Schlagersternchen Fenna. Der Text war trotzdem super. Ein Auszug aus dem visionären Sprechgesang, der bereits 1984 die gegenwärtige Pyro-Debatte vorempfand:

Pfaff: „Hallo Fenna, wie geht es Dir?"

„Hallo Jean-Marie, danke, mir geht es gut. Nur eines macht mir Sorgen: Der Gewalt und die Raketen."

Pfaff: „Da hast Du völlig Recht. Fenna. Man merkt es leider auch schon auf dem Fußballplatz."

Der Refrain nahm dann leider ein wenig Schwung aus dem Friedens-Appell: „Wir zwei, wir können das nicht äääändern."

Fatalismus – das ist auch das Gefühl, mit dem Pfaff inzwischen dem FC Bayern begegnet. Sicher, sein Herz schlägt noch immer für diesen Klub. Im April 2013, als seine Bayern bei einem Auswärtsspiel in Frankfurt so früh wie nie zuvor die Meisterschaft sicherten, war Pfaff im Stadion dabei: „Jupp Heynckes", sagt er, „der macht das richtig gut."

Ganz verziehen hat Pfaff es seinen Münchnern aber nicht, „dass die schönste Zeit seines Lebens" schließlich so jäh und unbayerisch zu Ende ging. 1988 wurde ihm vom Trainer mitgeteilt, dass der Verein aufgrund der Ausländerbeschränkung fortan auf den deutschen Torwart Raimond Aumann setzen werde. Wie der Trainer hieß? Jupp Heynckes.

Seit dem Ende seiner Familien-Soap ist Jean-Marie Pfaff wieder häufiger in Bayern unterwegs. Er hält gut bezahlte Vorträge mit dem Titel: „Nummer eins werden, Nummer eins bleiben." Aber sein Traum, dauerhaft in München Fuß zu fassen, hat sich nicht erfüllt. Einmal schlug er dem FC-Bayern-Boss Karl-Heinz Rummenigge die Gründung einer Torwarttrainer-Akademie vor. Natürlich mit ihm, Pfaff, als Chef. Angeblich erhielt er nicht mal eine Antwort.

Immer wieder, sagt Pfaff, bekomme er Anfragen, sein Lied von damals auf dem Oktoberfest vorzuführen. Passen würde es ja, denn schunkeln kann man dazu ganz prima. Nur den Text müsste er womöglich ein wenig der Gegenwart anpassen. Wenn es authentisch sein soll, müsste Jean-Marie Pfaff dann wohl singen: Ich war mal Bayer. Und jetzt bin ich wieder ein Belgier.

Die Hitparade der Liga

1. Jean-Marie Pfaff *Ich war ein Belgier und jetzt bin ich ein Bayer, 1984.*

2. Radi Radenkovic *Bin i Radi, bin i König, 1965.*
Der Anfang einer Kunstform. Oder: die Ur-Sünde. Mit „Ball kommt wie der Blitz, dass ich manchmal schwitz" sang sich der erste populäre Bundesliga-Musikant auf Platz fünf der Single-Charts.

3. Das tragische Dreieck *Steh Auf!, 1996.*
Wenn man versucht, sich kunstgeschichtlich zwischen Fanta Vier und dem Magischen Dreieck zu platzieren, ist man wohl zum Scheitern verurteilt, wie der Schwaben-Rap der VfB-Profis Bobic, Poschner und Haber beweist.

4. Gerd Müller *Dann macht es bumm, 1969.*
Es gibt zwei Arten von Fußballsongs: Fußballer, die über Fußball singen. Und Fußballer, die über das Leben singen. Gerd Müller tat beides. Er sang über sein Leben, das nun einmal zu großen Teilen aus Bumm-Machen bestand.

5. Kevin Keegan *Head over Heels in Love, 1979.*
Im Jahr der HSV-Meisterschaft stürmte der Engländer auch die Top Ten der deutschen Charts. Komponiert hat das Stück Smokie-Sänger Chris Norman, so klingt es auch. Macht aber nichts.

6. Toni Polster und die fabulösen Thekenschlampen *Toni lass es polstern, 1997.*
Kölner Kneipenrock ohne Anspruch auf Anspruch. „Der Strafraum ist mein Jagdrevier", röhrt der Österreicher. Subtext: Man muss sich vor ihm auch an der Theke in Acht nehmen.

7. Norbert Nigbur *Wenn Schalke 04 nicht wär (wär das Parkstadion immer leer), 1975.*
Ein Lied, das in jeder Hinsicht vernachlässigbar wär (wenn der epochale Titel nicht wär).

8. Charly Dörfel *Das kann ich dir nicht verzeih'n, 1965.*
Der Linksaußen des HSV gehört zu den Pionieren singender Profis. Seine Musik ist beschwingt, seine Texte sind so romantisch wie sein Leben („Ich war kein Kussverächter"). Fehlte bloß noch so etwas wie eine Gesangsstimme.

9. Franz Beckenbauer *Du bist das Glück, 1967.*
Einer der zahlreichen Chart-Flops des künftigen Kaisers. Irgendwo zwischen Heintje und einem Beckenbauer-Imitator. B-Seite: „1:0 für die Liebe". Gesamturteil: 0:1.

10. Thomas Brdaric *Die wilde 13, 2003.*
Der Stürmer Brdaric piepst darin den Torhütern zu: „Warum bist Du Torhüter geworden, warum hast Du nicht auf Deine Eltern gehört?" Ralf Rangnick, sein damaliger Trainer in Hannover, urteilte spontan: „CD aus dem Verkehr ziehen!"

11. Die Kremers *Tanz nur mit mir schönes Mädchen, 1974.*
Tolles Lied. Fragt sich nur: Mit welchem der Schalke-Zwillinge soll das Mädchen denn nun tanzen? Nur mit Helmut oder nur mit Erwin?

1985/86

*Bremen gegen Bayern. 88. Minute.
Elfmeter für den SV Werder.
Michael Kutzop tritt an.
Pfosten. Das Leben geht weiter.
Nur wie?*

Zärtliches Entsetzen

Bremens Michael Kutzop schoss in seiner Bundesliga-Karriere 18 Elfmeter. Nur einer ging nicht ins Tor. Es war der wichtigste. Die unendliche Geschichte eines Pfostenschusses.

VON THOMAS HAHN

Michael Kutzop kommt gerade aus der Dusche, als das Telefon klingelt. Er ist auf Mallorca, im Urlaub. Er ist einigermaßen beschwingt. Es ist, als könne man aus seiner Stimme die spanische Sonne heraushören, als er sich meldet. „Kutzop."

Ein Journalist ist dran. Ob er kurz Zeit habe. Schwierig, sagt Kutzop, er komme gerade aus der Dusche. „Worum geht's denn?" Der Journalist stottert. Naja ..., um ehrlich zu sein – um was wohl?

Kutzop bleibt freundlich, vielleicht findet er es sogar lustig, dass schon wieder jemand die Geschichte von seinem verschossenen Elfmeter hören will. Erzählen kann er sie trotzdem nicht mehr. Die Macht der Wiederholung macht irgendwann auch den stärksten Abwehr-Veteranen mürbe. „Ich hab' genug von dem Elfmeter gesagt. Kann man im Internet überall nachlesen", sagt Michael Kutzop. „Jetzt ist es langsam gut." Es ist ein kurzes Telefonat in beiderseitigem Einvernehmen.

Schwer zu sagen, wie oft in seinem Leben der frühere Fußballprofi Michael Kutzop, geboren am 24. März 1955 in Lubliniec/Polen, noch was zu jenem Elfmeter-Fehlschuss sagen soll, mit dem er als Vorstopper des SV Werder Bremen im Frühjahr 1986 die Meisterschaft zugunsten des FC Bayern entschied. Aber wahrscheinlich schon noch ein paar Mal, denn die Episode hat sich eingegraben in die Bundesliga-Geschichte als eines ihrer folgenreichsten Sportdramen. Und in gewisser Weise auch als eines ihrer ungerechtesten, weil sie den aufrechten, durchaus nicht erfolglosen Abwehrspieler Kutzop als ewigen Verlierer zurückgelassen hat.

In jener Saison 1985/86 war Kutzop einer der überragenden Defensivleute der Liga, unverzichtbar im eleganten Bremer Ensemble von Trainer Otto Rehhagel, und zwar nicht nur, weil er vor und im eigenen Strafraum kompromisslos wegräumte, was wegzuräumen war. Sondern auch, weil er als Elfmeterschütze unfehlbar zu sein schien. Wenn es Elfmeter für Bremen gab, machten sich nicht offensive Feinfüßler wie Norbert Meier oder Manfred Burgsmüller auf den Weg. Sondern aus den Tiefen der eigenen Hälfte stapfte Michael Kutzop heran, verzog keine Miene und verwandelte sicher. Immer auf die gleiche Art. „Ich hab' den letzten Schritt größer gemacht und gewartet, bis der Torwart sich bewegt." Und dann den Ball in die

*Kutzops Fehlschuss ging eine Fehlentscheidung voraus.
Bayerns Sören Lerby hatte dem Bremer Rudi Völler bei einem harmlosen Zweikampf
ins Gesicht geschossen, es gab trotzdem Elfmeter. Völler war an diesem
Tag aus einer fünfmonatigen Verletzungspause zurückgekehrt, die ihm Bayerns
Klaus Augenthaler im Hinspiel eingebrockt hatte (rechts).*

andere Ecke geschoben. Ganz sanft, fast zärtlich. „Nur geschoben. Mit der Innenseite. Ich hab' ne gute Innenseite gehabt."

Acht von acht Elfmetern hatte Kutzop verwandelt in jener Saison, und deshalb war die Bremer Vorfreude groß, als der Schiedsrichter Volker Roth am vorletzten Spieltag in der 88. Minute beim Stand von 0:0 gegen den FC Bayern vor heimischem Publikum wegen eines vermeintlichen Handspiels von Sören Lerby auf Elfmeter entschied. Bei einem Sieg wäre Werder Meister gewesen. Kutzop stapfte heran. Er legte sich den Ball zurecht. Er lief an. Er machte den letzten Schritt größer. Torwart Jean-Marie Pfaff neigte sich nach links, Kutzop zielte nach rechts. Mit der Innenseite, fast zärtlich.

Pfosten.

Bremer Entsetzen. Münchner Jubel.

Eine Woche später verlor Werder in Stuttgart 1:2, Bayern gewann gegen Mönchengladbach 6:0. Und wurde Meister.

Seither ist Michael Kutzop der, der die Werder-Meisterschaft von 1986 verschossen hat. 152 Bundesligaspiele hat Kutzop für Bremen und Kickers Offenbach bestritten, 28 Tore dabei geschossen. Er hat im Europapokal gespielt. Er ist später doch noch Meister mit Werder geworden (1988). Er hätte mehr zu erzählen als von diesem einen Innenspannstoß. Aber niemand will etwas anderes von ihm wissen. Diese Geschichte klebt an seinem Leben wie eine Klette, und um wenigstens nicht immer wieder das Gleiche erzählen zu müssen, bittet er jetzt bei Anfragen, seine älteren Interviews zu studieren.

„Das ist schon brutal gewesen damals", hat Kutzop im Jahr 2000 in der *Süddeutschen Zeitung* gesagt – als man sich gegenübersaß und er noch im direkten Gespräch über diesen Elfmeter berichtete. Seine Telefonnummer musste er damals ändern. In Kneipen musste er sich Sprüche anhören. Er sprach viel mit den Leuten im Verein, mit Funktionären, Mitspielern,

> „Kutzi, is' vorbei", sagten
> die Kollegen, aber wer weiß,
> was die gedacht haben.

mit Rehhagel. „Kutzi, is' vorbei", sagten die Kollegen. „Aber wer weiß, was die gedacht haben" (SZ, 2000). Nach der Saison machte Werder eine Reise nach Fernost, das war gut für ihn. „Rehhagel sagte damals zu mir: ‚Micha, da oben gibt es einen Fußball-Gott, wenn Sie fleißig bleiben, wird er Sie irgendwann belohnen'. Er hatte Recht" (*Bild*, 2013).

Warum er damals ausgerechnet diesen Elfmeter verschoss, ist eines dieser Geheimnisse, die der Sport für sich behält. 18 Elfmeter schoss er in seiner Bundesliga-Zeit, nur bei diesem einen traf er nicht. Weil der Druck des Augenblicks so groß war? Weil die Bayern-Spieler protestierten und es lange dauerte, ehe Kutzop den Ball auf den Punkt legen konnte? „Tatsache ist: Der Ball war weg. Vielleicht hatte ich einfach zu viel Zeit zum Nachdenken" (*Abendblatt*, 2009).

Mittlerweile stehe er drüber, sagt Kutzop (SZ, 2000). Er lebt heute in Großwallstadt, auf Mallorca hat er lange die Rudi-Völler-Fußballschule geleitet, es geht ihm gut. Er sieht sogar ein bisschen Gerechtigkeit in dem Fehlschuss: „Es war ein unberechtigter Elfmeter, der Sören Lerby hat kein Handspiel gemacht. Und hätte ich getroffen, wäre er wiederholt worden, weil ich abgestoppt hatte – sagte Schiedsrichter Roth" (*Abendblatt*, 2009). Aber da sind Narben im Fußballerherzen, das ist klar, und Narben tun manchmal auch noch weh. Michael Kutzop ist ein ehrlicher Typ, er kann sich nichts vormachen. Werder hat die Meisterschaft damals nicht am letzten Spieltag in Stuttgart vergeben. „Der Knackpunkt war wirklich mein Elfmeter" (*Spiegel online*, 2011). Und damals um die Jahrtausendwende, beim SZ-Gespräch, konnte man in der Fassade seiner Gelassenheit einen dürren Riss erkennen. Ob er gehört habe, wie der Ball an den Pfosten prallte – das war so eine unschuldige, blöde Frage, die damals über den Tisch zu ihm hinüberrollte. Kutzop blickte auf, seine Augen sagten: Nur ein Schreiberling kann so einen entrückten Scheiß fragen.

„Gehört? Quatsch! Das hab' ich schon gesehen." Gehört, gehört. „Ich hab' den Jubel der Gegner gehört." Seine Miene war düster. Seine Geschichte tat ihm weh.

Jörg Butt über Elfmeter

INTERVIEW: CHRISTOF KNEER

SZ: Herr Butt, eine einfache Frage zum Anfang: Wie schießt man Elfmeter?
Jörg Butt: Eine einfache Antwort: Am besten so, dass sie rein gehen.

Mit diesem Rezept haben Sie einen Rekord aufgestellt, der einige Zeit halten dürfte: Sie haben als Torwart 26 Bundesliga-Tore erzielt – für den HSV, Leverkusen und den FC Bayern. Wie kommt man als Torwart überhaupt dazu, Elfmeter zu schießen? War das Ihre Idee?
Überhaupt nicht. Am Anfang meiner Karriere beim VfB Oldenburg hab' ich im Training ab und zu Elfmeter geschossen, und es gab dann in der Liga mal eine Phase, in der wir zwei, drei Elfmeter verschossen haben. Als wir gegen St. Pauli wieder einen Elfmeter bekommen haben, ist keiner zum Punkt gegangen. Es hat sich irgendwie keiner getraut. Irgendwann hat ein Mitspieler gerufen: Jörg, schieß' Du doch!

Und Sie haben sich getraut?
Ich bin nach vorne gelaufen, ohne groß darüber nachzudenken, und habe getroffen. Es gab in dem Spiel noch einen zweiten Elfmeter, den habe ich auch verwandelt.

Von da an war Ihr Schicksal vorbestimmt: Sie waren Elfmeterschütze.
Kurz darauf hatten wir noch Aufstiegsspiele zur zweiten Liga, wir haben gegen TeBe Berlin gespielt, und ich habe wieder einen Elfmeter verwandelt. Von da an bin ich's nicht mehr losgeworden.

Wie kam es, dass Sie auch in Ihren nächsten Klubs zum Schützen wurden? Hatten die keine eigenen?
Beim HSV war's wieder Schicksal. Anthony Yeboah hatte einen Elfmeter verschossen, und Trainer Frank Pagelsdorf hat mich gefragt, ob ich den nächsten schießen will. Er wusste, dass ich in Oldenburg ein sicherer Schütze war. Ja, und im nächsten Spiel gegen Wolfsburg gab's dann gleich Elfmeter.
Und?
Drin.

Also jetzt nochmal: Wie schießt man Elfmeter?
Ich habe mal eine Grafik meiner HSV-Elfmeter gesehen, und da war zu erkennen, dass die Bälle kreuz und quer eingeschlagen haben, rechts oben, rechts unten, links oben, links unten oder auch mal zentral. Ich hatte kein Muster, keine Lieblingsecke.

Es gibt kein Geheimnis?
Das Geheimnis heißt: Konzentration. Man muss lernen, alles auszublenden, das Stadion, die Leute und die Folgen eines möglichen Fehlschusses. Deshalb glaube ich, dass man Elfmeter schießen trainieren kann. Man kann zwar nicht den Druck eines Wettbewerbsspiels simulieren, aber man kann sich durch ständiges Üben eine Grundsicherheit aneignen. Die hilft einem, wenn es zur Drucksituation kommt.

Von Statistiken halten Sie nichts? Es gibt ja Untersuchungen, wonach halb hohe Elfmeter am ehesten gehalten werden.
Diese Statistiken nützen mir nichts. Ich weiß ja, dass ein Torwart den Ball unmöglich halten kann, wenn ich hoch und platziert schieße. Aber was hilft mir das Wissen, wenn ich es vor 50 000 Zuschauern in der 89. Minute besonders genau machen will und drüber schieße? Man darf das nicht zu sehr verwissenschaftlichen.

Sie haben immer spontan entschieden, wohin Sie schießen?
Ich hatte einen langen Weg von meinem Tor nach vorne zum Punkt, aber wenn ich vorne angekommen bin, wusste ich immer noch nicht, wohin ich schieße. Ich habe es meistens von der Reaktion des Torwarts abhängig gemacht.

Haben Sie beim Schießen davon profitiert, dass Sie selber Torwart waren?
Mit Sicherheit. Ich weiß ja, wie Torhüter ticken, ich weiß, dass man als Torwart meist auf eine Ecke spekuliert. Deshalb hab' ich als Schütze immer versucht, so lange wie möglich zu warten. Und wenn ich gemerkt habe, in welche Ecke sich der Torwart orientiert, hab' ich in die andere gezielt.

Sie halten eine Menge Rekorde, nicht nur wegen Ihrer 26 Treffer bei 30 Versuchen. Sie sind der einzige Torhüter, der in vier verschiedenen Spielklassen und auch in der Champions League Tore erzielte, und in der Saison 1999/2000 waren Sie gemeinsam mit den Stürmern Yeboah und Roy Präger Torschützenkönig beim HSV, mit neun Saisontreffern.
An die Saison kann ich mich gut erinnern, ich glaube, da hat es angefangen, dass die Leute „Butt, Butt, Butt" gerufen haben, wenn es Elfmeter gab. In dieser Saison hab ich neun von neun Elfmetern verwandelt und vier von fünf Elfmetern gehalten.

Sie konnten Elfmeter ja auch andersrum. Sie haben in Ihrer Karriere 14 Strafstöße abgewehrt.
Auch da hat mir die Doppelperspektive geholfen. Ich wusste aus eigener Erfahrung, dass viele Schützen auf den Torwart achten – also hab ich versucht, den Schützen mit ein paar Körperbewegungen so zu provozieren, dass er sich eine Ecke raussucht.

Gibt es einen Elfmeter, den Sie besonders mögen?
Vielleicht den, den ich bei Bayern gegen Juventus Turin in der Champions League verwandelt habe. Das war im Herbst 2009 ...

... als es unter Trainer van Gaal kriselte ...
... ja, in der Bundesliga lief's nicht so, und in der Champions League wären wir bei einer Niederlage in Turin ausgeschieden. Wir lagen 0:1 hinten, ich hab' zum 1:1 getroffen, am Ende haben wir 4:1 gewonnen. Das war der Wendepunkt der Saison – am Ende haben wir das Double gewonnen und waren im Champions-League-Finale.

Gibt es einen Rat, den Sie angehenden Elfmeterschützen hinterlassen können?
Einen vielleicht: Niemals zum Punkt gehen, wenn ein anderer sich den Ball schon geschnappt hat. Wenn ich früher gesehen habe, dass sich ein anderer sicher fühlt, bin ich gar nicht erst vorgelaufen. Wenn zwei sich streiten, geht der Ball selten rein.

SZENE DER SAISON
Leere Tribünen

Den Bundesliga-Funktionären, ganz besonders denen aus der Marketing-Abteilung der Deutschen Fußball Liga, gefällt ja eine Statistik besonders gut: die Zuschauerzahlen. In den vergangenen Jahrzehnten sind die Stadien größer und die Bundesliga-Partien zu gesellschaftlichen Ereignissen geworden, die Zuschauerzahlen haben sich stetig nach oben entwickelt. In der Saison 1991/92 wurde erstmals die Neun-Millionen-Grenze überschritten, seit 2001/02 waren immer mindestens zehn Millionen Fans in den Stadien. Vergessen wird dabei gerne, dass es Jahre gab, in denen der Besuch eines Bundesliga-Spiels in der Hitliste der Samstagsaktivitäten nicht ganz oben stand. In der Saison 1985/86 etwa kamen insgesamt 5 632 418 Zuschauer – Tiefstwert der vergangenen 40 Jahre. Die Spiele zwischen Bochum und Saarbrücken schauten sich weniger Menschen im Stadion an als heute Anhänger die Übertragung von, sagen wir, Wolfsburg-Hoffenheim im Bezahlfernsehen; in Bochum kamen 7000 Menschen, in Saarbrücken 4500. Die Teams mit den meisten Zuschauern (Nürnberg, FC Bayern, Hannover) hatten 1985/86 zusammen 1 357 328 Zuschauer – weniger als Dortmund 2011/12 (1 357 613).

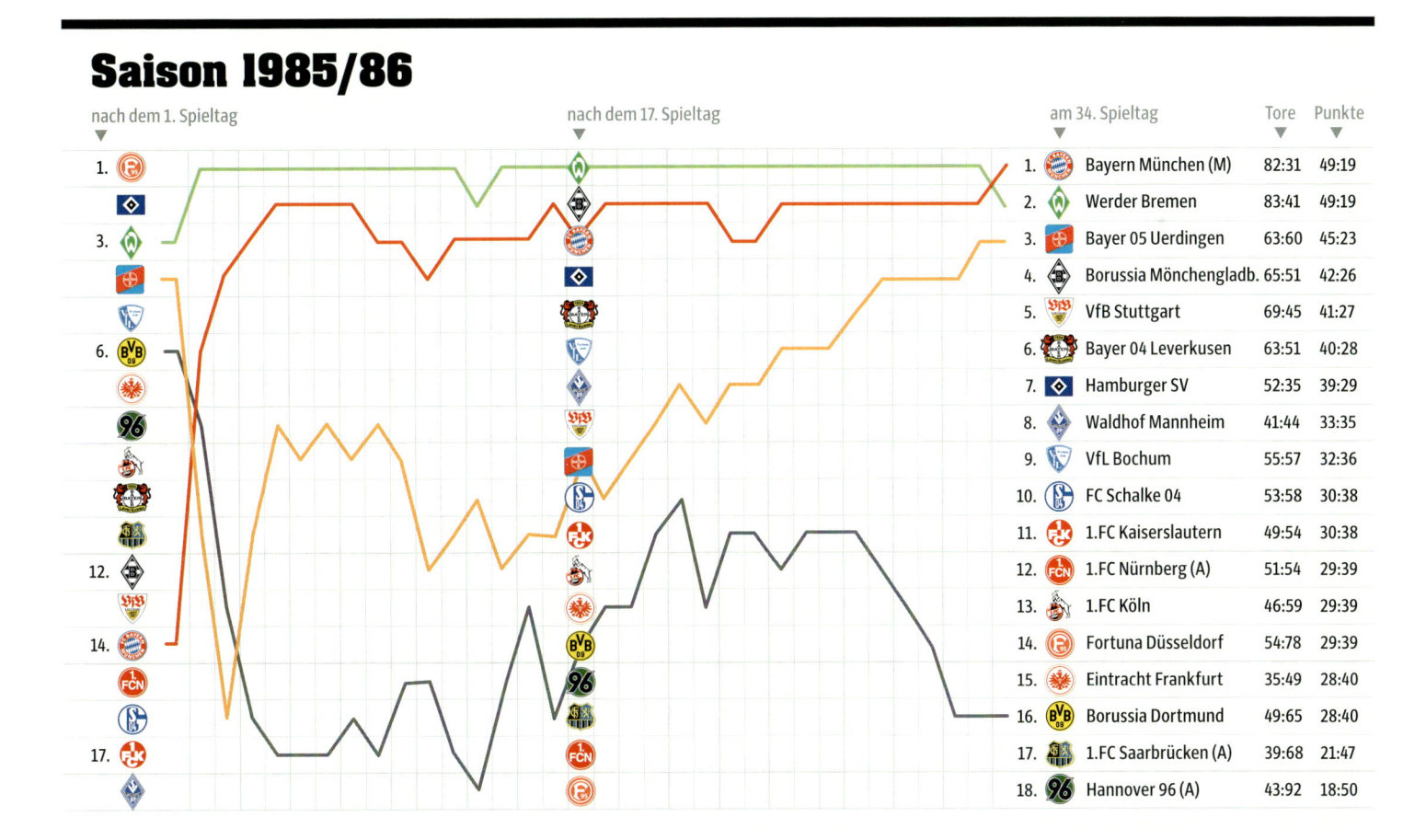

Saison 1985/86

am 34. Spieltag	Tore	Punkte
1. Bayern München (M)	82:31	49:19
2. Werder Bremen	83:41	49:19
3. Bayer 05 Uerdingen	63:60	45:23
4. Borussia Mönchengladb.	65:51	42:26
5. VfB Stuttgart	69:45	41:27
6. Bayer 04 Leverkusen	63:51	40:28
7. Hamburger SV	52:35	39:29
8. Waldhof Mannheim	41:44	33:35
9. VfL Bochum	55:57	32:36
10. FC Schalke 04	53:58	30:38
11. 1.FC Kaiserslautern	49:54	30:38
12. 1.FC Nürnberg (A)	51:54	29:39
13. 1.FC Köln	46:59	29:39
14. Fortuna Düsseldorf	54:78	29:39
15. Eintracht Frankfurt	35:49	28:40
16. Borussia Dortmund	49:65	28:40
17. 1.FC Saarbrücken (A)	39:68	21:47
18. Hannover 96 (A)	43:92	18:50

Schade, dass es den Titel eines Rückrunden-Meisters offiziell nicht gibt, sonst wäre die größte Saison von Bayer 05 Uerdingen auf ewig unvergessen. Die Krefelder bleiben die letzten zwölf Partien ungeschlagen und werden Dritter. Nicht weniger eindrucksvoll verläuft die Relegation, in der Dortmund drei Spiele benötigt: 0:2, 3:1 und 8:0 – erst dann ist Fortuna Köln bezwungen.

1986/87

Streitbare Geister: Toni Schumacher (links) beim Meinungsaustausch mit Schiedsrichter Dieter Pauly.

Abpfiff nach Anpfiff

Toni Schumacher verfasste das erfolgreichste Enthüllungsbuch des deutschen Sports. Er schrieb über Kollegen, über Doping – und er zahlte einen hohen Preis: Nie wieder stand er für Köln oder die Nationalelf im Tor.

VON CLAUDIO CATUOGNO

Der 1. FC Köln nahm ihn schon aus dem Tor, ehe das Buch überhaupt in den Läden lag. Hat ihn das überrascht? „Ja", sagt Toni Schumacher. „Ich dachte immer, für die Wahrheit kann man nicht bestraft werden." Dabei ist natürlich das Gegenteil richtig: Man liebt den Verrat – aber man hasst den Verräter.

Aus der Nationalmannschaft verbannte man ihn am 6. März 1987, seinem 33. Geburtstag. Dabei war Franz Beckenbauer noch einer der Ersten gewesen, die angerufen hatten: „Toni", hatte der Franz zunächst gesagt, „reg' Dich nicht auf, bald schreibt die Presse über was anderes."

Aber kurz darauf musste der Teamchef seinen Kapitän dann doch fallenlassen – der Druck wurde zu groß.

Und am Ende meldeten sich auch noch die Grünen. Wegen der Plastikfolie.

Der wirtschaftliche Erfolg des Buches war ja frühzeitig abzusehen: 300 000 verkaufte Exemplare wurden es alleine in Deutschland, 1,5 Millionen angeblich weltweit. Und fast alle in Plastikfolie eingeschweißt! Das haben die Öko-Aktivisten natürlich nicht gut finden können. „Es kamen empörte Anrufe", erinnert sich Schumacher. Und die Frage ist ja in der Tat nicht verkehrt, gerade in ihrer Doppeldeutigkeit: Sind jemals von einem Fußballtorwart in diesem Umfang Ressourcen vergeudet worden?

> „Ohne dieses Buch wäre ich 1990 ganz sicher Weltmeister geworden."

Nicht zuletzt seine eigenen: „Ohne dieses Buch wäre ich 1990 ganz sicher Weltmeister geworden", sagt Schumacher. Wenn er etwas bereut an der Sache, dann dies. Wenn er also vorher gewusst hätte, wie hoch der Preis sein würde für diese, seine Wahrheit, hätte er „Anpfiff" dennoch veröffentlicht? „Ja", lautet die Antwort, „definitiv." Und noch eine knackig-pathetische Begründung dazu: „Lieber ein Knick in der Laufbahn als im Rückgrat."

„Anpfiff. Enthüllungen über den deutschen Fußball", 254 mit rotziger Unbedarftheit gefüllte Seiten, erschienen Anfang 1987 im Droemer-Knaur-Verlag. Der Rundumschlag des Nationaltorhüters ist das erfolgreichste Sportlerbuch, das je in Deutschland gedruckt, eingeschweißt und verkauft wurde. Eine gewaltige Ungezogenheit. Zum Skandal machte das Werk aber erst die Reaktion der Autoritäten.

In Köln waren 15 Jahre Vereinstreue und 422 Bundesligaspiele auf einen Schlag nichts mehr wert. Der „Tünn", wie sie ihn dort nannten, wurde nach seiner erzwungenen Vertragsauflösung zum Job-Nomaden: Schalke, Fenerbahce, Bayern München, Borussia Dortmund. Franz Beckenbauer saß nun bei Harry Valérien im *Aktuellen Sportstudio* und nannte den Rauswurf „unausweichlich": „Der Toni hat sich leider unsportlich dem Fußball gegenüber verhalten." Und in Frankfurt trat der DFB-Präsident Hermann Neuberger vor die Kameras und erklärte umständlich: „Aufgrund der Situation erkennt Toni

„Anpfiff. Enthüllungen über den deutschen Fußball": 254 mit rotziger Unbedarftheit gefüllte Seiten, Droemer Knaur, 1987.

Schumacher die Maßnahme des DFB an, ihn ab sofort nicht mehr in die Nationalmannschaft zu berufen." Ab sofort – und nie mehr. Wenigstens dem Verkaufserfolg von „Anpfiff" hat dieser Abpfiff nicht geschadet.

Schumachers geschäftstüchtiger Manager Rüdiger Schmitz war sicher nicht ganz unschuldig an dem Eklat. Die Buch-Idee stammte allerdings von einem französischen Journalisten namens Michel Meyer, der ursprünglich einen Film über

> Paul Breitner? „Soff wie ein Kosake." Olaf Thon? „Sträflich dumm."

Schumacher drehen wollte. Harald Anton („Toni") Schumacher, geboren 1954 in Düren, Markenzeichen rheinische Sturheit und ein zupackender Torwartstil, seit 1973 Keeper des 1. FC Köln, Meister 1978, mit dem DFB-Team Europameister 1980 sowie WM-Zweiter 1982 und 1986 – da wäre sicher auch ein interessanter Kinostreifen herausgekommen. Aber dann wurde es doch ein Buch: Schumacher erzählte, was ihm so einfiel, tage-, nächtelang. Meyer nahm alles auf Kassette auf, schrieb es zusammen. Und am Ende ging Toni Schumacher mit seiner Mutter noch mal über das Manuskript.

Mit seiner Mutter?

„Ja, sie war immer eine sehr wichtige Person für mich." Es wäre interessant zu erfahren, was Mutti so alles rausgestrichen hat. Drinnen im Buch blieben jedenfalls stramme Einschätzungen über Paul Breitner („soff wie ein Kosake"), Olaf Thon („faul" und „sträflich dumm"), Eike Immel („pokerte wie ein Süchtiger") und andere, außerdem ein gepfeffertes Kapitel über Karl-Heinz Rummenigges „Verfolgungswahn" sowie die Idee, den kasernierten Nationalspielern sollten während der Turnier-Vorbereitung professionelle, hygienisch unbedenkliche „Liebesdienerinnen" zugeführt werden, zur Linderung ihres offenbar allgegenwärtigen Lendendrucks. Der DFB möge das doch netterweise organisieren.

Das alles hätte aber wohl noch nicht gereicht für die lebenslange Verbannung.

Der eigentliche Tabubruch war ein anderer: Schumacher schrieb über Doping.

„Auch in der Fußballwelt gibt es Doping – natürlich totgeschwiegen, klammheimlich, ein Tabu." Bis heute setzt so ein Satz bei Sport-Offiziellen eine Menge Scheinheiligkeit in Gang. Damals war er ein Unding. Schumacher hatte nicht nur auf die Substanz Captagon hingewiesen, die er selbst mal ausprobiert hatte, wie offenbar auch andere im Team des 1. FC Köln („die saftgestärkten Kollegen flitzten wie der Teufel über den Rasen"). Er nannte auch ein weiteres, bis heute aktuelles Problem als einer der Ersten beim Namen: die medizinische Überversorgung im Profisport. Etwa bei der WM 1986 in Mexiko: Unzählige Spritzen hatte der DFB-Arzt da verabreicht, dazu gab es über zehn Tabletten am Tag – manch einer hat sie im Speisesaal im Blumentopf entsorgt, „wo jetzt Schrauben wachsen", wie Schumacher vermutet.

Vieles, was im modernen Fußball heute unumstritten ist, hatte Toni Schumacher in „Anpfiff" vorweggenommen: Versteckt zwischen Anekdoten und mancher irren Idee forderte er mehr wirtschaftlichen Sachverstand in den Klub-Führungen, eine Intensivierung der Jugendarbeit, Videoanalysen, Mentaltraining, Profi-Schiedsrichter. „Ich war ein Visionär", diese erfreuliche Erkenntnis hat Toni Schumacher hinweggeholfen über den Schmerz der Verbannung. Indirekt wurde er noch im Jahr der Veröffentlichung rehabilitiert: Nur drei Monate nach dem Anpfiff-Skandal führte der DFB in der Bundesliga die ersten Dopingkontrollen ein.

„Auch in der Fußballwelt gibt es Doping", schrieb Toni Schumacher 1987 in „Anpfiff". 1995 flog der erste deutsche Fall auf. Roland Wohlfarth (Bild unten) hat aber wohl eher Pech gehabt. Wer richtig dopt, dopt geschickter.

Bringt nichts? Von wegen!

Von Otto Rehhagel stammt der Satz: „Wer mit links nicht schießen kann, trifft den Ball auch nicht, wenn er 100 Tabletten schluckt." Es sind schlichte Sprüche wie dieser, mit denen sich der Fußball die Doping-Debatten vom Hals hält. Doping im Fußball bringt nichts, der Sport ist viel zu komplex! Was davon ist Chuzpe und was ist Realitätsverweigerung?

Wahr ist: Das Kontrollsystem bietet gerade den Fußballern so groteske Schlupflöcher, dass sich die Dimension des Problems nicht anhand derer bemessen lässt, die erwischt werden. Der Bochumer Stürmer Roland Wohlfarth war 1995 der erste: positiv getestet auf Norephedrin. Er gab an, ohne Rücksprache einen Appetitzügler genommen zu haben. Zwei Monate Sperre. Bis Ende der Saison 2012/2013 wurden noch 18 weitere sanktionierte Fälle im deutschen Profifußball bekannt, meist Spieler aus der zweiten Reihe wie Nemanja Vucicevic (1860 München, Finasterid, „Haarwuchsmittel") oder Quido Lanzaat (Mönchengladbach, THC, „an Silvester einen Joint geraucht"). Oft wurden lediglich Verwarnungen ausgesprochen. Aber zeigt das wirklich das ganze Bild?

Der DFB verharmlost das Thema seit 60 Jahren, Indizien gibt es ja nicht erst seit Toni Schumachers „Anpfiff" 1987. Schon die WM-Helden von Bern spritzen sich 1954 offenbar die Schlachtfeld-Droge Pervitin. Später berichteten etwa Franz Beckenbauer, Paul Breitner oder Peter Neururer von ihren Beobachtungen – ohne dass dies Folgen gehabt hätte. Dass Juventus Turin seine Erfolge in den Neunzigern auch kollektivem Team-Doping verdankt, ist ebenso belegt wie der Kontakt des Doping-Arztes Eufemiano Fuentes in den spanischen Profifußball. Und während dieses Spiel immer schneller wird, seinen Akteuren immer größere Ausdauer-Leistungen abverlangt, rang die Nationale Anti-Doping-Agentur (Nada) noch 2013 mit dem DFB um die Einführung von Blutkontrollen. Verglichen mit anderen Ausdauersportarten sind die Tests im Fußball ein schlechter Witz.

Etwa so schlecht wie dieser: Doping im Fußball bringt nichts? Stimmt. Es muss in die Spieler. **CLAUDIO CATUOGNO**

Volltreffer und Eigentore: Fußballer als Autoren

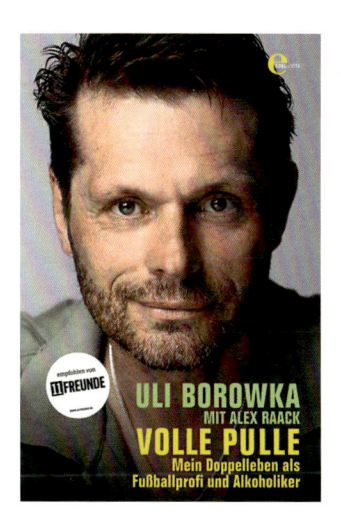

Verstörende Grätsche

„Mein Name ist Uli Borowka", so geht es los, „und ich werde mir jetzt das Leben nehmen." Borowka, der Grätscher, schildert, wie ihn der Suff an die Grenze brachte zwischen Leben und Tod. Man lernt viel über eine Branche, in der Saufen erlaubt ist, Schwächen zeigen aber verboten. Ein gutes Buch befremdet, verstört, aber freiwillig. „Volle Pulle", 2012, ist so ein Buch.

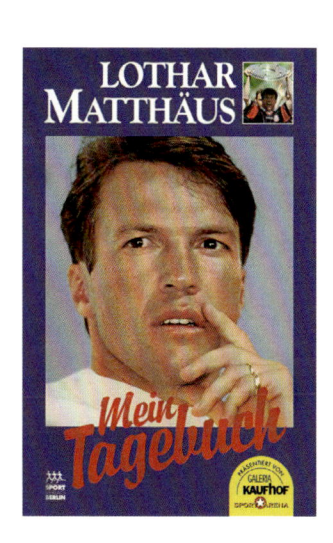

Flachpass mit sich selbst

Zugegeben, „Mein Tagebuch", 1997, von Lothar Matthäus ist weniger von literarischem, eher von zeitgeschichtlichem Wert. Das Lehrbeispiel schlechthin, wie der Doppelpass mit *Bild* für einen Fußballer zum Flachpass mit sich selbst werden kann. Beim FC Bayern kostete es den Autor die Kapitänsbinde. Thomas Helmer spottete: „Kranken muss man helfen."

Das Promi-Dasein und die Hitler-Tagebücher

Wer einen Beleg dafür sucht, dass sich der Fußball verändert hat, muss diese Bücher vergleichen. Die Autoren: zwei Bayern-Kapitäne. Das Ergebnis: zwei Welten. Bei Stefan Effenberg („Ich hab's allen gezeigt", 2003) schreit die Inszenierung geradezu heraus, dass der Autor keine Rücksicht nimmt. Nimmt er auch nicht: auf seine Leser. Effenbergs Weltsicht: Wenn der hart arbeitende Fußballprofi nicht gerade mit super „Bräuten" zugange ist, entspannt er sich bei „lecker Bierchen". Fertig. Philipp Lahm („Der feine Unterschied", 2011) hat auch Getöse ausgelöst mit seinem Werk, weil Spitzen gegen Rudi Völler und Jürgen Klinsmann vorab öffentlich wurden (Bleibender Satz: „Nach sechs oder acht Wochen wussten bereits alle Spieler, dass es mit Klinsmann nicht gehen würde."). Vor allem ist sein Buch aber eine durchaus kluge Beschreibung jenes Promi-Daseins, das Effenberg verklärt. Bleibende Episode dazu: 2003, Präsentation des Effe-Buches. Frage: Welches Werk der Weltliteratur hat ihn geprägt? Antwort: „Struwwelpeter." Aber Effenberg will ja ernst genommen werden, also: „Und Hitlers Tagebuch. Das hat mich dann doch interessiert." Die Version, die der *Stern* exklusiv hatte? „Nein, die niedergeschrieben wurde in dem Buch." Man muss vermuten: Philipp Lahm hat, bevor er zum Autor wurde, wenigstens Struwwelpeter gelesen.

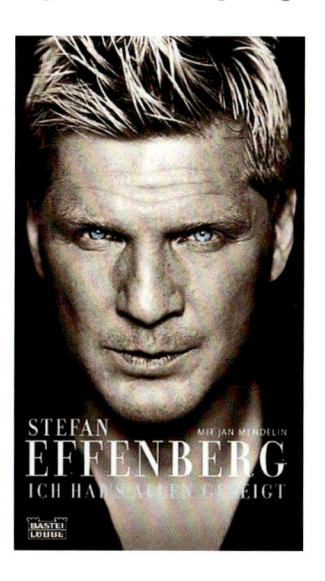

Sex und Hans Eckenhauer

Der Torwart und 1990er-Weltmeister Bodo Illgner und seine Frau Bianca haben auch ein Enthüllungsbuch geschrieben: „Alles. Ein fiktiver Tatsachenroman", 2005. Der Teamchef heißt darin Hans Eckenhauer, der Stürmer Tante Ilse. Enthüllt werden aber vor allem die Körper der Protagonisten Kevin (Torwart) und Jasmin (Spielerfrau). Bleibender Satz: „Seine Finger liebkosten meine Haare, mein Gesicht, meine Brüste, meinen Bauch, seine Lippen folgten der Spur seiner Hände." Ein Skandalbuch, keine Frage: Nie kamen sich Naivität und Schlüpfrigkeit in der Fußballer-Literatur so nah.

DER HELD MEINER JUGEND
Dieter Eckstein

Wenn das Glück in Zukunft ein paar Termine frei hat, es sollte mal bei Dieter Eckstein vorbeischauen. Der hat noch eine Rechnung offen mit diesem Glück, das ihm zwar das Talent beschert hat, ein außergewöhnlich guter Fußballer zu werden, sonst aber so ungefähr 49 Jahre lang einen großen Bogen um ihn machte. Eckstein, das war der Held der jungen wilden Clubberer, die das weite Nürnberger Hinterland begeisterten, das bis nach Tauberbischofsheim reicht. Von dort aus fuhr auch ich oft zum Club, auch an jenem 9. Juni 1985, zum Aufstiegs-Endspiel gegen Hessen Kassel. Fremde Menschen lagen sich nach dem erlösenden 1:0 von Eckstein in den Armen, das Spiel endete 2:0. Dorfner, Grahammer, Reuter, das sind Namen dieser rauschenden Zeit, die den FCN bis in den Uefa-Cup führte. Aber alle hatten danach mehr Glück als Dieter Eckstein, dessen Name mir fast nur noch in den Katastrophen-Spalten der Tagespresse begegnete. Der Mann ist eine Mensch gewordene Pechsträhne: der Vater stirbt, als „Eckes" elf, die Mutter, als er 13 Jahre alt ist. Eckstein verliert ein Kind im Alter von sieben Wochen durch plötzlichen Kindstod. Ecksteins Haus brennt ab, während er nachmittags am Valznerweiher trainiert und sich wundert, wohin wohl die vielen Feuerwehrautos fahren. 2001 diagnostizieren Ärzte bei ihm Hodenkrebs, es folgen vier Operationen. Und im Juli 2011 erleidet er einen Herzinfarkt während eines Benefizspiels, 13 Minuten lang ist er praktisch tot. Und immer hat Eckstein einfach weitergespielt. **RALF WIEGAND**

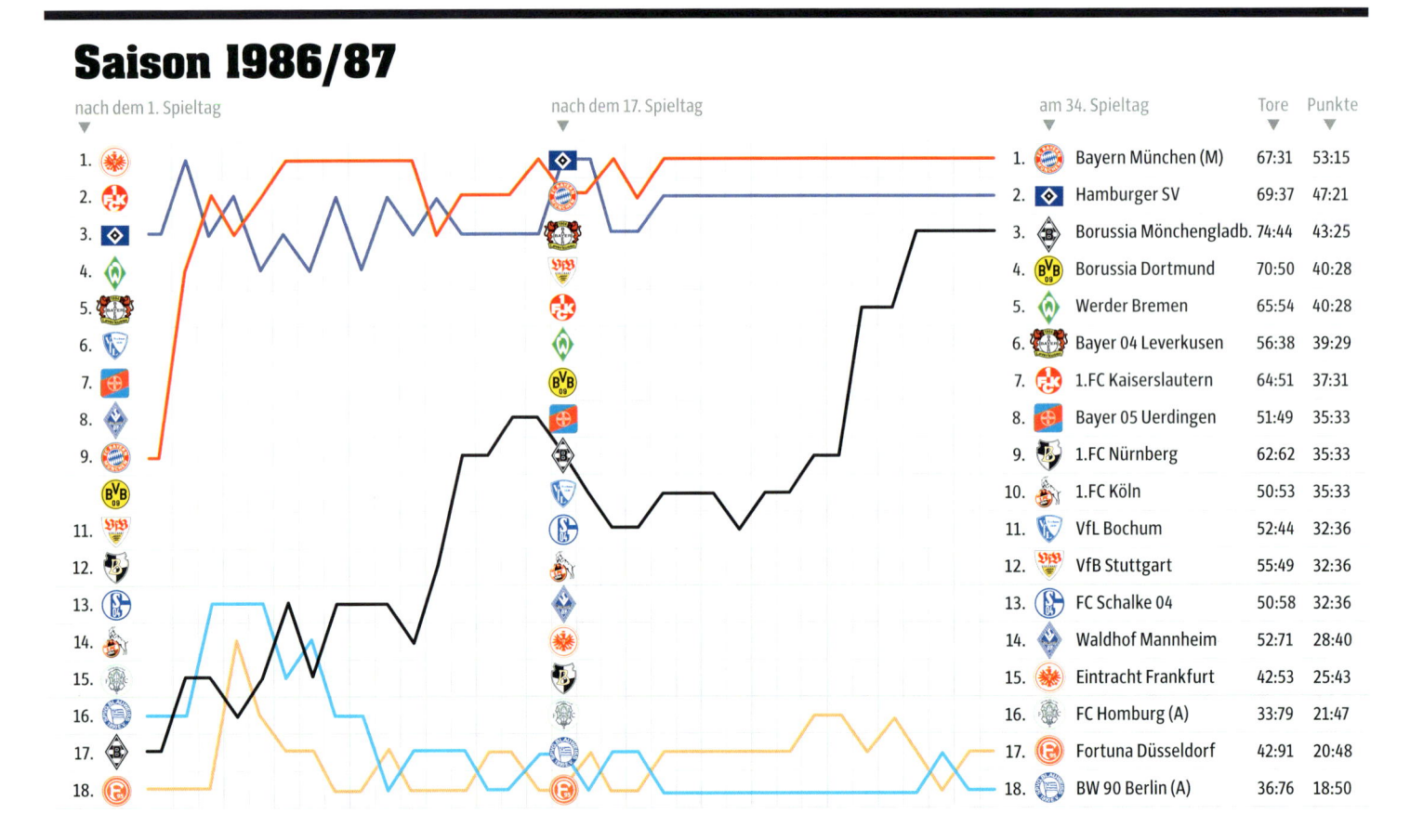

Saison 1986/87

am 34. Spieltag	Tore	Punkte
1. Bayern München (M)	67:31	53:15
2. Hamburger SV	69:37	47:21
3. Borussia Mönchengladb.	74:44	43:25
4. Borussia Dortmund	70:50	40:28
5. Werder Bremen	65:54	40:28
6. Bayer 04 Leverkusen	56:38	39:29
7. 1.FC Kaiserslautern	64:51	37:31
8. Bayer 05 Uerdingen	51:49	35:33
9. 1.FC Nürnberg	62:62	35:33
10. 1.FC Köln	50:53	35:33
11. VfL Bochum	52:44	32:36
12. VfB Stuttgart	55:49	32:36
13. FC Schalke 04	50:58	32:36
14. Waldhof Mannheim	52:71	28:40
15. Eintracht Frankfurt	42:53	25:43
16. FC Homburg (A)	33:79	21:47
17. Fortuna Düsseldorf	42:91	20:48
18. BW 90 Berlin (A)	36:76	18:50

Zweiter Titel-Hattrick von Udo Lattek mit den Bayern (1972, 1973, 1974 und 1985, 1986, 1987). Dennoch zieht er weiter als Sportdirektor nach Köln. Denn Lattek will einen Zwei-Jahres-Vertrag, FCB-Manager Uli Hoeneß bietet ein Jahr an. Und dies, obwohl das Titelrennen langweilig ist, nachdem die Münchner am 22. Spieltag beim HSV 2:1 gewinnen (FCB-Tore: Lars Lunde, Michael Rummenigge).

Pfostenschuss und Leberwurst

9. August 1986, der Stürmer Frank Mill macht sein erstes Spiel für Borussia Dortmund. Es sollte gleich sein berühmtestes werden. Mill, mit stilvoll heraushängendem Trikot und natürlich ohne Schienbeinschoner unterwegs, hatte Bayern Münchens Torhüter Jean-Marie Pfaff sicher umkurvt, und er lief jetzt auf das leere Tor zu. Er hatte alle Zeit der Welt – aber er nahm sich noch ein bisschen mehr. Pfaff hetzte zurück, Mill wurde panisch, schoss – und traf den Pfosten. Nicht wenige Erdlinge halten diese Aktion für die größte Torchance, die jemals vergeben wurde. Mill selbst kann mit ein paar Jahrzehnten Abstand darüber lachen. Muss er auch, weil er immer wieder darauf angesprochen wird. In einem SZ-Interview erzählte er: „Ich habe mir mal ein Brötchen in der Metzgerei geholt, und die Verkäuferin sagt zu mir: Hören Sie mal, ich kenn' Sie. Ja, sag ich, ich hätte gern eins mit Leberwurst und eins mit Salami. Und dann sagt sie: Jetzt weiß ich: Sie waren bei Dortmund. Sie haben den Ball gegen den Pfosten geschossen, ich komm nur nicht auf Ihren Namen. Schließlich ist sie mir bis zum Auto nachgelaufen: Sie sind der Franky."

1987/88

Zurück zum KONZEPT ⇒

WIR HABEN:

- ⊕ eine gute Mannschaft
- ⊕ einen excellenter TRAINER
- ⊕ ein ordentliches Stadi-
- ⊕ ein treues Stammpublikum
- ⊕ ein großes, ungenutzte Hinterland
- ⊕ ein eingespieltes Präsidium

*Wie beim Kongress für Jung-Unternehmer:
Als alles begann, 1981, machte Trainer Otto Rehhagel
eine Bestandsaufnahme.
Fazit: Werder Bremen hatte viel zu bieten.*

RANGLISTE 7: TRAINER-FÜCHSE

Ottokratie

In Bremen fand Trainer Rehhagel endlich das ideale Biotop. Dort konnte er nach seiner Vorstellung walten und gestalten. Gegen den Rest der Welt, die ohnehin nichts verstand.

Als am 13. März 2013 auf dem Petersplatz zu Rom Zigtausende Gläubige hinaufschauten zu jenem Fenster am Petersdom, das von schweren roten Vorhängen verhüllt war, da durchzuckte einen unweigerlich ein Gedanke. Niemand wusste ja, wer dahinter stehen würde, welcher der Weisen dieser Welt der nächste Papst geworden war und sich sogleich dort präsentieren würde. Für einen Moment dachte man also, ob man wirklich überrascht wäre, wenn nun plötzlich er durch den Vorhang schlüpfen würde: Otto Rehhagel!

Natürlich wurde er nicht Papst, er hätte ja auch gar keine Zeit gehabt. Zu diesem Zeitpunkt hatte das selbst ernannte „Kind der Bundesliga", das am ersten Spieltag 1963 für Hertha BSC auf dem Platz gestanden hatte, bereits schon wieder andere Aufträge. Er würde demnächst nach Griechenland reisen, persönlich beauftragt von Bundeskanzlerin Angela Merkel. Rehhagel als Botschafter in Athen, um das in der Euro-Krise angefressene Verhältnis der beiden Länder zu befrieden, das war der Höhepunkt eines beispiellosen, dem Fußball zu verdankenden Aufstiegs. Vom Maler und Anstreicher aus Altenessen zum Friedensengel der Bundesregierung – Respekt.

Immer dann, wenn man es nicht mehr für möglich hielt, ist dieser Mann wieder um irgendeine Ecke des Weltfußballs gebogen, mit dem sicheren Gespür für den gelungenen Auftritt. Die Karriere des späteren Kult-Trainers hätte ja schon früh vorbei sein können, er war so eine Art Peter Neururer der Steinzeit, ein Feuerwehrmann, nur irgendwie ohne Löschfahrzeug. Er trainierte Ende der Siebzigerjahre Werder Bremen für drei Monate und danach Borussia Dortmund, als die noch nicht Europapokal-Endspiele zu erreichen pflegten, in der Chronik steht ein 0:12 des BVB in Mönchengladbach, Trainer: Rehhagel. Danach genannt: Torhagel. Ein knappes Jahr Bielefeld, ein gutes Jahr Düsseldorf, so plätscherte sie dahin, die Trainerkarriere des Otto Rehhagel, bis sein zweites Engagement in Bremen alles veränderte. Es begann am 29. März 1981 und sollte 5202 Tage dauern.

Was genau dazu führte, dass Rehhagels Karriere eine solche Wende nahm, ist schwer zu ergründen. Es war wohl einfach eine günstige Konstellation, eine Laune des Schicksals. Hier Werder Bremen, damals als Gründungsmitglied der Bundesliga abgestiegen und nun auf dem Weg zurück; ein Klub, der mal Deutscher Meister gewesen war und diesen Ansprüchen nun schon mehr als 15 Jahre hinterherlief. Und dort Rehhagel, der als Spieler ein eisenharter Verteidiger war – also nicht der am höchsten angesehenen Kaste der Fußball-

> **Da draußen, da ist der Feind, verkleidet als Journalist oder Gegner.**

Gesellschaft angehört hatte – und dessen Trainerphilosophie noch niemand erkannt hatte. Zwei Unterschätzte trafen da aufeinander, und jeder war für den anderen die große Hoffnung. Die letzte.

Otto Rehhagel sagte: „Wenn du zur richtigen Zeit am richtigen Platz mit den richtigen Leuten zusammen bist, dann kann etwas Großes entstehen." In Bremen entstand etwas Großes, Rehhagel hatte sein erstes Biotop gefunden, in dem er leben konnte, wie er es sich vorstellte. Selbst geprägt von strengen und maulfaulen Trainern hatte er sich schon in jungen Jahren vorgenommen, es einmal anders zu machen. Jeder Spieler dürfe zu ihm kommen, mit all seinen Problemen, zu jeder Zeit. Tatsächlich gelang es Rehhagel, zu fast allen seinen Spielern auf allen Stationen ein gutes, fast väterliches Verhältnis aufzubauen. Kein Spieler wurde verpflichtet, den nicht er und Gattin Beate persönlich besucht hatten. Er ließ seine Mannschaften außerhalb des Platzes gewähren, wenn sie ihm auf dem Platz folgten. Er verschwor sich mit seinen Spielern gegen den Rest der Welt, der ohnehin nichts verstand von den besonderen Mechanismen in solchen Männerbünden. Da draußen, da ist der Feind, verkleidet als gegnerische Mannschaft, als Journalist, als Trainingskiebitz. Drinnen, auf dem Platz, ist die Wahrheit.

So gelangen Rehhagel all die Wunder von der Weser mit seinen Bremern, mit den Meisterschaften 1988 und 1993 und dem Europapokalsieg 1992 als Höhepunkten. So düpierte er später mit dem Aufsteiger 1. FC Kaiserslautern die Fußballelite und wurde Deutscher Meister, so führte er Griechenland 2004 zur Europameisterschaft. Den Kleinen Größe einreden, sie fest daran glauben lassen, dass alles gut wird, wenn sie nur ihm bedingungslos folgen – das war Rehhagels Idee. Man kann alles schaffen, wenn man nur will. Er persönlich lebte das für sich ja auch, hörte nie auf, sich weiterzubilden, auch wenn er für seine zwanghaften Anleihen bei Goethe und Schiller oft belächelt wurde. Er hat seinen eigenen Horizont erweitert und seine Spieler weiterentwickelt. Über die Griechen hat er einmal gesagt: „Als ich dort ankam, hat jeder gemacht, was er wollte. Danach hat jeder gemacht, was er konnte."

Die Rehhagelsche Ottokratie funktionierte fast überall, nur in München nicht und am Ende auch nicht mehr bei Hertha BSC, die jeweils auf unterschiedliche Art schon größer waren, als Rehhagel sie je hätte machen können. In diesen vermeintlichen Weltstädten belächelten sie den Mann aus der Provinz. In den Provinzen aber machten sie ihn zwar nicht zum Papst, aber doch stets zu ihrem König Otto.

RALF WIEGAND

Rätselfoto! Was will König Otto mit der Schale? Verschicken? Geht nicht. Keine Briefmarke drauf.

SAISON 1987/1988

Motivationskünstler, Plärrer, Leseratten – elf Trainer mit Trickkiste

1. Otto Rehhagel – Bremer Seniorfuchs.

2. Christoph Daum – Revolutionierte in den Neunzigern das Trainergewerbe vor allem durch das militante Einbeziehen von Medien und Öffentlichkeit. Referierte über „soziometrische Untersuchungen der Teamhierarchie" und pries Methoden der neurolinguistischen Programmierung. Sein berühmtester Trick war aber deutlich plakativer: In Leverkusen ließ er seine Spieler über Scherben laufen.

3. Dettmar Cramer – In der Saison 1975/1976 passierte ein Wunder: Gerd Müller hatte eine Krise. Bayern-Trainer Dettmar Cramer – ein feiner, gebildeter Mann, der auch mal als Napoleon posierte – bat Müller zum Gespräch und ließ ihn von seinen schönsten Toren erzählen. Mit jedem erzählten Tor hätten Müllers Augen mehr geleuchtet, berichtete Cramer. Müller traf wieder, und der FC Bayern holte zum dritten Mal den Landesmeister-Pokal. Im Finale traf allerdings Bulle Roth.

4. Thomas Tuchel – Im August 2009 verzichtete der Mainzer Trainer vor dem Spiel gegen Bayern auf die Kabinen-Ansprache. Er sagte nur: „Es gibt einen, der unbestritten die beste Rede auf der Welt gehalten hat. Dem erteile ich das Wort." Er meinte Hollywood-Star Al Pacino und dessen flammende Worte in „An jedem verdammten Sonntag". Ein Auszug: „In drei Minuten beginnt die größte Schlacht unserer Profi-Laufbahn. Entweder bestehen wir als ein Team, oder wir zerbrechen als Einzelne", sagt Pacino in seiner Rolle als Trainer eines Footballteams. Und weiter: „Wir kämpfen hier um jeden Zentimeter. Wir krallen uns mit den Fingern in die Erde für jeden Zentimeter. Weil wir wissen, wenn wir die Zentimeter zusammenzählen, die wir geholt haben, gibt das am Ende den wichtigen Unterschied zwischen Gewinnen und Verlieren." Mainz besiegte den FC Bayern mit 2:1.

5. Rudi Gutendorf – Hantierte bereits Ende der Sechzigerjahre mit Tricks, auf die Christoph Daum stolz gewesen wäre. Als er 1968 zum Tabellenletzten Schalke 04 kam, ließ er die Trikots auf einen Haufen werfen und verbrennen, weil in ihnen angeblich die Seuche steckte.

6. Eduard Geyer – Die Kunst der Beleidigung zu Motivationszwecken beherrschte keiner so meisterhaft wie der frühere Cottbuser Trainer. Im Herbst 2001 sagte er: „Manche junge Spieler haben eine Einstellung zum Leistungssport wie die Nutten auf St. Pauli. Die rauchen, saufen und huren rum, gehen morgens um sechs ins Bett." In den Nachrichtenagenturen wurde Geyers Aussage als „Kritik an der Ausbildung deutscher Nachwuchstalente" zusammengefasst.

7. Aleksandar Ristic – Schenkte Schiedsrichtern blaue Pfefferminzbonbons. Der Schelm wusste: Haben Schiedsrichter gute Laune, hat auch Ristic gute Laune.

8. Jenö Csaknady – Der Ungar, der Mitte der Sechziger den 1. FC Nürnberg trainierte, war einer der ersten, der sich um die Stimmung im Publikum kümmerte. Seinen Spielern gab er die Anweisung, nach einem Foulspiel länger liegen zu bleiben, damit die Fans ihre Wut auf Gegner und Schiedsrichter steigern können. Er wusste: Ist Publikum heiß, ist auch Mannschaft heiß.

9. Thorsten Fink – Vor dem Anpfiff eines Derbys gegen Bremen las HSV-Trainer Thorsten Fink aus dem Buch „Sei wie ein Fluss, der still die Nacht durchströmt" des Schriftstellers Paulo Coelho vor – ein Wegweiser für Menschen, die ihre Träume verwirklichen wollen. „Manchmal ist es besser, Passagen vorzulesen", sagte Fink, „weil ich sie mit eigenen Worten gar nicht so präzise ausdrücken könnte."

10. Felix Magath – Die vom Österreicher Ernst Happel etablierte Kunst des bedrohlichen Anschweigens zu Motivationszwecken hat keiner so meisterhaft weiterentwickelt wie Felix Magath. Er hatte noch weitere Motivationstricks im Repertoire, über die man allerdings schweigen muss, weil man sie mit eigenen Worten gar nicht so präzise ausdrücken könnte.

11. Franz Beckenbauer – Die Lichtgestalt unter den Trainerfüchsen. Sagt „geht's raus und spuit's Fußball", und seine Jungs gehen raus und spielen Fußball.

DER HELD MEINER JUGEND
Rüdiger Abramczik

Da ich die eigene Fußballerkarriere noch längst nicht beendet habe, gibt es immer wieder neue Spieler, die ich als Vorbilder ansehe. Auf der Wiese wird man ja zum Glück nicht älter. Vielleicht kann man nicht mehr so viel rennen wie früher oder wird ein Stück langsamer. Ansonsten ändert sich aber kaum etwas. Steht man auf dem Platz, ist das Alter relativ bedeutungslos. Man benimmt sich als 49-Jähriger wie ein 13-Jähriger und umgekehrt. Wegen seiner phantasievollen Kunst am Ball habe ich mich zum Beispiel im Wolfsburger Meisterjahr für Zvjezdan Misimovic begeistert. Die Beziehung war allerdings nicht so emotional. Man mag mir vieles vorwerfen, aber nicht, dass ich Fan des VfL Wolfsburg wäre. Natürlich fand ich auch Gerald Asamoah immer großartig, das lag jedoch weniger an seiner Kunst am Ball. Als er in den Achtzigern beim gebeutelten FC Schalke spielte, hat mir außerdem Klaus Täuber gut gefallen, schon weil er seine beiden Boxer „Rocky" und „Rambo" nannte. Mein erster Lieblingsspieler war jedoch Rüdiger Abramczik: listiger, wendiger Rechtsaußen, Hoflieferant von Klaus Fischer, rechtmäßiger Erbfolger von Stan Libuda. Auf seinem königsblauen Trikot, dem schönsten, das es jemals gab, stand keine Werbung für Milch, Bier oder Gas, sondern Schalke 04. Leider habe ich immer noch nicht gelernt, aus vollem Lauf zu flanken wie Abramczik. Aber ich bleibe ja noch ein paar Jahrzehnte am Ball. **PHILIPP SELLDORF**

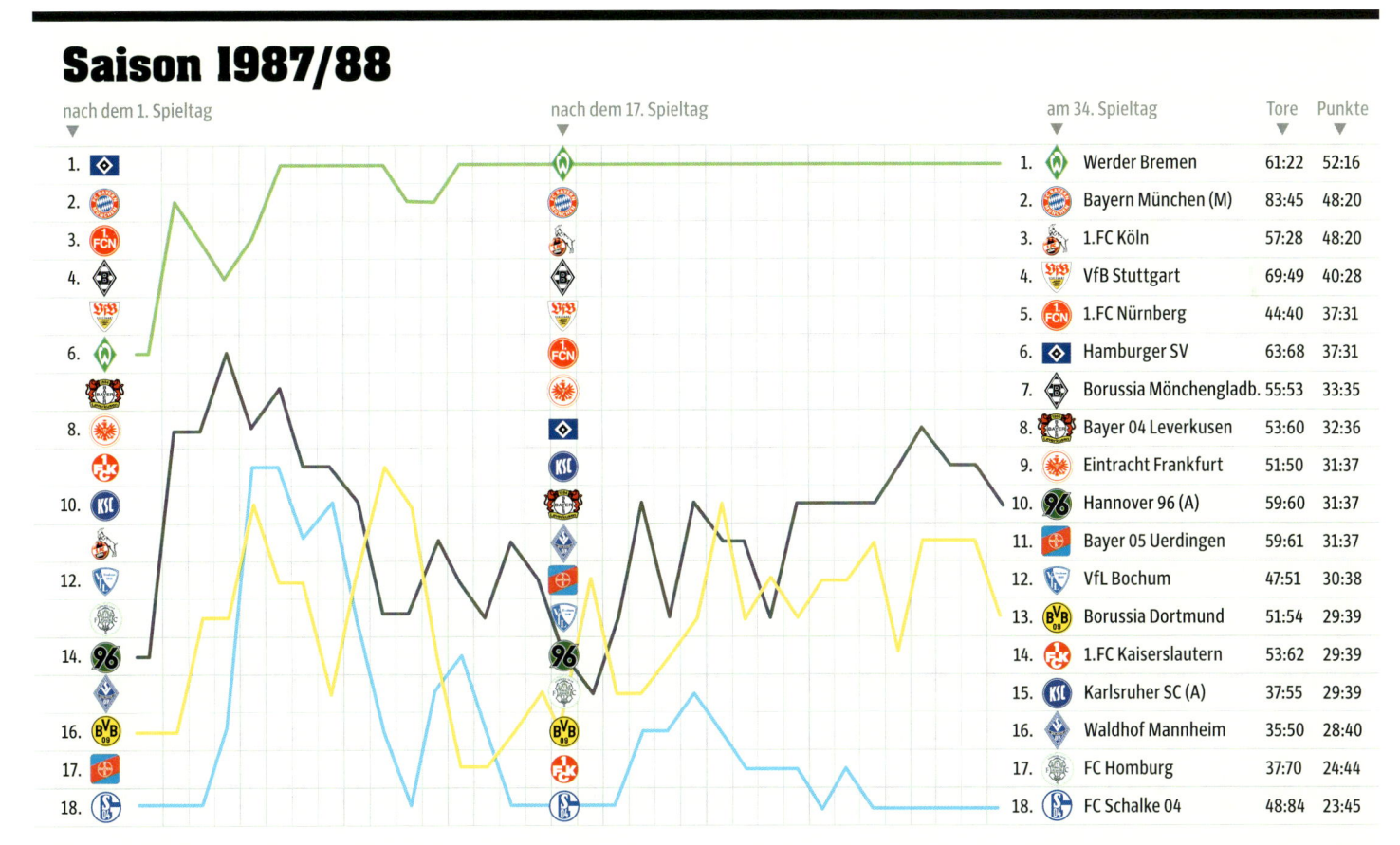

Saison 1987/88

am 34. Spieltag	Tore	Punkte
1. Werder Bremen	61:22	52:16
2. Bayern München (M)	83:45	48:20
3. 1.FC Köln	57:28	48:20
4. VfB Stuttgart	69:49	40:28
5. 1.FC Nürnberg	44:40	37:31
6. Hamburger SV	63:68	37:31
7. Borussia Mönchengladb.	55:53	33:35
8. Bayer 04 Leverkusen	53:60	32:36
9. Eintracht Frankfurt	51:50	31:37
10. Hannover 96 (A)	59:60	31:37
11. Bayer 05 Uerdingen	59:61	31:37
12. VfL Bochum	47:51	30:38
13. Borussia Dortmund	51:54	29:39
14. 1.FC Kaiserslautern	53:62	29:39
15. Karlsruher SC (A)	37:55	29:39
16. Waldhof Mannheim	35:50	28:40
17. FC Homburg	37:70	24:44
18. FC Schalke 04	48:84	23:45

Rehhagels Bremer übernehmen die Führung am 13. Spieltag durch ein 2:1 in Gladbach – und geben sie nicht mehr her. Daran nicht unbeteiligt: Aufsteiger Hannover, der die Bayern am 28. Spieltag 2:1 besiegt. Unten erwischt es Schalke und Homburg, Mannheim rettet sich in der Relegation gegen Darmstadt. Und auch Hannovers Freude währt nur kurz: Im Folgejahr steigt 96 wieder ab.

Bergmann

Die Produkte der Firma Bergmann, seit 1965/66 im Geschäft, hatten noch keine Namen, aber stets das Spielgerät im Bild, manchmal auch einen PKW oder einen Zaun mit Passanten. Es war die Zeit der eher gestellt wirkenden Fotografie. Am Ball sind (oben) Klaus Bohnsack (Hannover 96) und Hoppy Kurrat (Dortmund). In der mittleren Reihe Detlef Pirsig (Meidericher SV), Rudi Brunnenmeier (1860 München) und Otto Rehhagel (Kaiserslautern). In der unteren Reihe Willi Schulz (Hamburger SV), Gilbert Gress (VfB Stuttgart) und Wolfgang Weber (1. FC Köln).

Zinnsoldat mit Vokuhila

Männer wie Olaidotter oder Sackewitz hätten unerkannt unter den Menschen gelebt –
gäbe es nicht den Fußball und seine Sammelbilder.
Von Holger Gertz

Die Kollektion „Unsere Fußballstars" für die Saison 1973/74 enthält auch das Sammelbild von Rainer Gebauer, 1. FC Köln – dass er ein Fußballstar war, kann man allerdings nur mit viel gutem Willen behaupten. Gebauer war Ergänzungsspieler, sein Foto Tauschware für die Schulhof-Zocker. Vier Gebauer für einen Hoeneß, das ungefähr dürfte damals der Kurs gewesen sein. Aus dem Blickwinkel der Gegenwart lässt sich allerdings feststellen: Rainer Gebauer würde jeden Angela-Merkel-lookalike-Wettbewerb locker gewinnen. Im Internet ist das Foto inzwischen auf einer dieser Seiten gelandet, wo bemerkenswerte Sticker für alle Zeiten ausgestellt sind. Rainer Gebauer und sein Sammelbild, sie haben beide eine kleine Karriere hingelegt.

Die Historie der Bundesliga-Sammelbilder lässt sich in drei Phasen einteilen. Bergmann, Panini und Topps. So hießen oder heißen die Hersteller jener Sticker, die nach wie vor in verschlossenen Tütchen verkauft werden. Erst nach dem Öffnen sieht man, für wen das Geld draufgegangen ist. Nicht nur bezogen auf den Bochumer Torwart Zumdick, genannt Katze, kann jeder Sammler mit Recht behaupten, er kaufe die Katze im Sack.

Von den Sechzigern bis in die frühen Achtziger belieferte Bergmann die Fans, die legendären Bilder beschreiben die Atmosphäre ihrer Zeit. Die Fußballer stehen da wie Zinnsoldaten, nur wenn der Fotograf ihnen gesagt hatte, sie sollten ein bisschen den Ball hochhalten, hielten sie ein bisschen den Ball hoch, sahen dabei aber noch mehr wie Zinnsoldaten aus. Erst nach den Studentenprotesten und der 68er-Revolte wirkten die Spieler befreiter, obwohl sie fernab der Universität sozialisiert worden waren.

Panini, seit den Siebzigern im Geschäft, zeigte die Profis bevorzugt passbildartig, das lohnte sich: Breitner und Lienen und Dronia hätten genauso auf ein Fahndungsplakat der RAF gepasst wie in das Album. Es gab Sammelbilder damals, die musste man nur an die Kacheln in der Küche kleben – schon konnte auf das kalte Wasser beim Eierabschrecken glatt verzichtet werden.

Ein Sammelbild von 1973 von Rainer Gebauer. Quiz: Wem ähneln er und die Frisur?

Die Dichte der Schnurrbartträger nahm während der Achtziger signifikant ab, sogar im Kader des 1. FC Köln. Die frühen Neunziger waren bei Panini, längst allein im Markt, geprägt von den Zugängen aus Ostdeutschland, deren Vorliebe für Vokuhila-Frisuren von den Westlern gern und widerstandslos übernommen wurde. Männer, die hinreißende Namen wie Olaidotter oder Sackewitz trugen, hätten unerkannt unter den Menschen gelebt, gäbe es nicht den Fußball und seine Bilder. Tatsächlich markiert so ein Klebebild den schwer definierbaren Punkt, wann genau das Berühmtsein anfängt: Wenn einer gesammelt werden kann. Bei manchem Hintersassen war der Platz im Album ähnlich wichtig wie beim Star die erste Nominierung für die Nationalmannschaft.

Fußballbildersammler haben immer behauptet, dass die besten Spieler seltener in den Tüten waren als die schlechten. Eigene Erfahrungen stützen diese Annahme, für Hartmut Konschal (Werder, 1980) schien eine eigene, permanent ratternde Druckmaschine in Betrieb genommen worden zu sein. Fußballbilderproduzenten haben solche Verdächtigungen immer zu zerstreuen versucht.

Die Firma Topps, die seit 2008/2009 die Rechte hat, behauptet dagegen gar nicht, dass es alle Bilder gleich oft gibt. Seltenere Karten in limitierter Auflage erhöhen bei Topps den Thrill. Nach den defensiv frisierten Konsensgesichtern der Ära Horst Köhler und Johannes B. Kerner gibt es jetzt überall sehr stylische Hochleistungskicker, die in perfektem Hochglanz bestens zur Geltung kommen. Topps passt mit seinen Trading Cards zur Generation Götze. Der verwaschene Gebauer auf dünnem Bergmannpapier ist endgültig ein Sammelbild aus anderen Tagen.

Rainer Gebauer hat sich aus deutschen Sammelalben verabschiedet, als er noch 1973 zu KAS Eupen gewechselt ist, belgische Liga. Da haben sie ihn neulich zum besten Spieler aller Zeiten gewählt. Jüngere Fotos zeigen übrigens, dass sich die Kanzlerin längst aus seinem Gesicht geschlichen hat.

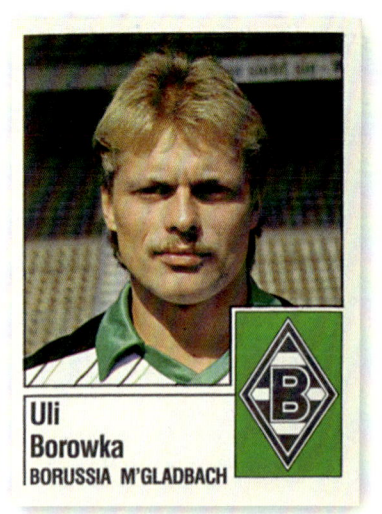

Panini

Panini, ein in Modena ansässiges Unternehmen, brachte von 1979 bis 2009 Bundesliga-Sammelbilder heraus, der Firmenname ist noch immer das Synonym für Sticker aller Art. Die Bilder waren selbstklebend und zeichneten sich durch einen unverwechselbaren Duft aus, wenn man sie aus der Tüte holte: für viele inzwischen recht alte Menschen das Aroma ihrer frühen Jahre. Panini probierte nicht viel herum, sondern zeigte die Spielergesichter in Passbildoptik – gelegentliche Ganzkörperexperimente im Schmalformat blieben die Ausnahme. Kleiner Wortwitz an dieser Stelle: Das Kleben geht weiter. Panini produziert nach wie vor unter anderem Sammelbilder für Europa- und Weltmeisterschaften.

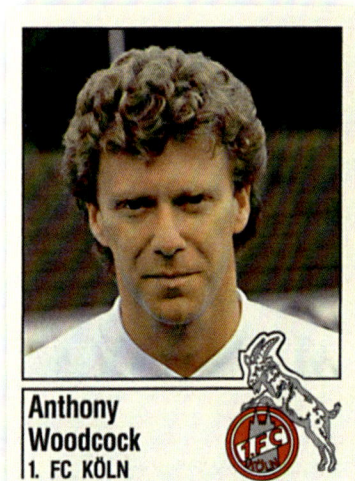

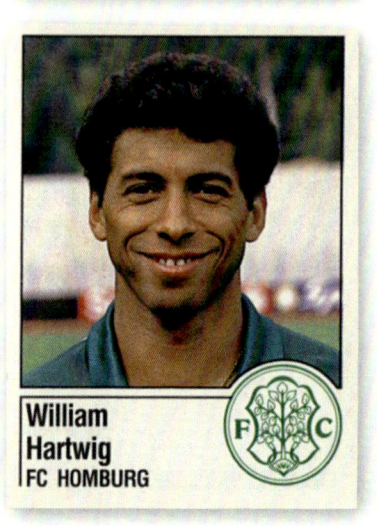

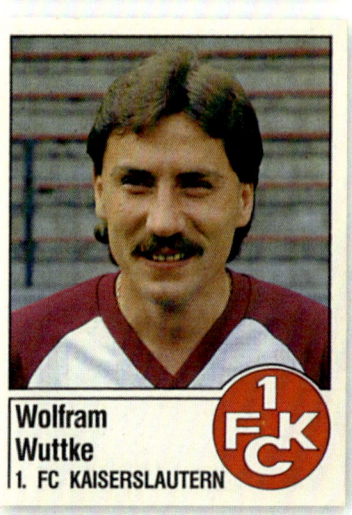

Bertram Beierlorzer — VfB STUTTGART
Uli Borowka — BORUSSIA M'GLADBACH
Hans Dorfner — BAYERN MÜNCHEN
Holger Fach — FORTUNA DÜSSELDORF
Friedhelm Funkel — BAYER UERDINGEN
Jürgen Kohler — SV WALDHOF MANNHEIM
Martin Kree — VfL BOCHUM
Norbert Meier — WERDER BREMEN
Marcel Raducanu — BORUSSIA DORTMUND
Olaf Thon — FC SCHALKE 04
Anthony Woodcock — 1. FC KÖLN
Falko Götz — BAYER LEVERKUSEN
William Hartwig — FC HOMBURG
Wolfram Wuttke — 1. FC KAISERSLAUTERN

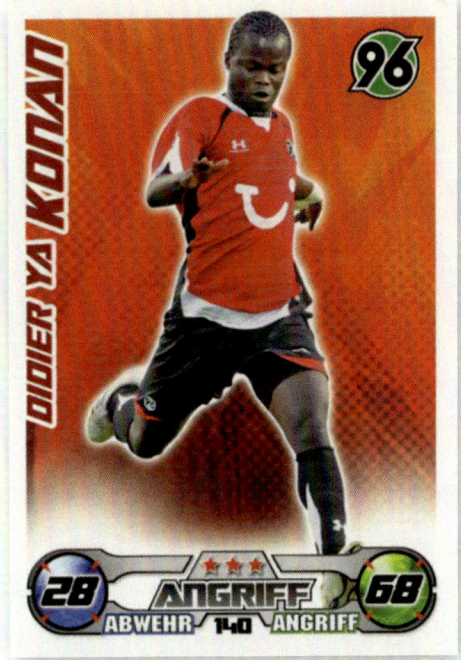

Topps

Das Unternehmen Topps hatte seit langem die Sammelkarten zu den großen Sportserien in den USA (MLB und NFL) produziert. Kleiner Wortwitz auch hier: Seit 2009 ist also in Deutschland das Kleben der anderen angesagt. In der Saison 2010 steckten 101 von Marko Marin signierte Karten in den Tüten – dass Marins Karriere danach etwas ins Trudeln geriet, hat nichts mit Topps zu tun. Später gab es die Marco-Reus-Trikotkarte: Ein original getragenes Hemd von Reus wurde in 333 Teile zerteilt und in 333 Karten integriert. Man sieht: Das Motto „Kleben und kleben lassen" ist etwas aus der Mode.

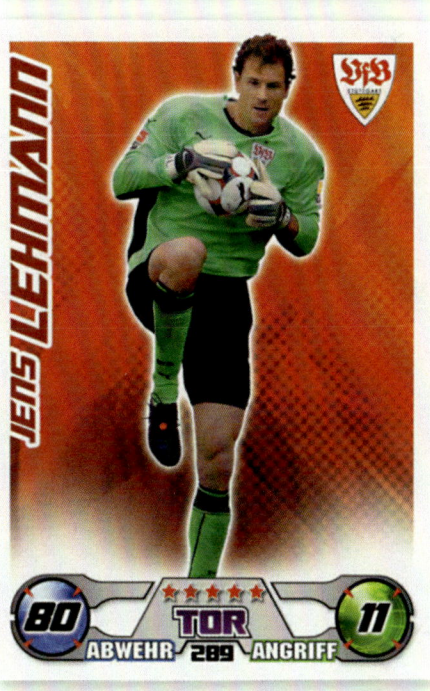

1988/89

Streit im ZDF: Im Mai 1989 verlagerten der 1. FC Köln und der FC Bayern das Duell um die Meisterschaft ins Fernsehstudio. Bei Moderator Bernd Heller (Mitte) zankten Kölns Sportdirektor Udo Lattek und Trainer Christoph Daum mit den Münchner Kollegen Jupp Heynckes und Uli Hoeneß (von links).

Vermessung der Gürtellinie

Am 20. Mai 1989 kommt es zu einem legendären ZDF-Sportstudio. Nicht wenige behaupten, in dieser Verbalschlacht zwischen Münchnern und Kölnern sei der Titelkampf entschieden worden.

VON CHRISTOPHER KEIL

Ende Mai 1989 wies nichts darauf hin, dass die deutsche Nationalelf 14 Monate später Weltmeister werden würde. In der Bundesliga verfeindeten sich die Spitzenklubs – der FC Bayern und der 1. FC Köln – so sehr, dass man sich eine Elf aus den besten Spielern beider Teams kaum vorstellen konnte. Im Mittelpunkt der Fehde stand der junge Kölner Trainer Christoph Daum, der sich wie der Erfinder der Fußball-Moderne gebärdete und mit allen Mitteln auch die Meisterschaft in psychologischer Kriegsführung gewinnen wollte.

Vier Spieltage vor Saisonschluss hatte sich die Lage nach schweren Pöbeleien Daums gegen den Münchner Fußball-Akademiker Jupp Heynckes so sehr zugespitzt, dass es zum Showdown kam. Am Freitag vor der Ausstrahlung meldete sich ZDF-Moderator Bernd Heller bei Bayern-Manager Uli Hoeneß: Es gebe die Idee, den Konflikt zwischen Heynckes und Daum im Aktuellen Sportstudio aufzulösen. Daum habe zugesagt. Ob Heynckes auch komme? „Wir kommen dann beide", soll Hoeneß geantwortet haben. Und wenn Udo Lattek, Kölns Sportdirektor, mit dabei sei, wär's ihm gerade recht.

Am 20. Mai, kurz nach 22 Uhr, sah man also links die Kölner sitzen, rechts die Bayern. Zwischen beiden thronte der studierte Advokat Heller, der sich in einer Schlichterrolle wähnte. „So, jetzt sind wir also mittendrin", begann er. Es herrschte reglose Stille. „Vier Wochen noch sind es bis zur Meisterfeier", die Bayern führten im Klassement mit zwei Punkten vor den Kölnern, und er, Heller, wisse ja, dass sich Hoeneß und Daum gegenseitig zu den Meisterfeiern ihrer Klubs eingeladen hätten: „Haben Sie sich heute am Flughafen ein Ticket für München gekauft, Christoph Daum?" – „Ja", antwortete Daum, „habe ich, aber für Uli Hoeneß, damit er nach Köln findet."

Erste Lacher. Daums Augen flackerten im Scheinwerferstrahl. Er, Heller und Heynckes trugen Lederslipper und weiße Socken. Heynckes saß tief im schwarzen Lederpolster. Heller wählte seine Worte sicher, doch alles, was er sagte, folgte einer schlichten Taktik. Er drehte sich zu Jupp Heynckes: „Haben Sie Verständnis für Christoph Daum?"

„Er hat mich massiv beleidigt", äußerte Heynckes leise und beherrscht: „Wie er mich unter der Gürtellinie getroffen hat, das ist nicht zu akzeptieren, das werde ich nicht vergessen." Daum konterte: „Na klar, die Bayern beanspruchen für sich, die Höhe der Gürtellinie zu beurteilen. Man darf in diesem Geschäft nicht so dünnhäutig sein, dass man daraus gleich eine Weltanschauung macht."

SAISON 1988/1989

Die Bayern feiern, mal wieder: Kölns Trainer Daum muss nach dem 1:3 seinem Widersacher Heynckes gratulieren (Bild links) – der stößt in der Kabine später mit seinen Spielern Wohlfarth und Thon an.

Gejohle auf den Rängen. In der Totalen konnte man erkennen, dass 14 Plastikbälle über den Konfliktparteien schwebten. Sie hingen an langen Fäden. Die Kulisse hatte viel von Augsburger Puppenkiste, zumal sich jetzt Uli Hoeneß wie vom Faden gezogen aufrichtete und Papiere hervorzog, aus denen er vorlas: „Du hast gesagt, Jupp Heynckes könne auch Werbung für Schlaftabletten machen."

„Richtig", sagte Daum und nickte.

„Du hast gesagt, die Wetterkarte ist interessanter als ein Gespräch mit Jupp Heynckes."

„Richtig", bestätigte Daum: „Dazu stehe ich, das sind die Dinge, die ich sage."

„Alles okay. Jetzt kommt der entscheidende Punkt", sprach Hoeneß wie zu sich selbst und holte Luft, bevor er vom Zettel Daum im Original zitierte: „Nach dem Sieg gegen Inter Mailand, da ging es ihm ein paar Stunden besser, da war eine Hirnwindung mehr durchblutet, im Grunde genommen ist er völlig kaputt ..."

Raunen im Rang. Eine Weile plapperten Daum und Hoeneß gleichzeitig. Aus der Ecke des Managers wurde mit „Eidesstattlicher Versicherung" gedroht, Daum bemerkte: „Schön, dass Du Dich vorbereitet hast, ohne Vorbereitung würdest Du nicht über die Runden kommen."

Auch wenn der Kölner Trainer sehr visionär nach vorne verteidigte, drehte Hoeneß in diesen Minuten das Spiel. Er wirkte wie auf dem Sprung und verwandelte sich in etwas, das man bald die „Abteilung Attacke" nennen würde. „Jetzt reicht's aber", zischte er: „Wenn Du Charakter hättest, hättest Du Dich entschuldigt."

Das Feuer der Abneigung tanzte unter Applaus durchs Studio. Heller täuschte eine Zurechtweisung an: Es dürfe bitte kein endloser Dialog über eine Verbalinjurie werden, säuselte der TV-Mann. „Genau das ist der Punkt", trompetete Hoeneß, „die Hirnwindung ist die grööößte Beleidigung, die je ein Trainer über einen anderen in Deutschland gemacht hat."

Daum behauptete, die Vokabel „Hirnwindung" stamme nicht von ihm.

Daum bestand plötzlich darauf, dass die Vokabel „Hirnwindung" nicht von ihm stamme. Es sei da vielmehr um „eine gewisse Beleuchtungsart und -weise gegangen, eine gewisse Äußerung über Jupp Heynckes, in dieser Weise ging es um einen durchbluteten Kopf, um mehr nicht", was Heynckes aber auch nicht versöhnte, der Daum absprach, bisher etwas für den deutschen Fußball geleistet zu haben.

Udo Lattek, der als Kölner Sportdirektor und Kolumnist des Springer-Verlages eine Art Herausgeber der Gossensprüche Daums war, versuchte, ein Remis zu retten: „Christoph hat den Bayern den Kampf angesagt, ich habe seit Monaten mit ihm nicht gesprochen. Wir müssen nun versuchen, wir vier würde ich sagen, etwas Positives für die Bundesliga zu tun."

Doch Positives brachte Daum nicht mehr zustande. Als er versuchte, sich und seine Arbeit in ein gutes Licht zu stellen mit Verweisen auf die Entwicklung der Nationalspieler Häßler, Illgner und Kohler in Köln, urteilte Hoeneß bereits siegessicher: „Du überschätzt Dich maßlos. Du musst mal nach oben schauen, da hängt ein Ball – kein Heiligenschein."

„Zieht den Bayern die Lederhosen aus", sang das Studiopublikum, Hoeneß lachte am lautesten mit. „Das ist doch nur eine Masche, mich von meinem Weg abzubringen", warf Daum trotzig ein, „aber das kann ich Dir garantieren: das schaffst auch Du nicht." Hoeneß grinste, blickte auf und prophezeite: „Das werde ich auch gar nicht versuchen, weil am kommenden Donnerstag ist Dein Weg zu Ende."

Der Donnerstag war Fronleichnam. Trotzdem wurde gekickt, der 31. Spieltag. Der FC Bayern gewann durch drei Tore von Roland Wohlfarth mit 3:1 in Köln und wurde Deutscher Meister.

Kleines Lexikon der Ligakunde

Eine Sammlung der wichtigsten Ordnungsbegriffe, die es ohne die Bundesliga ein bisschen schwerer gehabt hätten, in den deutschen Grundwortschatz zu gelangen.

A
Arbeitssieg, der: Spiel, in dem der Stürmer des schlechteren Teams in der 89. Minute zu Boden sinkt und den geschenkten Elfmeter selbst verwandelt. Wird mit voller Punktzahl entlohnt.

B
Blitztabelle, die: Per Signalton musisch untermalte › *Momentaufnahme* des Bundesligabetriebs.

C
Chancentod, der: Sammelbegriff für alle Spieler von Greuther Fürth.

D
Dritte Halbzeit, die: Von Fußballern gerne in einschlägigen Diskotheken verbrachte Phase zwischen Schlusspfiff und Trainingsbeginn am nächsten Tag. Wird nicht selten mit Führerscheinentzug belohnt.

E
Eigengewächs, das: In Gartenmärkten schwer zu finden. Wird seit 2002 deutschlandweit in sogenannten Elite-Eigengewächshäusern gezüchtet. Gedeiht prächtig in südlichen Gefilden (Freiburg).

EU
EU-Ausländer, der: › *Legionär*, der aus dem Ausland kommt und als Inländer gewertet wird, sobald er einen Rasen betritt.

F
Feuerwehrmann, der: Amtliche Berufsbezeichnung von Peter Neururer.

G
Greenkeeper, der: Anderes Wort für Lothar Matthäus.

H
Herbstmeister, der: Symbolischer Adelstitel für eine Mannschaft, die im Winter ganz oben steht und bis zum Sommer dort bleiben will, im Frühling aber oft schon wieder abgerutscht ist.

I
Individualistentruppe, die: Fußballmannschaft, in der mindestens acht bis neun Arjen Robbens mitspielen.

J
Jugendwahn, der: Bei Klubs mit wenigen › *Eigengewächsen* übliche Bezeichnung für Klubs mit vielen › *Eigengewächsen*.

K
Konferenzschaltung, die: Elfmeter in Uerdingen! Tor in Bochum! Rot in Ulm!

L
Legionär, der: Deutscher Fußballer, der es nach Italien schafft (alte Bedeutung). Italienischer Fußballer, der es in die Bundesliga schafft (neue Bedeutung).

M
Momentaufnahme, nur eine: Anderes Wort für Tabelle.

N
Nickligkeit, die: Sammelbegriff für kleine Gemeinheiten wie auf den Fuß treten, am Trikot ziehen, sich Elfmeter schenken lassen. Wird gebraucht für › *Arbeitssiege*.

O
Oleh-Oleh: Schlachtgesang spanischen Ursprungs. Auch: Oleh-Oleeeh, Oleh-Oleeh, Oleh-Oleeh-Oleh-Oleeh.

P
Pausentee, der: Meist kalt servierte Halbzeitspezialität.

Q
Qualitätsfrage, die: Wird meist dann gestellt, wenn die › *Momentaufnahme* mehrere Momente lang nicht so toll ist.

R
Rasenheizung, die: Maschine zur nachhaltigen Vorsorge gegen die › *Unbespielbarkeit* des Platzes.

S
Spielausschussvorsitzende, der: Viertschönster Job der Welt, nach DFB-Präsident, Papst und › *Feuerwehrmann*.

SCH
Schleudersitz, der: Stammplatz von › *Feuerwehrmännern* mit ungünstiger › *Momentaufnahme*.

T
Transferfenster, das: Ermöglicht es auch Spielern, die › *Vertrag haben,* gegen Entrichtung einer geringen Bearbeitungsgebühr von einem Klub zum nächsten zu springen. Begrenzte Öffnungszeiten.

U
Unbespielbarkeit, die: Vom › *Greenkeeper* diagnostizierter Zustand des Platzes. Führte oft zur Spielabsage. Wegen der Unaussprechlichkeit der Unbespielbarkeit wurde die › *Rasenheizung* erfunden.

V
Vertrag haben: Offizielle Bezeichnung für Fußballer in sozialversicherungspflichtigen Beschäftigungsverhältnissen.

W
Wasserstandsmeldung, die: Von Managern ungern abgegebene › *Momentaufnahme*. Führt im › *Transferfenster* schnell zu Wasserschäden.

X
Xavi, der: Recht guter Spieler, der leider nie ein Bundesligaspiel machte.

Y
Yeboah, Anthony: Recht guter Spieler, der 223 Bundesligaspiele machte.

Z
Zehner, der: Von Overath und Netzer geprägtes Jobprofil. Nicht zu verwechseln mit: Zwanziger, der.

BORIS HERRMANN, CHRISTOF KNEER

DER HELD MEINER JUGEND
Michael Harforth

Wer zum Karlsruher SC ins Wildparkstadion ging, der brauchte stets einen gewissen Hang zum Masochismus. Kein anderer mittelmäßiger Klub der Ligageschichte hat so konsequent vom großen Wurf geträumt und daraus so konsequent so wenig gemacht. Wer zufällig in den späten Achtzigern in den Wildpark kam, der träumte ausnahmsweise zurecht. Damals hatte der KSC nämlich den besten Spielmacher der Welt – zumindest wenn man davon ausging, dass diese Welt an den Stadtgrenzen von Karlsruhe endet. Michael Harforth konnte im Prinzip alles, außer sprinten, köpfen, kämpfen und verteidigen. Wenn der KSC den Ball verlor, blieb er an der Mittellinie stehen, blies die Backen auf und stemmte die Hände in die Hüften. Aber wehe, wenn er mal so richtig Lust auf Fußball hatte, das kam durchaus vor, dann zirkelte dieser Harforth seine Sechzigmeter-Pässe aus dem Stand auf den Spann von Stürmern wie Helmut Hermann oder Arno Glesius, die dann aufs Schönste das Tor verfehlten. Harforth taugt prima als Symbolfigur für die sympathische Unvollkommenheit des KSC. Ein Wunder, dass er trotz seiner 181 Bundesligaspiele nie in die Nationalelf berufen wurde und dass ihn selbst der FC Bayern auf seinen Karlsruher Shopping-Touren (Sternkopf, Scholl, Kahn) übersah. Harforth sah aus wie der Sohn von Trainer Winnie Schäfer, der ihn erst zum Kapitän machte und ihn später rüde ausmusterte, kurz vor der glorreichen Europapokalzeit. Nach dem Spiel rauchte Harforth gerne ein paar Zigaretten und aß einen Wurstsalat. Im KSC-Clubhaus lag der Wurstsalat immer deutlich über Mittelmaß. **BORIS HERRMANN**

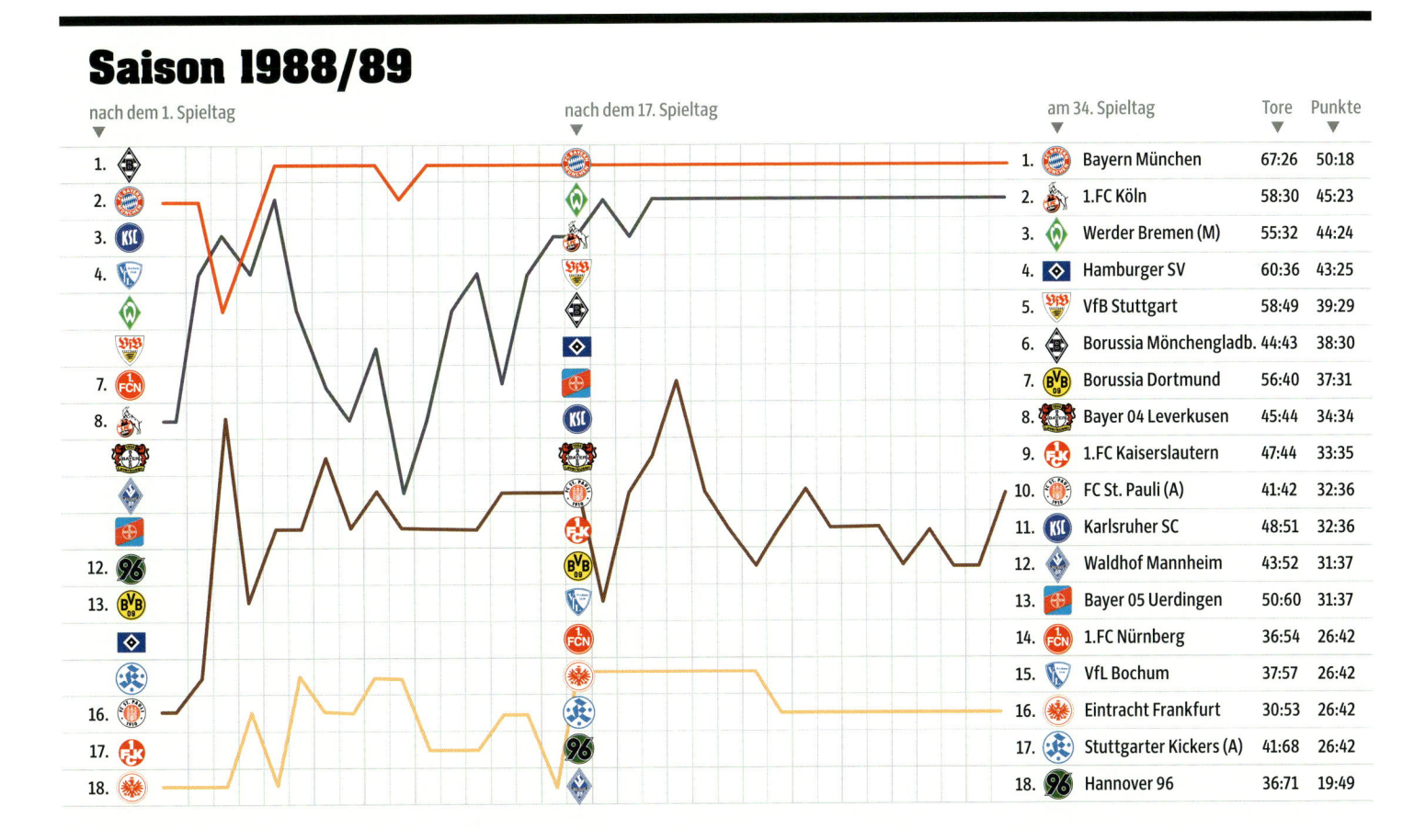

Saison 1988/89

am 34. Spieltag	Tore	Punkte
1. Bayern München	67:26	50:18
2. 1.FC Köln	58:30	45:23
3. Werder Bremen (M)	55:32	44:24
4. Hamburger SV	60:36	43:25
5. VfB Stuttgart	58:49	39:29
6. Borussia Mönchengladb.	44:43	38:30
7. Borussia Dortmund	56:40	37:31
8. Bayer 04 Leverkusen	45:44	34:34
9. 1.FC Kaiserslautern	47:44	33:35
10. FC St. Pauli (A)	41:42	32:36
11. Karlsruher SC	48:51	32:36
12. Waldhof Mannheim	43:52	31:37
13. Bayer 05 Uerdingen	50:60	31:37
14. 1.FC Nürnberg	36:54	26:42
15. VfL Bochum	37:57	26:42
16. Eintracht Frankfurt	30:53	26:42
17. Stuttgarter Kickers (A)	41:68	26:42
18. Hannover 96	36:71	19:49

Wieder ist ein Gründungsmitglied gefährdet: Frankfurt zittert sich in der Relegation zu einem 2:0 und 1:2 gegen Saarbrücken. Zwei Stadtmeisterschaften werden ausgespielt: St. Pauli erreicht als Zehnter die beste Liga-Platzierung überhaupt, bleibt aber klar hinter dem HSV. Die Kickers besiegen den FC Bayern 2:0, sie steigen trotzdem ab – in Stuttgart ist der VfB die Nummer eins.

Die Welt ist eine Schale

Es war ein trüber Tag im Mai 2013, als der FC Bayern jene Meisterschale für die 50. Bundesligasaison in Empfang nahm, die er bereits an einem frostigen Samstag Anfang April gewonnen hatte. Die Bayern-Spieler hatten nach der rechnerischen Entscheidung in Frankfurt eher dezent gejubelt, gerade fröhlich genug, um nicht arrogant zu wirken. Sie hatten in diesem Frühjahr schließlich noch ganz andere Sehnsüchte, die sich in erster Linie auf ein Champions-League-Endspiel in London bezogen. Die kleine Zeremonie mit der Meisterschale nach dem letzten Heimspiel schien deshalb zunächst eine lästige Pflichtübung zu werden. Auf keinen Fall, so verkündeten die Beteiligten vorab, werde die Party ausarten. Am Ende hat sich der Rekordmeister mit dem Rekordvorsprung dann aber doch ein klein wenig der Euphorie hingegeben. Einige Spieler tanzten immerhin bis 4.58 Uhr am nächsten Morgen, nachdem sie dieses Requisit aus 5,5 Kilogramm Sterlingsilber und 16 Edelsteinen erhalten hatten. Auch bei den abgeklärtesten Gewinnertypen verbindet sich mit der Berührung dieser Schale traditionell die Erkenntnis, etwas Großes geschafft zu haben.

Zum Dank wird sie dann jedes Jahr im Mai mit alkoholischen Getränken besudelt und vom sogenannten Volksmund als „Salatschüssel" verunglimpft. Ohne dem Volksmund zu nahe treten zu wollen, aber für herkömmliche Blattsalate ist dieses Silbergeschirr denkbar ungeeignet. Lediglich auf dem flachen Rand ließen sich ein paar Tomaten-Mozzarella-Scheiben anrichten. Die kleine Kuhle in der Mitte taugt allenfalls für ein wenig Knabberzeug. Im Übrigen ist es so, dass hier von einer Trophäe die Rede ist, die sich von niemandem beleidigen lassen muss. Was hat diese Schale nicht schon alles mitgemacht? Ihre 50. Bundesliga-Meisterfeier war ihre 65. Meisterfeier insgesamt. Sie hat wahrscheinlich mehr Rathausbalkone von oben und mehr Bierduschen von unten gesehen als jeder andere in diesem Land. Sie wurde von bedeutenden Männern mehrerer Generationen gestreichelt, von Hans Schäfer und Franz Beckenbauer, von Lothar Matthäus und Mario Götze. Sie hat nach der Bremer Meisterschaft von 2004 mit dem allenfalls spärlich bekleideten Brasilianer Ailton auf einer Couch gekuschelt und mit so manchem Kicker und so manchem Funktionär eine Nacht im Bett verbracht. Einmal durfte sie sogar mit Klaus Augenthaler im Entmüdungsbecken baden. Die Meisterschale ist, wenn man so will, die Femme fatale des deutschen Fußballs.

Da trifft es sich, dass sie tatsächlich von Frauenhänden gefertigt wurde. Die Kölner Goldschmiedin und Kunstprofessorin Elisabeth Treskow erhielt 1949 vom DFB den Auftrag, einen „künstlerisch wertvollen Wanderpokal" zu fertigen. Die alte Victoria-Trophäe, die an die Meister von 1903 bis 1944 vergeben worden war, galt nach dem Krieg als verschollen. Erst nach dem Mauerfall wurde sie wiederentdeckt, sie hatte vier Jahrzehnte in einem Berliner Kohlenkeller gelegen. Erster Empfänger der Treskow-Schale war dann der VfR Mannheim – der einzige Meister der Nachkriegsgeschichte, der nie in der Bundesliga spielte.

Inzwischen sind die Namen aller Titelträger von 1903 (VfB Leipzig) bis 2013 (Bayern München) eingraviert. Ein Brauch, der zur Folge hatte, dass die einst recht handliche Schale 1981 um einen weiteren Silberring erweitert werden musste. Seither misst sie 59 Zentimeter und wiegt elf Kilo. Nach Kalkulationen des DFB gibt es jetzt bis 2027 keine Platznot mehr – es sei denn, im kommenden Jahrzehnt gewinnen nur noch Klubs mit so üppigen Namen wie Borussia Mönchengladbach oder Eintracht Braunschweig, dann könnte es schon früher eng werden. Mit platzsparenden Meistern wie Köln, Fürth oder Ulm könnte der Außenring dagegen bis 2030 reichen.

BORIS HERRMANN

1964/1965 Werder Bremen

1965/1966 TSV 1860 München

1966/1967 Eintracht Braunschweig

1967/1968 1. FC Nürnberg

1968/1969 FC Bayern München

1969/1970 Borussia Mönchengladbach

1970/1971 Borussia Mönchengladbach

1971/1972 FC Bayern München

1972/1973 FC Bayern München

1973/1974 FC Bayern München

1974/1975 Borussia Mönchengladbach

1975/1976 Borussia Mönchengladbach

1976/1977 Borussia Mönchengladbach

1977/1978 1. FC Köln

1978/1979 Hamburger SV

1979/1980 FC Bayern München

1980/1981 FC Bayern München

1981/1982 Hamburger SV

1982/1983 Hamburger SV

1983/84 VfB Stuttgart

1984/1985 FC Bayern München

1985/1986 FC Bayern München

1986/1987 FC Bayern München

1987/1988 Werder Bremen

1963/1964 1. FC Köln

50 Jahre, 50 Titel, 50 Bilder

Ein Meisterfoto ist ein Meisterfoto ist ein Meisterfoto. Das stimmt, und doch wieder nicht so ganz. Während der erste Meister der Bundesliga, der 1. FC Köln, im Sommer 1964 noch ganz und gar ohne Firlefanz posierte, in schlichter weißer Sportkleidung, die Arme brav hinterm Rücken verschränkt, so hat das Meisterfoto auf dem Weg bis zum 50. Titelgewinner, dem FC Bayern, doch deutlich an Komplexität gewonnen. Zeitgenössische Meister lassen sich im Farbschnipsel-Regen ablichten, mit Medaillen und Meisterschale, alle jubeln auf Kommando, manche spielen Luftgitarre. Eine Kulturgeschichte des meisterlichen Frohsinns in Bildern.

2012/2013 FC Bayern München

1989/90

Anweisung von ganz oben

Als die Mauer fiel, waren Calmund & Co. vom Bayer-Werk in Leverkusen die Cleversten. Sie lockten Thom und Kirsten in die Bundesliga. Nur Sammer bekamen sie nicht. Kanzler Kohl hatte was dagegen.

In der 79. Minute verlässt Matthias Sammer das Feld im Wiener Praterstadion. Es steht 3:0 für Österreich. Die Auswahl der in diesen Tagen zerfallenden DDR verliert, daran besteht kein Zweifel mehr, das entscheidende Qualifikationsspiel: Sie verpasst die WM 1990.

Sammer, 22, hat genug, er setzt sich auf die Spielerbank. Neben ihm sitzt: Wolfgang Karnath, ein stämmiger Rheinländer mit wuscheligem Haar. Er hat sich im Auftrag des Fußball-Kapitalismus an die ostdeutsche Kadertruppe herangeschmuggelt. Denn in diesen Tagen gilt: Zeit ist Geld.

15. November 1989, die Mauer ist vor knapp einer Woche gefallen. Die große Freiheit. Im Fußball bedeutet das auch: Goldgräberstimmung. Bei Bayer Leverkusen erkennen sie das sofort. Manager Reiner Calmund wird der Liga später nicht nur eine exquisite Brasilianer zuführen, er ist es auch, der die Idole des DDR-Fußballs akquiriert. Dank Karnath. „Der war abgewichst, frech und dreist", sagt Calmund: „Er hat große Verdienste."

Wolfang Karnath, Jahrgang 1951, arbeitet seit Jahrzehnten für Leverkusen, als A-Jugend-Betreuer und Scout. Nach Wien ist er mit den Spähern Norbert Ziegler und Dieter Herzog eingeflogen. Sie sitzen auf der Tribüne, „die komplette Bundesliga war vertreten", sagt Calmund. Aber einen wie Karnath hatte niemand. Calmund hatte ihn als Fotografen akkreditieren lassen. Karnath erzählt, er habe sich den Ordnern sogar als „Doktor Karnath" vorgestellt, als Beleg diente „mein Rot-Kreuz-Ausweis".

So landet Dr. Karnath, in der Hand ein Silberköfferchen, auf der Trainerbank der DDR-Auswahl, die ums WM-Ticket spielt. „Eigentlich unglaublich, das musst du erst mal bringen!", sagt Calmund. „Wir haben ja in Leverkusen viele Dinger gedreht, aber das war das ungewöhnlichste."

Als Sammer neben Karnath sitzt, gibt der sich gleich als Abgesandter aus Leverkusen zu erkennen: „Wir wollen Euch in die Bundesliga holen!" Karnath hat den Auftrag, die Kontaktdaten von Andreas Thom, Ulf Kirsten und Sammer zu organisieren. Ideale Bedingungen dafür, diese bewegenden Tage der Wende, findet Calmund: „Die Spieler hatten doch viereckige Augen, die hatten ja die ganze Woche im Fernsehen Mauerfall geguckt."

Karnath raunt Sammer zu, er solle dafür sorgen, dass man sich später zu viert im Teamquartier treffe, draußen in der Sportschule Lindabrunn. Dort haben bereits am Spieltag die westdeutschen Manager das Foyer belagert. „Um Mitternacht haben wir uns dann am Hotel im Wald getroffen", erzählt Karnath. Von Thom, 24, erhält er die Daten seiner Plattenbauwohnung in der Nähe des Alexanderplatzes, wo kein Namensschild auf Erich Mielkes Lieblingsspieler vom BFC Dynamo Berlin hinweist. Er gibt Hausnummer, Stockwerk und Wohnungsnummer an Calmund durch.

Wenige Tage nach dem Mauerfall wechselte Andreas Thom (l.) von Berlin nach Leverkusen. Bayerns Jürgen Kohler hätte gewiss nichts dagegen gehabt, wenn Thom insgesamt ein wenig langsamer gewesen wäre.

Am Tag nach dem Spiel in Wien sitzt Karnath in der „Interflug"-Maschine der DDR-Auswahl nach Berlin, er hat sich auch dort einen Sitz erschlichen. Klubpate Calmund fliegt von Köln nach Ost-Berlin. Mittags klingeln sie bei den Thoms, mit Präsenten: Blumen, Pralinen und Parfüm für die Gattin, Spielzeug für die Tochter. „Aber Andreas war nervös", erinnert sich Calmund. „Ich wusste, dass die wohl abgehört werden. Da habe ich nicht nur zum Thom, sondern auch zur Tapete gesprochen: ,Hör mal, wir drehen hier kein krummes Ding, wir machen das ganz offiziell, mit dem Verband, mit der Regierung!'"

Calmund besorgt sich eine Bestätigung seiner förmlichen Transfereingabe beim Deutschen Turn- und Sportbund. So fasst Thom Vertrauen. „Wir sind eben nicht wie die dicken Willis aufgetreten, trotz meiner Wampe", findet Calmund. Thom erhält für den ab Januar gültigen Vertrag ein Topsalär für diese Zeit von – samt Prämien – knapp einer halben Million Mark pro Saison zugesichert. Zuvor verdiente er im Monat keine 4000 Ost-Mark. Als Volkspolizist.

Mit Sammer und Kirsten, die aus Dresden anreisen, verhandelt Calmund am folgenden Tag. „Am Samstag hatten beide Verträge unterschrieben." Drei Tage nach dem Spiel in Wien. Neun Tage nach dem Fall der Mauer. Andreas Thom – Ablöse 2,8 Millionen D-Mark plus eine weitere Million bei 70 Pflichtspieleinsätzen – wird am 16. Dezember 1989 im Haberlandstadion präsentiert. „Ich finde es gut, der erste Legale zu sein", sagt der scheue Offensivspieler. „Denn abgehauen wäre ich nie."

Karnaths Dienst ist aber noch nicht beendet. Er macht Ferien mit Familie Kirsten und Matthias Sammer am Chiemsee. „Wir wollten sie natürlich auch verstecken vor der Konkurrenz." Allerdings ist bald klar, dass Sammer nicht nach Leverkusen darf. „Anweisung von ganz oben", erklärt Calmund: „Bundeskanzler Kohl hatte der Konzernspitze nahegelegt, dass wir nicht die DDR leerkaufen sollten." Die Verträge werden zerrissen, Sammer geht nach Stuttgart. Aber Kirsten, 24, der schon Dortmund zugesagt hat, wird noch von Calmund „verhaftet": Im April 1990, nach einem Test der DDR in Schottland, fangen er und Karnath den ostdeutschen Fußballer des Jahres ab und bequatschen den Stürmer auf der Fahrt nach Dresden – bis der zusagt. Die Ablöse holt der Dynamo-Manager in Leverkusen ab: 3,75 Millionen Mark in bar.

Thom schießt gleich beim Debüt gegen Homburg ein Tor, im Dezember 1990 ist er erster ostdeutscher Torschütze der vereinten DFB-Auswahl. Der ganz große internationale Durchbruch gelingt jedoch nur einem: Matthias Sammer. **ANDREAS BURKERT**

SAISON 1989/1990

1988/1989 FC Bayern München

1989/1990 FC Bayern München

1990/1991 1. FC Kaiserslautern

1991/1992 VfB Stuttgart

1992/1993 Werder Bremen

1993/1994 FC Bayern München

1994/1995 Borussia Dortmund

1995/1996 Borussia Dortmund

2004/2005 FC Bayern München

2005/2006 FC Bayern München

2006/2007 VfB Stuttgart

2007/2008 FC Bayern München

2008/2009 VfL Wolfsburg

2009/2010 FC Bayern München

2010/2011 Borussia Dortmund

2011/2012 Borussia Dortmund

1996/1997 FC Bayern München

1997/1998 1. FC Kaiserslautern

1998/1999 FC Bayern München

1999/2000 FC Bayern München

2000/2001 FC Bayern München

2001/2002 Borussia Dortmund

2002/2003 FC Bayern München

2003/2004 Werder Bremen

*„Abgehauen wäre ich nie",
sagte Andreas Thom,
ein Idol des DDR-Fußballs.*

Fußball in der DDR

Die Meister

Ostzonen-Meisterschaft

Jahr	Meister
1948	SG Planitz (Finalrunde)
1949	Union Halle (Finalrunde)

DDR-Oberliga

Jahr	Meister
1949/50	Horch Zwickau
1950/51	Chemie Leipzig
1951/52	Turbine Halle
1952/53	Dynamo Dresden
1953/54	Turbine Erfurt
1954/55	Turbine Erfurt
1955	SC Wismut Karl-Marx-Stadt *Übergangsrunde wegen Umstellung des Spielkalenders*
1956	SC Wismut Karl-Marx-Stadt
1957	SC Wismut Karl-Marx-Stadt
1958	ASK Vorwärts Berlin
1959	SC Wismut Karl-Marx-Stadt
1960	ASK Vorwärts Berlin
1961/62	ASK Vorwärts Berlin
1962/63	SC Motor Jena
1963/64	Chemie Leipzig
1964/65	ASK Vorwärts Berlin
1965/66	FC Vorwärts Berlin
1966/67	FC Karl-Marx-Stadt
1967/68	FC Carl Zeiss Jena
1968/69	FC Vorwärts Berlin
1969/70	FC Carl Zeiss Jena
1970/71	Dynamo Dresden
1971/72	1. FC Magdeburg
1972/73	Dynamo Dresden
1973/74	1. FC Magdeburg
1974/75	1. FC Magdeburg
1975/76	Dynamo Dresden
1976/77	Dynamo Dresden
1977/78	Dynamo Dresden
1978/79	Berliner FC Dynamo
1979/80	Berliner FC Dynamo
1980/81	Berliner FC Dynamo
1981/82	Berliner FC Dynamo
1982/83	Berliner FC Dynamo
1983/84	Berliner FC Dynamo
1984/85	Berliner FC Dynamo
1985/86	Berliner FC Dynamo
1986/87	Berliner FC Dynamo
1987/88	Berliner FC Dynamo
1988/89	Dynamo Dresden
1989/90	Dynamo Dresden
1990/91	Hansa Rostock (NOFV-Oberliga)

Die besten Torschützen

Spieler	Verein	Treffer
Joachim Streich	Hansa Rostock / 1. FC Magdeburg	229
Eberhard Vogel	Karl-Marx-Stadt / Carl Zeiss Jena	188
Peter Ducke	Carl Zeiss Jena	153
Henning Frenzel	Lok Leipzig / SC Leipzig	152
Günter Schröter	Dynamo Dresden / SC Dynamo Berlin	142
Hans-Jürgen Kreische	Dynamo Dresden	131
Rüdiger Schnuphase	Rot-Weiß Erfurt / Carl Zeiss Jena	123
Dieter Kühn	1. FC Lokomotive Leipzig / Sachsen Leipzig	122
Bernd Bauchspieß	Zeitz / SC Dynamo Berlin / Chemie Leipzig	120
Johannes Schöne	Rotation Babelsberg	114
Jürgen Heun	Rot-Weiß Erfurt	114
Jürgen Raab	Carl Zeiss Jena	114

Fußballer des Jahres

Jahr	Spieler	Verein
1963	Manfred Kaiser	SC Wismut Karl-Marx-Stadt
1964	Klaus Urbanczyk	SC Chemie Halle
1965	Horst Weigang	SC Leipzig
1966	Jürgen Nöldner	FC Vorwärts Berlin
1967	Dieter Erler	FC Karl-Marx-Stadt
1968	Bernd Bransch	Hallescher FC Chemie
1969	Eberhard Vogel	FC Karl-Marx-Stadt
1970	Roland Ducke	FC Carl Zeiss Jena
1971	Peter Ducke	FC Carl Zeiss Jena
1972	Jürgen Croy	Sachsenring Zwickau
1973	Hans-Jürgen Kreische	Dynamo Dresden
1974	Bernd Bransch	FC Carl Zeiss Jena
1975	Jürgen Pommerenke	1. FC Magdeburg
1976	Jürgen Croy	Sachsenring Zwickau
1977	Hans-Jürgen Dörner	Dynamo Dresden
1978	Jürgen Croy	Sachsenring Zwickau
1979	Joachim Streich	1. FC Magdeburg
1980	Hans-Ulrich Grapenthin	FC Carl Zeiss Jena
1981	Hans-Ulrich Grapenthin	FC Carl Zeiss Jena
1982	Rüdiger Schnuphase	FC Carl Zeiss Jena
1983	Joachim Streich	1. FC Magdeburg
1984	Hans-Jürgen Dörner	Dynamo Dresden
1985	Hans-Jürgen Dörner	Dynamo Dresden
1986	René Müller	1. FC Lokomotive Leipzig
1987	René Müller	1. FC Lokomotive Leipzig
1988	Andreas Thom	Berliner FC Dynamo
1989	Andreas Trautmann	Dynamo Dresden
1990	Ulf Kirsten	Dynamo Dresden
1991	Torsten Gütschow	Dynamo Dresden

Dass Erich Mielke, der Minister für Staatssicherheit, Spielern seines Lieblingsklubs BFC Dynamo zur Meisterschaft gratulierte (links), kam des Öfteren vor. Die Jubelfeier von Hansa Rostock 1991 hingegen (oben) war nicht nur optisch einmalig.

Die höchsten Siege

Datum	Begegnung	Endstand
18.12.1949	**SG Dresden-Friedrichstadt** – Anker Wismar	11:0
03.09.1949	BSG Babelsberg – **SG Dresden-Friedrichstadt**	2:12
05.02.1950	**Waggonfabrik Dessau** – Vorwärts Schwerin	10:0
17.03.1979	**BFC Dynamo** – Sachsenring Zwickau	10:0
15.03.1980	**BFC Dynamo** – Chemie Leipzig	10:0
05.09.1981	**Dynamo Dresden** – Chemie Buna Schkopau	10:1
10.12.1950	**Rotation Babelsberg** – VfB Pankow	9:0
29.08.1951	Einheit Pankow – **Motor Dessau**	0:9
30.09.1951	**Rotation Dresden** – Motor Gera	9:0
04.12.1955	**SC Dynamo Berlin** – Chemie Karl-Marx-Stadt	9:0
22.09.1957	**ASK Vorwärts Berlin** – Motor Zwickau	9:0
27.11.1982	**1. FC Magdeburg** – Sachsenring Zwickau	9:0
09.03.1985	**BFC Dynamo** – Stahl Riesa	9:0
09.06.1979	**1. FC Magdeburg** – Chemie Böhlen	10:2
01.03.1980	**BFC Dynamo** – Stahl Riesa	9:1
18.08.1984	**Dynamo Dresden** – Chemie Leipzig	9:1
22.01.1950	**SG Dresden-Friedrichstadt** – BSG Franz Mehring Marga	8:0
03.12.1950	**Mechanik Gera** – KWU Weimar	8:0
18.11.1972	**1. FC Lokomotive Leipzig** – Hallescher FC Chemie	8:0
14.05.1975	**BFC Dynamo** – Hallescher FC Chemie	8:0
20.02.1982	**1. FC Lokomotive Leipzig** – Hallescher FC Chemie	8:0
22.05.1985	Motor Suhl – **BFC Dynamo**	0:8

SAISON 1989/1990

Die Klassenkämpfer

Kaum ein Klub wird so clever vermarktet wie die Reeperbahn-Kicker, auch ohne große sportliche Erfolge. Mit der Inszenierung seiner links-alternativen Rolle hat der FC St. Pauli Maßstäbe gesetzt.

Es heißt immer, der FC St. Pauli habe einen Mythos. Einen Mythos, der sich bewusst vom kapitalistischen Gewerbe abgrenzt und für einen Fußball an der Basis steht. Eben dort, wo der Profi mit dem Fan sein Bier noch im Klubheim trinkt. Von solch traditionellem Charme war bis Anfang des neuen Jahrtausends das marode Stadion am Millerntor mit seinen provisorischen Tribünen und den Umkleidekabinen, die selbst einem Kreisligaklub nicht zur Ehre gereicht hätten.

Als der Verein 1988 zum zweiten Mal in die erste Liga aufstieg, war er gerade so richtig populär geworden. Viele brachten diesem Gegenentwurf zum großen Fußball-Business ihre Sympathie entgegen. *Der Spiegel* entdeckte sogar den „Liverpool Roar an der Reeperbahn".

Geprägt wurde das Bild 1988 nicht nur vom jungen Trainer Helmut Schulte, der über eine Arbeitsbeschaffungsmaßnahme zum Klub gestoßen war, sondern auch von den Fans. Der neue Pauli-Fan dachte links. Immer mehr junge Leute kamen aus den unter viel Medienrummel besetzten Häusern der Hafenstraße. Zum Symbol für die alternativen Fußballfreunde wurde später der Totenkopf, der die Eckfahnen am Millerntor ziert. Torhüter Volker Ippig, der einst an der Hafenstraße wohnte, war die Klammer zwischen Fans und Team – respektiert in der Szene auch deshalb, weil er Aufbauhelfer in Nicaragua war, bevor er es auf 65 Erstliga-Einsätze brachte.

Einer davon war am 28. Oktober 1989 beim Heimspiel gegen den FC Bayern (0:2). Das Stadionblatt Millerntor-Magazin traf den damaligen Ton, indem es das Duell auf der Titelseite zum „Klassenkampf" ausrief. Schulte hatte die Vorlage geliefert, es sei doch klar, wer da aufeinanderpralle: „Kapital gegen Arbeit."

Bayern-Manager Uli Hoeneß passten diese Töne gar nicht. Über den Liga-Sekretär Wilfried Straub machte er Druck. Straub rief den St. Pauli-Präsidenten Otto Paulick an und empfahl, die Ausgabe im Stadion nicht zu verkaufen. Falls bei diesem Duell etwas passiere, werde man die „Klassenkampf"-Zeitung mitverantwortlich machen. Anwalt Paulick gab klein bei, die Stadion-Gazette durfte nicht verkauft werden. Mancher sah zunächst die Pressefreiheit in Gefahr, doch die Blattmacher reagierten später mit St. Pauli-typischem Humor, indem sie fortan mit dem Zusatz erschienen: „Von Hoeneß empfohlen".

Als dann 1997 der gebürtige Münchner Thomas Meggle erstmals zum FC St. Pauli wechselte, hatte der Klub aus der Nähe zur Reeperbahn längst den Titel „Freudenhaus der Liga" weg. Meggle, damals 22, wusste schon, dass er zu einem eigentümlichen Verein kommen würde. Was dort passierte, kannte er aus dem Fernsehen: „Da saßen in der Nordkurve die Leute auf den Bäumen."

Auch Meggle erlebte seine größte Stunde am Millerntor (neben den Bundesliga-Aufstiegen 2001 und 2010) bei einem Spiel gegen den FC Bayern. Am 6. Februar 2002, St. Pauli taumelte dem Abstieg entgegen, gelang das in den Annalen auf ewig rot angestrichene 2:1 gegen den Weltpokalsieger.

Jetzt aber siegte die Arbeit übers Kapital, weil die St. Paulianer, erzählt Meggle, „den Körperkontakt gegen Profis wie Effenberg, Sforza oder Pizarro suchten". Schon vor der Pause lag St. Pauli durch Tore von Meggle und Nico Patschinski 2:0 vorne. Hoeneß hielt nach Abpfiff seine legendäre Scampi-Rede („Die Spieler essen Scampis, und ich habe eine schlaflose Nacht"). Und die schon damals höchst professionelle Vermarktungs-Abteilung der Hamburger hatte nach einer ebenfalls schlaflosen Nacht die Idee, das Trikot mit der Aufschrift „Weltpokalsiegerbesieger" herauszubringen. Es wurde mehr als 80 000 Mal verkauft.

Der FC St. Pauli steigt ab, und er steigt wieder auf, fünf Mal schon in 50 Jahren. Er ist buchstäblich ein Klassenkämpfer, und doch dauerhaft erstklassig: Kaum ein Klub wird so clever vermarktet wie die Jungs vom Kiez.

JÖRG MARWEDEL

„Von Uli Hoeneß empfohlen": Vor dem Heimspiel im Oktober 1989 gegen den FC Bayern rief die Stadionzeitung des FC St. Pauli den Kampf der Kulturen aus. Hoeneß ließ die Ausgabe verbieten.

SAISON 1989/1990

SZENE DER SAISON
Karriereende am Haken

Ein ungemütlicher Abend im Volksparkstadion. Nur 14 000 Zuschauer wollen am 20. September 1989 das Nordderby zwischen dem HSV und Werder Bremen sehen. 14. Minute: Wynton Rufer lupft den Ball über HSV-Torwart Richard Golz – Ditmar Jakobs rauscht heran und schlägt den Ball soeben noch von der Linie. Die Fans jubeln. Niemand begreift zunächst, was geschehen ist. „Ich hing irgendwo fest, tastete den Rücken ab und fühlte das Tornetz, aber auch kaltes Metall", erinnert sich Jakobs. Das kalte Metall war ein Karabinerhaken, mit dem das Netz am Boden befestigt war. Er hatte zugeschnappt wie eine Mausefalle. Auch Jakobs ist sich der Schwere des Unfalls zunächst nicht bewusst, bis ihm Teamarzt Gerold Schwarz erklärt, warum er liegen bleiben soll. Der Haken hat sich tief ins Fleisch gebohrt. Minuten vergehen, bis ein Krankenwagen mit Blaulicht hinter dem Tor vorfährt. Jakobs verspürt kaum Schmerzen: „Ich war nie panisch und konnte alles bewegen." Erst als er mitbekommt, dass die verzweifelten Helfer den Haken mit einer Flex-Maschine abtrennen wollen, wird er unruhig. Er trägt ein synthetisches Trikot und fürchtet, es könne Feuer fangen. Er bittet den Arzt, ihn mit einem Skalpell herauszuschneiden. Jakobs wird förmlich aus dem Tor herausoperiert. Nach 21 Minuten kann der 36-Jährige ins Krankenhaus transportiert werden. Da wusste Jakobs noch nicht, dass der 493. Bundesliga-Einsatz sein letzter war. Die Karriere des Nationalspielers endete an einem Haken. Es war der schlimmste Unfall ohne Foulspiel in 50 Jahren Bundesliga.

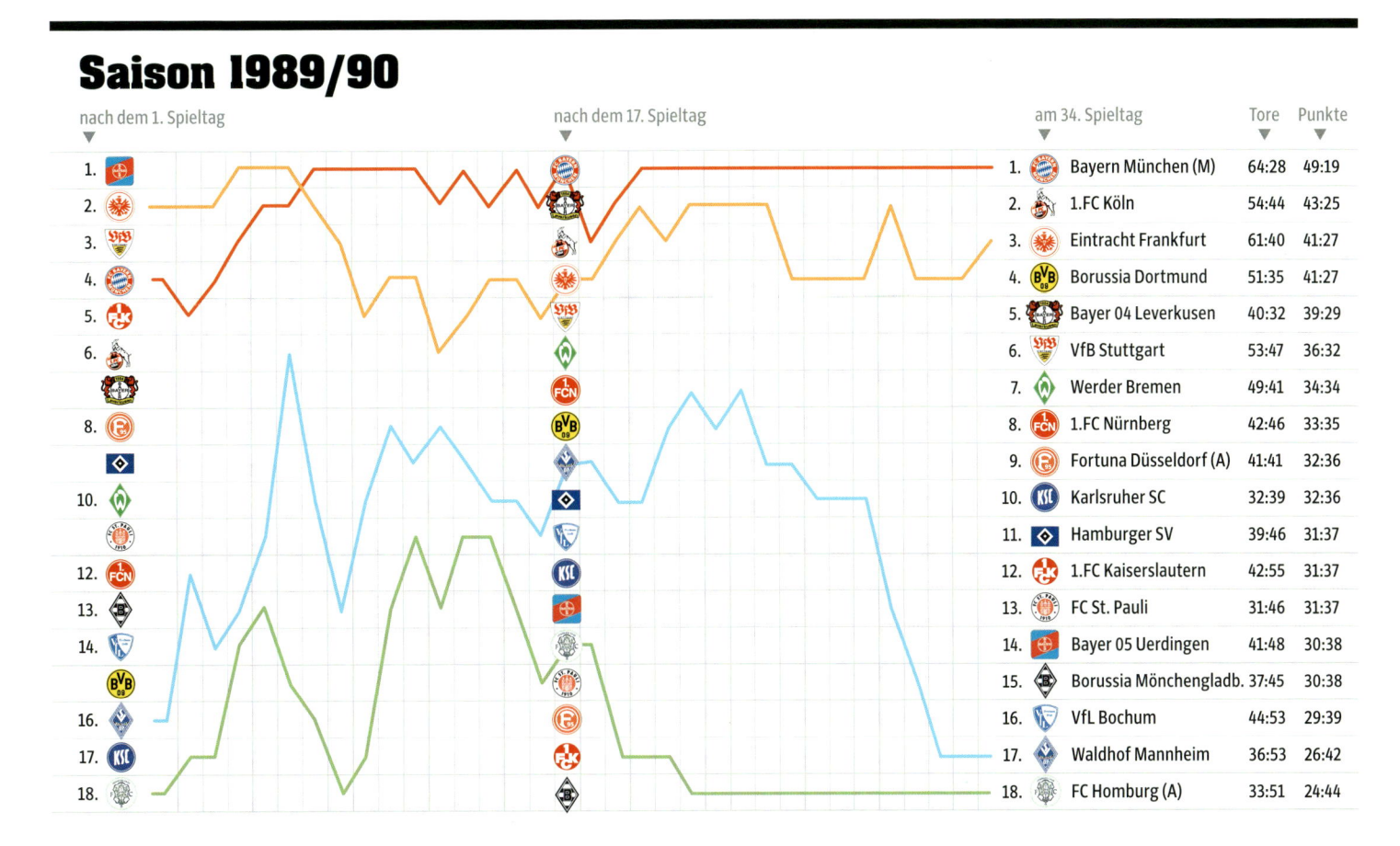

Saison 1989/90

am 34. Spieltag	Tore	Punkte
1. Bayern München (M)	64:28	49:19
2. 1.FC Köln	54:44	43:25
3. Eintracht Frankfurt	61:40	41:27
4. Borussia Dortmund	51:35	41:27
5. Bayer 04 Leverkusen	40:32	39:29
6. VfB Stuttgart	53:47	36:32
7. Werder Bremen	49:41	34:34
8. 1.FC Nürnberg	42:46	33:35
9. Fortuna Düsseldorf (A)	41:41	32:36
10. Karlsruher SC	32:39	32:36
11. Hamburger SV	39:46	31:37
12. 1.FC Kaiserslautern	42:55	31:37
13. FC St. Pauli	31:46	31:37
14. Bayer 05 Uerdingen	41:48	30:38
15. Borussia Mönchengladb.	37:45	30:38
16. VfL Bochum	44:53	29:39
17. Waldhof Mannheim	36:53	26:42
18. FC Homburg (A)	33:51	24:44

Gleicher Einlauf wie im Vorjahr: FC Bayern vor Köln. Zuvor mit fünf, jetzt mit sechs Punkten Vorsprung. Am 32. Spieltag, einem Mittwochabend, besiegelt Hans Pflügler mit seinem frühen Tor zum 1:0-Sieg gegen St. Pauli die Meisterschaft. Offiziell nur 18 000 Zuschauer verlieren sich zur Party im Olympiastadion. Abschied genommen wird nun doch vom SV Waldhof, die Prominenz des Klubs – Jürgen Kohler, Maurizio Gaudino – ist längst verkauft. Mannheim steigt ab und kehrt nicht mehr zurück.

Der Mann der Achtziger – Klaus Augenthaler

Stammgast im Entmüdungsbecken war er, und nicht selten hatte er einen Gast dabei. Sieben Mal feierte er mit der Schüssel, immer in den Achtzigern, nur seine letzte Meisterschaft, jene von 1989/90, reichte bereits ins nächste Jahrzehnt hinein. Das gestaltete sich weitgehend ohne den kernigen Bayern aus Vilshofen; den WM-Gewinn von 1990 prägte Klaus Augenthaler zwar noch mit, aber am 15. Juni 1991 war Schluss, Laufbahnende mit einem 2:2 gegen Bayer Uerdingen. Einiges hat sich beim FC Bayern in den Achtzigern personell verändert, nur die Position des Liberos war immer fest vergeben. Augenthaler hatte sie klubintern von Beckenbauer geerbt, er interpretierte sie weitaus rustikaler als der elegante Franz, der das Patent auf diesen Posten hatte. Beckenbauer wurde vier Mal Meister, Augenthaler hielt lange den Rekord, ehe Mehmet Scholl und Oliver Kahn acht Titel einsammelten.

Junghans
Augenthaler
Weiner Niedermayer Horsmann
Dremmler Breitner Dürnberger
K.-H. Rummenigge Janzon
D. Hoeneß

1979/1980

Junghans
Augenthaler
Weiner Niedermayer Horsmann
Dremmler Kraus Breitner Dürnberger
K.-H. Rummenigge
D. Hoeneß

1980/1981

Aumann
Augenthaler
Nachtweih Eder Willmer
Dremmler Mathy Matthäus Lerby
Kögl
Wohlfarth

1984/1985

Pfaff
Augenthaler
Nachtweih Eder Pflügler
M. Rummenigge Matthäus Lerby Kögl
Wohlfarth D. Hoeneß

1985/1986

Pfaff
Augenthaler
Nachtweih Eder Pflügler
M. Rummenigge Matthäus Brehme
Wohlfarth Lunde
D. Hoeneß

1986/1987

Aumann
Augenthaler
Reuter Grahammer Pflügler
Dorfner Thon Flick Kögl
Wohlfarth Wegmann

1988/1989

Aumann
Augenthaler
Reuter Kohler Pflügler
Grahammer Dorfner Strunz Thon
Wohlfarth McInally

1989/1990

Die Zitronenkicker

In den Neunzigern war Italien das Sehnsuchtsland der Profis – die Bundesliga litt darunter, dass viele Stars südlich des Brenners ihr Glück suchten.

VON BIRGIT SCHÖNAU

„Legionäre" wurden sie nördlich des Brenners genannt. Südlich davon auch nicht viel besser: „Panzer-Division". An den martialischen Begriffen war abzulesen, wer wen zuletzt überfallen hatte, die Römer Germanien kurz nach Christi Geburt, und die Deutschen Italien im Zweiten Weltkrieg. Kriegsvokabeln im Sportjournalismus bilden ja beileibe keine deutsche Spezialität, dabei sind doch gerade ins Land, wo die Zitronen blühen, Scharen von Deutschen in friedlicher Absicht gereist, allen voran Goethe höchstselbst. Und nicht wenige sind in Italien geblieben, wurden Hofmaler oder Wissenschaftler im Dienste von Fürsten und Kardinälen.

Der deutsche Export von Talenten hatte also eine gewisse Tradition, als 1949 gegen Zahlung von 30 000 Mark der Franke Ludwig Janda von 1860 München zum AC Florenz wechselte, zwei Jahre später verschlug es ihn dann noch von der Toskana weiter ins Piemont, nach Novara. „Diese Sonne, dieses Land und diese Luft, da kann man nicht anders, als glücklich sein", schwärmte Janda Richtung alte Heimat. Wenn man, das nötige Klimpergeld in der Tasche, von einer hervorragenden Weingegend in die nächste zieht, sowieso.

Der Italien-Mythos war also geboren, lange bevor der unvergleichliche Andreas Möller seinen epochalen Spruch prägen sollte: „Mailand oder Madrid, Hauptsache Italien." Ja, Hauptsache weg, in den Süden, wo Fußballer wie Götter verehrt wurden und nicht als Proletensportler verachtet, wo die Dichter ihnen Hymnen schrieben und die Filmdiven sie anschmachteten, wo sie Künstler unter Künstlern waren – und, wenn sie ausgingen, überall eingeladen wurden, was den Teutonen Hans-Peter Briegel in Verona am allerheftigsten erschütterte.

Auf Janda folgten Helmut Haller und Karl-Heinz Schnellinger. Haller spielte in der Tortellini-Kapitale Bologna und wurde dort schnell sehr populär, später wechselte er zu Juventus Turin. Schnellinger gelangte über Mantua und Rom zum AC Mailand, assistierte dort Giovanni Trapattoni und ging mit einem Tor für die deutsche Nationalelf in die italienischen Annalen ein – sein 1:1 bescherte dem „Jahrhundertspiel" Deutschland-Italien bei der WM 1970 in Mexiko die sagenhafte Verlängerung.

Wenn die Italiener auch 4:3 gewannen, das nachfolgende Fußball-Jahrzehnt dominierten Niederländer und Deutsche. Grund genug für die Feudalherren des Calcio, sich in der Bundesliga mit Spielern zu bedienen, die in die vom Catenaccio gequälte Serie A ein wenig Bewegung brin-

Exportschlager: Karl-Heinz Riedle (Lazio) und Rudi Völler (AS) treffen sich in Rom (Bild links oben). Hansi Müller (links unten) sowie Lothar Matthäus, Jürgen Klinsmann und Andreas Brehme (großes Bild, v.l.) trugen das Trikot von Inter Mailand. Bei Juventus Turin machten Jürgen Kohler und Andreas Möller (auf dem Gruppenbild rechts oben) sowie Thomas Häßler (mit Häßler-Pappe) Station. Hans-Peter Briegel (Verona) traf Karl-Heinz Rummenigge von Inter (Bild rechts unten).

gen sollten. Möglich wurde das allerdings erst nach einer Statutenänderung 1980 – zuvor hatten die Klubs 14 Jahre lang keine Ausländer verpflichten dürfen.

Fortan wurde vor allem die Mailänder Internazionale zur Mannschaft der Deutschen, den Anfang machten der elegante Schwabe Hansi Müller und der rotbäckige Westfale Karl-Heinz Rummenigge, der in Italien bald seinen eigenen Fan-Klub hatte – wohl auch, weil er so rasch Italienisch lernte. Später heuerten bei Inter gleich drei Spieler an, die 1990 Weltmeister wurden: Andreas Brehme, Lothar Matthäus und Jürgen Klinsmann.

Brehme, der Schütze des Siegtores im römischen Finale, war der Unauffälligste. Matthäus fetzte sich ausgiebig mit Klubleitung und Presse, die Italiener fanden das unterhaltsam. Ihrer Verehrung für Matthäus tat es keinen Abbruch, sie bewunderten seinen Kampfgeist und seinen Sinn für Taktik.

Klinsmann trug als einziger einen Spitznamen. „Pantegana bionda" hatte ihn eine bekannte Kabarett-Gruppe getauft, „blonde Ratte", es war nicht nett gemeint. Er entgegnete, das Leben in Mailand sei schwer erträglich, „hier kann ich mich nicht bewegen, dabei bin ich zuerst einmal ein Mensch und dann erst ein Fußballspieler". Die Tifosi verstanden gar nicht, was er meinte: Wieso beklagt sich ein Superstar darüber, dass er nicht normal sein kann? Rätselhaft, diese Deutschen.

„Nach Italien zurückzukehren, würde mich menschlich nicht bereichern", tönte Klinsmann später, als er schon durch halb Europa gezogen war. Er kam dann doch für kurze Zeit zu Sampdoria Genua, acht Spiele, zwei Tore, es war nur ein Abklatsch

> „Flieg, Deutscher, flieg",
> sang die römische Südkurve
> für Rudi Völler.

früherer Zeiten. Wie schwierig das zweite Mal in Italien sein konnte, musste auch Rudi Völler erfahren, der in fünf Jahren (1987-1992) beim AS Rom zum Idol der Kapitale aufgestiegen war.

Was nicht zuletzt daran lag, dass Völler seine etwas biedere deutsche Ehefrau gegen eine temperamentvolle Römerin ausgetauscht hatte. „Vola tedesco vola", sang die Südkurve für ihn, „flieg, Deutscher, flieg" – beim WM-Finale im Olympiastadion 1990 gegen Argentinien war das heimische Publikum fast geschlossen für Deutschland, schließlich spielte Rrrrruuudiii mit.

Umso ernüchternder dann die „Heimkehr" als Trainer 2004, als Völler sich vergebens mühte, die Mannschaft unter Kontrolle zu bringen. Nach wenigen Wochen warf er das Handtuch, um die Erkenntnis reicher, dass Trainer zu sein in Italien viel schwieriger ist als dort Fußball zu spielen. Immerhin haben Völler und sein damaliger Teamkollege Thomas Häßler (Ex-Juventus) den Römern tiefere Einsichten über den deutschen Umlaut hinterlassen. Der Zitronenpoet Goethe, der in Rom ja auch eine Weile wirkte, wird seit Jahrhunderten hartnäckig „Gete" ausgesprochen.

Tore helfen. Deshalb kam Andreas Möller tatsächlich nach Italien, allerdings weder nach Mailand noch nach Madrid, er spielte (1992-1994) für Juventus Turin, ebenso wie Jürgen Kohler (1991-1995) und Stefan Reuter (1991/92). Bei Lazio Rom gab es derweil ein deutsches Duo: Karl-Heinz Riedle und Thomas Doll.

Gegen Ende der glorreichen Neunzigerjahre schwappte noch einmal eine deutsche Welle nach Italien, diesmal zum AC Mailand, mit Oliver Bierhoff, Jens Lehmann und Christian Ziege. Bierhoff, der Spieler mit einer italienischen Großmutter, war der erfolgreichste der drei – er hatte sich bereits beim Provinzklub Udinese Calcio einen Namen gemacht: 1997/98 wurde er mit 27 Treffern Torschützenkönig der Serie A. Mit Milan wurde er 1999 Meister, er blieb drei Jahre und beschloss nach einer Saison beim AS Monaco seine Karriere in Italien, bei Chievo Verona.

Nach der Jahrhundertwende verlor die Serie A an Glanz und nach der Weltmeisterschaft 2006 in Deutschland wechselten in Luca Toni und Andrea Barzagli erstmals italienische Weltmeister in die Bundesliga. Das große Geld, die schönsten Stadien, die reizvollste Liga befanden sich nicht mehr in Italien, ein Superstar nach dem anderen wanderte ab.

Als letzter Mohikaner fand Miroslav Klose in Rom sein Glück. 2011 ging er von Bayern München zu Lazio, um in der italienischen Hauptstadt noch einmal ganz groß herauszukommen. Er ging zu Papstaudienzen und gewann keine Titel, aber Tausende neuer Fans, die ihn vollkommen unbekümmert ob seiner schlesischen Herkunft „Panzer" nannten. Aber auch: Mythos Miro. An einem sonnigen Sonntagnachmittag im Mai 2013 traf der fast 35-jährige Klose gegen den FC Bologna des Italien-Pioniers Helmut Haller fünf Mal. Das hatte vor ihm noch nie ein Lazio-Spieler geschafft.

Die Italien-Legionäre

Spieler	Jahr	von	nach
Karl-Heinz Schnellinger	1963	1. FC Köln	AC Mantova
Herbert Neumann	1980	1. FC Köln	Udinese Calcio
Hansi Müller	1982	VfB Stuttgart	Inter Mailand
Karl-Heinz Rummenigge	1984	FC Bayern	Inter Mailand
Hans-Peter Briegel	1984	1. FC Kaiserslautern	Hellas Verona
Rudi Völler	1987	Werder Bremen	AS Rom
Thomas Berthold	1987	Eintracht Frankfurt	Hellas Verona
Lothar Matthäus	1988	FC Bayern	Inter Mailand
Andreas Brehme	1988	FC Bayern	Inter Mailand
Jürgen Klinsmann	1989	VfB Stuttgart	Inter Mailand
Thomas Häßler	1990	1. FC Köln	Juventus Turin
Karl-Heinz Riedle	1990	Werder Bremen	Lazio Rom
Thomas Doll	1991	Hamburger SV	Lazio Rom
Jürgen Kohler	1991	FC Bayern	Juventus Turin
Stefan Reuter	1991	FC Bayern	Juventus Turin
Oliver Bierhoff	1991	Austria Salzburg	Ascoli Calcio
Matthias Sammer	1992	VfB Stuttgart	Inter Mailand
Andreas Möller	1992	Eintracht Frankfurt	Juventus Turin
Stefan Effenberg	1992	FC Bayern	AC Florenz
Christian Ziege	1997	FC Bayern	AC Mailand
Jens Lehmann	1998	Schalke 04	AC Mailand
Jörg Heinrich	1998	Borussia Dortmund	AC Florenz
Carsten Jancker	2002	FC Bayern	Udinese Calcio
Thomas Hitzlsperger	2010	VfB Stuttgart	Lazio Rom
Miroslav Klose	2011	FC Bayern	Lazio Rom

1990/91

*Eine Stadt und ihr Olymp:
Vor der Kulisse des Pfälzerwaldes erhebt
sich über Kaiserslauterns Dächern der
Betzenberg mit seinem Stadion und seinen
ewigen Fußballgötter-Geschichten.*

„Die anderen sind zu blöd, um Meister zu werden."

Stefan Effenberg hat sich schon immer als Mann für die größeren Fische verstanden. Wie selbstverständlich wechselte der brillante und bei Bedarf ruppige Mittelfeldstratege 1990 von Mönchengladbach nach München, in die mondäne Landeshauptstadt Bayerns. Zum Großmachtanspruch des FC Bayern passte Effenberg perfekt, weil er trotz seiner Hamburg-Niendorfer Herkunft die Aura des Großkopferten mit großer Überzeugungskraft ausstrahlen konnte. Er leistete sich dann früh diese kleine Abschätzigkeit und hatte fortan das Echo zu ertragen: Empörung in den Medien, Pfiffe in den Stadien. Und am Ende war der 1. FC Kaiserslautern keineswegs zu blöd, um Meister zu werden, sondern grüßte seinen wichtigsten Motivator mit dem freundlichen T-Shirt-Aufdruck: „Lieber Betzenberg als Effenberg!"

Pfälzer mit Schale: FCK-Sportdirektor Geye (links), Präsident Thines.

Das Ungeheuer vom Berg

Ein Stadion und eine Mannschaft können tatsächlich eine Einheit bilden: Nie ist das in der Bundesliga so deutlich geworden wie 1991 beim Meistertitel des 1. FC Kaiserslautern.

VON THOMAS HAHN

Die Menge am Betzenberg war damals wie ein Ungeheuer mit 30 000 Köpfen. Es lag an der Kette des Spiels, wartete schnaubend ab und verfolgte jede Bewegung auf dem Rasen mit scharfem Blick. Wenn etwas passierte, dann brüllte das Ungeheuer so laut, dass man es noch in den Hügeln des Pfälzerwaldes hören konnte. Es war immer sehr nah dran am Geschehen und blies einen heißen Atem übers Feld, der den Mut der Gegner verbrannte und die heimischen Fußballer nach vorne trieb. Die Spieler des 1. FC Kaiserslautern wussten damals genau, was sie an diesem Ungeheuer hatten, wenn sie zwischen die steilen, lärmenden Tribünen traten. Es war ihr bedingungsloser Helfer, und sie wussten auch, was sie tun mussten, um es zu ihrem Vorteil zu reizen. Die Spieler und das Ungeheuer ergänzten sich gut in der wilden Bundesliga-Saison 1990/91, und so wurden sie zur Überraschung aller Experten gemeinsam Deutscher Meister.

Der Betzenberg ist eine Felsformation aus Rotsandstein, 285 Meter hoch, eine stolze Erhebung, die das übrige Stadtgebiet von Kaiserslautern im Süden um etwa 50 Meter überragt. Aber in der Bundesliga-Wirklichkeit ist der Betzenberg so etwas wie ein Olymp des Fußballsports, die Heimat von Männern, welche die Nation zu Lebzeiten schon als Fußballgötter verehrte. Auf seinem Plateau entstand ab den 1920er Jahren allmählich eine Kultstätte des reinen Spiels, mit den Tribünen direkt neben dem Feld und einer elektrisierenden Atmosphäre. Von hier stiegen Fritz Walter, Ottmar Walter, Werner Liebrich, Horst Eckel und Werner Kohlmeyer 1954 herab, um in der Schweiz mit einigen nichtpfälzischen Kollegen Weltmeister zu werden. Hier ereigneten sich immer wieder kleine und große Fußballwunder. Hinreißende Arbeitssiege der Roten Teufel. Rätselhafte Niederlagen-Serien der auswärtigen Prominenz. Und hier nahm auch jener seltsame Titelgewinn seinen Lauf, den 1991 eine Mannschaft aus eher unbekannten Handwerkskickern gegen den snobistischen Rekordmeister FC Bayern sicherte.

Wenige Erfolgsgeschichten der Bundesliga sind so untrennbar mit einer Spielstätte verbunden wie diese. Der Betzenberg war für die Mannschaft von Trainer Karl-Heinz Feldkamp damals ein Zuhause, in dem sie sich tatsächlich geborgen fühlen konnte. Sie hörte dort nie Pfiffe oder Pöbeleien gegen sich, allenfalls ein Murren, wenn ein Auftritt mal nicht gelang, ansonsten: Anfeuerung zu jeder Zeit und verlässlichen Zuspruch. „Wenn ein FCK-Spieler rausging, war ganz klar, dass er 30 000 Freunde und Verbündete auf der Tribüne sitzen hat", sagt Stefan Kuntz, der 2008 als Vorstandsvorsitzender zum 1. FC Kaiserslautern zurückkehrte. „Du wurdest angefeuert bis zur letzten Minute. Die Leute haben nie den Glauben an dich verloren."

Damals war Kuntz Kaiserslauterns erster Stürmer, Kapitän und unumstrittener Anführer eines Kollektivs aus beseelten Lauterer Identifikationsfiguren. Ein Bilderbuch-Pfälzer, bodenständig, volksnah, ausgebildeter Polizist, in Neunkirchen zur Welt gekommen als Sohn des gebürtigen Lauterers Günter Kuntz, der einst für Borussia Neunkirchen in der Bundesliga gespielt hatte.

Mit seinem schnörkellosen Stil hatte Stefan Kuntz es beim VfL Bochum 1986 zum Torschützenkönig gebracht (22 Tore), ehe er nach Uerdingen wechselte und 1989 nach Kaiserslautern kam, an den Betzenberg, den Sehnsuchtsort der Pfälzer Fußballgemeinde.

Solide Charaktere und regionale Größen prägten den Geist des Meisters.

Er war noch nicht der Nationalspieler und Europameister Kuntz, der er später werden sollte. Er galt als begabter Kämpfer aus dem Bundesliga-Mittelstand, und damit war er die Symbolfigur für die ganze Kaiserslauterner Meistermannschaft, in der solide Charakterköpfe wirkten wie der Torwart-Muskelmann Gerald Ehrmann, der sachliche Tschechien-Libero Miroslav Kadlec oder der fleißige Pfalz-Amerikaner Tom Dooley.

Der erfahrene Feldkamp hatte sie im Frühjahr zuvor als Feuerwehrmann aus dem Abstiegskampf befreien müssen, ehe er sie zum Pokalsieg im Finale über Werder Bremen (3:2) coachte, was so etwas wie der erste Lauterer Schildbürgerstreich gegen das Establishment war und die direkte Vorlage für den zweiten, größeren.

„Der Pokalsieg war für uns alle ein Zeichen, dass man mit einem guten Team und Selbstvertrauen ein Ziel erreichen kann, von dem man am Anfang gar nicht ausgeht", sagt Kuntz. Und es war nicht nur für die Spieler ein Zeichen.

Das Ungeheuer am Betzenberg witterte etwas. Die Leute gingen mit einer neuen Freude zu den Spielen, ihre Euphorie gesellte sich zum neuen Selbstbewusstsein der Mannschaft, und am Betzenberg entstand eine Stimmung, die gerade der erfolgsverwöhnte Titelverteidiger FC Bayern in seinem weitläufigen Olympiastadion nicht hinkriegte.

Ein Stadion und eine Mannschaft können tatsächlich eine Einheit bilden. Es heißt, das Publikum sei der zwölfte Mann einer Elf. Das klingt wie ein Klischee, aber in Kaiserslauterns Meistersaison war es tatsächlich so, dass Kuntz und die anderen ihre Zuschauer einbeziehen konnten in ihr Spiel. „Ein Talent der Mannschaft war, dass wir uns das Publikum zu eigen

Hauptdarsteller einer Pfälzer Traumsaison: Kapitän Stefan Kuntz, Bundesliga-Pionier auf dem Gebiet der Jubelsäge (ganz links). Die treuen Zuschauer, die auch zum Ligafinale nach Köln mitreisten (links). Der altersweise Trainer Karl-Heinz Feldkamp, der ein Team aus Fußball-Handwerkern erst vor dem Abstieg rettete, dann zum Pokalsieg coachte – und schließlich zur Meisterschaft.

gemacht haben", sagt Kuntz. „Wir haben oft versucht, das Initialzeichen zu setzen." Mit einem überlegen gewonnenen Zweikampf, mit einer besonders kämpferischen Grätsche, mit dramatischen Stürzen nach gegnerischen Fouls.

Kuntz erzählt: „Wenn du als Stürmer sicher warst, du kommst vorbei, hast du überlegt, ob du im Zweikampf vielleicht ein bisschen zögerst und dich lieber foulen lässt, damit der Funke sofort da ist. Du wurdest dann ja von allen geschützt, die draußen standen." Das Ungeheuer brüllte. Es brüllte die eigenen Spieler stark und die gegnerischen klein. Und wenn die Mannschaft nicht gleich ins Spiel fand, brüllte das Ungeheuer trotzdem, damit die Mannschaft ins Spiel kommen konnte. Mannschaft und Menge luden sich gegenseitig emotional auf. „Es war so ein Geben und Nehmen", sagt Kuntz.

Es passte eigentlich gar nicht zu dieser Saison, dass die Lauterer sie auswärts entschieden. Am vorletzten Spieltag hatten sie gegen Mönchengladbach ihre einzige Heimniederlage kassiert (2:3) und im Fernduell mit dem FC Bayern die Vorentscheidung verpasst. Das Finale fand beim 1. FC Köln statt, 40 000 Pfälzer reisten an den Rhein. Es war ein bisschen so, als würde der Betzenberg nach Müngersdorf umziehen. Köln war chancenlos. 6:2. Es war Kaiserslauterns dritte Meisterschaft nach jenen aus den Fritz-Walter-Jahren 1951 und 1953.

Heute muss der Verein ein bisschen kämpfen um die Stimmung am Betzenberg.

„Traumsaison" nennt Stefan Kuntz die Erfolgsrunde von 1991 und blickt mit leiser Sorge auf den Betzenberg des 21. Jahrhunderts. Das Verhältnis zu den Fans ist schwieriger geworden. Die jungen Fußball-Anhänger aus der Facebook-Generation sind nicht so selbstlos wie die alten. Die vielen auswärtigen Profis, die der Klub für den sportlichen Konkurrenzkampf heutzutage einkaufen muss, taugen nicht mehr so gut als Pfälzer Identifikationsfiguren.

Der Betzenberg ist auch nicht mehr das, was er mal war, seit sein Fritz-Walter-Stadion für die WM 2006 umgebaut wurde. Weitläufiger ist es nun, sicherer, nicht mehr so urig wie einst. Die Tribünen sind etwas vom Spielfeld weggerückt, auch sonst ist die Distanz zwischen den reichen Profis und dem Volk auf den Rängen größer geworden. Heute kommt es manchmal vor, dass die Leute am Betzenberg die eigenen Spieler auspfeifen oder Feuerwerke veranstalten, worauf der Klub dann eine Strafe zahlen muss.

Die Stimmung ist nicht tot, und für Stefan Kuntz sind die Fans immer noch eine unbezahlbare Stütze. „Aber die Reaktionen vom Publikum sind anders als früher", sagt er. Das Ungeheuer ist schwächer geworden, der Verein muss ein bisschen kämpfen um die Stimmung an seinem Mythen-Berg, und Kuntz ist das sehr bewusst, wenn er die Entwicklung der vergangenen Jahre bedenkt.

„Das Einzige, was dem Verein hilft, ist die Anfeuerung der eigenen Mannschaft. Das ist das, was bei dir als Spieler sofort durchwandert durchs Herz und bis in die kleine Zehe, was dich schneller macht, was dich länger laufen lässt und was dir Selbstvertrauen gibt", sagt Stefan Kuntz. „Und das verstehen die Leute leider immer weniger."

DER HELD MEINER JUGEND
Souleyman Sane

Als was verkleidet sich ein Siebenjähriger an den Fastnachtstagen? Als Indianer, als Ritter – oder schwarz geschminkt, als Souleyman Sane! Wobei angesichts der altersgemäßen Vorliebe für Süßzeug sicher meine Vermutung eine Rolle spielte, der Name spreche sich wie Saaaahne aus. Doch auch als geklärt wird, dass mein Held eigentlich Saneeee heißt, ändert das nichts daran, dass sich der Siebenjährige aus einem Vordereifel-Dörfchen nahe Mayen fortan als Fan der SG Wattenscheid 09 fühlt. Denn für den Bochumer Stadtteil-Klub spielt und trifft Anfang der Neunziger regelmäßig dieser so trickreiche wie geschmeidige Samy Sane aus dem Senegal, insgesamt 39 Mal, womit er bis heute und auf ewig den Titel „Bester Wattenscheider Bundesliga-Torjäger der Geschichte" trägt. In dieser Zeit gelingt ihm auch eine wundervolle Replik, als ihn, einen der ersten Afrikaner der Liga, bei einem DFB-Pokal-Spiel einige Fans des Hamburger SV mit rassistischen „Neger raus"-Gesängen beleidigen. Erst schießt Sane das Siegtor, dann sagt er: „Nix Neger raus, HSV ist raus!" Viele Jahre später, in der Spielzeit 2009/10, kehrt er noch einmal zur SG Wattenscheid 09 zurück, als Spielertrainer. Aber da ist aus dem Bundesligisten von einst schon längst ein Amateurligist geworden. **JOHANNES AUMÜLLER**

Saison 1990/91

	am 34. Spieltag	Tore	Punkte
1.	1.FC Kaiserslautern	72:45	48:20
2.	Bayern München (M)	74:41	45:23
3.	Werder Bremen	46:29	42:26
4.	Eintracht Frankfurt	63:40	40:28
5.	Hamburger SV	60:38	40:28
6.	VfB Stuttgart	57:44	38:30
7.	1.FC Köln	50:43	37:31
8.	Bayer 04 Leverkusen	47:46	35:33
9.	Borussia Mönchengladb.	49:54	35:33
10.	Borussia Dortmund	46:57	34:34
11.	SG Wattenscheid 09 (A)	42:51	33:35
12.	Fortuna Düsseldorf	40:49	32:36
13.	Karlsruher SC	46:52	31:37
14.	VfL Bochum	50:52	29:39
15.	1.FC Nürnberg	40:54	29:39
16.	FC St. Pauli	33:53	27:41
17.	Bayer 05 Uerdingen	34:54	23:45
18.	Hertha BSC (A)	37:84	14:54

Die Mauer ist gefallen, Berlin nicht mehr isoliert, die Hertha plant eine große Saison. Rätselhafterweise unter Verzicht auf bekannte Spieler aus dem Osten, stattdessen mit dem Bundesliga-Torschützenkönig von 1987, Uwe Rahn. Vier verschiedene Trainer sammeln magere 14 Punkte ein – Aufsteiger Hertha hat die einmalige historische Chance verspielt.

Ganz dicke Fische

Kuriose Eigentore von Vlado Kasalo, Fitnessgeräte für Schiedsrichter und schwarze Kassen beim Schatzmeister: Mitte der Neunziger wurde der 1. FC Nürnberg zum Spezialfall für Juristen.

Als der 1. FC Nürnberg im Jahre 1989 den jugoslawischen Nationalspieler Vlado Kasalo von Dinamo Zagreb verpflichtete, gab Club-Präsident Gerd Schmelzer bekannt, das sei „ein ganz dicker Fisch". Er sollte Recht behalten, aber nicht auf die Art und Weise, wie er es wohl gemeint hatte. Eine Million Mark Ablöse kostete Kasalo, er erhielt eine Jahresgage von 300 000 Mark und einen Mercedes der Preisklasse, wie ihn Schmelzer selbst fuhr.

Kasalos Beginn als Libero in Nürnberg war bereits unglücklich: Nach fünf Spielen brach er sich sein Bein, er verpasste die WM in Italien. In der zweiten Saison wurde Kasalos Pech dann grotesk: Im Abstiegskampf unterlief ihm im Heimspiel gegen Stuttgart (0:1) ein Eigentor – und im folgenden Auswärtsspiel in Karlsruhe (0:2) noch eines. Nürnberger Gegentore waren zu dieser Zeit auf dem Wettmarkt recht rentabel (Keeper Andreas Köpke hatte zuvor 366 Minuten lang keines kassiert), und schnell kamen Gerüchte auf. Kasalo war schließlich Stammgast in Nürnberger Wettlokalen, im Tropicana, im Acapulco, im Monte Carlo. Und trotz des für damalige Verhältnisse beachtlichen Gehalts soll er hohe Schulden gehabt haben. Man erzählte sich, er sei von einer Wettmafia zu den Eigentoren gezwungen worden. Kasalo selbst sagte: „Alles blabla!"

Die Polizei ermittelte, der DFB sperrte Kasalo für den Rest der Saison. Am Ende wurde er zu sechs Monaten auf Bewährung und insgesamt rund 45 000 Mark Strafe verurteilt – allerdings wegen hartnäckigen Fahrens ohne Führerschein. Dass er die Eigentore mit Absicht erzielt hatte, konnte ihm nicht nachgewiesen werden.

Im Dezember 2012 sprach Kasalo, inzwischen 50 Jahre alt und zuletzt als Jugendtrainer tätig, mit dem *kicker* über die Vorwürfe. „Das war und ist eine Lüge", sagte er, „ein Nürnberger Taxifahrer hat diese Geschichte in Umlauf gebracht. Ein Taxifahrer! Natürlich macht mich das traurig. Keiner redet mehr über die positiven Dinge." Kasalos damaliger Abwehrkollege Jörg Dittwar sagte mehr als 20 Jahre später: „Vlado war menschlich in Ordnung. Ich bin auch heute noch total von seiner Unschuld überzeugt."

Wie auch immer es wirklich war: Dieser Fall passte bestens zum damals schwer gebeutelten Club. Und er hat eine besonders kuriose Note, weil Nürnbergs Schatzmeister, der Wirtschaftswissenschaftler Prof. Dr. Dr. Ingo Böbel, über Kasalo sagte: „Ich bin tief traurig und menschlich enttäuscht." Dieses Zitat hätte man wohl längst vergessen – wäre Böbel nicht im September 1994 wegen Veruntreuung von Vereinsgeldern in Höhe von 700 000 Mark und Steuerhinterziehung von 675 000 Mark zu drei Jahren und sechs Monaten Haft verurteilt worden.

> **Schatzmeister Böbel hinterließ 22 Millionen Mark Schulden.**

Unter Böbels Ägide hatte der Verein in exzessivem Maße schwarze Kassen geführt; später wurde das auf der offiziellen Vereinshomepage in der Rubrik „Historie" protokolliert: Demnach wurden „Gelder an der Buchführung vorbei abgezweigt und aufwendige Spesen wie private Flugreisen nach Monte Carlo oder Venedig bezahlt". Mit dem Schwarzgeld konnte Böbel aber auch sogenannte „Extrahonorare" für Stars wie den argentinischen Dribbler Sergio Zarate zahlen. Zudem wollte der 1. FCN die Gunst von Schiedsrichtern gewinnen, indem er ihnen moderne Fitnessgeräte, Sportartikel und Kosmetika schenkte. Über all diese Aufwendungen war auf der Geschäftsstelle akribisch Buch geführt worden.

Als Ingo Böbel zurücktrat, hinterließ er satte 22 Millionen Mark Schulden. Der 1. FC Nürnberg sollte noch jahrelang gegen den Konkurs ankämpfen. Im Böbel-Verfahren verhängte die Nürnberger Justiz gegen insgesamt 22 Personen strafrechtliche Sanktionen, darunter auch gegen die ehemaligen Präsidenten Schmelzer, Oberhof und Haas. Böbels Verteidiger betonten im Prozess, dass Vorstände und Sponsoren Mittäter gewesen seien: „Man muss zugunsten des Angeklagten berücksichtigen, dass man in schlechte Gesellschaft kommen kann."

MARKUS SCHÄFLEIN

Zeugen der wilden Nürnberger Bundesliga-Jahre: Der jugoslawische Abwehrspieler Vlado Kasalo (links) und das Club-Idol Andreas Köpke, der 1996 als Stammtorhüter der Nationalmannschaft Europameister wurde.

Die Entdeckung der Superzeitlupe

Nichts dokumentiert die wachsende Attraktivität der Bundesliga besser als die Entwicklung der Fernsehtechnik und der Fernsehgelder. Am ersten Spieltag gab es nichts – nach 50 Ligajahren konnten die Klubs mehr als eine halbe Milliarde Euro pro Saison verteilen.

VON FREDDIE RÖCKENHAUS

Es waren ruhigere Zeiten, damals, als die Bundesliga noch nicht reich war und es noch keine Fernsehkameras in den Stadien gab. Zeiten, so gemütlich wie einst beim Bayerischen Amtsgericht. Das erste Bundesliga-Tor zum Beispiel, geschossen von Timo Konietzka von Borussia Dortmund, nach angeblich genau 58 Sekunden im Bremer Weserstadion: Niemand hat es gesehen, der damals nicht im Stadion war – und keiner wird es je wieder sehen. Es gibt nur die Beschreibung von Torjäger Konietzka: „War kein besonderes Ding, aus acht Metern, unbedrängt eingeschoben." Nicht einmal ein Fotograf hat den historischen Abstauber festgehalten.

Fernsehkameras standen an diesem ersten aller Bundesliga-Samstage, am 24. August 1963, überhaupt nur bei drei Spielen, nämlich bei Preußen Münster gegen den Hamburger SV, im Berliner Olympiastadion bei Hertha BSC gegen den 1. FC Nürnberg und bei Eintracht Frankfurt gegen Kaiserslautern. Und gezeigt wurden diese drei Spiele erst am späten Abend, nach dem *Wort zum Sonntag*, denn es wurde auf Film gedreht, der erst entwickelt werden musste, bevor ihn Motorradkuriere ins nächste Studio brachten. Es soll damals Vereinsvorsitzende gegeben haben, denen vom Sender der Besuch von Kamerateams für den nächsten Spieltag angekündigt wurde, die aber ablehnten, weil sie „dafür leider kein Geld" hätten. Man musste damals nicht sonderlich naiv sein, um zu glauben, die Sender ließen sich fürs Übertragen auch noch bezahlen.

Das ZDF, gerade erst gegründet, richtete zwar schnell das *Aktuelle Sportstudio* ein, aber auch dort waren am Abend nur wenige Minuten zu sehen, in schwarz-weiß und bisweilen mit einer launigen Anmerkung des Reporters: „Liebe Zuschauer, dann schoss Fredi Heiß für 1860 München den Anschlusstreffer, den wir Ihnen aber leider nicht zeigen können, weil wir gerade den Film in der Kamera wechseln mussten." Ärgerlich, aber so war's nun mal. Dafür gab es weniger Diskussionen um Abseits oder Nicht-Abseits.

Ab 1965 immerhin begannen ARD und ZDF dem Deutschen Fußball-Bund, der damals noch offizieller Ausrichter der Bundesliga war, Gelder für das Recht zu bezahlen, in den Stadien die Spiele zu filmen und später in Ausschnitten zu zeigen. Damals zahlten die beiden öffentlich-rechtlichen Monopolisten knapp 650 000 D-Mark (umgerechnet rund 330 000 Euro). Jeder Klub erhielt gut 18 000 Euro – pro Saison.

Allzu viel änderte sich an diesem Modell fürs nächste Vierteljahrhundert nicht. Einmal, 1969, verkündete im Sportstudio der Moderator Wim Thoelke, dass man dem lieben Zuschauer an diesem Abend leider keine Bundesliga-Spiele zeigen könne. Das war eine Art Streik. Die Klubs stellten, so erfuhr das Publikum, neue, unverschämte Forderungen.

Eine Woche später hatte man sich geeinigt. Es gab jetzt fast 1,7 Millionen D-Mark, gut 800 000 Euro, fast 45 000 pro Saison und Verein. Zum Vergleich: Ein einziger Nationalspieler beim FC Bayern, vom Schlage eines Bastian Schweinsteiger, verdient den gleichen Betrag, den damals ein Klub pro Saison einstrich, heute in zwei, drei Tagen.

Noch bis 1988 zeigte die viel gerühmte ARD-*Sportschau*, meist mit dem unvergessen gescheitelten Ernst Huberty, nur drei Bundesliga-Spiele am frühen Samstagabend, in gemächlichen Langfassungen, die nicht nur ein paar Höhepunkte, sondern auch die gähnende Langeweile von Spielen ins Wohnzimmer transportierten. Das Fernseh-Monopol von ARD und

Seit die feine Bundesliga ständig im Fernsehen kommt, muss alles immer gründlich geputzt werden. Findet auch Uli Hoeneß (rechts).

ZDF stand dem Fußball-Monopol der Bundesliga gegenüber. Man hatte alle Frisurmoden und alle Hosenlängen gemeinsam überstanden – und sich arrangiert.

Zu dem Zeitpunkt hatte im Verborgenen das neue Zeitalter schon begonnen. Die Regierung von Helmut Kohl hatte das Privatfernsehen in Deutschland zugelassen. Und mit dem Aufkommen von RTL und Sat 1, also mit dem Bertelsmann-Konzern und Leo Kirch, zogen die Preise an. Reinhold Beckmann entdeckte persönlich die Superzeitlupe, die bis dahin von sogenannten Highspeed-Kameras nur für Hollywood-Filme und in der Werbung im Einsatz war. Mal gab es *Anpfiff* auf RTL mit Ulli Potofski, mal *ran* auf Sat 1 mit Beckmann und Kerner. Und ab 1991 stieg erstmals das Bezahlfernsehen Premiere ein, das von nun an nicht nur alle Spiele, alle Tore, sondern jede Spielminute aller Spiele anbot.

Die neue Ästhetik der Bilder, das Nachhaken der Kameras, die nun jede Randerscheinung des Spiels zur Mini-Soap-Opera auswalzten, veränderten die Spielregeln. Auch ARD und ZDF wollten bald wieder mitspielen und mitbieten. Auf dem vorläufigen Höhepunkt des Wettbietens landete die Deutsche Fußball-Liga (DFL), die inzwischen den Betrieb organisiert, in der Saison 2001/2002 bei 355 Millionen, überwiegend bezahlt von den beiden Kirch-Firmen Sat 1 und Premiere. Dann brach das Kirch-Imperium 2002 zusammen, und die Liga war froh, dass ihr bei der Kirch-Insolvenz nicht der ganze neue Reichtum wegbrach. Mehrere Bundesligisten wären bei einem Ausbleiben der Kirch-Millionen gleich mit in die Pleite gerutscht.

Doch in dem schnellen Boom zwischen Freigabe des Privatfernsehens, deutscher Wiedervereinigung und wachsendem Interesse am Fußball hatten die Klubs auch

Das Geschäft mit den Bundesliga-Übertragungsrechten

Angaben in Millionen Euro, Betrag pro Saison

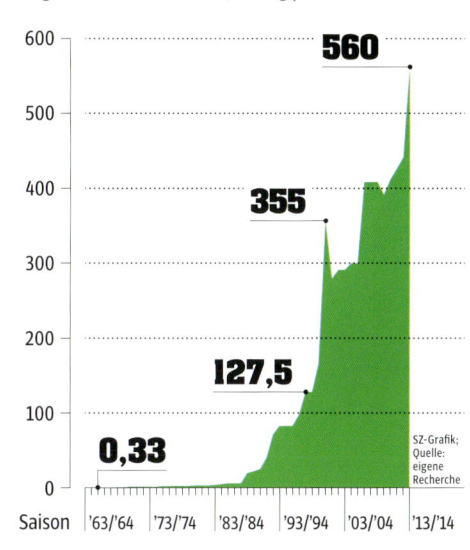

- 0,33 (Saison '63/'64)
- 127,5 ('93/'94)
- 355 ('03/'04)
- 560 ('13/'14)

SZ-Grafik; Quelle: eigene Recherche

Es war ein weiter Weg vom strengen Ernst Huberty in der Sportschau *(1) bis zu den heutigen Sky-Plauderrunden auf dem Rasen (5). Etappen: Das Aktuelle Sportstudio mit Torwand und Dieter Kürten (2). Die Sat-1-Sendung* ran *(3) mit dem Gefühlstalker Reinhold Beckmann (Gäste: Lothar Matthäus und Lolita). Und der RTL-*Anpfiff *mit Ulli Potofski (4).*

begriffen, dass es sich in doppelter Hinsicht lohnt, möglichst oft im Fernsehen zu sein. Zur gleichen Zeit, in der immer mehr Spiele über die Bildschirme flimmerten, wuchsen auch die Einnahmen aus Sponsoren- und Werbegeldern. Vor allem bei den besten Klubs, allen voran beim FC Bayern, in abgeschwächter Form auch bei Dortmund, Schalke und anderen. Werbekunden der Bundesligisten lassen exakt auszählen, wie oft ihre Logos auf den Spielertrikots und ihre Werbung auf den Reklamebanden im Fernsehen erscheinen und wie viele Zuschauer sich eingeschaltet haben. In Kontaktpreisen – pro tausend Zuschauern – lässt sich der Wert der Werbung quantifizieren, die das Fernsehen gratis mit dem Fußball in Millionen Haushalte transportiert. Das Privatfernsehen mit seinen Werbepausen bietet zudem den Sponsoren der Klubs ergänzende Möglichkeiten zur Werbung. Erst der Spielbericht der Bayern mit dem Werbe-T auf der Trikotbrust, anschließend im Werbeblock die direkte Telekom-Werbung – von diesem Doppelpass verspricht sich der Werbekunde den Effekt für sein Produkt. Die Kommerzialisierung der Liga explodierte mit dem Modell dieser Doppel-Vermarktung.

Vor allem seit 2000 spricht die Branche von einem Fußball-Boom: Lizenzgelder fließen vom Fernsehen, von den frei empfangbaren Sendern wie von den Bezahlsendern, und gerade deshalb fließen auch mehr Sponsoren-Gelder. Vorausgesetzt natürlich, der Klub hat Erfolg und bietet einen „positiven Imagetransfer", wie die Werber sagen.

Die Live-Attraktion, der immer stärkere Show-Charakter, das alles schaufelt Geld ins System Bundesliga. Auch bei den Fernsehgeldern kassieren Bayern und Dortmund am meisten. Die DFL vermarktet zwar die Übertragungsrechte an allen Spielen im Paket und verteilt dann nach einer Art Solidarprinzip die Einnahmen an alle Erst- und Zweitligisten, um so eine relative Chancengleichheit zu befördern. Das ist anders als in Italien oder Spanien, wo wenige Spitzenklubs fast alle Fernseh-Einnahmen absorbieren. Doch die besten in einer „Vier-Jahres-Wertung" bekommen auch in der Bundesliga immer das meiste raus.

Bayern und Dortmund kassierten deshalb für die 50. Bundesliga-Saison jeweils beinahe 30 Millionen Euro, selbst Absteiger Greuther Fürth erhielt aus dem Topf noch fast 13 Millionen. Jahrelang haben die Meinungsführer der Liga, zum Beispiel Karl-Heinz Rummenigge vom FC Bayern, beklagt, dass die Fernsehgelder in den anderen großen europäischen Ligen noch viel üppiger fließen. Für den Zeitraum bis 2017 aber darf die DFL nun mit durchschnittlich 628 Millionen Euro pro Saison rechnen, addiert auf 2,5 Milliarden für vier Jahre.

Gestartet wird in der Saison 2013/14 mit circa 560 Millionen. Den Löwenanteil davon bringt der Pay-TV-Sender Sky auf, in dem Premiere aufgegangen ist. Hinzu kommen ARD, ZDF und ein paar kleinere Rechteverwerter. DFL-Präsident Reinhard Rauball nennt den Zukunftsdeal einen „Quantensprung". Finanz-Analysten allerdings halten die Situation für kritisch, solange Sky weiterhin defizitär ist und keine eigenen Sprünge bei den Umsätzen macht.

Die Attraktivität der Bundesliga lässt sich noch immer schwer in Fernsehgelder umrechnen. Für Sky und die ARD aber stellt die Bundesliga eine Trophäe dar, mit der man sich bei Zuschauern oder Abonnenten interessant macht. Solange man sich den Luxus leisten kann.

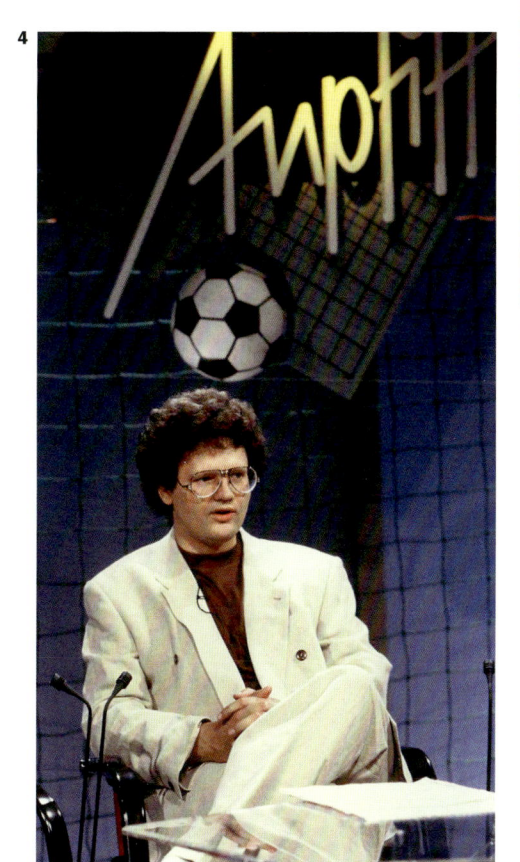

HÄNGENDE SPITZE
Der tägliche Kerner

Wenn der Tag geht, kommt Kerner. Wenn die Woche endet, ist Kerner da. So ist es in dieser Woche, einer Fernseh-Woche im November 2004 gewesen. So war es wahrscheinlich schon immer, und so hat es vielleicht auch Johannes in seinem ersten Buch gemeint: Im Anfang war das Wort, und das Wort war bei Kerner. (Ausnahmsweise ist hier von Johannes dem Evangelisten die Rede, und nicht von: Johannes Baptist Kerner.)

Am Montag aber blieb der Bildschirm schwarz. Da hielt Johannes B. Kerner Ruhe für die folgende Woche, die am Samstag mit der Moderation des ZDF-Sportstudios Sendeschluss hatte. Zu Gast hatte er die Fußballtrainer Falko Götz und Jörg Berger sowie Rostocks Torwart Mathias Schober. Danach unterhielt er sich mit der Hockeyspielerin Marion B. (sic!) Rodewald. Mühelos bewältigte Kerner den Themenwechsel, in den Tagen zuvor hatte er unter anderem Gespräche übers Autofahren geführt (mit Michael Schumacher), übers Kinderkriegen (mit Jessica Stockmann; „lebt als alleinerziehende Mutter an der Côte d'Azur") und über Bastelarbeiten (mit Jean Pütz). Hier der Beweis für Tage voller Kerner-Arbeit:

Dienstag: 22.45 Uhr, ZDF, Johannes B. Kerner (Talkshow).

Mittwoch: 22.45 Uhr, ZDF, Johannes B. Kerner.

Donnerstag: 20.15 Uhr, ARD, Bambi 2004, moderiert von Johannes B. Kerner, Preisträger: Johannes B. Kerner – 23 Uhr, ZDF, Johannes B. Kerner.

Freitag: 21.15 Uhr, ZDF, „Unsere Besten – Sportler des Jahrhunderts", moderiert von Johannes B. Kerner – 2.45 Uhr (Wdh.), ZDF, Johannes B. Kerner.

Samstag: 23.15, ZDF, Sportstudio, moderiert von Johannes B. Kerner. Außerdem, immer, alle Sender: Johannes B. Kerner macht Reklame für Putenwurst und Mineralwasser. Kerner ist unser Bester. Kerner schießt – Tor! Kerner pfeift – Abseits. Kerner holt die WM nach Deutschland. Kerner baut die neuen Stadien. Kerner stellt die Mannschaft auf, Kerner stoppt Ronaldo, Kerner überreicht Kerner den Weltpokal. Kerner legt ein Reformprogramm auf. Kerner stiftet Frieden in Nahost. Kerner entdeckt Marsmenschen. Alles wird vom ZDF übertragen. Kerner spart Gebühren. **PHILIPP SELLDORF**

1991/92

*Guido Buchwald steht in der Luft. Der Ball fliegt
aufs Leverkusener Tor zu. Gleich wird er zum Stuttgarter
2:1-Sieg gegen Bayer Leverkusen im Netz einschlagen –
und zur Meisterschaft für den VfB im Herzschlagfinale
um den Titel. Es ist die 88. Minute.*

„So is' Lebbe"

Die Saison 1991/92 endet als Trauma für die beste Mannschaft, die je für Frankfurt gespielt hat. Sie findet Trost in der Gemeinschaft, aber die Titelchance kommt nicht mehr zurück.

VON ULRICH HARTMANN

Das schmerzlichste Jahr in der Geschichte Eintracht Frankfurts begann mit einer falschen Versprechung. „Stepi und die Straßenjungs" haben sie Anfang 1992 eingesungen: „Wer feiert feste, wer lacht am beste? Der, der zuletzt lacht: Eintracht."

So lautete der in hessischem Idiom vorgetragene Refrain der Single „Eintracht", die der Fußballtrainer Dragoslav Stepanovic und die Rockband „Straßenjungs" gemeinsam aufgenommen hatten. Die fünf Frankfurter vereinte die Begeisterung für die vermutlich beste Eintracht-Mannschaft der Geschichte sowie die Sehnsucht, dass ihr Klub in jenem Sommer zum zweiten Mal nach 1959 Deutscher Meister werden sollte. Es sah lange gut aus. Sehr gut sogar. Doch am Ende weinte die Eintracht.

Es war die längste Saison der Bundesliga-Geschichte, weil zehn Monate nach der Wiedervereinigung ausnahmsweise 20 Mannschaften mitwirken durften. Der erste gesamtdeutsche Bundesliga-Meister wurde folglich binnen 38 Spieltagen ermittelt. Vor dem Samstag der Entscheidung, einem sommerlichen 16. Mai 1992, waren drei Mannschaften – Eintracht Frankfurt, VfB Stuttgart, Borussia Dortmund – an der Tabellenspitze punktgleich. Das gab es in 50 Jahren kein zweites Mal.

Hansa Rostock als letzter DDR-Meister von 1991 und Dynamo Dresden als Zweiter hatten sich zusätzlich für die Bundesliga qualifiziert. Als die Eintracht im Mai 1992 zum letzten Saisonspiel nach Rostock flog, war Hansa Vorletzter und dem Abstieg geweiht. Vorfreudetrunken reisten zehntausend Frankfurter 670 Kilometer an die Ostsee. Der Hessische Rundfunk zeigte am Vorabend noch einmal das Endspiel von 1959. Frankfurt war im Rausch. Beim Public Viewing am Samstag auf dem Paulsplatz saßen die Menschen sogar in den Bäumen. Das deutlich beste Torverhältnis versprach ja, dass der Eintracht ein Sieg in Rostock genügte. Niemand zweifelte. In einer Frankfurter Druckerei waren 5000 Postkarten gedruckt worden, auf denen die Mannschaft, die Meisterschale und der Schriftzug „Deutscher Meister 1991/92" montiert waren.

Alle waren ausgelassen und sicher, nur die Spieler waren nervös. Die erste Halbzeit blieb torlos. In Duisburg schoss Stephane Chapuisat Dortmund mit 1:0 in Führung. Zwischen Leverkusen und Stuttgart stand es zur Pause 1:1. Vorübergehend war Dortmund Meister.

Als Jens Dowe die Rostocker nach dem Seitenwechsel mit 1:0 in Führung schoss,

Dokumente einer vereinshistorischen Niederlage: Vor dem letzten Spieltag lässt Eintracht Frankfurt Meister-Postkarten drucken. Doch dann kann sich die Mannschaft nicht bei Absteiger Rostock durchsetzen. Der VfB Stuttgart feiert, während Andreas Möller und seine Kollegen versuchen, die Fußballwelt zu verstehen.

brach nicht nur beim Eintracht-Drucker Peter Wuschek der Angstschweiß aus. Die Meisterschaft und 5000 Postkarten standen auf dem Spiel. Hoffnung keimte, als Axel Kruse im Gegenzug den Ausgleich erzielte. Stepanovic trug am Spielfeldrand eine enorme Sonnenbrille und sah mit Schnauzbart und Sakko aus wie ein Ermittler aus einem US-Krimi. Er ging auf und ab, die Hände hinter dem Rücken.

Die Schlussphase wurde dramatisch. Frankfurts Edgar Schmitt traf den Pfosten, ein Tor von Uwe Bein wurde wegen Handspiels nicht anerkannt. In der 76. Minute lief Ralf Weber im Rostocker Strafraum allein auf Torwart Daniel Hoffmann zu, hatte den titelreifen Torschuss auf dem Fuß – und wurde von Rostocks Stefan Böger hinterrücks umgegrätscht.

Schiedsrichter Alfons Berg ließ weiterlaufen.

Weber verfolgte ihn minutenlang über das ganze Feld und konnte sich erst recht nicht mehr beruhigen, als Böger für Rostock kurz vor Schluss das 2:1 schoss. Nach dem Abpfiff musste Weber von drei Männern zurückgehalten werden wie ein Wildpferd vor dem Zureiten. Frankfurts Spieler sanken auf den Rasen. Die Fans waren paralysiert. Assistenztrainer Karl-Heinz Körbel schrie in die Mikrofone der Reporter: „Da arbeitest du das ganz Jahr auf das eine Ziel hin, und dann wirst du so beschissen." Noch heute sagt Stepanovic: „Wenn junge Schiedsrichter ausgebildet werden, dann zeigst du ihnen diese Szene und sagst: Und das ist ein Elfmeter!"

> **Beim Bankett im Flughafenhotel herrschten Leere und Tristesse.**

Bis 17.12 Uhr an jenem Samstag waren die Dortmunder Meister, weil sie in Duisburg mit 1:0 führten. Doch dann brachte Guido Buchwald den VfB Stuttgart im Leverkusener Ulrich-Haberland-Stadion per Kopf mit 2:1 in Führung – und zur Meisterschaft. Dortmund war Zweiter, Frankfurt nur Dritter. Stepanovic wirkte unglaublich gelassen. „So is' Lebbe, Lebbe geht weider", sagte er in der Pressekonferenz.

„Lebbe geht weider" wurde ein geflügeltes Wort und der Titel seiner Biographie, die 21 Jahre später erschien. Dieses Motto zur Vermeidung hartnäckigen Selbstmitleids habe er einst von seiner Mutter eingeimpft bekommen, sagt er.

Während Wuschek im Hof der Frankfurter Druckerei wie in Trance fast alle Postkarten verbrannte, flog die Mannschaft noch am Samstagabend heim. Beim nächtlichen Bankett im Flughafenhotel herrschten gähnende Leere und lähmende Tristesse. Als die deprimierten Spieler nach schlafloser Nacht am Sonntag widerwillig auf den Rathaus-Balkon traten, brach unten die Masse in Jubel aus. Tausende Fans waren gekommen, um die Mannschaft trotzig zu feiern: den fulminanten Stürmer Anthony Yeboah, den grandiosen Torwart Uli Stein, den eleganten Abwehrspieler Manfred Binz, die Mittelfeldasse Uwe Bein, Ralf Falkenmayer und Andreas Möller. Und natürlich den noch immer untröstlichen Ralf Weber.

Zehn Jahre später hatte Weber sich wieder beruhigt. „In der Enttäuschung damals hatte man Gedanken an Verschwörungstheorien", sagt er in dem von Fans als therapeutische Aufarbeitung gestalteten Buch „Das Rostock-Trauma". Weber hat seinen Groll verwunden, er glaubt an keine Konspiration mehr: „Mit einigem Abstand sage ich: Das war Humbug."

Eine spontane Trauma-Therapie hatten Spieler und Fans noch am 20. Mai 1992 am Römer unternommen und gemeinsam das Eintracht-Lied von Stepi und den Straßenjungs gesungen. „Wer feiert feste, wer lacht am beste? Der, der zuletzt lacht: Eintracht." Auf dieses letzte Lachen wartet der Klub seither vergeblich.

Eintracht Frankfurt: Fünf prägende Geschichten

Sehende Bälle

Jede Kunstform hat ihre Traumpaare. Bonnie und Clyde, Romeo und Julia, Tarzan und Jane. Auch die Bundesliga war immer eine Bühne für legendäre Pärchen, zwei der genialsten hat Eintracht Frankfurt hervorgebracht. Uwe Bein und Andreas Möller haben nur zwei Jahre zusammengespielt, aber die Zeit von 1990 bis 1992 hat ihnen genügt, um eine Liaison für die Ewigkeit zu bilden. Bei Jürgen Grabowski und Bernd Hölzenbein (im Bild oben) lagen die Dinge anders. Sie haben von 1967 bis 1980 nahezu ihr ganzes Profileben geteilt. Eine 13-jährige Fußball-Ehe, die die Geschichte des Klubs noch heute maßgeblich prägt. Bein und Möller wurde ein angespanntes Verhältnis nachgesagt, was die perfekte Harmonie der beiden auf dem Platz noch mysteriöser machte. Doch so zerstritten gewisse Gruppen in der damaligen Eintracht-Traum-Elf auch waren, Bein betonte stets: „Andi und ich haben uns wirklich gut verstanden." Es wäre auch nicht anders gegangen. Bein war Möllers persönlicher Zulieferer. Wenn die filigranen Steilpässe punktgenau serviert wurden, raunte das ganze Stadion. Der damalige Eintracht-Trainer Dragoslav Stepanovic kommt noch heute ins Schwärmen. „In Serbien würde man sagen: Uwes Bälle hatten Augen." Blindes Verständnis mit sehenden Bällen. Während Bein und Möller in keiner Top-Ten-Liste der Eintracht auftauchen, dominieren Grabowski und Hölzenbein die historischen Statistiken. Grabowski hat mit 441 Spielen und 109 Toren eine ebenso prägende Quote hinterlassen wie Hölzenbein mit 420 Spielen und 160 Toren. Ihr größtes Spiel freilich erlebten sie am 7. Juli 1974 im Münchner Olympiastadion. Dort trug die Frankfurter Flügelzange maßgeblich zum deutschen 2:1-WM-Triumph gegen die Niederlande bei. Hölzenbein gelang dabei ein beachtlicher Sturz im Strafraum, der zum (bis heute umstrittenen) Elfmeter für Deutschland führte. Möller, übrigens, sollte so etwas später auch ganz gut können.

Die Zeugen Yeboahs

Anfang 2013 stand der Präsident des ghanaischen Zweitligaklubs FC Yegola an der U-Bahnstation „Willy-Brandt-Platz" in Frankfurt und betrachtete stolz, wie ein überlebensgroßes Foto von ihm an eine Säule tapeziert wurde. Das Plakat zeigte den erfolgreichsten afrikanischen Torjäger in der Bundesliga: den Ghanaer Anthony Yeboah. Yeboah ist 17 Jahre nach seinem Abschied aus Frankfurt von den Fans zu einer „Säule der Eintracht" gewählt worden. Nachdem er 1989 im Relegationsspiel gegen Frankfurt mit zwei Treffern für seinen damaligen Verein 1. FC Saarbrücken beinahe den Abstieg der Eintracht besiegelt hätte, wechselte er 1990 zu ebendiesen Frankfurtern und wurde bis 1995 nicht nur angesichts seiner 68 Tore in 123 Bundesligaspielen einer der beliebtesten Spieler. Yeboah zelebrierte fröhlichen Fußball und spektakuläre Tore und war als erster Afrikaner Kapitän einer Bundesligamannschaft. Seinen später in Ghana gegründeten Fußballklub benannte er nach sich selbst: Ye-gol-a war Yeboahs internationaler Kosename.

1993 (20 Tore) und 1994 (18 Tore) war Yeboah Torschützenkönig der Bundesliga. Weil er zu seinen 68 Toren für Frankfurt später 28 für den Hamburger SV hinzufügte, wurde er mit 96 Toren der erfolgreichste afrikanische Torjäger der Liga und Patron einer Hobbyfußballtruppe namens „Zeugen Yeboahs". Zurück in Ghana, eröffnete er Hotels in Accra und Kumasi. Die Trauer um den knapp verpassten Meistertitel von 1992 hatte er da schon verarbeitet: „Man kann im Leben nicht alles haben", sagt er. Zum Trost hängt sein Konterfei ja in der Frankfurter U-Bahn.

SAISON 1991/1992

Nagel im Museum

Fußballer wie Karl-Heinz Körbel gibt es aus zweierlei Gründen nicht mehr: Erstens hat der Rekord-Bundesligaspieler binnen 19 Jahren 602 Ligapartien für einen einzigen Verein absolviert. Zweitens war er Vorstopper. Die Begriffe „Vorstopper" und „Vereinstreue" sind im modernen Fußball ausgestorben. Bei Körbel aber ist die Treue sogar Bestandteil seines Namens. „Treuer Charly" wird er genannt. Ein Fanklub hat sich nach ihm benannt: Weil „Körbel" ein Synonym für die Eintracht ist. Am 14. Oktober 1972 spielte der gebürtige Nordbadener mit 17 erstmals für Frankfurt, am 8. Juni 1991 mit 36 zum letzten Mal. Er hat nie eine rote Karte gesehen. Wenn er das erzählt, tippt er sich mit dem Finger an die Stirn: „Ich habe mit Köpfchen gespielt." 1984 hat er sich das Schienbein gebrochen. Der gewaltige Nagel, der ihm in den Knochen gesteckt wurde, ist heute im Eintracht-Museum zu bestaunen. „Das Highlight des Museums", sagt Körbel. Er gewann mit der Eintracht den Uefa-Cup (1980) und vier Mal den DFB-Pokal ('74, '75, '81, '88). Er ist nie abgestiegen, war aber auch nie Meister. 1992, als Frankfurt in Rostock den sicher geglaubten Titel verspielte, wäre er als Assistenztrainer aufgrund personeller Probleme beinahe nochmal aufgelaufen. „Mit mir", glaubt er, „wären wir Meister geworden." Als Nationalspieler (sechs Einsätze) ist Körbel ebenso wenig glücklich geworden wie als Trainer. Nach kurzen Amtszeiten bei der Eintracht und den Zweitligisten Lübeck und Zwickau gab er diesen Job wieder auf. Seit 2001 leitet er die Eintracht-Fußballschule und berät den Vorstand.

Waldlauf-Revolte

Der spätere Jupp Heynckes sagte über den früheren Jupp Heynckes, ein bisschen mehr Gelassenheit hätte ihm nicht geschadet. Sein früherer Eintracht-Spieler Anthony Yeboah teilt diese Einschätzung: „Herr Heynckes hatte damals keine Geduld mit uns, der Rausschmiss war unnötig." Wenn beide in der ersten Dezember-Woche 1994 bereits ihre spätere Weisheit besessen hätten, wäre es nie zur Frankfurter Spielerrevolte gekommen. Und die Bundesliga wäre um eine Anekdote ärmer. Der damals 49-jährige Trainer musste in Frankfurt ein Exempel statuieren, weil sonst nicht nur die umschwärmten und verwöhnten Anthony Yeboah, Jay-Jay Okocha und Maurizio Gaudino gedacht hätten, sie könnten machen, was sie wollen, sondern womöglich die ganze Mannschaft, die ganze Liga und alle Spieler dieser Welt. Vor einer Partie gegen den Hamburger SV hatten die drei lustlos trainiert, sie wurden zum Waldlauf verdonnert und kehrten von dort mit der Erkenntnis zurück, am nächsten Tag nicht spielen zu wollen. Heynckes ahndete das mit ihrer sofortigen Verbannung aus dem Kader. Yeboah spielte danach nie mehr für Frankfurt. Okocha kehrte zur Rückrunde zurück, Gaudino zur nächsten Saison. Heynckes schmiss im April 1995 hin. Es war viel Lärm um wenig.

Tscha-Bum

Der Südkoreaner Bum Kun Cha, von 1979 bis 1983 bei Eintracht Frankfurt aktiv und vom Boulevard wie ein Tor-Tusch in „Tscha-Bum" umgetauft, war der erste Asiate in der Bundesliga. Sein schillerndes Spiel hat den Schriftsteller, Humoristen und früheren Eintracht-Fan Eckhard Henscheid eine zehnstrophige „Hymne auf Bum Kun Cha" verfassen lassen: „Hurtig treibst Du das Leder nach links / kühner umkurvst Du den grätschenden Stopper / zaubernden Fußes entlässt Du den Lib'ro in Scham." 1989 verließ Bum Kun Cha nach sechs Jahren in Leverkusen die Bundesliga, entsandte aber 13 Jahre später seinen Sohn Du-Ri Cha nach Deutschland und dort in diverse Klubs. Was ihm geblieben ist aus seiner Zeit in Deutschland, wurde Bum Kun Cha später gefragt. Er sagte: „Das typisch deutsche Frühstück mit Brot und Kaffee."

SZENE DER SAISON

Rostock stellt sich vor

Die Spielzeit 1991/92 war die erste, in der Mannschaften aus der ehemaligen DDR in der Bundesliga mitspielten, neben Rostock, dem letzten Meister und Pokalsieger der DDR, noch Dynamo Dresden. Und der erste Tabellenführer dieser wiedervereinigten Liga hieß: Hansa Rostock. Am zweiten Spieltag reiste die Mannschaft von Trainer Uwe Reinders zum FC Bayern, die eigentlichen Machtverhältnisse schienen sich früh zu klären. Roland Wohlfarth traf in der dritten Minute für den Gastgeber. Dann aber übernahm Rostock die Spielkontrolle, rannte den behäbigen Bayern-Spielern davon, siegte verdient durch Tore von Roman Sedlacek und Jens Wahl. Bis zum siebten Spieltag stand Rostock weitere vier Mal auf dem ersten Tabellenplatz, ein Niveau, das die Mannschaft nicht lange halten konnte. Von den verbliebenen 31 Bundesliga-Partien gewann Rostock nur sechs. Nach dem 27. Spieltag wurde Reinders entlassen. Ein letzter verzweifelter Schritt, der wirkungslos blieb: Rostock stieg als drittschlechteste Mannschaft ab.

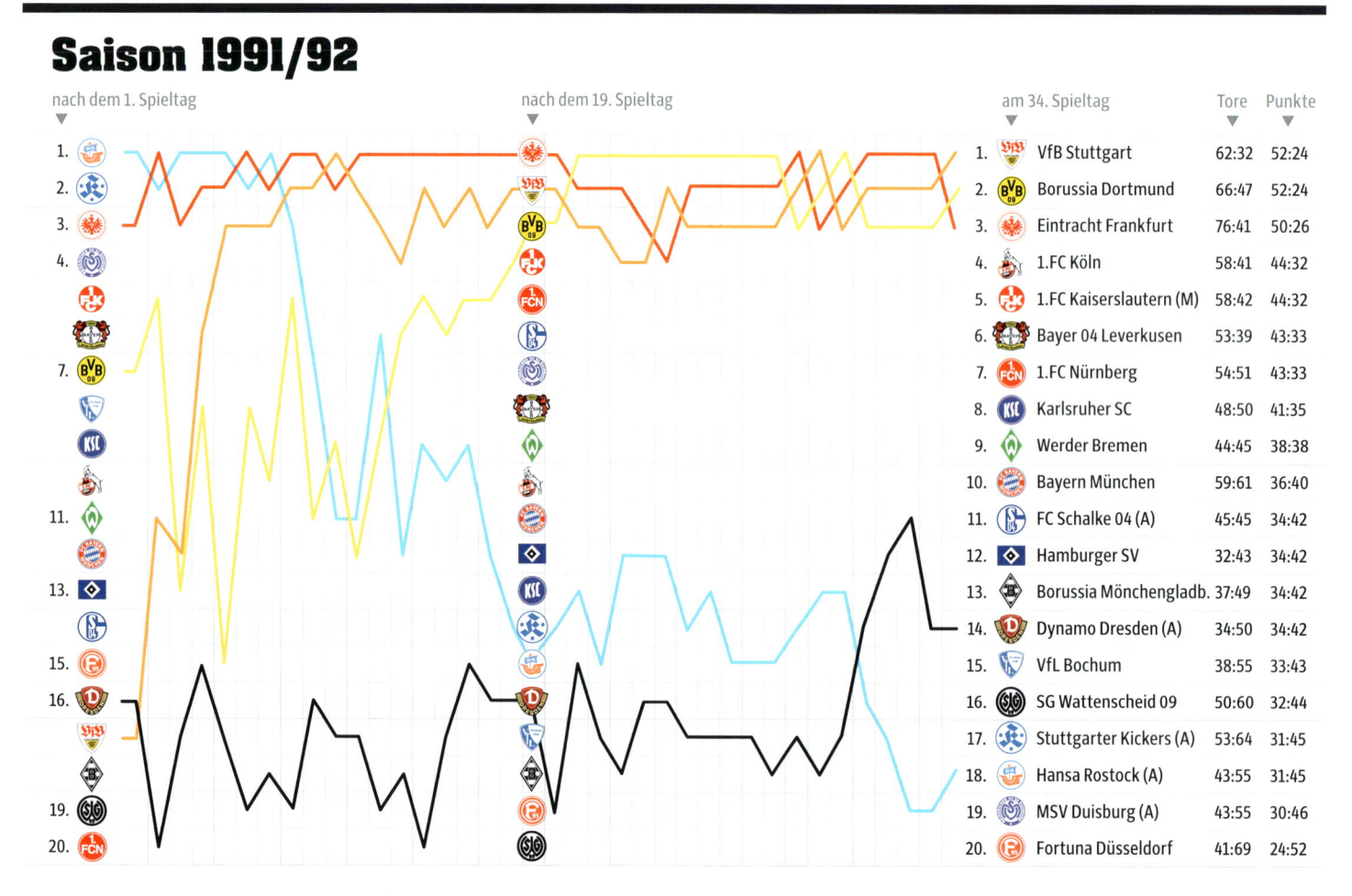

Saison 1991/92

am 34. Spieltag	Tore	Punkte
1. VfB Stuttgart	62:32	52:24
2. Borussia Dortmund	66:47	52:24
3. Eintracht Frankfurt	76:41	50:26
4. 1.FC Köln	58:41	44:32
5. 1.FC Kaiserslautern (M)	58:42	44:32
6. Bayer 04 Leverkusen	53:39	43:33
7. 1.FC Nürnberg	54:51	43:33
8. Karlsruher SC	48:50	41:35
9. Werder Bremen	44:45	38:38
10. Bayern München	59:61	36:40
11. FC Schalke 04 (A)	45:45	34:42
12. Hamburger SV	32:43	34:42
13. Borussia Mönchengladb.	37:49	34:42
14. Dynamo Dresden (A)	34:50	34:42
15. VfL Bochum	38:55	33:43
16. SG Wattenscheid 09	50:60	32:44
17. Stuttgarter Kickers (A)	53:64	31:45
18. Hansa Rostock (A)	43:55	31:45
19. MSV Duisburg (A)	43:55	30:46
20. Fortuna Düsseldorf	41:69	24:52

Die Ost-Vereine (Dresden, Rostock) werden eingegliedert, die Liga spielt einmalig mit 20 Klubs, vier steigen ab – und fast erwischt es die Bayern. Jupp Heynckes und Sören Lerby werden entlassen, erst der dritte Trainer, Erich Ribbeck, sichert den Klassenerhalt.

Immer gegen Schalke

Auch der Revier-Klub hätte wohl längst einen Liga-Titel gewonnen, wären nicht ständig die Regeln geändert worden. Nachrechnen beweist: Rückpassregel und Drei-Punkte-Regel treffen die 04er am härtesten.

Auswechseln (1967)

Die Spuren, die Erhard Schwerin hinterlassen hat, sind überschaubar. Nur 20 Spiele absolvierte er in den Sechzigerjahren für den Hamburger SV, trotzdem war er an einem bedeutenden Moment beteiligt: Im Spiel in Bremen am 19. August 1967 kam er in der 20. Minute für den verletzten Arkoc Özcan aufs Feld – Schwerin war damit der erste eingewechselte Spieler der Liga-Geschichte. Bis zur Saison 1967/68 waren Auswechslungen nicht möglich. Dann konnten die Trainer einen Spieler auszutauschen, ab 1968/69 zwei. Diese Regel hielt bis zur Saison 1994/95, als zwei Spieler sowie im Verletzungsfall der Torhüter ausgewechselt werden durften. Erst seit 1995/96 sind generell drei Wechsel erlaubt.

Rote Karte (1971)

Seit der WM 1970 gibt es im Weltfußball rote und gelbe Karten, die Bundesliga führte sie zur Rückrunde der Saison 1970/71 ein. Die erste rote Karte sah der Frankfurter Friedel Lutz beim 5:2 gegen Braunschweig am 3. April 1971. Zwar gab es zuvor schon Platzverweise, doch die hatte der Schiedsrichter mündlich verhängt. Nach Einführung der roten Karte vergingen gut 20 Jahre bis zur nächsten Platzverweis-Reform, der Einführung der gelb-roten Karte. Stefan Effenberg war am 20. August 1991 der erste Spieler, der mit Gelb-Rot sanktioniert wurde.

Unter anderem Walter Frosch ist es zu verdanken, dass eines Tages die Gelbsperre eingeführt wurde. Der Abwehrspieler hatte Ende der Siebziger in einer Saison fast 20 gelbe Karten gesammelt; und weil generell die Zahl der gelben Karten stieg, entschied der DFB, dass ein Spieler von der Saison 1979/80 an nach vier (später nach fünf) gelben Karten zusehen muss.

Rückpassregel (1992)

Im Laufe von 50 Jahren Bundesliga gab es auch manche inhaltliche Änderung am Spiel. Gleiche Höhe ist kein Abseits mehr, der Torwart darf den Ball nur noch sechs Sekunden in der Hand halten. Die gravierendste Änderung dieser Art war die Einführung der Rückpassregel 1992. Danach war es den Torhütern untersagt, einen Rückpass vom Mitspieler mit der Hand aufzunehmen. Die extreme Folge: 2001 wurde der FC Bayern Meister, weil der HSV kurz vor Ende einen Rückpass spielte. Patrik Andersson verwandelte den Freistoß. Leidtragender in der Ferne: Schalke 04.

Drei-Punkte-Regel (1995)

Zwei Punkte für den Sieg, ein Punkt für ein Remis – nach diesem System werteten jahrzehntelang alle Ligen der Welt. Anfang der Achtziger aber dachten sich die Engländer etwas Neues aus, Offensive sollte belohnt werden. Sie führten die Drei-Punkte-Regel ein: drei Punkte für den Sieg, ein Punkt für ein Remis. Zur Saison 1995/96 gab der Fußball-Weltverband die Drei-Punkte-Regel als weltweites Modell vor. In der Folge fielen einige Entscheidungen anders aus, als es – einen ansonsten identischen Saisonverlauf vorausgesetzt – mit der Zwei-Punkte-Regel der Fall gewesen wäre:

- 1999/2000 wäre Bayer Leverkusen statt des FC Bayern Meister geworden.
- 2000/2001 wäre Schalke 04 statt des FC Bayern Meister geworden.
- 1995/96 wäre der FC St. Pauli statt des 1. FC Kaiserslautern abgestiegen.
- 1997/98 wäre der VfL Wolfsburg statt des Karlsruher SC abgestiegen.
- 1998/99 wäre Eintracht Frankfurt statt des 1. FC Nürnberg abgestiegen.
- 2008/09 hätte sich Bielefeld den Klassenerhalt gesichert, das in der Drei-Punkte-Tabelle nur 18. geworden war.

Feste Rückennummern (1995)

Andreas Görlitz spielte nebenbei in einer Rockband namens Room77, also beschloss der Defensivspieler des Karlsruher SC, ein Trikot mit der Rückennummer 77 zu tragen. Damit wird er wohl der Profi mit der höchsten Rückennummer bleiben. Von der Gründung bis ins Jahr 1995 wurde streng durchgezählt: Die elf Starter trugen Trikots von „1" bis „11", meist nach traditionellem Schema, vom Rechtsverteidiger mit der „2" bis zum Spielmacher mit der „10". Mitte der Neunziger wurde das geändert, auch aus Marketinggründen. Nun wählte jeder Spieler zu Saisonbeginn eine feste Rückennummer. Die Folge: Die Nummern wurden immer höher. Mario Gomez nahm die 33, Bixente Lizarazu die 69 (weil er 1969 geboren, 1,69 Meter klein und 69 Kilogramm leicht war) und Andreas Görlitz eben die 77. Zur Saison 2011/12 war Schluss damit: Höchstzahl 40! Drüber geht nix mehr.

JOHANNES AUMÜLLER

David Jarolim (oben) sah drei Mal die 1991 eingeführte Ampelkarte. Seit 1995 gibt es die Drei-Punkte-Regel (Mitte). Extrem hohe Rückennummern wie von Bixente Lizarazu (FC Bayern) wurden 2011 verboten.

1992/93

B wie Bremen

**Beiersdorfer, Bratseth, Borowka, Bockenfeld – die Null stand, die Abwehr machte den Meister.
Da kam nichts durch, und was doch durchkam, fing der tadelfreie Oliver Reck.**

VON HOLGER GERTZ

„Nix is fix" ist ein stehender Begriff, gelegentlich wird er auf Mottopostkarten verschickt, und im weiteren Sinne kann man ihn auch auf den Fußball anwenden, wie man grundsätzlich jede Redewendung auf den Fußball anwenden kann. Nix is fix heißt ja, dass es eine garantierte Beständigkeit im Leben nicht gibt, aber der Fußball ist natürlich mächtig genug, auch diese Wendung zu widerlegen.

Die Mannschaft von Werder Bremen hat in der Saison 1992/93 den Titel geholt, die 63 erzielten Treffer waren nicht gerade ein Monsterwert, die 30 kassierten Tore dagegen ein Statement.

Werders Abwehr in jenem Jahr war Beweis genug, dass es Beständigkeit doch geben kann, dass diese sogar noch zunimmt im Laufe eines abgesteckten Zeitraums, hier Saison genannt. In der Rückrunde fingen die Bremer sich praktisch überhaupt keine Tore mehr, jedenfalls nicht zu Hause im Weserstadion. Die Null stand immer, bis auf ein Mal. Am 28. Spieltag traf Christian Ziege für die Münchner Bayern in der 29. Minute zum 1:0. Machte aber nix, fix drehten die Bremer das Spiel durch zweimal Rufer, Herzog und Hobsch. Erst am 33. Spieltag übernahmen sie die Tabellenführung von den Bayern, die die gesamte Spielzeit vorn gelegen hatten.

Dabei hatte es nicht besonders gut angefangen, nach zwei Unentschieden zu Saisonbeginn verlor Werder in Karlsruhe 2:5. Es schien endgültig die Ottodämmerung über Stadt und Verein reinzubrechen. Der Dauertrainer Rehhagel wurde auf den Tribünen schon länger eher bemurrt als bejubelt und hatte sich in der Vorsaison nur durch den Gewinn des Europapokals der Pokalsieger vor größeren Problemen bewahrt. Aber das Bremer Publikum war verwöhnt, außerdem ging das zunehmend staatsmännische Gehabe des Coaches manchem schwer auf den Geist.

Man wünschte sich jemanden wie Uwe Reinders herbei, einen ehemaligen Bremer Spieler, der zwischenzeitlich mit Hansa Rostock für einige Aufregung in der Liga gesorgt hatte, aber das war inzwischen auch schon wieder länger her.

SAISON 1992/1993

Die Österreicher

Der Wiener Diego

Er war der „Alpen-Maradona". Weil er voraussehend spielte, eine feine Technik hatte – und einen starken linken Fuß, der damals noch „linke Klebe" genannt wurde. Andreas Herzog bewies das Gefühl in seinem Fuß einmal beim Aufwärmen, als er mit einem Kaugummi jonglierte und diesen zurück in den Mund kickte. Kam 1992 von Rapid Wien nach Bremen und wurde sofort Meister. Tanzte anschließend öffentlich einen eleganten Walzer. Dachte nach zwei Jahren, dass er sich beim FC Bayern, nahe der Heimat, wohler fühlen werde. Musste einsehen, dass er sich geirrt hatte. Kehrte nach einem Jahr zurück nach Bremen. Stärkste Erinnerung an München? Ein Zoff mit Oliver Kahn.

Der Pummelige

Johann Ettmayer wurde von einem Trainer in Innsbruck „Buffy" genannt, ein tschechischer Kosename (deutsch: Dickerchen). Ettmayer wog bei einer Größe von 172 Zentimetern 82 bis 85 Kilo. Kam 1971 zum VfB Stuttgart, wurde sofort Publikumsliebling. Wegen seiner trickreichen Spielweise, seiner knallharten Schüsse – und seiner Sprüche. Verbrieft ist folgender Dialog mit Trainer Albert Sing: „Buffy, Du spielst nicht, Du bist zu dick." – „Ich war schon immer so." – „Es gibt Bilder von Dir, da warst Du dünner." – „Die sind wahrscheinlich mit der Schmalfilmkamera gemacht." Bilanz: 128 Spiele, 37 Tore für Stuttgart und den HSV (75 – 77). Er aß auch später gern, vor allem Süßes.

Der Tore-Toni

Der Stürmer Polster heißt Anton, aber so ruft einen in Wien kein Mensch. Als „Toni" wurde er zum treffsichersten Österreicher der ersten fünf Bundesliga-Jahrzehnte. Erzielte für Köln in 150 Spielen 79 Tore, später für Gladbach in 38 Spielen 15. War 1996/97 mit 21 Toren zweitbester Schütze der Liga, nur Ulf Kirsten traf einmal öfter. Kopfballstark. Wusste sich so zu lösen, dass er den Ball oft nur noch über die Linie drücken musste, eine Qualität, die damals noch „richtiger Riecher" genannt wurde. Um diesen Torinstinkt zu beschreiben, wurde das Verb „polstern" erfunden. Das wird oft auf einen Kurzauftritt mit der Kölner Szeneband „Fabulöse Thekenschlampen" und das Lied „Toni, lass es polstern!" zurückgeführt. Leider.

HÄNGENDE SPITZE
Da Beste der Welt

Fährt man von Scharbeutz oder Cloppenburg nach Süden in Urlaub, kommt man durch eine wunderliche Gegend, die sich Österreich nennt. An der Grenze muss man den Fuß vom Gas nehmen, weil nur 130 erlaubt sind; dies gilt für alle mit Ausnahme der Einheimischen, die vom Tempolimit zu informieren man vergessen hat. Links und rechts von der Autobahn wurden Berge aufgetürmt, welche die meiste Zeit des Jahres mit Schnee bestäubt sind, damit die Sennerinnen/Senner auf Ski ins Tal fahren können. Übrigens sprechen sich die Sennerinnen und Senner dort mit ihrem Titel an: Herr/Frau Hofrat wahlweise Herr/Frau Inschenör (= Ingenieur). Angesichts der schroffen Felsen wundert man sich nicht, dass Fußball dort weniger verbreitet ist als in anderen Regionen Zentraleuropas; Fußballfelder mit einem durchschnittlichen Gefälle von 15 Prozent schaffen Verdruss für die Aktiven.

Auf der anderen Seite werden so besondere Fähigkeiten ausgeprägt; österreichische Kicker beherrschen den Ball perfekt, was sich schon deshalb empfiehlt, weil sie sonst stundenlang absteigen müssen, um den Ball wieder aus dem Tal zu holen. Wenn das zu lästig wird, ziehen Austrias Fußballsöhne gerne aufs platte Land, wechseln in die Bundesliga und ihren Titel. Fortan heißen sie nicht mehr Hofrat/Inschenör, sondern Buffy, Andy, Toni oder Edi. Unser Lieblings-Österreicher von nun an bis in alle Ewigkeit Amen ist Johann „Buffy" Ettmayer. Ihm gehorchte der Ball wie ein dressiertes Zirkushündchen, und bei seinen Studien in der Bundesliga fand er heraus, dass die meisten Spieler sich leichter täten, „wäre der Ball ein Würfel – dann würde er nicht so weit wegspringen". Sein legitimer Nachfolger war Toni Polster, der mit den „Fabulösen Thekenschlampen" eine CD („Komm, spiel mit mir, denn Du fummelst so gut") herausgab, die in Köln weltberühmt wurde.

Und nun zu Edi Glieder, 35. Anders als in St. Margarethen an der Raab, wo man zu seinen Ehren den Platz „Edi-Glieder-Stadion" taufte, blieben seine Qualitäten bei Schalke 04 lange unentdeckt. Im März 2004, nach seinem wunderbaren Scheiberltor zum 3:0 gegen den SC Freiburg, wie gemalt von Hundertwasser, kam er zu der Erkenntnis: „I bin da Beste der Welt." Mehr noch: Er ist der Beste von ganz Österreich. **LUDGER SCHULZE**

1993/94

Das Phantomtor

Im Saisonendspurt 1994 erzielt der FC Bayern gegen Nürnberg einen Treffer für die Ewigkeit – der gar keiner war. Ein Gespräch mit Schiedsrichter Hans-Joachim Osmers über seine bittere Fehlentscheidung.

VON BENEDIKT WARMBRUNN

Hat der Linienrichter mit der Fahne auf den Fünfmeterraum gezeigt, hat Hans-Joachim Osmers Abstoß gegeben. Ist der Linienrichter 25 Meter Richtung Mittellinie gerannt, hat Hans-Joachim Osmers auf Tor entschieden. So hatte er das als Jugendlicher in der Schiedsrichter-Ausbildung gelernt, darauf hat er sich immer verlassen, in 165 Einsätzen im deutschen Profifußball. Es war einmal zu oft.

Die Geschichte von Hans-Joachim Osmers handelt davon, wie lange einen eine Entscheidung verfolgen kann. An die eine Entscheidung, die immer mit ihm verbunden werden wird, wird Osmers täglich erinnert, er muss sich nur im Bürostuhl umdrehen. Dann schaut er auf ein Foto an der Wand. Zu sehen ist der Verteidiger Thomas Helmer, er steht innen neben dem Torpfosten, fasst diesen mit der linken Hand, schaut dem Ball hinterher. Der Ball kullert links neben dem Pfosten ins Aus.

Es gab viele kuriose Tore in 50 Jahren Bundesliga, schöne Tore, hässliche Tore, Tore mit dem Kopf, dem Fuß, dem Hintern, der Hand. Über kein Tor wurde aber so viel diskutiert wie über dieses Tor: über ein Tor, das keins war.

Der 23. April 1994, das Münchner Olympiastadion. Der FC Bayern empfängt den 1. FC Nürnberg, für den Gastgeber geht es um die Deutsche Meisterschaft, für die Gäste um den Klassenerhalt. Für Hans-Joachim Osmers war es eine Partie wie jede andere, so hatte er sich auch vorbereitet. Am Montag war er schwimmen und in der Sauna. Am Dienstag und am Mittwoch war er joggen. Am Donnerstag hatte er sich in die Badewanne gelegt, um die Muskeln zu entspannen. Am Freitag war er angereist. In der Kabine sein Anzieh-Ritual: Stutzen, Shirt, Schuhe, dann erst die Hose.

Das Spiel beginnt. Es ist ein ruhiges Spiel, Osmers hat keine Probleme, wie er überhaupt selten Probleme hat. Er ist 1,91 Meter groß, wirkt autoritär, kann sich gut durchsetzen. Im Umgang mit den Spielern trifft er stets den richtigen Ton, mal sanft, mal scharf. Außerdem kann er sich auf seine Linienrichter verlassen, vor allem auf Jörg Jablonski, den der Deutsche Fußball-Bund regelmäßig zu internationalen Spielen schickt. „Der Jörg war ein ausgezeichneter Linienrichter, zuverlässig, ausgesprochen aufmerksam, an dem gab es nichts auszusetzen", sagt Osmers. Er hat ihm immer vertraut.

Die 26. Minute, aus der Erinnerung von Hans-Joachim Osmers: „Ich stehe etwa zwei Meter im Strafraum, es gibt für die Bayern eine Ecke von der rechten Seite. Thomas Helmer steht am langen Pfosten, an der Linie. Der Ball springt zwischen seinen Beinen hin und her, danach schiebt er ihn mit der linken Wade neben das Tor. Dass der Ball vorbei ging, das habe ich sofort gesehen. Aber ich war mir nicht sicher, ob er davor hinter der Linie war. Also habe ich zu Jörg geschaut."

Jablonski rennt zur Mittellinie.

Osmers überlegt nicht: Tor!

> **Osmers sieht im Kabinengang, wie es wirklich war. Es ist für ihn ein Schock.**

Gesehen hat den Treffer sonst fast niemand. Die Nürnberger Spieler schimpfen, die Nürnberger Fans pfeifen, TV-Kommentator Fritz von Thurn und Taxis schreit: „Das ist eine furchtbare Fehlentscheidung." In der Halbzeit fragt Osmers seinen Assistenten, ob er sich sicher sei. „Jörg sagte mir: Der war ganz klar drin, Hans, mach Dir keine Sorgen. Das habe ich ihm geglaubt." Als sie wieder auf das Spielfeld laufen, kommen sie an Fernsehbildschirmen vorbei, auf denen die Szene wiederholt wird. Osmers sieht, dass der Ball Helmer gegen das rechte Knie springt, gegen die linke Wade, die rechte Wade, die linke Wade. Dann springt der Ball ins Aus.

Osmers sieht sofort: kein Tor!

Der Schiedsrichter war seit wenigen Tagen 46 Jahre alt, in einem Jahr würde er die Altersgrenze erreichen. Bis dahin hatte er eine unauffällige Karriere gehabt, unauffällig heißt: gut. Seine erste rote Karte hatte er Pierre Littbarski gezeigt; der Nationalspieler hatte einen Gegenspieler umgetreten, als der Ball weit weg war. Gab keine Diskussionen. Die Karriere von Thomas Allofs hatte Osmers beendet, nachdem dieser nach Abpfiff zu ihm sagte: „Weißt Du

SAISON 1993/1994

eigentlich, dass Du heute das größte Arschloch auf dem Platz warst?" Osmers schrieb es in den Spielbericht, acht Wochen Sperre. Keine Diskussionen. Einmal rannte Axel Kruse den Schiedsrichter um. Rote Karte. Keine Diskussionen. Osmers erinnert sich nur an eine Fehlentscheidung: Nach einer Schwalbe von Andreas Möller gab er einen unberechtigten Elfmeter. „Aber im Kabinengang zu sehen, dass Helmer den Ball nicht über die Linie gedrückt hatte, das war der absolute Super-Gau. Ein Schock."

Die zweite Halbzeit. Nürnberg erzielt den Ausgleich. Bayern geht wieder in Führung, Torschütze: Thomas Helmer. Wenige Minuten vor Abpfiff pfeift Osmers einen Elfmeter für Nürnberg, Lothar Matthäus hatte im Strafraum gefoult. Eine kurze Diskussion mit Matthäus, aber den kennt Osmers, mit ein paar klaren Worten beruhigt er ihn. Manni Schwabl tritt an. „Wirklich objektiv war ich nicht", sagt Osmers, „ich wusste, dass mich ein Treffer vor viel Wirbel bewahren würde."

Schwabl verschießt.

Unter Beschimpfungen gehen die Schiedsrichter nach Abpfiff in die Kabine, sie beschließen, eine Nacht länger in

Männer der Saison: Hans-Joachim Osmers (oben) hat längst Frieden geschlossen mit dem Phantomtor. Franz Beckenbauer nahm weitere Etappen in seinem Leben als Lichtgestalt: Er coachte den FC Bayern zum Meister und war an der ZDF-Torwand vom Weißbierglas aus erfolgreich.

SAISON 1993/1994

München zu bleiben. Damit sich alle beruhigen. Am Sonntagabend kommen Osmers und Jablonski am Bremer Flughafen an, sie werden von mehreren Kamerateams empfangen. Alle sprechen von diesem Tor, das inzwischen einen eigenen Namen hat: „Phantom-Tor". Ein Reporter der ARD nimmt Osmers im Auto mit, er wird Sabine Christiansen live in die Tagesthemen zugeschaltet. Nürnberg hatte Protest eingelegt, drei Tage nach dem Spiel sollte die Wertung vor dem DFB-Schiedsgericht in Frankfurt verhandelt werden. Osmers bekommt Morddrohungen, am Telefon, in Briefen. Im Büro bricht die Telefonleitung zusammen. In der Schule werden seine beiden Töchter gehänselt. Die Polizei fährt mehrmals täglich an seinem Haus vorbei.

Am Dienstag nach dem Spiel fliegen Osmers und Jablonski nach Frankfurt. Die Otto-Fleck-Schneise ist mit Übertragungswagen zugeparkt, der Verhandlungssaal für all die Journalisten nicht groß genug. „Ich kam mir vor wie in einem Mordprozess", sagt Osmers. Die Verhandlung dauert nicht lange: Das Spiel wird wiederholt. „Ich war eigentlich erleichtert. Es hat mein Gewissen etwas beruhigt", sagt Osmers.

In den 19-Uhr-Nachrichten im ZDF ist das Urteil die erste Meldung, Osmers weiß das noch genau, erst danach kommt ein Flugzeugabsturz in Japan, bei dem 235 Menschen starben. Der FC Bayern gewinnt das Wiederholungsspiel 5:0, die Mannschaft wird Meister. Nürnberg steigt ab. Hätte Schwabl seinen Elfmeter getroffen, hätte der Club nicht Protest eingelegt – und wäre in der Bundesliga geblieben.

> Für Jablonski war die
> Last des Tores zu viel.
> Er hörte auf.

Im Juli, auf einer Schiedsrichtertagung in Barsinghausen, läuft Osmers einen Gang entlang, eine Tür geht auf, heraus kommt Thomas Helmer. Die beiden schauen sich an, wenige Sekunden lang, dann geht Helmer zurück in den Raum. Nie haben sie über das Phantom-Tor gesprochen.

Osmers hätte gerne mit Helmer gesprochen, er glaubt, dass es dazu nicht mehr kommen wird. „Ich hätte gerne mit ihm über Fairness gesprochen", sagt Osmers, er meint das gar nicht so oberlehrerhaft, wie es klingt. Helmer redet nicht mehr über die Szene, er will nicht, dass seine Karriere, die eines Deutschen Meisters, Uefa-Pokal-Siegers, Europameisters, auf ein Tor reduziert wird, das kein Tor war.

Osmers pfiff noch seine letzte Saison als Bundesliga-Schiedsrichter. Es gab keine Diskussionen. Nach seinem Karriereende hat er ein entspanntes Verhältnis zum Phantom-Tor gefunden. Er weiß, dass seine Laufbahn mehr war. Als der Sportvermarkter 2007 sein Büro im Bremer Weserstadion bezog, schenkte ihm der damalige Schatzmeister von Werder Bremen, Manfred Müller, das Foto. Osmers hängte es sofort auf. Jörg Jablonski dagegen arbeitete erst nur noch in der zweiten Liga, dann in der dritten Liga, dann hörte er auf. Die Last des Tores, das nur er gesehen hatte, war ihm zu viel.

Die Entscheidung Jablonskis hat seinen Sohn Sven allerdings nicht davon abgehalten, ebenfalls Schiedsrichter zu werden. „Einer der Top-Leute", sagt Osmers. Er glaubt, dass er bald in der Bundesliga zu sehen sein wird.

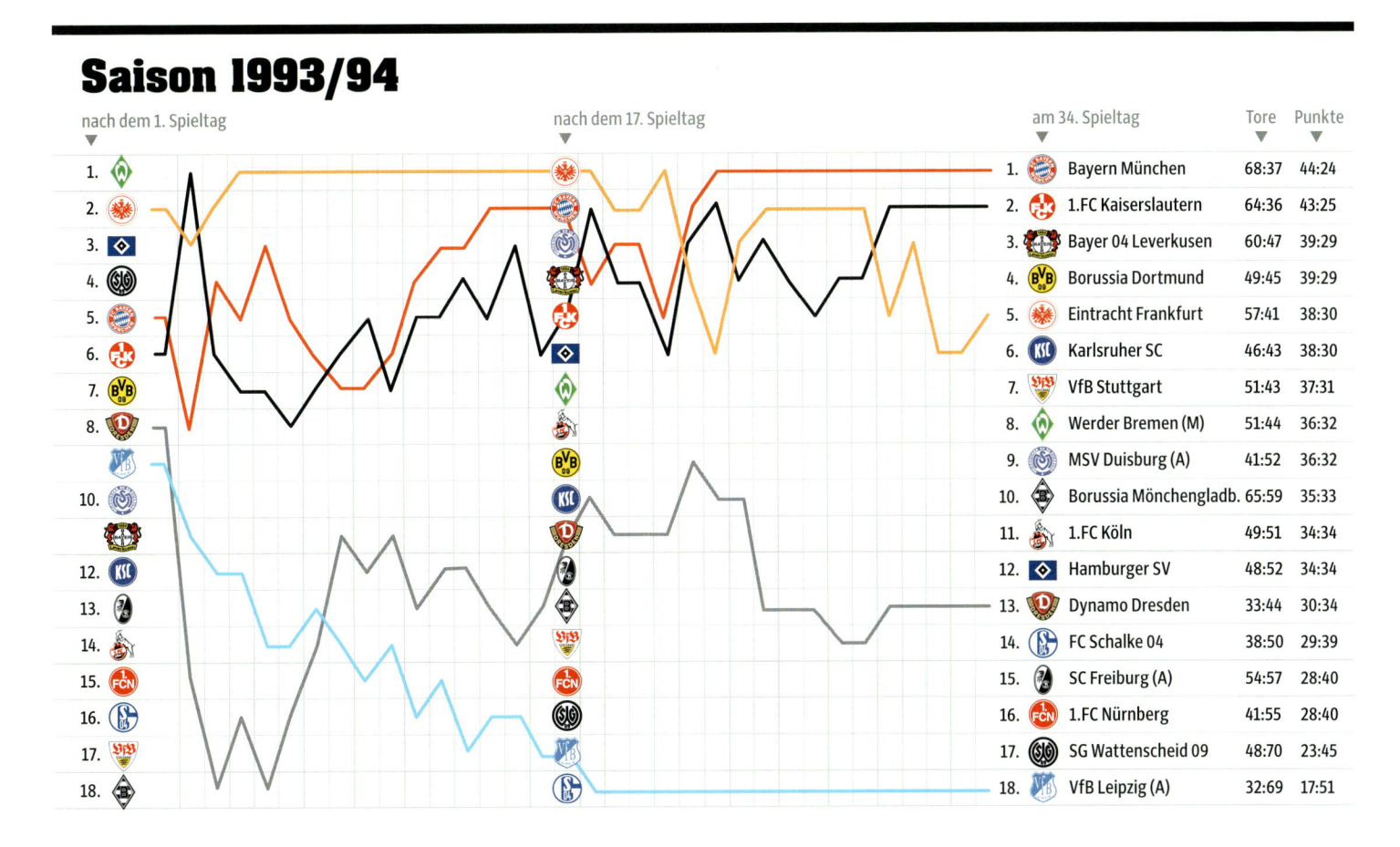

Saison 1993/94

am 34. Spieltag	Tore	Punkte
1. Bayern München	68:37	44:24
2. 1.FC Kaiserslautern	64:36	43:25
3. Bayer 04 Leverkusen	60:47	39:29
4. Borussia Dortmund	49:45	39:29
5. Eintracht Frankfurt	57:41	38:30
6. Karlsruher SC	46:43	38:30
7. VfB Stuttgart	51:43	37:31
8. Werder Bremen (M)	51:44	36:32
9. MSV Duisburg (A)	41:52	36:32
10. Borussia Mönchengladb.	65:59	35:33
11. 1.FC Köln	49:51	34:34
12. Hamburger SV	48:52	34:34
13. Dynamo Dresden	33:44	30:34
14. FC Schalke 04	38:50	29:39
15. SC Freiburg (A)	54:57	28:40
16. 1.FC Nürnberg	41:55	28:40
17. SG Wattenscheid 09	48:70	23:45
18. VfB Leipzig (A)	32:69	17:51

Absturz eines Herbstmeisters: Frankfurt tanzt mit Okocha und Yeboah nur eine Halbserie lang, dann folgt der Rückfall auf Platz fünf. Der Weg ist frei für weitere Seltsamkeiten: So reist der MSV Duisburg am 23. Spieltag als Tabellenführer mit negativem Torverhältnis (-1) nach München. Nerlinger, zwei Mal Labbadia und Adolfo Valencia schießen schon vor der Pause ein 4:0 heraus. Fortan marschiert der FC Bayern vorneweg. Trotz des Vier-Punkte-Abzugs wegen Lizenzvergehens gelingt Dresden erneut der Klassenerhalt.

Stratege im Strandkorb

Kein Trainer hielt es so lange bei einem Verein aus. Und keiner machte aus so wenig so viel wie der Kurzpass-Liebhaber Volker Finke in seinen 16 Jahren beim SC Freiburg.

Die schönsten Klischees der Ligageschichte entstanden im Südwesten der Republik. In Freiburg, wo der Sage nach immer die Sonne scheint, wo alle Menschen Fahrrad fahren und jeder die Grünen wählt, wo nur Studenten und Bildungsbürger leben – und der Fußballtrainer in einem Strandkorb sitzt, während auf dem Rasen die „Breisgau-Brasilianer" wirbeln.

Bei seiner Ankunft, im Jahr 1993, war der SC Freiburg in der Tat kein gewöhnlicher Erstligist: liebenswert, finanziell unterlegen, ganz anders als die Etablierten. Auch der Trainer, Volker Finke, passte nicht ins Bild: ein Studienrat ohne Vorleben als Fußballer, ein Achtundsechziger, der Zigaretten drehte und fürs Klischee einen Brilli im Ohr trug. Statt Phrasen formte er Sätze wie: „Es gibt eine Sehnsucht, dass Fußball nicht immer in Verbindung gebracht wird mit perfektem Management und professioneller Kälte." Finke verbrachte 16 Jahre in Freiburg, kein Ligakollege hielt es so lange bei einem Verein aus, nicht mal die Bremer Epochentrainer Rehhagel und Schaaf.

Und keiner machte aus so wenig so viel wie Finke beim SC. Drei Mal glückte der Aufstieg (1993, 1998, 2003), zwei Mal der Einzug in den Uefa-Cup (1995, 2001). Sternstunden brachte das zweite Erstligajahr, als Freiburg Dritter wurde und den FC Bayern mit 5:1 vermöbelte.

Außergewöhnlich war auch die Treue zum Trainer. Finke blieb sogar nach drei Abstiegen im Amt, das war inbegriffen im Selbstverständnis. Denn für Präsident Achim Stocker war „die erste Liga in Freiburg eigentlich nie vorstellbar" gewesen. Stocker selbst hielt die Spannung im Stadion nicht aus, während der Spiele spazierte er meist nervös entlang der Dreisam.

Finke krempelte Freiburg um, seiner Hartnäckigkeit konnte sich niemand entziehen. Strategien glichen die finanziellen Standortnachteile aus. Finke führte den später überstrapazierten Begriff „Konzeptfußball" in der Liga ein, das Gegenteil war für ihn star-orientierter „Heroenfußball" nach Art des FC Bayern. Die Freiburger gehörten zu den Ersten in Deutschland, die ohne Libero verteidigten, ballorientiert, mit ökonomischen Laufwegen. Finke leitete aus seinem Faible für die Raumdeckung aber keine defensive Grundhaltung ab. Ihn interessierte nicht nur, wie man den Ball erobert, sondern auch, was man planvoll tun kann, wenn man den Ball hat. Er mochte kein Zweckdenken, keinen Außenseiterfußball mit Konterüberfällen. Der SC sollte schön und offensiv spielen – auch gegen Überlegene. Abstrakt erklärt hat Finke seine Spielweise nie, Vorgaben im Training erzogen das Team unbewusst zum Freiburger Kurzpass-Stil – Finke nannte das den „geheimen Lehrplan".

Als die Gegner mit der Zeit taktisch aufgeholt hatten, suchte er in neuen Nischen Vorteile für Freiburg. Sich neu erfinden und doch der Alte bleiben, das war Finkes Motto. Statt teure Spieler zu kaufen, verbesserte der Klub die Infrastruktur, baute größere Tribünen (mit Schwarzwaldblick und Solardach) – und eine Fußballschule, in der Talente früher als anderswo professionell betreut wurden. Das Scouting wurde auf Regionen gerichtet, in denen damals kein anderer suchte: Afrika – und Osteuropa, speziell Georgien.

So prägten den SC eine Zeit lang Spieler, deren Nachnamen auf „-wili" endeten und kaum aufs Trikot passten: Kobiaschwili, Zkitischwili, Chisaneischwili, Iaschwili. Echte „Breisgau-Brasilianer" hingegen gab es nie, dieses Klischee, das dem eleganten Fußball geschuldet war und ewig währte, nahm der SC irgendwann eher genervt als geschmeichelt zur Kenntnis. Auch das charmante Kleinsein gefiel im Laufe der Zeit nicht mehr jedem in Freiburg, es kamen Jahre, die als Stillstand empfunden wurden. Finke predigte weiter Ruhe und Kontinuität, er lehnte Angebote an ihn stets ab (Bremen, HSV) – und wann immer gute Spieler gingen, verwies er auf Freiburgs Rolle als „Ausbildungsverein".

2007 beschloss der Klub die Trennung vom Dauertrainer, der auch schwierige Charakterseiten hatte. Die Stadt war danach gespalten, in treue Finke-Anhänger und in Befürworter einer Neuausrichtung. Die Sorge, der SC würde ohne Volker Finke ein gesichtsloser Verein werden, hat sich später nicht bestätigt.

MORITZ KIELBASSA

Kein Klischee, die Wahrheit: Volker Finke (links, mit Assistent Achim Sarstedt) pflegte beim SC Freiburg eine Strandkorb-Idylle. Auch das machte ihn zum sympathischen Sonderling. Gleichzeitig war er der erfolgreiche Pionier des sogenannten Konzeptfußballs.

Die Taktiker

Professor mit Bauch

Die Taktiktafel gilt als Symbol der wissenschaftlichen Ausdeutung des Fußballs. In Deutschland war 1998 Ralf Rangnick der Erste, der es wagte, an einer solchen Tafel im Fernsehen mit bunten Magneten eine Viererkette zu erklären – die Abwehr der Zukunft, die er damals schon in Ulm praktizierte. Rangnick war ein junger Fußballlehrer ohne Visitenkarte als Ex-Profi, ein Studierter, der mit seinem Fortschrittseifer bei den Altvorderen der Branche aneckte. Den ZDF-Auftritt von damals, gestand er später, würde er nicht mehr wiederholen, er brachte ihm Beinamen wie „Professor" und „Besserwisser" ein – obwohl sich Rangnick selbst als Bauchmensch sieht. Der England-Fan hatte seine besten Jahre mit Schalke und Hoffenheim. „Erfolg ist nicht planbar, Leistung schon", ist sein Leitsatz. Rangnick mag jenen Hochgeschwindigkeitsfußball, der nach der Jahrtausendwende in Europa führend wurde. Ein aktiver, offensiv aussehender Fußball – der aber aus der Defensive heraus gedacht und umgesetzt wird; mit viel Laufarbeit und Pressing in der gegnerischen Hälfte, das nach Ballgewinn den Blitzangriff vors Tor ermöglicht, am besten sofort steil nach vorne. Rangnick bewunderte Pioniere der Raumdeckung wie Lobanowski (Kiew) und Sacchi (Milan), er selbst inspirierte in der Liga eine neue Generation von Kollegen, die „Konzepttrainer" genannt wurden. Bis der Begriff verpönt war. Weil ja alle Trainer ein Konzept haben, irgendwie.

Von den Eseln zu den Chinesen

Als 2013 der Meistertrainer Klopp dem Meistertrainer Heynckes nachsagte, dessen Bayern hätten ihre Taktik von den Dortmundern abgekupfert wie chinesische Industriespione – da hatte die Liga eine „Plagiats-Affäre". Bayern-Vorstand Rummenigge vertrat dabei die Ansicht, dass die moderne Fußball-Lehre weder in Dortmund noch in München noch irgendwo erfunden worden sei. Sondern von vielen Urhebern in vielen Epochen, die alle voneinander abgeschaut hätten. In der Bundesliga fand schon zwischen den späten Siebzigern und frühen Achtzigern eine Frühphase strategischer Umbrüche statt. Beim FC Bayern versuchten sich als Erste die ungarischen Trainer Gyula Lorant und Pal Csernai („Pal-System") an der Raumdeckung, die später das Prinzip „Mann gegen Mann" ablöste. Beim HSV führte Ernst Happel (im Bild) Phänomene wie Forechecking und Abseitsfalle ein – obwohl er ein großer Grantler und Schweiger war. Aber Happel musste nicht viel reden, sein Training reichte zur Vermittlung. Er hatte zuvor in Holland und Belgien gearbeitet, wo taktische Dinge gelehrt wurden, die in Deutschland erst Jahrzehnte später Standard wurden. „Manndeckung?", spöttelte Happel, „da hast du elf Esel auf dem Platz stehen."

Bayerisch-holländische Ballbesitzschule

Louis van Gaal gab vielen Fans in Deutschland neue Sichtweisen auf das Spiel. Der Holländer mit dem großen Sachverstand und Ego eröffnete 2009 beim FC Bayern eine Ballbesitz-Schule. Er lehrte Kurzpässe und Positionsspiele, sein Team sollte immerzu den Ball haben, den Gegner müde kombinieren – und beschleunigen, wenn sich die Lücke vor dem Tor auftat. „Verteidigen kann jeder", ätzte van Gaal – wohl wissend, dass die Weiterentwicklung des Fußballs lange Zeit vor allem dazu geführt hatte, das defensive Spiel „gegen den Ball" zu verbessern. Van Gaal suchte Lösungen für das gestalterische Spiel „mit Ball", er setzte nicht nur auf Konter, er wollte auch Gegner aushebeln, die sich hinten verschanzen. Sein Stil passte zur Ära der spanischen Ballbesitzfanatiker (Nationalelf, Barcelona), die rund ums Jahr 2010 den Weltfußball dominierten. Bei Bayern sah man diesen Fußball zunächst zwiespältig – zumal die Abwehrarbeit unter van Gaal zunehmend vernachlässigt wurde. Nachfolger Jupp Heynckes mischte die geerbte Passsicherheit des Teams mit mehr Sorgfalt in der Defensive und modernen Stilmitteln wie dem Gegenpressing. Der Erfolg war groß.

1994/95
1995/96

Gelbe Jahre:
Borussia Dortmund war 1963 der letzte Meister vor der Einführung der Bundesliga gewesen. Dann dauerte es gut drei Jahrzehnte, bis der BVB unter Trainer Ottmar Hitzfeld seine ersten beiden Meistertitel als Bundesligist feiern konnte.

„Wie ein Sechser im Lotto"

Keine Schaffensphase hat Ottmar Hitzfeld so geprägt wie seine Zeit bei Borussia Dortmund. Der Trainer beschreibt die zentralen Figuren einer Mannschaft, mit der er zwei Mal Meister wurde und die Champions League gewann – eine Mannschaft voller Glücksgriffe und Lieblingsspieler.

VON FREDDIE RÖCKENHAUS

Als Ottmar Hitzfeld im Jahr 1991 zu Borussia Dortmund kam, war die örtliche Presse skeptisch. Hitzfeld aber war froh, „den Job bekommen zu haben". Dortmund war in der Saison zuvor nur auf Platz zehn gelandet, Hitzfeld hatte mit Grasshopper Zürich dagegen zwei Meistertitel gewonnen. „Aber eben in der Schweiz", sagt Hitzfeld, „das hatte keinen Stellenwert damals. Und ich war jung, 42."

Die Skepsis wuchs, als Dortmund in Rostock 2:5 und auf Schalke 1:5 verlor und nach fünf Spielen auf Rang 15 lag.

Am Saisonende aber verpasste Hitzfeld im legendären Finale der Saison 1991/92 nur knapp seinen ersten Bundesliga-Titel – um vier Minuten. Bis dahin hatte die Borussia auf Platz eins gelegen, dann sicherte das Tor von Guido Buchwald dem VfB Stuttgart die Meisterschaft. „Der Titel wurde mir entrissen", erinnert sich Hitzfeld, und damals habe er gefürchtet, dass er diesem Titel nie wieder so nah sein werde. Es sei „die Hölle" gewesen.

Drei Jahre später, 1995, stand Hitzfeld mit Tränen in den Augen, aber immer noch zugeknöpft im Trenchcoat auf dem Rasen des Westfalenstadions. Inmitten des Wahnsinns. Irgendwann getröstet in seinem Siegesschmerz von Stefan Reuter. Dortmund war Meister, Hitzfeld war Meister. Mit einer Mannschaft, die den Titel in der folgenden Saison verteidigen konnte und die im Jahr darauf, 1997, ausgerechnet am Endspielort München, gegen Juventus Turin als erste deutsche Mannschaft die Champions League gewann.

„Das Stadion in Dortmund war immer viel lauter, viel emotionaler als das Olympiastadion in München. Diese aufgeladene Spannung, diese Wellen, die durchs Stadion gehen, das ist in Dortmund etwas ganz Besonderes. Man spürt, dass sie in Dortmund den Fußball leben. Ich war völlig überwältigt. Der ganze Druck fiel mit einem Mal von mir ab." Die Erfolge seiner Dortmunder Ära, angefangen mit Platz zwei 1992 und den Uefa-Cup-Endspielen gegen Juventus 1993, legten das Fundament für seine Karriere. Ottmar Hitzfeld kann sich an alle Mannschaften, alle Spieler erinnern, mit denen er später noch fünf Meisterschaften beim FC Bayern errang und 2001 den Champions-League-Triumph wiederholen konnte.

Keine Mannschaft hat ihn jedoch so geprägt wie Dortmund. Mit Lieblingsspielern, die er beinahe als eigene Söhne betrachten wollte, und mit ebenso schwierigen wie leistungsstarken Profis, mit denen Trainer strategische Beziehungen auf Zeit aushandeln müssen.

Es wurde zu einem Charakteristikum von Hitzfeld, dass er sich für den Erfolg mit schwierigen Typen abgekämpft hat, deren Aggression er in die richtigen Kanäle umleitete. Mit Profis, die menschliche Stressfaktoren sind. „Es ist Teil meines Lebens, mich mit Spielern zu beschäftigen, mich mit der Mannschaft zu vereinen", sagt er. Mit seiner ersten großen Mannschaft hat Hitzfeld in Dortmund einst an der Modernisierung des Spiels gearbeitet. Durch den Abschied vom Libero, durch einen mitspielenden Torwart, durch Einführung von gestaltenden Innenverteidigern, mit einem echten Sechser, einem Tempodribbler wie Andreas Möller als Spielmacher und einem Mittelstürmer, der oft wie ein Mittelfeldspieler wirkte.

Die Spieler seiner Dortmunder Ära kann er aus dem Stand skizzieren. Gerne beschreibt Ottmar Hitzfeld die Charakteristika seiner 13 Hauptdarsteller aus jener Zeit. Und er gibt einen Einblick in jene seltsame Symbiose, die Trainer mit ihren Teams eingehen.

Stefan Klos: „Stefan war einer der ersten dieser intelligenten Torwarte, die das Spiel antizipieren können, die mitspielen. Ein Vorläufer der modernen Torwart-Generation. Obendrein strahlte er eine unglaubliche Ruhe aus. Es war 1991 ein Risiko, ihn als U21-Nationalspieler zum Stammtorwart zu machen und Teddy de Beer abzulösen. Aber der Mut hat sich ausgezahlt."

Jürgen Kohler: „Jürgen war ein Garant für eine professionelle Einstellung, einer, der auch ein Motivator war. Jürgen hatte noch als echter Manndecker angefangen, aber in seiner Zeit bei Juventus Turin hatte er sich enorm weiterentwickelt. Wir haben damals begonnen, von der Manndeckung auf die Zonendeckung umzustellen, also auf die heute allgemein übliche Strategie mit zwei Innenverteidigern. Jürgen hatte sich dazu in Italien das nötige Selbstbewusstsein und die passende Seriosität angeeignet."

Julio Cesar: „Julio war einer unserer Glücksfälle. Wir bekamen ihn als Dreingabe von Juventus Turin, weil die hohe Ablöseforderung von Juve für Andreas Möller damit im Paket akzeptabler wurde. Juve wollte Julio loswerden, weil er nach einer Wadenbein-Verletzung nicht wieder fit zu werden schien. Julio war einer der ersten Innenverteidiger, die nicht mehr nur Bälle wegschlagen konnten, sondern aus der Balleroberung heraus das Spiel aufbauten und auch innerhalb des Strafraums sicher den Ball spielen konnten. Außerdem war es praktisch unmöglich, an Julio vorbeizulaufen. Er war allerdings auch ein typischer Brasilianer. Er war nicht wirklich undiszipliniert, beanspruchte aber gewisse Freiheiten. Ich hab' eigentlich Verständnis für ihn gehabt, aber es gab auch Spieler, etwa Matthias Sammer, die sehr darauf achteten, ob jemand bevorzugt wurde."

Zwischen Genie und Gemeinheit: Andreas Möller mit der Schwalbe aller Schwalben gegen den KSC-Verteidiger Dirk Schuster (r.) und mit einem Kunstfreistoß auf dem Weg zum Meistertitel 1995.

Matthias Sammer: „Auch Matthias war so ein Glücksgriff. Er kam 1993 von Inter Mailand, wo er sehr unglücklich war. Ich hatte in der Schweiz jahrelang mit einer Viererkette gespielt; Matthias spielte als eine Art Libero vor dieser Abwehr, wie ein moderner Sechser. Das haben wir in der Bundesliga eingeführt und diese Spielweise mit Matthias zusammen entwickelt. Er konnte das spielen, weil er ein hochintelligenter Fußballer war, der das Spiel unglaublich gut antizipierte und spürte, wann er sich hinter die Abwehrkette zurückfallen lassen musste. Seine Rolle war anspruchsvoller als die der aktuellen Sechser. Denn obwohl wir mit Kohler und Cesar schon recht modern gespielt haben: Heute sind die Innenverteidiger viel besser ausgebildet. Deshalb haben es die modernen Sechser leichter. Matthias war ein Querdenker, der überall Verbesserungsansätze sah. Er hatte auch immer einen engen Kontakt zur Vereinsführung. Wenn mich unser damaliger Präsident Dr. Niebaum fragte, wie ich denn gegen das Überzahlspiel von Juve vorzugehen gedenke, dann wusste ich, wer dahinter steckte."

Wolfgang Feiersinger: „Wolfgang hat mir eine der schwierigsten Entscheidungen meiner Trainer-Karriere abverlangt. Als wir 1997 in der Champions League das Finale erreichten, war Matthias Sammer verletzt und Feiersinger spielte einen sehr guten Libero, auch im Halbfinale gegen Manchester United. Zum Finale in München wurde Matthias wieder fit, und es war klar, dass er der Bessere war. Es war schlimm für Feiersinger, dass er nicht einmal mehr einen Platz im Kader bekam. Ich musste ihm beibringen, dass ich den vielseitiger einsetzbaren René Tretschok auf der Bank brauchte. Als Trainer musst du Entscheidungen danach fällen, was dir den größten Erfolg garantiert."

Jörg Heinrich: „Ein zuverlässiger, laufstarker Typ und ein totaler Kollektivspieler, der jede Rolle ausfüllte, die man ihm gab."

Paul Lambert: „Zu Paul habe ich noch Kontakt, um ihm ab und zu Glück zu wünschen. Er ist ja Trainer geworden. Paul war für uns wie ein Sechser im Lotto. Er kam ablösefrei, nach einem Probetraining. Die Zuverlässigkeit in Person, eine Arbeitsbiene und die ideale Absicherung und Ergänzung zu Stars wie Sammer und Möller. Einer, der sich total für das Team einsetzte, sehr ballsicher, sehr laufstark. Pauls Frau litt leider unter heftigem Heimweh, dem hat er irgendwann nachgeben müssen, er ging dann zurück nach Schottland."

Steffen Freund: „Unser Mann für spezielle Aufgaben. Er konnte die gegnerischen

Die Säulen einer Ära: Jürgen Kohler, Matthias Sammer, Karl-Heinz Riedle sowie Andreas Möller und Steffen Freund (von links oben im Uhrzeigersinn).

Spielmacher aus dem Spiel nehmen. Er war so etwas wie der Adjutant von Matthias Sammer, beide bildeten einen Block."

Michael Zorc: „Mein Kapitän. Unglaublich torgefährlich, vor allem durch seine Kopfballstärke, ein typischer Achter in der modernen Aufstellung. Michael war ein anderer Typ als Andreas Möller, seine Technik war nicht überragend, aber er hatte eine gute Mentalität und hohe Spielintelligenz. Leider wurde aber auch Michael älter. Seine letzte Vertragsverlängerung wollte ich nicht mehr, weil ich da schon wusste, dass er nicht mehr Stammspieler sein wird. So eine Situation ist problematisch bei einem so verdienten Spieler. Es war deshalb keine glückliche Lösung, dass mit ihm noch einmal verlängert wurde. Das hat zum Schluss das Verhältnis unnötig belastet."

Stefan Reuter: „Stefan war eine enorme Verstärkung, als wir ihn von Juventus Turin bekamen. Ein sehr intelligenter Spieler, sehr schnell, der defensiv im Mittelfeld, aber auch als Libero spielen konnte. Als rechter Verteidiger war er bei uns wegen seiner enormen Schnelligkeit ideal. Stefan war auch immer mal für ein Tor gut."

Andreas Möller: „Andreas gehört zu den am meisten unterschätzten Spielern. Er hat vom Publikum oft nicht die Wertschätzung bekommen, die ihm zugestanden wäre. Andreas war genial und Weltklasse. Bei der modernen Spielweise würde Andy noch viel mehr brillieren, als das damals möglich war. Er war technisch herausragend, unglaublich schnell und einfallsreich, obwohl er grundsätzlich gegen eine Manndeckung, manchmal sogar gegen eine doppelte Manndeckung spielen musste. Matthias Sammer wollte diese Position nicht spielen. Ich wollte Andy immer helfen, denn auch in der Mannschaft hat er oft nicht die Anerkennung bekommen, die ihm zugestanden hätte. Auch menschlich war Andy wichtig fürs Team, er war immer für einen Spaß gut."

Lars Ricken: „Wieder so ein Glücksfall für mich als Trainer. Wir hatten im Meisterjahr 1995 drei verletzte Stürmer, Chapuisat, Povlsen, Riedle, alle hatten sich Kreuzbandrisse zugezogen. Lars kam mit 17 aus der A-Jugend, zusammen mit Ibrahim Tanko. Mit Ricken wurden wir Meister. Lars hat immer gebrannt, hatte einen unbändigen Willen und hat über seine Verhältnisse gespielt. Er war technisch nicht so herausragend wie Andy Möller, er war

SAISON 1994/1995, 1995/1996

Jeder genießt den Erfolg auf seine Weise: Der Teenie-Star Lars Ricken mit einer Trophäe der Teenie-Zeitschrift Bravo, der Trainer Ottmar Hitzfeld mit Zigarre und Pickelhaube, der Abwehrchef Julio Cesar mit guten Freunden aus Rio.

auch nicht besonders schnell, er lebte von Spielintelligenz und Nervenstärke. Man reduziert ihn ja oft auf sein Tor im Champions-League-Endspiel gegen Juve, aber Lars hatte uns schon als Abiturient den Weg zum Titel 1995 geebnet und 1997 in der Champions League in allen wichtigen Spielen entscheidende Tore erzielt. Die Erwartungshaltung aber war bei Lars später immer zu hoch."

Paulo Sousa: „Paulo war nicht ganz gesund, als wir ihn holten. Wir wussten, dass er sich mit einer Verletzung an der Patellasehne herumplagte. Körperlich konnte er oft nicht hundert Prozent abrufen. Ich habe ihm eine Sonderrolle zugestanden und ihn häufig im Training geschont. Seine Erfahrung, seine Intelligenz und seine Nervenstärke spielten aber eine wichtige Rolle beim Champions-League-Sieg. Es ist nicht ideal, wenn man als Trainer häufig einen Spieler aufstellt, der nicht ganz fit ist und weniger trainiert hat. Man weiß als Trainer, dass das Widerspruch bei anderen Spielern hervorruft. Aber Sousa war ein Baustein des Erfolgs."

Stephane Chapuisat: „Ein Traumtransfer. Wir holten ihn aus Uerdingen, als er verletzt war. Ich habe ihm damals einiges zugetraut, aber nicht so eine Leistungsexplosion. Er spielte phänomenal, Weltklasse. Und obwohl ich manchmal dachte, dass er nur einen guten Trick beherrschte, kam er damit an jedem vorbei. Stephane wurde durch seine Tore zum Star, blieb aber ein Teamplayer und sehr bescheiden. Einer, der einem wie der Spieler Nummer 20 im Kader hätte vorkommen können, weil er überhaupt kein Anspruchsdenken hatte. Ich gebe zu, dass Chapi ein Lieblingsspieler von mir war. Er war sehr schüchtern, ich habe ihn deshalb immer ein bisschen gepusht. Ein bisschen wie einen Sohn."

Karl-Heinz Riedle: „Wir haben Kalle als Verstärkung aus Rom geholt, aber er hat anfangs Nerven gezeigt und hatte Ladehemmung. Er kam mit dem Druck nicht klar, wurde immer nervöser und stand dann auch in der Kritik. Später war Kalle oft verletzt. Im Champions-League-Finale hat er dann aber zwei Tore geschossen und die Basis für den Erfolg gelegt. Das wird oft vergessen, alles wird reduziert auf das Tor zum 3:1 durch Lars Ricken. Das Tor von Lars war halt ein Märchen. Und solche märchenhaften Geschichten wollen die Zuschauer."

Saison 1994/95

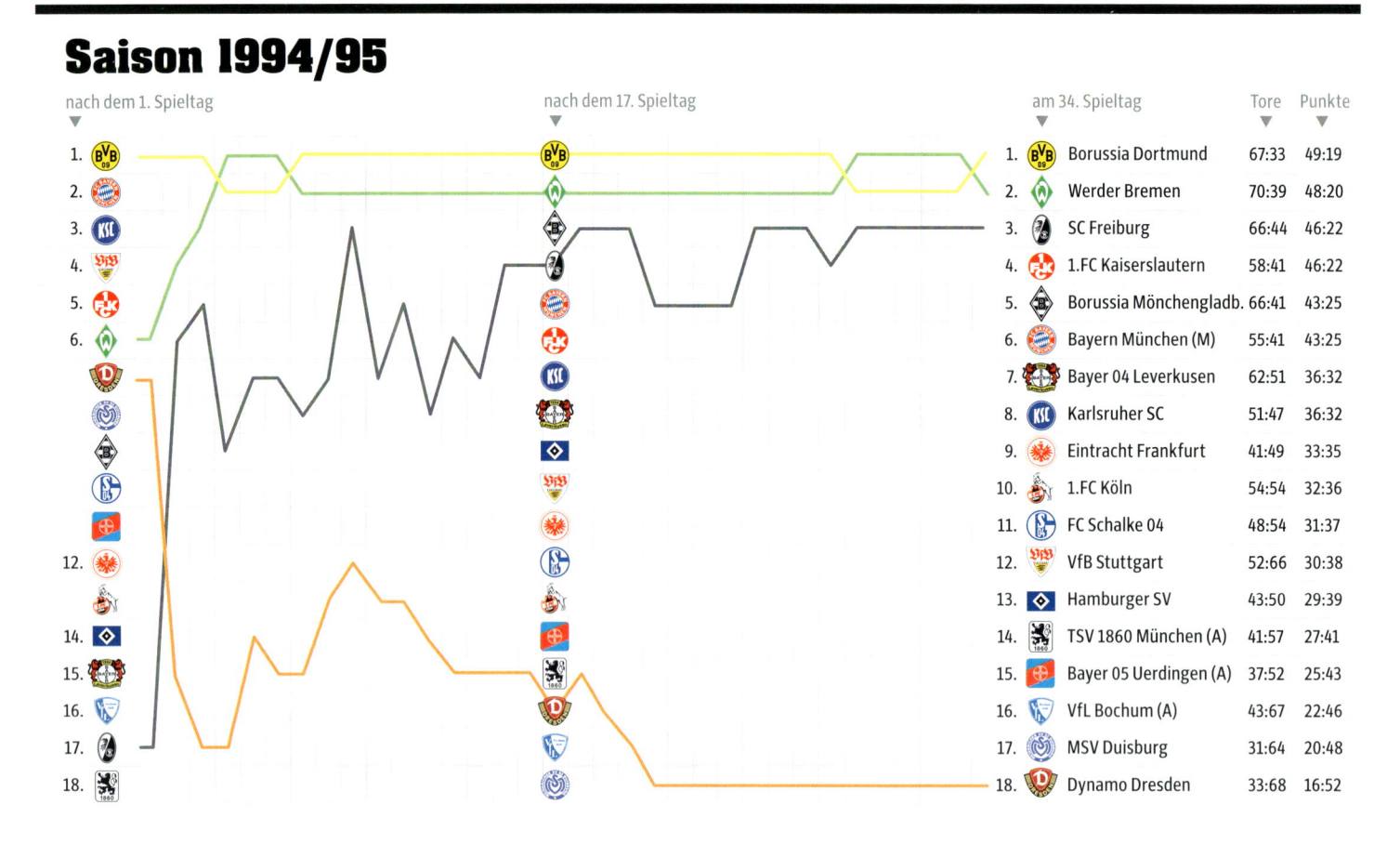

nach dem 1. Spieltag — nach dem 17. Spieltag — am 34. Spieltag — Tore — Punkte

Pos.	Verein	Tore	Punkte
1.	Borussia Dortmund	67:33	49:19
2.	Werder Bremen	70:39	48:20
3.	SC Freiburg	66:44	46:22
4.	1.FC Kaiserslautern	58:41	46:22
5.	Borussia Mönchengladb.	66:41	43:25
6.	Bayern München (M)	55:41	43:25
7.	Bayer 04 Leverkusen	62:51	36:32
8.	Karlsruher SC	51:47	36:32
9.	Eintracht Frankfurt	41:49	33:35
10.	1.FC Köln	54:54	32:36
11.	FC Schalke 04	48:54	31:37
12.	VfB Stuttgart	52:66	30:38
13.	Hamburger SV	43:50	29:39
14.	TSV 1860 München (A)	41:57	27:41
15.	Bayer 05 Uerdingen (A)	37:52	25:43
16.	VfL Bochum (A)	43:67	22:46
17.	MSV Duisburg	31:64	20:48
18.	Dynamo Dresden	33:68	16:52

Brisanz am letzten Spieltag: Bremen braucht einen Sieg beim FC Bayern, wo Otto Rehhagel bereits erwartet wird. An seiner künftigen Arbeitsstätte verliert der Trainer 1:3 – Dortmund sprintet durch ein 2:0 gegen Hamburg (Tore: Möller, Ricken) vorbei.

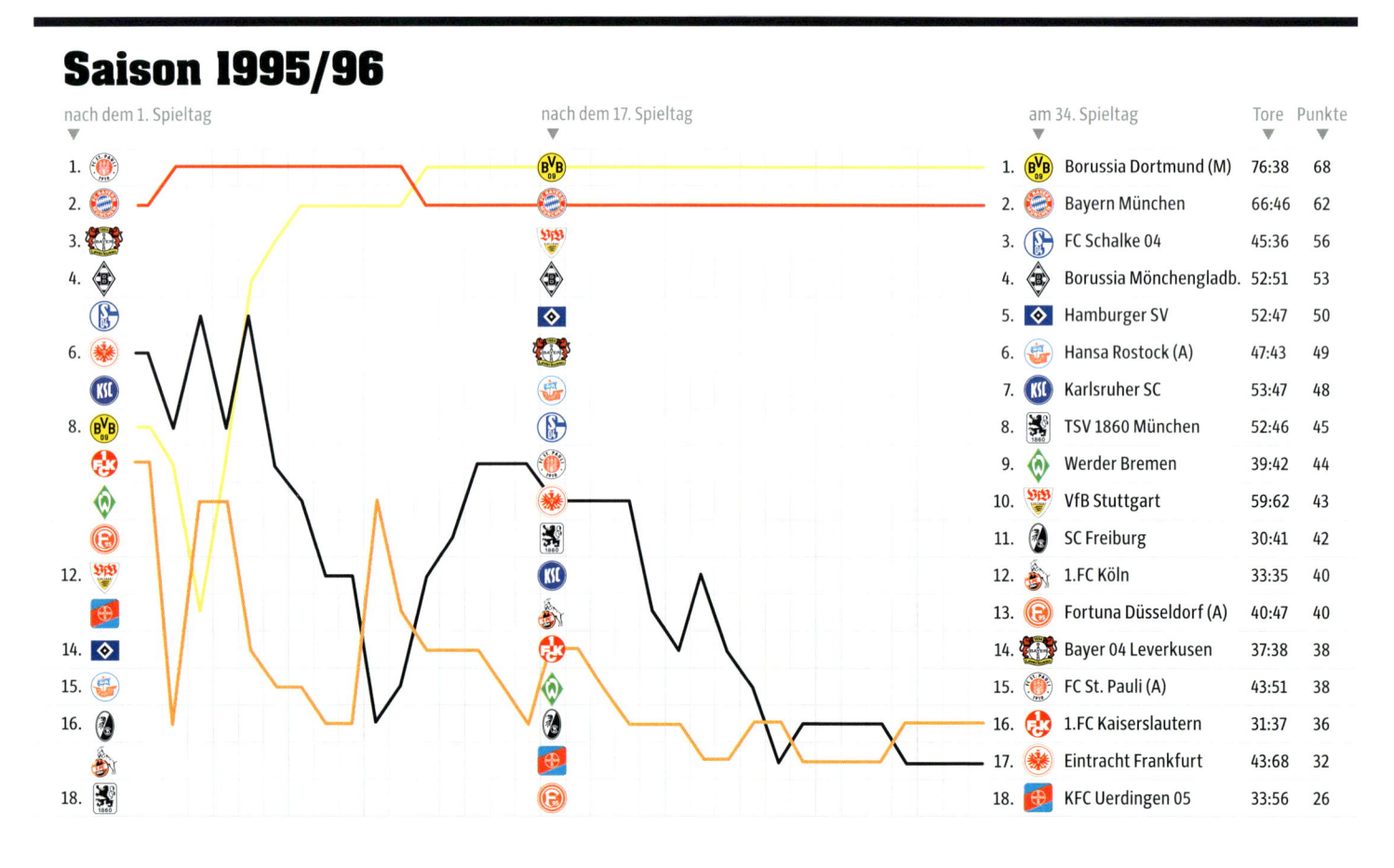

Saison 1995/96

nach dem 1. Spieltag — nach dem 17. Spieltag — am 34. Spieltag — Tore — Punkte

Pos.	Verein	Tore	Punkte
1.	Borussia Dortmund (M)	76:38	68
2.	Bayern München	66:46	62
3.	FC Schalke 04	45:36	56
4.	Borussia Mönchengladb.	52:51	53
5.	Hamburger SV	52:47	50
6.	Hansa Rostock (A)	47:43	49
7.	Karlsruher SC	53:47	48
8.	TSV 1860 München	52:46	45
9.	Werder Bremen	39:42	44
10.	VfB Stuttgart	59:62	43
11.	SC Freiburg	30:41	42
12.	1.FC Köln	33:35	40
13.	Fortuna Düsseldorf (A)	40:47	40
14.	Bayer 04 Leverkusen	37:38	38
15.	FC St. Pauli (A)	43:51	38
16.	1.FC Kaiserslautern	31:37	36
17.	Eintracht Frankfurt	43:68	32
18.	KFC Uerdingen 05	33:56	26

Dino-Sterben in der Liga: Kaiserslautern raus, Frankfurt raus, der 1. FC Köln überlebt erst am letzten Spieltag durch ein 1:0 in Rostock. Nach dieser Spielzeit sind nur noch zwei Klubs übrig, die beim Bundesligastart im August 1963 dabei waren: Köln und der HSV.

„Mir habe die Seusche"

Der hessische Bauunternehmer Rolf-Jürgen Otto legte sich Dynamo Dresden als Spielzeug zu. Herausgekommen ist das exemplarische Ost/West-Missverständnis nach der Wende.

VON MATTHIAS WOLF

Wütend wird er immer noch sehr schnell. Der Duktus hat sich kaum verändert, nur die Lautstärke. Rolf-Jürgen Otto ist schwer krank, er benötigt ein Sauerstoffgerät. Er flüstert mehr, als dass er spricht. Doch seine Botschaft im Frühjahr 2013 ist so subjektiv wie eindeutig: „Der DFB will keinen Verein aus dem Osten in der Bundesliga. Das war damals so, das ist heute so. Wir sind nicht gewollt." Er sagt tatsächlich: Wir!

Dabei war er seit 2001 nicht mehr in Dresden. Damals war er in einem letzten Prozess vor dem Landgericht wegen Untreue und Konkursverschleppung mit einer Bewährungsstrafe davongekommen. „Die Sehnsucht ist da, wie Hessen ist Sachsen ein Stück Heimat", sagt Otto, „aber ich spüre, dass ich mit einem Besuch und den Gefühlen nicht fertig würde."

Nicht einmal, als Dynamo in der zweiten Liga beim FSV Frankfurt gespielt hat, hat er den Besuch im Stadion gewagt. Dabei wohnt er gleich um die Ecke, er wäre gerne hingegangen, „aber man hat mir gesagt, das könnte böses Blut geben, wenn mich Dresdner Fans sehen".

Das Schicksal des Vereins SG Dynamo, das so eng mit seinem eigenen Schicksal verknüpft ist, beschäftigt ihn weiterhin. Er versäumt kein Spiel, im Fernsehen oder im Radio. Den Ausschluss der Dresdner wegen Zuschauerkrawallen aus dem DFB-Pokal für die Saison 2013/2014 hält Otto für einen Skandal. Für eine Verschwörung. Ein Machwerk der Wessis. Dabei blieb doch gerade er als der Prototyp all jener in Erinnerung, die auszogen, um nach dem Mauerfall im Osten das große Geld zu machen. Zumal er sich nebenbei auch noch einen Fußballverein als Spielzeug zulegte – und prompt kaputt machte. „Wenn ich heute ins Internet schaue", sagt Otto, „sind zwei Drittel aller Berichte über mich negativ."

Die Quote scheint geschönt zu sein, sie belegt den verklärten Blick Ottos zurück auf seine Amtszeit in Dresden, die am 16. Januar 1993 begann – und wenige Tage nach dem 2. August 1995 endete. An diesem Tag führte ihn die Polizei in Handschellen ab, nur mit Bademantel und Latschen war er bekleidet. Kurz zuvor war Dynamo nach vier Erstliga-Jahren von 1991 bis 1995 sportlich abgestiegen, der DFB verweigerte aus finanziellen Gründen allerdings auch die Lizenz für die zweite Bundesliga. Dynamo war nur noch drittklassig, später kurzzeitig viertklassig, erst 2011/2012 gelang die Rückkehr in die zweite Liga.

Dynamos Neubeginn nach dem Lizenzentzug hatte Rolf-Jürgen Otto im Knast erlebt, verurteilt zu drei Jahren Haft wegen vorsätzlichen Bankrotts, Konkursverschleppung, Nichtabführung von Sozialversicherungsbeiträgen – Vergehen als Bauunternehmer. Nebenbei jonglierte Otto mit hohen Summen zwischen Firma und Verein: Einmal überwies er fünf Millionen Mark von seiner Meißener Baufirma auf das Vereinskonto; kaum war die Lizenz erteilt, floss das Geld wieder zurück.

Aber, sagt er heute, er habe auch viel mit Dynamo verloren. „Als ich angefangen habe, gab es nur abgebrochene Bleistifte in der Geschäftsstelle – und teure Möbel, die nicht bezahlt waren." Fast vier Millionen Mark will er dem Klub geschenkt haben, „Geld aus meinen gut florierenden Unternehmen". Über seine Firmenpleiten, in Ost und West, spricht er nicht mehr, nur so viel: Hätte er die Dresdner Millionen heu-

Dresdner Porzellan: Der Stürmer Alexander Zickler (oben) machte bald beim FC Bayern Karriere, Abwehrrecke Ralf Hauptmann hielt ab 1993 für den 1. FC Köln seinen Schädel hin.

te noch, ginge es ihm besser. „Der Fußball war meine Leidenschaft, aber auch mein Untergang. Ich hatte eine schöne Zeit, aber auch eine teure Zeit."

Rolf-Jürgen Otto, 72, lebt im Frühjahr 2013 in einer Mietwohnung in Frankfurt-Sachsenhausen. Bescheiden, man könnte auch sagen: verarmt. Gepflegt wird er von seiner Frau. In Dresden kennen sie Otto anders: Er fuhr Mercedes und Rolls Royce, logierte im Hotel Bellevue, der ersten Adresse am Platze. Von hier, einem Schreibtisch in der vornehmen Lobby, führte er den beliebtesten Verein in den neuen Ländern. Und wenn er mit den Fingern schnippte, spielte der Pianist sein Lieblingslied: „New York, New York." Er liebte das Rampenlicht.

Das hatte er schon in Hessen gesucht, wo er als Lkw-Fahrer ins Berufsleben startete. Später war er Bauunternehmer, führte Restaurants, spekulierte mit Immobilien und wurde zudem als Boxpromoter und Veranstalter von Schlagershows auffällig. Finanziell mit mäßigem Erfolg, manche Otto-Firma fiel dem Konkursverwalter anheim – die Goldgräberstimmung in Neufünfland nach der Wende kam da gerade recht.

Otto nutzte die Chance 1990, als die Treuhand Firmen zum Schleuderpreis an-

Das Trainergespann Siegfried Held (l.) und Ralf Minge hat 1993/94 noch Hoffnung. Ein Jahr später steigt Dynamo aber ab, und die Fans tragen ihren Verein symbolisch zu Grabe.

bot. Er kaufte gleich mehrere, baute sich in Sachsen ein Firmenkonglomerat auf, mit fast 600 Mitarbeitern. Parallel eroberte er zahlreiche strategisch wichtige Positionen in Dresden. Jeder kannte Otto – und Otto kannte jeden mit Einfluss. Manche Kontakte knüpfte er auf der Pferderennbahn. Er baute jede Menge Häuser, allein in Dresden-Weißig stampfte er 870 Wohnungen für insgesamt 150 Millionen Mark aus dem Boden; und auch seine Pferde gewannen. Otto zog für die FDP ins Stadtparlament ein, schielte auf den Posten des Oberbürgermeisters – Dynamo erschien als ideales Sprungbrett, auch wenn den Verein damals schon hohe Schulden plagten.

Da kam der vermeintlich neureiche Wessi gerade recht. Hunderte seiner Angestellten traten in den Verein ein und wählten Otto zum Präsidenten. Der scharte nicht nur immer mehr Gefolgsleute um sich, hinter den Kulissen wurde auch kräftig an den Zahlen gedrechselt. Als wieder mal der Lizenzentzug drohte, fuhr Otto zum DFB und bot einen Deal an: 100 000 Mark Geldstrafe, vier Punkte Abzug. Der Verband akzeptierte, und Otto, der hohe DFB-Funktionäre intern auch gerne mal zum „Quadrat-Arschloch" ernannte, ließ sich feiern. In der Tat: Die Mannschaft schaffte den Klassenerhalt 1994 trotz des Punkte-Jochs, Dynamo ging ins vierte Bundesligajahr. Es wurde das letzte. Finanziell war der Klub am Ende, weil fast zehn Millionen Mark im Etat fehlten, zudem der DFB auf immer mehr unorthodoxe Vorgänge bei Dynamo aufmerksam wurde. Aber auch sportlich: Horst Hrubesch als Trainer wirkte überfordert in der komplizierten Situation, viele Profis erwiesen sich als Fehleinkäufe; zugleich versilberte Otto von Olaf Marschall bis Jens Jeremies fast jeden hochbegabten einheimischen Profi. „Opfer für die Lizenz", sagt er.

„Anwalt des Ostens" sei er gewesen: „Die Westvereine haben uns bei einigen Transfers über den Tisch gezogen – aber wir brauchten schnell Geld." Es folgte ein Absturz, den Otto tränenreich im hessischen Dialekt begleitete: „Mir habe die Seusche. Wo mer hingreife, überall nur Seusche."

Die Justiz nahm ihn aus dem Spiel. Mit seinem Rücktritt, kurz nach der Verhaftung, kam er einer Abwahl bei Dynamo zuvor, welche die von ihm jahrelang gedemütigten Kritiker („Opposition? Das sind Tubabläser") forciert hatten. Bis heute gilt er als Persona non grata in Dresden. Das will er nicht verstehen. „Ich habe viel gelitten für Dynamo", beginnt er sein Fazit: „Ich bin gedanklich immer noch bei meinem alten Verein. Es tut weh, dass keinerlei Resonanz aus Dresden mehr kommt. Dabei habe ich es doch nur gut gemeint."

Vier Dresdner Jahre

Saison 1991/92 Dresden beendet die letzte Saison der DDR-Oberliga im Sommer 1991 auf dem zweiten Platz und schafft so gemeinsam mit Hansa Rostock die direkte Qualifikation für die Bundesliga. Im Gegensatz zu den Rostockern gelingt Dynamo unter Trainer Helmut Schulte der Klassenerhalt. Platz 14.

Saison 1992/93 Nach guter Herbstform schaffen es die Dresdner am Ende gerade noch so, die Liga zu halten. Trainer Klaus Sammer wird im April durch Ralf Minge ersetzt. Platz 15.

Saison 1993/94 Mit Siegfried Held, dem vierten Coach im dritten Bundesligajahr, landet der Verein trotz eines Vier-Punkte-Abzuges auf Platz 13 – sportlich Dynamos bestes Erstligajahr. Torjäger Olaf Marschall trifft elf Mal und wechselt danach zum 1. FC Kaiserslautern, mit dem er 1998 Meister wird.

Saison 1994/95 Der Abschied. Dresden bleibt 21 Spiele hintereinander sieglos, rutscht Anfang März erstmals auf den letzten Platz ab und bleibt dort bis zum Saisonende. Auch die Trainer Horst Hrubesch und Ralf Minge konnten nicht mehr helfen. Nachdem der DFB dem hochverschuldeten Verein ohnehin die Lizenz entzogen hat, steigt Dynamo Dresden auf direktem Weg in die drittklassige Regionalliga Nordost ab.

**Bayerisches Staatsministerium
für Unterricht, Kultus, Wissenschaft und Kunst**

80327 München · Dienstgebäude: Salvatorstraße 2
Telefon 2186-2666 · Telex 05-29789 · Telefax 2186-2888

Information   Pressereferent: MR Toni Schmid

---

23. Februar 1995   47/95   fernschriftlich voraus!

Zum Vorschlag des künftigen Bayern-Trainers Otto Rehhagel, seine Gattin als Kultusministerin zu beschäftigen, stellt das bayerische Kultusministerium fest:

Mit Interesse hat das bayerische Kultusministerium das Angebot von Herrn Rehhagel zur Kenntnis genomen, seine Gattin für das Amt des Kultusministers zur Verfügung zu stellen. Bedauerlicherweise müssen wir ihm die gleiche Antwort geben, die einst Wolfgang Amadeus Mozart, quasi der Beckenbauer der klassischen Musik, erhielt, als er sich um eine Stelle in München bewarb: "Leider keine Vakanz." Wir haben nämlich bereits einen Kultusminister. Er heißt Zehetmair und ist ein notorischer Sechziger. Nach dem alten Fußballer-Motto "Cuius regio, eius religio" gilt letzteres auch für die Mehrheit der Mitspieler in seinem Ministerium, so daß bei einer Amtsübernahme durch Frau Rehhagel Konflikte im Hause Rehhagel vorprogrammiert wären (Lokalderby!). Im übrigen scheint es angesichts der finanziellen Situation der öffentlichen Haushalte schwer vorstellbar, daß man sich über die Ablösesumme für Frau Rehhagel einigen könnte.

Nachdem nun der neue Bayern-Trainer seinen Traum in bezug auf die Besetzung des Kultusministeriums kundgetan hat, wollen auch wir nicht länger mit dem Traum des bayerischen Kultusministers in bezug auf die Besetzung der Trainerstelle beim FC Bayern hinter dem Berg halten. Nach Auffassung von Kultusminister Zehetmair kommt hier nur ein Mann in Frage, der ein Spiel zu inszenieren weiß, der sich auf glattem Parkett bewegen kann und Erfahrung im Umgang mit den Medien hat: August Everding.

Ob im Scherz oder nicht, sei dahingestellt, jedenfalls sah sich das bayerische Kultusministerium 1995 herausgefordert, Otto Rehhagel eine Antwort zukommen zu lassen. Rehhagel hatte vor seinem Umzug von Bremen nach München seine Ehefrau Beate als durchaus tauglich für das Amt des bayerischen Kultusministers vorgeschlagen. Pressereferent Toni Schmid formulierte eine sinnige Antwort.

Antike Regenwürmer

Mit großen Erwartungen, zwölf Nationalspielern und reichlich Goethe-Zitaten trat der Trainer Otto Rehhagel seinen Dienst beim FC Bayern an. Die Geschichte eines Irrtums.

Uli Hoeneß sollte einmal erklären, wie Otto Rehhagel mit Bremen und Kaiserslautern Deutscher Meister und mit Griechenland Europameister werden konnte. Der Otto, sagte Hoeneß nach gedehnter Denkpause, sei ein guter Mensch. Er habe seine Spieler stets anständig behandelt.

Rücksichtnahme, Loyalität, Anstand als Grundmuster für Erfolg im Fußball? Kaum ein anderer Trainer beim FC Bayern wurde so bloßgestellt wie Rehhagel. Bereits acht Wochen nach Saisonbeginn 1995 verkündete Mehmet Scholl: „Wir haben keine Taktik." Zu Weihnachten drohte

Nach einem Jahr wurde er entlassen, auch davor war es schon ab und an fast soweit, doch dann hat er jedes Mal ein wichtiges Spiel gewonnen: der Lautmaler Otto Rehhagel.

Manager Hoeneß: „Wir hätten auch den Mut, einen Trainer zu entlassen, wenn das Verhältnis zur Mannschaft nicht stimmt." Der Österreicher Andreas Herzog, der mit Rehhagel von Bremen nach München umgezogen war, wusste vor Saisonende: „Man wollte Rehhagel schon sechs Mal rauswerfen, aber jedes Mal haben wir ein entscheidendes Spiel gewonnen."

Dabei hatte alles mit ungezügelten Lobpreisungen vor allem Franz Beckenbauers begonnen. Der Bayern-Präsident suchte einen Trainer, der den Klub der Millionäre in Strenge führt. Die Münchner hatten sich bei den Transfers mächtig ins Zeug gelegt, auch mit der Verpflichtung des Markenbotschafters Jürgen Klinsmann. „Wenn du bei einer solchen Mannschaft einen schwachen Trainer hast", orakelte Beckenbauer, „dann kann das kaum etwas werden. Aber Otto ist ein starker, erfahrener Mann, der sich auskennt."

Völlig übersehen wurde, dass der sture Fußball-Lehrer aus Essen überhaupt nicht zur süffigen Medienmetropole München passen würde. Von Anfang an fühlte er sich von fünf konkurrierenden Tageszeitungen, mindestens drei TV-Sendern und unzähligen Radiostationen durchleuchtet.

Erste schwere Lacher fing sich Rehhagel schon im sommerlichen Trainingslager ein, wo er den „Faust" deklamierte: „Mit gier'ger Hand nach Schätzen gräbt / und froh ist, wenn er Regenwürmer findet ..." Was Goethe damit sagen wolle, raunte der gelernte Anstreicher vor dem erstaunten Kader? „Graben Sie nie nach Schätzen!"

Er selbst allerdings grub tief nach Anerkennung in der besseren Gesellschaft. Das bedeutete ihm viel. Der Spott nahm bedrohliche Züge an, als bekannt wurde, dass „Rubens" statt Rehhagel auf dem Klingelschild seiner Schwabinger Penthouse-Wohnung stand.

In einer Welt, die von der New Economy geschüttelt wurde, wirkte Rehhagel wie eine tragische Figur aus der Antike, vor allem, wenn er mit geschlossenen Augen Interviews gab. Sätze wie „Die Entscheidungen, die ich treffe, sind immer richtig" isolierten ihn, vor allem, wenn anschließend eine Niederlage zu besprechen war.

Anfangs rief *Bild*-Kolumnist Beckenbauer den Reportern noch vergnügt zu: „Den kriegen wir schon hin." Bald aber saß er nach Europapokal-Spielen ratlos vor dem Rotweinglas und murrte: „Ihr habt's ihn doch auch gewollt." In kleiner Runde zischte Co-Trainer Klaus Augenthaler: „Jetzt habt's Ihr den Vogel."

„Die Wahrheit ist auf dem Platz", sagte Rehhagel immer. Als Christian Ziege, einer von zwölf Nationalspielern (aus fünf Ländern) im Team des FCB, nähere Erläuterungen zum nächsten Gegner erbat, herrschte ihn der Trainer an: „Was kann ich dafür, wenn Sie keine Ahnung von Fußball haben." Alain Sutter, der mit der Schweizer Auswahl gegen französische Atomversuche protestiert hatte, bekam zu hören: „Wenn Sie Politik machen wollen, hätten Sie Politiker werden sollen." Thomas Helmer wurde belehrt: „Führen Sie sich nicht auf wie ein Weltmeister, lernen Sie erst einmal Fußball spielen."

Über Rehhagel, der vom ersten Bundesligaspieltag an die Rotation einführte, herrschte in München bald Konsens: ein netter Caféhaus-Plauderer, in der Praxis leider „keine Leuchte", wie früh aus dem Dream Team kolportiert wurde. Als Präsident Beckenbauer seinen Lieblingsspieler Mehmet Scholl in die Mannschaft drückte, war klar, dass der Trainer nicht mehr zu halten war.

Kurz vor Saisonende, nach einer Heimpleite gegen Hansa Rostock und vor dem ersten Finale im Uefa-Cup gegen Girondins Bordeaux, wurde Rehhagel entlassen. Beckenbauer übernahm für vier Spiele auch die sportliche Leitung.

Für den nationalen Titel hat es danach nicht mehr gereicht, der ging an Borussia Dortmund. Doch im Europapokal triumphierten die Bayern.

In einem Interview, wenige Wochen vor der Entlassung Rehhagels, hatte Franz Beckenbauer gesagt: „Natürlich kannten wir Otto Rehhagel. Aber was heißt schon: kennen? Kennengelernt haben wir uns erst jetzt."

CHRISTOPHER KEIL

1996/97

10. Mai 1997: Verärgert über Trainer Trapattoni, tritt Jürgen Klinsmann in die Tonne.

Für immer Mittelstürmer

**Zwei Mal war Jürgen Klinsmann beim FC Bayern, als Spieler und als Trainer.
Es war jedes Mal ein großes Missverständnis.**

VON CHRISTOF KNEER

Als die Tonne aufgestellt wurde, konnte sie unmöglich ahnen, dass sie einmal im Museum des FC Bayern landen würde. Sie kannte ja ihre Grenzen, sie wusste: Sie ist nur aus Pappe. Außerdem: Wer würde sich nach dem Spiel noch für eine Tonne mit Werbeaufdruck interessieren, die ohne höheren Auftrag am Spielfeldrand stand?

Die korrekte Antwort auf diese nie gestellte Frage lautet: jeder. Nicht gerade jeder Mensch auf der Welt, aber doch jeder Fan in Deutschland. Mindestens.

Die Tonne hat Jürgen Klinsmann einiges zu verdanken, umgekehrt gilt das weniger. Jürgen Klinsmann war schon ziemlich berühmt, als er seinen rechten Fuß im heiligen Zorn über eine Auswechslung durch die Pappwand trieb. Und auf jene Extra-Berühmtheit, die ihm der Tonnentritt bescherte, hätte er genauso gut verzich-

> **Jede Auswechslung
> hat Klinsmann
> wahnsinnig gemacht.**

ten können wie auf die Schürfwunde am Schienbein. Es war nur Pappe, aber auch Pappe kann scharf sein. Und sie tat ziemlich weh.

Aber Jürgen Klinsmann hat die Schmerzen stillschweigend ertragen. Er hat die Wunde nicht vom Klubarzt behandeln lassen, er hat sich auch nicht beschwert hinterher. Er wusste: Sein Kontingent an Vorwürfen und Klagen war an diesem Tag hinreichend ausgeschöpft. Er habe sich noch in der Kabine bei Trainer Giovanni Trapattoni für seinen Ausraster entschuldigt, hat er später erzählt, und Trapattoni habe die Entschuldigung angenommen.

Die Geschichte von Klinsmann und der Papptonne hätte also einfach nur eine weitere irre Story aus der irren Daily-Soap „Neues von der Säbener Straße" werden können. Folge soundsoviel, Untertitel: „Klinsi und die Pappenheimer". Aber es wurde eine Geschichte, die weit über diesen Nachmittag hinauswies. Die Geschichte hat sich ein gutes Jahrzehnt später wiederholt, nur ohne Tonne.

Jürgen Klinsmann und der FC Bayern, das war immer ein Missverständnis. Beide Seiten wussten das, und doch haben sie immer wieder versucht, dieses Wissen zu überlisten. Sie haben sich immer wieder versichert, dass minus mal minus plus ergibt, sie haben gehofft, dass aus der gegenseitigen Reibung vielleicht Wärme entsteht. Aber wirklich warm sind sie miteinander nie geworden.

Jürgen Klinsmann ist ein Stürmer und Drängler, es hat ihm nie schnell genug gehen können, nicht bei der Nationalmannschaft und nicht beim FC Bayern mit sei-

nem kontrollierten Erfolgsfußball. Er hat in seiner Karriere bei vielen Vereinen gespielt, die ihn glücklich machten, weil sie ihn wie der FC Bayern blendend bezahlten. Glücklich wegen Fußball wurde er aber im Grunde nur in Tottenham, bei einem Verein, der sich „Hotspur" nennt.

„Hotspur" heißt übersetzt „Heißsporn". Frei übersetzt heißt es „Klinsmann".

Der Heißsporn Jürgen Klinsmann hat es nie verstanden, wenn Giovanni Trapattoni ihn auswechselte, jede Auswechslung hat ihn wahnsinnig gemacht. Allein zwölf Mal leuchtete in der Saison 1996/97 die Tafel mit der Nummer „18" auf, meistens so um die 70. Spielminute. Meistens kam dann Carsten Jancker.

Der 10. Mai 1997 war ein wunderschöner warmer Tag, im Olympiastadion roch es nach Sonnencreme und Insektenschutzmittel, und drunten auf dem Rasen spielten zwei Mannschaften meteorologisch anerkannten Sommerfußball. Der Tabellenführer Bayern München und der Tabellenletzte SC Freiburg schwitzten ohne erkennbare Anstrengung vor sich hin, niemand schoss ein Tor, bis zur 80. Minute ging das so. Dann winkte Trapattoni zum allgemeinen Erstaunen einen Ersatzspieler herbei. Am größten war das Erstaunen beim Ersatzspieler selbst.

Er habe sich erst vergewissern müssen, dass er überhaupt gemeint sei, hat Carsten Lakies später erzählt. Er war 26 und immer noch Vertragsamateur, er hatte ein paarmal mit den Bayern-Profis trainiert, aber noch nie mit ihnen gespielt. Und jetzt kam er also für den Welt- und Europameister Klinsmann, kopfschüttelnd kam der vom Feld getrabt, er klatschte Lakies ab, aber er würdigte ihn keines Blickes.

Und dann trat er in die Tonne.

Als Bayern-Spieler hat sich Klinsmann von Trainer Trapattoni so verkannt gefühlt, wie er sich später als Bayern-Trainer vom ganzen Klub verkannt gefühlt hat. Als Spieler konnte er diesen Defensivfußball nicht ausstehen, mit dem Trapattoni ihn schon Jahre zuvor bei Inter Mailand gequält hatte. Als Trainer verachtete er die Reflexe und Rituale, die diesen Klub groß gemacht hatten. Klinsmann ist ein Freigeist, ein Ungezähmter – er hat Trainingslager schon als Spieler gehasst, und er hat überhaupt nicht eingesehen, dass man vor Heimspielen im Hotel auf dem Land übernachten soll, nur weil das bei Bayern seit Generationen so überliefert ist.

Der Stolz zählt auch zu den Reflexen in diesem Klub, der Stolz auf die Erfolge, auf die eigene Identität und natürlich aufs Festgeldkonto. Uli Hoeneß besitzt dazu noch eine Art Privatstolz, er nimmt für sich und seinen Klub in Anspruch, jeden Spieler oder Trainer haben zu können, den er sich in den Kopf gesetzt hat. Was war der FC Bayern stolz, als er an einem Januarmorgen im Jahr 2008 eine kleine Spitzenmeldung auf der eigenen Homepage platzierte: „Jürgen Klinsmann wird ab 1. Juli Trainer des FC Bayern", stand da. Und mitdenken durfte sich der Leser folgende ungeschriebenen Sätze: Ha! Wir kriegen Klinsmann, den Erfinder des Sommermärchens! Da staunt Ihr aber, stimmt's?

Am Ende staunten vor allem die Bayern.

In gewisser Weise hat Jürgen Klinsmann auch als Trainer des FC Bayern gegen die Tonne getreten. So wie er den Klub vorfand, hat er ihm nicht gepasst, er wollte den Verein anders aufstellen, so wie er damals auch Trapattoni gerne eine andere Aufstellung befohlen hätte. Klinsmann hat den Verein nicht aus der Perspektive von München-Harlaching betrachtet, nicht mal aus der Perspektive von Stuttgart oder Bremen. Klinsmann hat seine Perspektive aus Kalifornien importiert, „über den Tellerrand schauen" nennt er das. Er hat

---

Wofür die Buddhas stehen sollten, hat man schon wieder vergessen.

---

das Klubgelände umbauen lassen, einen Sportpsychologen verpflichtet und eine Bibliothek installiert, er hat die Übernachtung im Landhotel abgeschafft und die berühmten Buddhas aufs Gelände gestellt.

Wofür die nochmal genau stehen sollten, hat man schon wieder vergessen. Vielleicht hat man es auch nie gewusst.

Es war dies das vielleicht letzte Missverständnis zwischen Klinsmann und dem FCB: Nach all den Hitzfeld-Jahren, in denen die Moderation des Erfolgs im Vordergrund stand, und nach der erfolgreichen, aber fußballerisch unergiebigen Zeit mit Felix Magath war in München die Sehnsucht nach etwas völlig Neuem ausgebrochen. Überall in der Liga begannen die Teams sogenannten modernen Fußball zu spielen, die WM 2006 hatte dieses neue Spiel farbig und medial tausendfach überhöht ins Land hinaus getragen – und die Bayern beschlich plötzlich das Gefühl, dass in ihrem Spiel etwas fehlt. Was lag näher, als den Mann einzukaufen, der für diese farbige WM verantwortlich war?

Die Bayern haben dann aber schnell lernen müssen, was man während der WM allenfalls erahnen konnte: Jürgen Klinsmann, dieses amerikanisch-schwäbische Global Playerle, ist ein mitreißender Unternehmensberater, der einen unbestechlichen Blick hat für die Schwachstellen in Klub oder Verband. Aber er ist keiner, der Teams so filigran baut, dass Defensive und Offensive sich verstehen. Klinsmann kann Mannschaften so fit und heiß machen, dass sie vorne viele Tore schießen. Aber gleichzeitig kriegen sie hinten so viele, dass ein anständiger Trainer eigentlich in die Tonne treten müsste.

Jürgen Klinsmann ist und bleibt ein Mittelstürmer.

So, wie er den Klub vorgefunden hat, hat er ihm nicht gepasst: Der FC Bayern mit seinem damaligen Manager Uli Hoeneß versprach sich von Jürgen Klinsmann ein immerwährendes Sommermärchen, bekam aber nur ständiges Theater.

Marathon? Niemals!

**Mario Basler wollte kein Dauerläufer werden. Auch deshalb spielte er Fußball.
Im Meisterjahr 1997 stand er im Zentrum des FC Hollywood.**

Auch wenn man es von hinten nach vorne denkt, war die Karriere Mario Baslers ein Witz, ein guter allerdings. Sein letztes Profijahr verbrachte Basler im Scheichtum Katar, das sich damals aufmachte, eine ganz besondere, eine völlig neue Fußball-Nation zu werden. Baslers Manager, der irgendwann sein Schwager wurde, hatte ihn zu guter Letzt in die Wüste transferiert. Der Weißbierfreund unter Arabern im Klub Al-Rayyan: Alkohol verboten, was Basler natürlich ignorierte, weil in den teuren Hotels schon 2004 Getränkelisten internationalen Standards bereit lagen.

Von Wüstenstaat, Emir und Englischkurs war Mario Basler im Sommer 1996 noch weit entfernt. Für eine Ablösesumme von acht Millionen Mark war er vom SV Werder an die Isar gewechselt, wo er gleich ins Zentrum des Theaters rückte: Nie, weder vorher noch hinterher, hat eine Meisterelf der Bundesliga sich selbst so zu schaden versucht wie diese Bayern, die der „Super-Mario" zum FC Hollywood veredelte. Nahezu täglich zog irgendeiner der Gladiatoren gegen einen Mitstreiter öffentlich zu Felde. Basler, Klinsmann, Matthäus, Strunz, Helmer, auch Scholl und Kahn: Alle quasselten über alles und alle, dem einen passte seine Auswechslung, dem anderen die Taktik nicht, dem dritten war eh alles wurscht, weil er den Klub verlassen wollte. Präsident Beckenbauer tobte in der Kabine: „Ihr seid eine Scheißmannschaft", was umgehend auf den Zeitungsboulevard tropfte und anschließend als Maulwurf-Affäre zurückkam.

Mittendrin im Sumpf der Beschuldigungen schwang sich plötzlich Basler, der seinen Trainer Giovanni Trapattoni ständig kritisiert hatte, zur moralischen Instanz auf. Journalisten diktierte er: Der Maulwurf müsse enttarnt und entlassen werden. Ein paar Wochen später verließ er noch vor Abpfiff beleidigt das Olympiastadion, weil ihn Trapattoni wieder ausgewechselt hatte. Beckenbauer kommentierte zwischendurch: „Wir haben Mario nicht als rechten Verteidiger eingekauft." Doch als die von Christoph Daum angefeuerten Leverkusener bedrohlich aufholten, dirigierte Basler die Bayern am 32. Spieltag zum wegweisenden 3:0 in Rostock. An dieser Leistung richtete sich die Quasseltruppe im Saisonfinale auf und rettete sich ins Ziel.

Bei Basler führten Theke und Genie auf dem kürzesten Weg zueinander. Wie sagte er selbst: „Eigentlich bin ich ein Supertyp. Aber ich kann wohl auch ein richtiger Arsch sein!" Trapattoni, dieser Mailänder Edelmann, war väterlich bemüht, ihn professionell einzustellen. Er musste scheitern, wie fast alle. Nur Otto Rehhagel hütete in Bremen eine Weile die Zauberformel, mit der Basler fähig war, dauerhaft zu spektakulären Solosprints anzusetzen und Torschützenkönig zu werden: Basler durfte dort bisweilen selbst entscheiden, ob er trainieren oder sich schonen wollte.

Im Kern war Basler ein Spielertyp, in den Trainer sich verlieben konnten. Seine rotzige Schläue im Zweikampf, seine Dreistigkeit bei Eck- und Freistößen, seine Lebenslust, seine Dynamik und Technik führten in den besten Momenten in die Weltklasse. Zu bestaunen beim Start ins legendäre Champions-League-Finale 1999 gegen Manchester United, in dem Basler die Bayern mit einem Freistoß früh in Führung brachte – nur brachten die Bayern ihre Führung nicht über die Nachspielzeit. Das Drama beschrieb den sportlichen Höhepunkt seiner Karriere.

Er suchte sein Glück beim Dropkick und beim Kartenspiel, im Casino oder auf Pferderennbahnen. Das raubte ihm zunehmend die Kraft, seine Tempoläufe wurden seltener, sein Talent zur Selbstironie aber blieb imposant: „Ich habe immer gesagt, dass ich kein Dauerläufer bin, sonst könnte ich ja gleich beim Marathon starten."

Und am Morgen nach der Meisterfeier ließ sich Basler live in den DSF-Fußball-Talk schalten. Er habe da eine Frage, „an meinen Manager Dieter Hoeneß": Wann denn sein Vertrag verlängert werde?

„Ich gehe davon aus, dass ich Uli heiße", antwortete sein Manager: „Und wenn Du wieder nüchtern bist, können wir über alles reden." Das war, wie so oft, sehr witzig.

Zwei Jahre später aber, im Oktober 1999, wurde Basler von Hoeneß entlassen. Anlass bot die Pizzeria-Rauferei von Regensburg, eine nie so ganz aufgeklärte Affäre, in die Basler und Reservetorwart Sven Scheuer verwickelt waren. Beide waren verletzt, beide befanden sich dort in der Reha, weit nach Mitternacht soll gepöbelt und geohrfeigt worden sein, bis die Ordnungsmacht eingriff. „Ich hatte mit den Polizisten ein überragendes Gespräch", bilanzierte Basler; und legte am Tag nach seiner Suspendierung noch einmal kurz nach: „Es gibt doch in der Bundesliga oder beim FC Bayern nicht nur Spieler, die am Sonntag immer in die Kirche gehen." Er war zumindest keiner von denen.   **CHRISTOPHER KEIL**

Wie so oft sehr witzig: Während die anderen Fußball spielen, spielt Mario Basler Verstecken. Der Mann war halt nicht wie all die anderen.

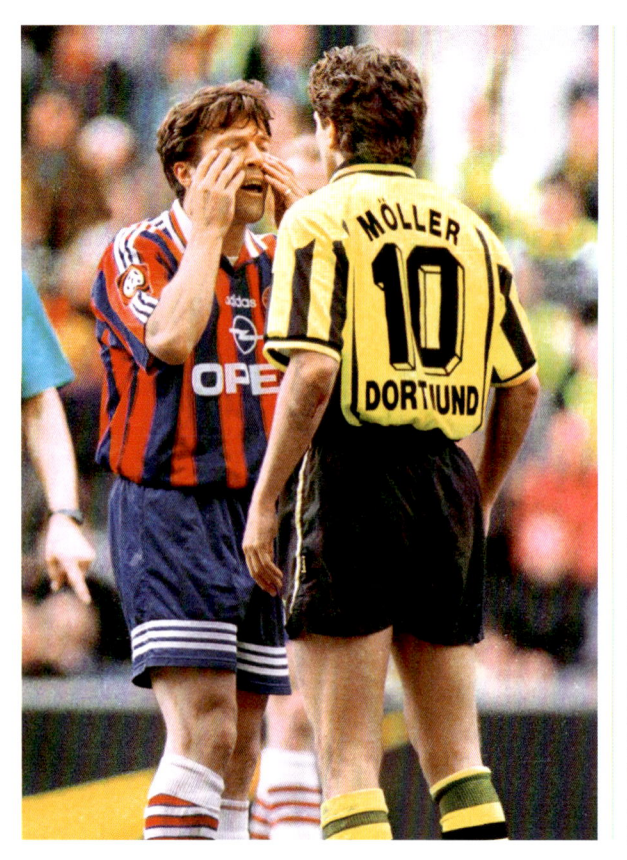

SZENE DER SAISON

„Du Heulsuse!"

Es gab zwischen Borussia Dortmund und dem FC Bayern München viele hochklassige Duelle. Und es gab die Partie am 19. April 1997. Die sportlichen Höhepunkte: Zweite Minute 1:0 für Dortmund durch Karl-Heinz Riedle. Dritte Minute 1:1 durch Ruggiero Rizzitelli. Das war's schon. Für die Unterhaltung war stattdessen Andreas Möller verantwortlich. Der Dortmunder Spielmacher diskutierte ständig, mit den Schiedsrichtern, den Bayern-Spielern, am liebsten mit Mario Basler. Die beiden begrüßten sich bereits in der ersten Spielminute mit lauten Worten. Irgendwann schaltete sich Lothar Matthäus in die Auseinandersetzung ein, und zwar so, wie es nur ein Lothar Matthäus kann: endgültig. Er stellte sich vor Möller auf, langsam ließ er seine Hände an den Wangen runterstreichen, wie die Tränen, die Möller fließen lassen solle, damit ein Bayern-Spieler die rote Karte sieht; gesagt haben soll er dazu: „Du Heulsuse!" Möller reagierte lässig und trocknete mit beiden Händen Matthäus' Wangen.

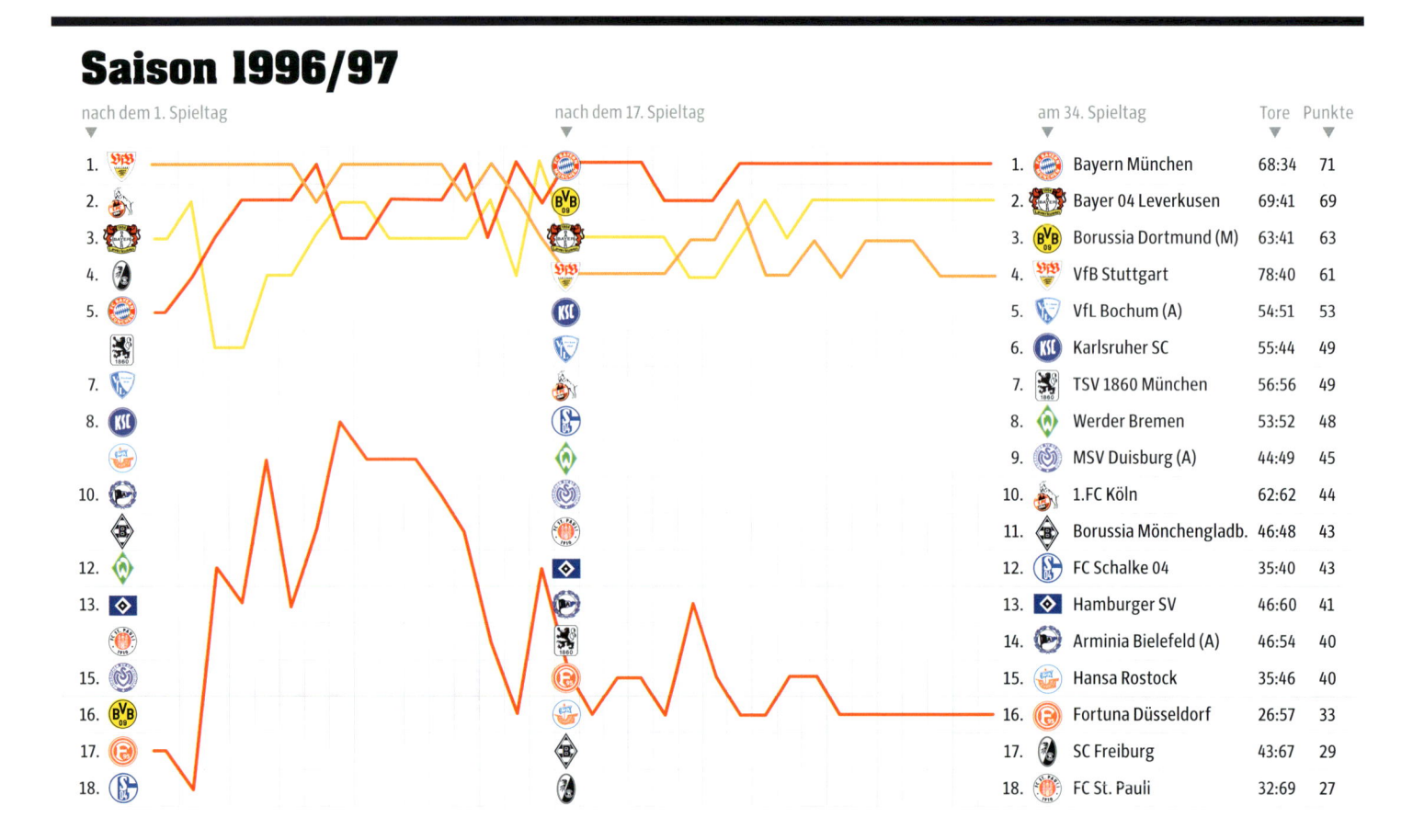

Saison 1996/97

	am 34. Spieltag	Tore	Punkte
1.	Bayern München	68:34	71
2.	Bayer 04 Leverkusen	69:41	69
3.	Borussia Dortmund (M)	63:41	63
4.	VfB Stuttgart	78:40	61
5.	VfL Bochum (A)	54:51	53
6.	Karlsruher SC	55:44	49
7.	TSV 1860 München	56:56	49
8.	Werder Bremen	53:52	48
9.	MSV Duisburg (A)	44:49	45
10.	1.FC Köln	62:62	44
11.	Borussia Mönchengladb.	46:48	43
12.	FC Schalke 04	35:40	43
13.	Hamburger SV	46:60	41
14.	Arminia Bielefeld (A)	46:54	40
15.	Hansa Rostock	35:46	40
16.	Fortuna Düsseldorf	26:57	33
17.	SC Freiburg	43:67	29
18.	FC St. Pauli	32:69	27

Bochum, Duisburg, Bielefeld – zum zweiten Mal in Serie bleiben alle Aufsteiger drin. Dafür erwischt es die Fortuna, die für 15 Jahre verschwindet und bis in die vierte Liga abstürzt. Die Bundesliga begeistert weniger als der Europapokal: Schalkes Euro-Fighter gewinnen den Uefa-Cup, Dortmund triumphiert gegen Juventus Turin in der Champions League.

Das Magische Dreieck

Augen auf bei der Berufswahl: Die Stuttgarter Elber, Bobic und Balakow bringen zwei Jahre lang die Abwehrspieler zur Verzweiflung.

Mit Patrik Andersson hat es der Fußballgott nicht gut gemeint, er hat ihn gleich zwei Mal gequält. Patrik Andersson hat am 23. September 1995 und am 26. Oktober 1996 jeweils 90 Minuten lang verteidigen müssen. Es waren nur zwei Spiele, aber sie haben gereicht, um sich existenzielle Fragen zu stellen. Zum Beispiel: Hätte es nicht auch ein paar andere schöne Berufe für mich gegeben, Schreiner oder Lehrer oder vielleicht Sportjournalist?

Ja, Sportjournalist, das wäre eine feine Sache. Dann könnte man einem wie Andersson eine schlechte Note geben und einen süffigen Verriss schreiben.

Augen auf bei der Berufswahl: Dieser verzweifelte Seufzer durchfuhr zwischen 1995 und 1997 all jene Abwehrspieler, die dem VfB Stuttgart begegneten und das Pech hatten, an diesem Tag nicht gesperrt oder krank zu sein. Der Gladbacher Andersson kann sich damit trösten, dass nicht nur ihm das sogenannte „Magische Dreieck" erschienen ist – wobei, mit ihm haben's die drei Stuttgarter doch ein bisschen arg getrieben. Am 23. September 1995 siegte der VfB Stuttgart mit 5:0 gegen Mönchengladbach, die Tore schossen Fredi Bobic (2), Giovane Elber (2) und Krassimir Balakow. Am 26. Oktober 1996 siegte der VfB Stuttgart mit 5:0 gegen Mönchengladbach, die Tore schossen Fredi Bobic (3), Giovane Elber und Krassimir Balakow.

Es hat allein in der jüngeren Ligageschichte schon einige Zwei-, Drei- oder sonstige Ecke gegeben, aber das Dreieck aus Stuttgart war speziell. Die Wolfsburger Meisterachse Misimovic, Dzeko, Grafite war spektakulär und tödlich, die Bremer Kreativader Micoud, Klasnic, Klose war elegant und tödlich, aber Elber, Bobic und Balakow waren lustig und tödlich. „Wir haben bei den Leuten irgendwas bewegt", sagt Fredi Bobic, „die Leute haben gemerkt, dass wir unglaublichen Spaß haben, das war offenbar ansteckend." Giovane Elber hat später mit dem FC Bayern alles gewonnen, Meisterschaft, DFB-Pokal, Champions League und Weltpokal, aber wenn er heute durch deutsche Straßen geht, dann fragen die Leute: „Waren Sie nicht einer vom Magischen Dreieck?"

Balakow, Elber, Bobic: Das waren – in dieser Reihenfolge – ein phänomenaler Steilpassspieler aus Bulgarien, ein hinreißender Sturmschlingel aus Brasilien und ein erbarmungsloser Schnellschütze aus Stuttgart und Maribor. In dieser Kombination waren sie besser, als es der Fußball eigentlich erlaubt, deshalb schossen sie manchmal auch ein bisschen übers Spiel hinaus. Einerseits waren sie mit 89 gemeinsam hingehexten Toren in zwei Spielzeiten entsetzlich effizient, andererseits haben sie manchmal auch herrlichen Unsinn veranstaltet.

Elber hat Steilpässe per Fallrückzieher gespielt, er hat an der Seitenlinie Scherenschläge gemacht und sich dabei vor Lachen das Zwerchfell verrenkt, manchmal haben sie frei vor dem Tor noch einen Doppelpass versucht. Und wenn der Elber vom Schiedsrichter Merk gesagt bekam, dass er still sein soll, weil er bei der nächsten frechen Bemerkung vom Platz fliegt: Dann kam er nach der Pause halt mit einem roten Pflaster überm Mund auf den Platz. Unterm Pflaster hat er breit gegrinst.

Nie zuvor und auch nie danach ist der VfB Stuttgart für seine Spielkunst und sein Abenteurertum so bewundert und beneidet worden wie in diesen beiden Jahren. Das Magische Dreieck war ein historischer Glücksfall, es hat den letztmöglichen Zeitpunkt für sein Spiel erwischt. „Unsere Laufwege hat noch niemand strategisch analysiert, diese Zeit begann kurz danach", sagt Bobic, „wir waren noch wie Straßenfußballer, das lief alles intuitiv." Sie hatten auch das Glück, dass sie an zwei Trainer gerieten, die den Wahnsinn zu nutzen wussten. Verpflichtet wurden sie noch von Manager Dieter Hoeneß und Trainer Jürgen Röber, aber als Balakow im Sommer 1995 als Letzter des Trios hinzustieß, waren Hoeneß und Röber schon dem Hobby des Präsidenten Gerhard Mayer-Vorfelder zum Opfer gefallen (sein Hobby waren Entlassungen). Es folgte der Schweizer Rolf Fringer, nach einer Saison übernahm sein Assistent, ein gewisser Joachim Löw. Hinten verordneten sie dem VfB ein modernes Abwehrspiel mit Viererkette, vorne ließen sie die drei Gaukler ein bisschen Pressing spielen und ansonsten zaubern.

In der Liga hat der magische VfB in diesen zwei Jahren zu viele Gegentore kassiert, um wirklich etwas zu gewinnen. Aber im letzten gemeinsamen Spiel vor Elbers Abschied nach München hat sich das Magische Dreieck noch einen Titel gegönnt. Am 14. Juni 1997 wurde Cottbus im DFB-Pokalfinale mit 2:0 besiegt, nach zwei Toren von Elber und einer wunderschönen Torvorlage von Balakow.

CHRISTOF KNEER

Besser als der Fußball eigentlich erlaubt: Dass die drei Spaßkicker Giovane Elber, Krassimir Balakow und Fredi Bobic (von links) in einer einzigen Mannschaft zusammenfanden, ist als historischer Glücksfall für den VfB Stuttgart zu werten.

1997/98

Nur fünf Marken gab die Bundespost in der Serie Deutscher Fußballmeister heraus: Eine davon 1998 zu Ehren des 1. FC Kaiserslautern. Wie viele Briefe damit wohl beklebt wurden?

An Rudis Schulter

Abstieg, Aufstieg, Meisterschaft – zum Laufbahnende geriet Andreas Brehme in Kaiserslautern in Turbulenzen, die ihn zu Tränen rührten. Dabei galt er nach dem WM-Elfmeter von 1990 als Mann ohne Nerven.

VON GERALD KLEFFMANN

Da ist der Punkt. Weiße Kreide auf Rasen. Nichts sonst. Ein puristisches Stillleben aus der Vogelperspektive. Aufgenommen von einem Fotografen mit Sinn für Ästhetik. Andreas Brehme lächelt. „Das war ein besonderes Geschenk", sagt er, dreht sich um in seinem Büro im Münchner Vorort Grünwald und schaut zur Wand. „Elfmeterpunkt Stadio Olimpico Rom 1990", ist auf dem Bild zu lesen. Und: „Andi Brehme 85. Minute".

„Ja, ist schon lange her", sagt der frühere Nationalspieler, der Deutschland zum WM-Triumph schoss. „War schön. Aber ich möchte diesen Titel nicht über andere stellen. Jeder Erfolg hatte etwas für sich."

> **Eine Woche nach dem Abstieg wurden die Pfälzer Pokalsieger. Wie zum Hohn.**

Wenn man einem diesen Satz glauben darf, dann Brehme.

In der deutschen Fußball-Geschichte gibt es kaum einen Profi, der ähnliche Turbulenzen erlebt hat wie Brehme in den Neunzigerjahren. Da war ja nicht nur Rom. Da war auch Kaiserslautern. Da war das Abstiegsdrama mit dem FCK im Mai 1996. Da war der Pokalsieg wenige Tage später. Der Wiederaufstieg eine Saison darauf. Und dann: Durchstarten zum Gewinn der Meisterschaft. Abstieg, Aufstieg, Titelgewinn – alles binnen drei Jahren. Alles in der Pfalz. Einmalig. Personifiziert im Schicksal des Fußballers Brehme. Sieg, Niederlage, Jubel, Trauer, Absturz, Rückkehr. „Ich habe viel erlebt", sagt er unaufgeregt.

18. Mai 1996. Ein kleines Fernsehstudio im Bauch der Leverkusener Arena. Zwei Männer, der eine legt dem anderen den Arm um die Schulter. Der andere wischt seine Tränen weg mit einem Tuch. Immer wieder. Er lehnt an der Brust des Gegners. „Es gibt Momente im Leben eines Moderators, wo man sich nicht wohl fühlt, muss ich ehrlich sagen. Der Kontrast könnte nicht größer sein." Michael Pfad versucht, einfühlsam zu sein.

Hier steht Rudi Völler, der Weltmeister, der mit Bayer 04 Leverkusen quasi in letzter Minute den Abstieg vermied. Markus Münch hatte in der 82. Minute den 1:1-Endstand erzielt. Neben ihm steht Brehme, der Weltmeister und Freund, dem mit Kaiserslautern der zum Klassenerhalt benötigte Sieg nicht gelang. Erstmals seit Liga-Gründung sind die Pfälzer zweitklassig. Dabei hatte es nach Pavel Kukas Führung (58.) noch ausgesehen, als müsse Leverkusen absteigen. Die Tabelle – sie spielte verrückt an diesem Tag.

„Wir alle, Spieler und Fans, haben furchtbar gelitten", erinnert sich Brehme. Ihm, der minutenlang weinte, war das besonders anzusehen. Der Mann ohne Nerven, der 1990 in Rom, auf der größtmöglichen Bühne, Argentiniens Torwart Sergio Goycochea per Elfmeter überwand, als sei es die leichteste Übung, er zeigte nun seine Verletzlichkeit. So entstand ein Augenblick für die Ewigkeit.

„Wir dachten während der Saison doch viel zu lange: Das wird schon!" Schließlich verlor der FCK kaum. Erstaunliche 18 Mal spielte der FCK unentschieden, kassierte nur zehn Niederlagen – so viele wie der FC Bayern, der Zweitplatzierte. Im März noch wurde versucht, gegen den Trend zu steuern. Der Trainer wurde ausgetauscht. Eckhard Krautzun kam für Friedel Rausch. „Doch der Trainer konnte am wenigsten dafür. Wir wurden immer verkrampfter und haben die Chancen nicht genutzt." Es ist erstaunlich, wie abgeklärt Brehme über diese Momente spricht. Sie liegen auch schon lange zurück, diese Momente.

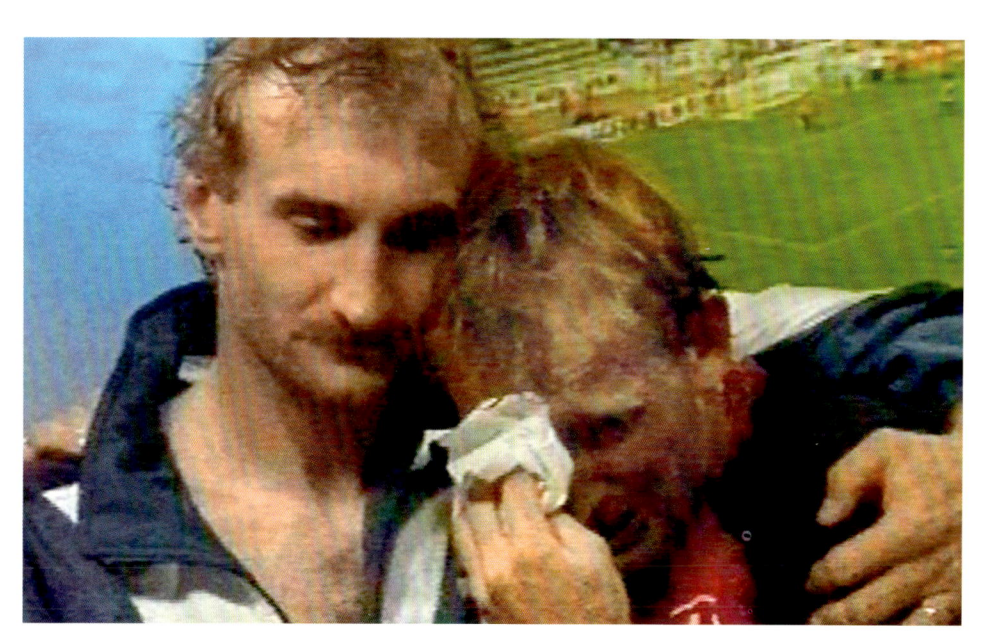

18. Mai 1996, Weltmeister tröstet Weltmeister: Rudi Völler (links) ist gerade mit Bayer Leverkusen knapp dem Abstieg entronnen. Dafür muss Andreas Brehme mit dem 1. FC Kaiserslautern in die zweite Liga nach einem 1:1 in Leverkusen, bei dem die Lauterer lange führten.

Brehme kann bezeichnenderweise nicht mehr genau sagen, in welchem Fernsehsender seine berühmten Tränen flossen; es war bei Premiere. Er hat sich die Szene nie mehr angesehen, obwohl sie leicht im Internet zu finden ist. Er denkt fatalistisch: „Niederlagen gehören zum Sport." Zudem: Zeit zum Verarbeiten hatte der FCK nicht. Nur eine Woche später stand das Pokalfinale gegen den Karlsruher SC an. Wie zum Hohn siegten die Pfälzer 1:0. Diese Elf gehört nicht in die zweite Liga, dachten damals viele. Und dennoch war der FCK dort angekommen.

„Der Pokalsieg hat uns immerhin aufgebaut", erinnert sich Brehme. Mit der

Sein Baby war der WM-Pokal, den sich niemand mehr verdient hatte als Andreas Brehme: Im Finale von Rom verwandelte er 1990 den Elfmeter zum 1:0-Sieg gegen Argentinien. Ausklingen ließ er seine Laufbahn in Kaiserslautern – als Treibauf und als Gewinner des Titels von 1998.

Nur der HSV hielt durch

Mit 16 Klubs startete die Bundesliga 1963/64 in ihre erste Saison. Als einziger dieser Vereine hielt sich der Hamburger SV 50 Jahre lang ununterbrochen im Fußball-Oberhaus. Ein Überblick, nach welcher Saison die übrigen 15 Gründungsmitglieder der Liga erstmals absteigen mussten.

1963/64	Preußen Münster
1963/64	1. FC Saarbrücken
1964/65	Hertha BSC
1967/68	Karlsruher SC
1968/69	1. FC Nürnberg
1969/70	TSV 1860 München
1971/72	Borussia Dortmund
1972/73	Eintracht Braunschweig
1974/75	VfB Stuttgart
1979/80	Werder Bremen
1980/81	FC Schalke 04
1981/82	MSV Duisburg
1995/96	1. FC Kaiserslautern
1995/96	Eintracht Frankfurt
1997/98	1. FC Köln

frischen Energie stürmte das kaum veränderte Team unter dem neuen Trainer Otto Rehhagel schon nach vier Runden an die Spitze der zweiten Liga. „Wir waren nicht brillant, aber eine extrem erfahrene Mannschaft", so Brehme. Kadlec, Schjönberg, Koch, Wagner, Ratinho, Marschall – sie führten das Team mit einem starken Torverhältnis (+46) souverän in die erste Liga zurück. Kaiserslautern war außer Rand und Band. Niemand konnte ahnen, dass es noch doller kommen sollte.

2. August 1997. Der Erstliga-Auftakt, FC Bayern gegen Kaiserslautern. Die Gäste siegten 1:0, Tor: Michael Schjönberg (80.). „Das war eine Art Startschuss für uns", sagt Brehme, der sich von Rehhagel hatte überzeugen lassen, eine letzte Saison zu spielen. Er war fast 37, Steinzeitalter im Fußball. Er sollte diese Entscheidung nicht bereuen.

Der FCK blieb stabil, plötzlich glückten Tore, wie sie im Sog der Abstiegssaison nicht gefallen wären. „Jeder rechnete damit, dass wir irgendwann einbrechen", sagt Brehme. Insgesamt bestritt er zwar nur noch zehn Spiele, die übrigen verfolgte er meist von der Tribüne, so aber war es mit Rehhagel abgemacht. Brehme war der verlängerte Arm des Trainers – eine Aufgabenteilung, die zum Erfolg beitrug. „Der Teamgeist war überragend", sagt Brehme. Und ja, damals funktionierte Rehhagelfußball noch. Kampfbetont, stark bei Standards, nie aufgebend sicherte sich der FCK am vorletzten Spieltag den vierten Meistertitel. „Ein perfekter Abschluss."

Eine Zeit lang versucht sich Brehme zwar noch als Trainer, in Kaiserslautern, Unterhaching, Stuttgart (als Assistent von Giovanni Trapattoni), ehe er sich unternehmerische Herausforderungen hinter der Kulisse des Fußballs suchte. „Ich brauch' das nicht mehr", sagt er.

Will sich Andreas Brehme an sein früheres Leben erinnern, muss er ohnehin nicht viel tun. Er muss nur ins Büro gehen. Da stehen noch seine Bücher und Fotos mit all den Heldengeschichten.

Weiße Kreide auf Rasen.

DER HELD MEINER JUGEND
Ulf Kirsten

Wenn er spielte, war ich nicht nur fasziniert von seinem Pensum, von seiner Besessenheit, dem archaischen Stil. Ich musste immer auch: schmunzeln. Wenn er mal wieder dem Gegner per Rempler die Luft abschnürte. Oder den Schiedsrichter anblaffte – trotz klarer Abseitsstellung. Und gern auch den Kollegen, weil der es gewagt hatte, ihn mal nicht anzuspielen. Wenige konnten so hingebungsvoll motzen wie Ulf Kirsten, wobei sein Mitteilungsdrang im Spiel einer berüchtigten Einsilbigkeit abseits des Rasens gegenüberstand: Wer es wagte, ihn nach Spielen anzureden, der riskiert auch einen Bungee-Sprung. Ein Wagnis ist der Infight mit diesem Mittelstürmer reinster Prägung gewesen, der sich und andere nie schonte. Leverkusens Nummer 9, 1990 von Dynamo Dresden gewechselt, drückte seine Bewacher notfalls mit dem Ball über die Linie. Kirsten war kein Ästhet des Strafraums, er war ein wuchtiger, furchtloser Purist: Tor ist, wenn der Ball drin ist! 181 Treffer in 350 Bundesligaspielen, drei Mal Torschützenkönig in den 13 Jahren bei Bayer 04, Siegtorschütze beim Pokalsieg 1993. Im Nationalteam, für das er 51 Mal spielte (dazu 49 Einsätze für die DDR), fehlte ihm leider die Lobby. „Der Schwatte", wie er noch heute gerufen wird, verwandelte halt keine Fallrückzieher, er zeigte auch keine Soli durch Verteidigungslinien. Er verstand das Spiel wie einst der große Gerd Müller. Kirsten sagte: „Über die Linie reicht." ANDREAS BURKERT

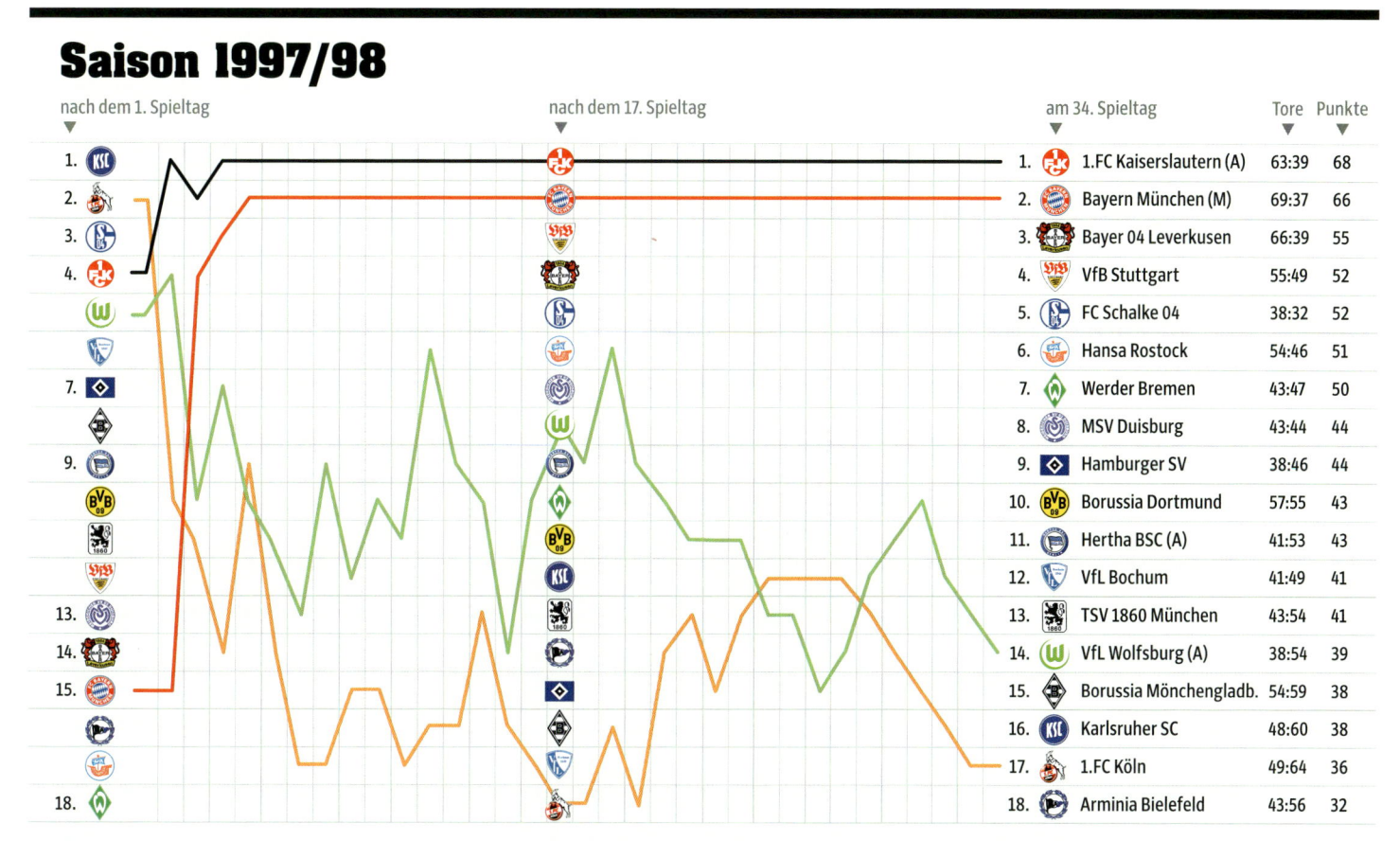

Saison 1997/98

am 34. Spieltag	Tore	Punkte
1. 1.FC Kaiserslautern (A)	63:39	68
2. Bayern München (M)	69:37	66
3. Bayer 04 Leverkusen	66:39	55
4. VfB Stuttgart	55:49	52
5. FC Schalke 04	38:32	52
6. Hansa Rostock	54:46	51
7. Werder Bremen	43:47	50
8. MSV Duisburg	43:44	44
9. Hamburger SV	38:46	44
10. Borussia Dortmund	57:55	43
11. Hertha BSC (A)	41:53	43
12. VfL Bochum	41:49	41
13. TSV 1860 München	43:54	41
14. VfL Wolfsburg (A)	38:54	39
15. Borussia Mönchengladb.	54:59	38
16. Karlsruher SC	48:60	38
17. 1.FC Köln	49:64	36
18. Arminia Bielefeld	43:56	32

Kaiserslautern, Hertha, Wolfsburg: Zum dritten Mal in Serie bleiben alle Aufsteiger drin, einer wird gar Deutscher Meister. Endgültig allein ist jetzt der HSV. Das vorletzte Gründungsmitglied, der 1. FC Köln, 1964 erster Titelträger der Bundesliga, hat ihn verlassen. Der Karlsruher SC geht mit runter, Schluss ist nach elf Spielzeiten – alle mit Trainer Winfried Schäfer.

Sag nie Katze!

Bayerns Trainer Giovanni Trapattoni verlieh der Bundesliga neuen Glanz. Er brachte aus Italien eine dezente, aber nicht zu übersehende Kultiviertheit mit. Und erfolgreichen Effizienzfußball.

Gerissen und charmant. Konservativ und witzig. Autoritär und väterlich. Der FC Bayern wusste natürlich, dass Giovanni Trapattoni nicht nur einer der erfolgreichsten Klubtrainer der Welt war, als er den Lombarden 1994 erstmals nach München holte. Sondern auch die Inkarnation des calcio all'italiana mit seinem Dogma „prima non prendere" – zuallererst keinen reinlassen. Sechs Meisterschaften hatte Trapattoni mit Juventus Turin gewonnen, eine mit Inter Mailand, dazu drei Europapokale. Ein Siegertyp, der eine Generation von italienischen Fußballern und späteren Trainern geprägt hatte und jetzt erstmals nördlich der Alpen die Erfolgsserie fortsetzen sollte.

Dass Trapattoni dann tatsächlich Deutschland eroberte, lag nur bedingt an der Brillanz seines Teams. Und er tat es mit Verspätung. Die erste Etappe 1994/95 endete nach nur einer Saison auf Platz sechs. Ein Jahr lang sammelte er Kräfte auf Sardinien, bei Cagliari Calcio, dann baten die Bayern ihn zurück. Erst die zweite Etappe war geprägt von Traps pragmatischem Effizienzfußball, der eine Meisterschale (1997) und einen Pokal (1998) einbrachte. Auch in München wollte und konnte Trapattoni den Fußball nicht neu erfinden, und doch verlieh er der Bundesliga neuen Glanz. Denn der Mann besaß neben funkelnden blauen Augen auch noch Stil, eine dezente, aber nicht zu übersehende Kultiviertheit.

Lebensart und Fußball – das waren in der Zeit vor Trap in Deutschland schier unüberwindbare Gegensätze gewesen. Deutschlands Feuilletonisten konnten sich damit brüsten, nie zuvor etwas von der Abseitsregel gehört zu haben, während die Fußballbosse sich schon als Männer von Welt fühlten, wenn sie teure Zigarren pafften.

Diese Welt betrat Giovanni Trapattoni aus Cusano Milanino mit handgenähten, braunen Wildlederschuhen, die er nach 19 Uhr selbstverständlich gegen ein Paar schwarze Ledertreter auswechselte. Denn abends ging der Trap gern in das Konzerthaus oder in die Oper. Bevor er überhaupt ahnte, dass er in Deutschland einen Spieler namens Strunz trainieren würde (in Italien ist ein recht ähnlich lautendes Wort der Gipfel des Vulgären), kannte und verehrte Trapattoni Strunzens Landsleute Beethoven und Bach, „weil sie uns als Menschen vollenden". Das barbarische Pathos von Wagner verabscheute er, seinen Spielern riet er: „Wer Mozart hört, kann auch besser Fußball spielen."

Tempo, Rhythmus, Spannung und Struktur – all das könne man von den Granden der Musik lernen. Er selbst fühlte sich als Dirigent und verzweifelte immer wieder daran, dass seine Mannschaften partout nicht wie ein Orchester funktionierten: „Fußballer wollen alle erste Geige spielen. Hat man je gesehen, dass eine Oboe mitten im Konzert den Alleingang probt? Nur auf dem Platz passiert das ständig."

Dass der harmoniesüchtige Musenfreund Trap sich immer wieder in den grauesten Verwaltungsfußball flüchtete, brachte ihm viel Kritik ein. Aber zum Fußballguru taugte er einfach nicht, er hatte zu wenig Sendungsbewusstsein und zu viel Selbstironie: „Unser Fall ist Prosa, nicht Poesie." Anstelle von Taktikmodellen prägte er lieber Sprüche, und lange, bevor in Deutschland sein „Ich habe fertig!" (*siehe rechte Seite*) berühmt wurde, hatte Italien schon von ihm die Weisheit „Sag nie Katze, bevor du sie nicht im Sack hast" gepachtet.

Zwei Jahre blieb er nochmal in München, 1998 kehrte er zurück, zunächst zum AC Florenz. Dann bekam Trapattoni den Taktstock seines Lebens: Commissario Tecnico von Italien, stets mit einer Flasche Weihwasser auf der Bank, von der er im Notfall einige Tropfen auf dem Rasen versprengte. Doch die divenhaften Azzurri tanzten ihrem Trainer auf der Nase herum, neue Triumphe feierte er erst, als er wieder durch Europa flanierte, durch Lissabon und Salzburg, mit Zwischenstopp in Stuttgart.

Er hatte Meistertitel in vier Ländern gewonnen wie außer ihm nur der Österreicher Ernst Happel und der Portugiese José Mourinho, als er mit fast 70 Jahren das Nationalteam von Irland übernahm. Da hatte Trapattoni, der große Dirigent des europäischen Fußballs, noch immer nicht fertig. Seinen Iren schärfte er ein: „Wer nicht verteidigt, ist Pontius Pilatus", in welcher Sprache, blieb sein Geheimnis. Aber einen echten Trap muss man ohnehin nicht übersetzen, ist er doch universell: „Es gibt nur einen Ball. Und dem muss man hinterherlaufen." Daran wird nicht zu rütteln sein. Für alle Zeiten.

BIRGIT SCHÖNAU

Lebensart und Fußball – das waren in der Zeit vor Trap unüberwindbare Gegensätze in Deutschland. Dieses Land betrat der Maestro aus Cusano Milanino mit handgenähten Wildlederschuhen.

„Was erlaube Strunz?"

„Es gibt im Moment in diese Mannschaft, oh, einige Spieler vergessen ihnen Profi was sie sind. Ich lese nicht sehr viele Zeitungen, aber ich habe gehört viele Situation. Erstens: Wir haben nicht offensiv gespielt. Es gibt keine deutsche Mannschaft spielt offensiv, o die Name offensiv, wie Bayern. Letzte Spiel hatten wir in Platz drei Spitzen: Elber, Jancker und dann Zickler. Wir mussen nicht vergessen Zickler. Zickler ist eine Spitzen mehr Mehmet e mehr Basler. Ist klar diese Wörter, ist möglich verstehen, was ich hab gesagt? Dann: Offensiv, offensiv ist wie machen wir in Platz.

Zweite: Ich habe erklärt mit diese zwei Spieler: Nach Dortmund brauchen vielleicht Halbzeitpause. Ich habe auch andere Mannschaften gesehen in Europa nach diese Mittwoch. Ich habe gesehen auch zwei Tage die Training. Ein Trainer ist nicht ein Idiot! Ein Trainer sehen, was passieren in Platz. In diese Spiel, die zwei und drei in diese Spiel, die waren schwach wie eine Flasche leer!

Haben Sie gesehen Mittwoch, welche Mannschaft hat gespielt Mittwoch? Hat gespielt Mehmet, o hat gespielt Basler, o hat gespielt Trapattoni? Diese Spieler beklagen mehr als spielen! Wissen Sie, warum die Italien-Mannschaften kaufen nicht diese Spieler? Weil wir haben gesehen viel Male zum Spiel. Haben gesagt, sind nicht Spieler für die italienisch, eh, Meisters.

Strunz! Strunz ist zwei Jahre hier, hat gespielt zehn Spiel, ist immer verletzt. Was erlaube Strunz? Letzte Jahre Meister geworden mit Hamann, eh, Nerlinger. Diese Spieler waren Spieler, waren Meister geworden. Ist immer verletzt! Hat gespielt 25 Spiele in diese Mannschaft, in diese Verein! Muss respektieren die andere Kollege! Haben viel nette Kollegen, stellen Sie die Kollegen die Frage! Haben keinen Mut an Worten, aber ich weiß, was denken, über diese Spieler!

Mussen zeigen jetzt, ich will, Samstag, diese Spieler mussen zeigen mich e zeige Fans, mussen alleine die Spiel gewinnen. Mussen alleine Spiel gewinnen! Ich bin müde jetzt erwarte diese Spieler, eh, verteidige diese Spieler! Ich habe immer die Schulde über diese Spieler. Einer ist Mario, einer is anderer Mehmet! Strunz ich denke nicht, hat gespielt nur 25 Prozent der Spiel!

Ich habe fertig!"

10. März 1998: Bayern-Trainer Giovanni Trapattoni kritisiert Spieler und Medien, die zuvor ihn kritisiert hatten. Dreieinhalb Minuten für die Ewigkeit.

Hässlichkeit ist ein dehnbarer Begriff: Felix Magath (3.v.l.) sah in Schweinchenrosa immer ganz gut aus.

RANGLISTE 8: HÄSSLICHE TRIKOTS

Die bunte Maus

Trikots sind geschneidert aus dem Stoff der Träume. Doch manchmal sündigen die Designer. Dann werden Pudel als Fußballer und Bremer als Bayern verkleidet – oder Magath spielt in Rosa.

VON HOLGER GERTZ

Nutzloses Wissen über Trikots: Noch bevor der FC Bayern für Kraftfahrzeuge von Magirus Deutz Reklame lief und sich mit dem Slogan „Wir sind die Bullen" gewohnt großsprecherisch beim Gegner vorstellte, schleppten die Fußballer des VfL Bochum einen Stier durch die Stadien der Bundesliga. Der Stier war das Wappentier von Bochums damaligem Werbepartner, der Spirituosenfirma Osborne. Der Stier auf dem Trikot verlieh dem VfL schon 1975 Flügel, zu einer Zeit also, als von Red Bull noch keiner etwas wusste. Ein Trikot mit diesem Stier zu besitzen, ist der Traum eines jeden Trikotsammlers, und tatsächlich gibt es in jeder Bundesligastadt Menschen, die die Hemden ihrer Idole sammeln. Nach Möglichkeit solche, die in einem Ligaspiel getragen worden sind, „matchworn" heißt das Zauberwort. Sie sind wie die Gemälde alter Meister und werden lichtgeschützt in abschließbaren Schränken aufbewahrt.

Bernd Kreienbaum ist so etwas wie der Starsammler der Bochumer Trikots, er besitzt, beherbergt und behütet knapp 400 Originale, die er auf einer wunderbar geordneten Website der Allgemeinheit zugänglich macht, www.vfl-spielertrikots.de. Ein Osborne-Trikot von Michael „Ata" Lameck ist auch dabei. Kreienbaum, Jahrgang 1959, hat sich so schlank gehalten, dass er in die meisten Hemden seiner Idole noch passt. Bei besonderen Anlässen und großen Spielen zieht er eines im Stadion an. Fußballfans sind abergläubische Menschen: Kreienbaum zum Beispiel war sich eine Zeit lang relativ sicher, dass sein Outfit Auswirkungen auf das Spielergebnis haben könnte. Er vertraute der Zauberkraft von Glückstrikots, ist aber inzwischen davon abgekommen. „Ich habe festgestellt: Da ist nix dran." Die Wirkung reicht nicht bis zum Platz, aber immerhin bis zum Sitznachbarn auf der Tribüne: Wenn Kreienbaum mit dem Stier auf der Brust im Stadion erscheint, als Zeuge großer Tage, kriegen die alten Fans nasse Augen. Das Hemd gilt vielen als das schönste VfL-Trikot überhaupt.

Ist das Wissen über Trikots nutzlos, am Ende so nutzlos wie ein altes Trikot selbst? Natürlich nicht. Etwas, das erwachsene Männer zum Weinen bringt, kann kaum nutzlos sein.

Der Sündenfall der Bochumer Trikotgestaltung fällt in die Saison 1997/98, da war Faber Lotto schon länger Sponsor, drehte aber in jener Spielzeit noch mal gewaltig an der Farbskala. Das Unternehmen, Firmensitz in Bochum, warb sehr offensiv für seine organisierten Tippgemeinschaften. Fernsehspots, Plakatwände, Sponsoring von Boris Becker und eben dem VfL. Da war es konsequent, das vielfarbige Firmenlogo auch im Bochumer Trikot leuchten zu lassen. Die Bochumer, ein verdientes Mitglied der Bundesliga ohne jede Aussicht auf die Meisterschaft, spielten nicht länger in Blau und Weiß, sie spielten in Blau-Lila-Grün-Gelb-Orange-Rot. Und Weiß. Die graue Maus war jetzt eine bunte Maus. Für Promotion-Fotos wurde das Regenbogentrikot getragen von einem Königspudel, der wie ein entfernter Verwandter der Hunde von den Jacob Sisters rüberkam. Erster Eindruck: das grauenvollste Trikot ever.

„Von der Werbe-Idee her war das natürlich genial. Haben ja alle drüber geredet", sagt Kreienbaum. „Aber von der Optik her fand ich es grässlich." Die meisten Betrachter, nicht nur außerhalb Bochums, dichteten das kubanische Befreiungslied „Guantanamera" um. Die Hymne hatte mit der Zeile „Ein' Rudi Völler, es gibt nur ein' Rudi Völler" bereits eine kleine Karriere in den Stadien hingelegt und erlebte jetzt ein Comeback: „Hässliche Trikots, ihr habt hässliche Trikots, hässliche Triiiiiiiiiiiikoooots, ihr habt hässliche Trikots!"

Der Sammler Kreienbaum steht in regelmäßigem Kontakt zu alten Profis des VfL, die ihn mit Trikots versorgen, wenn sie den Keller aufräumen, Kreienbaums Kollektion ist inzwischen ein VfL-Museum – wer sein altes Zeug dorthin gibt, kann sich sicher sein: Es kommt in gute Hände. Einige der alten Spieler jedenfalls sind „durchaus der Meinung, dass die Regenbogentrikots einen eigenen Charme hatten", sagt Kreienbaum. Wie etwas aussieht, hängt ja immer von der Perspektive des Betrachters ab. In den Regenbogentrikots haben immerhin die VfL-Allstars aus der jüngeren Epoche gespielt, Wosz und Fahrenhorst und Sergej „Büffel" Juran. Sie traten – ein Höhepunkt der Klubgeschichte – stark überschminkt im Uefa-Pokal in Amsterdam an. Aber in Holland, wo das Publikum selbst bei Königskrönungen Käsehüte trägt, lässt man sich von Kostümen nicht irritieren, der VfL flog raus.

Trikots sind geschneidert aus einem einzigartigen Material, dem Stoff der Träume. So gesehen hätte Werder Bremen den Bochumern in der ewigen Rangliste der schlimmsten Trikots beinahe den Spitzenrang streitig machen können. Das Bremer Trikot der Saison 1971/72 sah zwar nicht im klassischen Sinne hässlich aus, aber es war gefertigt aus einem Albtraumstoff, längsgestreift in Rot und Weiß. Die grün-weißen Bremer, verkleidet als Bayern. Was war passiert?

Die Bremer waren damals ein eher notleidender Verein, aber dann hatten die Klubchefs eine Art Deal mit der Stadt Bremen und vor allem der Bremer Industrie vereinbart. Es ging um Geld. Werder wollte die letzte Gelegenheit nutzen, Topleute zu verpflichten: Bald darauf sollte die Ablösesummengrenze wegfallen, und von da an würden sie gar nicht mehr mitbieten können. Die Wirtschaft war großzügig, und die Stadt Bremen erließ dem Verein Vergnügungssteuer, beteiligte ihn an den Werbeeinnahmen im Stadion. Im Gegenzug warb Werder für Bremen.

Rot und Weiß sind die Farben der sogenannten Speckflagge, dem Hoheitszeichen der Freien Hansestadt. Die Spieler trugen nicht länger das W auf dem Trikot, auf dem Rücken stand nicht WERDER, sondern BREMEN. Warum auch nicht? Es sei besser, für Bremen Reklame zu machen als für Salamiwurst, sagte der damalige Sportchef des Bremer *Weser-Kurier*. Erst gut vierzig Jahre später waren die Bremer

Königspudel im Regenbogendress: Der VfL Bochum reizte Ende der Neunziger alles aus, was in der Farbskala steckte.

dann doch bei der Wurst angekommen (*siehe Liste rechts*).

Die Werderaner kauften mit der ratlosen Gier aller Neureichen ein, unter anderem Herbert Laumen aus Gladbach und Willi Neuberger aus Dortmund. Sie dachten auch über Breitner und Hoeneß nach und waren sich praktisch einig mit Günter Netzer. Der wollte aber in Bremen nicht nur Fußball spielen, sondern auch die Stadionzeitung vermarkten, das Recht hatten sie allerdings bei Werder gerade an einen ehemaligen Spieler namens Klaus Matischak übertragen. Da blieb Netzer lieber in Mönchengladbach und wechselte etwas später nach Madrid. Werder hatte also die falschen Spieler verpflichtet und die richtigen Spieler nicht verpflichtet, die Idee mit der Millionenelf wurde zu einem Millionenflop. Man wühlte sich durchs Mittelfeld der Liga und mottete die rot-weißen Trikots drei Jahre später ein. 1974, nach der Weltmeisterschaft, war Werder wieder Grün und Weiß, und die Raute mit dem W war auch zurück.

Wie konnte das passieren? Die Bremer sahen 1971 plötzlich wie Bayern aus.

Die Geschichte der Bundesligatrikots ist eine Geschichte von zielgerichteter und gerade deshalb gelegentlich verirrter Werbung, so ein Trikot erzählt manchmal etwas über die Identität eines Vereins, sogar über das Selbstverständnis einer Region. Was auffällt, beim Blick in die Spinde der vergangenen 50 Jahre: Die Farben der Vereine waren früher austauschbarer als heute. Während die Werder-Fans mittlerweile im Internet nicht nur über das Grün im Trikot, sondern sogar über den gewünschten Grünton debattieren, überstanden sie in den Siebzigern eine Phase in Blauweiß, als ein Produzent von Fischkonserven als Sponsor an Land gezogen worden war.

In Hamburg gab es Mitte der Siebziger rosa Trikots, der Manager Dr. Peter Krohn hatte die Idee dazu gehabt. Die rosa Trikots belegen Platz drei in dieser ultimativen Liste. Krohn war Generalmanager bei den Hamburgern, er holte Kevin Keegan und Ivan Buljan und Felix Magath. Den hatte er in der ARD-Sportschau entdeckt, Magath spielte da noch für Saarbrücken, in Schwarzblau. Auf den alten Bildern erkennt man, dass Magath für den HSV ein Glücksgriff in jeder Hinsicht war, das rosa Trikot kleidet ihn wie sonst fast niemanden in der begabten Mannschaft. Schließlich gewann Magath, schweinchenrosa, mit seinem Team sogar den Europapokal. Manager Krohn führte unter anderem ein Showtraining ein, zu dem eine Blaskapelle spielte. Die Journalisten schrieben vom Circus Krohn, die Trikots waren eine Attraktion dieses Circus', eine Nummer im Programmablauf.

Mit den rosa Trikots, so hatte Krohn kalkuliert, sollte mehr weibliches Publikum ins Stadion gelockt werden. Ob die Maßnahme Erfolg hatte, lässt sich en détail schwer nachweisen. Aber der Gedanke, Frauen ließen sich durch Rosa ins Stadion locken, ist bemerkenswert und wirft Fragen auf: Hat der US Palermo, italienischer Erstligist in rosa Trikots, auch viele Frauen als Fans? Hat Tim Wiese („Pink Tim") damals in seinem rosa Torwart-Trikot die Bremer Zuschauerinnen begeistert? War der rosarote Panther tatsächlich jener Womanizer, für den ihn im Rückblick viele halten. Und – warum überhaupt Rosa? Weil weibliche Babys immer rosa Lätzchen um den Hals gebunden kriegen, männliche dagegen hellblaue? Ist alles sozusagen frühkindlich angelegt?

Der VfL Bochum gehört zu den wenigen Klubs, die es in Rosa (2009) sowie in Himmelblau versucht haben, unter anderem in der Saison 1981/1982. Der Sammler Bernd Kreienbaum hat tief in seinen Schränken ein Trikot aus jenem Jahr mit der 7 hinten und vorn mit der Werbung von Foto Porst. Die 7 gehörte dem großen Lothar Woelk, und wenn es – Analogie zu Krohn – stimmen sollte, dass ein himmelblaues Trikot die Männer zum Stadionbesuch animiert hat, dann hat Woelk zusätzlich die Bartträger auf die Ränge gezaubert. Woelk trug nämlich lange Zeit einen wolligen Prachtbart, der – ein paar rasurfreie Wochen mehr – den freien Blick auf sein Trikot teilweise unmöglich gemacht hätte. Auch das eher eine Seltenheit in der Bundesliga.

Seine Sammlung hat Kreienbaum übrigens gelehrt, dass Hässlichkeit ein dehnbarer Begriff ist. Was von draußen hässlich aussieht, kann drinnen, also auf dem Platz, andere Kräfte entfalten. Dariusz Wosz zum Beispiel, sagt er, war ein Fan der Regenbogen-Trikots aus der Faber-Lotto-Zeit, besonders in eher nebligen und undurchschaubaren Spielen leuchteten sie wie Fackeln der Hoffnung. Kreienbaum sagt: „Der hat mir mal erzählt, dass diese Trikots den Spielfluss gefördert haben. Ein kurzer Blick hat genügt, da wusste er schon, wo die Mitspieler sind."

Würstchen im Schlafanzug – die hässlichsten Trikots

1. VfL Bochum – die bunte Maus, 1997.
2. Werder Bremen – die Millionenelf, 1971.
3. Hamburger SV – die Frauenflüsterer, 1976.
(siehe Text)

4. Hertha BSC – die Elefanten. Den Begriff „Mampe" ausgerechnet auf dem Bauch zu tragen, ist ein Wagnis, hier wird eine klangliche Verbindung zur Wampe hergestellt, die im Profibetrieb unangebracht erscheint. Wenn Trikotwerbung allerdings einen Bezug zur Stadt hat, dann diese hier, aus den wilden Siebzigern. Spirituosen von Mampe waren mal so populär in Berlin, dass sie in eigenen „Mampe-Stuben" verkostet wurden. Der Elefant auf dem Etikett fand seinen Wiedergänger im echten Leben, im Berliner Zoo lebte ein Elefant, der Mampe genannt wurde, nicht weit entfernt vom Flusspferd Knautschke. Good old days. Der Elefant Mampe ist längst tot, der Mythos Mampe lebt. Und der Slogan galt die meiste Zeit auch für die Darbietungen der Hertha: Sind's die Augen, geh' zu Mampe, gieß' dir einen auf die Lampe!

5. FC Bayern München – die Brasilianer. Es war der 26. November 1983. Ewig hatten die Bayern nicht in Kaiserslautern auf dem Betzenberg gewonnen, da kam Uli Hoeneß auf die Idee, sie als Brasilianer zu verkleiden. Kanariengelbes Trikot, himmelblaue Hose. Um die Verwirrung komplett zu machen, verkleidete sich auch Lautern, die roten Teufel spielten ganz in Grün. Was von weitem aussah wie Brasilien gegen Algerien, war sehr deutscher Fußball. Bayern siegte 1:0, durch einen unberechtigten und abgefälschten Freistoß von Klaus Augenthaler.

6. Werder Bremen – die Bratwürste. Gegen Ende der Horror-Saison 2012/2013 musste Werder Bremen zur Strafe zwei Heimspiele in sogenannten Sondertrikots bestreiten, mit Bratwurstreklame. Motto: Drin steckt, was drauf steht. Die Bremer warben für die Würste, indem sie wie Würste spielten. So kann man es natürlich auch machen.

7. Tasmania Berlin – die Kleinkinder. Die Tasmanen sind bis heute die harmloseste Fußballmannschaft der Bundesliga, aber wer weiß schon, wie die Trikots dieser Mannschaft aussahen? Tasmania spielte ja in den Sechzigern, also noch in schwarz-weißen Zeiten. Ein Blick ins bereits farbige Bergmann-Sammelalbum bringt es an den Tag: Tasmania trug harmloses Himmelblau und liebliches Lämmchenweiß, ein Fähnchen war das Wappen. Eine Fußballkluft wie ein Kinderschlafanzug.

8. Eintracht Frankfurt – die Hypnotiseure. In den Neunzigern waren die wilden Designer am Werk und steckten die Fußballer in Klamotten, die aussahen wie Fruchtsaftpackungen oder das früher sehr beliebte Dolomiti-Eis. Beabsichtigt war eine hypnotisierende Wirkung auf die Gegner, ein psychedelischer Effekt. Weil aber irgendwann fast alle Mannschaften aussahen, als hätten sie im Malkasten übernachtet, hob sich der Effekt gegenseitig auf.

9. Borussia Dortmund – die Eisverkäufer. Als die Dortmunder noch mittelmäßig waren, in den Tiefen der Siebziger und Achtziger, trugen sie Werbeaufdrucke, die ihr Image nicht gerade veredelten. Die Borussia warb für Drehtabak, für Spachtelmasse, für Klebstoff und schließlich für eine Firma mit dem braven Namen Artic, von der es hieß, es handle sich um einen Hersteller von Speise-Eis. Das sorgte schon damals für einige Verwirrung: Viele Menschen vermuteten, es müsse Arctic heißen, das klinge eisiger. Artic-Eis ist inzwischen fast so vergessen wie der Mampe-Elefant, und bei Dortmund klappte es erst dann mit der Champions League, als unartige Menschen wie Kohler, Sammer und Julio Cesar kräftig dazwischenkloppten.

10. FC Bayern München – die Herrenausstatter. Es war der 27. 10.2001, als die Bayern in Köln antreten mussten, jedoch sahen Gastgeber und Gäste sehr ähnlich aus, rot nämlich. Also sollten die Bayern ihre Ausweichtrikots überstreifen, aber die hatte der Zeugwart zu Hause vergessen. Auf dem Bolzplatz hätten die Jungs jetzt gesagt: Spielen wir halt oben nackt. Immerhin hatte der Zeugwart zwar die Ersatztrikots vergessen, an die Schere aber gedacht. Die Bayern trennten die Ärmel von ein paar Trainings-Shirts, das so entstandene Leibchen zogen sie über ihre Trikots. Sah beschissen aus, die Bayern siegten trotzdem 2:0, zu der Zeit hätten sie auch oben nackt in Köln gewonnen.

11. VfL Bochum – die Gewerkschafter. Die Bochumer sind immer harte Arbeiter gewesen, Grasfresser, Wühlmäuse, Knochenbieger und Schweißtreiber. Als das Fußballspiel immer mehr zu einer intellektuellen Disziplin emporgeredet wurde, entschlossen sich die Bochumer, ihr Image trotzig auf ihren Trikots festzuschreiben: Aufbegehren war schon immer ein klassischer Reflex des kleinen Mannes, um nicht übersehen zu werden. Mit den sogenannten Schmutztrikots – die Kampfspuren waren ein eingedrucktes Element des Designs – sahen sie 2009 bereits bei Spielbeginn so aus wie Arbeiter, Grasfresser, Wühlmäuse, Knochenbieger und Schweißtreiber. Dazu die Werbung für Produkte eines Discounters aus dem untersten Preissegment: herrlich erdig.

1998/99

Platz da, Kahn kommt! Der Bayern-Torwart pflegte bisweilen rüde Methoden, um sein Revier zu verteidigen.

Kung-Fu-Schmatzer

An einem Samstag im April 1999 provoziert Oliver Kahn ein Foto für die Ewigkeit. Doch was wie eine direkte Attacke wirkt, ist eine optische Täuschung – und doch wieder nicht.

Jene Szene, die in der Geschichte der Liga die größte Aggression ausstrahlt, ist eine optische Täuschung. Von der Seite betrachtet, aus jener Perspektive, aus der die Szene ihre Berühmtheit erlangte, wirkt sie wie ein Gemälde des Schreckens. Ein Dokument des Sittenverfalls, Symbol dafür, dass Fußballprofis bereit sind, für den Erfolg alles zu tun. Und diese Haltung spiegelt sich in jeder Aggressionsfalte, die das Gesicht des Oliver Kahn in jenem Augenblick wirft. Den Ball hat Kahn unter den rechten Arm gekrallt. Meiner!!!

Das rechte Bein ist in der Waagerechten komplett ausgefahren, die Oberschenkelmuskulatur angespannt als wolle Kahn mit aller Macht eine Tür eintreten. Die Stollen am Schuh, die zu Waffen werden können, wie die Liga spätestens weiß, seit der Bremer Siegmann dem Bielefelder Lienen im August 1981 den Oberschenkel aufschlitzte, sind auf das Opfer gerichtet. Vom Opfer sieht man nur den Rücken, die Nummer „9", den Schriftzug „Chapuisat", und wie es sich schreckhaft zusammenzieht. Das Bild hat die Wucht eines mittelalterlichen Schlachtengemäldes, deshalb wird es die Liga nie aus ihrem Gedächtnis streichen. Mal dient es als Warnung vor überbordendem Ehrgeiz, mal als Beleg für die Intensität des Fußballs. Das Bild ist eine Projektionsfläche, aber wie gesagt, es ist eine Täuschung.

Beide haben dies später zugegeben, der vermeintliche Täter, das vermeintliche Opfer. Zum Glück habe er Oliver Kahn damals kommen sehen, hat der Schweizer Chapuisat oft erzählt: „Es sieht alles brutaler aus, wenn man es auf den Videos und Bildern anschaut. Aus meiner Perspektive war es gar nicht so schlimm." Auf dem Foto wirkt es, als würden die Stollen des Kahn die Wirbelsäule von Chapuisat nur um Zentimeter verfehlen. Dem Bild fehlt die räumliche Tiefe. Denn in Wahrheit waren es fast zwei Meter, die das Kahn'sche Streckbein vorbeirauschte: „Wäre er näher dran gewesen", erzählte Kahn, „hätte ich das Bein eben weggezogen."

Dennoch, mag diese Szene vom 24. Spieltag auch perspektivisch verzerrt gewesen sein, so ist sie doch ein zuverlässiges Dokument. Ausdruck einer Rivalität, auch wenn die Bayern vor diesem Gastspiel bereits 20 Punkte vor den Dortmundern lagen; und obwohl es eine unspektakuläre Saison war, in der die Münchner

Achtung, Knutschfleck-Gefahr! Oliver Kahn beißt nicht zu, er drückt Heiko Herrlich aggressiv seine Nase an den Hals. Kurz danach stürmt der Bayern-Torwart mit gestrecktem Bein dem Dortmunder Stephane Chapuisat entgegen.

15 Punkte vor Leverkusen ins Ziel kamen. Aber dieses Duell am 3. April 1999 forderte die Tiefenpsychologen der Republik heraus; Kahns eigene Diagnose fiel in einem SZ-Interview so aus: Es sei „der Höhepunkt aller Aggressionen" gewesen, „die sich je in mir entladen haben. Da war irgendeine innere Kraft, die signalisieren wollte: Ich mag nicht mehr." Kahn berichtete in diesem Interview auch ausführlich von schweren Erschöpfungszuständen am Ende der Neunzigerjahre.

Der Zuschauer bemerkt nichts davon. In jenen Ligatagen hat das Publikum häufig das Gefühl, Kahn wolle dem Spiel aus der eher passiven Position des Torwarts heraus seinen Willen aufzwingen. Gerade so, als suche er einen Pakt mit dem Übersinnlichen. Das Dortmunder Spiel geriet zum Beleg dieser These: 0:2 hatten die Münchner zurückgelegen, zwei Treffer von Heiko Herrlich schienen bereits vor der Pause für klare Verhältnisse zu sorgen. Zudem war Sammy Kuffour vom Platz geflogen. Beim zweiten Gegentor hatte Kahn nicht gut ausgesehen, er ließ einen Weitschuss von Christian Nerlinger abprallen, Herrlich staubte ab. Auch in seiner Autobiographie versucht Kahn, diesen Nahkampf-Nachmittag zu deuten: „Wie bei einem wilden Tier, das in Bedrängnis kommt, stauten sich bei mir die Aggressionen auf und drängten zum Ausbruch. (...) Ich ließ das wilde Tier in mir los und sprang Chapuisat mit ausgestrecktem Bein an. Kung-Fu-Kahn war geboren."

> **Jeder, so Herrlich, wusste, dass der mächtige Torwart leicht reizbar ist.**

Nicht nur der. Auch Kahn, „der Beißer". Denn kurz bevor er Chapuisat begegnete, hatte Kahn schon Herrlich attackiert, die Szene lieferte ein weiteres Dokument für die Ewigkeit. Auch hier mit verzerrter Optik: Kahn beißt ja nicht zu, er knabbert auch nicht, er drückt aggressiv seine Nase an Herrlichs Hals. Knutschfleck-Gefahr!

Der unsittlich Bedrängte zeigte später Verständnis. Jeder, so Herrlich, habe ja gewusst, dass der mächtige Tormann leicht reizbar sei. Aus dem Publikum flogen schon vor Anpfiff die Bananen, und auch Herrlich gibt zu („Ja, ich hatte es drauf angelegt"), ihn bedrängt und provoziert zu haben. Kahn, so Herrlich, habe niemanden verletzen wollen, garantiert nicht, er habe nur zeigen wollen: Hier, in meinem Strafraum, „will ich euch Hansel nicht mehr haben".

Übrigens: Die Bayern konterten noch. Alexander Zickler (58.) und Carsten Jancker (63.) trafen zum 2:2 in Unterzahl.

Dankbar war auch Harald Schmidt für einen Gag: „Kahn hat Heiko Herrlich so sehr in den Hals gebissen, dass Herrlich die Sat1-Aufzeichnung mit nach Hause nehmen musste, um seiner Frau zu beweisen, dass er nicht fremd geht." Der wilde Torwart machte es ihm leicht. Nicht nur als Kung-Fu-Schmatzer stand King Kahn, der Titan, oft im Zentrum von Schmidts Late-Night-Show.

KLAUS HOELTZENBEIN

Meldung vom Abgrund

Nürnberg wähnt sich gerettet, doch das dramatischste Abstiegsfinale der Liga-Historie ändert alles. Frankfurt, Freiburg und Rostock feiern, der Club weint – und die Radioreporter leiden mit.

Die Meisterschaft 1999 war längst entschieden, dennoch ging der letzte Spieltag der Saison in die Geschichtsbücher ein. Im Abstiegskampf gab es ein furioses Finale, spannend und emotional wie noch nie, mit irrwitzigen Wendungen. Bochum und Mönchengladbach standen schon als Absteiger fest, der dritte aber wurde noch gesucht – und fünf Mannschaften zitterten: Eintracht Frankfurt (vor Spielbeginn: 34 Punkte), Hansa Rostock (35), der SC Freiburg (36), der VfB Stuttgart (36) und der 1. FC Nürnberg (37). Der Club hatte also die besten Aussichten, drin zu bleiben.

Doch die 90 Minuten am 29. Mai stellten den Ligakeller auf den Kopf. Stuttgart rettete sich (1:0 gegen Bremen), in drei anderen Stadien überschlugen sich in der Schlussphase die Ereignisse: Rostock drehte in Bochum ein 1:2 in ein 3:2, Frankfurt gelang ein 5:1-Kantersieg gegen Kaiserslautern. Nürnberg unterlag Freiburg 1:2 und stieg doch noch ab – tränenreich, mit dem kleinstmöglichen Rückstand auf Frankfurt: gleiche Punktzahl, gleiche Tordifferenz, nur weniger erzielte Tore.

Die Radiokonferenz dieses Nachmittags ist ein legendäres Zeitdokument. In den Hauptrollen: die Reporter Manni Breuckmann (Bochum), Dirk Schmitt (Frankfurt) – und der bekennende Club-Sympathisant Günther Koch (Nürnberg).

Es folgen Auszüge aus dieser Schlusskonferenz, mit leichten Kürzungen:

Breuckmann: Tooor in Bochum! Tooor in Bochum! 2:1 für den VfL Bochum. Ein Freistoß. Ich glaube, es ist Peter Peschel gewesen. Wir sind in der 73. Minute. Und es kann sein, dass sich jetzt allmählich das Schicksal von Hansa Rostock zum Schlechten wendet. Denn nach dem gegenwärtigen Stand der Dinge ist Rostock draußen. Wir geben weiter nach Frankfurt ...

Schmitt: ... und hier liegt sich alles in den Armen. Rechts von mir die gesamte Polit-Prominenz. Petra Roth liegt Roland Koch in den Armen. Aus Gründen des Parteiproporzes sei auch Hans Eichel, der Bundesfinanzminister, genannt, der sitzt direkt davor. Der hat zwar Petra Roth nicht umarmt, sich aber auch gefreut. Freistoß für die Eintracht, die es jetzt ganz ruhig angehen lässt, die natürlich weiß, wie es auf den anderen Plätzen, vor allem in Bochum, steht. Und es ist immer wieder faszinierend, wenn man die Reaktionen in einem

Jan-Age Fjörtoft trifft zum 5:1 für Frankfurt (1), sein Trainer Jörg Berger ist emotional ergriffen (3). Rostocks Coach Andreas Zachhuber feiert mit dem weinenden Spieler Henri Fuchs (4). In Nürnberg trauern Torwart Köpke (5) und Reporter Koch (2).

Stadion sieht, obwohl gar nichts passiert. Aber es wird halt Radio gehört ...
Koch: ... Radio, Radio, Radio, das schnellste Medium der Welt. Aber sie tun mir leid, die Rostocker, wenn es dabei bleiben sollte, haben wir keinen Verein mehr in der Bundesliga aus dem Osten. Rostock, im Moment, 17.05 Uhr, in der zweiten Liga. Darüber kann man sich, darüber darf man sich nicht freuen. Im Moment in Nürnberg ist der Spielstand 0:2, gebanntes Hören an den Radios, aber nichts zu sehen von den Clubberern. Wo bleibt Eure Ehre, was habt Ihr eurem Publikum zu bieten? Kämpfen, kämpfen heißt es. Sie wackeln mit den Knien – und Freiburg hält das 2:0.
Breuckmann: Tor in Bochum. Tooor in Bochum. Ausgleich für Rostock. Agali hat es gemacht, in der 77. Minute. Hansa bäumt sich noch einmal auf. Obwohl auch dieses Unentschieden nach den Spielständen, die wir kennen, nichts nützt. Aber die Hoffnung für die Ostseestädter ist nicht vorbei, dieses Spiel ist noch nicht gelaufen ...
Schmitt: Tor in Frankfurt. Tor in Frankfurt. 3:1 für die Eintracht. Von der linken Seite dringt Gebhardt in den Strafraum ein, und als habe es die ersten 30 Spiele dieser Saison nicht gegeben, schießt Marco Gebhardt aus einem ganz spitzen Winkel mit dem linken Fuß den Ball unter die Latte. Es heißt 3:1 und jetzt müsste wenigstens die Eintracht hier im Waldstadion den Sieg nach Hause schaukeln. Bitte Bochum!
Breuckmann: Jetzt kommt es darauf an. Sollte Hansa jetzt noch ein Tor machen, wäre Rostock nicht unten. Alles werden sie jetzt daran setzen in den letzten elf Minuten nochmal alle Kräfte zu mobilisieren.

> „Ich pack das nicht. Ich will das nicht mehr sehen."

Koch: Freiburg hat es in der Hand, wenn Freiburg noch ein 3:0 macht, denn die Clubberer werden kein Tor machen, so wie es aussieht – dann ist Frankfurt drin und der Club vielleicht draußen. Nur noch zehn Zentimeter bestenfalls steht der Club vor dem Abgrund.
Schmitt: Tor in Frankfurt, Günther Koch, Tor in Frankfurt ...
Koch: ... der Club liegt hinten mit 0:2, das ist Alibi-Fußball – wer hat geschrien?
Schmitt: Tor in Frankfurt. 4:1 für die Eintracht. Bernd Schneider macht den Treffer, Günther, und was heißt das? Das heißt, dass Frankfurt jetzt eine Tordifferenz von minus elf hat wie Nürnberg, aber die Eintracht hat mehr Tore erzielt, und nach meiner Rechnung – und ich bin kein großer Mathematiker – ist damit Nürnberg wieder in noch größere Abstiegsgefahr geraten. Also das ist kein Zweikampf mehr, das ist jetzt ein glasharter Dreikampf.
Koch: Du hast alles gesagt. Alles hängt jetzt von Bochum gegen Rostock ab. Frankfurt ist besser, der Club taumelt, der Club hängt am Abgrund.
Breuckmann: Und Tooooooor! Tor für Rostock. Majak, der eingewechselte Majak, macht ein Kopfballtor. Und 7000 Fans aus Rostock, sie sind aus dem Häuschen. Hansa Rostock führt um 17.12 Uhr mit 3:2 und alles kann gut werden.
Koch: Tooor. Tooor. Tooor. Tor in Nürnberg. Ich pack das nicht. Ich halt das nicht mehr aus. Ich will das nicht mehr sehen. Aber sie haben ein Tor gemacht. Ich glaube es nicht. Aber der Ball ist drin. Ich weiß nicht wie. Kopfball von Nikl. Die Leute haben es gehört, dass Frankfurt vorne liegt, dass Rostock vorne liegt, jetzt liegt der Ball im Netz. Nur noch 1:2. Ich halt das nicht mehr aus. Nein, es tut mir leid, 1:2, Nikl per Kopf, Flanke von Kuka. Treffer für die

Clubberer. Es ist nicht zu fassen, wir waren in Bochum, wir waren in Frankfurt, wir sind in Nürnberg.

Breuckmann: ... welch ein Abstiegsdrama! Und die Sache ist vielleicht noch gar nicht gelaufen. 3:2 führt Rostock. Dabei waren sie schon weg in der 73. Minute. Aber Bochum will es jetzt nochmal wissen. Der VfL denkt nicht daran, dass morgen Urlaub ist. Die Bochumer sind zwar abgestiegen, aber sie verabschieden sich würdig. Jetzt Rostock noch einmal mit einer Art Konter. Und Oliver Neuville, er spielt auch in der zweiten Halbzeit noch mit, er lässt Schmerzen Schmerzen sein. Wahrscheinlich ist die blutende Wunde an seinem linken Ohr gestillt worden. Er ist jedenfalls ein vollwertiger Profi an diesem Nachmittag und hat mitgeholfen, dass seine Mannschaft hier dem fußballerischen Tod in der ersten Liga möglicherweise noch einmal von der Schippe springt – Frankfurt, bitte, Frankfurt.

Schmitt: Wo die Eintracht nach wie vor Druck macht. Sie braucht ein Tor, sie weiß: Ein Tor könnte wieder Nürnberg in den Abgrund stoßen. Und sie kommen wieder mit Westerthaler in der zentralen Position. Nur Sforza hat er noch vor sich. Dann ist es Fjörtoft, der ist im Strafraum. Und er trifft. Toooor, Toooooooor für die Eintracht, 5:1. Herrjeh! Welche Leistung! Damit ist wieder Nürnberg in der zweiten Liga.

Koch: Hallo, hier ist Nürnberg, wir melden uns vom Abgrund. Nürnberg 1:2. So wie Bayern wegen des linken Torpfostens in Barcelona verloren hat (*vier Tage zuvor im Champions-League-Finale gegen Manchester United*), so steigt der Club ab, wenn er absteigt, wegen des linken Torpfostens vor der Nordkurve. Nikl drosch gerade den Ball an den Pfosten. Er war nicht zu erreichen. Der Freiburger Torhüter Golz, er flog durch die Luft, der Ball klatscht vom Pfosten zurück – nicht ins Tor, sondern vor die Füße von Frank Baumann. Und Baumann bringt dann aus sechs Metern den Ball nicht im Tor unter, und so steht es nach wie vor 1:2. Der Club ist damit im Moment abgestiegen. Denn das Spiel hier ist aus. Ade, liebe Freunde, es ist nicht zu fassen, was der Club seinen Fans, was er seinem treuen Publikum hier zumutet. Der Club verliert mit 1:2 und er hat wenig Haltung bewiesen. Erst in den Schlussminuten hat er gekämpft. Liebe Clubberer, es tut mir leid. Das musste nicht sein. Das musste nicht sein.

Breuckmann: Günther, Du tust mir auch leid. Erlaube mir dieses persönliche Wort an dieser Stelle. Die Clubberer, möglicherweise im Abgrund. Hier ist noch eine Minute zu spielen, und der VfL Bochum setzt alles daran, noch ein Tor zu machen. Noch ein Tor irgendwo?

Schmitt: Frankfurt ist aus. Das Spiel ist aus. Grenzenloser Jubel. Die Eintracht hat den Klassenerhalt gepackt.

Breuckmann: Hier die 90. Minute. Bochum in Ballbesitz. Unten stehen die Rostocker an der Außenlinie, sie signalisieren Markus Merk: „Nu pfeif doch endlich ab!" Jetzt ist die 91. Minute erreicht, Ballbesitz für Rostock. Nur ein Tor für Bochum kann Nürnberg noch retten. „Macht Schluss", sagen die Rostocker. Vielleicht der letzte Angriff. Ein Steilpass – ins Nirgendwo, ins Nirwana, da ist nur Torhüter Pieckenhagen. Und der geht jetzt ganz langsam mit dem Ball am Fuß durch den Strafraum und wartet, dass diese quälenden Sekunden zu Ende gehen. Aus! Rostock gewinnt 3:2. Grenzenloser Jubel bei den 7000 Fans, bei den Spielern, bei den Offiziellen. Rostock bleibt in der Bundesliga. Und ein schlimmes Schicksal für den 1. FC Nürnberg!

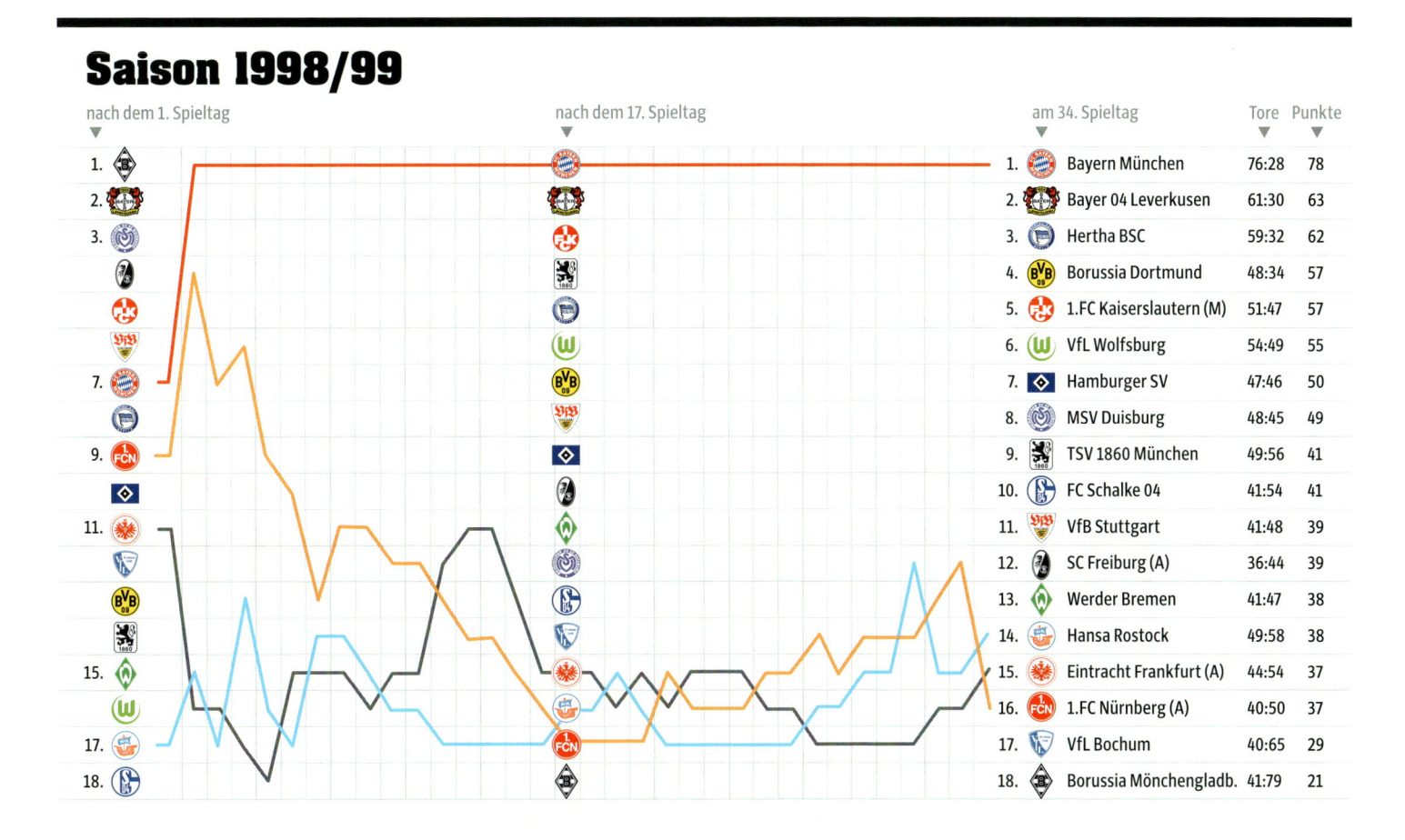

Saison 1998/99

am 34. Spieltag	Tore	Punkte
1. Bayern München	76:28	78
2. Bayer 04 Leverkusen	61:30	63
3. Hertha BSC	59:32	62
4. Borussia Dortmund	48:34	57
5. 1.FC Kaiserslautern (M)	51:47	57
6. VfL Wolfsburg	54:49	55
7. Hamburger SV	47:46	50
8. MSV Duisburg	48:45	49
9. TSV 1860 München	49:56	41
10. FC Schalke 04	41:54	41
11. VfB Stuttgart	41:48	39
12. SC Freiburg (A)	36:44	39
13. Werder Bremen	41:47	38
14. Hansa Rostock	49:58	38
15. Eintracht Frankfurt (A)	44:54	37
16. 1.FC Nürnberg (A)	40:50	37
17. VfL Bochum	40:65	29
18. Borussia Mönchengladb.	41:79	21

Soeben dem Abstieg entkommen, startet Mönchengladbach unter Friedel Rausch famos in die Saison: 3:0 gegen Schalke, Tore: Polster, Pettersson, Hagner. Tabellenführer! Alsbald aber folgt der Absturz, am Ende muss die Borussia wieder runter, erstmals nach 34 Jahren, nach fünf Meisterschaften in den Siebzigern. Nicht einmal am legendären Abstiegsfinale am letzten Spieltag darf sie mehr teilnehmen.

1999/00

Bundesliga mal vier

17 Kilometer sind es vom Sportpark Unterhaching bis zum Münchner Olympiastadion. Auf dem Mittleren Ring geht es durch Ramersdorf, Bogenhausen, Schwabing, dann ist man da. Der Weg durchs Zentrum ist kürzer, aber im Berufsverkehr nicht zu empfehlen. Samstags geht es. Und so lag also auch an diesem Unglücks- bzw. Glückssamstag, am 20. Mai 2000, nur der berühmte Katzensprung zwischen Trauer (Leverkusen verspielt den Titel in Unterhaching) und Triumph (die Bayern sind zuhause der Profiteur). Nie zuvor wurde ein Fernduell um die Meisterschaft in so nah beieinander liegenden Stadien ausgetragen. Den Stadien, das muss man sagen, hat das kein Glück gebracht. Der Sportpark (Nr. 2) wurde zur Zweit-, dann zur Drittliga-Stätte. Im Olympiastadion (Nr. 1) finden nur noch Konzerte, Autorennen oder Weinmessen statt. Der Profifußball ist zur Saison 2005/06 weitergezogen nach Fröttmaning, dort thront die neue Arena (Nr. 3) neben Kläranlage, Windrad und Autobahnkreuz. Den Bayern ist sie zur Heimat geworden. Die klammen Sechziger sind dort nur noch Mieter. Sie träumen von jenen Zeiten, als die erste Liga auch im alten Stadion an der Grünwalder Straße (Nr. 4) zu Gast war. Das ist lange her.

Der letzte Leitwolf

Es begann mit einer falsch gesetzten Grätsche in Unterhaching. Anschließend wurde Michael Ballack zum großen Unverstandenen, zum Unvollendeten des deutschen Fußballs.

VON JOSEF KELNBERGER

Es war das letzte Spiel der Saison. Ein sonniger Frühlingstag, der 20. Mai 2000, die 20. Spielminute im Sportpark Unterhaching. Über dem Stadion schwebten noch einige der roten und blauen Luftballons, die man zu Spielbeginn hatte steigen lassen zur Feier des Tages: eine Meisterschaftsentscheidung in Unterhaching, ausgerechnet hier, in der Fußballprovinz!

Danny Schwarz, Mittelfeldspieler der SpVgg Unterhaching, trat den Ball in jener schicksalhaften Minute von rechts in den Strafraum, genau in den Lauf seines Stürmers Altin Rraklli. Eine schöne Flanke mit Drall weg vom Tor, aber eigentlich aussichtslos. Denn dazwischen ging Adam Matysek. Der Torhüter von Bayer Leverkusen lief aus dem Tor. Ein Kinderspiel scheinbar, diese Parade.

Danny Schwarz. Altin Rraklli. Adam Matysek. Flüchtige Namen in 50 Jahren Bundesliga. Was wohl passiert wäre, wenn man die Drei hätte gewähren lassen? Die vorhersehbare Flanke von Schwarz, der vergebliche Spurt von Rraklli, die routinierte Parade von Matysek. Vielleicht wäre alldem ein schneller Abwurf gefolgt, ein verheißungsvoller Konter von Bayer Leverkusen, das 1:0 für die Gäste.

Bayer Leverkusen hätte wohl den ersten Bundesligatitel seiner Geschichte gewonnen, wäre „Milleniums-Meister" geworden, wie die Leverkusener Fans auf ihre mitgebrachten Meisterschalen aus Pappe geschrieben hatten. Trainer Christoph Daum wäre vergöttert worden als Mann, der den FC Bayern in die Schranken weist. Und Michael Ballack?

Er wäre vielleicht ein anderer Fußballspieler geworden, wenn er in jener 20. Spielminute nicht dazwischengegrätscht wäre. Aus Nervosität, aus Übereifer – vielleicht auch in einem Anflug von Panik, weil er fürchtete, seinen Einsatz zu verpassen in diesem Spiel der Spiele.

So grätschte er hinein in diese Flanke und schlug den Ball ins eigene Tor. Altin Rraklli nahm später für sich in Anspruch, er habe Ballack „unter Druck gesetzt" und Ballack habe gar nicht anders gekonnt, als dieses Eigentor zu schießen. Doch ein abgeklärter Spieler hätte gespürt, dass sein Torwart die Lage unter Kontrolle hatte.

Schwarz und Rraklli jubelten, als der Ball im Tor lag, Torhüter Matysek stand versteinert. Und Ballack barg sein Gesicht in beiden Händen, untröstlich. Er ahnte wohl, dass er und sein Team sich nicht mehr erholen würden von diesem Schock.

Als das Trauerspiel vorüber war, Endstand 2:0 für Unterhaching, saß Michael Ballack heulend auf der Ersatzbank in Unterhaching, während einige Kilome-

Nervosität? Übereifer? Eigentor! Wäre Michael Ballack nicht vor Hachings Altin Rraklli (hinten) in diese Flanke gegrätscht, vielleicht wäre seine Karriere anders verlaufen. So verpasst Leverkusen den Titel. Und unter dem Zeltdach des nahen Olympiastadions jubeln mal wieder die Bayern-Fans.

ter weiter nördlich im Olympiastadion der Bayern-Kapitän Stefan Effenberg die Meisterschale stemmte. Die Unterhachinger jubelten, als wären sie selbst Meister geworden. In der folgenden Saison stiegen sie ab und kehrten niemals wieder.

Michael Ballack, erst 23 Jahre alt damals und zwei Jahre zuvor schon Meister mit dem 1. FC Kaiserslautern, hat trotz der Niederlage in Unterhaching eine große Karriere gemacht. Doch dieser 20. Mai 2000, diese Niederlage gegen Stefan Effenbergs FC Bayern, hat ihn sein ganzes Fußballerleben lang verfolgt. Das Trauma des Scheiterns als Anführer im entscheidenden Moment festigte sich zwei Jahre später, als Ballack mit Bayer binnen weniger Tage die Meisterschaft als Zweiter beendete, das Pokalfinale verlor und auch das Champions-League-Endspiel gegen Real Madrid.

Drei Mal Deutscher Meister und drei Mal Pokalsieger wurde er danach nicht gegen die Bayern, sondern mit den Bayern. In München löste er Stefan Effenberg im Jahr 2002 als Führungsspieler ab – und kam doch wieder nicht an ihn heran. Denn der Champions-League-Titel, den Effenberg als Kapitän 2001 gewonnen hatte, blieb Ballack verwehrt, beim FC Bayern und auch beim FC Chelsea. Unvergessen die Finalniederlage im Elfmeterschießen gegen Manchester United 2008. Michael Ballack sank, als alles vorbei war, wie vom Blitz getroffen zu Boden. Und wieder weinte er.

Auch mit der Nationalmannschaft sollte er keinen Titel gewinnen. WM-Zweiter 2002, WM-Dritter 2006, EM-Zweiter 2008. Er ist in den drei Turnieren seiner Mannschaft stets vorangemarschiert: ein unwiderstehlicher, immens torgefährlicher Mittelfeldspieler. Und dennoch verfolgte ihn der Vorwurf, in entscheidenden Momenten als Führungsspieler zu versagen, gipfelnd in dem unendlich dummen Satz von Günter Netzer: Einer wie Ballack, der in der ehemaligen DDR aufgewachsen sei, sei wohl immer noch geprägt vom Sozialismus und deshalb nicht geeignet als Führungsspieler, als Leitwolf, den man im deutschen Fußball lange Zeit kultisch verehrte.

Je härter die Kritik ihn traf, umso verbissener schien sich der Sachse Michael Ballack, der erste ostdeutsche Kapitän der Nationalelf, in die Leitwolf-Rolle hineinzusteigern. Der Fußball-Leitwolf reckt Kinn und Brust. Er fährt im Training die Stollen auch gegen Teamkollegen aus, im Spiel stürmt, grätscht, pöbelt er seinen Leuten voraus. Und wenn nichts mehr geht, legt er sich den Ball zum Freistoß zurecht. Er läuft an, haut drauf, dass die Funken sprühen. Wie eine Rakete geht sein Schuss ab, und der Leitwolf schickt dem Ball einen Blick hinterher, der von teuflischer Entschlossenheit kündet. Kraft seines Willens, so sieht es aus, lenkt er die Kugel in den Torwinkel. Einschlag, 1:0, Siegtor, orgiastischer Jubel. Genau so sah Michael Ballacks letzter ganz großer Führungsspielermoment im deutschen Fußball aus, bei der EM 2008. Aber ach, es war die Vorrunde, das Siegtor gegen Österreich. Im Endspiel ging Leitwolf Ballack mit dem Rest des Rudels beim 0:1 gegen Spanien unter.

Nach jenem Finale beschimpfte Michael Ballack den Teammanager Oliver Bierhoff, der ihn auf eine Ehrenrunde schicken wollte, als „Obertucke". Es war das Zeichen, dass Obermacho Ballack aus der Zeit fiel, dass der Wind sich drehte im deutschen Fußball. Man begann, nicht mehr Leitwölfe zu suchen, sondern intelligente und sozialverträgliche Spieler, die sich in ein Spielsystem fügten.

Michael Ballack nahm diesen Trend nicht ernst, hielt ihn für, nun ja: obertuckenhaft. Und musste wegen einer Verletzung aus der Ferne erleben, wie sich der schöne neue deutsche Fußball bei der WM 2010 in Südafrika durchsetzte – und wie er plötzlich als der Spieler galt, der diesem schönen Fußball im Weg stand. Einen Titel hat die Nationalmannschaft nach der Ära der Leitwölfe auch nicht gewonnen, aber dass der FC Bayern und Borussia Dortmund im Mai 2013 den Champions-League-Sieger unter sich ausmachten, zeigt: Dem deutschen Fußball geht es gut, auch ohne dieses Chefgehabe.

Aus dem Nationalteam ist Michael Ballack im Unfrieden mit Bundestrainer Joachim Löw geschieden; er fühlte sich gemobbt. Zurückgekehrt in die Bundesliga, lag er bei Bayer Leverkusen zumeist im Streit mit seinen Trainern Jupp Heynckes und Robin Dutt. Er wurde 2011 noch einmal Liga-Zweiter mit Bayer, ehe er im Jahr darauf seine Karriere beendete.

Michael Ballack, der große Unvollendete, der große Unverstandene.

Er interessiert sich jetzt für zeitgenössische Kunst, sammelt Gemälde und Skulpturen. Wenn er Interviews gibt, spricht aus ihnen ein Hauch von Verbitterung, dass ihm der ganz große Wurf versagt blieb. „Titel werden manchmal überschätzt", sagt er. Hoffentlich glaubt er auch daran.

SZENE DER SAISON
Der Golfball

Der SC Freiburg setzte schließlich eine Belohnung für, wie es dann heißt, „sachdienliche Hinweise auf den Täter" aus, in Höhe von 1000 D-Mark. Mit Erfolg. Gefunden wurde ein 16-jähriger Schüler, der gestehen musste, dass er diese außerordentlich hässliche Szene verursacht hatte. Freiburg hatte den FC Bayern empfangen, der Außenseiter hielt mit, wenige Minuten vor Schluss stand es 1:1. Drei Minuten vor Abpfiff gab es einen Elfmeter für den FC Bayern, Mehmet Scholl verwandelte. Daraufhin tobten die Freiburger Fans, ihre Enttäuschung ließen sie vor allem an Oliver Kahn aus. Der Torwart polarisierte damals wie kaum ein anderer Fußballer in Deutschland, ein bei den gegnerischen Fans beliebtes Spiel war es, mit Bananen nach ihm zu werfen. In Freiburg flogen gar Bierbecher. Und ein Golfball. Er traf Kahn an der linken Schläfe. Der Torwart zuckte zusammen, blutete über dem linken Auge. Wie wild geworden rannte er zum Linienrichter, rannte er zur Eckfahne, wo er das Wurfgerät fand. Das Spiel wurde erst nach minutenlangen Diskussionen fortgesetzt. Kahn wurde mit zwei Stichen genäht.

Saison 1999/2000

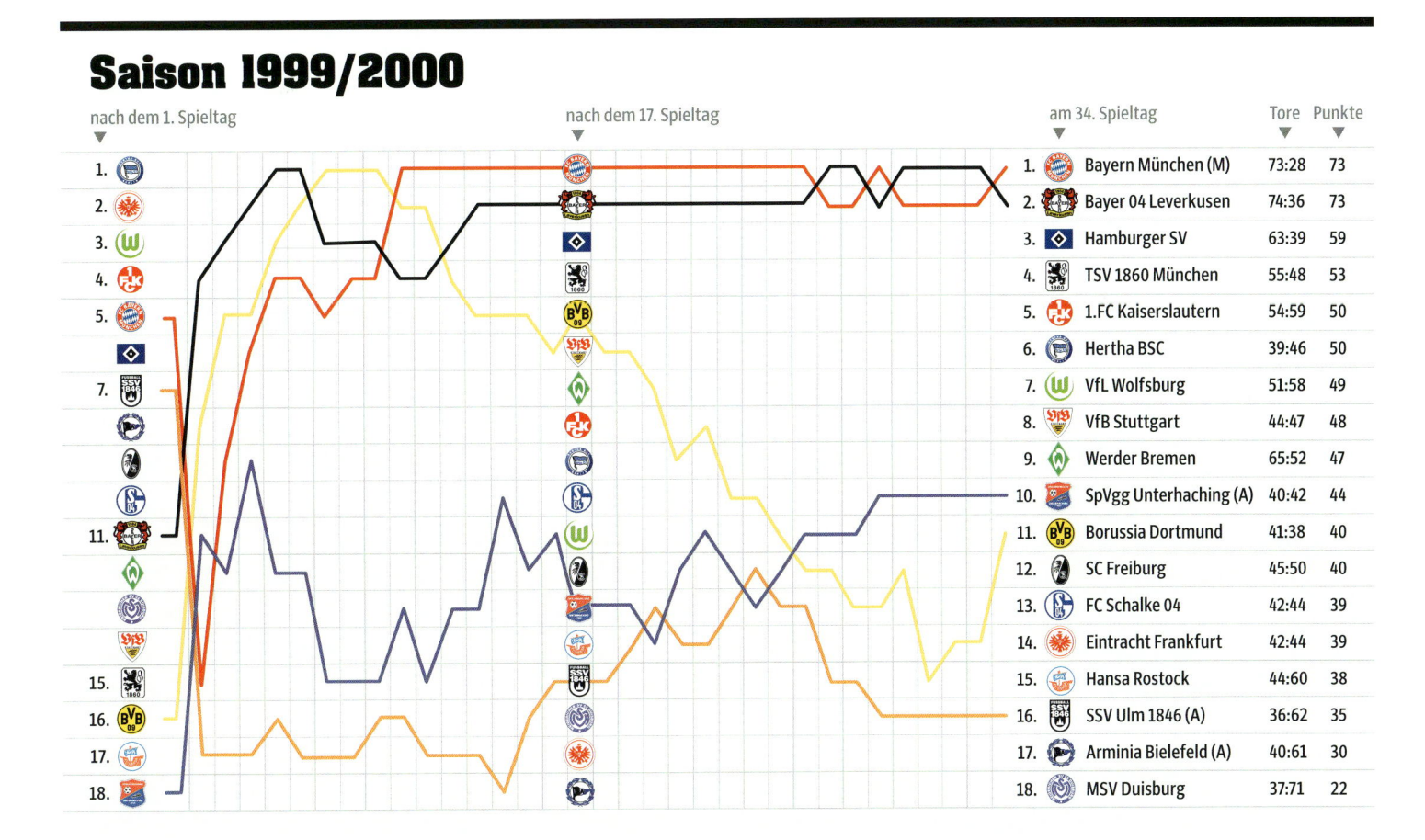

am 34. Spieltag	Tore	Punkte
1. Bayern München (M)	73:28	73
2. Bayer 04 Leverkusen	74:36	73
3. Hamburger SV	63:39	59
4. TSV 1860 München	55:48	53
5. 1.FC Kaiserslautern	54:59	50
6. Hertha BSC	39:46	50
7. VfL Wolfsburg	51:58	49
8. VfB Stuttgart	44:47	48
9. Werder Bremen	65:52	47
10. SpVgg Unterhaching (A)	40:42	44
11. Borussia Dortmund	41:38	40
12. SC Freiburg	45:50	40
13. FC Schalke 04	42:44	39
14. Eintracht Frankfurt	42:44	39
15. Hansa Rostock	44:60	38
16. SSV Ulm 1846 (A)	36:62	35
17. Arminia Bielefeld (A)	40:61	30
18. MSV Duisburg	37:71	22

Zwei Siege, zwei Remis, eine Niederlage – das ist die Bilanz des Trainerduos Udo Lattek/Matthias Sammer in Dortmund. Eingesetzt werden beide als Notfallkommando, Borussias Rettung gelingt. Es ist der erste Abstiegskampf im Trainerleben von Lattek, der zuvor mit Bayern und Gladbach acht Ligatitel gewonnen hat. Runter muss Ulm, das nur für eine Saison vorbeischaut.

2000/01

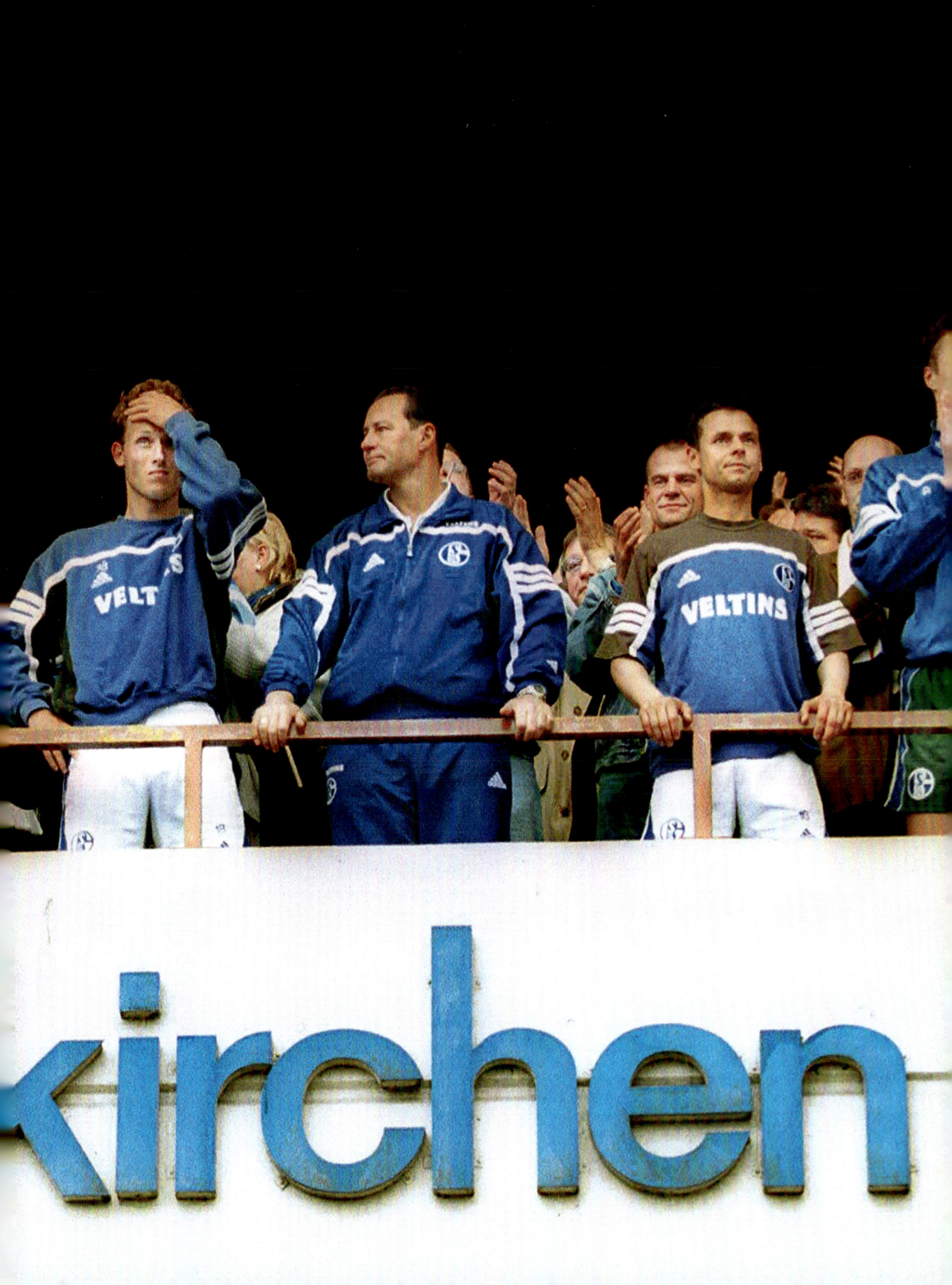
VELT
VELTINS
kirchen

„Es ist noch nicht vorbei"

Das dramatische Liga-Finale 2001 dauerte im Kern vier Minuten und 38 Sekunden.
Aber das ist nur die halbe Wahrheit. Für die Schalker wurde die Liga zum Wartesaal.
In München hingegen war ein Erfolgsgeheimnis entschlüsselt: Weiter! Weiter!

VON MILAN PAVLOVIC

12. Mai 2001, 33. Spieltag, 17.17 Uhr.
Der Tabellenführer heißt Schalke 04, er ist auf dem Weg, sich ein 0:0 beim abstiegsbedrohten VfB Stuttgart zu ermauern. Punktgleich mit Schalke, aber wegen des schlechteren Torverhältnisses nur Zweiter, ist der FC Bayern. Der Rekordmeister quält sich gegen den 1. FC Kaiserslautern. 1:1, ausgelaugt trotten die Münchner über den Rasen des Olympiastadions.

Nur Alexander Zickler nicht. In der 89. Minute eingewechselt, erläuft der Stürmer einen Steilpass, 89:47 steht auf der Spieluhr – „TOR in Stuttgart!", brüllt der Reporter der Premiere-Konferenzschaltung dazwischen –, Zickler holt aus, sein Schuss wird geblockt, die Kugel fliegt nach oben, Zickler nimmt den Ball aus der Luft und drischt ihn – die Uhr zeigt 89:52 – zum 2:1 in den Winkel. Fliegender Wechsel nach Stuttgart. Dort stürzen sich die weiß gekleideten VfB-Profis auf Krassimir Balakow, der soeben das 1:0 erzielt hat.

Binnen sechs Sekunden hat sich die Ausgangslage für den letzten Spieltag gedreht: Schalke hat zwar noch die bessere Tordifferenz, aber plötzlich drei Punkte weniger. Wollen die Schalker jetzt noch Meister werden, müsste München am letzten Spieltag in Hamburg verlieren – und sie selbst müssten gegen Unterhaching gewinnen. Viele meinen nun, der berüchtigte „Bayern-Dusel" sei bereits nicht mehr zu überbieten. Falsch.

19. Mai 2001, 34. Spieltag, 17.15 Uhr.
Schalke hat mühsam seine Pflicht erfüllt, hat einen 0:2- und einen 2:3-Rückstand gegen Absteiger Unterhaching gedreht, unter anderem durch ein Hackentrick-Tor von Gerald Asamoah. Sturmkollege Ebbe Sand hat soeben zum 5:3 abgestaubt, das letzte Tor, das im alten Parkstadion erzielt wird. Auf den Rängen skandieren die Schalker Fans: „HSV, HSV!"

Tor in Hamburg: Patrik Andersson (verdeckt) knallt einen indirekten Freistoß aus acht Metern Entfernung durch die HSV-Mauer ins Tor. Bis dahin war der FC Schalke 04 Deutscher Meister. Jetzt sind es doch wieder die Bayern.

In Hamburg hat die zweite Halbzeit eine Minute später begonnen. Noch immer steht es 0:0. Der FC Bayern hatte die Partie im Griff, Carsten Jancker ist sogar ein Tor aberkannt worden wegen angeblichen Abseits. Zu Unrecht. Nun aber, kurz vor Schluss, spielen die Münchner plötzlich zögerlich, erstarrt.

17.16 Uhr. Der HSV kommt über links, Marek Heinz schlägt eine Flanke in den Strafraum, wo Torjäger Sergej Barbarez zum Duell mit Bayern-Verteidiger Patrik Andersson hochsteigt. Der Bosnier verlängert den Ball mit dem Kopf, Oliver Kahn muss machtlos zusehen: Innenpfosten, Tor, 1:0 für Hamburg. Die Uhr zeigt 89:05. Der FC Bayern ist nur noch Zweiter. Beim Jubeln taucht auch Mathias Schober auf. Der Torwart, der nur auf dem Platz steht, weil Jörg Butt verletzt fehlt, war erst im Herbst 2000 an den Hamburger SV ausgeliehen worden. Noch immer fühlt er sich als Schalker: „Da dachte ich schon: Wir sind Meister."

Auf der Ersatzbank der Münchner breitet sich Hasan Salihamidzic auf mehreren Sitzen aus. Michael Wiesinger beißt, stehend, auf die Unterlippe und presst den Ausgehanzug fester unter den Arm. Der Brasilianer Elber nuckelt an einer Wasserflasche. Vor ihm malmt Trainer Ottmar Hitzfeld mit den Zähnen und denkt, wie er später erklären wird, an die psychologischen Folgen fürs Champions-League-Finale am folgenden Mittwoch. „Fatal und unmenschlich" sind die Worte, die ihm einfallen. Manager Uli Hoeneß denkt an das kleine Fest für die Spieler und deren Frauen, das für den Fall des Titelgewinns geplant war: „Wir können den ganzen Scheiß abblasen."

299 Kilometer Luftlinie weiter südlich brodelt das Schalker Parkstadion nur Sekunden nach Barbarez' Treffer. „Wir wussten sofort, was passiert war", sagt Andreas Möller. Schiedsrichter Strampe pfeift die Partie pünktlich ab, die Schalker laufen wild jubelnd durcheinander. Manager Rudi Assauer versucht vergeblich, zu beschwichtigen. Die obligate Zigarre im Mundwinkel, wiederholt er mantraartig: „Das Spiel in Hamburg ist noch nicht vorbei. Es ist noch nicht vorbei."

HÄNGENDE SPITZE
Dusel? Alles Käse!

„Jetzt werden wieder alle von den Duselbayern reden, aber das ist uns egal."
(Carsten Jancker, Stürmer FC Bayern)

Das wollen wir doch mal sehen:
Duselbayernduselbayern!

„Das war kein Glück, sondern die logische Konsequenz aus dem Spielverlauf."
(Uli Hoeneß, Manager FC Bayern)

Von wegen!
Duselbayernduselbayern!

„Alles, was bis nächsten Samstag, 15.30 Uhr, geredet oder geschrieben wird, ist Käse."
(nochmal Uli Hoeneß)
Stimmt. **RALF WIEGAND**

Diese Glosse erschien am 14. Mai 2001, am Montag nach dem vorletzten Spieltag, im Sportteil der SZ. Die wahre Dimension der Duselbayern sollte sich erst am folgenden Samstag offenbaren.

Tor in Hamburg: Die Schalker erfahren via Anzeigetafel vom Führungstreffer des HSV. Sind sie jetzt Meister? 04-Aufsichtsrat Jürgen Möllemann (im gelben Fallschirmanzug) jubelt mit Manager Rudi Assauer. Kurz darauf: Entsetzen!

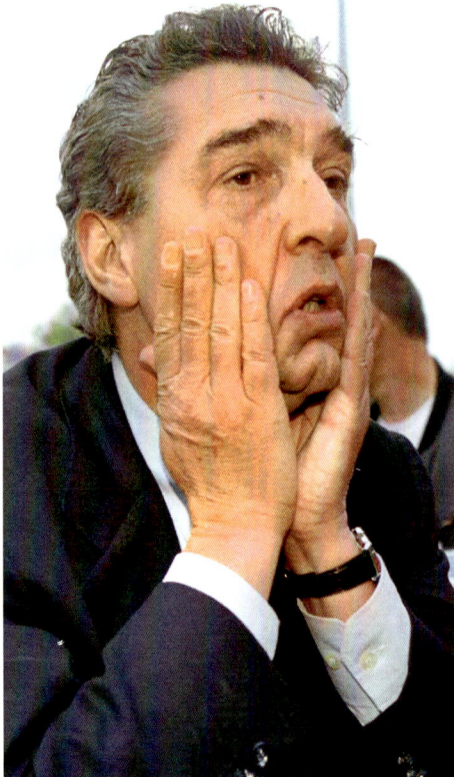

17.17 Uhr. In Hamburg reißt Oliver Kahn den am Boden liegenden Samuel Kuffour hoch. Der Torwart schnappt sich den Ball, schreit: „Weiter! Weiter!" Kahn stürmt mit feurigem Blick zum Anstoßkreis. Das steckt an. Ottmar Hitzfeld ballt die Fäuste und sagt: „Wir schaffen das noch." Kahn ruft: „Noch vier Minuten! Noch vier Minuten!" Ein Motivationstrick. Schiedsrichter Markus Merk zeigt nur drei Nachspielminuten an. Und das auch nur, „weil Barbarez sein 1:0 so extrem zelebriert hatte".

> **Auf der Leinwand läuft Fußball. Kaum einer weiß, dass das Live-Bilder sind.**

Auf Schalke hat der Jubel aufgehört. Langsam legt sich eine erwartungsvolle Ruhe über die Arena. Trainer Huub Stevens hält die Spannung nicht mehr aus und eilt in Richtung Kabine. Auf dem Weg gratuliert ihm Unterhachings Trainer Lorenz-Günther Köstner zur Meisterschaft.

17.18 Uhr. Kuffour kommt im Hamburger Fünfmeterraum an den Ball, hat aber keinen Erfolg, sondern schubst bloß Torwart Mathias Schober an den Pfosten. Die anschließende Rudelbildung ist im Schalker Sinne, die Münchner verlieren Zeit. Im Parkstadion denken alle, jetzt sei aber wirklich Schluss. Assauer reckt die Faust, Spieler fallen übereinander her, Fans fluten den Innenraum, Helfer tragen die Tore weg. Im Hintergrund läuft auf der Stadion-Leinwand weiter ein Fußballspiel. Kaum einer in Gelsenkirchen weiß, dass es sich dabei um die Live-Bilder aus Hamburg handelt.

17.19 Uhr. In Hamburg zeigt die Spieluhr 92:27. Stefan Effenberg spielt einen letzten Steilpass. Zu steil. HSV-Verteidiger Tomas Ujfalusi ist als Erster am Ball und grätscht ihn in den eigenen Strafraum. Schober eilt ihm entgegen, wirft sich ihm entgegen. Noch bevor er den Ball unter sich begraben hat, reklamiert schon Zickler: Unerlaubter Rückpass! Markus Merk schreitet zum Tatort, er hat auf indirekten Freistoß entschieden. Gegen Hamburg. Acht Meter vom Tor entfernt.

Später sagte er dem *kicker*: „Ich dachte, Keeper Schober kloppt den Ball auf die Tribüne. Es war einer von zwei Rückpässen, die ich in meiner Karriere pfiff."

Schober: „Es war nie ein Rückpass, es hätte nie Freistoß geben dürfen."

Merk: „Ich würde immer wieder so entscheiden."

Schober: „Ich wollte Zeit gewinnen. Auf einmal pfeift der Schiri."

SAISON 2000/2001

Wieder bildet sich ein Rudel, Stefan Effenberg greift sich den Ball. Kahn taucht am gegnerischen Fünfmeterraum auf, schubst, streunt umher wie ein Tiger, bis ihn Willy Sagnol zur Ruhe mahnt. Da Mehmet Scholl ausgewechselt wurde, Scharfschütze Michael Tarnat nicht auf dem Platz steht, zitiert Effenberg den Schweden Patrik Andersson zur Beratung herbei.

Auf Schalke fliegen bereits die Raketen, das Meisterschafts-Feuerwerk ist gestartet. Der Rasen ist überfüllt wie bei einem Rockkonzert, aber es ist ruhiger als kurz zuvor. Erst jetzt haben viele verstanden, dass das Spiel in Hamburg noch läuft. Der Premiere-Reporter Rolf Fuhrmann sagt beim ersten Interview dennoch: „Es ist zu Ende in Hamburg! Schalke ist Meister!" Ex-Profi Andreas Müller, der als Schalkes Team-Koordinator an diesem Nachmittag ein HSV-Trikot trägt, ruft: „Ganz großes Kompliment an den HSV! Vielen Dank! HSV, ich liebe Euch!"

Oben auf der Anzeigetafel ist zu erkennen, dass Effenberg und Andersson ihr Gespräch beendet haben. 305 Partien sind in dieser Saison vorbei, 27 540 Spielminuten offiziell verstrichen, jetzt hängt alles von diesem einen indirekten Freistoß ab. Uli Hoeneß richtet noch einmal Brille und Hose. Markus Merk trippelt rückwärts aus dem Schussfeld und gibt den Ball frei. Die Spieluhr zeigt 93:40. Andersson sieht: In der Hamburger Mauer ist keine Lücke. „Ich wollte die Kugel nur irgendwie durchpressen", erinnert sich der Schwede. „Mit Gewalt eben." Effenberg tippt den Ball an.

17.20 Uhr. Und dann – 93:43 – ist er drin! Unten links schlägt der Flachschuss im Toreck ein und beendet jene 278 Sekunden, in denen Schalke Meister war. Meister zu sein schien.

> **Patrik Andersson sagt:**
> **„In meinem Kopf**
> **ist alles geplatzt."**

Oliver Kahn rupft die Eckfahne raus, wirft sich auf den Rücken, stemmt sie immer wieder in die Höhe. Ottmar Hitzfeld sagt, er habe damals „eine absolute Glücksexplosion" empfunden. Patrik Andersson erinnert sich so: „In meinem Kopf ist alles geplatzt."

Wenig später.
In Hamburg präsentiert Kahn die Meisterschale: „Daaaa ist das Ding! Daaaaaa ist das Ding!"

Auf Schalke ist zunächst nur noch das Feuerwerk zu hören, der Soundtrack ei-

Tor in Hamburg: Owen Hargreaves verfolgt den Meisterschützen Patrik Andersson über den gesamten Platz (oben). Und Oliver Kahn veranstaltet mit einer Eckfahne Dinge, die beim Betrachter nicht ausschließlich jugendfreie Assoziationen hervorrufen. Das Leid der Schalker ist in diesem Moment sehr, sehr weit weg.

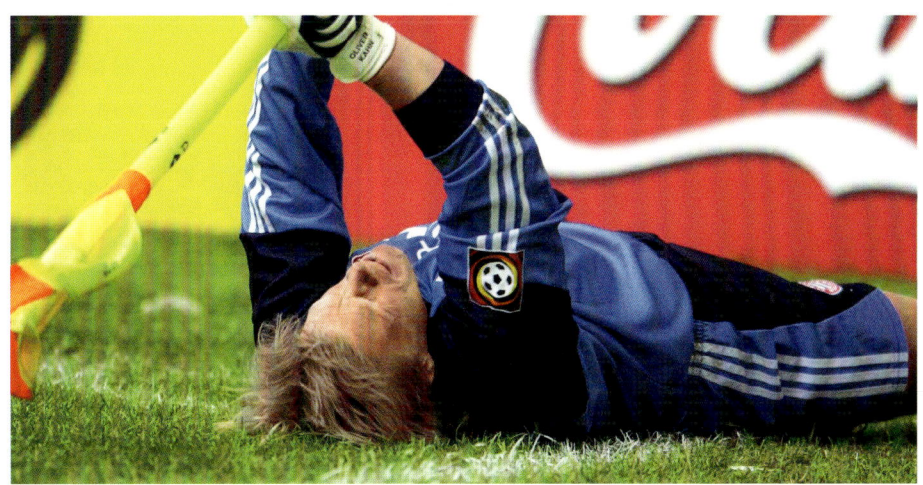

ner Party, die zur Trauerfeier wurde. „Das gibt's ja nicht", stammelt Assauer, „das Leben ist nicht so."

Ist es doch. Andreas Möller und Mike Büskens weinen. Andere stimmen mit den Fans das Schalker Lied an: „Blau und Weiß, wie lieb' ich Dich." Huub Stevens beißt die Zähne zusammen, man sieht, wie seine Kiefer arbeiten. Tomasz Hajto, der rustikale Abwehrspieler, erklärt: „Wenn Bayern in Hamburg 3:0 gewonnen hätte, wäre jetzt keiner enttäuscht."

Der FDP-Politiker Jürgen Möllemann, Aufsichtsratsmitglied bei Schalke, wirkt deplatziert in seinem Fallschirmanzug, der auch noch in Borussia-Dortmund-Gelb gefärbt ist. Vor dem Anpfiff war er damit ins Stadion eingeschwebt, er hatte sich nicht mehr umgezogen. Möllemann reicht Olaf Thon die Hand, der sagt: „Wir haben sehr viel an Sympathien gewonnen und den besten Fußball gespielt – aber es gewinnt nicht immer der Beste." Gerald Asamoah hat sein Lächeln verloren, als er sagt: „Gott weiß, was er tut." Rudi Assauer hadert: „Ab heute glaube ich nicht mehr an den Fußballgott, weil er nicht gerecht ist." Dann sucht er nach abenteuerlichen Vergleichen: „Das ist ja wie der Untergang der Titanic." Oder: „Das war wie ein Flugzeugabsturz."

> „Tragischer als der Tod im Unglück ist die Illusion des höchsten Glücks."

Poetischer formuliert es das *SZ*-Streiflicht: „Noch tragischer als der Tod im tiefsten Unglück ist die Illusion des höchsten Glücks, gefolgt vom bei lebendigem Leibe erfahrenen Absturz daraus. Was ist Romeos edler Schmerz gegen das aberwitzige und aberwitzig schnöde Leid, das dem FC Schalke 04 am 19. Mai 2001 um 17.20 Uhr widerfuhr?"

Viel später.
Mancher ist stolz darauf, Teil einer Legende zu sein, auch wenn sie bitter ist. Andere nicht. Da heilt die Zeit keine Wunden. Mike Büskens erinnert sich ungern an diesen warmen Tag im Mai 2001: „Ich versuche, es einigermaßen zu verdrängen. Wenn es im Fernsehen eine Doku darüber gibt, zappe ich weg. Ich muss das Tor nicht sehen. Ich muss mich nicht grämen, dass Schobi die Kugel in die Hand genommen hat, statt sie auf die Tribüne zu jagen. Der Vier-Minuten-38-Ball liegt immer noch bei mir im Büro."

4:38 Minuten. Von wegen. Es ging immer weiter, weiter, weiter. Der FC Bayern gewann vier Tage später gegen den FC Valencia die Champions League. Markus Merk pfiff nie wieder ein Spiel von Schalke 04. Schalke wurde 2005, 2007 und 2010 erneut Zweiter, wenn auch ohne viel Dramatik. Die Bundesliga wurde für die Schalker zum Wartesaal, vergeblich hofften die Königsblauen in den ersten 50 Jahren Bundesliga auf ihren achten Titel.

Oliver Kahns Jubelritual („Wenn ich ins Hamburger Stadion zurückkehre, sehe ich sofort diese Eckfahne links hinten") wurde später karikiert von einem Ur-Schalker: von Torwart Manuel Neuer, der im April 2009 nach einem 1:0-Sieg in München mit der Eckfahne schmuste. 2011 wechselte er zum FC Bayern.

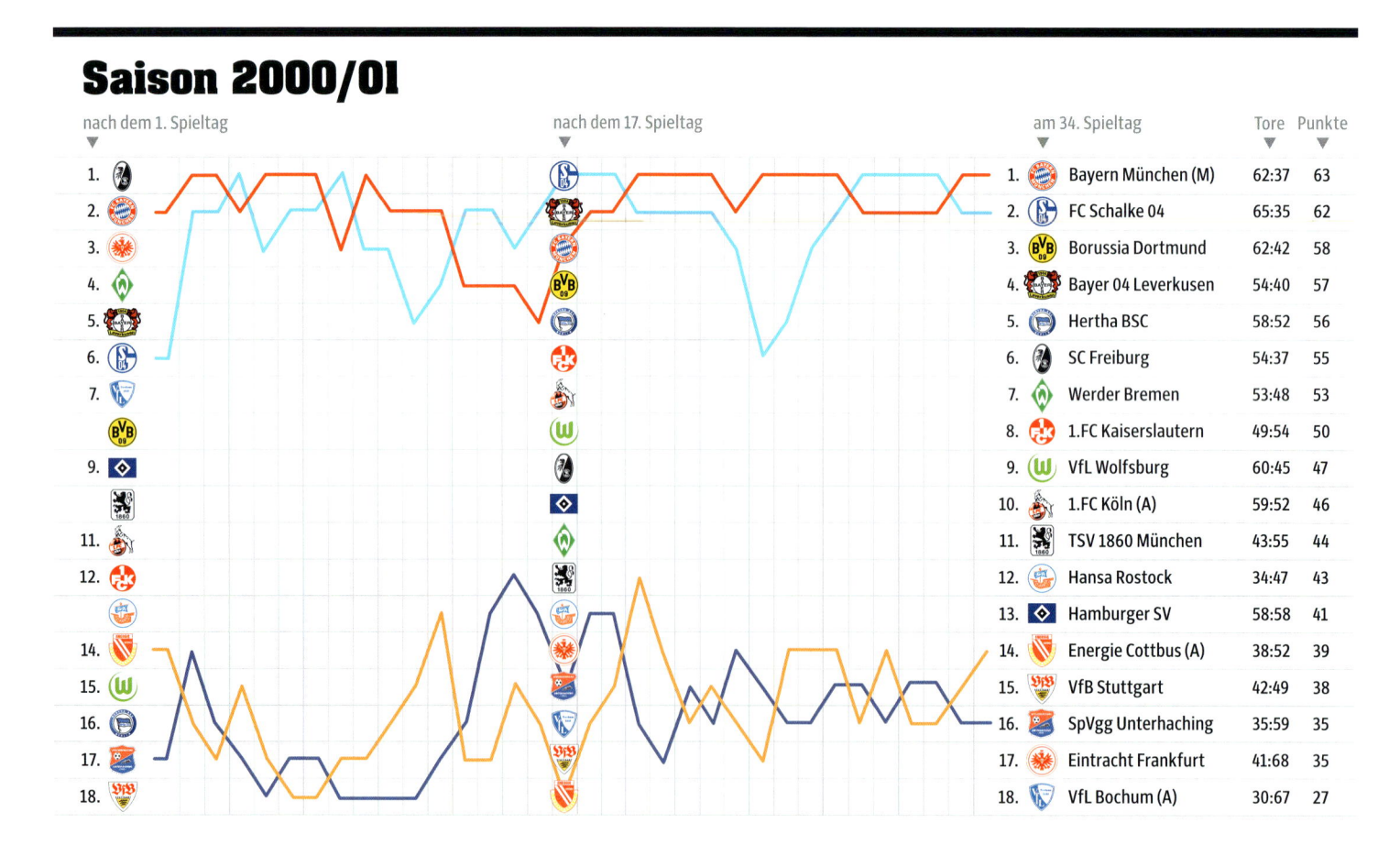

Saison 2000/01

	nach dem 1. Spieltag	nach dem 17. Spieltag	am 34. Spieltag	Tore	Punkte
1.	SC Freiburg	FC Schalke 04	Bayern München (M)	62:37	63
2.	Bayern München	Bayer 04 Leverkusen	FC Schalke 04	65:35	62
3.	Eintracht Frankfurt	Bayern München	Borussia Dortmund	62:42	58
4.	Werder Bremen	Borussia Dortmund	Bayer 04 Leverkusen	54:40	57
5.	Bayer 04 Leverkusen	Hertha BSC	Hertha BSC	58:52	56
6.	FC Schalke 04	1.FC Kaiserslautern	SC Freiburg	54:37	55
7.	VfL Bochum	1.FC Köln	Werder Bremen	53:48	53
8.	Borussia Dortmund	VfL Wolfsburg	1.FC Kaiserslautern	49:54	50
9.	Hamburger SV	SC Freiburg	VfL Wolfsburg	60:45	47
10.	TSV 1860 München	Hamburger SV	1.FC Köln (A)	59:52	46
11.	1.FC Köln	Werder Bremen	TSV 1860 München	43:55	44
12.	1.FC Kaiserslautern	TSV 1860 München	Hansa Rostock	34:47	43
13.	Hansa Rostock	Eintracht Frankfurt	Hamburger SV	58:58	41
14.	Energie Cottbus	Hansa Rostock	Energie Cottbus (A)	38:52	39
15.	VfL Wolfsburg	SpVgg Unterhaching	VfB Stuttgart	42:49	38
16.	SpVgg Unterhaching	Energie Cottbus	SpVgg Unterhaching	35:59	35
17.	Hertha BSC	VfL Bochum	Eintracht Frankfurt	41:68	35
18.	VfB Stuttgart	VfB Stuttgart	VfL Bochum (A)	30:67	27

Im Schatten des 4:38-Minuten-Finales um den Titel heißt es wieder einmal Abschied nehmen: Unterhaching geht runter und kehrt nicht mehr zurück. Nach Platz zehn im Vorjahr folgt Platz 16, einziger Trost: In Frankfurt und Bochum sind zwei Stammkräfte mieser dran. Energie Cottbus stellt sich als vierter Ost-Klub nach Rostock, Dresden, Leipzig vor und bleibt drin.

1978

1981

1983

1986

1994

1995

2003

2005

2012

2013

Es gibt nur ein' Rudi Völler

„Er ist ein Ombre sehr tüchtig / Er hält die Ball immer flach / Als Stürmer war er berüchtigt / Und als Trainer lässt er nicht nach ..." Bis hierhin ist der Party-Hit der Gruppe La Rocca inhaltlich weitgehend unstrittig. Beim Refrain geht's aber schon los: „Es gibt nur ein' Rudi Völler" – ist das denn wahr? Es gibt ihn ja mit und ohne Schnauzer, es gibt ihn als schüchternen Stürmer in Offenbach (1977-1980) und bei 1860 München (1980-1982), als schlitzohrigen Bremer (1982-1987) und als erfahrenen Alt-Stürmer nach seiner Rückkehr aus Rom und Marseille. Dann natürlich als DFB-Teamchef (2000-2004). Und schließlich als zunehmend ergrauten Sportchef in Leverkusen. Rudi Völler ist eines der markanten Gesichter der Liga. Oder, um es ausnahmsweise noch mal mit La Rocca zu sagen: „Er sieht so gut aus wenn er lacht / mit seiner bueno Lockenpracht. – *Trompeten-Solo* ..."

Närrischer Auftritt: Daum Anfang 2001 in Köln, zurück aus Florida.

RANGLISTE 9: LIEBLINGSFEINDE VON ULI HOENESS

Haarspaltereien

Durch ein Interview brachte Uli Hoeneß im Herbst 2000 die Christoph-Daum-Affäre ins Rollen.
Eine ernste Sache als absurdes Theater: mit Kokaintest, Razzia und Flucht nach Florida.

VON PHILIPP SELLDORF

Draußen in der Fußgängerzone spielt der Mann an der Drehorgel diese unheimlichen Melodien, die einen immer erschauern lassen, weil in ihnen die Andeutung von gefährlichem Irrsinn schlummert. Drinnen im Café Riese sinniert der Professor beim Cappuccino über seine größten Kriminalfälle.

Klar, die Geschichte, die die stärkste öffentliche Wirkung hatte, das war die Sache mit den Haaren von Christoph Daum, aber andere Fälle während fast 40 Jahren Praxis in der Rechtsmedizin haben Herbert Käferstein mehr bewegt: Solche, „in denen Menschen umgebracht wurden, mit Gift ermordet", wie er angemessen ehrfurchtsvoll erinnert.

Die feindlichen Clans in München und Leverkusen sind damals im Herbst des Millenniumjahres nicht so weit gegangen, sich öffentlich Mord und Totschlag anzudrohen, aber wenn sie Raketen zur Hand gehabt hätten, um aufeinander zu schießen wie zwei Kriegsparteien, dann hätten sie es vermutlich getan. Die Motive waren hinreichend gegeben: Der Bayer-Leverkusen-Häuptling Reiner Calmund attestierte dem Bayern-München-Häuptling Uli Hoeneß „absolute Bösartigkeit"; Hoeneß wiederum unterstellte Calmund und Komplizen „absoluten Vernichtungswillen".

Beide Seiten wähnten sich in Notwehrzuständen. Bis der Tag kam, an dem Professor Käferstein sein Gutachten vorlegte, und jener Mann, um den die seinerzeit führenden Fußballmanager und -klubs gestritten hatten, eine neue Front eröffnete: Jemand habe „ein Ding gedreht", rief Christoph Daum, als er im Wohnzimmer seines Assistenten Roland Koch erfuhr, dass ihn der Drogentest enttarnt hatte. Dabei hatte er selbst geglaubt, ein Ding gedreht zu haben. Daum war überzeugt, er hätte alle überlistet, indem er das Labor des unbestechlichen Professor Käferstein einschaltete, und nun war er völlig verblüfft darüber, dass die Wahrheit rausgekommen war und er restlos blamiert als derjenige dastand, der er tatsächlich war: als ein Mann, der Drogen nimmt. Er hatte gelogen und betrogen, aber er betrachtete sich als Opfer einer Intrige. Dann flog er erster Klasse ins Exil nach Florida.

Worum ging es in jenen Tagen, in denen der deutsche Fußball bebte? Am Ende beschränkte sich die kriminelle Substanz der Affäre auf Christoph Daums strafrechtlich irrelevanten Kokainkonsum. In der damaligen Sicht aber erblickte das Publikum monströse Machenschaften und eine Verschwörung gegen den designierten Bundestrainer. Oder, wie Paul Breitner meinte, den größten Bundesligaskandal seit dem Bestechungskomplott Anfang der Siebzigerjahre.

Daum selbst sorgte dafür, dass er als Verlierer aus der Sache rausging. „Wenn Daum nicht so bescheuert gewesen wäre, die Haarprobe machen zu lassen", so hat Uli Hoeneß neulich noch mal festgestellt (wissend, dass ihm für seine ungeschminkten Worte keine Beleidigungsklage droht), dann wäre der Lauf der deutschen Fußballgeschichte seit Oktober 2000 garantiert ein ganz anderer gewesen: Dann hätte statt des Teamchefs Rudi Völler der Bundestrainer Daum die Nationalelf betreut, und für den geächteten Hoeneß wäre womöglich kein Platz mehr gewesen in der Fußballfamilie.

Er habe „zum ersten Mal erlebt, wie es ist, wenn du ein ganzes Volk gegen dich hast", erinnerte sich der Münchner Präsident kürzlich, und gleich war sie wieder da: die Erregung und Erschütterung jener Tage, in denen Hoeneß glaubte, Daum sei „wissentlich bereit gewesen, mich und meine Familie zu zerstören".

Typisch für die theatralischste Affäre der Bundesligageschichte (seltsamerweise noch an keiner Bühne aufgeführt) ist aber auch, dass es keine drei Monate dauerte, bis alle Beteiligten wieder in ihre alten Gewohnheiten und Rollen fanden: Daum kehrte Mitte Januar 2001 mit heiterem Trara aus Florida zurück und bekannte auf einer närrischen Presseveranstaltung alles andere als demütig, „in einem gewissen privaten Bereich vereinzelt Schwächen gezeigt" und – zugegeben – „gelegentlich" Kokain genommen zu haben. Die Abgabe der Haarprobe – der Schlüssel zu seiner Überführung – sei ein Fehler gewesen, teilte er fröhlich lachend mit, „da habe ich mit Zitronen gehandelt".

Der Mann, der nach seiner Ausreise in die USA am 21. Oktober 2000 landauf, landab als krank und drogensüchtig disqualifiziert worden war, dessen Dasein Franz Beckenbauer als „menschliche Tragödie" klassifizierte, und um dessen Leben Reiner Calmund gebangt hatte, weil er einen Suizidversuch fürchtete, gab keinen Anlass zur Besorgnis mehr. Und während Calmund wieder das hoffnungsvollste Fußballteam managte, das Bayer jemals hatte, fand auch Uli Hoeneß schnell zu altem Selbstvertrauen zurück. Zum Start des neuen Jahres verkündete er im Trainingslager in Marbella: „Wir sind der beste Fußballverein der Welt." Jeden Gegner in der Liga könne der FC Bayern nach Belieben „zermalmen", präzisierte er, denn er hatte gerade ausgezeichnet zu Abend gegessen. Was Borussia Dortmund an der Börse veranstaltet habe, „das war alles Pipifax", setzte er fort: „Wenn Dortmund dort 300 Millionen bekommen hat, dann kriegen wir eine Milliarde. Aber das will ich gar nicht. Mit der großen Keule, das wäre ja einfach." Auch im Jahr 2013 sind das herrlich vertraute Klänge.

Professor Käferstein hat also gute Gründe dafür, wenn er sich bedeutenderer Untersuchungen entsinnt als der Analyse an Daums Haaren. Obwohl ihn der Auftrag im ganzen Land mit einer solchen Wucht bekanntmachte, dass ihn sein eigener Sohn verleugnete, als er neugierigen Reportern versicherte, er kenne diesen Herbert Käferstein gar nicht. „Es gibt immer wieder Gemeinheiten zwischen den Menschen", resümiert der 68 Jahre alte Toxikologe im Kölner Café Riese die Erkenntnisse seines Schaffens, und irgendwie findet er mit diesem Satz die Brücke vom Pseudokriminalfall Daum zu den wirklichen Verbrechen, denen er begegnet ist. Zum Beispiel beim Fall der Altenpflegerin, die ihre Pfleglinge der Reihe nach vergiftete, um sie auszurauben. Alle Opfer bekamen einen gültigen Totenschein, kein Arzt dachte an etwas Böses, es waren ja alte Leute. Bis jemand das Attentat überlebte und die Polizei hinzugezogen wurde. Die Kripo fand schnell heraus, dass die Altenpflegerin vorbestraft war, Exhumierungen und Nachforschungen ergaben, dass sich die Frau von der Diebin zur Massenmörderin gewandelt hatte. „Hohe kriminelle Energie", konstatiert Käferstein nüchtern.

Um ein Haar – und selten war diese Formulierung so zutreffend – wäre dieser Mann Bundestrainer geworden: Daum, ekstatisch beim Titelgewinn mit Stuttgart 1992 (oben) und extravant gekleidet beim Saisonauftakt 2000/01 (unten).

Viele Deutsche hielten Uli Hoeneß für mindestens genauso skrupellos, als die Münchner *Abendzeitung* am 2. Oktober 2000 jenes geflügelte Wort veröffentlichte, das Daum und seine Verbündeten sofort zur übelsten Verleumdung der Weltgeschichte erhoben: Wenn „unwidersprochen vom verschnupften Daum" geredet und geschrieben werde, dann dürfe dieser nicht Bundestrainer werden, sagte Hoeneß in Anspielung auf die Gerüchte, die Daum seit Jahren begleiteten. Der hinterhältige Satz erschütterte das deutsche Fußballleben. Während die heimische Fußballszene in Aufruhr geriet, reiste Hoeneß nach Marbella, um das nächste Trainingslager für die Bayern zu erkunden; fürs Krisenmanagement hatte er keine Zeit, weil er ja auch den angeschlossenen Golfplatz prüfen musste. Bayer Leverkusen organisierte prominente Rechtshilfe, Daum stellte Strafanzeige, ganz Deutschland diskutierte. Es ging ja nicht nur um die alten Kokaingerüchte, die immer wieder ein Thema waren, weil Daum diese krassen Stimmungsschwankungen hatte und diesen merkwürdig flackernden Blick, den die *taz* einst als „die toten Augen von Leverkusen" würdigte. Nun aber schrieben die Zeitungen auch über seine verkorksten Immobiliengeschäfte auf Mallorca, über seinen Quasi-Schwager, der im Gefängnis saß, über angebliche Orgien in Kölner Saunaclubs. Dann gab es da noch diese seltsamen Äußerungen, die der Trainer neulich selbst gemacht hatte: Leute aus dem Knast und dem Milieu stellten ihm nach, sogar „aus dem Jenseits" fühlte er sich bedrängt. Das Volk staunte: Die Verhältnisse im deutschen Fußball waren auf einmal mindestens so verrucht und finster wie im amerikanischen Kolportagethriller.

Dann erschien in der *SZ* ein Kommentar, in dem der Autor Ludger Schulze anregte, Daum könne ja durch eine Haarprobe seine Unschuld beweisen. Ein Reporter berichtete dem Leverkusener Trainer in dessen Kabine von dem Vorschlag – und Daum kontaktierte gleich seinen Anwalt. Bis es aber tatsächlich zur Prozedur kam, wurde noch viel diskutiert im Land. Bei Bayer 04 gab es heftigen Widerstand, Funktionäre des Vereins sahen – nicht ohne Grund – rechtsstaatliche Prinzipien verletzt. Auch die Bundesjustizministerin schloss sich dem Protest an.

Während sein Chauffeur am Tisch um die Ecke einen Teller Spaghetti Pesto empfängt und er selbst mit Aussicht auf den Kölner Dom eine Portion Blaubeerpfannkuchen genießt, erinnert sich Reiner Calmund noch heute ganz genau, was er damals zum Fußballchef Kurt Vossen gesagt hat, als dieser meinte, das Haarprobeverfahren sei unrecht und gefährde die Demokratie: „Kurt, do mer ne Jefalle" – eine klassische kölsche Belehrungswendung – „dat is' mir scheißejal." Der Bayer-Manager, inzwischen ebenso emeritiert wie sein Kollege Hoeneß und der Rechtsmediziner Käferstein, hielt den Drogentest für das „Mittel zum Befreiungsschlag". Er hatte viel riskiert in der Sache, den harten Streit mit seinem alten Freund Hoeneß angezettelt, öffentlich Franz Beckenbauers Ehre infrage gestellt – nun glaubte er eine Garantie für den Sieg in diesem vermeintlich existentiellen Kampf zu erhalten. Calmund kannte Daum seit vielen Jahren, in seiner Biografie hat er geschrieben, dass in gemeinsam verbrachten Tagen und Nächten „Dinge geschahen, die man als durchschnittlicher Familienvater besser verschweigt". Aber er schwört bis heute „beim Leben meiner Kinder und Enkelkinder, nie mit Haschisch oder Kokain zu tun gehabt zu haben".

Am 9. Oktober 2000 trat Daum vor die Presse und verkündete, er habe sich im Beisein eines Notars eine Haarprobe entnehmen lassen, die vom gerichtsmedizinischen Institut in Köln untersucht werde. „Ich tue dies, weil ich ein absolut reines Gewissen habe", sagte er, und nicht nur Professor Käferstein, der Empfänger der Probe, musste sofort an Uwe Barschel denken, als er den Satz hörte. Barschels Ehrenworterklärung in Kiel und Daums Gewissensgarantie in Leverkusen sind in der deutschen Historie zumindest um Ecken miteinander verwandt.

Calmund selbst brachte die Probe nach Köln, als Zeugin kam eine Mitarbeiterin des Notars mit. Sie fuhren in zwei Autos, das hat Calmund später vorübergehend den – unberechtigten – Verdacht eingetragen, er habe auf dem Weg über den Rhein die tatsächliche Probe mit einer anderen Probe vertauscht. Als sie beim Institut ankamen, gab es eine Enttäuschung. Der Professor war zu einer Vorlesung aufgebrochen, sie mussten warten. Man bot Cal-

DFB-Chef Mayer-Vorfelder, Bayer-Manager Calmund und Uli Hoeneß (v.l.) brauchen einen neuen Bundestrainer: Rudi Völler soll es nun dauerhaft machen. Bei Bayer übernehmen Berti Vogts (unten, links) und Pierre Littbarski.

mund Kaffee und Plätzchen an, aber die Überraschung war: Er wollte nichts essen. Ihm war nicht wohl. Wegen der Leichen, die er in seiner Nähe wähnte.

Drei Männer erhielten von Daum die Befugnis, den Befund der Probe entgegenzunehmen: Beckenbauer, der mutmaßlich nächste DFB-Chef Gerhard Mayer-Vorfelder und Calmund. An jenem Tag, an dem er schließlich das Papier in Köln abholte, musste Calmund auf eine Beerdigung, er hatte aber nicht nur deswegen ein ungutes Gefühl. Irgendwie ahnte er etwas Böses. Als mittags der Professor bei seiner Sekretärin anrief und mitteilte, die Analyse sei fertig, war er plötzlich wieder zuversichtlich: Er lud den Pressechef Uli Dost ins Auto und beauftragte ihn schon mal, eine Erfolgsmeldung zu entwerfen. Doch nachdem sie im Besprechungszimmer des Instituts das Ergebnis des Gutachtens studiert hatten, wollte Dost den Rückweg nach Leverkusen gar nicht mehr antreten. Er zitterte am ganzen Leib, im Schock steckte er sich zwei seiner Zigarillos auf einmal in den Mund. Über den in doppelter und dreifacher Prüfung ermittelten Wert macht Käferstein zwar bis jetzt keine Angaben („Schweigepflicht"), aber genügend andere haben das Resultat an seiner Stelle in die Öffentlichkeit getragen. Hoeneß erzählte, wie Calmund ihn anrief und sagte: „Stell Dir mal vor: Der Verrückte hat einen Wert – so was haben die überhaupt noch nicht gemessen ..."

Daum nahm Reißaus. Er flog nach Amerika. Journalisten reisten ihm hinterher, ein sinisterer Mittelsmann bot gegen Zahlung von 100 000 Dollar ein Interview mit dem Flüchtling an. Selbst nach dem dramaturgischen Höhepunkt blieb der Krimi spannend. Während sich der ehemalige Bundestrainer, der niemals hatte Bundestrainer werden dürfen, an wechselnden Orten versteckt hielt, trat in Köln die Staatsanwaltschaft in Aktion. Sie ließ Daums Haus im Stadtteil Hahnwald durchsuchen und entdeckte Käfersteins Gutachten, das der Trainer bei der überstürzten Abreise hatte liegen lassen. Nicht zuletzt auf diesem Beweisstück beruhte der Prozess, der Daum ein Jahr später vor dem Landgericht Koblenz gemacht wurde – ein aufgeblasenes Verfahren, das der Richter gegen Zahlung von 10 000 Euro Geldbuße einstellte. Juristisch war der Fall viel kleiner, als er aussah.

> **Noch vor Weihnachten lud Hoeneß den „Calli" wieder zum Abendessen ein.**

Auch die Bayer-Geschäftsstelle war noch mal Schauplatz einer Razzia. Aber Calmund hatte längst andere Sorgen. Er brauchte einen neuen Trainer, musste mit dem DFB über die Verwendung von Rudi Völler verhandeln, vor allem aber musste er sich mit Uli Hoeneß arrangieren, und „völlig überraschend", so entsinnt er sich, „hat dann Rudi Assauer als Friedensengel vermittelt". Lange vor Weihnachten schon nannte Hoeneß seinen rheinischen Kollegen wieder „Calli" und lud ihn zum Abendessen bei „Käfer" ein.

Daum trug noch einige Rückzugsgefechte aus, plötzlich präsentierte er in Florida eine Gegenanalyse, die ihn angeblich entlastete. Aber auch das war nur ein Trick, der nicht aufging. Nach seiner Heimkehr gab er sich geläutert, aber das Schauspielern konnte er nicht lassen. Kokain habe er nur deshalb genommen, um die „Schmerzindikation" einer Hüftarthrose zu lindern, sagte er. Das Protokoll notierte: diskretes Gelächter im Saal.

Klinsi und Currywurst – Ulis spezielle Freunde

1. Christoph Daum – Der Drogensünder.

2. Willi Lemke – Der Dauerbrenner. Bestimmt nicht nur, weil er die SPD und Werder Bremen mag, und Hoeneß lieber die CSU. Hoeneß nannte Lemke in grauer Vorzeit einen „Volksverhetzer". Lemke Hoeneß einen „Brandstifter". Und auch, wenn Hoeneß inzwischen dazu neigt, noch wilder auszuteilen und sich dann noch inniger wieder zu versöhnen, lautet das endgültige Urteil: garantiert unversöhnlich!

3. Christian Ude – Münchner OB, auch in der falschen Partei. Aber nicht nur.

4. Aki Watzke – Er hat es gewagt, zwei Mal hintereinander als Geschäftsführer mit Dortmund Meister zu werden, ohne in München um Genehmigung zu bitten.

5. Die Arena am Berliner Ostbahnhof – Der Senkrechtstarter! „Ich finde, sie hat keine Atmosphäre", so Hoeneß: „Allein die Logen sind eine Katastrophe. Lieblos, geschmacklos, das ist nichts." Natürlich würde Hoeneß dementieren, dass seine Architekturkritik durch die Niederlage der Bayern-Basketballer gegen Alba Berlin stimuliert wurde. Trotzdem: „Also, wenn wir mal eine Halle in München bauen, bauen wir eine schönere." Ätschbätsch.

6. Jürgen Klinsmann – Zitat Hoeneß: „Wir hatten viele gute Trainer: Lattek, Hitzfeld, Heynckes. Van Gaal war ein sehr guter – und Klinsmann war ein schlechter Trainer."

7. Die Berliner Currywurst – Erzrivale der Nürnberger Rostbratwurst, die Hoeneß im Familienbetrieb in Nürnberg fertigen lässt.

8. Die Toten Hosen – Erfinder des Mitgröhl-Refrains: „Wir würden nie zum FC Bayern München gehen!"

9. Das Dorf Hoffenheim – Hoeneß guckte sich 2008 stellvertretend für das Kleinod der Liga Trainer Ralf Rangnick aus. Ein „Besserwisser" sei der, der „Höhenluft" nicht vertrage. Hoffenheim verlor in München im Topspiel 1:2, wurde trotzdem Herbstmeister – die Luft aber war für den Dorfklub doch zu dünn.

10. Lothar Matthäus – Dass der Uli den Lothar nicht mag, wo der doch dem FC Bayern sieben (!) Meisterschaften zu gewinnen half, ist Unfug. Aber da der Lothar sich später als eine Art Haus-Kritiker gerierte, gab's 2002 die große Keule von Hoeneß: „Der will ja, der wollte beim FC Bayern was werden, aber so lange ich und der Kalle Rummenigge etwas zu sagen haben, wird der nicht mal Greenkeeper im neuen Stadion." So ein Spruch, der pappt, der bleibt fürs Leben.

11. Staatsanwaltschaft München II – Ermittelte gegen Hoeneß nach dessen Selbstanzeige wegen Steuervergehen, die durch Indiskretion öffentlich wurde. Die Affäre überschattete den Triple-Triumph der Bayern 2013 – und sie rührte an der Rolle von Uli Hoeneß als moralische Instanz der Liga.

2001/02

Vizekusen

Zweiter aller Klassen: Die Werkself aus Leverkusen, die 2002 brillanten Fußball bot, hat sich die Kunst des Verlierens sogar patentieren lassen.

Am Ende einer unvergessenen Saison kam da einfach nichts mehr, zumindest nicht bei Reiner Calmund: leergeweint. Emotional ausgemergelt war Bayer Leverkusens Manager, als er auch im Nieselregen des Glasgower Hampden Parks erwachsene Männer zu trösten hatte an seiner prallen Brust. Calmund ist durchaus jemand, der weinen kann. Erst zwei Jahre zuvor – Bayer 04 hatte gerade in Unterhaching mit dem vorgeblichen Magier Christoph Daum aberwitzig den scheinbar sicheren Meistertitel verspielt – hat auch er arg schluchzen müssen, als sich zum Beispiel der harte Kerl Ulf Kirsten heulend in ihm vergrub.

2002 sind die Leverkusener wieder in den letzten Momenten gescheitert, aber so unvollendet wie dieser Jahrgang ist wohl noch nie eine herausragende Mannschaft in Europa gewesen. Zweiter aller Klassen sind sie geworden nach dem 1:2 im Champions-League-Finale von Glasgow, wo sie sogar der Weltauswahl Real Madrids um den großen Zinédine Zidane überlegen waren und später doch nichts anderes als Blechplaketten in den Händen hielten.

Aber Reiner Calmund weinte nicht, als die Rheinländer später draußen im Cutherland Hotel ihre surreale Saison zu deuten versuchten. „Wo ist denn nun die Meisterschale, Kinder, wo ist denn der große Pokal?!", fragte er, im Hintergrund besiegelte der Onkel von Jens Nowotny mit seinem tristen Gesang eine schaurigschöne Nacht. Calmund antwortete selbst: „Ham wir nicht, und trotzdem sind wir Gewinner!"

So richtig stimmt das natürlich nicht, obwohl die Leverkusener in dieser Spielzeit zu Recht viele Sympathien erwarben. Solch brillanten Offensivfußball hatten ja zuletzt die Gladbacher Fohlen gespielt, aber die gewannen auch etwas. Den Leverkusener Stil prägten kurze Pässe auf engstem Raum durch die gegnerischen Reihen, von Bernd Schneider, der in diesem Jahr immerhin zum „deutschen Brasilianer" geadelt wurde, oder von Yildiray Bastürk. Michael Ballacks Torgefahr und Physis oder auch Zé Robertos Dribblings komplettierten glanzvolle Auftritte.

Doch unerforscht ist, was die Leverkusener davon abhält, ihrem Drang zum Scheitern einmal nicht nachzugeben. Weshalb in entscheidenden Phasen ein sonderbares Phlegma ihre Mannschaft hemmt, die fünf Mal Meisterschaftszweiter gewesen ist im ersten halben Bundesliga-Jahrhundert. Und die dabei in wechselnden Besetzungen nicht selten hinreißende Darbietungen lieferte – ehe am Ende Trägheit und die fast schon ritualisierte Selbstzerstörung triumphierten.

Der spätere Bayer-Trainer Bruno Labbadia hat mal, bevor er mit Leverkusen ein Pokalfinale verlor, von einer lähmenden „Komfortzone" in diesem Betriebssportklub gesprochen. Der ehemalige Sportbeauftragte des Konzerns, Jürgen von Einem, befand: „Wir haben die Neigung, uns selbst zu entleiben." In Leverkusen wird diese Neigung offenbar weitervererbt. Bayers früherer brasilianischer Nationalspieler Emerson weinte nicht nach dem Drama von Unterhaching, er war einfach wütend und fluchte desillusioniert: „Bayer gewinnt nie etwas, nie!"

> **Ballack ging nach der Saison zu Bayern. Er wollte mal was gewinnen.**

Im Mai 2002 lag Leverkusen drei Spieltage vor Schluss mit fünf Punkten vor Borussia Dortmund. Dann verloren sie daheim 1:2 gegen Bremen, Torwart Jörg Butt verschoss einen Elfmeter. In Nürnberg stolperten sie die Woche darauf apathisch übers Feld, 0:1. Der Club feierte den Klassenerhalt und der BVB die unverhoffte Übernahme der Tabellenspitze. Der Leverkusener Sieg im letzten Spiel: wertlos. Das Pokalfinale gewann Schalke 4:2. Überflüssig zu erwähnen, dass Leverkusen zunächst überlegen spielte. Und dann Glasgow, wo sich eine ungekrönte Meistermannschaft verabschiedete: Ballack und Zé Roberto wechselten zu Bayern München. Sie wollten halt mal was gewinnen.

Die Leverkusener haben nie eine Forschungsarbeit über ihre erstaunliche Kunst des Verlierens in Auftrag gegeben. Sie sind aber zum Patentamt gegangen. Dort haben sie sich unter dem Aktenzeichen 3030100115726 einen Begriff schützen lassen: „Vizekusen". **ANDREAS BURKERT**

Trauerarbeit: Trainer Toppmöller, Michael Ballack, Manager Calmund und Bernd Schneider (von links).

SAISON 2001/2002

Gerhard Schröder, hier bei einem Showtraining bei Mainz 05, ist Rechtsfuß. Als junger Vollblutstürmer beim TuS Talle ließ er sich dennoch von der linken Klebe des Dortmunders Lothar Emmerich inspirieren (Bild rechte Seite).

„Ich war nie Berufsjubler"

Der ehemalige Bundeskanzler Gerhard Schröder über das Kulturgut Fußball, über Stadionbesuche in Wahlkampfzeiten und über die Sportbegeisterung seiner Nachfolgerin Angela Merkel.

INTERVIEW: SUSANNE HÖLL UND BORIS HERRMANN

SZ: Herr Schröder, in welcher Mannschaft der Bundesliga-Geschichte hätten Sie selbst gerne gespielt?
Gerhard Schröder: Wenn überhaupt, dann natürlich in einer der großen Mannschaften von Borussia Dortmund. Ich wurde mit sechs oder sieben Jahren BVB-Fan. Also zu einer Zeit, als sie noch nicht so glanzvoll waren wie heute. Wobei, sie haben 1966 ja sogar den Europapokal geholt. Ich war als Fußballer nicht schlecht, aber meine Technik war nicht sonderlich ausgefeilt. Ich war ein Kämpfertyp mit relativ gutem Kopfballspiel. Und schnell war ich. Aber das reicht ja nicht, um heute bei Jürgen Klopp einen Stammplatz zu bekommen. Mein Lebensweg ist schon richtig verlaufen.

Jeder junge Fußballer hat einen Helden, dem er auf dem Bolzplatz nacheifert. Wer war Ihr Held?
Den einen Helden in dem Sinne gab es nicht. Aber die linke Klebe von Lothar Emmerich hat mich sehr beeindruckt. Sein bestes Tor schoss er bei der WM 1966 gegen Spanien, aber er war in jener Zeit auch zwei Mal Torschützenkönig in der Bundesliga. Von Emmerich gibt es ja auch berühmte Sprüche wie „Gib' mich die Kirsche" und solche Geschichten. Mit einem anderen, den ich sehr gut fand, habe ich später selbst noch gespielt: mit dem Boss, mit Helmut Rahn. Der war für mich eine legendäre Figur, wegen des dritten Tores im Endspiel der WM 1954.

Sie haben mit Helmut Rahn zusammengespielt?
Ja, aber viel später. Und zwar in der Mannschaft der Münchner Lach- und Schießgesellschaft von Sammy Drechsel. Das war zu der Zeit, als ich um das Amt des niedersächsischen Ministerpräsidenten kämpfte. Da kam der Sammy auf mich zu und sagte: „Kannst mitspielen!" Da habe ich dann ein, zwei Spiele zusammen mit Boss Rahn gemacht.

Hat Ihnen Ihre Nähe zum Fußball als Politiker geholfen?
Gelegentlich. Emmerich und sein Dortmunder Teamkollege Aki Schmidt haben mich 1998 in meinem ersten Bundestagswahlkampf unterstützt. Die traten mit mir zusammen in ein, zwei Städten in Nordrhein-Westfalen auf. Ansonsten spielt der Fußball in Wahlkämpfen aber keine große Rolle. Das würde aufgesetzt wirken. Fußballfans merken ganz genau, ob man aus Pflicht oder aus Taktik jubelt. Oder ob dahinter eine eigene Erfahrung steckt. Es gibt ja durchaus die Fraktion der Berufsjubler. Zu denen habe ich aber nie gehört.

Gehört denn Ihre Nachfolgerin Angela Merkel dazu?
Ich wusste, dass Sie das jetzt fragen würden. Ich sag' mal so: Am Anfang war ich sehr skeptisch. Inzwischen nehme ich ihr ab, dass sie nicht aus Pflichtgefühl zum Fußball geht. Dass sie ehrliches Interesse am Fußball hat, das glaube ich schon. Das sieht man auch.

Frau Merkel sympathisiert, wie es ausschaut, eher mit dem FC Bayern. Genau wie Edmund Stoiber, Ihr Gegner im Bundestags-Wahlkampf von 2002.
Bei Frau Merkel kann ich das nicht aus eigener Erfahrung bestätigen. Bei Stoiber schon. Der sitzt sogar im Aufsichtsrat bei Bayern München.

Während Sie Ehrenmitglied von Borussia Dortmund sind.
Da bin ich auch sehr stolz darauf. Wobei viele vergessen, dass ich immerhin bayerischer Staatsbürger bin. Laut der bayerischen Verfassung gibt es drei Wege, um Bayer zu werden. Erstens durch Geburt, das habe ich verpasst. Zweitens durch Verleihung durch die bayerische Staatsregierung, da habe ich keine Chance bis auf Weiteres. Drittens durch Heirat mit einer Bayerin. Das ist mir gelungen. Ich war damals im Wahlkampf gewissermaßen der Untertan Stoibers.

Der Bundestags-Wahlkampf 2002 war von so viel Fußball-Metaphorik geprägt wie kein anderer zuvor. Vor allem in den Medien. Es kämpfte der Dortmund-Fan Schröder gegen den Bayern-Fan Stoiber.
Dortmund erzielte zum Glück das entscheidende Tor und wurde 2002 Meister.

Sie haben die Wahl gewonnen – aber erst in der 90. Minute.
Lothar Emmerich hätte gesagt: Entscheidend is' auf'm Platz.

Sie sagten damals, der BVB sei ein Beispiel moderner Sozialdemokratie.
Das habe ich nicht parteipolitisch gemeint, sondern gesellschaftspolitisch. Und das hängt mit dem Pütt zusammen.

Im Ruhrgebiet hat der Fußball immer eine wichtige soziale Rolle gespielt. Er hat Aufstiegsmöglichkeiten versprochen. Und – auch wenn es dieses Wort in den Anfangsjahren der Bundesliga noch gar nicht gab – Integration. Nehmen Sie nur den berühmten Schalker Kreisel mit Ernst Kuzorra und Fritz Szepan. Das waren die Familien von polnischstämmigen Leuten, die zu Beginn des vergangenen Jahrhunderts als Bergarbeiter ins Ruhrgebiet kamen und aus denen dann in der nächsten Generation berühmte Fußballer wurden. Nur mit dem Frauenfußball und der Gleichberechtigung hatten sie es noch nicht, da waren sie nicht so weit. Es gibt da einen berühmten Witz, den Johannes Rau immer erzählte.

Na los, erzählen Sie schon.
In dem Witz geht es um die Frage, ob man endlich mal ein Fußballstadion im Ruhrgebiet nach einer Frau benennen sollte, und nicht nur immer nach Männern. Und dann haben die bei Schalke, so erzählte Rau das, lange darüber nachgedacht, bis sie sich auf den Namen einigten: Ernst Kuzorra seine Frau ihr Stadion.

Die SPD hat im Wahlkampf 2002 diesen westfälischen Dativ aufgegriffen und Buttons verteilt mit der Aufschrift: „Ich wähle der Doris ihren Mann seine Partei!"
Die SPD versteht eben etwas von Humor.

Hat Ihnen der Fußball auch zu sozialem Aufstieg verholfen?
Sozialer Aufstieg ist übertrieben. Denn das würde bedeuten, dass man davon finanziell profitiert. Das kennen wir heute aus der Bundesliga von den Jungs mit Migrationshintergrund wie Mesut Özil oder Nuri Sahin. Bei mir hatte das eine andere Bedeutung. Da ging es eher darum, im Dorf ernst genommen zu werden. Wenn man aus einer armen Familie kam, wie ich, konnte man sich auf dem Sportplatz Respekt und Anerkennung verschaffen.

Zum Beispiel als Stürmer vom TuS Talle.
Wenn man so will, war ich sogar der erste Profi in der Bezirksklasse. Ich kriegte für mein Spiel als Mittelstürmer die Fahrtkosten erstattet, von Göttingen, wo ich studierte, nach Lemgo-Talle. Und als Lohn gab's Freibier und ein Kotelett mit Kartoffelsalat.

Wie haben Sie sich den Spitznamen „Acker" erworben? Das klingt eher nach Vorstopper als nach Mittelstürmer.
Das kann ich nicht mehr sagen. Wahrscheinlich hatte das mit Ehrgeiz zu tun. Ehrgeizig war ich immer. Auch im Sport.

Wie geht es dem TuS Talle heute?
Ich glaube, die spielen in der zweiten Kreisklasse. Die haben mich mal angeschrieben und gefragt, ob ich nicht Sponsor werden wolle. An sich kein Problem.

Aber ich finde nicht, dass man in der Kreisklasse die Leute bezahlen sollte – von Bier und Kotelett mal abgesehen. Deshalb habe ich das abgelehnt. Die Vorstellung, Fußball nur gegen Geld zu spielen, ist mir fremd.

Ist es in Ordnung, dass Fußballprofis heute mehr verdienen als die Bundeskanzlerin?
Nach objektiven Maßstäben sind die Gehälter von Fußballern sicher überzogen. Mich allerdings stört das überhaupt nicht. Ich habe keinerlei Neidgefühle. Das sind Gesetze im Fußball, die kriegen Sie schwer außer Kraft gesetzt. Sich darüber aufzuregen, hilft nicht weiter.

Teilen Sie die Meinung von Dortmunds Geschäftsführer Hans-Joachim Watzke, dass bei der Verteilung der Fernsehgelder unter den Klubs nicht nur der sportliche Erfolg eine Rolle spielen sollte, sondern auch Faktoren wie Tradition und Fan-Kultur?
Ich finde, man sollte es unterlassen, zwischen guten und schlechten Vereinen zu unterscheiden. Einen sogenannten Werksklub wie den VfL Wolfsburg zum Beispiel gibt es auch schon sehr lange. Und irgendwann hat ihm eben ein großer Sponsor geholfen, ganz nach oben zu kommen. Auch bei Dortmund ginge es nicht ohne den Hauptsponsor. Und die Aufregung über die TSG Hoffenheim und

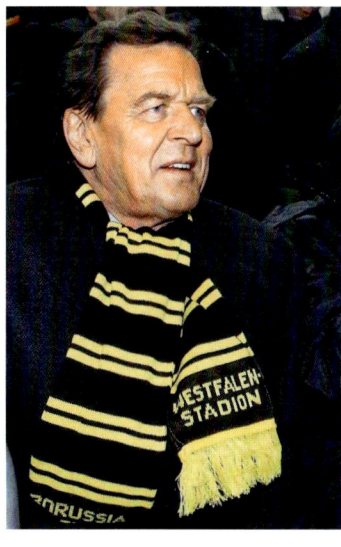

Seine Liebe ist für alle da: Der Kanzler Schröder als Fan von Kaiserslautern, Mainz, Cottbus, Hannover, Dortmund und Schalke (v.l.).

Dietmar Hopp, die finde ich auch falsch. Warum soll der sein Geld nicht in Fußball stecken? Es ist ja seines, und er hat es ja auch nicht unrechtmäßig verdient. Aber man sollte schon darauf achten, dass es in der Bundesliga nicht so wird wie etwa in England. Da kaufen sich Investoren einen Klub wie Spielzeug und stoßen ihn wieder ab, wenn er ihnen nicht mehr gefällt.

Warum hat Sie der FC Bayern eigentlich nie fasziniert?
Mit weltanschaulichen Gründen hat das jedenfalls nichts zu tun. Ich komme aus Ostwestfalen, und da war mir Bayern einfach fremd. Da ich als Sechsjähriger schon Dortmund liebte, kam ohnehin nichts anderes mehr in Frage. Dafür hält immerhin meine Tochter Dascha zu den Bayern.

Wie konnte das passieren?
Als die Bayern in Hannover spielten, war ich mit ihr da. Und da hat sich dann Uli Hoeneß lange mit ihr über Fußball unterhalten. Seitdem ist sie Bayern-Fan. Bei mir ist das so: In der Bundesliga wünsche ich den Bayern selten was Gutes. Aber wenn sie international spielen, bin ich natürlich Bayern-Unterstützer. Das gehört sich so, finde ich. Das mache ich aber mit jeder deutschen Mannschaft so. Nur Mitglied werden würde ich bei Bayern nicht. Hat mich auch noch keiner gebeten, im Übrigen.

Dafür, dass Sie Dortmund so bedingungslos lieben, sind Sie relativ häufig bei Heimspielen von Hannover 96.
Da sprechen Sie in der Tat ein Dilemma an. Im Grunde schlagen zwei Herzen in meiner Brust. Ich bin relativ häufig bei den Heimspielen von Hannover, weil ich da wohne, weil ich da auch Jahreskarten gekauft habe. Ich gehe aber nicht hin, wenn 96 gegen Dortmund spielt. Weil ich dann nicht so richtig wüsste, zu wem ich halten sollte.

Darf ein Ministerpräsident, ein Bundeskanzler zumal, eine Lieblingsmannschaft haben und das auch öffentlich zeigen?
Ja sicher. Das wissen die Leute auch zu unterscheiden. Dass Stoiber auch zu Wahlkampfzeiten im Aufsichtsrat von Bayern München war, das finde ich okay.

Peer Steinbrück, der SPD-Kanzlerkandidat 2013, ist im Aufsichtsrat von Borussia Dortmund.
Klar, dass das die Schalker nicht unbedingt freut. Aber jetzt mal im Ernst, das ist doch eine Phantomdiskussion. Ich glaube nicht, dass es einen Wähler in Gelsenkirchen davon abhält, die SPD zu wählen, nur weil Steinbrück im Aufsichtsrat beim BVB sitzt. Ich würde Peer auch nicht empfehlen, aus dem Aufsichtsrat herauszugehen.

Manchmal nimmt diese Phantomdebatte aber konkrete Formen an. Nachdem Sie 2004 beim Abstiegsduell zwischen Hannover und Köln im Fanblock von 96 gesichtet wurden, sagte der damalige Kölner Sportdirektor Andreas Rettig, er wünsche sich von einem Kanzler mehr Neutralität.
Ich verstehe den Vorwurf nicht. Ich wohne in Hannover, da muss auch jeder verstehen, dass ich mir dort ein Bundesligaspiel anschaue. Ich finde, man kann sich auch zu sehr verbiegen und zu sehr anpassen. Gerade als Spitzenpolitiker.

Ist es Zufall, dass Ihre Vorliebe für Energie Cottbus ausgerechnet vor Ihrem zweiten Bundestagswahlkampf 2002 entflammte?
Das hatte nichts mit Wahlkampf zu tun. Da bin ich gelegentlich hingegangen wegen des Trainers. Wegen Ede Geyer. Das ist eine Type. Einer, der aus der DDR kam und auch so seine Schwierigkeiten hatte, sich in der Bundesrepublik zurechtzufinden. Aber er hat sich eben nicht verbogen. Er hat seinen Stiefel durchgezogen. So was imponiert mir.

Können Sie uns erklären, weshalb sich im Osten keine blühenden Fußball-Landschaften entwickelt haben?
Das hat in erster Linie damit zu tun, dass die Klubs der DDR-Oberliga schnell ihre besten Leute verloren haben. Denken Sie nur an so wunderbare Spieler wie Matthias Sammer, Andreas Thom oder Ulf Kirs-

Beispiel moderner Sozialdemokratie: Den polnischstämmigen Schalkern Fritz Szepan (ganz links) und Ernst Kuzorra hat der Fußball ebenso die Integration erleichtert wie den Nationalspielern Sami Khedira und Mesut Özil.

ten. Die gingen direkt nach dem Mauerfall dorthin, wo sie Geld verdienen konnten. Das kann man ihnen auch nicht vorwerfen. Denn das war die erste, wenn auch nicht die einzige Möglichkeit, sich ein privilegierteres Dasein zu verschaffen. Das hatten sie vorher zwar auch, aber unter ganz anderen Bedingungen.

Ist bei der Vereinigung der Verbände etwas grundsätzlich schiefgelaufen? Hat der West-Fußball den Ost-Fußball annektiert?
Ich denke nicht. Die Probleme von Klubs wie Dynamo Dresden oder Hansa Rostock hatten eher damit zu tun, dass die Anziehungskraft der westlichen Vereine für die Hochbegabten um ein Vielfaches größer war. Diese Entwicklung war praktisch unaufhaltsam. Und das hatte nichts mit politischer Einflussnahme zu tun. Das war ein Marktgeschehen.

Da haben sich Ihre Cottbuser noch am längsten behauptet.
Cottbus ist letztlich auch daran gescheitert, dass es gerade für einen Aufsteiger mit überschaubaren finanziellen Mitteln unheimlich schwer ist, sich in der ersten Liga zu halten. Das ist bedauerlich, aber das kennen auch Vereine wie Fürth oder Augsburg. Und da muss man aufpassen, dass diese Schere nicht weiter aufgeht. Sonst wird die Bundesliga irgendwann nur noch ausgemacht zwischen den drei finanzkräftigsten Vereinen. Wie in Spanien oder England. Das erhöht aber nicht die Attraktivität der Liga.

Zur Zeit Ihrer politischen Sozialisation in Göttingen und Hannover – Ende der Sechziger, Anfang der Siebziger – galt Fußball für viele Intellektuelle noch als Proletensport. Konnten Sie damals bei den Jusos so einfach sagen: Leute, ich hau' mal ab, ich muss Fußball gucken?
Wenn man in Göttingen war, was sollte man da gucken? Etwa Göttingen 05? Das Höchste, was die spielten, war, glaube ich, Regionalliga. Also wenn man in Göttingen studierte, dann hatte man anderes zu tun, als zum Fußball zu gehen. Das hatte aber nichts mit Prolet oder nicht Prolet zu tun. Bei den Jusos ist Sport nicht verpönt. Weder damals noch heute.

Haben Sie nicht den Eindruck, dass sich der Blick auf das Kulturgut Fußball gewandelt hat?
Schon möglich. Fußball wird heutzutage anders wahrgenommen. Das hängt bestimmt mit der medialen Aufarbeitung zusammen. Die alte Sportschau mit Huberty, das Sportstudio mit Valérien, das waren Sendungen, auf die man sich die ganze Woche freute. Heute wird Fußball jeden Tag gezeigt. Und die internationale Anerkennung des deutschen Fußballs ist gestiegen. Wenn es heute ein wichtiges Spiel gibt, dann sind alle Spitzenpolitiker des Landes da.

Kann man Kanzler oder Kanzlerin sein, ohne sich für Fußball zu interessieren?
Na klar. Ich bezweifle im Übrigen auch die These, dass ich die Bundestagswahl gewonnen hätte, wenn sie statt 2005 im Jahr der Fußball-WM 2006 stattgefunden hätte, weil ich mich da besser hätte präsentieren können als Angela Merkel. Das ist Quatsch. Ich glaube nicht, dass man mit der Anwesenheit bei einem großen Sportereignis Wählerstimmen bewegt. Konrad Adenauer ist immer gewählt worden. Und der hat sich mit Sicherheit nicht für Fußball interessiert.

Adenauer interessierte sich immerhin für Boccia.
Erich Ollenhauer, unser damaliger SPD-Parteivorsitzender, war auch kein Fußball-Fan. Ollenhauer interessierte sich, soweit wir wissen, vor allem für Skat. Was auch nichts Schlechtes ist.

Und Willy Brandt?
Willy war ein Werder-Bremen-Fan.

Spiel der Macht: Der BVB-Fan Schröder zwischen Freund Putin und dem Bayern-Fan Stoiber (oben), beim Rededuell mit Stoiber 2002 sowie im Wahlkampfteam für die WM 2006 mit Boris Becker, Claudia Schiffer und Franz Beckenbauer (unten).

Helmut Schmidt?
Den habe ich, wenn ich mich recht erinnere, nie beim Fußball gesehen. Der segelte und spielte Schach.

Dann sind wir jetzt bei Ihrem Vorgänger im Kanzleramt, Helmut Kohl, angelangt.
Der sagte in seiner Amtszeit mal zum damaligen Bundestrainer Berti Vogts: „Ach komm', wir sind doch eines Sinnes." Das sah mir schon eher nach politischer Instrumentalisierung des Fußballs aus.

Wie ist das mit anderen Regierungschefs? Spielt der kleine Fußball-Small-Talk eine wichtige Rolle bei diplomatischen Beziehungen?
Eigentlich nicht. Mit Leuten, die man nicht so gut kennt, kann man ohnehin nicht über Fußball reden. Da gibt es feste Abläufe und kaum Gelegenheiten. Das geht nur mit guten Bekannten. Mit Jacques Chirac zum Beispiel habe ich nie über Fußball geredet. Über alles Mögliche, aber nicht über Fußball.

Was ist mit Silvio Berlusconi, der müsste doch Fußball-Fan sein.
Mit Berlusconi habe ich ein Champions-League-Spiel in Dortmund gesehen. Da war der AC Mailand zu Gast, der gehört ihm ja. Wenn ich ihn getroffen habe, hat er aber immer zuallererst über die Kosten gestöhnt. Muss ein teures Hobby sein, sich so einen Fußballklub zu halten.

Wie steht Wladimir Putin zu Fußball?
Mit dem kann man gut über Fußball reden, obwohl er vor allem Eishockey spielt.

Stimmt es, dass Sie als Dortmund-Fan ausgerechnet dem FC Schalke 04 bei der Suche nach einem Hauptsponsor halfen? Angeblich stellten Sie im Jahr 2006 den Kontakt zum russischen Konzern Gazprom her.
Das möchte ich weder dementieren noch bestätigen. Hans-Joachim Watzke, der übrigens einen tollen Job macht, hat das ja damals kritisiert, dass ich angeblich der Konkurrenz geholfen hätte. Ich denke, das würde er heute auch nicht mehr tun. Natürlich braucht auch Schalke 04 einen Sponsor. Und das hat Herr Tönnies, der Aufsichtsratsvorsitzende, alles ganz alleine eingefädelt.

Sie, der sogenannte Fußballkanzler, haben sich zum Teil auch aktiv in den Sport eingemischt, etwa, als es darum ging, den klassischen Sendeplatz der ARD-Sportschau zu retten.
Ich habe meine Meinung zum Ausdruck gebracht, dass es so etwas wie ein Grundrecht auf Fußball im öffentlich-rechtlichen Fernsehen geben sollte. Ich habe deshalb aber keine Intendanten bedrängt oder dergleichen.

Die Zusammenarbeit zwischen dem Kaiser Beckenbauer und dem Kanzler Schröder im Vorfeld der WM 2006 wurde als K.-u.-K.-Demokratie tituliert.
Ich habe natürlich schwer die Daumen gedrückt, als es darum ging, ob wir die WM kriegen oder die anderen. Und ich habe auch den Fifa-Chef Blatter mal eingeladen ins Kanzleramt in Berlin. Das hat aber mit Sicherheit nicht den Ausschlag dazu gegeben, dass Deutschland dann die WM bekommen hat.

Wenn der Bundespräsident direkt gewählt würde, glauben Sie, Franz Beckenbauer hätte Chancen?
Das würde der Franz nicht machen wollen. Sicher, er ist ein Sonntagskind. Einer, der bestimmte Dinge darf, die andere nicht dürfen. Aber er kennt seine Grenzen. Er hat sich übrigens auch nie in die Politik eingemischt. Er hat ja noch nicht einmal direkt für die CSU Wahlkampf gemacht, obwohl er denen sicher näher steht als der SPD.

Beckenbauer soll mal gesagt haben, Willy Brandt sei ein „nationales Unglück". Sie hingegen nannte er 2002 „einen großartigen Kanzler".
Das muss etwas mit einem Reifeprozess zu tun haben. Bei ihm, nicht bei der SPD.

Herr Schröder, wenn die Nachwelt über Sie sagte: Er hat Politik gemacht wie er Fußball spielte – wären Sie damit einverstanden?
Nee, damit kann ich nicht einverstanden sein. So gut, wie ich Politik gemacht habe, habe ich leider nie Fußball gespielt.

Gemeint ist eher die taktische Einstellung als das Ergebnis.
So gesehen ist das vielleicht gar nicht so falsch. Nicht immer nur für die Tribüne spielen, sondern direkt nach vorne gehen und Tore machen, das habe ich auch als Fußballer so gehalten.

Die Kanzler und der Ball

LUDWIG ERHARD (1963-1966)
Der Fachmann

Als Mann des Wirtschaftswunders konnte sich Erhard auch dem Aufstieg des kommerziellen Fußballs nicht entziehen. Seine erste Montagslektüre soll stets der *kicker* gewesen sein. Dem Vernehmen nach interessierte sich der gebürtige Fürther vor allem für den 1. FC Nürnberg. Später trat er dann dem 1. FC Köln bei und ließ sich 1968 beim Spiel der Kölner gegen Frankfurt sogar einmal vom WDR als Sportkommentator einspannen. Sein Honorar: vier Stadion-Freikarten (Ehrenloge). Was das wichtigste Fußballspiel seiner Amtszeit betrifft, so stellte sich Erhard ganz in die Tradition des Vorgängers. Während Deutschlands Nationalelf sich beim WM-Finale 1966 von Wembley ein gleichnamiges Tor einhandelte, weilte Erhard im Urlaub am Tegernsee.

GERHARD SCHRÖDER (1998-2005)
Der Multiple-Choice-Fan

Mal Dortmund, mal Hannover, mal Cottbus: Schröder war stets der Meinung, seine unbändige Fußball-Liebe sei für alle da (*siehe Interview*).

HELMUT KOHL (1982-1998)
Der Ranschmeißer

Lange bevor das Ehrenmitglied des 1. FC Kaiserslautern seine Leidenschaft für Saumagen entdeckte, soll er ein drahtiger Mittelstürmer bei Phoenix Ludwigshafen gewesen sein. Als Kanzler machte er den Kabinen-Staatsbesuch hoffähig. 1986 flog er mit der Regierungsmaschine zum WM-Finale nach Mexiko, wo er später laut Augenzeugen über die trauernden Verlierer hergefallen ist wie der „Hustinetten-Bär". Vier Jahre später sangen ihm die deutschen Weltmeister von Rom dann aber trotzdem ein Kabinen-Ständchen: „Helmut, senk den Steuersatz!" Bei seinen letzten beiden Weltmeisterschaften baute Kohl im Nassbereich eine tiefe Männerfreundschaft zu Bundestrainer Berti Vogts auf, die auch das beidseitige Karriere-Ende im Jahre 1998 überdauerte.

HELMUT SCHMIDT (1974-1982)
Der Distanzierte

Auch der Zigaretten-Kanzler betrachtete den Fußball stets mit hanseatischer Distanz. Er bezeichnete sich einmal als „ganz weit entfernter Anhänger des HSV". Schmidt war aber immerhin beim Gewinn des zweiten deutschen WM-Titels 1974 anwesend. Zu einem Kabinenbesuch hätte man ihn aber nicht einmal dann bewegen können, wenn der DFB dort eine Raucher-Lounge eingerichtet hätte.

KURT G. KIESINGER (1966-1969)
Der Vergessene

Der Kanzler mit einschlägiger NS-Vergangenheit hatte offenbar andere Sorgen, als sich um Sport zu kümmern. Über etwaige Stadion-Besuche und Vereins-Vorlieben ist wenig bekannt. *Der Spiegel* berichtete immerhin davon, dass Kiesinger einmal wegen eines Fußballspiels versetzt wurde. Statt zu einem Dinner beim Kanzler ging der Bonner CSU-Landesgruppenchef Richard Stücklen lieber ins Frankfurter Waldstadion, um den FC Bayern im Pokalendspiel gegen Schalke 04 anzufeuern. Stücklen: „Den Kanzler in Bonn sehe ich noch oft genug, der läuft nicht weg. Aber so ein Fußballspiel ist doch schon was Seltenes."

WILLY BRANDT (1969-1974)
Der Torwand-Verweigerer

Von Brandt geht das Gerücht, er habe zu Werder gehalten. Vermutlich wegen seiner Frau Brigitte, die aus der Nähe von Bremen stammt. Sein Sohn, der Schauspieler Matthias Brandt, klärte allerdings gegenüber dem Magazin *11 Freunde* auf: „Mein Vater hat sich nicht für Fußball interessiert." Als Kanzler Brandt 1974 ins Aktuelle Sportstudio geladen wurde, sagte er nur unter der Bedingung zu, dass der 12-jährige Matthias für ihn die Schüsse auf die Torwand übernehmen dürfe – Brandts PR-Strategen hielten das für zwingend angebracht.

ANGELA MERKEL (AB 2005)
Die Abstauberin

Schröder hat für die WM 2006 in Deutschland gekämpft, Merkel hat sie genossen. In der schwarz-rot-goldenen Hochstimmung entdeckte die Kanzlerin ihr Faible für Fußball im Allgemeinen und für Bastian Schweinsteiger im Speziellen. Auch deshalb schlägt ihr Herz angeblich bayern-rot. Merkels schönste Fan-Trophäe ist allerdings ein hinlänglich bekanntes Foto aus der DFB-Kabine, das sie beim brüderlichen Handschlag mit dem leicht bekleideten Mesut Özil zeigt.

KONRAD ADENAUER (1949-1963)
Der Fußballmuffel

Adenauer war durchaus kein Sport-Verächter. Bloß mit dem Fußball hatte er es eben nicht so ganz. Er spielte lieber Boccia. Dabei gewann die deutsche Nationalelf in seiner Amtszeit immerhin den WM-Titel 1954, der später als emotionale Gründung der Bundesrepublik gedeutet wurde. Der Kanzler indes interessierte sich damals allenfalls am Rande für den Geist von Spiez oder das Wunder von Bern. Er schickte den Siegern ein formloses Glückwunschtelegramm ohne patriotische Zwischentöne. Kaum hatte die Bundesliga im Sommer 1963 ihren Spielbetrieb aufgenommen, trat Adenauer zurück. Das muss kein Zufall sein.

SAISON 2001/2002

Hände gegen Terror

Vier Tage ist es her, dass New York von den Anschlägen des 11. September erschüttert wurde. Die Champions League war unter der Woche zumindest teilweise abgesagt worden. Am Samstag, den 15. September allerdings, wird in der Bundesliga wieder gespielt. Es muss ja weitergehen, irgendwie. Und es geht auch weiter. Die Normalität mit Einschränkungen tut gut. Die Fans verordnen sich kollektive Schweigeaktionen. Die Vereine verzichten auf das übliche Rahmenprogramm mit Musik und Werbeaktionen. Vor dem Revierderby gerät selbst die Rivalität zwischen Schalke und Dortmund zur Nebensache. Genau wie in den anderen Stadien bilden die Spieler vor dem Anpfiff einen Kreis. Bayerns Giovane Elber (oben) bejubelt sein Siegtor gegen Freiburg mit einer mit den Händen geformten Friedenstaube.

SZENE DER SAISON

Lehrling Comandante

Vor seiner zweiten Saison als Trainer von Borussia Dortmund hatte Matthias Sammer sich selbst als „Lehrling" bezeichnet. Das war nicht böse gemeint, es war bloß die typische Charaktermischung dieses damals 34-jährigen Sportinvaliden – aus beneidenswertem Wissensdurst und teils nervtötendem Understatement. Nicht erst als Sportdirektor beim FC Bayern, auch schon als Trainer in Dortmund zeichnete sich Sammer durch die bemerkenswerte Fähigkeit aus, Siege in halbe Niederlagen umzudefinieren, um bloß keinen Hochmut aufkommen zu lassen. Am Ende aber stand auch in der Saison 2001/02 der Erfolg, der Lehrling Sammer wurde zum jüngsten Meistertrainer der Ligageschichte. Dede, der unumstrittene Stimmungsmacher im Dortmunder Team, sagte im Überschwang der Meisterfeier: „Matthias ist nicht unser Trainer, er ist unser Comandante." Zur Sicherheit merkte Dede noch an, dass es sich hier um die höchste Form des Lobes handle, zu der ein Brasilianer fähig sei.

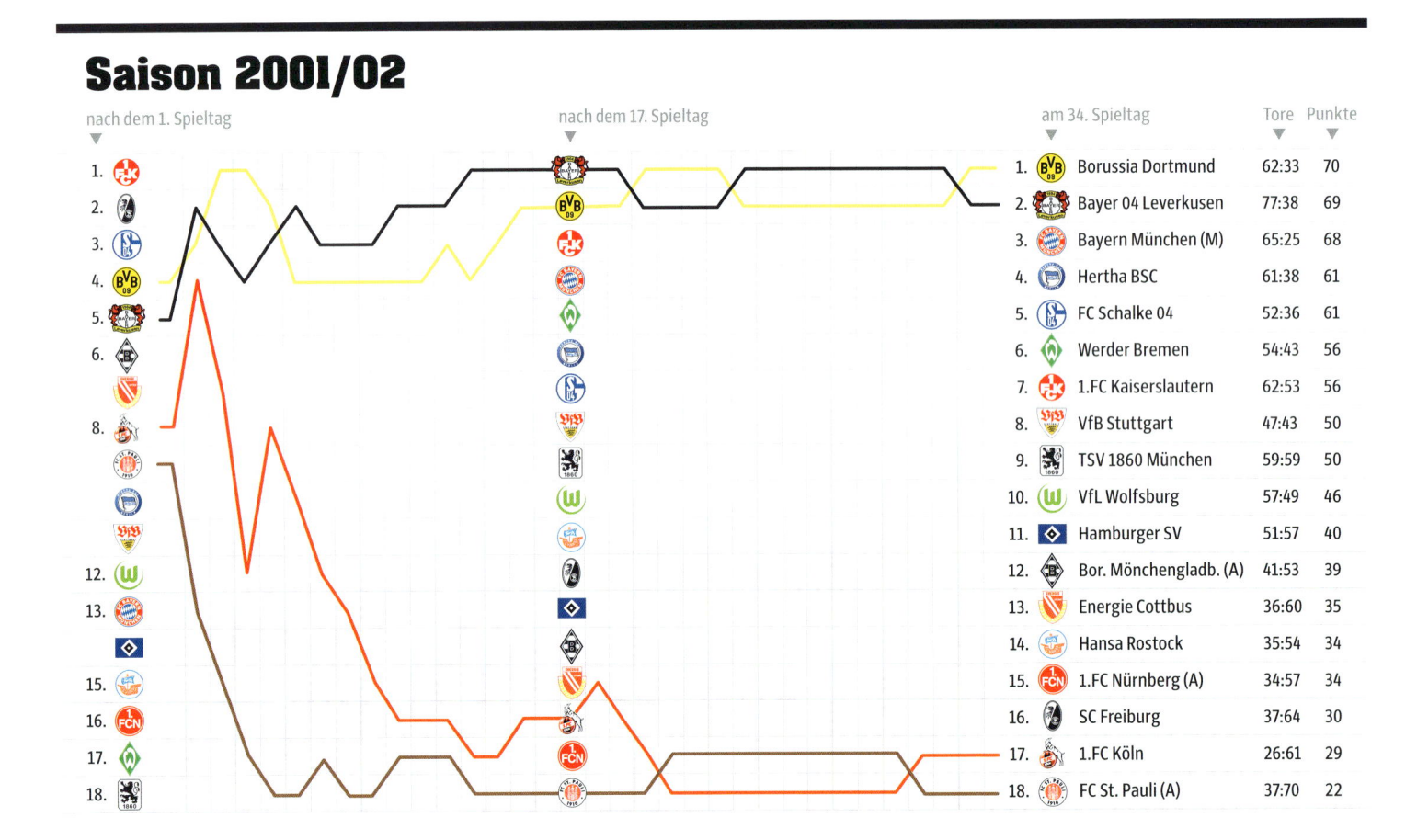

Saison 2001/02

am 34. Spieltag	Tore	Punkte
1. Borussia Dortmund	62:33	70
2. Bayer 04 Leverkusen	77:38	69
3. Bayern München (M)	65:25	68
4. Hertha BSC	61:38	61
5. FC Schalke 04	52:36	61
6. Werder Bremen	54:43	56
7. 1.FC Kaiserslautern	62:53	56
8. VfB Stuttgart	47:43	50
9. TSV 1860 München	59:59	50
10. VfL Wolfsburg	57:49	46
11. Hamburger SV	51:57	40
12. Bor. Mönchengladb. (A)	41:53	39
13. Energie Cottbus	36:60	35
14. Hansa Rostock	35:54	34
15. 1.FC Nürnberg (A)	34:57	34
16. SC Freiburg	37:64	30
17. 1.FC Köln	26:61	29
18. FC St. Pauli (A)	37:70	22

Zum vierten Mal schaut der FC St. Pauli in der Liga vorbei, er verabschiedet sich sogleich wieder, aber nicht, ohne den Champions-League-Gewinner FC Bayern mit 2:1 zu düpieren. Begleitet werden die Hamburger vom 1. FC Köln. Für den ist es zwar erst der zweite Abstieg, allerdings mit beeindruckender Serie: Zehn Spiele bleiben die Geißböcke ohne Tor – erst nach 1033 Minuten ist der Spuk vorbei.

Einmal Pirat, immer Pirat: Tomislav Piplica neigt dazu, sich an Querlatten zu hängen.

RANGLISTE 10: KURIOSE TORE

Der Revolverheld

Am 6. April 2002 ist bei Energie Cottbus alles vorbereitet für die große Nichtabstiegs-Party.
Dann erzielt Keeper Tomislav Piplica ein Eigentor, das er selbst nicht erklären kann.

VON BORIS HERRMANN

Im Grunde möchte man ihm nur eine einzige Frage stellen: „Warum?" Gut, okay, alternativ wäre natürlich auch „Wieso?" von gewissem Interesse. Und vielleicht auch noch: „Weshalb?"

Um es vorwegzunehmen, der Torhüter Tomislav Piplica hat auf keine dieser Fragen eine abschließende Antwort. Aber er hat immerhin eine Vermutung. Er hat mal ein Interview mit seinem großen Vorbild Sepp Maier gelesen. Darin stand der Satz: „Jeder Torwart macht Fehler." Den hat er sich gemerkt. Es ist ein einfacher Satz. Piplica mag einfache Sätze. Auch jetzt noch, da er, der gebürtige Bosnier, seit vielen Jahren in Deutschland lebt und die Sprache seiner Wahlheimat nahezu perfekt beherrscht. Im Übrigen ist sich Tomislav Piplica schon im Klaren darüber, dass sein Fehler nicht irgendein Fehler war. Sondern einer der absurdesten in der Geschichte der Bundesliga. Den Tathergang beschreibt er so: „Auf einmal klatscht mir das Ding auf den Kopf. Und dann ins Tor. Sah blöd aus." Das kann man wohl sagen.

Piplica erinnert sich, dass es recht windig war an jenem 6. April 2002 in Cottbus. Das soll weiß Gott keine Ausrede sein, aber vielleicht trägt es einen kleinen Teil zur Erklärung bei. Denn alles Weitere ist und bleibt unerklärlich. Für ihn. Für alle.

Wir blenden uns ein beim Stand von 3:2 im Stadion der Freundschaft zwischen Energie Cottbus und Borussia Mönchengladbach. Es läuft die 85. Minute des 30. Spieltages. Neben dem Rasen ist bereits alles vorbereitet für die große Nichtabstiegsparty unter dem Motto „Das zweite Wunder der Lausitz". Das erste Wunder der Lausitz war der Klassenerhalt im Jahr zuvor. Die Mannschaft von Trainer Ede Geyer spielt auch im Frühling 2002 nicht gerade wundersamen Angriffsfußball. Aber es geht hier ja auch nicht um Konzeptkunst, sondern um die Existenz. Und um ein Zeichen.

Gemeinsam mit Hansa Rostock bildet der FC Energie zu jener Zeit die letzte Bastion des Ostfußballs in der Bundesliga. Selbst Bundeskanzler Gerhard Schröder, der eigentlich für die Fußballer von Dortmund und Hannover schwärmt (aber natürlich auch ein bisschen für die Wähler in der Lausitz), hat die Causa Cottbus zur Herzenssache erklärt. Er findet, dass Deutschland mindestens zwei Erstligisten aus dem Osten brauche. Der 6. April scheint ein guter Tag für den Kanzler und den FC Energie zu sein. Es fehlen nur noch die drei Punkte gegen Mönchengladbach zum Klassenerhalt. Fünf Minuten bis zur Rettung. Und dann schießt Gladbachs Stürmer Marcel Witeczek am linken Strafraumeck einen Ball in die Wolken.

Für die Nachwelt ist es nicht einfach, die Flugkurve in ihrer ganzen Absonderlichkeit zu studieren. In der Zeitlupe, die das Fernsehen damals zeigte, fliegt der leicht abgefälschte Ball fast senkrecht nach oben aus dem Bild hinaus. Tomislav Piplica macht derweil einen Schritt zurück und steht jetzt wie ein Vogelsucher unter seiner Torlatte. Seine Hände befinden sich auf Gürtelhöhe, man meint, er wolle gleich einen Revolver zücken. Wieso auch nicht? Tomislav Piplica ist sich schließlich „zu einhunderttausend Prozent sicher, dass das Ding übers Tor flutscht".

Jetzt mal angenommen, er wäre einfach so stehen geblieben, dann wäre das Ding wahrscheinlich gegen seine Stirn geflogen und nach vorne weggeflutscht. Genau in dem Moment aber, in dem der Ball zum Landeanflug ansetzt, fällt Piplica um. Und zwar rückwärts. So, als habe er im Duell gegen einen unsichtbaren Sheriff den Kürzeren gezogen. Als der Torhüter im Netz landet, ist der Ball bereits da, 3:3. Die Nicht-Abstiegsparty fällt erst einmal aus. Und die ganze Wahrheit ist: Es sah nicht blöd aus. Es sah verdammt blöd aus.

Auf der Suche nach dem kuriosesten Treffer der bald 50-jährigen Bundesligahistorie stößt man unweigerlich auf das sogenannte Phantomtor, das Thomas Helmer 1994 im Trikot des FC Bayern gegen Nürnberg erzielte – beziehungsweise nicht erzielte. Das Phantomtor ist gerade deshalb berühmt, weil es kein Tor war. Damit kann es in der hier vorliegenden Liste aber nicht berücksichtigt werden. Die Geschichte der kuriosesten Treffer, die auch wirklich Treffer waren, ist im Prinzip ein Gruselkabinett der Torwartfehler. Ob es sich nun um jenen Abwurf handelt, den Frankfurts Schlussmann Jürgen Pahl 1982 ins eigene Netz bugsierte, oder um das Einwurf-Tor von Werder Bremens Uwe Reinders, das sich Bayerns Jean-Marie Pfaff im selben Jahr einfing – auch sie wären würdige Gewinner in dieser Wertung gewesen. Was Piplicas Rückwärtskopfball herausragend macht, sind nicht nur die Umstände des Tores selbst. Sondern auch seine Folgen. Man kann sich mit solch einem Lapsus für alle Zeiten zum Deppen machen. Piplica wurde in Cottbus zum Helden.

Seine Geschichte zeigt: Manchmal kommt es nicht so sehr auf die Fehler an, sondern auf die Art und Weise, wie man mit ihnen umgeht. Am Abend des 6. April 2002 ist Piplica seinem unbegreiflichen Aussetzer zunächst mit „vier, fünf Whiskey-Cola" begegnet. Ab dem nächsten Morgen war er aber bereits fähig zur Selbstironie. Das unterscheidet ihn zum Beispiel von Jean-Marie Pfaff, der bis heute behauptet, am Einwurf-Tor von Uwe Reinders treffe ihn nicht die geringste Schuld. Tomislav Piplica

---

Piplica sagt, er habe nur ein Tor absichtlich kassiert – vom Kanzler.

---

versucht gar nicht erst, gegen die Wahrheit anzuargumentieren. Er sagt: „Bei den dümmsten Toren der Bundesliga gehört meines einfach dazu." Im Übrigen sei er stolz, gemeinsam auf einer Liste mit Jean-Marie Pfaff, Hans-Jörg Butt und Oliver Reck aufzutauchen.

Man glaubt gar nicht, wie lange man unter Profis und ehemaligen Profis suchen muss, bis man einen findet, der einfach von Herzen mitlacht, wenn ihn die anderen verspotten. Piplica tauchte noch im Sommer 2002 bei TV-Total auf, um sich seinen „Raab der Woche" abzuholen. Und entgegen der Befürchtung ist dieser Auftritt selbst aus heutiger Sicht kein bisschen peinlich. Er ist eher rührend. Piplica schenkte Stefan Raab ein Paar Torwarthandschuhe. Und Raab sagte: „Nimm's nicht so schwer mit dem Tor. Ich glaube, die Leute finden das sogar sympathisch."

Raab hatte die Sache, wie so oft, als einer der Ersten begriffen. Zu Piplicas Abschiedsspiel im Mai 2010 – ein Jahr nach seinem Rücktritt – kamen 15 000 Zuschauer ins Stadion der Freundschaft, mehr als bei so mancher offiziellen Partie. Branchengrößen wie Davor Suker, Sergej Barbarez oder Zvonimir Soldo erwiesen dem damals 41-jährigen Piplica an diesem Abend die letzte Fußballer-Ehre. Josip Si- munic hatte sogar ein Spiel mit der kroatischen Nationalelf abgesagt, um dabei zu sein. Auch Stefan Raab war eingeladen. „Schade, dass er nicht gekommen ist", sagt Piplica.

Inzwischen lebt er mit seiner Familie in Leipzig. Und man muss sich schon wundern, dass er überhaupt die Zeit gefunden hat, sich in seinem Lieblings-Café in Nähe des Zentralstadions zu einem Gespräch zu treffen. Piplica verdient sein Geld im Frühjahr 2013 als Assistenzcoach der bosnischen Nationalmannschaft. Daneben hilft er zweimal pro Woche als Torwarttrainer beim Oberligisten SSV Markranstädt aus und ist außerdem noch Torwarttrainer beim Landesligisten FC Eilenburg. Der Torwart von Eilenburg heißt übrigens Tomislav Piplica. Und der sagt: „Ich bin eben so gut organisiert, dass ich alles schaffe." Auf dem Platz trägt er auch mit Mitte vierzig noch die altbekannte Langhaarmähne mit Stirnband, obwohl seine Frau Friseurin ist. Einmal Pirat, immer Pirat.

Dass er noch einmal selbst im Tor stehen würde, war eigentlich nicht geplant. Aber irgendwann hat er beim Spaßkick in der Soccerhalle festgestellt, dass er es noch kann. Und Eilenburgs Stammkeeper hatte einen Motorradunfall. „Da war ich wieder im Geschäft. Macht Spaß."

Piplica hat zwei Lieblingswörter: Spaß und Alibi. Späße findet er super, Alibis findet er scheiße. Das erklärt nahezu alles, was die Bundesliga bei den 117 Auftritten dieses Exzentrikers erleben durfte. Er pflegte es, wie ein Äffchen an der Querlatte zu hängen, er war berühmt für seine gebaggerten Paraden, seine gehechteten Faustabwehr-Flüge – und für seine abstrusen Fehlgriffe. Nicht ganz von ungefähr ist Piplica der Bundesliga-Torhüter mit den meisten Eigentoren. Insgesamt drei Mal überlistete er sich selbst. Er sieht das so: „Meine Mitspieler haben immer gewusst, dass sie einen Torwart hinter sich haben, der manchmal ein bisschen mehr riskiert. Aber dafür keinen Alibi-Fußball spielt."

So etwas wie ein Alibi bekommt man von diesem Mann nur dann zu hören, wenn man die Frage nach dem „Warum?" mal etwas spaßbefreiter formuliert. Etwa so: Kann es sein, dass dieses Kopfballeigentor von 2002 aus heutiger Sicht, nach den Erfahrungen mit Hoyzer und diversen Wett-Syndikaten, nicht mehr nur tollpatschig, sondern auch verdächtig aussieht?

So, und jetzt wird es mal für einen Moment ein wenig lauter in einem Café in der Nähe des Leipziger Zentralstadions: „Wir haben in Cottbus gekämpft für jeden Pfennig. Wir haben zum Teil mit elf Ausländern gespielt, weil kein Deutscher, der ein anderes Angebot hatte, nach Cottbus kommen wollte. Denen war das hier zu viel Training für zu wenig Geld. Aber für jeden von uns war das hier eine Riesenchance, uns in der Bundesliga zu präsentieren. Ich verstehe nicht, wieso jemand für ein paar Euro betrügen sollte!" Das Alibi, das er ins Feld führt, ist mithin sein Stolz auf Energie und auf das, was dieser Klub mit seinen bescheidenen Mitteln erreicht hat. Es hat schon schlechtere Alibis gegeben.

Piplica versichert dann wieder mit gemäßigter Stimme, er habe in seinem Leben nur einen einzigen Schuss auf Anweisung reingelassen: den zweiten Show-Elfmeter beim Cottbus-Besuch von Kanzler Schröder, nachdem er den ersten in völliger Missachtung der diplomatischen Spielregeln pariert hatte. Auf einmal scheint er aber trotzdem das Gefühl zu haben, sich rechtfertigen zu müssen: „Hätte ich mit Cottbus in der Bundesliga gespielt, wenn ich ein schlechter Torwart wäre?" Gewiss nicht. Ebenso wenig wäre er wohl im Jahr 1987 mit Jugoslawiens U20-Nationalteam Weltmeister geworden. Vor allem aber hätte es im Jahr 2002 wohl kein Wunder in der Lausitz gegeben, wenn auf diesen Revolverhelden von Cottbus kein Verlass gewesen wäre.

Eine Woche nachdem er sich seinen Eigentor-Frust mit vier bis fünf Whiskey-Cola runtergespült hatte, brach er sich in Stuttgart einen Finger. Er hielt trotzdem bis zum Schlusspfiff durch. Das Spiel endete 0:0, Energie hatte damit den Klassenerhalt geschafft.

Neben Piplica mit seinem Rückwärtskopfball, von dem es keine Fotos, sondern nur Screenshots gibt (linke Seite), haben auch Oliver Reck (oben) und Jürgen Pahl (rechts) einen festen Platz im Gruselkabinett der Torwartfehler.

Die Elf der Tore

1. Tomislav Piplica (Energie Cottbus): Rückwärtskopfball-Eigentor, am 6.4.2002.

2. Jürgen Pahl (Eintracht Frankfurt): Abwurf ins eigene Netz, am 4.12.1982 beim 0:3 gegen Werder Bremen.

3. Uwe Reinders (Werder Bremen): Siegtor per Einwurf, am 21.8.1982 beim 1:0 gegen Bayern München. Offizieller Torschütze ist natürlich Bayern-Keeper Jean-Marie Pfaff, der dem Ball bei seinem Bundesliga-Debüt den letzten Dreh ins eigene Netz gibt.

4. Helmut Winklhofer (FC Bayern): Fernschuss-Eigentor aus 35 Metern, am 10.8.1985 beim 0:1 in Uerdingen. Der Leidtragende ist auch diesmal: Pfaff.

5. Bernd Nickel (Frankfurt): Direktes Eckballtor mit dem Außenrist, am 22.11.1975 beim 6:0 gegen den FC Bayern.

6. Manfred Burgsmüller (Werder Bremen) am 21.3.1986 beim 2:0 gegen Kaiserslautern. O-Ton des Schützen: „Da seh ich, wie der Gerri (FCK-Keeper Gerald Ehrmann, Anm. d. Red.) vor sich hinpennt, schubs dem mit der Hand die Pille aus dem Arm, und ich schieb ihn rein."

7. Mike Hanke (Schalke 04): Treffer zum 2:3 direkt vom Anstoß gegen Leverkusens Keeper Hans-Jörg Butt, der es nach seinem verwandelten Elfmeter zur 3:1-Führung aus der Jubeltraube nicht rechtzeitig zurück ins eigene Tor schafft, am 17.4.2004.

8. Reinhold Wosab, Siegfried Held (beide Dortmund) sowie Gerhard Neuser und Karl-Heinz Bechmann (beide Schalke): Vier Tore, die wegen Nebels nie einer gesehen hat, beim sogenannten „Nebelkerzen-Derby" am 12.11.1966. Endstand 6:2 für Dortmund.

9. Sebastian Langkamp (Karlsruhe) grätscht am 25.4.2009 den Ball aus 46 Metern aus Versehen zum 1:0-Sieg ins Leverkusener Tor.

10. Sascha Burchert (Hertha BSC): Der junge Keeper rettet zwei Mal in größter Not per Flugkopfball – was die Hamburger Spieler David Jarolim und Zé Reberto jeweils als Vorlage für Volley-Tore nutzen, am 4.10.2009. Endstand 3:1 für den Hamburger SV in Berlin.

11. Oliver Reck (Werder Bremen): Kopfball-Eigentor, am 30.11.1991. Werder gewinnt dennoch 4:3 beim FC Bayern München.

2002/03

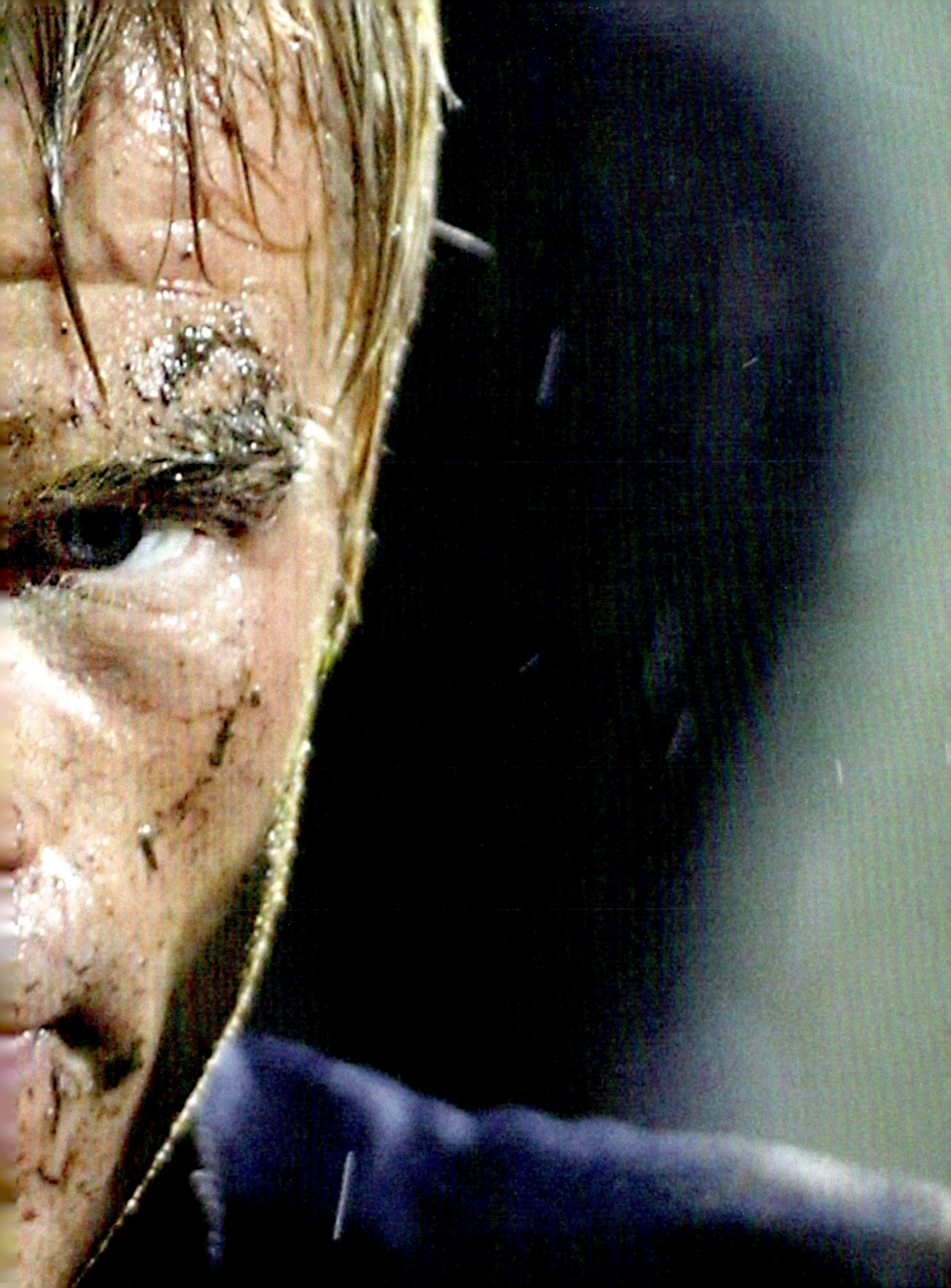

Torwart Unser

Seit Toni Turek zum Fußball-Gott wurde, ist das Tor ein religiöser Ort im deutschen Fußball. Auch die Bundesliga war vom ersten Tag an stolz auf ihre Helden zwischen den Pfosten – auf Supermänner, Sonderlinge und Sachbearbeiter. Ein Streifzug von Tilkowski bis Neuer.

VON CHRISTOF KNEER

67 Minuten sind nicht viel, einerseits. Andererseits können sie alles bedeuten. Ein normaler Mensch muss das nicht verstehen, es reicht ja, wenn Torhüter das verstehen. Torhüter leben in einer eigenen Welt, mit eigener Logik und eigener Schwerkraft, sie haben früh gelernt, dass sie anders sind. Wenn sie als Kinder ins Tor geschickt werden, bedeutet das meistens, dass sie am schlechtesten kicken können oder dass die anderen glauben, dass man ein bisschen spinnt. Torhüter haben einen Schatten, so heißt es doch. Also müssen die mit dem Schatten immer ins Tor.

War das nicht so?

Vermutlich können also nur Torhüter verstehen, warum die Saison 2002/2003 für Oliver Kahn eine besondere war. Er ist 802 Minuten lang ohne Gegentor geblieben, das waren 67 Minuten mehr als der bis dahin bestehende Bundesliga-Rekord. Der abgelöste Rekordhalter war übrigens gar nicht traurig damals, denn den alten Rekord hielt natürlich auch Oliver Kahn.

Inzwischen sind die 802 Minuten schon wieder überholt, aber für Torhüter sind solche Zahlen wichtig, und Kahn konnte nie genug von ihnen bekommen. 556 Bundesliga-Spiele, 86 Länderspiele. Uefa-Cup-Sieger 1996, Champions-League-Sieger 2001, acht Mal Deutscher Meister, sechs Mal DFB-Pokalsieger. Zwei Mal Deutschlands Fußballer des Jahres, drei Mal Welttorhüter. Zehntausend Bananen im Strafraum, ein Golfball am Kopf.

Bei derart wuchtigem Datenmaterial könnte man zu dem Schluss kommen, dass die Saison 2002/2003 höchstens eine nette Nebenrolle spielt in der titanischen Karriere dieses Supermanns. Aber das täuscht. Die Saison 2002/2003 war die Saison nach Kahns schönstem, schrecklichstem Sommer. Bei der WM in Japan und Korea hatte Kahn so gut gehalten wie vielleicht noch nie ein Torwart vor ihm, er war auf der Höhe seiner Kunst, oder besser: seiner Macht. Er hat Schützen hypnotisiert, Bälle mit dem bösen Blick verhext und dem Spiel seinen Willen aufgezwungen. Und dann kam dieser lächerliche Schuss im Finale gegen Brasilien, und Supermann hat ihn flutschen lassen. Kahn hatte Deutschland allein ins Finale gebracht, und weil er sowieso für alles zuständig war in diesen Tagen, hat er das Finale für Deutschland auch gleich noch verloren.

> Marmor, Stein und Eisen bricht, das kann ja sein. Aber doch nicht Kahn.

Deshalb war die Saison 2002/2003 mit ihrem 802-Minuten-Rekord so überlebenswichtig für Oliver Kahn: Sie hat ihm gezeigt, dass er so etwas überstehen kann. Marmor, Stein und Eisen bricht, das kann ja sein. Aber doch nicht Oliver Kahn.

Keiner konnte so schön „Druck" und „Dinge" sagen wie der Torwart Kahn, „Dinge" mit hellem badischen „i". Der Druck der Dinge, das war sein Lebensthema, und er hat den Druck am Ende bewältigt. Klar: Er war ja ein deutscher Torwart.

Das Tor ist der mythischste Ort im deutschen Fußball. Seit der Reporter Herbert Zimmermann den Torwart Toni Turek im WM-Finale 1954 zum „Fußball-Gott" ausrief, hat sich der Torwart wie von selbst fortgepflanzt. Anders als in England, Frankreich oder Brasilien war es in Deutschland immer schon eine seriöse Option, auf dem Bolzplatz ein Torwart zu sein. „Für Kinder ist es hier ein großer Anreiz, ihren Torwarthelden nachzueifern. Das war bei mir genauso. Ich wollte werden wie Sepp Maier", sagt Toni Schumacher. Und die Generation Maier wollte werden wie Toni Turek. Und die Generation Kahn wollte werden wie Toni Schumacher.

Trauerarbeit: Oliver Kahn nach dem WM-Finale 2002. Nach einem überragenden Turnier patzte er zum Schluss.

Die Generation Neuer wollte allerdings nicht mehr werden wie Oliver Kahn, aber dazu später.

Als die Bundesliga 1963 gegründet wurde, war Toni Turek schon seit neun Jahren ein Fußball-Gott. Die Bundesliga ist mit dieser Religion aufgewachsen, sie kennt nichts anderes als diesen naiven Urglauben an die Unbesiegbarkeit ihrer Torhüter. Es galt ja all die Jahre und gilt in abgewandelter Form womöglich noch immer: dass auch der fünft-, siebt- oder neuntbeste deutsche Bundesligatorwart in den meisten anderen Ländern Nationaltorwart wäre. Wenn Mitte der Achtziger darüber gestritten wurde, ob Toni Schumacher oder doch Uli Stein der bessere deutsche Torhüter sei, dann wurde damit indirekt auch der Titel des weltbesten Torhüters verhandelt – genauso wie anderthalb Jahrzehnte später, als sich Kahn und Jens Lehmann duellierten. Uli Stein sagt: „Meistens galt die Faustregel: Der deutsche Nationaltorwart ist der beste Torwart der Welt. Und der zweitbeste Torwart der Welt ist sein Ersatzmann."

Die deutschen Torhüter konnten schon auch bescheiden sein, wenn es mal sein musste. Aber es hat halt in all den Jahren nie sein müssen.

Die Bundesliga hat all die Jahre darauf vertrauen dürfen, dass ihr der Nachschub nie ausgeht. „Deutschland hat auch das professionelle Torwarttraining viel früher entdeckt als die anderen Nationen", sagt Toni Schumacher. So blieb die Bundesliga im Tor die meiste Zeit eine geschlossene Gesellschaft. Die deutschen Keeper haben die Tore unter sich aufgeteilt, auf der Torwart-Position haben ausländische Profis die Liga am wenigsten geprägt. Natürlich gab es auch ein paar prominente Ausländer, es gab den lustigen Ausflügler Petar Radenkovic, es gab den grandiosen Schweden Ronnie Hellström und den grandiosen Belgier Jean-Marie Pfaff, es gab den Österreicher Wohlfahrt, den Schweizer Benaglio. Aber es gab auch Tomislav Piplica oder Faryd Mondragon, die als Charakterköpfe deutlich kompetenter waren als in ihrer Eigenschaft als Torhüter, und natürlich gab es den armen, traurigen, Mitleid erregenden Mladen Pralija.

Oft machen Torhüter das, was keiner erwartet: Petar Radenkovic (links), sonst gerne im Feld unterwegs, spricht am Pfosten mit einer Zuschauerin. Und Hans Tilkowski, sonst so sachlich, wagt eine Flugparade.

Mladen Pralija sollte Uli Stein ersetzen. Er hatte keine Chance.

Dieser unglückselige Mensch taugte der Bundesliga als endgültiger Beweis dafür, dass die eigenen Torhüter doch die besten sind. Der Jugoslawe kam im Sommer 1987 mit dem Stempel „bester Torwart Osteuropas" zum Hamburger SV, empfohlen vom neuen HSV-Trainer, dem Jugoslawen Josip Skoblar; Pralija sollte den großen Uli Stein ersetzen, den der Klub wegschicken musste, weil ihm in einem Supercup-Spiel ein Fausthieb gegen den Bayern-Stürmer Jürgen Wegmann rausgerutscht war.

In Pralijas erstem Spiel verlor der HSV 0:6 gegen den FC Bayern.

Mladen Pralija hatte keine Chance. Er war in einem Land gelandet, in dem jeder Handgriff eines Torwarts von Millionen Torwarttrainern am Bildschirm überwacht wird. Das Land hat ihn gleich bei ein paar Irrflügen durch den Strafraum erwischt, und ein paar Mal hat er es gewagt, bereits gefangene Bälle wieder loszulassen – das hat gereicht, um gleich zwei Bundesliga-Karrieren zu beenden. Nach dem 15. Spieltag wurde Trainer Skoblar entlassen und Willi Reimann als neuer Trainer verpflichtet. Dessen erste Amtshandlung: Er warf Pralija aus dem Tor. Es übernahm Jupp Koitka – ein damals schon 35-Jähriger, der stellvertretend steht für den klassischen Bundesligatorhüter. Er spielte hoch seriös und beängstigend verlässlich, er war viel zu gut, um ein Durchschnittstorwart zu sein. Aber er war nicht herausragend genug, um die Schumachers, Steins und Immels im Nationaltor anzugreifen.

Einen Schatten hatte Jupp Koitka nicht, er hat keine Rücksicht genommen auf das schöne Klischee. Wer 50 Jahre Bundesliga nach den unterschiedlichen Torwarttypen absucht, der stößt, grob geordnet, auf drei unterschiedliche Stämme: Es gibt die Bösen, die Lieben und die Schrulligen.

In die erste Gruppe gehören Keeper wie Kahn oder Schumacher, sie waren Drohkulissen in Torwarthandschuhen. Sie waren die Höllenhunde, die den Eingang zur Unterwelt bewachen, und wer ihnen zu nahe kam, musste damit rechnen, gerempelt oder gebissen zu werden. Sie entstammten Torwartschulen, die davon ausgingen, dass derjenige, der es mit dem Torwart aufnehmen will, selber schuld ist. Gerry Ehrmann war auch so ein Keeper, er

Der Torhüter in all seinen Ausprägungen (im Uhrzeigersinn): Uli Stein verpasst dem Münchner Wegmann einen Hieb, Mladen Pralija guckt traurig, Jens Lehmann erzielt ein Tor und Manuel Neuer wirft schnell ab.

diente lange hinter Schumacher, später wurde er Torwarttrainer in Kaiserslautern und bildete viele kleine Ehrmänner aus, Torhüter wie Tim Wiese oder Roman Weidenfeller, die Ehrmanns muskulöses Spielverständnis in die nächsten Jahrzehnte trugen.

Torhüter von diesem Schlag waren es, die im Ausland das Bild vom deutschen Keeper als wütendem Sonderling prägten. Dabei waren die überhaupt nicht wütenden Normalbürger stets in der Überzahl – Torhüter, die in der Tradition des trockenen Hans Tilkowski standen, der Bälle und Paraden abheftete wie andere Leute Akten. In dieser Kategorie finden sich sowohl Reaktionswunder wie der freundliche Andreas Köpke als auch sachliche Keeper wie Jörg Butt, Bodo Illgner oder – eine Torwartgeneration früher – der Braunschweiger Bernd Franke, der wohl am meisten unterschätzte Spitzenkeeper der Liga-Geschichte. Frankes Stellungsspiel war von einer so beiläufigen Meisterschaft, dass er sich seine Flugparaden für den Notfall aufsparen konnte.

Und wohin gehört Sepp Maier? Am großen Bayern-Torwart zeigt sich, dass man den vielfältigen Könnern mit solchen Kategorien am Ende doch nicht gerecht wird. Maier gehörte ja auch zu den Sachbearbeitern, einerseits, er war ein souveräner Stilist und zu seiner Zeit modern. Aber er hat eben auch Enten gejagt auf dem Platz und Funktionären Cremeschnitten in die Sakkotaschen gesteckt. Er gehörte auch zu den Schrulligen, zur Unterart „besonders lustig", wie der Gladbacher Wolfgang Kleff, der dem Komiker Otto Waalkes so ähnlich sieht, dass Otto Waalkes sich manchmal selbst mit ihm verwechselt. Andere schrullige Keeper waren nicht so lustig, der Popstar Norbert Nigbur, der immer etwas zappelige Frauentyp Rudi Kargus oder Jens Lehmann, dessen ewiges Verdienst es ist, dem Torwartland eine Ahnung von der neuen Zeit vermittelt zu haben.

Oliver Kahn war der letzte Torwart. Nach ihm begann die Zeit der elften Feldspieler, jener Torhüter, die am besten keinen Schatten mehr haben sollten und keine Einzelkämpfer mehr sind. Sie sind jetzt Mannschaftsspieler, die ihre Kampfzone über den Strafraum hinaus ausgeweitet haben. Die Bundesliga hat in ihrer Kahn-Verehrung ein bisschen gebraucht, bis sie verstanden hat, dass der Emotionsbolzen allmählich vom Hightech-Torwart abgelöst wird. Aber sie war dann, dank exzellenten Torwarttrainings in den Klubinternaten, bestens vorbereitet. Manuel Neuer ist der erste echte Torwart neuen Typs, er hat zwei gesunde Füße, die den Ball spielen können, und seine Hände benutzt er auch, um mit Abwürfen Tore einzuleiten.

Als müsse er die Wachablösung amtlich dokumentieren, hat sich Neuer das 50. Jubiläumsjahr der Bundesliga ausgesucht, um einen spektakulären Rekord aufzustellen. Er hat in der Saison 2012/2013 nur 18 Gegentore kassiert. Den alten Rekord – 21 Gegentore – hielt Oliver Kahn.

DER HELD MEINER JUGEND
Andreas Hinkel

Als ich 17 Jahre alt war, nahm ich das einzige Mal in meinem Leben an einem Gewinnspiel teil. Natürlich gewann ich, und zwar: einen Bundesliga-Spieltag an der Seite des Pressesprechers des VfB Stuttgart. War gut. Nach dem Spiel standen wir noch in der Mixed Zone herum, ich machte Fotos mit den Spielern. Cacau lächelte. Philipp Lahm roch stark nach Parfüm. Dann kam Andreas Hinkel. Der Reporter, mit dem ich unterwegs war, stellte mich vor. Als der Reporter sagte, dass er, Hinkel, mein Vorbild sei, reagierte er so, wie ich es mir immer vorgestellt hatte: Es war ihm peinlich. Andreas Hinkel war damals 22 Jahre alt, er zählte zu den sogenannten jungen Wilden des VfB Stuttgart, aber er gehörte nicht dazu. Andreas Hinkel war nicht wild. Hinkel wurde in Backnang geboren, wo auch Ralf Rangnick herkommt, unter dem er seine ersten drei Spiele für den VfB machte. Dann wurde Rangnick entlassen. Hinkel setzte sich dennoch durch. Er war ein Prototyp dieser Generation Anfang des neuen Jahrtausends, als ein deutscher Pass und eine solide Spielweise ausreichten, um Nationalspieler zu werden. Hinkel spielte ausgesprochen solide. In seinen ersten Jahren beim VfB war er einer der besten Spieler, er war schnell, trickreich, seine Flanken waren präzise. So wie es sich für einen soliden Spieler gehört, war Hinkel auch sehr bescheiden, er fuhr mit dem Mini zum Training. Und natürlich interessierte er sich für mehr als für seinen Beruf; wer mit Hinkel anfing über Fußball zu reden, sprach am Ende meist über etwas ganz anderes. Zum Beispiel über Delfine. Mein Gespräch mit Andreas Hinkel verlief eher stockend, also sagte der Reporter, den ich begleitete, dass er, Hinkel, auch deshalb mein Vorbild sei, weil wir beide als Rechtsverteidiger spielten – und weil wir ähnlich torgefährlich seien. Nämlich überhaupt nicht. Andreas Hinkel hat auf den Spruch angemessen solide reagiert. Er lachte nicht. **BENEDIKT WARMBRUNN**

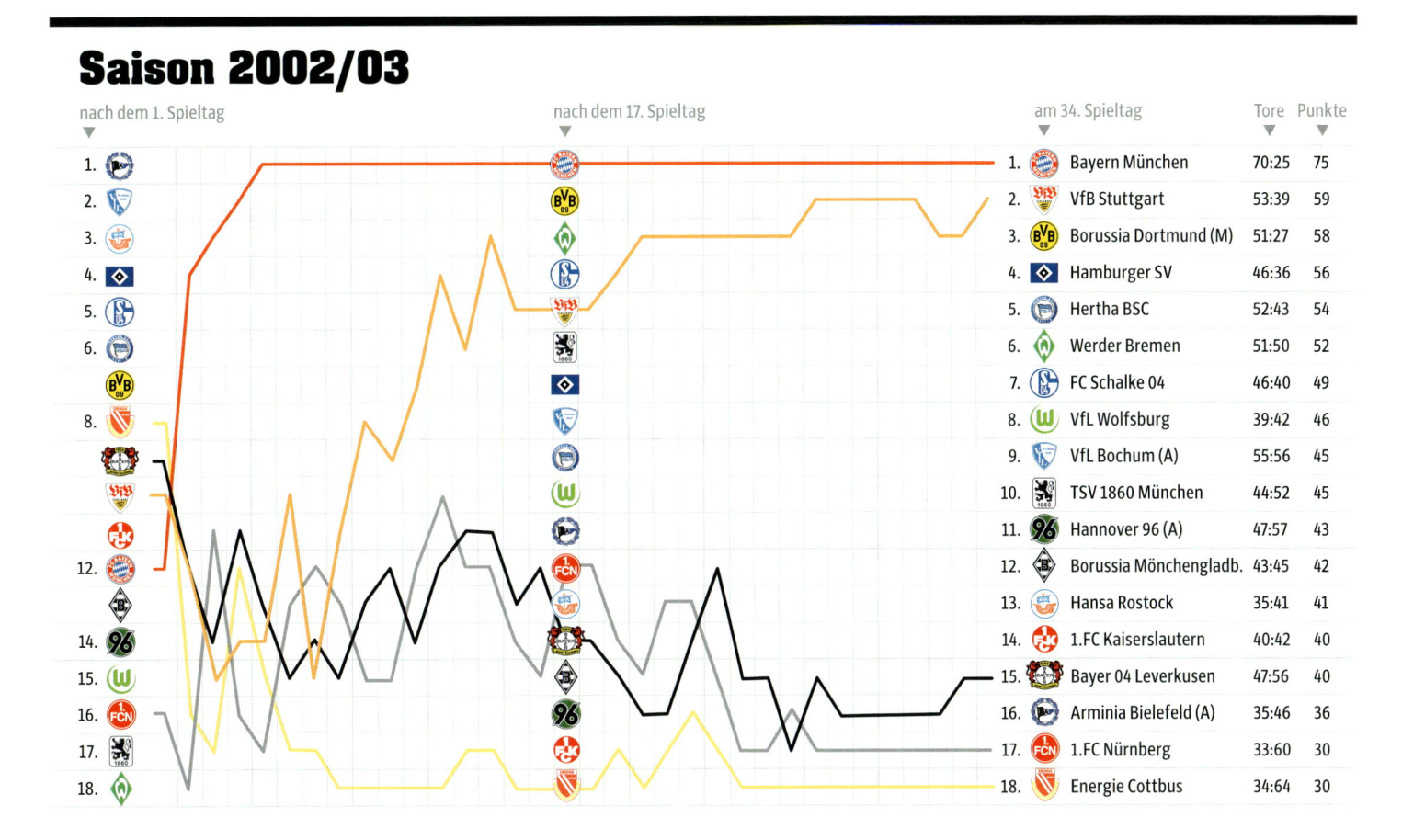

Saison 2002/03

am 34. Spieltag	Tore	Punkte
1. Bayern München	70:25	75
2. VfB Stuttgart	53:39	59
3. Borussia Dortmund (M)	51:27	58
4. Hamburger SV	46:36	56
5. Hertha BSC	52:43	54
6. Werder Bremen	51:50	52
7. FC Schalke 04	46:40	49
8. VfL Wolfsburg	39:42	46
9. VfL Bochum (A)	55:56	45
10. TSV 1860 München	44:52	45
11. Hannover 96 (A)	47:57	43
12. Borussia Mönchengladb.	43:45	42
13. Hansa Rostock	35:41	41
14. 1.FC Kaiserslautern	40:42	40
15. Bayer 04 Leverkusen	47:56	40
16. Arminia Bielefeld (A)	35:46	36
17. 1.FC Nürnberg	33:60	30
18. Energie Cottbus	34:64	30

Leverkusen hat Ballack und Zé Roberto zum FC Bayern ziehen lassen und gerät schnell in Not. Nach Klaus Toppmöller und Thomas Hörster wird Klaus Augenthaler zwei Spieltage vor Schluss der dritte Trainer der Saison. Augenthaler gelingt die Rettung. Ausgerechnet mit einem 1:0 in Nürnberg (Torschütze: Yildiray Bastürk), wo er kurz zuvor gefeuert worden war. Nach dreijähriger Teilnahme steigt Cottbus ab, ohne einmal den Trainer entlassen zu haben. Mit Eduard Geyer geht es rauf und runter.

2003/04

*Gegensätze ziehen sich an:
Werders bodenständiger
Meistertrainer Schaaf empfängt
Ailton, seinen exzentrischen
Torjäger vom Dienst.*

Der Kugelblitz

**Der Brasilianer Ailton war einmal der beste Konterstürmer der Liga.
Nach der Meisterschaft verlässt er Werder Bremen – eine beispiellose Talfahrt beginnt.**

VON RALF WIEGAND

Es muss irgendwann im August 1999 gewesen sein, „Pizarros zweite Woche bei uns", erinnert sich Jürgen L. Born, der damals gerade Vereinsvorsitzender bei Werder Bremen geworden war. Nachts um drei klingelte plötzlich Borns Telefon, „ich schreckte hoch, ging ran". Am anderen Ende: „Aqui Ailton!" Born: „Ich dachte, meine Güte, jetzt ist er gegen den Baum gefahren oder so etwas." Aber das war er nicht, zum Glück. Ailton war nur mitten in der Nacht etwas eingefallen. Er sagte: „Pizarro braucht ein Handy" – und legte wieder auf.

Es sind solche Geschichten und seine vielen Tore, die den Brasilianer Ailton Gonçalves da Silva in Bremen und der Bundesliga zur kleinen Berühmtheit haben werden lassen. Sie liebten ihn, den Kugelblitz, sie liebten „kleines, dickes Ailton". Und sie bedauerten seinen tiefen Absturz, der ihn als dritten Profifußballer nach Jimmy Hartwig und Eike Immel ins Dschungelcamp von RTL führte. Das ist down under – und auch sonst ziemlich weit unten.

Für manchen abgehalfterten Schlagersänger vermochte das Camp wenigstens kurz die Karriere wieder zu reanimieren, für einen Sportler aber kann das nicht gelten. Er wird nicht wieder jünger, schlanker, schneller, auch wenn er Känguru-Hoden isst. Er bleibt ein Ex-Fußballer für den Rest seines Lebens. Ailton sagte, er sei nicht pleite. „Aber da ist wohl nichts mehr", glaubt Jürgen Born.

**Der Franzose Micoud
servierte ihm die Bälle
mundgerecht.**

Der Dschungel also: Mit 38 Jahren, nach bezahlten Engagements bei 20 Klubs, nach 88 Bundesliga-Toren allein für Werder Bremen, davon spektakuläre 28 in der Meister-Saison 2003/2004, setzte für Ailton 2012 also das vorerst letzte Kapitel auf einer beispiellosen Talfahrt ein, die mit seinem Transfer 2004 von Werder zu Schalke 04 begann. Ailton selbst, erinnerte sich Born, habe damals eigentlich gar nicht wechseln wollen, aber letztlich dem Drängen seines Umfelds nicht widerstanden. Ablösefrei war er, Torschützenkönig, Double-Gewinner, sogar erster ausländischer „Fußballer des Jahres" – eine Menge Möglichkeiten waren das für einen Berater, Geld für seinen vertragslosen Mandanten zu kassieren. Ailton schloss gegen den Rat jener, die es gut mit ihm meinten, die einzige konstante Phase seiner Karriere ab und verließ nach sechs Jahren Bremen.

Ailton ist ein einfacher Mensch, geboren in Mogeiro im Bundesstaat Paraiba. In Brasilien hatte er sich als sprintstarker Torjäger schon einen kleinen Namen gemacht, war aber von seinem Klub nach Mexiko ausgeliehen gewesen, als Werder ihn 1998 verpflichtete. Angeblich hatte auch Bayer Leverkusen den kompakten Angreifer auf dem Zettel. Doch der lebenslustige Ailton erfror fast in seinem neuen Leben, saß unter Trainer Wolfgang Sidka meist auf der Bank, landete bei Felix Magath sogar auf der Tribüne – und sollte 1999 schon wieder verkauft werden.

Davor bewahrte ihn zum einen der Trainerwechsel zu Thomas Schaaf und zum anderen die Verpflichtung eines jungen, unbekannten Peruaners: Im Sommer 1999 kam Claudio Pizarro an die Weser. „Da hatte Ailton jemanden, mit dem er sich verständigen konnte, auch wenn Portugiesisch und Peruanisch nicht dasselbe ist", erinnert sich Born. Mit dem für sein fintenreiches Nachtleben bekannten Pizarro ging auch Ailton endlich unter die Leute. Und auf dem Platz, sagt Born, „lief nun der Ball im Sturm auf furchterregende Weise".

Zu jener Zeit war Ailton der beste Konterstürmer der Liga. Auf den ersten fünf Metern war er so viel schneller als seine Gegenspieler, dass die ihn entweder laufen lassen mussten – oder nur noch foulen konnten. Mit der Verpflichtung des Franzosen Johan Micoud konnte Ailton seinen Spielstil – losflitzen und reinschießen – perfektionieren. Born: „Micoud war Ailtons absoluter Lieblingsspieler. Er servierte ihm die Dinger mundgerecht."

Ohne Pizarro, der da schon beim FC Bayern war, aber mit Micoud machte Ailton dann auch sein Meisterstück und schoss Werder 2004 zum Liga-Titel und zum Pokalsieg. Am 16. Spieltag übernahmen die Bremer die Tabellenspitze und gaben sie nicht mehr ab. Verbucht wurde ein Klubrekord von 23 Spielen ohne Niederlage, gekrönt vom souveränen 3:1 am 32. Spieltag beim FC Bayern (Tore: Klasnic, Micoud, Ailton). Ailtons 28 Saisontore bedeuteten die beste Quote seit Karl-Heinz Rummenigge 1981.

Zu diesem Zeitpunkt hatte Ailton aber den wichtigsten Menschen in seinem Leben schon verloren, seinen Bruder, der

Keiner kann so schön weinen (Beweisfoto unten), keiner kann sich so schön freuen, obwohl es eigentlich gar nichts zu lachen gibt (links). Und wahrscheinlich, sehr wahrscheinlich sogar, ist Ailton auch einer der besten Reiter der Ligageschichte.

HÄNGENDE SPITZE
Schnauze, Sigi!

Mal wieder im Lexikon geblättert, gesucht: Exhibitionismus. Gefunden: „Öffentliche Entblößung der Schamteile bzw. weiblichen Brüste (von lateinisch exhibere – zeigen)". Anderes Lexikon: „Die Entblößung und Zurschaustellung der eigenen Geschlechtsteile in Gegenwart anderer (meist durch Männer) als vom Normalen abweichende Form des geschlechtlichen Lustgewinns." Grund der Recherche: Mal wieder durchs Fernsehprogramm geschaltet, gefunden: einen Mann, der sein Fortpflanzungsorgan durchs Bild wedelte, der Mann hieß: Ailton. Hinter ihm ein weiterer Mann, der sich dem wedelnden Ailton näherte, man muss wohl sagen: überschwenglich, und einen Fingerzeig gab, welcher den Betrachter auf die Länge des entblößten Gliedes hinwies. Das war schockierend, zum einen einfach so, und zum anderen, weil doch jedermann weiß, dass es auf die Länge gar nicht ankommt.

Sigmund Freud sagt: Exhibitionismus ist das Verharren in der kindlichen Phase der Entblößungslust. Wir sagen: Schnauze, Sigi, hier geht es um Fußball, jenes einfache Spiel, das am Ende einer jeden Saison einige Männer zu Meistern kürt, die sich daraufhin in einem so genannten Entmüdungsbecken entblößen. So einfach ist das. Gut, zu bemerken ist, dass ein Mann, der eine andere Person durch eine exhibitionistische Handlung belästigt, mit Freiheitsstrafe bis zu einem Jahr oder mit Geldstrafe bestraft wird. Steht in Paragraf 183 StGB. Wir sagen in diesem Fall: Schnauze Paragraf 183 StGB, denn jener Ailton, der uns seinen Gonçalves da Silva zeigte, ist bereits viel schlimmer bestraft als mit einem Jahr Freiheitsentzug: Er muss diese fantastischen Bremer verlassen und im kommenden Jahr für Schalke 04 spielen.

Ailton hat sich selbst bestraft, denn er folgte dem Ruf des Geldes, er wird nun ein paar Millionen mehr verdienen als die paar Millionen vorher. Er dachte, es sei die letzte Chance, sich noch einmal richtig die Taschen voll zu machen, und zu vermuten ist, dass Ailton in jenem Moment des Schwengelwedelns schlagartig jene beiden Weisheiten des Lebens bewusst geworden sind, nach denen man, erstens, einem nackten Mann nicht in die Tasche greifen kann, und zweitens, Länge nur eine Frage des Augenmaßes ist, wie diese 26,1 Zentimeter Text beweisen. **CHRISTIAN ZASCHKE**

bei einem Unfall 2003 in Brasilien ums Leben gekommen war. Bis dahin hatte der Ailtons Geld angelegt – danach wechselte der Spieler seine Berater fast so oft wie die Vereine. Nach Schalke folgten Istanbul, der HSV, Belgrad, Zürich, Duisburg, Donezk, Altach/Österreich, er ging zurück nach Brasilien, nach China, kickte in der sechsten Liga beim KFC Uerdingen, danach bei Hassia Bingen. Zwischendurch tauchte er immer wieder in Bremen auf, wo er nicht nur durch seine Tore, sondern auch durch seine Interviews längst Legende ist. Ailton, der Mann aus einfachen Verhältnissen, kann zwar kaum lesen und schreiben, lernte aber ein bisschen Deutsch: „Ailton glücklich in Bremen", sagte er wehmütig beim TV-Auftritt. Er heuerte noch einmal in der Hansestadt an, beim Fünftligisten FC Oberneuland, doch dort verpasste er gleich einen Fototermin, weswegen man ihm die Gage strich. Zuverlässig war er nie, kehrte fast immer zu spät vom Heimaturlaub zurück. Einmal reiste er der Werder-Mannschaft mit dem Taxi ins Trainingslager nach, von Bremen nach Norderney.

Heute könnte er das wohl kaum noch bezahlen. Ein Berater, dem er angeblich Geld schuldete, versuchte sogar, die Torjägertrophäe von 2004 im Internet zu versteigern. Ailton, glaubt Born, „hat den falschen Leuten vertraut", hat Kontovollmachten ausgestellt und nie die Kontrolle über seine Finanzen gehabt.

Dass der letzte öffentlichkeitswirksame Transfer ihn ins Dschungelcamp führte, passt ins Bild des schlecht beratenen und oft verkauften Ailton.

Wo das Herz noch zählt

**Sie steigen auf, sie steigen ab – und zwischendurch Europacup:
Der VfL Bochum ist über die Jahre zur klassischen Fahrstuhlmannschaft geworden.**

Das 3:1 am letzten Spieltag gegen Hannover hat für echte Bochumer gleich zwei schöne Effekte: der VfL erreicht den Uefa-Cup und Trainer Neururer zeigt seine besten Tänze.

Peter Neururer hatte sich freiwillig den Schnauzbart abrasieren lassen. Dabei grenzt die Entfernung des Oberlippenhaars beim Fußballtrainer aus Gelsenkirchen an Verstümmelung. Doch am Ende der Saison 2003/04 war beim VfL Bochum nichts mehr mit rationalen Maßstäben zu bewerten. 56 Punkte und 57 Tore hatte dieser ewige Abstiegskandidat binnen 34 Partien erzielt. Er beendete die Saison auf Platz fünf vor Dortmund und Schalke und hatte in Vahid Hashemian (16 Treffer) und Peter Madsen (13) zwei Spieler weit vorne in der Torjägerliste. Solche Euphorie hatte der VfL in zuvor 28 Bundesliga-Spielzeiten nur erlebt, als er 1997 unter dem Trainer Klaus Toppmöller schon einmal Fünfter geworden war. Doch diesmal schien die verstaubte Westsonne nach zwei zwischenzeitlichen Abstiegen noch heller.

Neururer war mit dem Ziel in seine dritte Saison beim VfL gegangen, nicht wieder in den Abstiegskampf zu geraten. Leichtsinnig hatte er „Platz acht" als Perspektive ausgerufen. Sein Torwart Rein van Duijnhoven enttarnte ihn sogleich: „Ein bisschen Bluff ist immer dabei, so ist der Trainer eben." Neururer aber glänzte in dieser Spielzeit wieder einmal in seiner Spezialdisziplin: Er redete seine Spieler ohne Punkt und Komma stark und schwor sie mit taktischer und rhetorischer Grundlagentechnik auf die Gemeinschaft ein. Dieser Tradition des Ruhrgebietsfußballs drohte aber ein abruptes Ende, als sich der Nigerianer Sunday Oliseh nach einem 0:0 gegen Rostock am 28. Februar 2004 vom Iraner Vahid Hashemian provoziert fühlte und diesem mit einem gezielten Kopfstoß die Nase brach. Oliseh wurde suspendiert – die mannschaftliche Harmonie aber blieb ungebrochen. Am Ende der besten Saison der Klubgeschichte führte Neururer vor der Osttribüne einen zappeligen Michael-Jackson-Moonwalk auf und grinste winkend und bartlos in die Menge. Es blieb eine Momentaufnahme. Die Uefa-Cup-Teilnahme war nach einer Runde bereits beendet. Ein Jahr später stieg der VfL wieder ab. Neururer verließ den Verein.

„Hier wo das Herz noch zählt / nicht das große Geld", singt Herbert Grönemeyer in seiner schwelgerischen Hommage „Bochum", die vor jedem Heimspiel vom Band läuft. Er bekam mit diesen Zeilen über die Jahre zunehmend Recht. Mit dem sportlichen Niedergang des Klubs wuchsen die wirtschaftlichen Sorgen. Je länger ein mittelständischer Klub in der zweiten Liga darbt, desto schwerer wird es, wieder nach oben zu kommen. Weniger mit der Realität überein stimmte mit der Zeit eine weitere Textzeile Grönemeyers: „Machst mit dem Doppelpass / jeden Gegner nass." Pure Verklärung. Allein die Unterstellung eines Doppelpassspiels ist in der Geschichte des VfL unverschämte Schönfärberei.

> **Als 2013 der Absturz drohte, kehrte Peter Neururer zurück.**

Die später sogar vom Duden in der Rubrik „Sportjargon" akzeptierte Wortschöpfung „unabsteigbar", mit der tapfere Fans den chronischen Abstiegskampf zum erträglichen Schicksal stilisierten, rührte von der Kampfbereitschaft früherer Generationen. „Wir schleppten uns teils angeschlagen aufs Feld und mussten nach 90 Minuten in die Kabine getragen werden", schrieb der frühere VfL-Spieler Hermann Gerland der Bundesliga zum 40. Geburtstag ins Jubiläumsbuch. Gerlands pathetischer Aufsatz liest sich wie ein Manifest des VfL-Fußballs: „Unser Schwur war ein Zeichen, wie Wille Berge versetzen kann."

Doch der Schwur verblasste mit den Jahren. Die Unabsteigbaren wurden zum Inbegriff der Fahrstuhlmannschaft. Sechs Mal zwischen 1993 und 2010 stieg der Klub aus der Bundesliga ab, fünf Mal wieder auf. Als 2013 der Absturz in die Drittklassigkeit drohte, kehrte kurz vor Saisonende Peter Neururer zurück. An der Castroper Straße waren sie schon immer hartnäckig. Dieser Wesenszug ist das Vermächtnis der Klub-Legenden Michael „Ata" Lameck, Lothar Woelk oder Walter Oswald.

1971 war der VfL in die Bundesliga aufgestiegen und bis 1993 insgesamt 22 Jahre am Stück erstklassig. Sein Image als graue Maus wurde er trotz zweier Auftritte im Uefa-Cup (1997 und 2004) nie mehr los. „Wir steigen auf, wir steigen ab – und zwischendurch Uefa-Cup", singen die Fans lakonisch. Eines aber hatte Peter Neururer bei seiner Rückkehr im Frühjahr 2013 kategorisch festgelegt: Was auch passiere, seinen Schnäuzer lasse er sich nicht noch mal abrasieren.

ULRICH HARTMANN

DER HELD MEINER JUGEND
Willi Landgraf

Als Student der Literatur zog es mich zu Beginn des Jahrtausends nach Aachen. Wochentags lernte ich dort den herrlichsten Unfug, etwa, dass ein Mensch seinen Namen niemals grundlos trägt. Am Wochenende aber sah ich den Gegenbeweis den Rasen des Tivoli umpflügen, beschäftigte doch die Alemannia zu dieser Zeit den wunderbaren Rechtsverteidiger Willi Landgraf. Wer als Landgraf in die Welt geboren wird, geht eine Verpflichtung ein. Nur dem winzigen Willi war das egal. 1,66 Meter war er hoch, und während die Bundesliga 50 Jahre alterte, spielte er lieber 4000 Jahre in der zweiten: 508 Partien, Rekord! Wobei Landgraf den Fußball nicht spielte, er erarbeitete ihn sich. Willi hatte eingesehen, wie sagenhaft technisch limitiert er war. Seine Grätschen: Legende. Im alten Stadion gab es an der Längsseite eine Stehtribüne, wann immer er daran auf seinen kurzen Stummeln vorbeiwetzte, verschmolz er mit dem Tivoli. „Willliiiiiiiiiiiiiiiiii!!!!", zischten die Fans aus Block S, ein Geräusch wie Durchzug im Herbst, aber dann war er schon vorbei, schlug eine Flanke auf Erik Meijer – und drin war der Ball. Um Landgraf und sich erstligatauglich zu trimmen, zwang ihn die Alemannia einst zur Step-Aerobic. Als einer wissen wollte, wie es so gewesen sei, sagte er: „Jung! Ich komm aus Bottrop! Da wirsse getötet, wenne datt inne Muckibude machs!" Der Satz verriet viel über Landgraf und Bottrop, weswegen es aus Sicht der Literaturwissenschaft bis heute keinen schöneren gegeben hat. 2006 spielte Aachen endlich die erste Erstligasaison seit 1970. Nur war Landgraf nicht mehr dabei. Der Willi, der nie einen Berater hatte („datt kann ich alles selbst!"), war lieber schnell in Schalkes U23 gewechselt. Mit 38 Jahren. **PHILIPP SCHNEIDER**

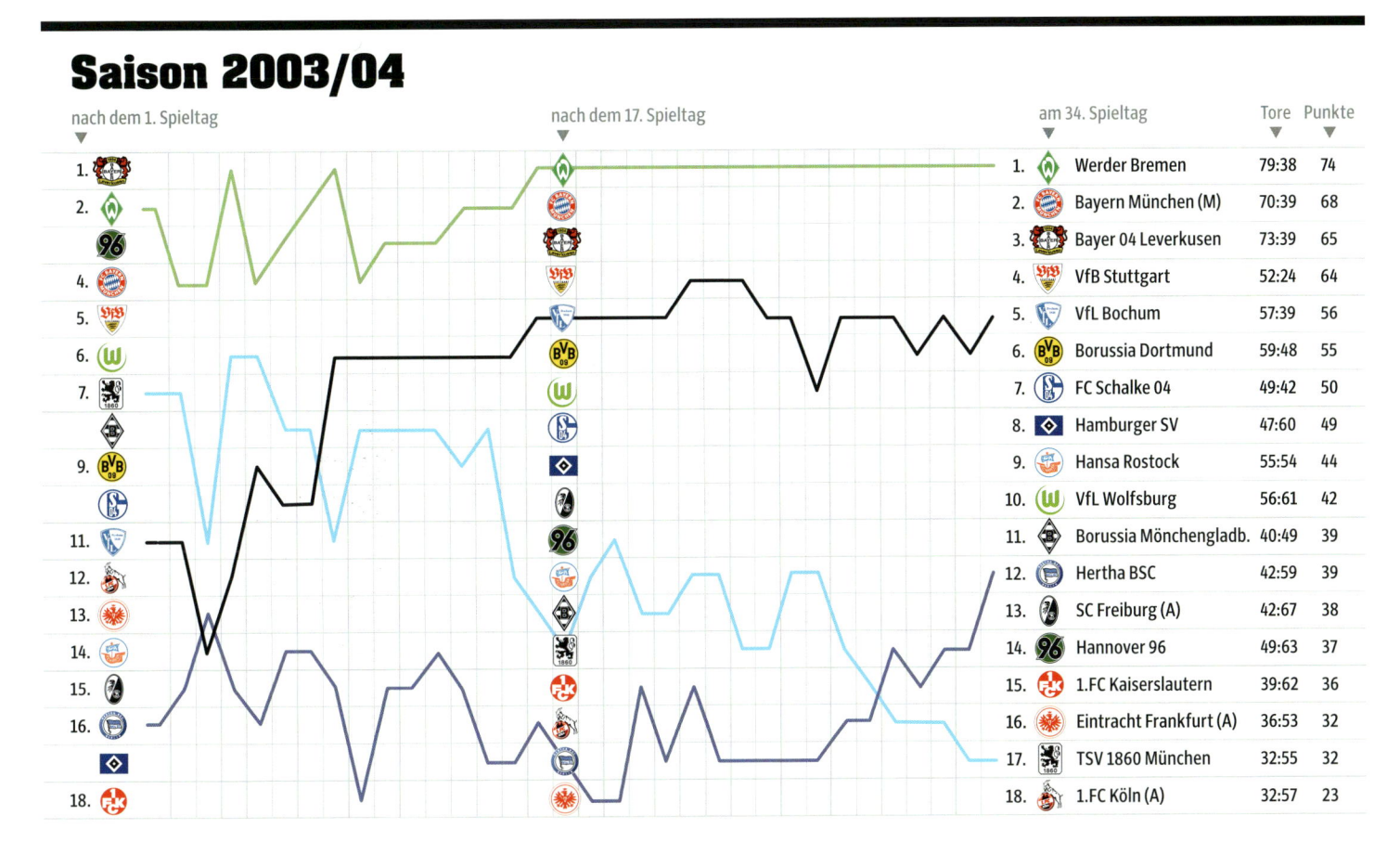

Saison 2003/04

am 34. Spieltag	Tore	Punkte
1. Werder Bremen	79:38	74
2. Bayern München (M)	70:39	68
3. Bayer 04 Leverkusen	73:39	65
4. VfB Stuttgart	52:24	64
5. VfL Bochum	57:39	56
6. Borussia Dortmund	59:48	55
7. FC Schalke 04	49:42	50
8. Hamburger SV	47:60	49
9. Hansa Rostock	55:54	44
10. VfL Wolfsburg	56:61	42
11. Borussia Mönchengladb.	40:49	39
12. Hertha BSC	42:59	39
13. SC Freiburg (A)	42:67	38
14. Hannover 96	49:63	37
15. 1.FC Kaiserslautern	39:62	36
16. Eintracht Frankfurt (A)	36:53	32
17. TSV 1860 München	32:55	32
18. 1.FC Köln (A)	32:57	23

Traditionsklubs in Panik, und wieder ein Rekord: 14 Trainer werden entlassen. Der zweimalige Liga-Meister 1. FC Köln nimmt endgültig den Charakter einer Fahrstuhlmannschaft an und muss zum dritten Mal runter. Bei der Hertha übersteht Huub Stevens zwar ein Ultimatum, wird später aber trotzdem entlassen – Hans Meyer übernimmt und rettet den Fußball in der Hauptstadt. Nicht zu retten ist der TSV 1860 München. Nach zehn Jahren steigen die Löwen ab und kehren bis zum 50-Jahre-Jubiläum nicht zurück.

2004/05

Vorzimmer zur Pathologie

Verführt von den Geldvernichtungs-Instrumenten der „New Economy" stand Borussia Dortmund am Abgrund. In einem einmaligen Wirtschaftskrimi wurde die Insolvenz verhindert.

VON FREDDIE RÖCKENHAUS

Es war kurz vor Weihnachten 2003, aber es wirkte, als signalisiere die rappelvolle Pressekonferenz bei Borussia Dortmund den Anfang vom Ende. Mit ein paar Jahren Abstand, mit der Rückschau auf die Meisterschaften von 2011 und 2012, war es wohl doch der Anfang vom Anfang. Aber das konnte an diesem nebulösen 23. Dezember 2003 niemand ahnen. Und was in den folgenden Monaten alles herauskommen würde, erst recht nicht.

Die *Süddeutsche Zeitung* und der *kicker* hatten am Tag zuvor schockierende Zahlen aus dem Inneren der börsennotierten „Borussia Dortmund KG auf Aktien" veröffentlicht. Die Kernthesen: Drei Jahre nach dem Börsengang des Ballspielvereins Borussia hatte das Management so ziemlich alles Geld verbrannt, was irgendwie aufzutreiben war. Nicht nur die 150 Millionen Euro aus den Aktienerlösen waren vollständig verraucht, auch war das vorher vereinseigene Stadion verkauft, waren 38 Millionen aus einem Ausrüster-Deal mit Nike auf einen Schlag kassiert und sofort ausgegeben, zusätzlich Privatkredite aufgenommen und mit obskuren Sale-and-lease-back-Geschäften letzte Reserven mobilisiert worden. Zudem waren mit Bilanztricks am Rande der Legalität die Geschäftsberichte des börsennotierten Fußball-Unternehmens auch noch so aufgehübscht worden, dass der Öffentlichkeit immer noch solide Finanzen vorgegaukelt wurden.

Nun, so schrieben SZ und *kicker*, solle heimlich und als letzte Patrone eine Anleihe beim amerikanisch-englischen Investmenthaus Schechter & Co. genommen werden. Die kurzfristige Rettung scheinbar – aber auch der endgültige Untergang. Denn mit den weiteren 100 Millionen, die Schechter hätte pumpen sollen, wäre der finanzielle Overkill auf Jahrzehnte nicht mehr umkehrbar gewesen.

Ein Aufschrei schien durch die Bundesliga zu gehen. Dortmunds Vorstandschef Gerd Niebaum und sein Manager Michael Meier dozierten deshalb kurz vor dem Fest der Liebe vom erhöhten Podium aus. Mit versteinerten Mienen vollzogen sie eine Art Tribunal gegen jene, die die wahre Finanzlage ans Licht gebracht hatten. Alles sei an den Haaren herbeigezogen, aufgebauscht, erlogen oder sowieso längst bekannt und somit unerheblich. Borussia Dortmund stehe nicht vor der Pleite, sondern sei kerngesund – so ließ sich die Kanonade zusammenfassen.

Den Insidern war da bereits klar, dass Niebaum und Meier den Verein mit allen Methoden der Geldvernichtungsapparate der damals berüchtigten „New Economy" vor die Wand gefahren hatten. Vom Gas aber wollten die beiden BVB-Lenker noch immer nicht gehen. Drei Deutsche Meistertitel in acht Jahren und ein Champions-League-Sieg 1997 hatten offenbar eine schwere Abhängigkeit vom Erfolg erzeugt. Suchtkranken ist auch im Fußball schwer beizukommen.

Es begann eine Schlacht um Borussia Dortmund. Niebaum und Meier, denen zum Zeitpunkt der Veröffentlichung der ersten Hintergründe schon so gut wie alle Banken weitere Kredite verweigerten, versuchten monatelang verzweifelt, die einmal aufgebauten Potemkinschen Finanz-Dörfer aufrecht zu erhalten. Fast wöchentlich wurden hingegen immer neue Fakten publik. Als Ende Februar 2004 die Halbjahresbilanz des BVB veröffentlicht wurde, mit 29,4 Millionen Euro Verlust in nur sechs Monaten, wurde selbst den Niebaum-Getreuen allmählich klar, dass die bittere Wahrheit ans Licht gekommen war.

Den Finanz-Zusammenbruch hielten die beiden BVB-Bosse dennoch mit den letzten Kräften weiterhin auf. Mit der Verpfändung von Transferrechten der wertvollsten Spieler, etwa von Tomas Rosicky, verschaffte sich Niebaum kurzfristig Luft. Mit Darlehen von Privatleuten wurden schleppend Rechnungen und Gehälter bezahlt. Niebaums Manager Meier unterschrieb gar einen Vertrag mit einem Versicherungskonzern, in dem selbst die Namensrechte am eigenen Verein und am Logo des BVB verpfändet wurden. Mit der Stundung von 17 Millionen Euro, die an einen Baukonzern fällig gewesen wären, ließ sich erneut die täglich drohende Zahlungsunfähigkeit verhindern. Selbst den Erzgegner Bayern München pumpten Meier und Niebaum in ihrer ausweglosen Lage an. Uli Hoeneß borgte 1,5 Millionen Euro – um das Leiden von Borussia Dortmund damit um ein, zwei Wochen zu verlängern.

Zuletzt flüchteten Niebaum und Meier in das gewagteste Manöver überhaupt, das auch ihr letztes werden sollte. Für eine Kapitalerhöhung, also die Ausgabe frischer Aktien, wurde der als knallhart bekannte Finanzjongleur Florian Homm gefunden. Die SZ verglich Niebaum da längst mit einem, der vom Dach eines Wolkenkratzers gesprungen ist und auf Höhe des 14. Stockwerks sagt: „Bisher ist noch alles gut gegangen."

Der verschlagene Homm zeichnete tatsächlich im versprochenen Umfang frisches Kapital. Doch ließ er sich vorher von den beiden BVB-Managern eine Reihe von

Die Aktie mit der Kennziffer 549309 brachte Borussia im Oktober 2000 an die Börse. Wer sie zum Ausgabepreis von elf Euro kaufte, erlitt herbe Verluste. Die Aktie fiel auf 84 Cent. Nach den Meisterschaften 2011 und 2012 pendelte sie zwischen zwei und vier Euro.

Zusicherungen machen, die sich mit den Satzungen des BVB und der Deutschen Fußball Liga (DFL) nicht vereinbaren ließen. Homm, der später wegen diverser Finanzdelikte jahrelang flüchtig und untergetaucht war und 2013 festgenommen wurde, hätte beim BVB insgeheim das Sagen gehabt. Niebaum und Meier unterschrieben Homms Wunschpapier – und leugneten Tage später dessen Existenz. Erst als SZ und *kicker* die Vereinbarung als Faksimile veröffentlichten, brach Niebaums Widerstand zusammen. Gut einen Monat später trat er zurück, und die neue Führungsmannschaft um den neuen Präsidenten Reinhard Rauball und den neuen Vorstandschef Hans-Joachim Watzke konnte mit den Sanierungsarbeiten beginnen.

Am 14. März 2005, nach rund fünfmonatigen Dauer-Gesprächen mit den zahllosen Gläubigern, den Banken, der Stadt Dortmund und der Landesregierung, kam es schließlich zum dramatischen Showdown. Die Anteilseigner der Fonds-Gesellschaft „Molsiris – CFB 144 Westfalenstadion", die unter Federführung einer Commerzbank-Tochter Eigentümer des Dortmunder Stadions waren, wurden zu einer außerordentlichen Versammlung in einen Flugzeug-Hangar am Düsseldorfer Flughafen geladen. Die 5800 Anteilseigner waren aufgerufen, ihre Anteile an den BVB zurückzuverkaufen. Das Geld dafür konnte Dortmund mit Hilfe einer Investmentbank aufbringen – denn der Gegenwert des Stadions rechtfertigte eine Umschuldung hin zu einer Hypothek auf das Bauwerk und seinen Grund und Boden. Niebaum und Meier hatten mit dem Fonds eine Vereinbarung ausgemacht, die einem Selbstmord des Klubs gleichkam: Für schwindelerregende 16 Millionen Euro im Jahr wurde das eigene Stadion zurückgeleast.

Das Sanierungskonzept, das Rauball und Watzke mit dem Unternehmensberater Jochen Rölfs ausgetüftelt hatten, stand und fiel mit dem Rückkauf der Stadion-Immobilie. „Wir befanden uns damals im Vorzimmer der Pathologie", beschrieb es später Präsident Rauball. Hätten die Fondseigner nicht zugestimmt, der BVB wäre sofort in die Insolvenz gegangen, hätte die Bundesliga-Lizenz verloren und wäre in die Kreisliga C abgestürzt.

Es kam anders, wie man weiß. Die Molsiris-Eigner stimmten mit großer Mehrheit zu, verzichteten auf Geld, verloren aber auch nicht alles. Und Dortmund schaffte es in den nächsten drei Jahren sogar trotz des Verkaufs der Stars, von Amoroso über Rosicky und Koller bis zu Ewerthon und Frings, in der Bundesliga zu bleiben. Nur einmal, 2007, wurde es eng. Danach, 2008, kam Jürgen Klopp, und man kennt die unglaubliche Geschichte, die dann passierte. Borussia Dortmund ist, Stand Frühsommer 2013, bis auf eine Resthypothek für sein Stadion beinahe schuldenfrei. Fürs mit der Saison laufende Geschäftsjahr 2012/2013 wies die Bilanz mit mehr als 34,5 Millionen Euro den höchsten Gewinn aus, den je ein Bundesligaklub erzielte.

Gerd Niebaum verlor zuerst seine Posten beim BVB, dann musste er seine Zulassung als Notar zurückgeben. Schließlich wurde ihm auch die Zulassung als Rechtsanwalt entzogen, weil ihm die Veruntreuung von Mandantengeldern zur Last gelegt wurde und seine private finanzielle Situation sich, nach Urteil der Anwaltskammer, nicht mit der Tätigkeit als Rechtsanwalt vereinbaren lasse. Michael Meier kehrte als Geschäftsführer zu seinem früheren Verein, dem 1. FC Köln, zurück. Mit verschiedenen Finanzierungsinstrumenten gelang ihm unter anderem der Rücktransfer von Lukas Podolski und der zwischenzeitliche Wiederaufstieg mit Köln. Wegen der bald immer schwierigeren finanziellen Situation der Kölner wurde Meier während der Saison 2009/2010 aber entlassen.

Die Journalisten Freddie Röckenhaus (SZ) und Thomas Hennecke (kicker) erhielten für ihre gemeinsamen Recherchen zur Fast-Pleite von Borussia Dortmund im Jahr 2005 den Henri Nannen-Preis für die beste investigative Leistung.

Mit teurem Personal – Koller, Rosicky, Amoroso – führten Gerd Niebaum (Bild 2; links) und Manager Meier die Borussia an den Rand der Insolvenz. Die Rettung gelang unter Leitung von Präsident Rauball (Bild 3, links) und dem neuen Vorstandschef Watzke.

DER HELD MEINER JUGEND
Sebastian Deisler

Wer den Fußball liebt, liebt auch seine Protagonisten. Und wer liebt, der leidet auch. Und mit Sebastian Deisler habe ich nicht nur mitgelitten, ich bewunderte ihn. Wegen seiner kunstvollen Art, Fußball zu spielen, klar. Vor allem aber dafür, dass er einen Kampf gegen etwas kämpfte, das im Profisport damals neu war und noch heute nicht geduldet wird. Deisler, ein gebürtiger Lörracher, der 2002 von Hertha BSC als großes Heilsversprechen zum FC Bayern gewechselt war, verkörperte Anfang des Jahrtausends einen neuen Stil auf dem Platz. Deutschlands Nationalelf musste damals mit dem Vorwurf der Rumpelfüßler umgehen, doch Deisler, der Rasenzauberer, war technisch beschlagen und hatte ein untrügliches Gespür für Offensivaktionen, das mehr als nur Talent war. Es war Kunst. Das Problem war nur: Deisler trug schwer an seiner Kunst und ihren Folgen, an dem Rummel und dem medialen Getöse im Profifußball – er litt schwer an Depressionen, wegen denen er in der Saison 2003/04 monatelang aussetzte. Ich fragte mich damals, ob Deisler wiederkommen würde. Und ob ich das darf: ihn mir zurückzuwünschen. Deisler kam 2004/05 wieder, obwohl er nach Bekanntwerden seiner Depressionen noch schwerer an der Öffentlichkeit trug. Als er im Januar 2007 dann mitten in der Saison seine Fußballkarriere aufgab, nach 135 Bundesligaspielen und 18 schönen Toren, da hatte ich einen Kloß im Hals. Ich trauerte um den Fußballer, und ich freute mich für den Menschen. **KATHRIN STEINBICHLER**

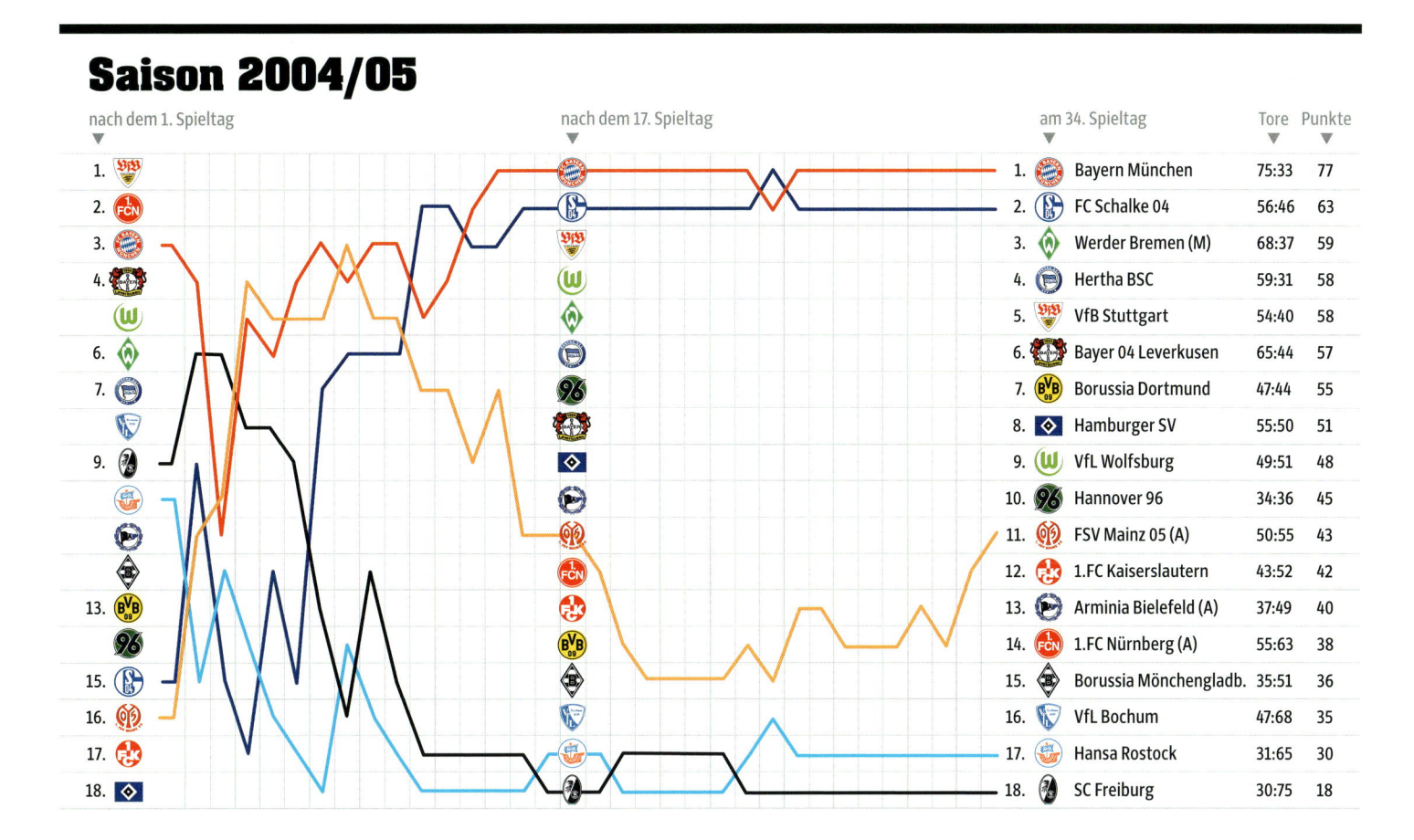

Saison 2004/05

am 34. Spieltag	Tore	Punkte
1. Bayern München	75:33	77
2. FC Schalke 04	56:46	63
3. Werder Bremen (M)	68:37	59
4. Hertha BSC	59:31	58
5. VfB Stuttgart	54:40	58
6. Bayer 04 Leverkusen	65:44	57
7. Borussia Dortmund	47:44	55
8. Hamburger SV	55:50	51
9. VfL Wolfsburg	49:51	48
10. Hannover 96	34:36	45
11. FSV Mainz 05 (A)	50:55	43
12. 1.FC Kaiserslautern	43:52	42
13. Arminia Bielefeld (A)	37:49	40
14. 1.FC Nürnberg (A)	55:63	38
15. Borussia Mönchengladb.	35:51	36
16. VfL Bochum	47:68	35
17. Hansa Rostock	31:65	30
18. SC Freiburg	30:75	18

Trainer Jürgen Klopp, 37, taucht auf. Er stellt Mainz als 49. Bundesligisten seit 1963 vor und mischt im Herbst gleich oben mit. Zum dritten Mal steigt der SC Freiburg ab – immer mit demselben Trainer, mit Finke, auch das ein Rekord. Abschied nehmen heißt es von Hansa Rostock. Nach zehn Jahren ist Schluss, die Liga spielt erstmals seit 1991 wieder ohne einen Ostklub.

Der Roy war fit

Er will nur schießen: Ein moderner Stürmer war Makaay nie, aber für den FC Bayern von Felix Magath war er die Idealbesetzung.

VON CHRISTOF KNEER

Als der FC Bayern im 50. Jubiläums-Jahr der Bundesliga Meister wurde, hat er zur Feier des Tages seine Legenden eingeladen. Sepp Maier stand da und machte Faxen, Sammy Kuffour stand da und grinste, und irgendwo am Rand stand einer, der aussah wie Roy Makaay mit ein paar Kilo zu viel. Der Eindruck täuschte nicht: Es war Roy Makaay mit ein paar Kilo zu viel.

Ja, Roy Makaay ist eine Bayern-Legende, man hatte das fast vergessen. Er ist sogar mal die klassische FC-Bayern-Personalie gewesen: Er hatte im Trikot von Deportivo La Coruña in zwei Champions-League-Spielen vier Tore gegen die Bayern erzielt, womit er perfekt ins Beuteschema passte. Die Bayern haben ja Spielern, von denen sie geärgert wurden, gerne einen Vertrag aufgedrängt, und so kam im Sommer 2003 also auch dieser Makaay in die Stadt, für 18,7 Millionen Euro.

Roy Makaay hatte seine Zeit beim FC Bayern, er hat die Jahre unter Trainer Felix Magath geprägt, bevor ihn die Bayern-Bosse 2007 als Problem begriffen. Im Grunde wurde Makaay aus genau denselben Gründen weggeschickt, aus denen er geholt wurde: wegen dieses speziellen Spielstils, den nur er beherrschte. Wobei „beherrschen" nicht etwa bedeutet, dass Makaay etwas einstudiert und dann erfolgreich abgerufen hätte. Makaay hat das, was er konnte, nie hinterfragt, warum auch, er konnte es halt. Makaay war ein Phänomen: Wie kaum ein Torjäger vor ihm schaffte er es, seine Präsenz auf die Torjägerliste zu beschränken. Sie bewies, dass es Roy Makaay wirklich gibt. Im Spiel war man sich da nicht so sicher.

Makaay hat zwei Mal hintereinander das Double gewonnen mit den Magath-Bayern, er war zur rechten Zeit am rechten Ort. Die Meisterschaft 2004/2005 ist auch deshalb als „Medizinball-Meisterschaft" in die Geschichte dieses Führungsspieler-Klubs eingegangen, weil ausnahmsweise kein einzelner Profi aus der Meister-Mannschaft herausragte. Triumphiert hatte stattdessen eine Gruppe, die vor der Saison ganz neue Grenzerfahrungen machte. Die Spieler waren Berge hinauf marschiert, hatten Lederkugeln durchs Alpenvorland geschleudert und das Zirkeltraining verflucht. „Der Roy ist fit", hat Makaay in dieser Zeit stolz über sich selbst gesagt. Felix Magath hatte sich eine Mannschaft zusammengetrimmt, die über den Körper zum Spiel fand – eine Mannschaft, deren Existenz aber auch davon abhing, dass vorne drin ein ziemlich austrainierter Makaay lauerte, der den Kollegen manchmal mit beeindruckender Gleichgültigkeit bei der Arbeit zuschaute. Bis der Ball zu ihm kam und mit einem trockenen Knall im gegnerischen Tor versenkt wurde.

Spötter haben damals gerne behauptet, dieser Makaay sei in Wahrheit gar kein Fußballer, sondern Torjäger. Das ist natürlich eine gemeine Verkürzung gewesen, denn Makaay hat in dieser ersten Meistersaison auch 14 Tore vorbereitet. Dennoch war er nie das, was man einen spielenden

Er war sogar dann fast unsichtbar, wenn er eigentlich sichtbar war. Roy Makaay (links) tut hier das, was er am besten kann: Er lauert am Bildrand.

HÄNGENDE SPITZE
W. für Fortgeschrittene

Hätte jemand mit dem Planeten Erde eher weniger zu tun, weil er anderswo im Universum wohnt, wäre aber an einem Samstag im Mai 2005 mal wieder zu Besuch gewesen, um bei einem kühlen Bier Fußball im Radio zu hören, so hätte er Erstaunliches erlebt. Aus dem Radio klang die Stimme des Reporters Günther Koch. Er stinke, erzählte er, dann präzisierte er: Seine Jacke stinke, und es kommt recht selten vor, dass Reporter im Radio erzählen, dass ihre Jacken stinken. Der Gestank lag natürlich nicht an Koch selbst, der konnte gar nichts dafür. Im Fernsehen war später zu sehen, warum die Jacke stank: Aus einem zu großen Glas ergoss sich im Fritz-Walter-Stadion zu Kaiserslautern Weißbier auf den Reporter, aus anderen zu großen Gläsern ergoss sich Weißbier auf jeden Menschen, der sich nicht schnell genug rennend vom Spielfeld entfernte. Der Besuch hätte sich zwei Fragen gestellt: Erstens, warum füllt man Weißbier in Gläser, die viel zu groß sind, um daraus zu trinken? Zweitens, warum verschüttet man das kostbare Bier, wenn danach doch die Jacken stinken und bei den Betroffenen ein allgemeines Gefühl der Nässe sich einstellt? Die Antwort ist in keinem Nachschlagewerk zu finden, weshalb hier für Besucher aus der Ferne und sonstig Unkundige ein Lexikoneintrag verfasst sei.

Weißbierdusche, die: Die W. ist eine Erfindung des FC Bayern München. Zur W. benötigt man ein zu großes, mit reichlich Weißbier gefülltes Glas, einige Spieler des FC Bayern sowie einen von diesen Spielern frisch gewonnenen Deutschen Meistertitel. Die Spieler feiern den Titel, indem sie jedem Menschen, dessen sie habhaft werden können, aus dem zu großen Glas Weißbier auf den Körper schütten, anders gesagt: ihm eine W. verpassen. Folgen der W. sind unter anderem ein allgemeines Gefühl der Nässe und stinkende Jacken. Es wird gebeten, diesen Eintrag in die einschlägigen Lexika aufzunehmen.

Nachtrag: Wenn alle Beteiligten ausgiebig weißbiergeduscht sind und stinkend die Heimreise antreten, erscheinen die Offiziellen des FC Bayern München, die eben noch nass wie alle waren. Sie tragen wohlriechende Jacken, weil sie wegen der W.-Gefahr eine zweite Garnitur mitführen. Man nennt das W. für Fortgeschrittene. **CHRISTIAN ZASCHKE**

Stürmer nennt, er war nie modern, und es war vermutlich ein Versehen des Fußballgottes, dass er Makaay als Niederländer auf die Welt geschickt hat. Niederländer haben einen ausgeprägten Sinn für Taktik und Geometrie, aber so ein Niederländer war Makaay nie. Die Geometrie des Spiels hat ihn nie interessiert, und im tiefsten Innern findet er wohl bis heute, dass Taktik etwas für Leute ist, die keine Tore schießen können. Roy Makaay will nur schießen. Und in dieser Disziplin war er so begnadet, dass er es in 129 Spielen für den FC Bayern auf staunenswerte 78 Tore gebracht hat. Wobei: Gestaunt hat Makaay nie, nicht mal über sich selbst. „Is normaaal", hat er gesagt, wenn er mal was gesagt hat.

„Das Phantom" haben sie ihn genannt, aber beim FC Bayern haben sie sich zunehmend gefragt, was Phantome außer Phantomsein sonst so machen. Im gleichen Maße, in dem sich die Begeisterung über Makaays Torquote legte, stieg das Befremden über seine surrealen Laufwege, die jeder Taktik Hohn sprachen.

Gerade in jenen Jahren hat sich der Fußball entscheidend weiterentwickelt, wenn es nach Makaay geht, hätte der Fußball sich das ruhig sparen können. Speziell die Erfindung von Pressing und solchem Zeugs ist aus seiner Sicht keine besonders gute Idee gewesen. Stürmer müssen heute mit verteidigen, sie müssen Abwehrspieler anlaufen. Das, findet Roy Makaay, die große Stürmerlegende, ist doch alles nicht mehr normaaal.

Die Schiedsrichter

Halbzeit in Minute 32

Ein Bier und einen Malteser-Schnaps, mehr hat es nicht gebraucht, um aus Wolf-Dieter Ahlenfelder eine Kult-Figur der Bundesliga werden zu lassen. Wobei das gleich die Frage ist: ob es nicht doch mehr gebraucht hat? Genauer: wie viel mehr? 106 Partien hat Ahlenfelder zwischen 1975 und 1988 in der Bundesliga als Schiedsrichter geleitet, berühmt wurde er durch seine dritte. Genauer: durch die Vorbereitung auf seine dritte Bundesliga-Partie. Am 8. November 1975 spielte Werder Bremen gegen Hannover 96, Endstand 0:0, und anschließend ging es nur um Ahlenfelders Mittagessen. Vor dem Anpfiff hatte der Schiedsrichter in der Bremer Kabine vorbeigeschaut, der Bremer Horst-Dieter Höttges roch etwas, er rief: „Mensch Wolf-Dieter, Du riechst ja nach Alkohol, Du bist ja total blau!" Der kleine, rundliche Ahlenfelder stritt alles ab. Dennoch zog ihn Höttges bis auf die Unterhose aus, stellte ihn unter die Dusche, rieb seinen Oberkörper mit einer Erkältungssalbe ein. Ahlenfelder wirkte belebt, und er roch nicht mehr nach Malteser-Schnaps. Er roch nach Menthol und Eukalyptus.

Ahlenfelder pfiff das Spiel pünktlich an. Zur Halbzeit pfiff er in der 32. Minute. Wieder war es Höttges, der sich um den Schiedsrichter kümmerte, er sagte: „Wolf-Dieter, bist Du sicher, dass schon Halbzeit ist?" Ahlenfelder, verwundert: „Warum denn nicht?" Große Antwort des großen Kämpfers Höttges: „Mein Trikot ist in der Halbzeit immer klitschnass, aber jetzt ist es fast noch staubtrocken." Ahlenfelder ließ weiterspielen, zumal sein Assistent auf die Armbanduhr zeigte und Hannovers Trainer Helmut Kronsbein rief: „Schiri, Du bist doch besoffen!" Endgültig zur Halbzeit pfiff Ahlenfelder nach dreiundvierzigeinhalb Minuten. Hinterher behauptete der Schiedsrichter, dass er Gans und angemachten Rotkohl gegessen und dazu ein Bier und einen Schnaps getrunken habe, „das wird doch wohl noch erlaubt sein". Erst 25 Jahre später gestand er, dass es die Gans nie gab, dass er mehr getrunken hatte: „Ich war nicht knülle. Ich hatte zwar etwas getrunken, war aber noch klar bei Sinnen. Laufbereitschaft und Urteilsvermögen – alles war noch voll da." Und der verfrühte Halbzeitpfiff? „Ich hatte Probleme mit der Uhr, war kurzzeitig verwirrt."

Seiner Karriere hat die Episode nicht geschadet, 1984 wurde Ahlenfelder vom DFB als bester deutscher Schiedsrichter ausgezeichnet, mit der „Goldenen Pfeife". Besonders stolz ist er darauf, dass man bis heute in Bremer Kneipen einen „Ahlenfelder" bestellen kann. Serviert werden dann ein Bier und ein Malteser.

„Ich pfeife auf den Tod"

19. November 2011: Das Spiel des 1. FC Köln gegen Mainz 05 wird kurzfristig abgesagt. Babak Rafati sollte es leiten, aber der damals 41-jährige Schiedsrichter hat Stunden vor dem Anpfiff im Kölner Hyatt-Hotel einen Selbstmordversuch unternommen. Rafati überlebt, seine drei Assistenten, die auf ihn gewartet hatten, ließen rechtzeitig die Zimmertür aufbrechen. Neben den Notärzten war auch DFB-Präsident Theo Zwanziger flott zur Stelle, der den Medien sogleich Details vom Unglücksort schilderte. In der geschockten Branche wurde wieder der Ruf nach einer Art Waldorf-Bundesliga laut, wie immer, wenn etwas passiert. Aber die Liga und der Spitzensport sind sich nährende Zellen in einem System, das klar in Leistungsträger und Minderleister zerfällt. Vor seinem Suizidversuch war Rafati bereits zweimal in Fach-Umfragen (kicker) zum schlechtesten Schiedsrichter der Saison gewählt worden. Auch hatte der DFB beschlossen, ihn aus dem Kreis seiner Fifa-Referees zu entfernen. Nach längerer Auszeit meldete sich Rafati im April 2013 zurück. In einem Buch richtete er schwere Vorwürfe an den DFB und an Schiedsrichterchef Herbert Fandel. Er beschrieb, wie er am System Schiedsrichter fast zerbrochen sei. Etwas bemüht schlägt der Titel „Ich pfeife auf den Tod" die Brücke vom Autor zum Thema, Rafati spricht über seine Motive und überträgt im Buch seine Situation auf die anderer Menschen, die unter Leistungsdruck und Mobbing leiden. Er sagt, er wolle anderen depressiven Menschen Mut machen. Eine Rückkehr in die Fußball-Bundesliga schloss er in vielen Interviews aus, doch ansonsten ziegte er sich für ein Comeback an der Pfeife offen: „Wenn ein Angebot aus dem Ausland kommt ..."

„Welcome to Korea"

Sie nannten ihn die „Pfeife der Nation", und Walter Eschweiler bemühte sich, dass das auch so blieb. Eschweiler machte Werbung für Kaugummis, er war Schiedsrichter in der WDR-Fernsehshow „Spiel ohne Grenzen", vor allem aber war er von 1966 bis Mitte der Achtzigerjahre einfach der Schiedsrichter mit dem besten Ruf in der Bundesliga. „Pfeife der Nation": Es war anerkennend gemeint. Eschweiler, geboren 1935 in Bonn, pflegte mit den Spielern einen jovialen Umgangston, kontrollierte sie mit rheinischem Charme, war locker und humorvoll. In 153 Liga-Spielen zeigte er nur 179 gelbe Karten. Weltweit bekannt wurde Eschweiler durch eine Rolle rückwärts. Bei der WM 1982, in der Partie zwischen Italien und Peru (1:1), wurde er vom Peruaner Jose Velasquez versehentlich umgestoßen, er plumpste nach hinten, Pfeife und Karten flogen durch die Luft. Eschweiler reagierte mit dem ihm eigenen Witz. Er tastete nach seinen Zähnen. Wie beliebt der Sportdiplomat des Auswärtigen Amtes bei den Spielern war, zeigte sich, sobald eine ruhmreiche Karriere zu Ende ging: Eschweiler leitete die Abschiedsspiele von Franz Beckenbauer, Uwe Seeler, Sepp Maier und Dino Zoff. Eschweiler war gerne gesehen, in Deutschland, in der Welt. Als er 2002 zur WM nach Südkorea reiste, erzählte Eschweiler, begrüßte ihn der Beamte am Flughafen mit den Worten: „Hello Referee, Rolle rückwärts, welcome in Korea."

Der Fall Hoyzer

Hätte man dem steil aufstrebenden Robert Hoyzer gesagt, dass seine Autogramme im Internet schon in jungen Jahren 35 Euro erzielen würden, es hätte ihm gefallen. Unschön waren aber die Umstände, die zu des Schiedsrichters Berühmtheit führten: Der Bestechungsskandal 2004/05 um Spiele im DFB-Pokal, in zweiter sowie dritter Liga. Hoyzer hatte für ein kroatisches Brüder-Trio Spiele manipuliert, Geltungssucht und sein Faible für die Zockerwelt trieben ihn an. 67 000 Euro mitsamt Sachleistungen trugen ihm seine Fehlpfiffe ein, für die ihn die Wettgauner-Szene als „Houdini" adelte, nach dem Entfesselungskünstler. Am Ende standen zwei Jahre und fünf Monate Haft wegen Beihilfe zum Betrug. Auch der DFB gab keine gute Figur ab. Der Wettanbieter Oddset hatte ihn früh über auffälliges Wettverhalten informiert – nichts geschah. Als die Affäre Anfang 2005 ausbrach, rangen die Funktionäre mit Gedächtnislücken. Zwar schritt die Aufklärung um den geständigen Berliner rasch voran, zäh wurde es aber, wo die Untersuchung ans Allerheiligste rührte: an die Bundesliga. In Jürgen Jansen geriet ein Erstliga-Referee in den Fokus, es wurde ermittelt. Jansen wehrte sich vehement gegen jeden Verdacht, doch plötzlich stellte der Trainer Klaus Toppmöller sogar die Meisterschafts-Entscheidung 2002 rückwirkend in Frage: Im Spiel seines damaligen Klubs Leverkusen gegen St. Pauli hatte Jansen im Februar spät einen Handelfmeter für die Gäste gepfiffen; St. Pauli glich zum 2:2 aus. Mit einem Sieg wäre Bayer – in der Endabrechnung – Meister gewesen. Doch alle Debatten ums Oberhaus endeten rasch, auch um Jansen wurde es still. Ein Bundesliga-Spiel pfiff er nie mehr. Toppmöller aber wurde das prominenteste Opfer von Hoyzer: Der Referee hatte Drittligist Paderborn am 21. August 2004 im DFB-Pokal zu einem absurden 4:2 über den Hamburger SV gepfiffen; HSV-Trainer Toppmöller verlor in der Folge seinen Job. Auf ein flottes Ende der Hoyzer-Affäre hatte die Politik gedrängt. Innenminister Otto Schily forderte hektisch Aufklärung. „Bis zum Confed Cup muss für Klarheit gesorgt sein", sagte Schily im Februar 2005 im Hinblick auf die Generalprobe für die WM 2006. Ein originelles Ansinnen an die freie Justiz – aber Behörden und DFB hielten sich daran. Globale Schlagzeilen zum nationalen Fußballsumpf wollte sich das WM-Land nicht leisten. Am Ende wurde nur ein Zweitliga-Spiel wiederholt.

2005/06

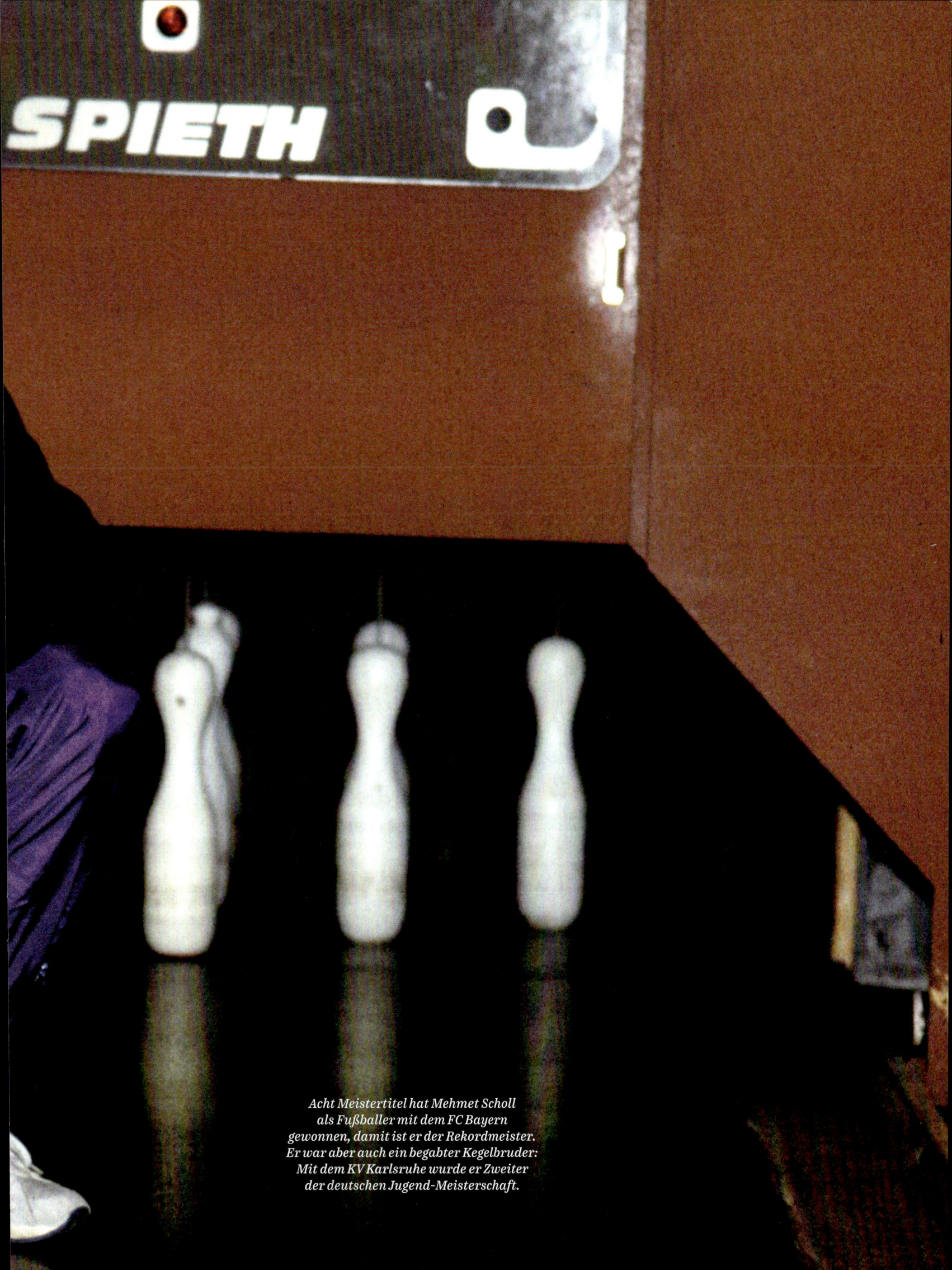

*Acht Meistertitel hat Mehmet Scholl
als Fußballer mit dem FC Bayern
gewonnen, damit ist er der Rekordmeister.
Er war aber auch ein begabter Kegelbruder:
Mit dem KV Karlsruhe wurde er Zweiter
der deutschen Jugend-Meisterschaft.*

Frechheit siegt – Rekordmeister Scholl

Die Wiege zur Rekordmeisterschaft steht in Karlsruhe. Mehmet Scholl und Oliver Kahn sind dort geboren. Allerdings mussten beide erst vom Karlsruher SC zum FC Bayern umziehen, Scholl 1992, Kahn 1994, um ihre Titelsammlung starten zu können. Scholl und Kahn sind die einzigen Bundesliga-Profis, die acht Mal am Saisonende auf Platz eins landeten. Beide haben der Liga denkwürdige Augenblicke und kuriose Szenen zu hauf hinterlassen; Scholl zudem einen Zitatenschatz, der einmalig ist. Frech und frivol, gewitzt und schlagfertig – es war folgerichtig, dass er seine Zungenfertigkeit nach dem Laufbahnende als Fernseh-Kommentator in den Dienst der ARD stellte. Scholl war ein Fan des Talkmasters Harald Schmidt, allerdings überließ er diesem das politische Feld kampflos, nachdem er 1994 mit seinem flapsigen Spruch „Hängt die Grünen, so lange es noch Bäume gibt" nicht nur besagte Partei auf die Palme getrieben hatte. „Sorry, das war nicht böse gemeint", zog Scholl zurück – und widmete sich fortan anderen Themen.

1994

Wenn ich in den Spiegel schaue, sehe ich 67 Kilo geballte Erotik.
Scholl zu Beginn seiner Karriere

Hängt die Grünen, so lange es noch Bäume gibt.
Scholls politisch unkorrekte Bemerkung im Bayern-Jahrbuch zur Saison 1994/95 auf die Frage nach seinem Lebensmotto

Grün natürlich, ich kann sie ja nicht hängenlassen.
Scholl später auf die Frage, was er denn wählen werde

1997

Ich hatte noch nie Streit mit meiner Frau. Bis auf das eine Mal, als sie mit aufs Hochzeitsfoto wollte.
Scholl übers Eheleben

Kreative Menschen leisten dann am meisten, wenn sie den Eindruck machen, als täten sie nichts.
Scholls Tipp fürs Leben

1999

Wie lange Lothar Matthäus mit seinen 38 Jahren noch spielt, ist für uns alle eine bewegende Frage. Wenn ich ihn und seine Fitness so sehe, würde ich sagen – warum nicht noch mit 60, wenn sich das mit seinem Job als Bundeskanzler vereinbaren lässt.

2000

Dass der Rasen im Waldstadion kürzer gemäht wird, damit ich meinen Freund Horst Heldt besser sehe.
Mehmet Scholl auf die Frage, was er in der Bundesliga ändern würde; Heldt, 1,69 m, spielte damals bei Eintracht Frankfurt

Die Jahrhundert-Elf

Mehmet Scholl ist als offensiver Mittelfeldspieler Teil der Jahrhundert-Elf des FC Bayern München – gewählt 2005 von 60 000 Fans des Vereins.

Gerd Müller

Karl-Heinz Rummenigge

Giovane Elber

Mehmet Scholl

Lothar Matthäus

Hans-Georg Schwarzenbeck

Stefan Effenberg

Franz Beckenbauer

Klaus Augenthaler

Paul Breitner

Sepp Maier

2001

Die Momente, in denen es wirklich lohnt, Fußball-Profi zu sein, sind, wenn man Olli Kahn beim Einseifen zusieht.
Scholl über Kahn

Inzwischen ist er 30 Jahre alt und immer noch auf der Titelseite von Bravo Sport. Er hat es wirklich weit gebracht.
Kahn über Scholl

Vor Krieg und Oliver Kahn.
Scholl auf die Frage, wovor er Angst hat

2003

Kameradschaft ist, wenn der Kamerad schafft.
Scholl mehrmals über Teamgeist

Die schönsten Tore sind die, bei denen der Ball schön flach oben reingeht.

2005

Weil ich in dem Alter mit dem Rauchen aufgehört habe.
Scholl auf die Frage, warum er die Rückennummer 7 trägt

2006

Spielerfrau
Scholl über seinen Traumberuf

Hund bei Uli Hoeneß
Scholl auf die Frage, was er im nächsten Leben werden wolle

Köln, Köln, Köln

Obwohl in Polen geboren, wurde Lukas Podolski zum Prototypen des Rheinländers. Ein Bericht über eine unzeitgemäße Liebe und über Treue im Fußball.

Der FC Bayern brauchte Lukas Podolski nicht, um ein weiteres Mal Deutscher Meister zu werden, dafür hatte er genügend andere Koryphäen im Kader, aber er sah sich trotzdem genötigt, ihn zu sich zu holen. „Weil ein Spieler wie Podolski beim FC Bayern spielen muss", so hat das Uli Hoeneß gesagt, und mehr Gründe hat er tatsächlich nicht aufgezählt. Es ging den Bayern weniger um die Anlagen des Spielers, seinen enormen Linksschuss, mit dem er die chinesische Mauer durchlöchern könnte, seinen Antritt und seine kraftvolle Athletik – es ging um „Poldi", die Person. Podolski war damals 20 Jahre alt, Nationalspieler und Spitzbube. In Sönke Wortmanns Kinofilm über die WM 2006 gehört er zu den Hauptdarstellern, ganz Deutschland mochte ihn, in Köln liebte man ihn, aber der FC war abgestiegen, und da sahen die Kölner ein, dass ihr Poldi nun auswandern musste.

In München an der Säbener Straße und draußen am Pilsensee, wo er wohnte, war Podolski von Anfang an ein Kölner im Exil. Heute sagt er, es habe auch an den Umständen gelegen, dass er seinen Platz beim FC Bayern nicht fand, vier Trainer in drei Jahren, ein paar Verletzungen, aber da spricht auch der Fußballerstolz aus ihm. Woran es wirklich lag, hat Hoeneß im dritten Münchner Jahr des unfrohen Auswanderers festgehalten, als ihn der Zorn überkam: „Für ihn gibt es nur Köln, Köln, Köln. Er träumt von Köln Tag und Nacht."

In dieser Zeit trat Wolfgang Overath als Präsident vor die Mitgliederversammlung des 1. FC Köln und rief: „Wir werden alles, aber auch wirklich alles tun, um Poldi nach Hause zu holen." Hätte er die Vereinsfamilie dazu aufgefordert, den Mantel anzuziehen und mit ihm zum Marsch nach München aufzubrechen, wären ihm die Leute wohl gefolgt. Bevor Podolski im folgenden Sommer tatsächlich nach Hause kam, haben ihm die Kölner auf vielfältige Art ihre Liebe bewiesen. Ein Förderverein sammelte Geld, ein Kirchenchor stimmte Bittgesänge an, FC-Fans demonstrierten an der Säbener Straße, der *Express* forderte auf Seite 1: „Jetzt muss Schramma ran!" Der Oberbürgermeister gehorchte.

Man kann wirklich von einem demokratisch herbeigeführten Transfer sprechen. Die Leute ließen dem 1. FC Köln gar keine andere Wahl, als sich für seinen verlorenen Sohn zu verausgaben, und für ihn war es ohnehin klar, dass er nirgendwo anders spielen wollte, denn obwohl er in Polen geboren wurde, so hat er doch zwei Vaterländer: das seiner Eltern und Ahnen; und das Rheinland, in das er seit den Kindertagen hineinwuchs. Er hätte nach seiner Münchner Station in Rom, Turin oder London spielen können, in Hamburg, Bremen oder Schalke, doch er setzte sich über das branchenübliche Karriereangebot hinweg. Sein größter Wunsch war, wieder nach Köln zu kommen. „Köln ist keine Stadt, sondern ein Gefühl. Wenn man wie Podolski dieses Gefühl hat, dann kann man nicht davon lassen", beschrieb es der Kabarettist und Rheinlandspezialist Konrad Beikircher.

Wenn es um Romantik geht, dann war die Phase der versprochenen Heimkehr wahrscheinlich die schönste Zeit, die Podolski und seine Verehrer miteinander hatten: Die Zuneigung wurde nicht vom grauen sportlichen Alltag des FC behelligt. „So ein Phänomen hat es noch nie gegeben", hat Uli Hoeneß gesagt, nachdem der Handel mit den Kölnern gemacht war, „wunderbar, dass es heute noch so viel Liebe zu einem Spieler gibt."

Diese Liebe besteht immer noch, obwohl Podolski notgedrungen ein zweites Mal ausgewandert ist. Im letzten Jahr von Podolskis zweiter FC-Periode, der sicher irgendwann eine dritte folgen wird, ließen sich die Eigenschaften von Klub und Spieler nicht mehr vereinbaren. In jenem Jahr befand der FC-Trainer Stale Solbakken einmal, Podolski sei „die Blume des Klubs" und „der Kapitän der Stadt und der Fans", und zumindest mit diesen Worten hat der ansonsten sehr erfolglose Trainer etwas Bleibendes hinterlassen.

PHILIPP SELLDORF

Heute sagt Lukas Podolski, er sei in München auch an den Umständen gescheitert, an vier Trainern in drei Jahren und ein paar Verletzungen. Aber da spricht wohl auch der Fußballerstolz. Die Wahrheit ist wohl, dass es ihn auf fast magnetische Weise zurückzog nach Köln.

SZENE DER SAISON
Der Kopfstoß

Norbert Meier hatte eine unscheinbare, aber beachtliche Karriere als Spieler und Trainer. Bis zum 6. Dezember 2005. Meiers MSV Duisburg spielt gegen den 1. FC Köln, die 82. Minute. Kölns Albert Streit und Duisburgs Razundara Tjikuzu kämpfen um den Ball, direkt vor der Duisburger Trainerbank. Anschließend beschimpfen sich Streit und Meier, sie stehen Kopf an Kopf. Bis Meier fällt, die Hände vor dem Gesicht. Schiedsrichter Manuel Gräfe zeigte Meier und Streit die rote Karte. Die TV-Bilder beweisen jedoch, dass nicht Streit Meier gestoßen hatte, sondern dass der Trainer dem Spieler eine Kopfnuss gab und sich theatralisch fallen ließ. Peinlich wurde die Aktion vor allem durch Meiers Verhalten danach. Trotz der Fernsehbilder leugnete er seine Schuld. Der DFB-Kontrollausschuss sperrte Meier einen Tag später für drei Monate, einen weiteren Tag später stellte Duisburg Meier frei. 2012 stieg Meier mit Fortuna Düsseldorf in die Bundesliga auf. Seine Karriere ist beachtlich. Unscheinbar wird sie nie wieder sein.

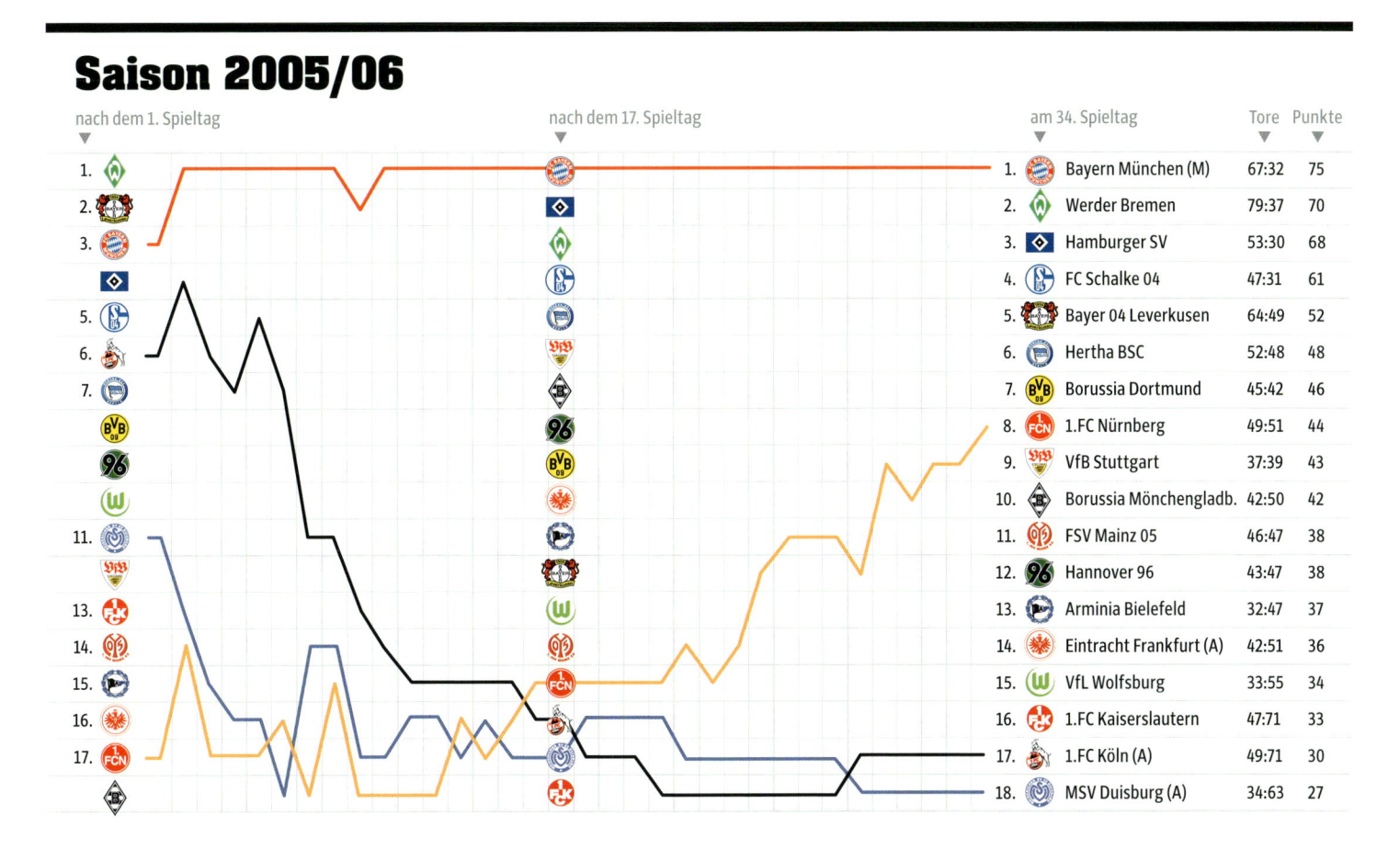

Saison 2005/06

am 34. Spieltag	Tore	Punkte
1. Bayern München (M)	67:32	75
2. Werder Bremen	79:37	70
3. Hamburger SV	53:30	68
4. FC Schalke 04	47:31	61
5. Bayer 04 Leverkusen	64:49	52
6. Hertha BSC	52:48	48
7. Borussia Dortmund	45:42	46
8. 1.FC Nürnberg	49:51	44
9. VfB Stuttgart	37:39	43
10. Borussia Mönchengladb.	42:50	42
11. FSV Mainz 05	46:47	38
12. Hannover 96	43:47	38
13. Arminia Bielefeld	32:47	37
14. Eintracht Frankfurt (A)	42:51	36
15. VfL Wolfsburg	33:55	34
16. 1.FC Kaiserslautern	47:71	33
17. 1.FC Köln (A)	49:71	30
18. MSV Duisburg (A)	34:63	27

Im letzten Mehmet-Scholl-Jahr gelingt dem FCB doch noch etwas Neues: Nach dem Umzug in die Arena verteidigen die Münchner sogar das Double. Unten erwischt es wieder die Traditionsklubs: Kaiserslautern steigt zum zweiten Mal ab, Köln zum vierten Mal. Beide in festlichem Rahmen, denn die Arenen werden zur WM 2006 herausgeputzt. In Nürnberg bestätigt Hans Meyer sein Talent als Retter in der Not. Ähnlich wie es ihm 2004 mit der Hertha gelang, nimmt er dem Club die Angst vor dem Versagen.

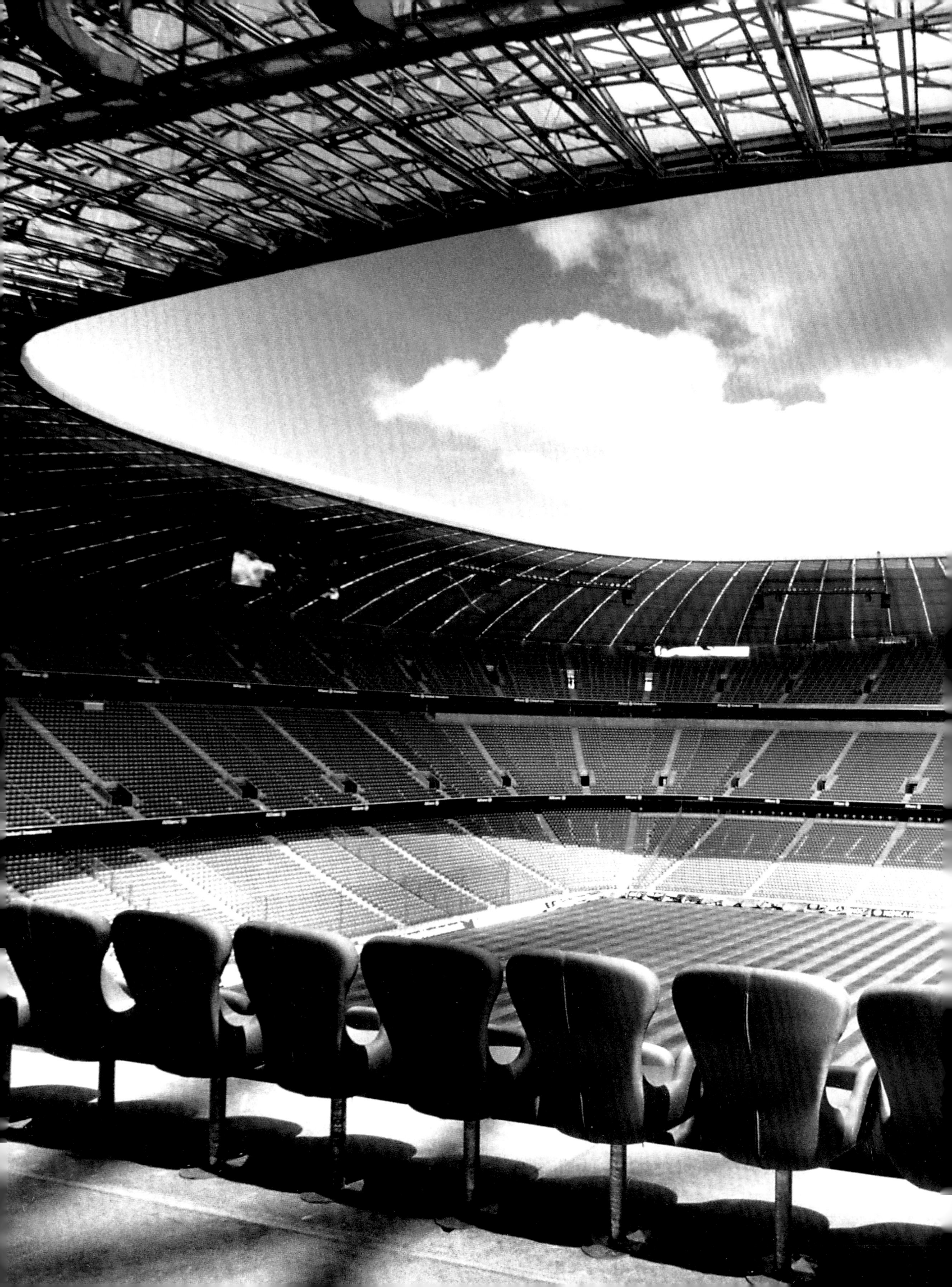

Große Opern, kleine Bühnen

Sie sind für den Fußball das, was das Theater fürs Schauspiel ist, die Manege für den Zirkus, das Kino für den Film. Stadien sind der Rahmen für alles. Ob große Fußball-Oper wie hier in München oder kleine Provinz-Bühnen: Vorhang auf!

Gestrandete Wale

Die Stadien in Deutschland sind gestorben, aber keines davon eines natürlichen Todes. Sie wurden zu Arenen umgebaut, weil die Verpackung anscheinend wichtiger ist als der Inhalt.

VON RALF WIEGAND

Der Sprengmeister aus Wuppertal biss in ein Schinkenbrötchen, dann kontrollierte er ein letztes Mal die Technik. 600 Löcher hatte er in die Pfeiler der West- und Osttribüne bohren und sie mit Eurodun füllen lassen, einem Sprengstoff. Um 15.02 Uhr am 12. September 2002, einem schönen Donnerstagnachmittag, legte Helmut Roller den Schalter um – und das Düsseldorfer Rheinstadion in Schutt und Asche. Dann lächelte er und sagte: „Nun ist Platz für Neues da."

In Köln rückte der Bagger am 20. Dezember 2001 an, darauf saß Oberbürgermeister Fritz Schramma. Mit der Schaufel des Baggers hieb er ein großes Loch in die Südkurve des Müngersdorfer Stadions. Wieder ein Donnerstag, wieder schien die Sonne. Schramma sagte: „Der 1. FC Köln und seine Fans werden von dem neuen Stadion profitieren."

Das Gelsenkirchener Parkstadion schloss der Hausmeister nach dem letzten Spiel der Saison am 19. Mai 2001 einfach ab, für immer. Schalke hatte 5:3 gegen Unterhaching gewonnen und war nicht Deutscher Meister geworden.

Anfang des 21. Jahrhunderts starben die Stadien, aber keines davon eines natürlichen Todes. Sie wurden gesprengt, abgerissen, um 90 Grad gedreht, umbenannt, runderneuert. Als diejenigen, die dahinter steckten, fertig waren, gab es keine Fußballstadien mehr. Nur noch Arenen.

Ein Stadion war weit und offen, und um es mit Leben zu erfüllen, brauchte es Leidenschaft und Liebe. Wer dem Regen trotzte und dem Wind, wer die schlechte Akustik besiegte, wer zu sechst in einem

> **Wer regelmäßig ins zugige, kalte Stadion ging, musste lieben können.**

schlecht belüfteten alten Auto den Stau ertrug und danach die langen Schlangen an den viel zu wenigen Kassenhäuschen, wer sich auf nichts mehr freute, als darauf, den Samstagnachmittag wieder in einem grauen Zweckbau ohne Dach zu verbringen – stehend, frierend, verlierend –, der musste lieben können.

Der FC-Köln-Fan „f.kober" schrieb im Internet: „Die Schüssel war geil, und wenn der FC zurücklag und in den Achtzigern noch 66 000 riefen: ‚FC kämpfen, FC kämpfen', und das hallte dann so im Kreis umher, das war fantastisch."

Es sind die Rituale, die abgeschafft werden sollten, weil, so hat es ein Soziologe einmal genannt, die Gesellschaft eine „Entprollisierung" möchte. Fußball-Fan-Rituale sind anarchisch, sie haben mit Alkohol zu tun und mit Pöbeleien, aber auch mit einem Gruppenerlebnis, das es in einer Arena nicht mehr geben kann. Man fuhr mit der Straßenbahn zwei Haltestellen bis zum nächsten Supermarkt, kaufte sich einen Sechserträger als Wegzehrung und trank sich in eine Laune, in der man später im Stadion die Sitzplatzkundschaft als Sesselfurzer beschimpfte.

Die Texte der Schmählieder entstanden in den Kneipen Düsseldorf-Flingerns oder im „Taubenschlag" in Bremen, in Tränken, die ihr Bier samstags lieber in Plastikbechern als im Glas ausschenkten. Man sprach miteinander, und das Gespräch dauerte bis zum Anpfiff. Heute sind Arenen so hochgerüstet, dass sie aus Zig-Tausend-Watt-Boxen den Lärm vorgeben, der zu herrschen hat. Wenn man Glück hat, spielen sie eine Hymne, die man mitsingen kann. Wenn man Pech hat, spielt jemand vom „Fan-TV" mit einem Zuschauer Playstation über die Videowand.

Arenen gibt es aus demselben Grund, aus dem es Multiplex-Kinos gibt und Straßenbahnen, die nicht mehr klingelnd über die Gleise rumpeln, sondern linkisch durch

Das ist das Münchner Olympiastadion, eine dieser luftigen Sportstätten, von denen man dachte, sie seien für die Ewigkeit gebaut. Immerhin: Es steht noch.

die Stadt schleichen. Arenen gibt es, weil aus Freibädern Aqua-Parks werden und aus Weihnachtsmärkten Winter-Festivals. Arenen gibt es, weil *Sport-Bild* eine höhere Auflage hat als der *kicker*. Arenen kann jedermann zu jeder Zeit bestaunen und sich dort zurechtfinden. Man kann hingehen, ohne sich Gedanken darüber machen zu müssen, ob man Regenschirm oder Sonnenbrille braucht. Arenen kennen kein Wetter. In Arenen ist die Sicht von jedem Platz aus gut. Arenen sind bequem. Vom Schalke-Fanklub „Bluewhite-Angels" ist inzwischen der wunderbare Satz zu lesen: „Heute wissen wir, dass wir die frische Luft und manchmal auch den einen oder anderen Regentropfen vermissen."

Die Verpackung ist wichtiger als ... als was nochmal? Früher war der beste Verein der, der die tollsten Spieler hatte und dessen Mannschaft den schönsten Fußball spielte. Ein Günter Netzer, dessen Haare länger waren und der Hals dafür kürzer, der brauchte keine Arena als Kulisse für seine Pässe, so leicht wie bunte Seifenblasen, so scharf wie Messer. Es genügten ein paar Schritte auf seinen großen Füßen, Schuhgröße 47, und die weiteste Siebzigerjahreschüssel brannte vor Spannung. Und wenn die Vorlage kam in den Lauf von Jupp Heynckes, der Ball im Tor lag, dann verrichteten die Wellenbrecher aus rostigem Eisen ihren Dienst und zähmten den Jubel.

Alles vorbei. Im Jahr 2005 übertrug Sat 1 (*ran*) die Bundesliga. Als Vorspann für die Sendung hatten die Computer-Animateure ein Stadion simuliert, eine Arena, in der es keinen einzigen Menschen gab mit Schal oder einen Fan oder eine Tröte. Die virtuelle Kamera surfte durch eine Arena, auf deren Rängen Buchstaben saßen, welche die Vereinsnamen der Bundesliga-Klubs bildeten. Die Buchstaben schauten auf einen leeren Rasen, sie waren Zuschauer bei etwas, das nicht passierte.

> **Wenn man früher am Bratwurststand ein Tor verpasste, dann war es weg.**

Wie wichtig die Inszenierung ist, die Architekten schaffen, hat etwa Wolfgang Wolf bitter erfahren müssen. Der VfL Wolfsburg hatte vor der Saison 2002/03 beschlossen, sich spätestens am Ende der Spielzeit von seinem Trainer zu trennen, weil der „den Ansprüchen" nicht mehr genügte. Die Ansprüche des Vereins waren nicht auf dem Rasen herausgespielt worden von Klimowicz, Maric oder Effenberg. Bauarbeiter hatten sie aus dem Boden gestampft. Ein Dach, Videowände, 30 000 Plätze: Die Volkswagen-Arena brauchte Spektakel.

Wolfgang Wolf, Wolfsburg – das hatte eigentlich gut gepasst. Am 03.03.03 gab er schließlich von alleine auf.

Die Wolfsburger fanden damals, Wolf sei gut genug für das alte VfL-Stadion gewesen, 600 Meter nebenan. Verglichen mit der Arena wirkte es nun wie ein Sportplatz, aber tatsächlich war es nur noch eine Ruine, ein gestrandeter Wal, der nicht wiederzubeleben war. Else Pieschke, 68 damals, konnte mit ihren Freundinnen vom Dachboden ihres Hauses in der Kiebitzstraße 21 hineinschauen. Wolfsburgs Manager Peter Pander teilte erleichtert mit, man könne das Thema Wolfsburg und Provinz jetzt zu den Akten legen.

Aber Frau Pieschke war traurig, denn das Erleben hatte sich verändert, nicht nur für sie. Die Aufmerksamkeit gehörte nicht mehr dem Spiel allein, sie wurde nicht einmal mehr verlangt.

Wer Uli Borowkas Tor zum 1:0 von Werder Bremen gegen die Bayern am 28. September 1990 nicht gesehen hatte, weil er seine Bratwurst kurz nach der Pause kaufen wollte, um der hungrigen Schlange vor dem Imbissstand auszuweichen, den erreichte von dem für Raimond Aumann unhaltbaren Schuss aus 35 Metern nur noch die Druckwelle, draußen auf dem Wandelgang des Weserstadions.

Ein Orkan, der durch das Tor aus dem Innenraum nach draußen fegte, und wenn

*Die Stadien der Vergangenheit:
Groß, weit, offen, windig, ein bisschen gaga.*

man dann, ohne Wurst, hinein eilte, dann war man halt zu spät. Das Tor war in der 52. Minute gefallen, nicht nach 52 Minuten und 20 Sekunden. Es war weg, keine Videowand zeigte es noch einmal aus drei Perspektiven. Man musste dabei gewesen sein.

Die Zukunft? Sie begann spätestens mit der Münchner Allianz-Arena. An der A9 errichteten zwei Dutzend Kräne ein Bauwerk, das die Leute inzwischen mit dem FC Bayern verbinden wie einst die Popstars Franz Beckenbauer, Uli Hoeneß, Paul Breitner. Die bespielten ein Stadion, das in seiner psychedelischen Weite sonst nur von Pink Floyd wirklich beherrscht wurde.

Unter dem Spielfeld der Allianz Arena wurde hingegen das größte Parkhaus Europas ausgehoben. Diese Arenen aber sind am Ende nur, was ihre Vorgänger auch waren: ein Symbol ihrer Zeit. Schon in den Siebzigerjahren waren die Baumeister so vermessen, zu glauben, den Publikumsgeschmack für alle Zeiten bestimmen zu können. Sie bauten also überall so, wie die Siebziger sein sollten: groß, weit, offen, ein bisschen gaga. Stand man in einem solchen, menschenleeren Stadion, in dem 70 000 Leute Platz finden konnten, dann schüttelte es einen ob der eigenen Winzigkeit. Manche Architekten ließen sich für ihren Bau ein Mitbestimmungsrecht für die Ewigkeit einräumen.

Bei den Arenen war man wesentlich gründlicher, denn sie müssen jedem gerecht werden. Vater, Mutter Kind. Vermarkter erstellten Zielgruppen- und Reichweitenanalysen. Man kann in der Arena auf Schalke Biathlon sehen, Robbie Williams zuhören, Aida beiwohnen, manchmal gibt es dort auch Fußball. Der Rasen muss zum Lüften nach draußen gerollt werden. Arenen sind so massentauglich, dass Sponsoren ihr Geld lieber in das Namensrecht für ein Gebäude investieren als in eine Mannschaft. Der Hamburger SV zu seinen besten Zeiten hatte auf der Bank den Trainer Ernst Happel und auf dem Platz den genialen Felix Magath, eine wahrhaftige Nummer 10. Der Hamburger SV von heute hat die Imtech Arena, die davor HSH Nordbank Arena hieß. Und davor hieß sie AOL Arena.

Als nächstes wird das virtuelle Stadion kommen, Japaner haben schon damit experimentiert. Zum virtuellen Stadion wird niemand mehr hingehen müssen, man klinkt sich von zu Hause ein, die Atmosphäre kommt durchs Datenkabel.

Liebe, Leidenschaft, Regen, Wind?

In Düsseldorf wohnten Tausende der Sprengung ihres Lieblingsblocks 36 bei. Galt das Rheinstadion mit seinen mächtigen Pfeilern nicht als zweite Pop-Perle neben dem Münchener Olympiastadion? War es nicht wunderbar, wenn „Zimbo" Zimmermann seine Freistöße 20 Meter über die Anzeigentafel direkt ins angrenzende Freibad schoss und die schönen Mädchen von der Modemesse dort quiekend das Weite suchten?

Der FC-Köln-Fan „f.kober" schrieb nach dem Ende des Müngersdorfer Stadions im Internet: „Mein Block 38 ist nun abgerissen, und ich habe noch keine Ahnung, wo ich beim ersten Heimspiel gegen den KSC sitzen werde. Mein Sohn und unsere ganze Clique auch nicht, wir haben unser Zuhause verloren."

Die Arenen der Gegenwart: Praktisch, multifunktional und gut verpackt.

Die schauerlichsten Stadionnamen

Imtech Arena, Hamburg: Zuvor HSH Nordbank Arena, AOL Arena, Volksparkstadion. Hamburg ist der einzige Bundesligastandort, der seinen Stadionnamen noch häufiger wechselt als seine Trainer.

Glücksgas-Stadion, Dresden: Gasherd, Erdgas, Gasableser, Gasdurchlauferhitzer – man kann die drei Buchstaben G, A, S in unzählige Substantive einbauen, ohne dass Unbehagen aufkäme. Je öfter man sich aber den neuen Stadionnamen von Dresden aufsagt, umso klarer wird: Glück und Gas sind zwei Wörter, die in Deutschland nicht zusammenpassen. „Ich denke nun mal ans Dritte Reich, wenn ich diesen Namen höre", sagte Ulrike Harbig im Jahr der Umbenennung 2011. Zuvor war das Stadion nach ihrem Vater benannt, dem einstigen Mittelstreckenläufer und Gasableser Rudolf Harbig.

Signal Iduna Park, Dortmund: Der Name, der dem stolzen Westfalenstadion 2005 übergestülpt wurde, ist gleich in zweifacher Hinsicht zynisch: Das Firmenlogo des Taufpaten ist blau-weiß. Auf schwarz-gelbem Grund sieht es aus wie der Abdruck einer Schmierbombe aus der Nachbarstadt. Vielleicht deshalb begründete BVB-Geschäftsführer Hans-Joachim Watzke die Wahl des Suffixes „Park" mit seiner Abneigung gegen die Bezeichnung Arena: „So heißt doch das Stadion dieses Klubs aus dem Münsterland." Gemeint ist natürlich die Veltins-Arena von Schalke 04. Ach so, und wie hieß deren altes Stadion noch gleich? Richtig, Parkstadion.

Schauinsland-Reisen-Arena, Duisburg: Wenn der Toilettentrakt eines Autobahnparkplatzes so hieße, wäre das zu verschmerzen. Für das alte Wedaustadion aber ist dieser Name eine Beleidigung.

Trolli Arena, Fürth: Der alte Name Ronhof hat nicht zuletzt deshab so gut gepasst, weil bei Ortskundigen das gerollte fränkische R so schön zur Geltung kam. Der Rrrrrronhof wurde dann aber Ende der Neunziger zum Playmobil-Stadion umbenannt und 2010 endgültig infantilisiert, als er den Namen der Fruchtgummi-Marke Trolli abbekam. Was kommt als nächstes? Denkbar wären Schnulli-Trulli-Stadion, Dutzi-Dutzi-Arena oder Windel-Park.

Rewirpowerstadion, Bochum: Ein Stadion, ein Rechtschreibfehler. Bis 2006 durfte diese traditionsreiche Sportstätte Ruhrstadion heißen.

HDI-Arena, Hannover: Gut okay, Niedersachsenstadion ist vielleicht nicht der schlankeste Begriff, aber kann das ein Grund sein, dass die Hauptstadt Niedersachsens ihre Arena inzwischen nur noch nach Abkürzungen benennt? Erst AWD, dann HDI, und demnächst vielleicht usw.-Stadion.

Wirsol Rhein-Neckar-Arena, Sinsheim: Als die TSG Hoffenheim noch ein spannender Emporkömmling war, spielte sie in der Dietmar-Hopp-Arena. Dann zog sie in ein Stadion, das wie eine Krankenstation klingt – und begann bald auch, so zu spielen.

Mage Solar Stadion, Freiburg: Als man anhand von deutschen Stadionnamen noch etwas über deutsche Flüsse lernte, hieß die Spielstätte des SC Freiburg Dreisamstadion. Seit man anhand von Stadionnamen nichts mehr lernt, wurde aus Badenova Mage Solar. Aber das war dann eigentlich auch schon egal.

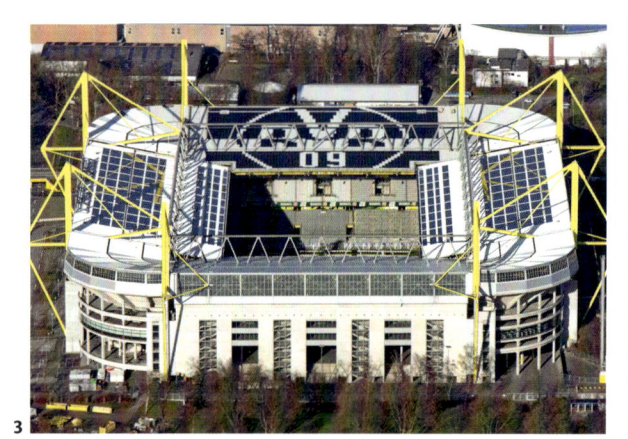

Stadion-Quiz

Ja, wo laufen sie denn, fragte einst Loriot. Und heute? Ja, wo laufen sie denn – man sieht sie gar nicht mehr, die Fußballer, unter diesen fabrikhallendachgroßen Dächern der Fußball-Arenen von heute, viereckig viele, oval nur noch manche, und aus den wenigsten wachsen noch Flutlichtmasten in den Himmel. Überhaupt, Himmel: Sieht man auch kaum noch. Ein modernes Stadion von oben betrachtet stellt sich so dar: viel Dach mit Loch. Dass man drinnen im Stadion eigentlich draußen an der frischen Luft sein möchte, herrjeh, das ist halt Folklore. Die Kunst des modernen Greenkeepings besteht deshalb auch darin, dem Naturprodukt Gras in den hallenartigen Bauwerken irgendwie so viel Licht und Luft zuzuführen, dass da überhaupt noch was wächst. Licht und Luft sind nämlich nicht immer vorgesehen in der Arena-Planung, in manchen Stadien, so hat man den Eindruck, wird der Rasen daher schon öfter ausgetauscht als gemäht. Und nun die Frage zum Bilderrätsel: Unter welchen deutschen Dächern laufen sie denn nun?

1 Köln, RheinEnergie-Stadion, 2 Düsseldorf, Esprit arena 3 Dortmund, Signal Iduna Park 4 Stuttgart, Mercedes-Benz Arena 5 Hamburg, Imtech Arena 6 Leverkusen, BayArena 7 Frankfurt, Commerzbank-Arena 8 Wolfsburg, Volkswagen Arena 9 Gelsenkirchen, Veltins-Arena mit geschlossenem Dach, dahinter das Parkstadion (Stadionnamen im Sommer 2013)

2006/07

Junger Meister: Sami Khedira trifft gegen Cottbus zum 2:1, das dem VfB den Titel brachte – für Khedira der Beginn einer Weltkarriere.

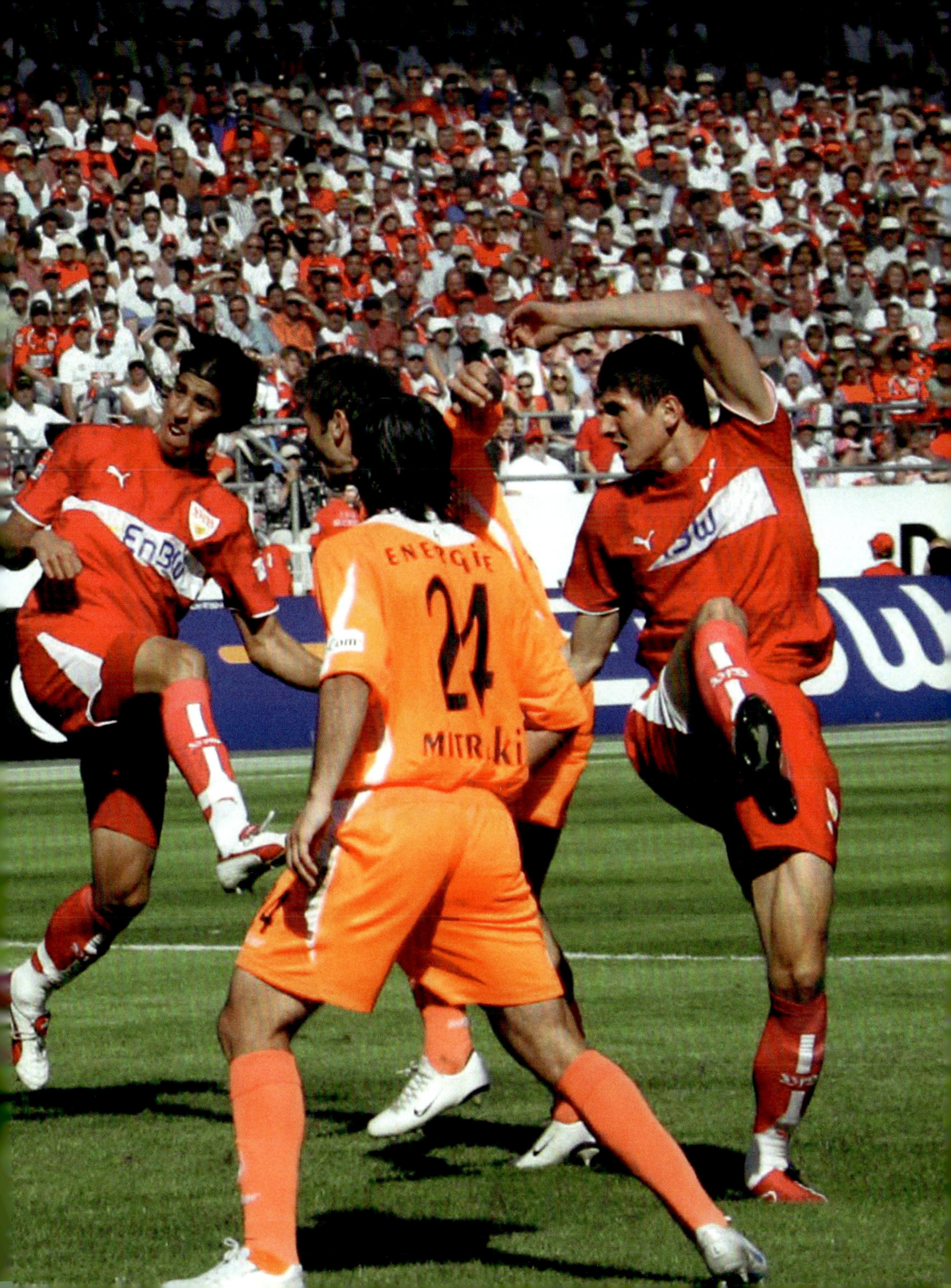
ENERGIE

Oben bleiben!

Meister zu werden, ist gar nicht so schwer für den VfB Stuttgart – Meister zu sein, schon eher.
Der Klub hat ein Talent dafür, im Erfolg die entscheidenden Fehler zu begehen.

VON CHRISTOF KNEER

Nein, hat Horst Heldt damals geantwortet, er kenne dieses Lied nicht, er habe es auch gar nicht gehört. Horst Heldt hat sehr aufrichtig dreingeschaut bei diesen Worten, also beschlossen die umstehenden Medienvertreter, ihm zu glauben. Okay, Heldt hat also nicht gehört, dass der Discjockey bei der Meisterfeier im Stuttgarter Stadion einen Schlager aufgelegt hatte, dessen Refrain so klang, als habe der Klub ihn extra für seinen Manager gedichtet. Der Refrain ging so:

Horst ist ein Held /
er ist da, wenn man ihn bestellt /
er ist Kumpel und Psychiater /
und Versicherungsberater /
Horst ist ein Held.

Nein, der VfB Stuttgart hat dieses Lied damals nicht erfunden, dieses Lied gab es schon. Der Horst, der ein Held ist, kann in diesem Lied übrigens noch viel mehr, er ist auch der beste Schreiner und Lackierer und der beste Tapezierer, und beim VfB haben sie damals sehr darauf gehofft, dass ihr Horst Heldt handwerklich ähnlich begabt sein könnte. Er musste etwas extrem Kompliziertes zusammenbauen damals, er musste etwas versuchen, was noch nie ein Mensch in Stuttgart geschafft hatte (nein, mit einem Bahnhof hatte das nichts zu tun).

Heldt war damals Manager beim VfB, der VfB war gerade Meister geworden, es waren herrliche Tage im Mai 2007. Das Land hatte sich in einen jungen Stürmer namens Mario Gomez verliebt, der VfB war ein Spektakel, selbst das letzte Saisonspiel gegen Cottbus haben sie am Ende nochmal mustergültig inszeniert. Sie sind in Rückstand geraten, haben die Leute ein bisschen bangen lassen, und dann: schnippelt Pavel Pardo einen Eckball an die Strafraumgrenze, wo Thomas Hitzlsperger wartet und den Ball volley ins Netz schmettert. Später tritt noch ein 20-Jähriger namens Sami Khedira auf, der sein erstes Profijahr spielt und nichts Besseres zu tun weiß, als eine Flanke zum 2:1 ins Tor zu köpfen.

Pardo, Hitzlsperger, Khedira: ein meisterhafter Zugang aus Mexiko, ein deutscher Nationalspieler aus dem Sommermärchen, ein verheißungsvolles Talent aus Fellbach-Oeffingen. So sah er aus, der VfB 2007, und das war der Grund, warum der zuständige Manager sehr euphorisch, aber auch ein bisschen angespannt war.

Horst, der Heldt, wusste: Er würde jetzt alles tun müssen, um seinem Erfolgstrainer Armin Veh für die neue Saison eine Mannschaft zu schreinern, zu lackieren

Goldener Jahrgang: Ricardo Osorio und Pavel Pardo (ganz rechts) posieren im Trainingslager, Mario Gomez (mittleres Bild) trifft und trifft – und am Ende feiern Manager Heldt (ganz links) und Trainer Veh im Meistercabrio.

und zu tapezieren, die diesen Erfolg bestätigen kann. Und er wusste, dass er das in Stuttgart tun muss. Und er wusste, dass sich das eigentlich widerspricht.

Der Sommer 2007 hat eine alte Erkenntnis neu bestätigt: Es gab und gibt in der Bundesliga gewaltige Herausforderungen, mit Kaiserslautern Meister werden zum Beispiel, mit Fürth aufsteigen oder mit Bayern die Meisterschaft verfehlen, aber am schwersten ist es, mit dem VfB Meister zu sein. Nicht zu werden. Zu sein.

Der VfB kann alles, außer Meister: In der Tat haben sie in Stuttgart ein beachtliches Talent entwickelt, immer dann die entscheidenden Fehler zu machen, wenn es ihnen gut geht. Das war schon 1984 so, als die Klubführung sich zum ersten Mal nicht traute, wie ein Meister aufzutreten. „In der Sommerpause sind wir Spieler zur Vereinsführung gerannt, damit sie einen neuen Stürmer holen", erzählt der damalige Abwehrchef Karlheinz Förster, der Jahre später, bei einem Intermezzo im Management des Vereins, daran verzweifelte, „dass ich mir Investitionen von 8000 Mark von ganz oben absegnen lassen musste". Im Umkreis des schwäbischen Traditionsklubs kursieren viele solcher Geschichten: die von einem Trainer, der nach einer Spielbeobachtung wegen einer Tankquittung verwarnt wurde; oder die von einem anderen Trainer, der eine Apfelschorle von seiner Spesenabrechnung gestrichen bekam. Einer dieser Trainer wurde später übrigens Bundestrainer.

Der erfolgreichste Klub aus Schwaben hat sich so manchen Erfolg einfach gespart, das ist so klischeehaft wie wahr. Menschen, die mit Geld um sich schmeißen, mögen sie in Stuttgart so gern wie Neigschmeckte (schwäb. für: Zugereiste), die die Kehrwoche vergessen. Das ist im Grunde kein schlechter Charakterzug, Sparsamkeit ist bestimmt kein Nachteil in dieser zum Größenwahn neigenden Branche, aber in Stuttgart haben sie es zumindest nach großen Erfolgen zu selten verstanden, Vorsicht und Risiko im richtigen Mischungsverhältnis zu halten. Heilig's Blechle, des brauchet mir net! – diese Standardantwort musste man auswendig können, wenn man der VfB-Vereinsführung angehören wollte. Und jeder Manager, Trainer oder Spieler – egal unter welcher Klubführung er gerade diente – hat diese Standardantwort einmal zu oft gehört.

Karlheinz Förster sagt, er und sein Bruder Bernd hätten nach der 84er-Meisterschaft eigenhändig Kontakte geknüpft, sie hätten hochkarätige Stürmer wie Klaus Fischer oder Bum-Kun Cha so weit gehabt, dass sie gerne zum neuen Meister aus Stuttgart gewechselt wären. Von der Vereinsführung wurden sie allesamt abgelehnt: zu alt, angeblich.

> **Als Heldt endlich Geld ausgeben durfte, war der Markt schon leer gekauft.**

Am Ende kam dann Nico Claesen in die Stadt, ein Stürmer aus Belgien, kein schlechter Spieler. Aber eben nicht so gut wie Fischer oder Cha. Der VfB stürzte im Jahr nach der Meisterschaft ins Mittelfeld, und Trainer Helmut Benthaus, der gefeierte Meistercoach, stürzte mit. Er wurde entlassen und durch Otto Baric ersetzt.

„Die große Chance war vertan", sagt Karlheinz Förster heute noch. „Nur mit etwas mehr Risiko hätte man sich in der Spitze etablieren können."

Acht Jahre später, nach dem nächsten Titelgewinn, sah das Risiko immerhin so aus, dass der alles überragende Matthias Sammer, den es zu Inter Mailand zog, durch den jungen Thomas Strunz ersetzt wurde. Aber auch das reichte nicht. Strunz war bald der Meinung, dass „das Schönste an Stuttgart die Autobahn nach München" sei, beim FC Bayern spielten jene Kaliber, denen er sich nahe fühlte. Beim VfB dagegen hieß sein Mittelfeldpartner André Golke, er war der zweitprominenteste Transfer im Meistersommer. Golke war ein ordentlicher Bundesligaspieler, er blieb ein Jahr in Stuttgart, machte 25 Spiele, schoss ein Tor. Dann ging er zurück nach Nürnberg.

Der VfB? Wurde Siebter.

Horst Heldt hat die alten Geschichten natürlich alle gekannt, dennoch ist es auch ihm nicht gelungen, den von der Sonne verwöhnten Jahrgang 2007 mit selbst angebauten Spitzentalenten wie Mario Gomez, Sami Khedira oder Serdar Tasci in einen konstanten Titeljahrgang zu überführen. Vielleicht hat Horst, der Heldt, die alten Geschichten sogar zu gut gekannt, vielleicht hat er es zu gut gemeint. Heldt ist Rheinländer, er wollte sich unter keinen Umständen Geiz unterstellen lassen, aber bevor er Geld ausgeben konnte, musste er halt erst mal die Klubführung überzeugen – und als er im Spätsommer endlich investieren durfte, war der Markt schon leergekauft. Übrig war noch der Stürmer Ciprian Marica, für den Heldt acht Millionen Euro hinlegte. Der Rumäne war noch weniger eine Hilfe als der Belgier Claesen 23 Jahre zuvor – wie auch die anderen Neuen, Yildiray Bastürk, Ewerthon oder der Torwart Raphael Schäfer. Aus dem VfB wurde ein Zickzackklub, er konnte Gomez und Khedira bald nichts mehr bieten. Der eine nutzte die von Thomas Strunz geprüfte und für gut befundene Autobahn nach München, der andere flog zu Real Madrid.

Der VfB gehört zu den Klubs, die die Liga prägen, er war in all den Jahren meist eine erfreuliche Erscheinung, mit prämierter Jugendarbeit, pointierten Figuren und putzmunterem Fußball. Und was die Bahnhofsgegner in Stuttgart zuletzt immer plakatierten („Oben bleiben!"), das ist dem Verein aus dieser Stadt schon auch gelungen. Er ist meist oben geblieben, in der Tabelle. Aber halt viel zu selten ganz oben.

SAISON 2006/2007

Recht auf freie Meinungsäußerung

Fragen Sie jetzt nichts!

Sie dauerte gerade einmal 42 Sekunden: die legendäre Pressekonferenz von Klaus Augenthaler beim VfL Wolfsburg im Mai 2007. Die Wölfe standen vor dem direkten Duell um den Klassenerhalt gegen Alemannia Aachen auf Rang 15, der Druck war gewaltig. Augenthaler stellte sich selbst vier Fragen, die er dann auch selbst beantwortete – danach verließ er den Raum. Die Pressekonferenz im Wortlaut:

„*Guten Tag!*
Es gibt vier Fragen, vier Antworten.
Die Fragen, die stell' ich, und die Antworten geb' ich auch.
Die Stimmung: Wie ist die Stimmung der Mannschaft, der Zustand der Mannschaft? Die Mannschaft hat hervorragend gearbeitet. Zur Taktik: Ein oder zwei Stürmer? Hängt davon ab, wie die personelle Situation ist, es ist der eine oder andere verletzt. Wie ich den Gegner erwarte? Aachen wird sicherlich Druck machen, Aachen muss das Spiel gewinnen, darauf sind wir vorbereitet. Ist die Mannschaft dem Druck gewachsen? Was ich beobachtet habe, in der Woche im Training: Sie hat sehr gut gearbeitet. Die Mannschaft wird die Antwort auf dem Platz geben. Dankeschön!"

Das Spiel gegen Aachen endete 2:2, der VfL Wolfsburg schaffte danach den Klassenerhalt, Augenthaler wurde am Saisonende trotzdem entlassen.

„Die Trainer sind nicht die Mülleimer"

An einem Sonntag im Oktober 2012 hielt Bruno Labbadia in der Pressekonferenz eine Wutrede, die deutlich länger dauerte als der ironische Protest des Kollegen Augenthaler 2007. Dem Trainer des VfB Stuttgart platzte nach einem 2:2 gegen Leverkusen der Kragen. Labbadia konterte Kritik an seiner Arbeit. Die Adressaten waren zum einen die Journalisten. Zum anderen die Fans, die zuvor die Auswechslung des jungen Spielers Raphael Holzhauser mit Pfiffen quittiert hatten. Und zwischen den Zeilen schickte Labbadia auch Grüße an die sparsam haushaltende Stuttgarter Vereinsführung. Das klang – in Auszügen – so:

„*Es ist eine gewisse Grenze erreicht hier. Ich bin vor 22 Monaten hier angetreten, da stand dieser Verein mit zwölf Punkten am Tabellenende. Keiner hat einen Pfifferling drauf gegeben in dieser Zeit. Danach haben wir die Mannschaft in die Europa League geführt. Wir haben knapp 20 Millionen Euro an Etat-Senkung mitgemacht. Wir haben einen zweistelligen Millionen-Betrag einnehmen müssen (...). Ich kann gewisse Dinge nicht akzeptieren, wenn ein Trainer wie der letzte Depp dargestellt wird, als hätte er gar keine Ahnung (...). Mich wundert's nicht, weil die Zuschauer dazu aufgewiegelt wurden in den letzten Wochen immer wieder, weil absolute Unwahrheiten ... und jetzt kommen wir zu Raphael Holzhauser. Raphael Holzhauser wäre heute nicht mehr hier im Verein, wenn ich vor ein paar Wochen nicht das Veto eingelegt hätte, dass er nicht ausgeliehen wird. Das muss man hier ganz klar sagen. Raphael ist in der Halbzeit schon gekommen (...) und hat angezeigt, dass er Probleme hat, und er hat darum gebeten, dass er ausgewechselt wird. Ich muss ganz ehrlich sagen, die Trainer in der Bundesliga sind nicht die Mülleimer von allen Menschen hier. Da ist eine totale Grenze erreicht – auch hier in Stuttgart (...).*

Mich wundert's nicht, dass es alle paar Monate hier einen neuen Trainer gibt, wenn man sich so verhält, wie es hier der Fall ist. Als normaler Bundesliga-Trainer muss man sich heute die Frage stellen: Gehe ich einen Weg, einen schweren Weg, wie der VfB gehen muss, gehe ich den mit, oder sage ich: am Arsch geleckt! (...) Ich kann die Leute hier nicht verstehen, aber vor allem auch die schreibende Zunft. Ich weiß, dass Sie das jetzt wieder persönlich nehmen werden, aber das muss hier mal ganz klar gesagt werden. Das Fass ist absolut voll! Einige haben sich in den letzten Wochen Unwahrheiten erlaubt, die absolut unter der Gürtellinie waren."

SZENE DER SAISON

Schalke Zweiter – mal wieder

Vorletzter Spieltag der Saison 2006/07, Revierderby, Dortmund empfängt Schalke. Die Gäste aus Gelsenkirchen führten seit dem 20. Spieltag die Tabelle an, bei einem Sieg und gleichzeitigen Niederlagen des VfB Stuttgart und von Werder Bremen wäre die Mannschaft Deutscher Meister, erstmals in der Bundesliga, erstmals nach 49 Jahren. Zitat aus dem Dortmunder Stadionheft: „Nur wer sich auf einer Mars-Mission befindet oder sich in der Koldewey-Forschungsstation an der Westküste Spitzbergens ausschließlich mit wissenschaftlichen Experimenten beschäftigt, hat eine Chance, dem Ballyhoo rund um die Mutter aller Derbys zu entgehen." Knapp 150 000 Menschen aus dem Ruhrgebiet waren weder auf dem Mars oder in der Koldewey-Forschungsstation, sondern im Stadion; 70 000 von ihnen zum Public Viewing in der Schalker Arena. Sie verfolgten eine weitere Episode des FC Schalke 04 im lustvollen Scheitern. Die Mannschaft von Trainer Mirko Slomka spielte ausgesprochen harmlos, Dortmund gewann 2:0 und rettete so eine unscheinbare Saison. Gleichzeitig gewann Stuttgart 2:1 in Bochum, wurde erstmals Tabellenführer und gab diesen Platz nicht mehr her.

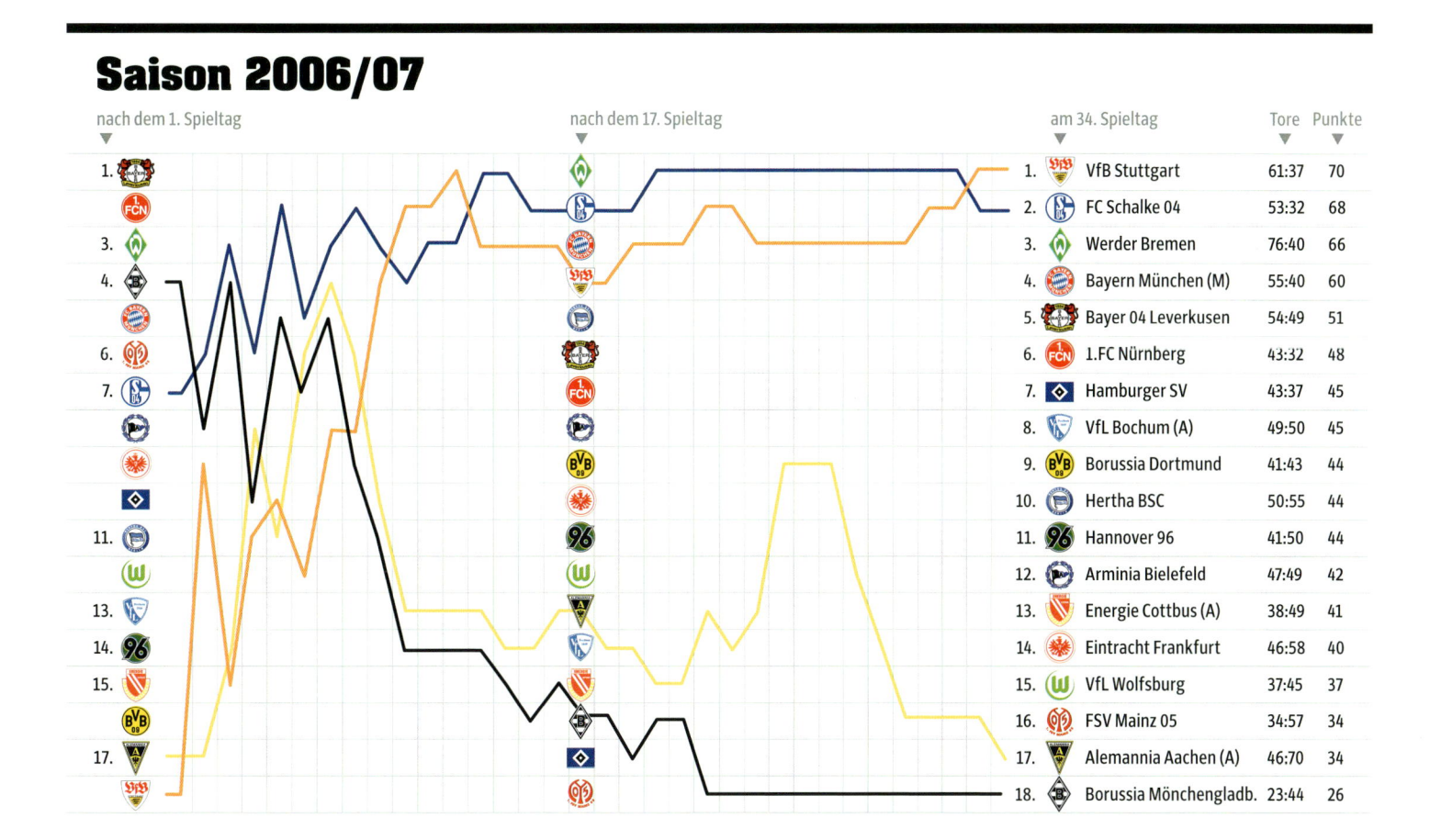

Saison 2006/07

	nach dem 1. Spieltag	nach dem 17. Spieltag		am 34. Spieltag	Tore	Punkte
1.	Bayer 04 Leverkusen	Werder Bremen	1.	VfB Stuttgart	61:37	70
2.	1. FC Nürnberg	FC Schalke 04	2.	FC Schalke 04	53:32	68
3.	Werder Bremen		3.	Werder Bremen	76:40	66
4.	Borussia Mönchengladbach	Bayern München	4.	Bayern München (M)	55:40	60
5.	Bayern München	VfB Stuttgart	5.	Bayer 04 Leverkusen	54:49	51
6.	FSV Mainz 05	Hertha BSC	6.	1. FC Nürnberg	43:32	48
7.	FC Schalke 04	Bayer 04 Leverkusen	7.	Hamburger SV	43:37	45
8.	Arminia Bielefeld	1. FC Nürnberg	8.	VfL Bochum (A)	49:50	45
9.	Eintracht Frankfurt	Arminia Bielefeld	9.	Borussia Dortmund	41:43	44
10.	Hamburger SV	Borussia Dortmund	10.	Hertha BSC	50:55	44
11.	Arminia Bielefeld	Hannover 96	11.	Hannover 96	41:50	44
12.	VfL Wolfsburg	VfL Wolfsburg	12.	Arminia Bielefeld	47:49	42
13.	VfL Bochum	Borussia Mönchengladbach	13.	Energie Cottbus (A)	38:49	41
14.	Hannover 96	VfL Bochum	14.	Eintracht Frankfurt	46:58	40
15.	Energie Cottbus	Energie Cottbus	15.	VfL Wolfsburg	37:45	37
16.	Borussia Dortmund	Eintracht Frankfurt	16.	FSV Mainz 05	34:57	34
17.	Alemannia Aachen	Hamburger SV	17.	Alemannia Aachen (A)	46:70	34
18.	VfB Stuttgart	FSV Mainz 05	18.	Borussia Mönchengladb.	23:44	26

Intermezzo der Alemannia. Nach 37 Jahren schaut Aachen mal kurz in der Liga vorbei, startet gut und rast dann parallel mit Mönchengladbach in den Keller. Viele Trainer treten freiwillig zurück, in Aachen sind es Dieter Hecking und Michael Frontzeck, in Mönchengladbach ist es sogar Jupp Heynckes, von dem fälschlicherweise vermutet wird, er werde seine Laufbahn beenden.

SZ-Magazin vom 4.5.2007

SAGEN SIE JETZT NICHTS

Name: Gerald Asamoah
Geboren: 3. Oktober 1978, Mampong (Ghana)
Beruf: Lizenzspieler des FC Schalke 04
Ausbildung: Barfuß-Straßenfußball in Mampong
Status: Die dunkelste Wade der Nation

Zum Interview erscheint Fußballnationalspieler Gerald Asamoah mit einem breiten Grinsen und viel guter Laune. Nach seinem Schien- und Wadenbeinbruch im September vergangenen Jahres ist dem gebürtigen Ghanaer vor vier Wochen in der Bundesliga ein tolles Comeback geglückt: Er schoss in zwei Spielen zwei Tore. Dass Schalke zum ersten Mal seit 1958 Deutscher Meister wird, davon ist Asamoah überzeugt. Wie es um sein Verhältnis zu Deutschland steht, verrät er im Interview, aber zuvor noch ein Wort an die abgeschlagene Konkurrenz. »Sie kommen aus München, nicht wahr?«, fragt Asamoah und fügt mit einem Augenzwinkern hinzu: »Bitte bestellen Sie den Kollegen vom FC Bayern meine besten Grüße.«

Sie sind nach Erwin Kostedde der erste dunkelhäutige Fußball-Nationalspieler. Fühlen Sie sich im Kreis der Elite-Kicker wohl?

Wegen eines Herzfehlers steht am Spielfeldrand immer ein Wiederbelebungsgerät für Sie bereit. Ist es das alles wert?

Stimmt es eigentlich, dass Ihr Spitzname »Blondie« ist?

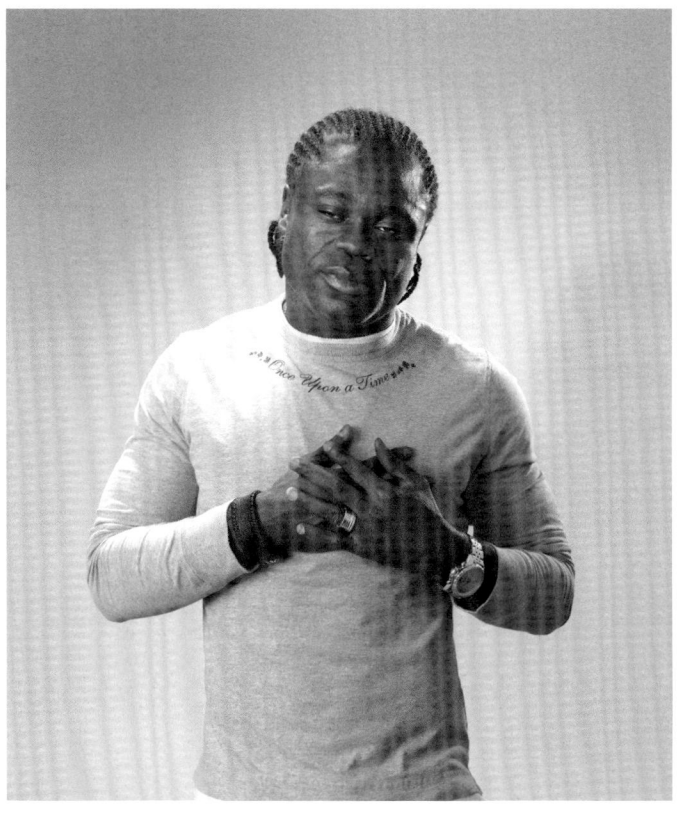

In Rostock wurden Sie vergangenes Jahr im Nationaltrikot von Zuschauern als »Nigger« beschimpft. Hat das wehgetan?

Sie haben mal gesagt, dass Sie deutsch denken, leben und träumen. Fühlen Sie sich nach diesen Erlebnissen noch als Deutscher?

Mit zwölf Jahren sind Sie aus Ghana nach Deutschland gekommen. Wie haben Sie reagiert, als Sie das erste Mal Schnee sahen?

Uli Hoeneß ist gerade auf der Suche nach guten Stürmern. Falls er anriefe und Ihnen ein Angebot machte: Würden Sie wechseln?

Die vier besten Fernschützen der Liga

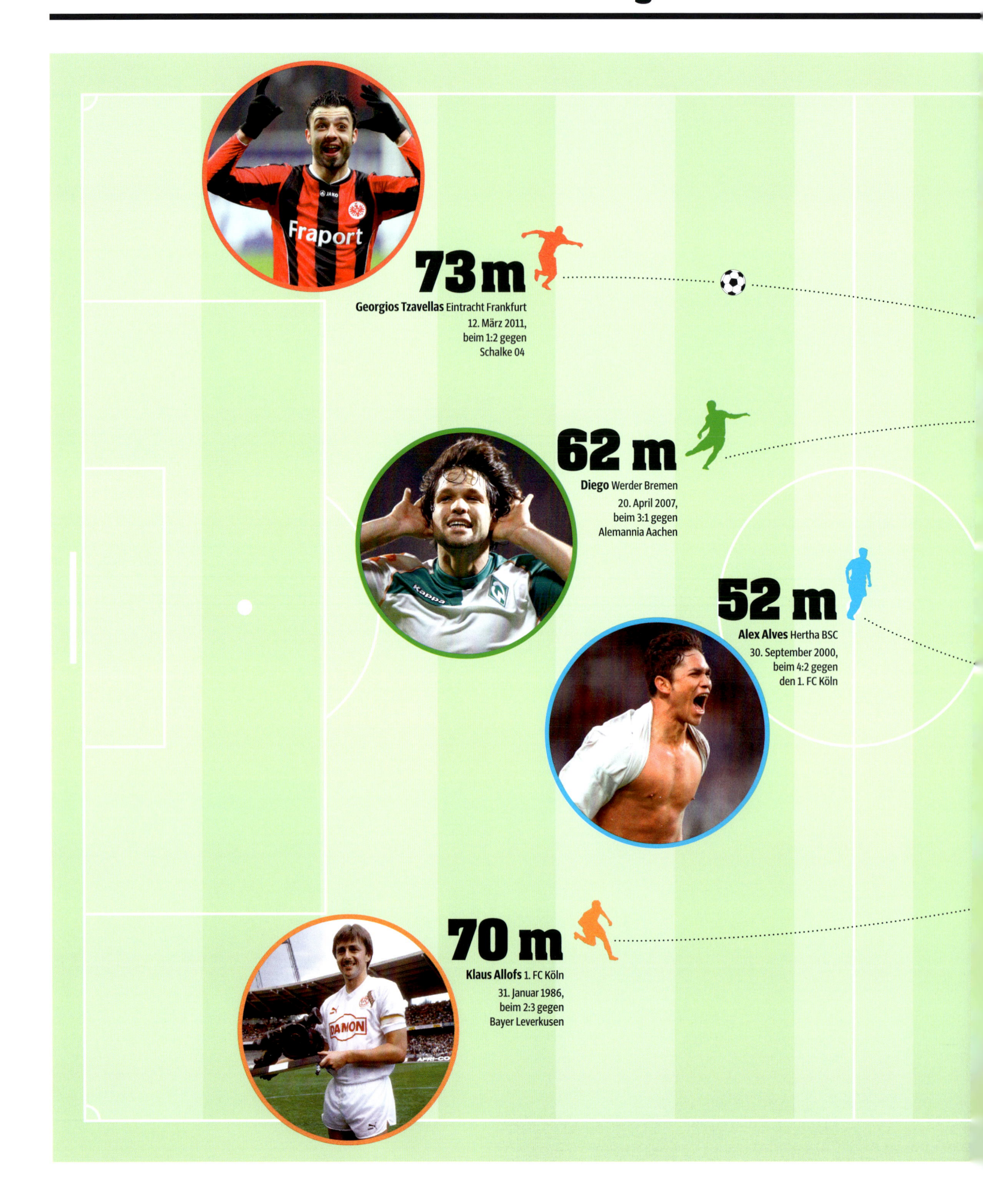

73 m
Georgios Tzavellas Eintracht Frankfurt
12. März 2011,
beim 1:2 gegen
Schalke 04

62 m
Diego Werder Bremen
20. April 2007,
beim 3:1 gegen
Alemannia Aachen

52 m
Alex Alves Hertha BSC
30. September 2000,
beim 4:2 gegen
den 1. FC Köln

70 m
Klaus Allofs 1. FC Köln
31. Januar 1986,
beim 2:3 gegen
Bayer Leverkusen

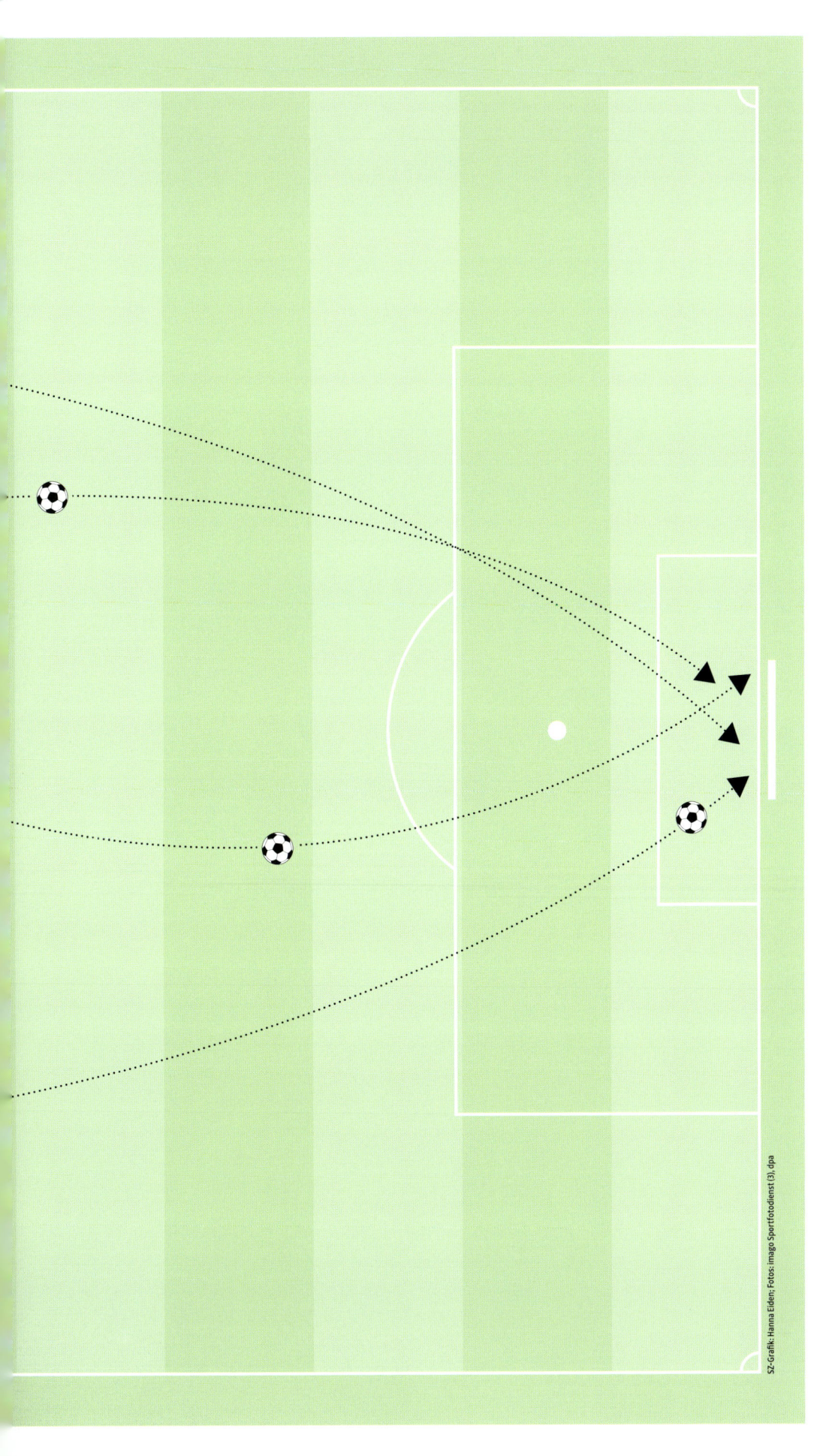

1. Georgios Tzavellas, 73 Meter, 2011
Es lief die 793. Minute, in der Eintracht Frankfurt in der Rückrunde 2011 auf ein Tor wartete, da spielte Georgios Tzavellas einen dieser Pässe, über die Fernsehreporter gerne sagen, dass sie „optimistisch gedacht" oder gar „Verlegenheitspässe" sind. Tzavellas passte hoch und weit, er passte hoch und sehr weit. Der Ball sprang auf, Stürmer Theofanis Gekas kam nicht an ihn heran, irritierte aber Schalkes Torwart Manuel Neuer so sehr, dass dieser einen Schritt in die falsche Richtung machte. Der Ball sprang ein zweites Mal auf, dann ins Tor. Frankfurt verlor 1:2. Es blieb das einzige Bundesliga-Tor von Tzavellas.

2. Klaus Allofs, 70 Meter, 1986
15 Spielzeiten lang prägte Klaus Allofs die Bundesliga als Stürmer, er erzielte 177 Tore, zweimal war er Torschützenkönig, 1979 mit 22 Toren für Düsseldorf, 1985 mit 26 Toren für den 1. FC Köln. Die Saison 1985/1986 war eine seiner schwächeren, Allofs traf sieben Mal, und doch erwähnten die Statistiker lange Allofs' Leistung in dieser Spielzeit. Ende Januar 1986 traf er in den ersten neun Minuten zwei Mal gegen Bayer Leverkusen, einmal mit einem Schuss aus 70 Metern. Köln verlor 2:3, doch ein Vierteljahrhundert lang traf kein Bundesligaspieler aus einer größeren Entfernung als Allofs.

3. Diego, 62 Meter, 2007
Nachspielzeit, Alemannia Aachen liegt bei Werder Bremen 1:2 zurück, Freistoß für die Gäste in der gegnerischen Hälfte. Aachens Torwart Kristian Nicht sprintet in den gegenüberliegenden Strafraum. Der Freistoß wird abgewehrt, Diego nimmt den Ball mit dem Außenrist an, immer noch in derselben Spielfeldhälfte. Mit großen Schritten rennt Nicht an Diego vorbei. Der Brasilianer schießt mit dem Vollspann, der Ball fliegt über Nicht hinweg, springt einmal auf, springt gegen die Latte, springt ins Tor. „Das ist Diego", sagte Torsten Frings, „andere spielen auf Zeit, er macht das Tor."

4. Alex Alves, 52 Meter, 2000
Die Kamera filmte noch, wie Dirk Lottner Glückwünsche seiner Mitspieler entgegennahm. Es lief die 28. Spielminute, der Kölner Kapitän hatte per Elfmeter zum 2:0 gegen Hertha BSC Berlin getroffen. Neues Kamerabild: Kölns Torwart Markus Pröll kickt den Ball aus dem eigenen Tor. Michael Preetz hatte den Ball am Anstoßpunkt angetippt, Alex Alves machte einen Schritt zurück, dann schlenzte er den Ball aufs Tor. Der Ball flog mit viel Effet, er machte einen weiten Bogen, unhaltbar war er nicht. Er flog über Pröll hinweg. Es lief immer noch die 28. Minute. Eine Minute später traf Preetz, Berlin gewann 4:2.

2007/08

*Tränen zum Abschied:
Sein zweites Engagement beim FC Bayern
schließt Ottmar Hitzfeld mit dem Double ab.
Und sein letzter Auftritt in München wird
mit Abstand sein emotionalster.*

Bello e impossibile

Luca Toni machte München zur nördlichsten Stadt Italiens. Er schien seine Tore aus Jux und Tollerei zu schießen – und kaum war der Schlusspfiff ertönt, ging es ab in die besten Bars.

München schien auf Luca Toni gewartet zu haben. Nicht nur der Tore wegen: 39 Treffer in 46 Pflichtspielen, so viel hatte noch nie ein Bundesliga-Stürmer in seinem ersten Jahr erreicht. Toni schaffte das in der Saison 2007/2008. Ganz nebenbei verlieh dieser ewig gut gelaunte Lulatsch aus den Hügeln bei Modena dem bayerischen Millionendorf aber auch jenen Titel, den München sich schon längst selbst angeheftet hatte: „Nördlichste Stadt Italiens".

Der Monaco-Toni legte nämlich eine Lebensfreude an den Tag, hinter der das sauertöpfische „Leistung-abrufen"-Gekrampfe der Konkurrenz so schal erscheinen musste wie abgestandenes Bier. Was andere als harte Arbeit verkauften, war für diesen nicht mehr ganz jungen Fußballer ganz offensichtlich nur der bessere Teil der Freizeitgestaltung. Seine Tore schien er aus lauter Jux und Tollerei zu schießen, drehte danach stets neckisch am Ohr, und kaum ertönte der Schlusspfiff, ging's ab in die angesagten Bars und Diskos, da wurde dann gefeiert, getrunken und gelebt.

Neben der Torjäger-Karriere verfolgte Toni eine mindestens ebenso erfolgreiche Laufbahn als Münchner Stenz unter den nachsichtigen Augen der Klubleitung und seiner Dauer-Verlobten Marta, einer viel beneideten Schönheit von fast durchsichtiger Konstitution und vornehmer Blässe. Beide hatten zuvor Ewigkeiten in der italienischen Provinz gerackert, nur die drei Jahre zuvor hatte Toni überhaupt konstant erstklassig gespielt. Jetzt genoss er den Höhepunkt seiner Karriere in dem Bewusstsein, dass alsbald sowieso schon wieder alles vorbei sein könnte.

Ein Bild von einem Italiener, der Weltmeister Toni, eine Statue allerdings auch auf dem Platz. Da erstarrte der Beau aus Modena gern in Grandezza, was aber nichts machte, denn der nicht ganz so schöne Franzose Franck Ribéry erwies sich als umso beweglicher. Gemeinsam schienen sie unschlagbar zu sein, das Publikum hatten sie sowieso auf ihrer Seite. Der eine mit feinen Füßen, der andere ein überragender Abstauber, ob Champagner oder Lambrusco war letztlich nur eine Geschmacksfrage. Hauptsache, München perlte.

Und München lief über. Traf Toni, ertönte im Stadion der alte Schmachtfetzen „Bello e impossibile" von Gianna Nannini. Im zweiten Jahr schon etwas seltener,

Der Stenz von Monaco: In seinen glücklichsten Momenten schraubte Luca Toni neckisch am Ohr. Danach wurde gefeiert, getrunken und gelebt.

denn der Held war nun öfter verletzt. Aber mit 14 Toren in 25 Spielen blieb er für die Bayern der Beste, er selbst sagte später über diese Zeit: „Ich schoss eine Menge Tore, hatte Spaß, holte Titel und verdiente gut – was will man mehr?" Nach Italien sandte er die frohe Botschaft, in München sei eigentlich alles genauso wie zu Hause, nur viel angenehmer. Die Parks seien grüner, das Leben entspannter, das Stadion komfortabler, dazu gebe es als Dreingabe auch noch das Oktoberfest. Die Musik spiele jetzt in Deutschland, wo die Bundesliga gerade die Serie A überhole. An Heimkehr sei gar nicht zu denken, schöne Grüße und grazie mille.

Im dritten Jahr aber hörte der Spaß auf. Der Niederländer Louis van Gaal wurde neuer Trainer beim FC Bayern, ein Mann, den neben den Spielern auch die eigenen Töchter siezen mussten und der mit dem leichtsinnigen Ohrenschrauber aus Italien naturgemäß rein gar nichts anzufangen wusste. Den Kulturkampf Gouda gegen Parmesan gewann natürlich Mijnheer van Gaal. Sechs Einsätze absolvierte der Monaco-Toni noch mit Ach und Krach für die Bayern, davon zwei für die B-Elf in der dritten Klasse. Man wollte ihn jetzt nur noch loswerden, er aber bestand auf seiner Würde, seinen Vertrag und das Geld – nicht unbedingt in dieser Reihenfolge, jedenfalls endete die große Leidenschaft in Schäbigkeiten.

München war nicht länger Monaco, sondern ein Klein-Amsterdam ohne Lust und Laune, da zog Luca Toni halt zurück über die Alpen nach Italien. Eine derartige Verachtung wie bei van Gaal, berichtete er später, habe er noch nirgends gespürt. Aber da hatte er sich schon wieder nach Florenz zurückgezogen, in die Stadt, aus der er nach München aufgebrochen war. Und wo der Gouda keine Chance hatte. **BIRGIT SCHÖNAU**

Monsieur Frechdachs

**Franck Ribéry kam gemeinsam mit Luca Toni, doch er blieb viel länger und wurde Publikumsliebling.
Der unorthodoxe Franzose hat sich in München sozialisieren lassen.**

Tempodribbler, Hakenschläger, Naturereignis. Und eine zarte Seele: Hin und wieder müssen sie diesen Franck Ribéry beim FC Bayern fest in den Arm nehmen – dann ist alles wieder gut.

Ihren ersten Tag in München hatte sich die junge Familie Ribéry irgendwie anders vorgestellt. Die pompöse Präsentation des Hausherrn beim FC Bayern hat man noch goutiert, neben Luca Toni wurde er als bis dahin teuerster Transfer der Klubgeschichte vorgestellt: Circa 26 Millionen Euro überwiesen die Bayern an Olympique Marseille für den Offensivspieler. Die Wochen im Frühsommer 2007 arteten in München zum reinsten Frustshopping aus, die Bayern gedachten sich so über eine Peinlichkeit hinwegzutrösten: Es hatte nur zur Qualifikation für den Uefa-Pokal, den „Cup der Verlierer" (Beckenbauer), gereicht. Toni, Klose, Jansen, Altintop, Schlaudraff, Zé Roberto und sogar einen Spieler namens Sosa gönnte sich Manager Uli Hoeneß in seinem Kaufrausch, und eben diesen Zauberzwerg Ribéry, eine Entdeckung der Équipe tricolore bei der WM 2006.

Shoppen gehen, das wollten auch die Ribérys am Tag ihrer Ankunft in München, vor allem Gattin Wahiba. Ging aber leider nicht, wie man ihr sagte: Feiertag.

Die Ribérys sind aber keineswegs nachtragend gewesen: Als Toni, Klose und all die anderen längst fortgezogen waren, da wohnten sie immer noch in München. Wegen einer Liebe, die auf Gegenseitigkeit beruht. Im Sturm eroberte der Franzose, der die Nummer 7 von Mehmet Scholl erbte, die Stadt. Weil er ein Draufgänger ist, ein Artist, ein verwegener Tempodribbler und Hakenschläger, ein vom Instinkt geleitetes Naturereignis. Mit dem zurückgekehrten Brasilianer Zé Roberto verlieh er dem Spiel der Bayern schon im ersten Jahr auf Links neuen Glanz, der das Münchner Champagner-Publikum verzückte und die Gegner mit Schleudertraumata zurückließ.

Die Masse konnte mit diesem Monsieur Frechdachs sowieso gleich etwas anfangen. Nicht nur, weil der Entertainer für beste Unterhaltung sorgte. Sondern auch, weil es da jemand von ziemlich weit unten nach oben geschafft hatte.

Ribéry wuchs im weniger pittoresken Teil der Hafenstadt Boulogne-sur-Mer auf, eine raue Gegend. Seine markante Narbe im Gesicht und die schiefen Zähne sind allerdings kein Andenken an eine seiner Schlägereien, sie blieben von einem schweren Autounfall in Kindertagen zurück. Der junge Franck wurde deshalb gehänselt, aber in diesem nicht ganz einfachen Menschen steckte auch ein außergewöhnliches Talent. Dessen Weg war beschwerlich: Mit 13 musste Ribéry das Ausbildungszentrum des OSC Lille verlassen, mit 19 spielte er in Alès, dritte Liga. Dort konnte man ihn bald nicht mehr bezahlen, er ging nach Boulogne zurück und jobbte mit dem Vater auf dem Bau: am Presslufthammer.

Über Brest, Metz, Istanbul und Marseille kam der Nordfranzose zum FC Bayern, wurde sofort zum Publikumsfavoriten und erwiderte die Zuneigung: „München ist meine zweite Heimat, meine Kinder sind hier geboren", erklärt er in passablem Deutsch. Seine Platzverweise, die bisweilen eigenwillige Freizeitgestaltung, schwächere Leistungen in ganz großen Partien, die Ermittlungen in Frankreich wegen einer delikaten Rotlicht-Affäre, seine Rädelsführerschaft beim Eklat um das Nationalteam bei der WM 2010 – all das drang in München kaum durch, besaß wenig Relevanz. Anders als daheim, wo ihn die Landsleute beim Comeback im Auswahlteam auspfiffen und ihn das populäre Gesellschaftsmagazin VDS Anfang 2012 sogar zum Unsympathen der Sportnation kürte.

Da weiß man Nestwärme natürlich zu schätzen. Avancen aus Madrid oder England wies er letztendlich zurück – die Bayern-Trainer Hitzfeld oder später Heynckes und vor allem Klubchef Hoeneß haben ihn halt im Zweifelsfall ganz fest in den Arm genommen. Und so hat sich dieser unorthodoxe Charakter doch noch sozialisieren lassen von einem gemütlichen Millionendorf im deutschen Süden. Was nicht heißt, dass das, was da noch tief in ihm zu schlummern scheint, nicht jederzeit zutage treten kann: Im Frühjahr 2012 ging Arjen Robben mal in einer Halbzeitpause zu Boden nach einem satten Ribéry-Schwinger. Streitthema unter Diven: ein Freistoßball.

ANDREAS BURKERT

„Ihr und wir!"

„Das ist eine populistische Scheiße. (...) So etwa kann ich mir vorstellen, als es vor zehn Jahren bei den Sechzgern übers Grünwalder Stadion ging. Da wurde auch diese alte schöne Welt: „Lieber geh ich in die Regionalliga, und ich geh wieder nach Weinheim, und ich will doch nicht mehr gegen Chelsea spielen!" Dann gehen wir doch wieder dahin. Dann müsst ihr Euch aber nen neuen Vorstand holen. (...)" – *Zwischenruf: „Scheißstimmung!"* – „Eure Scheißstimmung! Da seid Ihr doch dafür verantwortlich und nicht wir." – *Buhrufe.* – „Das ist doch unglaublich. Was glaubt Ihr eigentlich, was wir das ganze Jahr über machen, damit wir Euch für sieben Euro in die Südkurve gehen lassen können? Was glaubt Ihr eigentlich, wer Euch alle finanziert? Die Leute in den Logen, denen wir die Gelder aus der Tasche ziehen. Ohne die hätten wir nämlich keine Allianz Arena. Da würden wir nämlich jetzt wieder im Schnee und Eis spielen. Dann würden wir gegen Bolton Wanderers 12 000 Zuschauer haben. Dann müsst Ihr diesen Verein Euch suchen, der demnächst vielleicht in der dritten Liga spielt. Wenn ich dann höre, bei 1860 ist das alles so toll – da ist gar nichts toll! Der Verein ist mehr oder weniger pleite, und wir haben ihn am Leben erhalten. Und wer ist schuld dafür? Fans, die von gestern leben. Ihr und wir, wir werden Ebay nicht verhindern! (...) Ich brauche Ebay auch nicht und Google auch nicht, und trotzdem werd ich's nicht verhindern." – *Beckenbauer: „Also ich ..."* – „Was glaubt Ihr eigentlich, wer Ihr seid?" – *Beckenbauer: „Ja, ja ..."* – „Es kann doch nicht sein, dass wir hier kritisiert werden dafür, dass wir uns seit vielen Jahren den Arsch aufreißen, dass wir dieses Stadion hingestellt haben. Aber das hat 340 Millionen Euro gekostet, und das ist nun mal mit sieben Euro in der Südkurve nicht zu finanzieren!" – *Applaus.*

Bayern-Manager Uli Hoeneß hat sich bei der Mitgliederversammlung des Klubs im November 2007 ein kleines bisschen in Rage geredet.

SZENE DER SAISON

Kung-Fu-Wiese

Franz Beckenbauer nannte die Aktion „schon fast einen Mordversuch", ein Unbekannter stellte Strafanzeige wegen versuchten Totschlags. Im Spielberichtsbogen war es eine von neun gelben Karten. 7. Mai 2008, Nord-Derby, Hamburg gegen Bremen. In der 42. Minute laufen HSV-Stürmer Ivica Olic und Werder-Torwart Tim Wiese aufeinander zu. Wiese springt an der Strafraumgrenze ab, fliegt mit gestrecktem Bein, landet auf Olic' linker Schulter. Dass Olic sich nur im Hals- und Schulterbereich prellte, lag auch daran, dass er seinen Kopf zur Seite weggedreht hatte. Wiese sagte zunächst: „Ich treffe zuerst den Ball, und er läuft dann in mich hinein." Später entschuldigte er sich, da war er aber schon der „Kung-Fu-Wiese". Bremen gewann 1:0, trotz zweier Platzverweise: Frank Baumann sah die gelb-rote Karte, wegen Trikotziehens. Jurica Vranjes schlug Hamburgs Thimothee Atouba ins Gesicht. Wiese spielte durch. Das Verfahren gegen ihn wurde nach vier Monaten eingestellt.

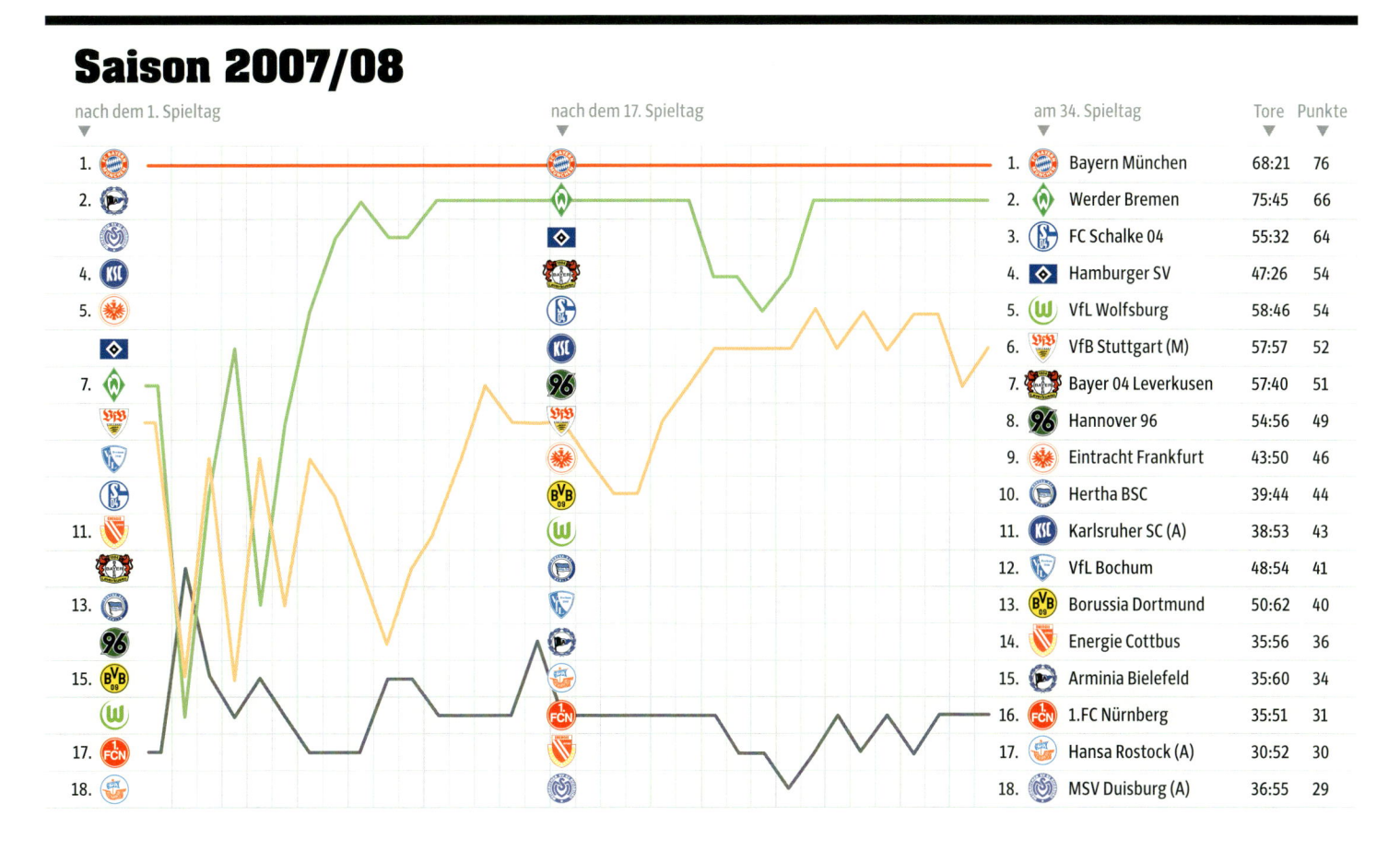

Saison 2007/08

Platz	Verein	Tore	Punkte
1.	Bayern München	68:21	76
2.	Werder Bremen	75:45	66
3.	FC Schalke 04	55:32	64
4.	Hamburger SV	47:26	54
5.	VfL Wolfsburg	58:46	54
6.	VfB Stuttgart (M)	57:57	52
7.	Bayer 04 Leverkusen	57:40	51
8.	Hannover 96	54:56	49
9.	Eintracht Frankfurt	43:50	46
10.	Hertha BSC	39:44	44
11.	Karlsruher SC (A)	38:53	43
12.	VfL Bochum	48:54	41
13.	Borussia Dortmund	50:62	40
14.	Energie Cottbus	35:56	36
15.	Arminia Bielefeld	35:60	34
16.	1.FC Nürnberg	35:51	31
17.	Hansa Rostock (A)	30:52	30
18.	MSV Duisburg (A)	36:55	29

Dritter Start-Ziel-Sieg für die Münchner nach 1968/69 und 1972/73. Nur zwei Mal wird verloren, am 13. Spieltag in Stuttgart (1:3) und am 24. Spieltag in Cottbus (0:2). Zur Winterpause sind die Bremer nur durch das Torverhältnis getrennt, in der Rückrunde verlieren sie zehn Punkte. Nürnberg feuert Hans Meyer, steigt aber trotzdem ab. Der einstige Rekordmeister ist jetzt Rekordabsteiger.

2008/09

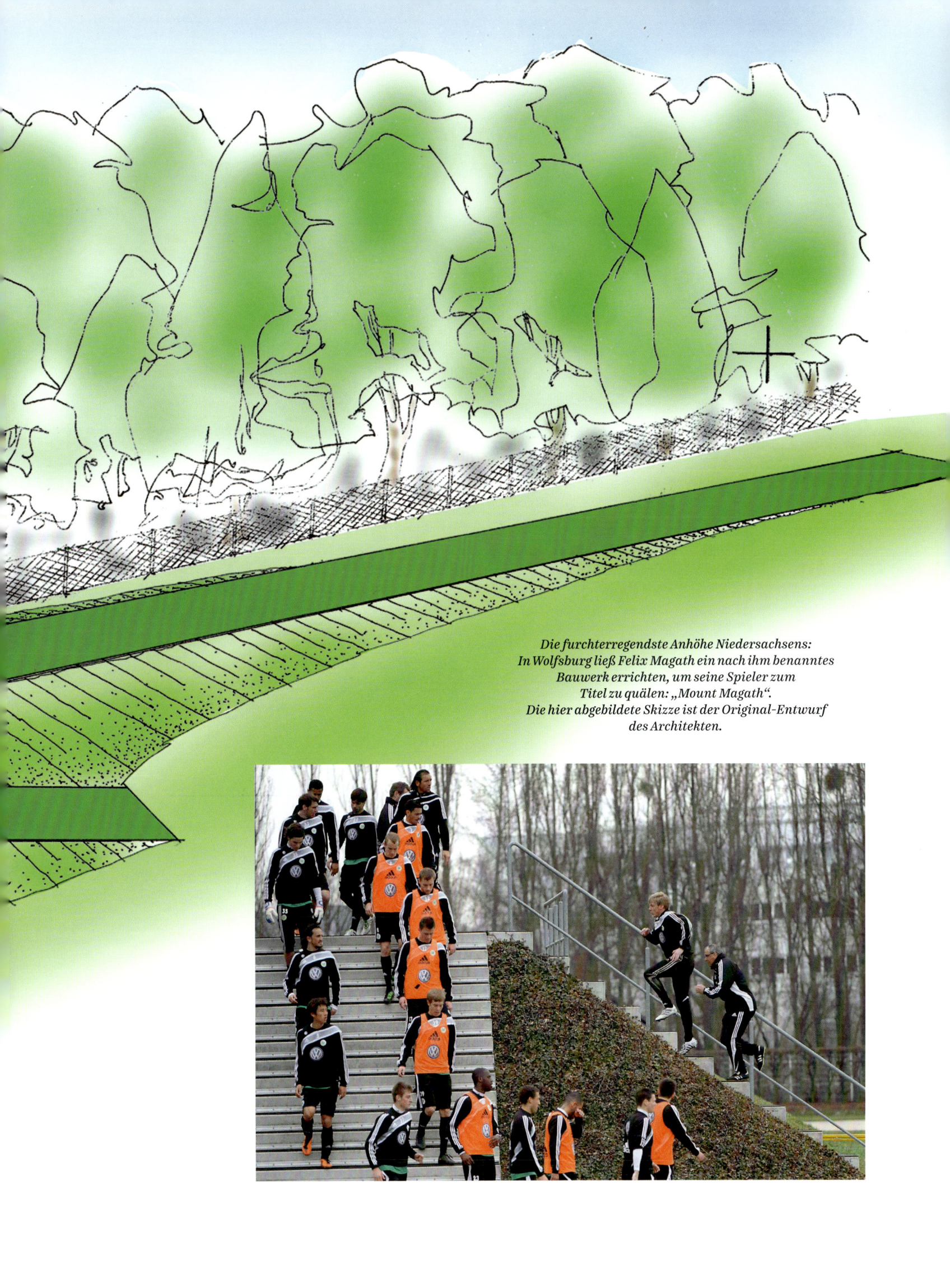

*Die furchterregendste Anhöhe Niedersachsens:
In Wolfsburg ließ Felix Magath ein nach ihm benanntes
Bauwerk errichten, um seine Spieler zum
Titel zu quälen: „Mount Magath".
Die hier abgebildete Skizze ist der Original-Entwurf
des Architekten.*

Höhere Gewalt: Das Hackentor von Grafite beim 5:1 gegen die Bayern.

Märchen mit Medizinbällen

Felix Magath schenkt dem VW-Konzern einen Titel fürs Image. Anschließend müssen die Wolfsburger begreifen: Erfolge gibt es nicht vom Band.

Den grün-weißen Schal hat Felix Magath über sein Jackett drapiert, als habe er Halsschmerzen. Darunter baumelt die Ehrenmedaille der Stadt. „Ich bin ja schon einige Zeit als Trainer tätig", ruft er über den Rathausplatz, selbst im Moment seines größten Triumphes noch rätselhaft steif. „Aber keine Station war so wunderbar wie die zwei Jahre in Wolfsburg."

Es ist der 23. Mai 2009, der VfL Wolfsburg ist gerade zum Meister-Titel gestürmt. Eine Elf, die Magath quasi aus dem Nichts erschaffen hat, und von der er ahnt, dass sie sich jetzt von ihm erholen muss. Medizinbälle, „Mount Magath", Psychodruck, dafür war Magath schon bekannt, ehe er 2007 am Mittellandkanal anheuerte, als Trainer und Manager in Personalunion. Nun sind seine letzten Worte: „Glaubt mir, es ist für uns alle der richtige Zeitpunkt, auf Wiedersehen zu sagen."

Dann zieht er samt seiner Tee-Sammlung weiter zu Schalke 04. Und wäre er 2011 nicht für eine zweite Episode zurückgekehrt, in der es bloß noch Psychodruck gab, aber keinen Erfolg – Magath wäre wohl bis heute der beliebteste Wolfsburger geblieben. Aber Märchen gibt es eben nicht vom Band, Erfolg im Fußball ist nicht beliebig wiederholbar. Das haben sie auch bei VW lernen müssen.

2009 allerdings, da herrschte nicht nur beim VW-Vorstand Stephan Grühsem ungetrübte Freude über die Assoziationskette, welche seine Fußballer auftragsgemäß auslösten: „Fußball – Menschen – Emotionen – Auto." Als hundertprozentige VW-Tochter soll der VfL ja in erster Linie ein Marketinginstrument des Volkswagen-Konzerns sein. Magath hat das nie infrage gestellt. Im Gegenteil: Die Kommerzialisierung des Fußballs, die in den

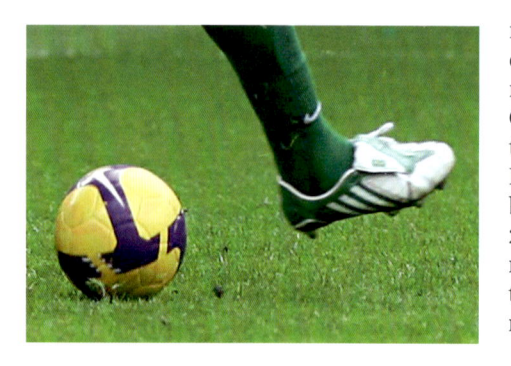

Der freche Treffer wurde „Tor des Jahres", Grafite wurde der erfolgreichste Schütze.

Fanblöcken gern beklagt wird, hat ihn schon deshalb nie gestört, weil sie sich auf erfreuliche Weise auf seinem Konto bemerkbar machte. Und auch dieser Titel hat VW viel Geld gekostet. Alle paar Tage setzte sich Magath hinter das beheizbare Lederlenkrad seines Dienstwagens und fuhr hinüber ins VW-Verwaltungshochhaus, kurz VHH. „Ich brauche zwei neue Stürmer", sagte er zum Beispiel. Den VW-Vorständen leuchtete das ein. Stürmer schießen Tore. Tore – Emotionen – Auto! Etwa 60 Millionen Euro stellte VW dem Trainermanager fürs Personal zur Verfügung.

Und Magath fügte die Spieler mit fast magischer Hand zusammen. Da war Zvjezdan Misimovic, der Torvorbereiter. Da waren die Rekord-Stürmer Edin Dzeko und Grafite: 54 Treffer haben sie in der Meistersaison erzielt – einen mehr als Gerd Müller und Uli Hoeneß 1973. Unvergessen bleibt, wie die Wolfsburger im Frühjahr 2009 mit 5:1 über den von Jürgen Klinsmann trainierten FC Bayern hinwegfegten, samt Hackentor von Grafite – eine Demütigung. Oder schlicht: höhere Gewalt.

Aber eben nicht wiederholbar.

Auch nicht mit noch so viel Magathiavellismus.

CLAUDIO CATUOGNO

Die Wolfsburger Meisterelf

Grafite (30 Jahre/25 Spiele/28 Tore in der Meistersaison) – Brasilianisches Sturm-Phänomen. Verkaufte mit 22 noch Mülltüten in São Paulo. Sechs Jahre später Magaths bester Angreifer. Immer voller Körpereinsatz. Ab 2011 Fußball-Rentner in Dubai.

Edin Dzeko (23/32/26) – Neben Grafite Magaths zweiter Sensationsfund. Und das beste Investment der Klub-Historie. 2007 für etwa 2,5 Millionen Ablöse in der tschechischen Liga entdeckt, 2011 für über 35 Millionen an Manchester City weiterverkauft.

Christian Gentner (23/34/4) – In Stuttgart einst vom Trainer Armin Veh verkannt, in Wolfsburg ein unermüdlicher Spielbeschleuniger. Wurde 2009 von Magaths Nachfolger überrascht: Armin Veh. Wechselte bald wieder zurück nach Stuttgart.

Josué (29/33/0) – Balldieb im Mittelfeld und Kapitän der Meisterelf. Erstaunlich robust für seine 1,69 Meter, daher auch im Fokus der Seleção – aber nur sehr vorübergehend. Geriet bald aufs Abstellgleis, wechselte 2013 ablösefrei zurück nach Brasilien.

Zvjezdan Misimovic (26/33/7) – Der Künstler! Zuvor u.a. mit Dirigenten-Engagements in Lerchenau, Forstenried, Trudering und bei den Bayern-Amateuren. Beim VfL Magaths Regisseur und Zauberfuß. Zog später über Istanbul und Moskau nach China.

Makoto Hasebe (25/25/0) – Nationalspieler, Führungsfigur, Liebling der Massen. Jedenfalls in Japan (acht Korrespondenten folgten ihm auf Schritt und Tritt). Schön für VW, Stichwort: Weltweite Präsenz! Blieb nach 2009 beim VfL, wurde sogar besser.

Marcel Schäfer (24/34/0) – Vertrauenswürdiger Linksverteidiger. Und: Vertrauenswürdiger Verwalter der Teamkasse. Als Meister plötzlich auch Nationalspieler (8 Länderspiele), von Joachim Löw aber bald vergessen. Verlor beim VfL erst 2013 seinen Stammplatz.

Andrea Barzagli (28/34/0) – Der unumstrittene Abwehrchef. Einzige Schwäche: Hat 14 Millionen Ablöse an US Palermo gekostet! Nach Magaths Abschied indisponiert, wechselte für 300 000 Euro zu Juve. Spielte dort wieder wie ein 14-Millionen-Transfer.

Alexander Madlung (26/24/3) – Magaths Mädchen für alles: Staubsaugen, Abräumen, Zusperren. Da der Coach ihn für trainingsfaul hielt, immer wieder nur Ersatz. War schon vor Magath da – und verlängerte erst, als dessen Abschied feststand.

Sascha Riether (26/28/2) – Typischer Magath-Transfer der frühen Monate n. A. (nach Augenthaler). Kam für 500 000 Euro aus Freiburg, sollte bleiben bis Magath ein Besserer einfällt. Blieb aber erste Wahl, zog später über Köln weiter nach Fulham.

Diego Benaglio (25/31/0) – Profiteur von Magaths Totalumbau: Nachfolger des demontierten Simon Jentzsch, prompt auch „Goalie" der Schweizer Nationalelf und bester Keeper der Liga. Kam aus Portugal. Hielt dem VfL nach 2009 die Treue.

Blue Chips

In der Hinrunde 2008 erobert Hoffenheim die Herbstmeisterschaft. Die Liga reagiert gereizt – bis ein Abend in München und ein strenger Winter das Märchen vom Fußballdorf beenden.

2008 machten die Hoffenheimer Dorffußballer als Herbstmeister die Bundesliga verrückt, und vielleicht hätte ihr Höhenflug länger gedauert als nur dieses halbe Jahr, vielleicht wären sie sogar weit oben in der Tabelle sesshaft geworden – wenn sie diese eine historische Torchance genutzt hätten, Anfang Dezember in München. Sejad Salihovic vergab sie, frei vor dem Tor, in der 87. Minute des Spitzenspiels. Es wäre das 2:1 gewesen für die Gallier aus Nordbaden, der Aufsteiger hätte mit sechs Punkten Vorsprung auf den FC Bayern überwintert. Doch statt Salihovic traf noch der gereizte Rekordmeister zum 2:1 – in letzter Sekunde. Und überspitzt gesagt: Seit diesem Abend ging es wieder hinunter mit Hoffenheims Himmelsstürmern.

> **Bundestrainer Joachim Löw besuchte gerne die Hoffenheimer Heimspiele.**

Begonnen hatte ihr Aufstieg 2006. Dietmar Hopp, Software-Unternehmer und Mäzen der TSG, gewann den Trainer Ralf Rangnick für ein Abenteuer, das in der Regionalliga startete. Hopp wollte seinen Heimatklub in die erste Liga stemmen, und Rangnick war begeistert von den Möglichkeiten, die der Milliardär ihm bot. In der Ruhe des Kraichgaus entstand ein Reißbrettprojekt mit dem Anspruch, neue Wege zu gehen, das komplexe Fußballspiel besser zu planen und zu steuern – durch mehr Wissen. Rangnick holte auch Querdenker und Experten ins Haus, die nicht im Fußball sozialisiert waren: einen früheren Hockeybundestrainer, Spielanalytiker, Psychologen, sogar einen Professor für Muskeltherapien. Hopp investierte in Steine (Stadion, Trainingscamp) und junge Beine. Erziehbare Talente – Rangnick sprach von „Blue Chips" – brachten Hoffenheims Spielidee aufs Feld: Powerfußball, frühes Pressing, flottes Umschalten, Steilangriffe mit kurzem Weg zum Tor.

Es waren Fußballer aus fernen Ländern, die die Liga verblüfften. Vedad Ibisevic, Mittelstürmer aus Bosnien, hatte in der Vorrunde 2008 eine Gerd-Müller-Quote: 17 Spiele, 18 Tore. Um ihn herum wirbelten zwei explosive Flügelangreifer: Demba Ba, ein Senegalese, entdeckt in Mouscron/Belgien – und Chinedu Obasi, ein aus der norwegischen Liga importierter Nigerianer. Das Mittelfeld lenkten zwei Brasilianer: der Balleroberer Luiz Gustavo und der kreative Carlos Eduardo, der 2007 acht Millionen Euro gekostet hatte; nie zuvor gab ein deutscher Zweitligist so viel Geld aus. Hoffenheim holte keine fertigen Stars. Aber schon auch teure Spieler.

Die Reaktionen auf den Emporkömmling waren gemischt. Die einen schimpften: Retortenklub! Keine Geschichte! Keine Fans! Das Establishment der Liga fürchtete, dass bald jeder Hoffenheim kopieren müsse, um nicht als rückständig zu gelten. Und das Image des Vereins war von Anfang an geprägt von Hopp und seinem Geld. Da half es wenig, dass sich die TSG in „1899" umtaufte – das Gründungsjahr des Vereins sollte nach Tradition klingen.

Aber es gab auch eine andere Seite: Im goldenen Herbst 2008 waren bundesweit viele Leute begeistert vom Hoffenheimer Fußball-Stil. Der Trainingsplatz neben der putzigen Tankstelle am Ortseingang wurde zum Treffpunkt für erstaunte Reporter aus aller Welt. Zur Dorfidylle passte das – später relativierte – Bild von Profis ohne Allüren, deren Gemeinschaftssinn zur Basis des schönen Spiels erklärt wurde. Carlos Eduardo galt als liebenswürdiges Schlitzohr, über Demba Ba sagte Rangnick: „Es ist unmöglich, ihn nicht zu mögen." Auch junge deutsche Kicker kamen im Künstlerkollektiv zur Geltung: Compper, Beck und Weis wurden zügig (aber nur kurz) Nationalspieler, Bundestrainer Löw besuchte gerne Hoffenheims Heimspiele, die anfangs in Mannheim stattfanden.

Das Halbjahr dort verlief märchenhaft, 1899 reiste an jenem Dezember-Abend als Tabellenführer zu den Bayern. Rangnick stichelte: „Wer flotte Sprüche hören will, muss nach München, wer flotten Fußball sehen will, ist bei uns richtig." Doch mit dem 1:2 bei Bayern endete Hoffenheims rosarote Phase, der Winter wurde grau und streng. Im Trainingslager erlitt Ibise-

Aus dem Dorf in den Fußballhimmel und wieder zurück: Die Hoffenheimer Demba Ba, Andreas Beck und Vedad Ibisevic (von links) feiern Chinedu Obasi für zwei Treffer beim 3:0 gegen den HSV im August 2008.

vic einen Kreuzbandriss, Eduardo wurde nach einer törichten Aktion in einem Testspiel für die ersten Rückrundenwochen gesperrt, Obasi erreichte nie wieder Bestform. Zudem fremdelte das Team in der neuen Rhein-Neckar-Arena in Sinsheim, die Saison endete auf Platz sieben.

Hoffenheim litt nun an typischen Symptomen rasant gewachsener Klubs: zu hohe Erwartungshaltung, verlockende Angebote für die Spieler, Eitel- und Begehrlichkeiten, missglückte Transfers, viele interne Debatten. Die Herbstmeisterschaft wurde zum Fluch der guten Tat, sie war die Messlatte für alles, was folgte. Vom Kern des Hoffenheimer Modells blieb nach Identitätskrisen wenig übrig, die Helden von 2008 zogen fort: Eduardo nach Russland, Ba nach England, Obasi nach Schalke, Ibisevic nach Stuttgart. Der Transfer von Luiz Gustavo zu den Bayern löste 2011 die Trennung von Rangnick aus. Etliche Trainer-, Manager- und Konzeptwechsel folgten, es ging tendenziell abwärts. **MORITZ KIELBASSA**

SZENE DER SAISON
Heynckes' Kurz-Comeback

Jupp Heynckes tritt auf den Trainingsplatz an der Säbener Straße, hinter ihm Co-Trainer Hermann Gerland, dahinter die Bayern-Spieler; feixend: Lukas Podolski. Jürgen Klinsmann ist weg, entlassen, fünf Spieltage vor Ende einer verkorksten Saison. Wolfsburg, der Tabellenführer, hatte gerade in Cottbus verloren, Bayern-Manager Uli Hoeneß witterte prompt die Chance, doch noch Meister zu werden – kam aber zu dem Schluss, dass dies eher ohne als mit dem Trainer Klinsmann noch klappen könnte. Heynckes? War gerade für ein paar Tage bei Familie Hoeneß zu Gast gewesen, lange geplant, am Morgen des 27. April 2009 flog er zurück ins Rheinland. „Kurz nachdem wir in Düsseldorf gelandet sind, klingelte das Telefon." Für den Pensionär Heynckes beginnt ein spektakulärer zweiter Trainerfrühling: Die Bayern führt er als Zweiter in die Champions League, dann übernimmt er Leverkusen – und kehrt 2011, mit 66, für zwei weitere Jahre nach München zurück. Und die Bayern spielen plötzlich furios wie nie!

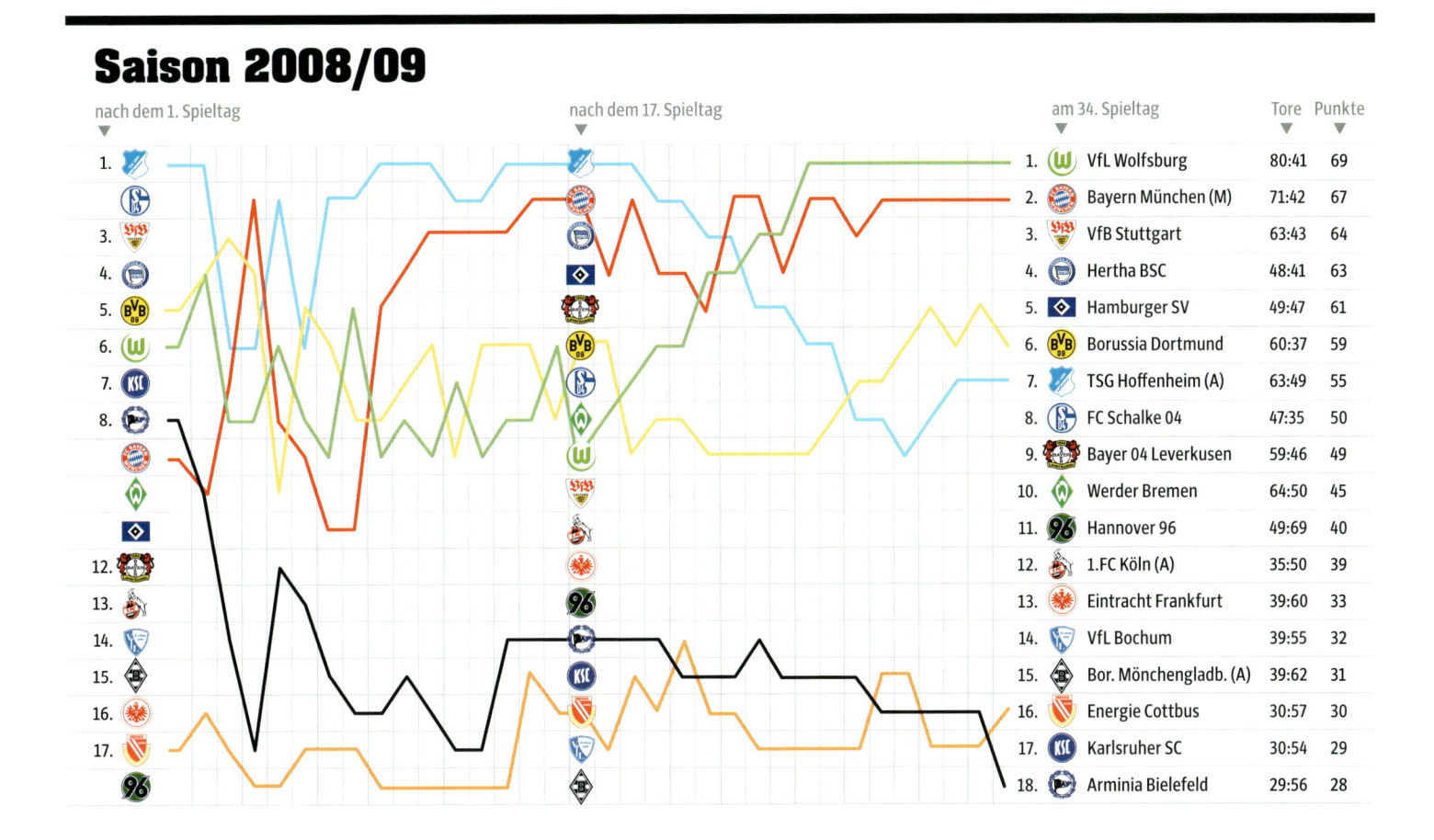

Saison 2008/09

am 34. Spieltag	Tore	Punkte
1. VfL Wolfsburg	80:41	69
2. Bayern München (M)	71:42	67
3. VfB Stuttgart	63:43	64
4. Hertha BSC	48:41	63
5. Hamburger SV	49:47	61
6. Borussia Dortmund	60:37	59
7. TSG Hoffenheim (A)	63:49	55
8. FC Schalke 04	47:35	50
9. Bayer 04 Leverkusen	59:46	49
10. Werder Bremen	64:50	45
11. Hannover 96	49:69	40
12. 1.FC Köln (A)	35:50	39
13. Eintracht Frankfurt	39:60	33
14. VfL Bochum	39:55	32
15. Bor. Mönchengladb. (A)	39:62	31
16. Energie Cottbus	30:57	30
17. Karlsruher SC	30:54	29
18. Arminia Bielefeld	29:56	28

Achtung, Turbulenzen! Wie immer nach großen Turnieren. Die Nationalspieler sind müde, und da sich die meisten Nationalspieler beim FC Bayern befinden, ist der FC Bayern müde. Zur Halbzeit liegt Hoffenheim vorne, am Ende Wolfsburg. Die EM 2008 in Österreich und der Schweiz zeigt Wirkung. Wieder bestätigt sich: Turniere bringen Abwechslung in die Liga.

Urlaub von der zweiten Liga

Abstieg Ost: Energie Cottbus hielt von den Vereinen aus der ehemaligen DDR am beharrlichsten durch. Im Jubiläumsjahr 2013 hatten sich aber alle Ost-Klubs längst verabschiedet.

Energie-Riegel geknackt: 2009 müssen Kapitän Timo Rost und seine Cottbuser zurück in die Zweitklassigkeit.

Ostklubs in der Liga

Hansa Rostock	1991/92
	1995/96 bis 2004/05
	2007/08
Energie Cottbus	2000/01 bis 2002/03
	2006/07 bis 2008/09
Dynamo Dresden	1991/92 bis 1994/95
VfB Leipzig	1993/94

14 Namen: Tomislav Piplica, Faruk Hujdurovic, Janos Matyus, Bruno Akrapovic, Andrzej Kobylanski, Moussa Latoundji, Vasile Miriuta, Laurentiu Reghecampf, Rudi Vata, Franklin, Antun Labak sowie die Einwechselspieler Witold Wawrzyczek, Jonny Rödlund und Sabin Ilie. Das Spiel, an dem diese Männer im Trikot des FC Energie Cottbus teilnahmen, erbrachte nur ein 0:0 gegen den VfL Wolfsburg. Der Hörfunk-Reporter der ARD jedoch erklärte diesen 6. April 2001 im Stadion der Freundschaft zum „Tag für die Ewigkeit". Erstmals hatte eine Mannschaft in der Bundesliga ohne einen deutschen Profi gespielt.

Ein Aufschrei ging durch die Liga, von einem schwarzen Tag für den deutschen Fußball war die Rede. Ottmar Hitzfeld eröffnete eine Diskussion über die Talentförderung. Doch in Cottbus wehrten sie sich. Und zwar in jener direkten Art, die ebenfalls zum Markenzeichen dieses kleinen, kauzigen Klubs wurde. „Seien wir doch ehrlich", sagte der Vereinssprecher Ronny Gersch, „hier, nahe der polnischen Grenze, wollen viele Fußballprofis doch nicht einmal tot überm Zaun hängen."

Und überhaupt, befand Trainer Eduard Geyer, gehe es in Brandenburg „nicht so gemütlich zu wie in den Nachwuchszentren anderer Klubs. Hier gibt es weniger Geld, dafür härtere Arbeit. Deshalb kriegen wir nur Ausländer".

Eduard Geyer war viele Jahre das Gesicht des FC Energie. Geyer war der letzte Auswahlcoach der DDR, der im Westen nie einen Job in der ersten Reihe bekam: „Die Bundesliga wollte mich nicht, also musste ich in die Bundesliga kommen." Ein Motto, das für viele Cottbuser galt. Zahlreiche Osteuropäer spielten in den beiden, jeweils dreijährigen Erstligaphasen (2000 bis 2003; 2006 bis 2009) für den Verein. Viele nutzten die Lausitz als Sprungbrett.

Das große Geld floss meist an Cottbus vorbei. Die Bundesliga-Zugehörigkeit, die sie stets als Urlaub von der zweiten Liga bezeichneten, haben sie sich nicht erkauft, sondern zwei Mal erkämpft. Ihr Etat war immer der kleinste. Die Taktik hieß zumeist: Mauern („Energie-Riegel") und lange Bälle nach vorne schlagen. „Wir müssen eklig sein", nannte das Geyer. Lange Zeit ergab das eine Mischung, die sogar Branchengrößen in die Knie zwang. Im Oktober 2000 unterlag der FC Bayern 0:1. Damals verfasste der Theaterkritiker Gottfried Blumenstein noch nach jedem Spiel Haikus und Sonette auf Energie:

„Stolzgeschwellt mit Brust /
blickte Kahn rückwärts /
Pandämonium."

Dem knorrigen Geyer verdankte Cottbus einen gewissen Unterhaltungswert ob seiner Sprüche, vor denen keiner sicher war, vor allem nicht die Spieler: „Manche haben eine Berufsauffassung wie die Nutten von St. Pauli. Die rauchen, saufen und huren rum." Wenn seine schweißtreibenden Methoden kritisiert wurden, knurrte er: „Wer dehnen will, der muss nach Dänemark. Bei mir wird gelaufen." 2004 verabschiedete sich Geyer unter Tränen.

> **Zwei Kanzler als Fans: Welcher Klub kann das noch von sich behaupten?**

Den zweiten Aufstieg schaffte sein langjähriger Assistent Petrik Sander. „Wir wollen uns als gallisches Dorf darstellen", sagte er. Aber erst im Oktober 2009, also vier Monate nach dem zweiten Abstieg, erzielte in Clemens Fandrich mal ein Spieler aus dem eigenen Nachwuchs ein Tor für Cottbus. Trotzdem wurde der FC Energie all die Jahre auf Plakaten als „Stolz des Ostens" gefeiert. „Im Osten geht die Sonne auf! Wir sind das Licht! Wir sind die Energie" – so begrüßte Cottbus seine Gegner in der Bundesliga. Ein Verein für eine Region.

Ausgerechnet Cottbus. Die Einwohnerzahl war nach der Wende von 128 000 auf unter 100 000 gesunken, jeder vierte Cottbuser hatte keine Arbeit. Wie wichtig auch deshalb der Verein für die Menschen sei, wurde oft betont. Vor allem, wenn die Prominenz anrückte: Welcher Klub kann schon von sich behaupten, zwei Kanzler als Fans zu haben? Erst Gerhard Schröder, dann Angela Merkel. Beide sprachen vom „Leuchtturm im Osten". Ein kleiner Klub – und so eine tragende Rolle.

Bei jedem Heimspiel legte Antje Schlodder, die dafür zuständig ist, dass im VIP-Bereich die Würstchen nie ausgehen, den Trainern ein rotes Poesiealbum hin. Christoph Daum zum Beispiel verewigte sich darin so: „Alles Denkbare ist auch machbar." Sogar die Bundesliga, ganz tief im Osten. Wenigstens auf Zeit. **MATTHIAS WOLF**

Fahrstuhl zur Halbwelt

Abstieg West: „Unzerbrechlich, unvergesslich, unermesslich stark" – das ständige Rauf und Runter hat die Anhänger von Arminia Bielefeld nur noch in ihrer Treue gestärkt.

Am 23. Mai 2009 stieg Arminia Bielefeld zum siebten Mal aus der Bundesliga ab. Business as usual, hätte man denken können. Doch die Trauer war groß. Präsident Hans-Hermann Schwick klagte: „Das war der schlimmste Abstieg von allen." Bielefeld hatte sich schon auf die sechste Bundesliga-Saison in Serie gefreut, so lange hintereinander hatte der Klub noch nie erstklassig gespielt. Doch durch ein 2:2 gegen Hannover rutschte die Arminia am letzten Spieltag vom drittletzten auf den letzten Tabellenplatz ab. „Das ist der bitterste Tag meiner Karriere", sagte Kapitän Rüdiger Kauf nach seinem 170. Bundesligaspiel für Bielefeld.

Kauf ist der Erstliga-Rekordspieler des Rekordabsteigers und Rekordaufsteigers. Auch Bielefelds Bundesliga-Rekordschütze, der Pole Artur Wichniarek (45 Tore), stand beim fatalen Remis auf dem Platz. Ein Klub wie die Arminia kann sich offenbar nur schwer wehren gegen das ständige Auf- und Absteigen. Als wäre es Schicksal.

Im Jahr 2005 wurde Arminia hundert Jahre alt, aber die Ausstellung zum Jubiläum haben sie nicht etwa „100 Jahre Arminia" genannt. Sondern „100 Jahre Leidenschaft". Die Fußballer in Bielefeld haben ihren Fans immer wieder Kummer bereitet, aber wo Kummer ist, ist bekanntlich auch Trost. Das Prunkstück der Jubiläums-Ausstellung war kein Pokal, kein Silberzeug, kein Jubelfoto, nichts Ruhmreiches im klassischen Sinne. Die Arminia hat nie etwas Relevantes gewonnen. Das Prunkstück der Bielefelder Jubiläums-Ausstellung war ein Fahrstuhl.

Im Mai 2009 nannte der damalige Sportdirektor Detlev Dammeier, eine Bielefelder Berühmtheit, die Arminia entschuldigend „einen Verein zwischen den Welten". Und nachdem sie sich in ihrer Halbwelt neun Spiele in Serie ohne Sieg erlaubt hat-

---

„Knien Sie nieder, Sie Bratwurst", sagte der Trainer Middendorp.

---

ten, fiel ihnen zum Saisonfinale etwas ganz Besonderes ein: Am letzten Spieltag hatte Jörg Berger hier seinen letzten Auftritt als Trainer. Nur für ein einziges Spiel, dieses 2:2 gegen Hannover, wurde er geholt, er ersetzte Michael Frontzeck. Die Rettung misslang. Ein Jahr später erlag Berger mit 65 Jahren seinem Krebsleiden.

Der Cheruskerfürst Arminius hatte einst den Römern in der Varusschlacht im Teutoburger Wald unweit Bielefelds eine historische Niederlage beigebracht. Arminius hätte sich vermutlich gefreut, dass ihm fast 1900 Jahre später ein Bielefelder Sportverein das Namenspatronat übertrug. Allerdings nahmen sich die Fußballer des Klubs die Siegermentalität des früheren Kriegsherrn nur unzureichend zum Vorbild. Insgesamt verbrachte Arminia gerade mal 17 Jahre in der ersten Liga. Zwei achte Plätze in den frühen Achtzigern waren das Höchste der Gefühle.

Zu schnelles Ab- und Auftauchen führt bei Tiefseetauchern zu lebensgefährlicher Dekompression, und unter wirtschaftlichen Gesichtspunkten war auch die Arminia beim Rauf und Runter immer wieder in ihrer Existenz bedroht. Mehrfach stand sie am Abgrund, weil die Kapitalakquise fürs riskante Fußballgeschäft im ostwestfälischen Niemandsland eine Herausforderung darstellt. Diesem Manko trotzend, ist der Verein allerdings nie in den Niederungen des Amateurfußballs verschwunden.

Dies verhinderten in den wilden Neunzigern der Manager Rüdiger Lamm und sein Trainer Ernst Middendorp, die als skurrilstes Duo der Klubgeschichte gelten. „Ich bin verrückt, aber er ist wahnsinnig", hat Lamm einmal über Middendorp gesagt, dessen Exzentrik vor allem Berichterstatter zu spüren bekamen. Mit der legendären Tirade „Knien Sie nieder, Sie Bratwurst", demütigte Middendorp einst einen unliebsamen Radiomann. 1994 wurde er zum zweiten Mal Trainer in Bielefeld und führte den Klub von der dritten in die erste Liga. Dafür wurde er 2005 zum Trainer jener Bielefelder „Jahrhundert-Elf" erkoren, in der Spieler wie Uli Stein, Frank Pagelsdorf, Thomas von Heesen, Bruno Labbadia oder Ewald Lienen verewigt sind. 2007 heuerte Middendorp ein drittes Mal an. Lange blieb er nicht, doch es genügte, um nun mit 93 Spielen Arminias Bundesliga-Rekordtrainer zu sein.

„Unzerbrechlich, unvergesslich, unermesslich stark", nannten die Fans ihren Klub auf einem Transparent, bevor die Mannschaft im Mai 2013 aus der dritten Liga aufstieg und wieder einmal von unten in die zweite Liga zurückkehrte. Die vielen Klassenwechsel haben die Fans abgehärtet und ihre Treue nur gestärkt. Nicht einmal der siebte Bundesliga-Abstieg 2009, genau 104 Jahre nach der Vereinsgründung im Restaurant „Modersohn" im Keller des alten Bielefelder Rathauses, hatte daran etwas ändern können.

ULRICH HARTMANN

Rekordabsteiger

Arminia Bielefeld	7	1972, 1979, 1985, 1998, 2000, 2003, 2009
1. FC Nürnberg	7	1969, 1979, 1984, 1994, 1999, 2003, 2008
MSV Duisburg	6	1982, 1992, 1995, 2000, 2006, 2008
Hertha BSC	6	1965, 1980, 1983, 1991, 2010, 2012
VfL Bochum	6	1993, 1995, 1999, 2001, 2005, 2010
Karlsruher SC	6	1968, 1977, 1983, 1985, 1998, 2009
KFC Uerdingen	5	1976, 1981, 1991, 1993, 1996
FC St. Pauli	5	1978, 1991, 1997, 2002, 2011
1. FC Köln	5	1998, 2002, 2004, 2006, 2012

Rekordtorschütze geschockt: Artur Wichniarek betrauert den Abstieg.

Letzter Mann

Der Künstler Rudi Kargus hat in der Bundesliga 23 Elfmeter gehalten.
Er mag es nicht, dass seine Bilder interpretiert werden, gibt aber zu, dass sich die Einsamkeit
im Tor in dem spiegelt, was er malt. Ein Atelierbesuch. *Von Holger Gertz*

Rudi Kargus: „Endlager", Öl auf Leinwand, 120 x 170 cm

Auf der Homepage von Rudi Kargus kann man sich durch viele der Bilder klicken, die er gemalt hat, genauso interessant ist aber das Foto von Kargus. Man muss ein wenig suchen, bis man es findet. Kargus von hinten, auf dem Trainingsplatz bei Hamburger Schietwetter. Mitte der Siebziger, man erkennt das an seiner Frisur und dem Hitachi-Werbedruck auf dem Rücken. Daneben ein Fernsehmann mit einer dieser damals noch gigantischen TV-Kameras. Der Mann hat die Kamera schon im Anschlag, aber Kargus stapft an ihm vorbei, die Torwartpranke wie ein winziges Schutzschild hochgerissen.

Ein kleines Foto, es erzählt die ganze Geschichte. Kargus sagt: „Es gibt Leute, die glauben, ich hätte den Fußball nicht gemocht. Das stimmt aber nicht. Ich habe den Fußball geliebt, das Spiel, die Dramatik, die Stimmung. Aber die Öffentlichkeit, das Drumherum? Die Urteile, die über einen gefällt werden? Das habe ich gehasst."

Rudi Kargus steht in seinem Atelier in Norderstedt, ein ehemaliger Stall im Nirgendwo des platten Landes. Bauernhöfe in der Nähe, der Wald. Und weiter weg Himmel und Horizont. Ein später Wintertag. Die Heizung ist kaputt, die Kälte schleicht sich an, man glaubt, sogar im Haus Atemwölkchen zu sehen. Kargus ist ein freundlicher, fürsorglicher Mensch, es klingt hamburgisch, aber auch immer noch pfälzisch, wenn er spricht. „Wenn uns zu kalt wird, ziehen wir weiter: Ich weiß, wo man hier einen Kaffee kriegt."

Die Farben riechen wie Benzin, so ein Atelier ist immer auch Maschinenraum. Kargus trägt einen Wollpulli und eine Mütze, beides schwarz. Ein Künstleroutfit. Der Begriff trifft es, wenn damit gemeint ist: die zweckmäßige Kleidung eines Mannes, der sein Leben vor der Staffelei verbringt. Der Begriff träfe es nicht, wenn damit gesagt werden sollte: Da hat sich einer nur verkleidet.

Rudi Kargus, 1952 in Worms geboren, war Torwart, Bundesligaprofi von 1971 bis 1989, in Hamburg und Nürnberg und sonstwo. Seine große Zeit, das war die beim HSV. Drei Länderspiele, er gehörte wie Burdenski, Nigbur, Kleff und Franke zu denen, die in der Nationalelf nicht an Sepp Maier vorbeikamen. In der Bundesliga hat er 23 Strafstöße gehalten, mehr als jeder andere, sie haben ihn Killer genannt, Elfmetertöter. Das sind die

Begriffe, auf die Menschen da draußen jemanden bringen, den sie regelmäßig im Stadion sehen und deshalb zu kennen glauben. „Das Wort Killer kennzeichnet meinen Charakter sicher nicht", sagt Rudi Kargus.

Aber die Keeper und die Linksaußen, das sind doch immer die Verrückten in der Mannschaft, oder? „Na, jetzt haben wir ja bald alle Klischees durch", sagt Rudi Kargus, lächelt. Das stille Lächeln eines Menschen, der freundlicher Distanz vertraut und lieber zu wenig sagt als zu viel. Er hat schon früher nicht gern Interviews gegeben. In der bunten HSV-Truppe der ausgehenden Siebziger redeten andere, Dr. Krohn aus dem Management und Felix Magath aus der Spielfeldmitte. Jimmy Hartwig und Kevin Keegan sangen sogar.

Den Elfmeter hält am Ende eher der Sensible. Also einer, der die Angst des Schützen lesen kann, weil er seine eigene Angst kennt, die Angst des Torwarts. „Der Torwart macht ja in der Regel keine Fehler, die nur auf sein Konto gehen. Wenn er einen Fehler macht, schadet er der ganzen Mannschaft", sagt Kargus, der sich gegen die Versagensängste gewappnet hat durch harte Arbeit auf dem Trainingsplatz. Wer ihn Musterprofi nennt, hängt ihm jedenfalls kein falsches Etikett um. „Wenn ein Trainer gesagt hat, jetzt lauf mal im Entengang vier Mal durch den Strafraum – dann habe ich das gemacht." Er hat an Fußball gedacht, nur an Fußball. In einem seiner Ausstellungskataloge steht: „Ich habe zwanzig Jahre meines Lebens in der Gruppe verbracht."

Rudi Kargus ist mit dem Hamburger SV Pokalsieger und Meister geworden, 1977 holte er den Europacup der Pokalsieger. Als er – viel später – mal gefragt worden ist, was ihm dieser Triumph heute bedeutet, ist ihm ein schöner, schwebender Satz eingefallen: „Am liebsten hätte ich den Titel gemalt." Der Satz stand später dann auch als Motto über einer seiner Ausstellungen.

Das neue Leben des Rudi Kargus begann Mitte der Neunziger, begleitet wurde es von den alten Geistern. Als es hieß, der Kargus malt jetzt – da hatte er bald wieder die Menschen von den Boulevardmedien am Telefon. Kurz hat er überlegt, unter Pseudonym zu malen, aber das wäre auch irgendwie hingebogen gewesen. Seine Bilder sind ja keine Aufmerksamkeitsschreie eines Freaks, seine Bilder sind: er selbst. Und sein Leben als Maler ist nicht das zweite Leben des Rudi Kargus, es ist eine Antwort auf das erste, als er Teil einer Gruppe war. „Malen ist dagegen etwas, das man allein macht, allein mit sich und dem Material", sagt er. „Es kommt vor, dass ich komplett am Ende bin nach einem Tag im Atelier. Aber nicht, weil ein Trainer mich über den Platz gejagt hat. Weil mich das Bild fertiggemacht hat. Ein tiefes, echtes Gefühl."

Der Profifußballer ist immer auch ein dressierter Mensch, der Künstler ein befreiter. Rudi Kargus ist so frei, dass er sich treiben lassen und fallen lassen kann. Er malt und malt und merkt manchmal gar nicht, wie kalt das eigentlich ist in diesem riesigen Atelier. Wenn er malt, ist es warm. Wenn er spricht, bleibt es kalt: „Wie gesagt: Da draußen wartet irgendwo Kaffee."

Kargus hat die Malerei gelernt, bei Markus Lüpertz zum Beispiel, der Kunstdozent Jens Hasenberg wurde sein Mentor. Er malt großformatig. Öl auf Leinwand, Öl und Acryl auf Leinwand. In seiner frühen Schaffensphase war Fußball als Motiv überhaupt kein Thema, dann war Fußball ein starkes Thema. Er malte Russenköpfe, aus der Erinnerung: Die Gesichter von Igor Netto und Eduard Strelzow hatte er als Kind in ein Sammelalbum geklebt. Inzwischen malt er keine Fußballer mehr, und die Russenköpfe sind verkauft. Wenn man durchs Atelier geht, oder durch eine seiner Ausstellungen, vereinigen sich die Wirkungen der Gemälde zu einem Eindruck, und bestimmt ist das ein Ausweis der Klasse eines Malers: dass das, was er malt, mit dem Betrachter etwas macht. Es liegt nicht nur an der fehlenden Heizung, dass man friert. Die Menschen, die Kargus malt, stehen in einer aus den Fugen geratenen Welt, die Menschen sind klein, sie blicken vom Betrachter weg oder in eine Maske hinein. Sie haben keine sichtbaren Freunde oder Gefährten, sie sind ausgeliefert. Die Bilder heißen „Aufm Posten" oder „Schweigen", „Endlager" oder „Last Man".

Der Künstler: einst im Tor, heute an der Staffelei. „Es kommt vor, dass ich komplett am Ende bin nach einem Tag im Atelier", sagt Rudi Kargus, „ein tiefes, echtes Gefühl."

Letzter Mann also, und der letzte Mann ist ja: der Torwart. Rudi Kargus sagt, er mag es nicht, wenn einer ein Bild so und so interpretiert. Das ist ihm zu aufdringlich. Wenn man malt, steht es am Ende nicht 3:1. Kunst ist etwas, das schweben soll und schwebt. Seit einiger Zeit kann er es gelten lassen, dass er offenbar auch schon Torwarte gemalt hat, ohne Torwarte gemeint zu haben. „Also, dass die Einsamkeit im Tor sich spiegelt in dem, was ich jetzt male: Das ist bestimmt so."

Ein paar seiner Bilder stehen verpackt an der Wand, sie werden in den Ort Wallhöfen gebracht, nahe dem Künstlerdorf Worpswede, dort werden sie in der „kd.kunst" gezeigt, einer renommierten Galerie, deren Inhaberin Doris Dickert etwas später im Fernsehen sagen wird: Kargus sei für sie kein Fußballer, der malt. „Er ist ein Künstler, der mal Fußball gespielt hat."

Im Atelier zieht's. „Ist schon sehr kalt jetzt, oder?", fragt Kargus. Sein Wagen steht draußen, und dann geht es über Waldwege und leere Straßen zu einem Hotel in Quickborn, mit Gastronomie – früher, also zur Zeit der Regentschaft von Branko Zebec, haben die HSV-Fußballer in den Nächten vor den Heimspielen hier logiert. Den Kaffee wird der Portier gleich in einen Versammlungsraum bringen, der ziemlich exakt so aussieht wie damals, tiefe Siebziger. Kargus schaut sich um, er sagt: „Ich glaube, die Tische stehen noch genau so, wie wir sie damals bei der Mannschaftssitzung hingestellt haben."

Die Zeit ist eingefroren, Rudi Kargus schüttelt sich ein bisschen und rückt den Schal zurecht und setzt sich. Dann kommt schon der Kaffee.

2009/10

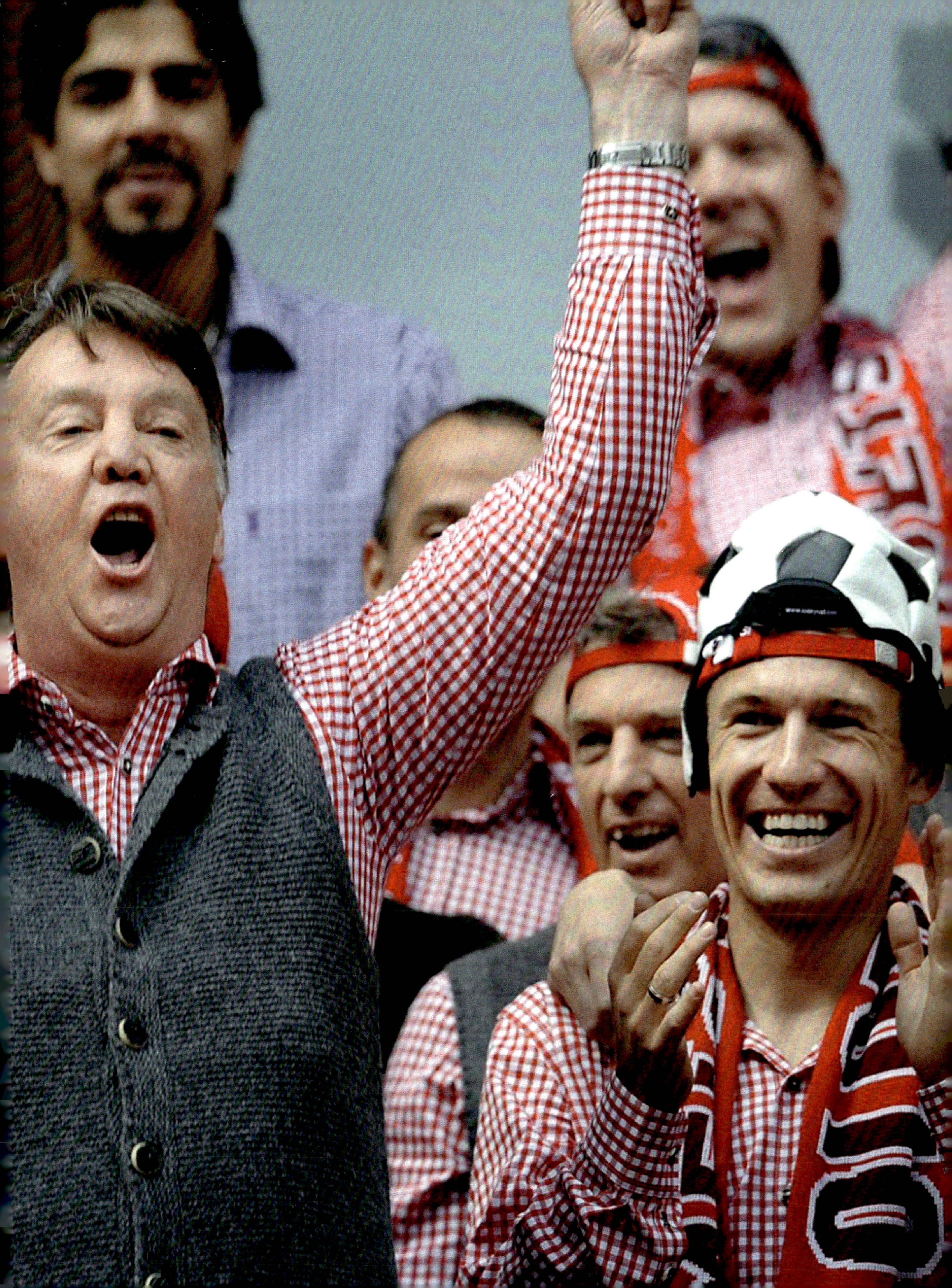

Gladiolen vom Feierbiest

Louis van Gaal gewann mit den Bayern das Double – aber der Erfolg machte ihn endgültig „beratungsresistent". Er gab den Oberlehrer, provozierte, hinterließ dem Klub aber auch eine stilistische Identität.

VON ANDREAS BURKERT

Die Männer um ihn herum sprangen durcheinander, umarmten sich und tanzten. Er stand zunächst nur da. Spät bewegte er den mächtigen Körper: Louis van Gaal blickte hoch zu den teuren Plätzen der Münchner Arena. Wie ein Supermarktscanner speicherte er jeden ab in seinem Gelehrtenhaupt. Die Nörgler aus der Champagner-Loge. Den Vorstand. Den ungeduldigen Präsidenten.

Sein Blick fragte: Und jetzt, hallo – was sagt Ihr jetzt?!

Mai 2010, der FC Bayern feiert vorzeitig die Meisterschaft, nach einem 3:1 über Bochum. An das Spiel kann sich schon bald niemand mehr erinnern. Denkwürdig aber bleibt die Münchner Stimmungslage: hier die Genugtuung van Gaals, der eine Woche darauf auf dem Rathausbalkon die Herrschaft über „Öropa" ausrufen sollte, der auf dem Marienplatz seine strammen Waden entblößte und dem steifen Oberbürgermeister ein Tänzchen abrang. Und dort der Verein, die Erleichterung über das Happy End einer komplizierten Liaison: Van Gaal hat den FC Bayern doch geschafft!

Das dachten jedenfalls die meisten damals, auch der Holländer selbst, der mit den Bayern zudem den DFB-Pokal gewann und das Champions-League-Finale gegen Inter Mailand ehrenhaft verlor. Er habe diesen Wettbewerb ja schon mit Ajax Amsterdam gewonnen, er sei Meister mit dem FC Barcelona gewesen, schwelgte er mit kehligem Akzent: „Aber Bayern München ist der beste Verein, bei dem ich gearbeitet habe, von der Organisation und den Möglichkeiten, die wir hier haben."

Es ist eine sonderbare Beziehung, die Aloysius Paulus van Gaal und die Bayern im Frühjahr 2009 eingingen und die ein Jahr später fast vom historischen Triple gekrönt worden wäre: Alphatiere unter sich. Man kann ja nicht sagen, dass die Münchner nicht gewusst hätten, worauf sie sich einließen, als sie diesen arroganten, amüsanten, klugen, großkotzigen, liebenswürdigen Fußballgelehrten verpflichteten.

Als kauziger Patriarch galt der frühere Bondscoach schon immer, als Journalistenhasser, der überall Theater hatte, und der laut eigener Auskunft ein exklusives Gut besitzt: die einzig richtige Meinung zu allem. Doch der schwäbische Trainerpraktikant Jürgen Klinsmann hatte die Bayern eben verstört mit seinem Rudimentärwirken: Sie lechzten nach einem Fußballlehrer, nach einem Superhirn des Spiels.

Fußball ist allerdings auch in Zeiten von Konzepttrainern simpel: Wer mehr Tore schießt, gewinnt. Und das ist das Problem zum Start von van Gaals Debütsaison. Er lässt junge Kerle spielen, sie heißen Thomas Müller oder Holger Badstuber. Er lehnt barsch das Angebot ab, Sami Khedira zu verpflichten, es gebe da ja diesen Knirps, David Alaba. Und einem Etablierten wie Luca Toni zieht der strenge Herr, den seine erwachsenen Töchter zu siezen haben, im Wortsinn die Ohren lang – er habe sich am Tisch nicht zu benehmen gewusst. Auf dem Rasen experimentiert Mijnheer van Gaal wie wild mit der Aufstellung und sagt: „Ich bin ein Prozesstrainer."

Nach dem achten Spieltag sind die Bayern Achter. Sie stolpern in der Champions League. Und auf dem Oktoberfest tönt der Prachtkerl in Lederhose auch noch, er sehe darin aus „wie Gott". Es steht so arg um den Brachialrhetoriker, dass Kapitän Philipp Lahm all seinen Mut in ein Interview packt, in dem er die Einkaufspolitik und fehlende Visionen der Klubführung anprangert – und van Gaal in Schutz nimmt. Denn inhaltlich fühlt sich die Mannschaft bei ihm (noch) gut aufgehoben. Kurz vor Weihnachten gewinnen die Bayern plötzlich 4:1 bei Juventus Turin, wundersam wird der K.o. in der Champions League vermieden.

Auch in der Liga gibt es zu dieser Zeit irre Szenen: Franck Ribéry springt van Gaal nach einem Tor an; Schweinsteiger und Arjen Robben jagen ihn so enthemmt, dass er sich eine Zerrung holt. Gefeiert wird der 22. Meistertitel des FC Bayern – van Gaal hat eine spröde Erfolgsmaschine interessant, ja sexy gemacht; mit seiner Manie zu Ballkontrolle und Organisation, dank Artisten wie Robben, Ribéry oder dem coolen Spargeltarzan Müller. Den Bayern fliegen landesweit Sympathien zu. Ihr Ballkreiseln schaut schon ein bisschen nach Barcelona aus.

Doch es folgen irritierende Instinktlosigkeiten, mit denen van Gaal eine vorgezeichnete Ära zur Episode verkürzt. Im Oktober 2010, nur fünf Monate nach dem Double-Gewinn, ist sein Team erneut schwer in Tritt gekommen: acht Zähler aus sieben Spielen – schlechtester Ligastart der Bayern überhaupt. Das Ballkreiseln wirkt beliebig, die Defensive instabil. Van Gaal wird fachlich angreifbar. Und ihm

Alphatier grüßt Alphatier: Trainer van Gaal (links) und Präsident Hoeneß zeigten sogar beim Handschlag ihre herzliche Abneigung.

kommt endgültig jedes Gespür für die Innenpolitik abhanden.

Van Gaal bittet die hohen Herren des Vereins in diesen sportlich unerfreulichen Tagen in Schuhbecks Südtiroler Stuben. Zur Vorführung eines Oberlehrers. Er hat ein Buch geschrieben, es sind sogar zwei: 280 Seiten Biografie aus dem Leben eines Sportlers, eines als Kleinkind drangsalierten Letztgeborenen einer elfköpfigen, erzkatholischen Familie. Im zweiten Buch: 162 Seiten „Vision".

Bei der Präsentation sitzen alle in der ersten Reihe: Rummenigge, Hoeneß, der junge Sportchef Nerlinger. „Leider muss ich die Kultur dieses Klubs hinnehmen", bekommen sie zu hören. Im Vorstand würden Ex-Stars sitzen, die dummerweise „für die heutigen Stars ein offenes Ohr haben. Das hat etwas Schönes, doch ich halte es für den falschen Umgang". Dann werden Vorstand Karl-Heinz Rummenigge und der ins Präsidentenamt gewechselte Vereinsarchitekt Hoeneß einzeln nach vorne zitiert. Van Gaal übergibt sein drei Kilo schweres Bibelpaket. „Für Sie ist es auch wichtig, das zu lesen", sagt er zu Hoeneß.

Auch ein Flügelstürmer prägte die holländische Bayern-Phase: Arjen Robben.

Kein Zufall, dass es Hoeneß ist, der bald ein Zerwürfnis offenbart. Er kritisiert öffentlich einen „beratungsresistenten" Alleinherrscher. Ein Wort ergibt das andere, und im Winter sucht van Gaal die Konfrontation. Er tauscht, ohne offiziell zu informieren, den Torhüter: Der junge Thomas Kraft ersetzt den erfahrenen Jörg Butt. Ein sportliches Wagnis, aber auch eine Attacke auf die Vereinspolitik: Die Bayern sind sich zu diesem Zeitpunkt längst einig mit Schalkes Manuel Neuer; der solide Butt war bis zum Sommer als Platzhalter vorgesehen.

Fünf Spieltage vor Saisonende, die Qualifikation zur Champions League ist in Gefahr, wird van Gaal entlassen. Nach einem 1:1 in Nürnberg – Torwart Kraft hatte das Gegentor verschuldet.

Louis van Gaal hat den Bayern viel hinterlassen. Wortschöpfungen wie „Tod oder Gladiolen" zum Beispiel, sein Outing als „Feierbiest", wunderbare Spieler wie Müller und Alaba, sowie: eine stilistische Identität, eine Basis für die Zukunft. Sie wissen das sehr wohl, auch Hoeneß. Er hatte van Gaal zu seinem 60. und 61. Geburtstag eingeladen. Doch das Feierbiest blieb daheim.

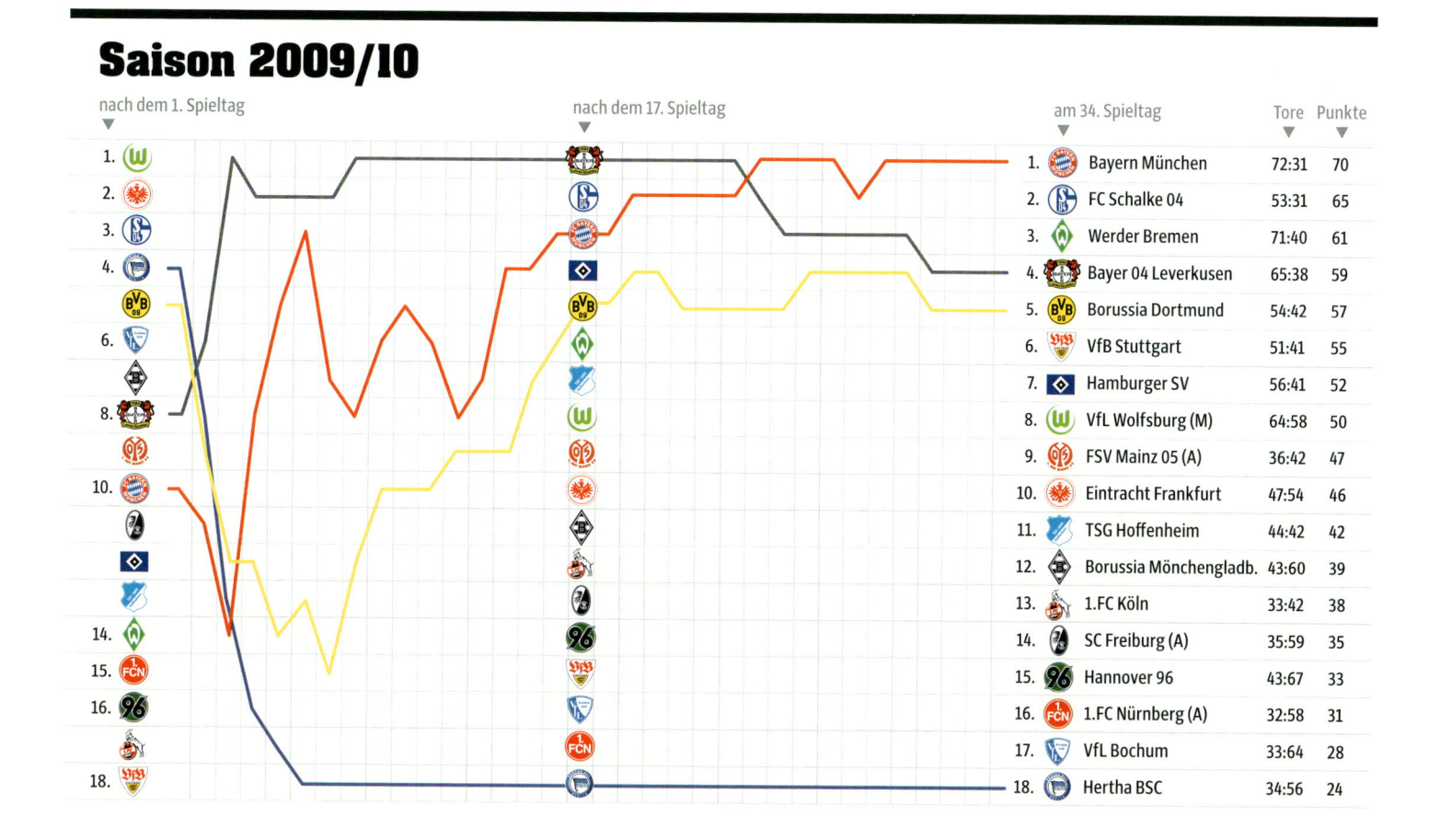

Saison 2009/10

am 34. Spieltag	Tore	Punkte
1. Bayern München	72:31	70
2. FC Schalke 04	53:31	65
3. Werder Bremen	71:40	61
4. Bayer 04 Leverkusen	65:38	59
5. Borussia Dortmund	54:42	57
6. VfB Stuttgart	51:41	55
7. Hamburger SV	56:41	52
8. VfL Wolfsburg (M)	64:58	50
9. FSV Mainz 05 (A)	36:42	47
10. Eintracht Frankfurt	47:54	46
11. TSG Hoffenheim	44:42	42
12. Borussia Mönchengladb.	43:60	39
13. 1.FC Köln	33:42	38
14. SC Freiburg (A)	35:59	35
15. Hannover 96	43:67	33
16. 1.FC Nürnberg (A)	32:58	31
17. VfL Bochum	33:64	28
18. Hertha BSC	34:56	24

Wichtig ist ganz unten: Nach 13 Jahren wird die Hauptstadt wieder Fußball-Provinz. Berlin fremdelt im Olympiastadion, nur ein Heimspiel kann gewonnen werden. Oben legt Leverkusen unter Trainer Heynckes eine Serie hin, erst am 25. Spieltag wird in Nürnberg (2:3) erstmals verloren. Bei Titelverteidiger Wolfsburg wird Trainer Veh früh entlassen – auf Platz zehn liegend.

„Man schafft nicht alles"

Aus Angst, den Fußball oder die Familie zu verlieren, verheimlichte Robert Enke seine Depression. Der Tod des Nationaltorwarts berührte die Menschen auf eine besondere Weise. *Von Ralf Wiegand*

Was für eine Meldung das war: Die deutsche Nummer eins, zu welcher der jeweils erste Fußballtorwart der DFB-Auswahl seit jeher stilisiert wird, als habe er einen Rang über Bundespräsident und Kanzlerin, dieser Beste der Besten hatte sich umgebracht. Es war eine dieser Nachrichten, weswegen man einen Bekannten anruft, um sie ihm als Erster zu erzählen.

Hast Du schon gehört?

Wie oft Robert Enke an diesen Bahnschranken wohl gehalten hat in den fünf Jahren, die er in Hannover spielte? Dreimal kreuzen die Gleise die Landstraße, die der Torwart nehmen musste, um von seinem Bauernhof in Empede zum Training in die Stadt zu fahren. Auf der Trasse rasen die ICEs vom Norden in den Süden, die Regionalbahnen pendeln zwischen Hannover und Bremen, die Güterzüge verteilen die Waren vom Hamburger Hafen aus in alle Winkel des Landes. Es ist eine viel befahrene Bahnstrecke, berüchtigt bei der Polizei. Auch in dieser verregneten, in dieser sterbensgrauen Nacht, in der der 10. November 2009 zu Ende ging, blinkten am Übergang Eilvese, einem Ortsteil von Neustadt am Rübenberge, nach 23 Uhr die Signallampen alle drei Minuten, schlossen sich die Holme, raste ein Zug vorbei. Eine Stunde zuvor hatte die Polizei die Gleise wieder freigegeben, auf denen Robert Enke gestorben war.

Robert Enke war depressiv, und er hatte latente Selbstmordgedanken. Nun hatte er ihnen nachgegeben. Diese Wahrheiten über einen der besten deutschen Leistungssportler, über eine öffentliche Person, waren Nachrichten aus der Dunkelheit. Am Tag nach Enkes Selbstmord versuchten Valentin Markser, Facharzt für Psychiatrie, und Teresa Enke, die Witwe, zu erklären, warum der Nationaltorhüter das Leben nicht mehr bewältigen konnte.

„Wir dachten, wir schaffen alles, mit Liebe geht das", sagte Teresa Enke: „Aber man schafft nicht alles."

Der Tod von Robert Enke berührte die Menschen auf eine besondere Weise. Nicht, dass es nicht immer traurig wäre, wenn ein junger Mensch, und Enke war erst 32 Jahre alt, sein Leben hergibt. Noch dazu auf diese Weise, einsam an einem Provinzbahnhof, der von Ferne aussieht wie aus dem Bausatz eines Faller-Modells zusammengeklebt. Der kleine Bahnhof, die alte Kneipe, der beschrankte Bahnübergang. Das ist kein Ort zum Sterben, es ist ja nicht mal ein guter Ort zum Leben. Hier in der Nähe liegt das Grab, in dem Enkes Tochter Lara bestattet ist, gestorben 2006 an den Folgen eines angeborenen Herzfehlers, mit zwei Jahren. So viel geschafft, so viel ertragen. Robert Enke war auch wegen dieser Geschichte für viele ein besonderer Mensch.

Es war eine andere Art der Verehrung als sonst im Showgeschäft Fußball üblich, die der stille Torwart erfuhr, weniger sportliche Begeisterung, eher Respekt für sein gemeistertes Leben. Mit dem Tod der Tochter ist Enke offen umgegangen. Manche sind richtig erschrocken, als er zwei Tage danach schon wieder im Tor von Hannover 96 stand. Aber es war seine Sache, es blieb seine Sache. Das Ereignis, das ihn tief verletzte, schützte ihn gleichzeitig vor zu viel Nähe. Enke konnte sich im Betrieb Profifußball so bewegen, wie er es wollte. Er hielt sich das Geschäft auf Distanz, und niemand hätte gewagt zu fordern, diese Distanz aufzulösen.

In Hannover waren sie dankbar dafür, dass das Leben ihn hier festgehalten hatte. Enke hätte die Welt noch einmal offen gestanden, nachdem er in Hannover zur Nummer eins gereift war. Aber er unterschrieb bei 96, weil er bleiben wollte, wo seine Tochter bleiben musste.

Die Fans liebten ihn dafür. Er reagierte nur mit kleinen Gesten auf die Sprechchöre im Stadion. Das musste genügen. Der Respekt für Robert Enke gründete auf dieser Distanz. Sein Engagement für den Tierschutz wertete man als Ausgleichshandlung. Er galt als sozial und glaubwürdig. Als er nach dem Tod seines Kindes sogar Nationaltorhüter wurde, da musste er es doch geschafft haben. Da war er doch wieder zurück auf seinem Platz in der Gesellschaft und im System. Wo die Enkes wirklich geblieben waren in diesem Prozess, wissen nur sie.

Dass Traurigkeit und Melancholie in Enkes Blick nie verschwanden, verlieh ihm zusätzlich die ganz eigene Glaubwürdigkeit des vom Leben Gezeichneten. So wirkte Enke, der diesen Schlag weggesteckt hatte, robust und vertrauenswürdig. „Er war nach außen so stark, ruhig und gefasst", hatte ein Fan in seinem Abschiedsgruß an Enke geschrieben, ihn sorgfältig laminiert und ins Meer von Trauerbekundungen vor dem Stadion geworfen. Regentropfen perlten ihm ab wie Tränen. Und weiter stand da: „Doch keiner konnte seine wahren Qualen erkennen."

Wer die Nacht von Robert Enkes Tod erlebt hat, in Hannover, der wird sie nicht vergessen. Auf den Stufen der Arena am Maschsee schien es, als sei tatsächlich der Verlust eines Freundes zu beklagen. Bis weit nach Mitternacht kamen Menschen zum Stadion, brachten ihre Traurigkeit mit und ihr Schweigen. Zwanzig Vereinsfahnen, aufgepflanzt auf Mauersockel, wehten auf Halbmast. In einem weißen Pavillon hatte der Verein ein Pult aufgebaut und ein Kondolenzbuch aufgelegt. Hunderte Fans stellten sich an, im Regen, andere legten nebenan Kerzen und Trikots ab, einen Torwarthandschuh. Blumen. Sie formten Botschaften aus Teelichtern. Sie weinten in Kameras und betranken sich still.

Der letzte Tag im Leben von Robert Enke war ein Tag der Lügen gewesen. In dem Abschiedsbrief, den die Polizei später fand, entschuldigte er sich bei seinen behandelnden Ärzten und seiner Familie für die bewusste Täuschung. Valentin Markser, der Kölner Arzt, sagte, dass Enke noch am Nachmittag dem Chefarzt einer Klinik, der eine stationäre Aufnahme zur Behandlung seiner Depression in Erwägung gezogen hatte, absagte mit der Begründung, ihm gehe es gut.

Für den nächsten Tag hatte er ein Interview mit der *Süddeutschen Zeitung* vereinbart, tags darauf wollte er mit einem anderen Journalisten sprechen fürs Jahrbuch von Hannover 96. Einem Freund, der ihn kurz am Handy hatte, sagte er einen Rückruf für den Abend zu. Er erschien, wie immer, zum Vormittagstraining. Robert Enke habe, sagte Markser, seinen „seelischen Zustand bewusst verschleiert, um den Selbstmord zu planen".

Erfolgreich leben, das hatte für die Enkes eine eigene Bedeutung. Ihr Mann Robert, sagte Teresa Enke, habe unbändige Angst gehabt, seine Krankheit öffentlich zu machen, die schon 2003 zum ersten Mal aufgetreten war, als er in Barcelona spielte. Ober besser: wenig spielte. „Er hatte Angst, seinen Sport und sein Privatleben zu verlieren. Das ist Wahnsinn." Die Enkes hatten im Mai ein Mädchen adoptiert, und Robert Enke habe die Angst umgetrieben, das Amt könnte ihnen das Kind wegnehmen, wenn es vom depressiven Vater erfahren würde. Teresa Enke hatte sich längst informiert, „das war nicht so", aber sie erreichte ihren Mann nicht mehr.

An seinem Todestag, am Dienstag, 10. November 2009, alarmierte der Verein Enkes Berater Jörg Neblung, nachdem der Torwart das Nachmittagstraining unentschuldigt versäumt hatte. Der Manager und Freund rief besorgt Teresa Enke an. Sie fand Robert nicht mehr. Er hatte irgendwann am frühen Abend seinen schwarzen Geländewagen über die Bahnanlage in Eilvese gelenkt, war in einen dunklen Stichweg eingebogen, hatte zehn Meter von den Gleisen entfernt geparkt. Er ließ den Wagen unverschlossen zurück, die Geldbörse auf dem Beifahrersitz. Gegen 18.25 Uhr erfasste ihn der Regionalexpress 4427.

Die Krankheit, von der er geheilt zu sein schien, nachdem er sich schon 2004 in Therapie begeben hatte, war im Sommer 2009 zurückgekehrt. Im Oktober besuchte Enke wieder den Arzt in Köln, weil er sich seit Wochen in einer Krise fühlte. Teresa Enke schilderte, wie sie ihrem Mann zu helfen versuchte. „Ich habe ihn zum Training begleitet, ich habe versucht, ihm Perspektive und Hoffnung zu geben." Sie hätten doch sich, sie hätten Leila, das adoptierte Mädchen, sie hätten Lara gehabt: „Es gibt nichts Auswegloses."

Doch Robert Enke hatte da seinen Entschluss wohl gefasst. Der Fußball genügte nicht mehr als Ausgleich. Das Spiel war „sein Lebenselixier, sein Ein und Alles", sagte Teresa Enke, und doch war es auch der Fußball, der ihn nicht offen über seine Krankheit reden ließ. „Depression ist ein Tabu", sagte Vereinssprecher Kuhnt.

Der traurigste Ort in der Nacht seines Todes war der Biergarten in Stadionnähe. Dort schauen die Fans von Hannover 96 sonst bei jedem Wetter im Freien die Spiele ihres Klubs auf einem großen Monitor. In dieser Nacht war ein Bild von Robert Enke eingeblendet, die ganze Nacht, ein schwarz-weißes Porträt. Dazu tröpfelte aus den in Bäumen aufgehängten Lautsprechern ein Lied in einer Endlosschleife. Die Biertische und Bierbänke waren leer, der Regen trommelte den Takt. Robert Enke schaute von der Videoleinwand. Ab und zu kam ein Fan vorbei und setzte sich auf die von nassem Laub bedeckten Stufen, zückte sein Handy, filmte das Bild und nahm die Musik auf. Es ist eine Erinnerung an eine sterbensgraue, verregnete Nacht, in der sie Robert Enke verloren.

Er war ein Mensch, der ihnen nahe war. Zumindest erschien es immer so.

2010/11
2011/12

Leibhaftiger Glückskeks

Furchtbar jung, furchtbar gut war die Mannschaft, die Jürgen Klopp zu zwei Titeln führte. Er besitzt die Begabung, nicht immer, aber oft guter Laune zu sein. Das ist ansteckend.

Als Jürgen Klopp am 7. November 2010 für das WDR-Kabarett „Zeiglers wunderbare Welt des Fußballs" vernommen werden sollte, blieb kaum Zeit zur Vorbereitung. Arnd Zeigler, der die mitternächtliche Show aus seinem Bremer Wohnzimmer moderiert, war mit Kamerateam nach Hannover gekommen und hatte Klopp nur kurz zugerufen, er wolle ein Interview mit harten Fragen zur ernüchternden Lage beim BVB führen. Mit Fragen, die sich „vor allem Zuschauer aus dem Gelsenkirchener Raum wünschen". Dortmunds Trainer sagte spontan zu. Es war genau der richtige Zeitpunkt für ein investigatives, schonungsloses Interview.

Borussia Dortmund war gerade im dritten Jahr unter Trainer Klopp. Am elften Spieltag hatte Dortmund neun Siege gesammelt, lag an der Tabellenspitze, mit vier Punkten Vorsprung, und die Fußball-Nation staunte über diese furchtbar junge, furchtbar gute Mannschaft. Mit Nobodys wie Mats Hummels, Neven Subotic, Nuri Sahin, Marcel Schmelzer, Kevin Großkreutz oder Shinji Kagawa. Der Stern einer Mannschaft ging auf, Klopps Mannschaft.

An diesem Nachmittag in Hannover hatte Dortmund 4:0 gewonnen und den Gegner schwindlig gespielt. Zeigler begann bierernst und kritisch zu fragen, als taumele der BVB dem Abstieg entgegen.

„Was soll ich sagen", antwortete Klopp mit improvisierter Leichenbittermiene, „die Mannschaft befolgt meine Vorgaben nicht. Man muss sich fragen, ob ich noch der Richtige bin." Und über seinen weitgehend arbeitslosen Torwart Roman Weidenfeller: „Was soll ich machen? Wir haben keinen anderen. Wir müssen ihn uns wohl schöntrinken."

Im Internet wurde das Krisen-Interview ein Klassiker. Kein Interview sagt mehr über Dortmunds Trainer als das Nonsens-Gespräch, über das er einen Tag später nur meinte: „Hätte mir der Zeigler zehn Minuten mehr Zeit gegeben, es wäre noch viel besser geworden."

Jürgen Klopp ist eine Rampensau und er liebt die Kleinkunstbühne. Das Stadion überlässt er seinen Spielern, in Dortmunds Fußball-Kathedrale ist er – trotz seiner bisweilen extremen Gefühlsshow vor der Trainerbank – erstaunlicherweise ein meist fast schon passiver Genießer der Atmosphäre. Doch im kleinen Kreis, egal ob eine Kamera da ist oder nur ein paar Rentner nach dem Training ein Autogramm wollen oder einen Tipp fürs Wochenende – da knipst sich das wichtigste und wahre Talent des Jürgen Klopp automatisch an. Klopp ist dann ganz bei sich, und während er seine ironischen und selbstironischen Worte zu allem Möglichen fließen lässt und ansteckende Lachanfälle einstreut, schmunzeln und strahlen die Leute um ihn herum.

Gnadenlos charmant: Wenn Jürgen Klopp nicht Dortmunder Meistertrainer geworden wäre, hätte er wahrscheinlich „Wetten, dass ..?" gerettet.

> **Die Besessenheit eines leicht verrückten Fußball-Professors brodelt in ihm.**

Jürgen Klopp hat die Gabe, gute Laune zu verbreiten unter den Menschen. Seine Spieler sind fast zu beneiden. Mit seiner Aura kann Klopp tatsächlich ein Gemeinschaftsgefühl vermitteln, das hochansteckend zu sein scheint. An die wenigen schlechten Tage, an denen dieser Trainer Leute auch mal mit erstaunlicher Selbstherrlichkeit anfaucht, kann sich dann meist keiner mehr erinnern. Er selbst wohl am wenigsten.

Als Jürgen Klopp 2008 nach Dortmund kam, kam er als keineswegs immer erfolgreicher Trainer des knapp nicht wiederaufgestiegenen Zweitligisten Mainz 05, war aber schon eine Art Popstar des Fußballs. Der BVB plakatierte „Kloppo" großformatig dort, wo einen sonst die Kanzler-Kandidaten der Parteien auf riesigen Postern anlächeln: entlang der prächtigen Allee des Westfalendamms. Klopp sollte die Dauerkarten-Verkäufe ankurbeln.

Die Mehrheit der Dortmunder kannte ihn ein bisschen als Trainer, umso mehr aber aus dem Fernsehen. Da co-moderierte er mit Johannes B. Kerner bei WM- und EM-Spielen der Nationalelf genau so, wie ihn später ganz Fußball-Europa direkt kennenlernen sollte: gnadenlos charmant. Klopp, geboren in Stuttgart, ist so, wie sich der Ruhrgebietler am liebsten selber sieht, schlagfertig, ehrlich, echt. „Wenn ich nicht Trainer geworden wäre", sagt er manchmal, „wäre ich Moderator von irgendeiner Nachmittags-Talkshow geworden." Das stimmt nicht, und Klopp weiß, dass er eher „Wetten, dass ..?" gerettet hätte.

Doch die Oberfläche dieses leibhaftigen Glückskekses öffnet sich einen Spalt weit, wenn man Dortmunds Meistertrainer von 2011 und 2012 nur ein bisschen genauer anschaut. Aus dem Spalt blitzt dann die Besessenheit eines leicht verrückten Fußball-Wissenschaftlers, eines Professors des Gegenpressings. Spiele würde er im Fernsehen am liebsten aus einer „höher gehängten Hintertorkamera" beobachten, weil ihm das die interessantesten Informationen liefert. Aber auch ohne solche unkonventionellen Perspektiven verbringt Klopp seine vermeintlich freie Zeit am liebsten vor dem Fernseher, mit Frau Ulla an der Seite, um endlos Fußballspiele von der DVD einzusaugen, um zu beobachten, zu analysieren, Gegenmittel auszudenken, Strategien auszutüfteln. Was kann man gegen wen tun? Und was kann man von wem abgucken?

Wäre Klopp ein Computer-Freak im Silicon Valley, er hätte wochenlang in seinem Büroabteil übernachtet und Pizzaschachteln aufgetürmt. Und dann hätte er vermutlich einen genialen Internet-Browser erfunden, der all die bunten Bilder des Fußballs fachgerecht sortieren hilft.

So ein Gerät halt, das auch gute Laune macht.

FREDDIE RÖCKENHAUS

Klopps Bart und die Folgen

Trainer seit Juli 2008

Borussia Dortmund
Jürgen Klopp	ab 7/2008

Hamburger SV
Martin Jol	7/2008 – 6/2009
Bruno Labbadia	7/2009 – 4/2010
Ricardo Moniz	4/2010 – 6/2010
Armin Veh	7/2010 – 3/2011
Michael Oenning	3/2011 – 9/2011
Rodolfo Cardoso	9/2011 – 10/2011
Thorsten Fink	seit 10/2011

Historischer Irrtum: Warum der HSV Klopp verschmähte.

Selten ist eine Trainer-Laufbahn so stringent aufwärts verlaufen wie jene von Jürgen Klopp. Im Sommer 2008 kam er aus Mainz, wo er seit 2001 gearbeitet hatte, zu Borussia Dortmund. In der Saison 2008/2009 erreichte die Borussia Rang sechs, 2009/2010 wurde die Borussia schon Fünfter – anschließend folgten zwei Meisterschaften. Alles hätte ganz anders kommen können, wenn die damaligen Verantwortlichen des Hamburger SV im Jahre 2008 nicht zu sehr auf Mode und Bartwuchs geachtet hätten. Das erklärte Klopp in einem Meister-Interview, das am 15. Mai 2011 in der *Bild am Sonntag* unter der Überschrift „Alles hing an einem Barthaar" veröffentlicht wurde:

„Die Vorstände Bernd Hoffmann und Katja Kraus wollten mich. Aber der Sportdirektor Didi Beiersdorfer konnte sich einfach nicht entscheiden. Also hatte er einen Scout losgeschickt, damit der wohl mal so guckt, wie ich ausschaue. Und dann war man überrascht, dass ich so aussehe, wie ich aussehe. Da hab' ich dann bei Herrn Beiersdorfer angerufen und gesagt: ‚Falls ihr noch Interesse habt – ich sage hiermit ab!' Nein, das ging ja gar nicht." Klopp weiter: „Wer in diesem Geschäft arbeitet, der muss wissen, wie ich arbeite. Da muss ich keinen Scout an die Linie beim Training stellen. Das ist dilettantisch. Genauso wie die Einschätzung, ich wäre unpünktlich. Das hat mich damals sehr getroffen. Denn es gibt wahrscheinlich keinen pünktlicheren Menschen als mich. Und dann hieß es noch, ich sei immer nach der Mannschaft auf den Trainingsplatz gekommen, wäre schlecht rasiert und hätte Löcher in den Jeans. Also, diese Beurteilung war echt daneben. Wobei, halt! Das mit dem ‚schlecht rasiert', das stimmte natürlich."

HÄNGENDE SPITZE
Uns Liste

„Ich hatte eine Liste von 60 bis 70 Trainern, die in Frage kamen" – diesen bemerkenswerten Satz hat HSV-Sportdirektor Frank Arnesen im Oktober 2010 gesagt. Eine Aussage, die in der Branche damals für erhebliche Verblüffung sorgte, weil niemand wusste, dass es so viele Trainer überhaupt gibt. Allerdings: Frank Arnesen hatte Recht. Dem ehemaligen Nachwuchschef des FC Chelsea war es als Kenner des dänischen, englischen, deutschen und nicht zuletzt des Hamburger Marktes tatsächlich gelungen, eine höchst imposante Liste zu erstellen. Durch mehrere Indiskretionen sämtlicher Aufsichtsräte wurde der *SZ*-Redaktion ein Schmierzettel zugespielt, auf dem exakt 70 Namen stehen, unter anderem auch der des am Ende verpflichteten Thorsten Fink. Ein Blick auf die Liste beweist: Er hatte starke Konkurrenz. Hier die Liste in voller Länge:

1. Uns Uwe, 2. Frank Arnesen, 3. Franz Beckenbauer, 4. Michael Oenning, 5. Horst Hrubesch, 6. Jürgen Klopp, 7. Armin Veh, 8. Pep Guardiola, 9. Ernst Happel, 10. der U19-Trainer des FC Chelsea, 11. Otto Rehhagel, 12. Peter Neururer, 13. Kevin Keegan, 14. Bernd Hoffmann, 15. Louis van Gaal, 16. Katja Kraus, 17. Manni Kaltz, 18. Ole von Beust, 19. Jose Mourinho, 20. Lotto King Karl, 21. Peter Neururer, 22. Uns Uwe seine Frau, 23. Diego Maradona, 24. Helmut Schmidt, 25. Jürgen Röber, 26. Carl-Edgar Jarchow, 27. Urs Siegenthaler, 28. der U18-Trainer des FC Chelsea, 29. Bernd Hollerbach, 30. Ditmar Jakobs, 31. Branko Zebec, 32. Huub Stevens, 33. Loddarmaddäus, 34. Frank Pagelsdorf, 35. Peter Neururer, 36. Diego Maradona sein Double, 37. Andy Brehme, 38. Uns Uwe sein Schwiegersohn, 39. Felix Magath, 40. Hellmuth Karasek, 41. Amsel, 42. Drossel, 43. Fink, 44. Star, 45. Vicente del Bosque, 46. Silvia Neid, 47. Buffy Ettmayer, 48. Peter Neururer, 49. Sergej Barbarez, 50. Oliver Bierhoff, 51. Käpt'n Blaubär, 52. MS Europa I, 53. Thomas Doll, 54. Udo Lattek, 55. Uns Uwe sein Enkel, 56. Joachim Löw, 57. der U17-Trainer des FC Chelsea, 58. Frank Rost, 59. Ailton, 60. Peter Neururer, 61. Michael Stich, 62. Mehmet Scholl, 63. Reinhold Beckmann, 64. Thomas von Heesen, 65. Goleo, 66. Air Bäron, 67. MS Europa II, 68. Stig Töfting, 69. Peter Neururer, 70. **CHRISTOF KNEER**

2011 war das Jahr des Ruhrgebiets. Dortmund gewann die Meisterschaft, Schalke den Pokal. Ein Comic von Guido Schröter zu einer traditionsreichen Rivalität.

SZENE DER SAISON
Die Bruchweg-Boys

Ihren größten Auftritt hatte die Band im Aktuellen Sportstudio. André Schürrle an der Gitarre, Adam Szalai am Schlagzeug, Lewis Holtby am Mikro, das Lied: „Rot und Weiß", die Hymne des FSV Mainz 05. Das Trio grinste hauptsächlich, aber das reichte in diesen Tagen. Am Nachmittag hatte Mainz 05 den FC Bayern 2:1 besiegt, es war der sechste Sieg im sechsten Spiel der Saison 2010/2011, Mainz hatte die Tabellenführung verteidigt. Thomas Tuchel galt als idealtypischer Vertreter des sogenannten Konzepttrainers, smart, eloquent, zudem hatte er einen Matchplan. Sein Team stellte er taktisch flexibel ein, in der Offensive wirbelte das Trio, das als Bruchweg-Boys bekannt wurde: Schürrle, Szalai, Holtby. Mainz gewann auch das siebte Spiel und stellte damit den damaligen Bundesliga-Startrekord ein, gehalten vom FC Bayern (1995/96) und Kaiserslautern (2001/02). Die Saison beendete das Team mit der besten Platzierung der Vereinsgeschichte, als Tabellenfünfter. Danach wechselten Schürrle und Holtby, zurück am Bruchweg blieb Szalai. Als Solist.

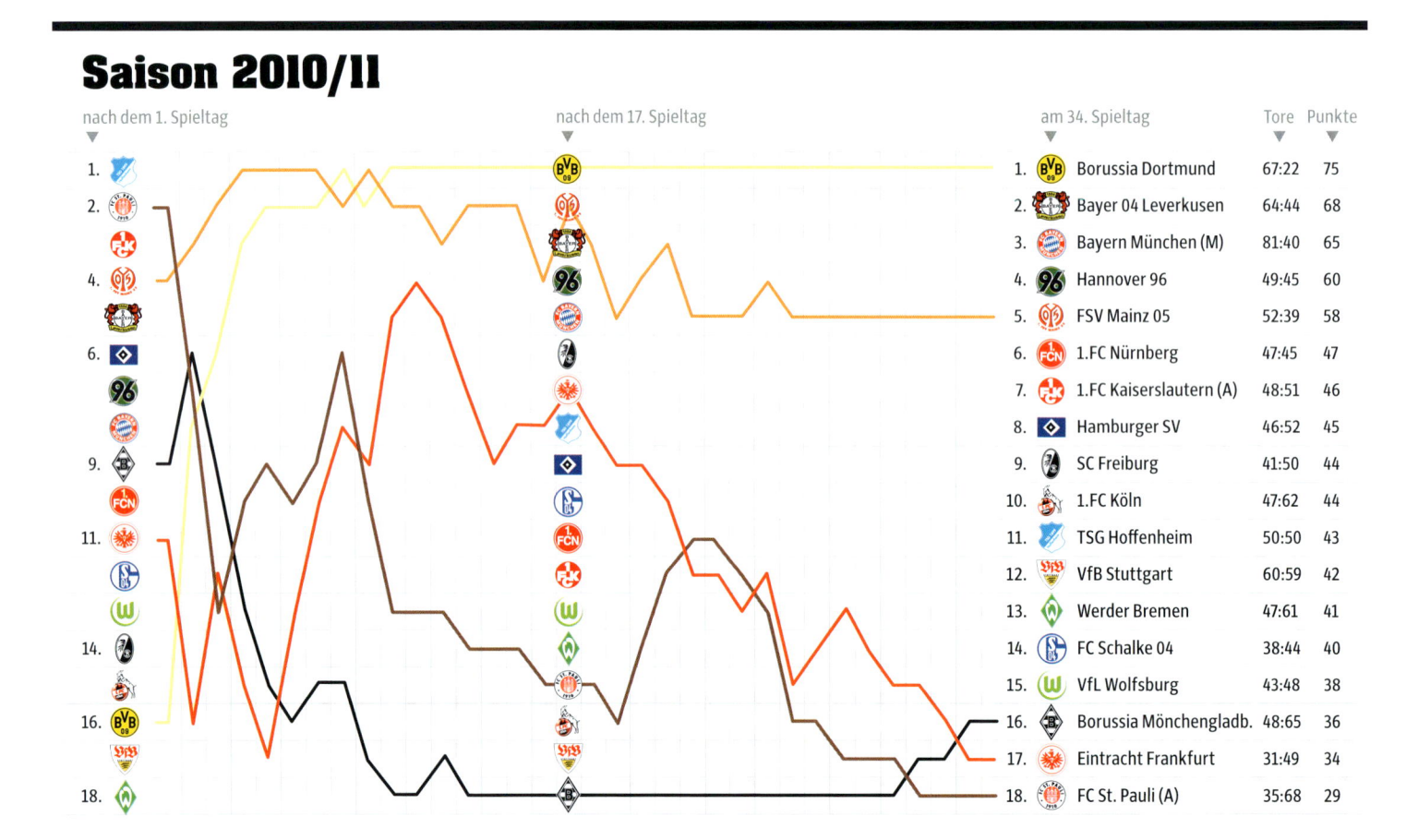

Saison 2010/11

Platz	Verein	Tore	Punkte
1.	Borussia Dortmund	67:22	75
2.	Bayer 04 Leverkusen	64:44	68
3.	Bayern München (M)	81:40	65
4.	Hannover 96	49:45	60
5.	FSV Mainz 05	52:39	58
6.	1.FC Nürnberg	47:45	47
7.	1.FC Kaiserslautern (A)	48:51	46
8.	Hamburger SV	46:52	45
9.	SC Freiburg	41:50	44
10.	1.FC Köln	47:62	44
11.	TSG Hoffenheim	50:50	43
12.	VfB Stuttgart	60:59	42
13.	Werder Bremen	47:61	41
14.	FC Schalke 04	38:44	40
15.	VfL Wolfsburg	43:48	38
16.	Borussia Mönchengladb.	48:65	36
17.	Eintracht Frankfurt	31:49	34
18.	FC St. Pauli (A)	35:68	29

Die Frankfurter Eintracht zeichnet eine der interessantesten Kurven (rot!), die je in der Liga herausgespielt wurde. Nach der Hinrunde noch Europapokal-Kandidat, muss Trainer Michael Skibbe nach dem 27. Spieltag trotz eines 2:1 gegen St. Pauli gehen. Nachfolger wird Christoph Daum, der in sieben Spielen sieglos bleibt. Ähnlich deprimierend verläuft die Formkurve von St. Pauli.

SZENE DER SAISON
Borussia Barcelona

Mitten in der Saison 2011/2012 stellte ein Fan von Borussia Mönchengladbach einen Zusammenschnitt ins Internet, er nannte ihn: „Borussia Barcelona". Zu sehen waren Szenen der Borussia aus der laufenden Spielzeit, und wie der Titel versprach, zeigte das Video in erster Linie flinkes Kombinationsspiel auf engem Raum. Der Clip war eine Hommage an Lucien Favre, den Trainer des Teams. Der Schweizer hatte Mönchengladbach im Februar 2011 übernommen, als abgeschlagenen Tabellenletzten. Nach 20 Punkten aus den verbliebenen zwölf Spielen erreichte das Team die Relegationsspiele, besiegte dort den VfL Bochum. In der folgenden Saison zeigte Mönchengladbach schnelles, direktes Kurzpassspiel, gewann zwei Mal gegen die Bayern, wurde Vierter. Vor der Qualifikation zur Champions League behauptete Favre: „Ich bin kein Harry Potter." Sein Team scheiterte an Dynamo Kiew. Ob Favre nicht doch zaubern kann, darüber wird in Fachkreisen weiter diskutiert.

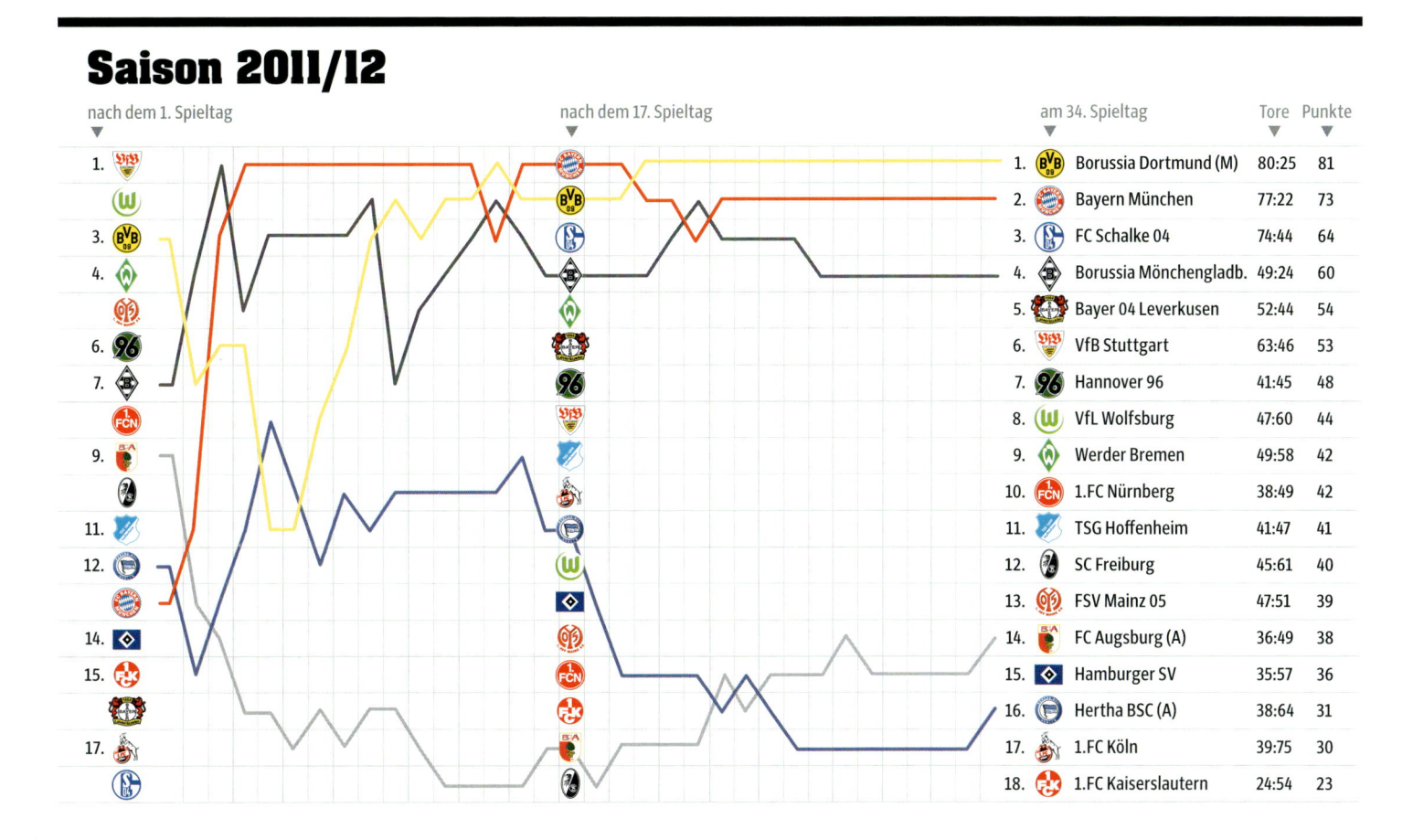

Saison 2011/12

am 34. Spieltag	Tore	Punkte
1. Borussia Dortmund (M)	80:25	81
2. Bayern München	77:22	73
3. FC Schalke 04	74:44	64
4. Borussia Mönchengladb.	49:24	60
5. Bayer 04 Leverkusen	52:44	54
6. VfB Stuttgart	63:46	53
7. Hannover 96	41:45	48
8. VfL Wolfsburg	47:60	44
9. Werder Bremen	49:58	42
10. 1.FC Nürnberg	38:49	42
11. TSG Hoffenheim	41:47	41
12. SC Freiburg	45:61	40
13. FSV Mainz 05	47:51	39
14. FC Augsburg (A)	36:49	38
15. Hamburger SV	35:57	36
16. Hertha BSC (A)	38:64	31
17. 1.FC Köln	39:75	30
18. 1.FC Kaiserslautern	24:54	23

Die Vize-Bayern: Zweiter in der Meisterschaft, Zweiter im Pokal (2:5 gegen Dortmund), Zweiter in der Champions League. In Berlin schließt sich ein Kreis: Otto Rehhagel, der am 1. Spieltag 1963 für die Hertha verteidigte, versucht sie nun zu retten. Vergeblich! Als dritter Trainer (nach Babbel, nach Skibbe) tritt er an, die Relegation aber geht gegen Düsseldorf verloren.

SAISON 2010/2011, 2011/2012

Elfmeterpunktklau

Plötzlich stürmen die Fans von Fortuna Düsseldorf von allen Seiten aufs Feld. Sie glauben, dass das Spiel vorbei ist und sich ihre Mannschaft mit einem 2:2 im Relegations-Rückspiel 2012 gegen Hertha BSC den Bundesliga-Aufstieg gesichert hat – einer schneidet vor lauter Freude sogar den Elfmeterpunkt heraus (oben). Doch alle täuschen sich, der Pfiff von Schiedsrichter Stark war mitnichten der Schlusspfiff. Als sich der Irrtum herausstellt, ist es erstaunlich, wie schnell die Zuschauer wieder vom Rasen verschwunden sind und die Partie nach 20-minütiger Unterbrechung zu Ende gebracht werden kann. Spätere Proteste der Berliner gegen die Spielwertung sind erfolglos.

„Nochmal: Sie sind eine blöde Sau!"

Böse Worte, böse Taten: Die längsten Sperren, die für Vergehen auf dem Platz verhängt wurden, waren meist die Folge von Scharmützeln mit dem Schiedsrichter.

Sieben Monate
Lewan Kobiaschwili: Das Vergehen soll nach Abpfiff im Kabinengang passiert sein. Hertha BSC war 2012 in einer hitzigen Relegation gegen Düsseldorf abgestiegen. Tags darauf berichtete Schiedsrichter Wolfgang Stark, Kobiaschwili (Hertha) habe ihn mit der Faust in den Nacken geschlagen. Der Georgier stritt ab. Dennoch akzeptierte er seine Rekordsperre, ebenso den mit dem Staatsanwalt vereinbarten Strafbefehl: 60 000 Euro.

14 Wochen
Erwin Kremers: Eine Beleidigung kostete Kremers sogar die Teilnahme an der WM 1974. Der Schalker hatte Schiedsrichter Max Klauser im letzten Saisonspiel eine „blöde Sau" genannt. Klauser wollte sicherstellen, dass er sich nicht verhört hatte. Er fragte Kremers, was dieser gesagt hatte. Antwort: „Also jetzt noch einmal für Doofe: Sie sind eine blöde Sau." Dieses Mal hatte Klauser es genau gehört, er zeigte Kremers die rote Karte.

Acht Wochen
Michael Schulz: Dortmunds Verteidiger Michael Schulz fand nach einer Niederlage gegen Karlsruhe 1989 einen Schuldigen: den Linienrichter. Nach dem Schlusspfiff marschierte Schulz auf diesen zu, er hatte also genug Zeit, sich sein Handeln zu überlegen. Dann trat er dem Unparteiischen auf den Fuß und sagte: „Man sollte Dir auf die Fresse hauen." Der Linienrichter sah das anders, er meldete den Vorfall. Schulz wurde nachträglich gesperrt.

Sechs Monate
Timo Konietzka: Stoß vor die Brust, Tritt ans Schienbein, Wegschlagen der Trillerpfeife! 1860-Profi Konietzka (Bild, links) attackierte 1966/67 Schiedsrichter Max Spinnler, weil dieser auf 2:1 für Dortmund (Konietzkas Ex-Klub) entschieden hatte, trotz eines Handspiels. Ebenfalls die rote Karte sah sein Mitspieler Manfred Wagner (rechts), der Spinnler am Arm gepackt hatte, um auf den Linienrichter aufmerksam zu machen, der Handspiel anzeigte. Vergeblich. Wagners Sperre: drei Monate.

Zehn Wochen
Axel Kruse: Es war eine rote Karte im Pokal, die auch in der Liga zehn Wochen Pause zur Folge hatte – und es war die Aktion, nach der Axel Kruse den Ruf des bösen Buben nicht mehr loswurde. August 1993, Schiedsrichter Hans-Joachim Osmers entschied nicht auf Handelfmeter für den VfB Stuttgart gegen Kaiserslautern. Sein Unverständnis brüllte Kruse Osmers ins Gesicht („Osmers, was pfeifen Sie für eine Scheiße?") – so deutlich, dass der Referee über den Rasen purzelte.

Sieben Wochen
Paolo Guerrero: Die Situation war unscheinbar, eigentlich. Es lief die 54. Minute, Stuttgarts Torwart Sven Ulreich kam nahe der Eckfahne an den Ball, es bestand keine Gefahr. Doch dann rannte HSV-Stürmer Paolo Guerrero auf ihn zu, mit einem 40-Meter-Anlauf. Von hinten sprang der Hamburger Ulreich in die Beine, traf ihn mit dem ausgestreckten rechten Bein am linken Unterschenkel. Die Aktion im März 2012 war eine der letzten des heißblütigen Peruaners für den HSV.

Das Rätsel der Kurven

Die Ultra-Kultur ist auch in deutschen Stadien zur auffälligsten Fan-Kultur geworden.
Als sie im Zuge der 68er-Umwälzungen in Italien gegründet wurde, war sie links. Das Phänomen
bleibt vor allem eines: widersprüchlich. *Von Christoph Ruf*

Als am 24. August 1963 die Bundesliga ihre Einlasstore öffnete, waren Trenchcoats, Melonen und Schiebermützen die gängige Stadionbekleidung. Erst in den Siebzigern bekannten sich die Zuschauer auch optisch zu ihren Vereinen, die ersten Fanschals kamen auf. Später folgten die sogenannten „Kutten"-Fans. Deren einprägsamste Vertreter trugen eine mit Aufnähern übersäte Jeanskutte, Trikot und Schals, gerne mal derer fünf an einem Handgelenk. Man ging gemeinsam ins Stadion, trank ein paar Pils – und wartete auf das nächste Auswärtsspiel. Interessanterweise prägt dieser Typus bis in die Gegenwart die Vorstellung von Fernseh-Regisseuren, wenn es um die Illustration des Begriffspaars Fußball-Fan geht.

Im echten Leben wurden hingegen spätestens Ende der Neunzigerjahre die sogenannten „Ultras" die dominierende Subkultur. Modisch so gekleidet, dass sie auch in den Szenevierteln der Großstädte nicht auffallen würden, setzten sie sich bewusst von den als „Kutten"-Kultur verfemten Suff- und Prollritualen ab. Auch zu den prügelnden Hooligans herrschte eine unüberbrückbare Distanz – was sich allerdings mit der Zeit in einigen Stadien änderte. Im Idealfall präsentierten die Ultras auch deutlich originellere Anfeuerungen als die ewig gleichen „Zieht-den-Bayern-die-Lederhosen-aus"-Choräle.

Sozialarbeiter loben oft den Fleiß, mit dem Ultras von Montag bis Sonntag ihr Fandasein zelebrieren, indem sie über Wochen aufwändige Choreographien gestalten, Gruppen-Sitzungen abhalten, Stellungnahmen zur Fanpolitik über die sozialen Medien verbreiten oder zu Spielen befreundeter Ultra-Gruppen reisen. Während andere Jugendliche in autistischer Vereinzelung vor dem Computer sitzen, würden die Ultras ein aktives Leben leben, sie kämen in der Gruppe zu Entscheidungen und reflektierten ihr Tun. So betonen es Fanprojekt-Mitarbeiter, die zuweilen entsetzt sind, wenn ihr Klientel mal wieder mit stumpfen Gewalttätern gleichgesetzt wird.

Grundsätzlich sind sich die deutschen Ultragruppen nur in einem einig: DEN Ultra gibt es nicht, jede Gruppe interpretiert die Erfordernisse der Szene-Zugehörigkeit anders. Und das von der Gewaltfrage über die Organisationsstruktur bis hin zur politischen Orientierung. Es gibt Gruppen, die Überfälle auf rivalisierende Fangruppen für unabdingbar halten – und solche, die Gewalt konsequent ablehnen. Generell aber hat die Gewaltbereitschaft zugenommen. Es gibt Gruppen, die eine hierarchische Struktur haben. Bei ihnen ist meist der Vorsänger auf dem Zaun das Alphatier, wer als Jungspund zur Gruppe stößt, stellt sich erst einmal hinten an. Bei anderen Gruppen herrscht strikte Basisdemokratie, gespottet wird dort über das „Führerprinzip".

Die Ursprünge der Ultra-Kultur liegen in Italien. Dorthin reisten deutsche Fußballfans und importierten diese Art des Fanverhaltens in ihre Heimat-Kurven. Als Ideal galt nicht mehr der britische Fan, der bei langweiligem Ballgeschiebe schweigt und erst in der spannenden Schlussphase in Wallung gerät. Das Ideal war die Anfeuerung aus den italienischen Kurven, wo man 90 Minuten lang – weitgehend unabhängig vom Spielgeschehen – die Fahnen schwenkte und sang. Diese Art der Heldenverehrung erinnert ältere Stadionbesucher zuweilen an Massenaufläufe in Peking. Sie stoßen sich an der „Stimmungsdiktatur", die von den jugendlichen Enthusiasten ausgeht.

Doch die Ultrabewegung sah sich zumindest bei ihren italienischen Gründern nicht als jubelnde Staffage, sondern als kritische Gegenöffentlichkeit. Im Zuge der 68er-Umwälzungen machten in Bologna, Rom oder Mailand linksgerichtete Studenten die Fankurven zum selbstverwalteten gesellschaftlichen Experimentierfeld. Die noch heute typischen Ultra-Aktionsformen (Megaphon, Transparente, Choreographien) entstammen dieser linken Demo-Subkultur ebenso wie die Antihaltung gegen Polizei, Politik und Medien. Bis weit in die Neunziger waren dann auch viele italienische Ultrakurven linksgerichtet – nicht zuletzt jene des AC Mailand. Deren „brigate rossonere" (rot-schwarze Brigaden) verweisen dort nicht zufällig sowohl auf die Vereinsfarben als auch auf die politische Gesinnung.

Hierzulande gibt es einige wenige Gruppen, die kein Problem damit zu haben scheinen, dass sich Neonazis in ihrer Mitte tummeln, aber auch sehr viele, die sich links verorten. Und es gibt die große Masse an Gruppen, die sich als „unpolitisch" begreift, die aber keine rechte Agitation in ihrer Mitte duldet. Wenn rassistische Pöbeleien, wie sie im Frühjahr 2013 Italiens dunkelhäutiger Nationalstürmer Mario Balotelli in der Serie A ertragen musste, hierzulande kaum noch zu hören sind, liegt das nicht zuletzt daran, dass die Ultras die (oft rechten) Hooligans als dominierende Kraft in den Kurven abgelöst haben. In Italien ist die Ultra-Szene mit der Zeit drastisch nach rechts gerückt. Das Phänomen Ultra ist und bleibt also vor allem eines: widersprüchlich.

> „Dass rassistische Pöbeleien kaum noch zu hören sind, liegt nicht zuletzt daran, dass Ultras die Hooligans als dominierende Kraft abgelöst haben.

> **Timo Konietzka**
> 2. August 1938 bis 12. März 2012
>
> Liebe Freunde!
> Ich möchte mich an dieser Stelle ganz herzlich bei Exit bedanken, die mich am Montagnachmittag von meinen Qualen erlöst und auf dem schweren Weg begleitet haben. Ich bin sehr froh!
>
> Traurig bin ich nur, weil ich meine Claudia, meinen Sohn Oliver mit Moni und unsere Kinder Dina und Manuel mit Sämi und Tanja und die geliebten Enkelkinder Gregory, Larissa, Robin und Yven sowie unsere treue Wegbegleiterin Irma Herger verlassen muss.
>
> Macht alle das Beste aus Eurem Leben! Meines war lang und doch so kurz.
>
> Diese Anzeige gilt als Leidzirkular. Die Trauerfeier findet im engsten Familienkreis statt. Bitte keine Kondolenzen.
>
> Wir hoffen auf Euer Verständnis. Das ist mein Wunsch.

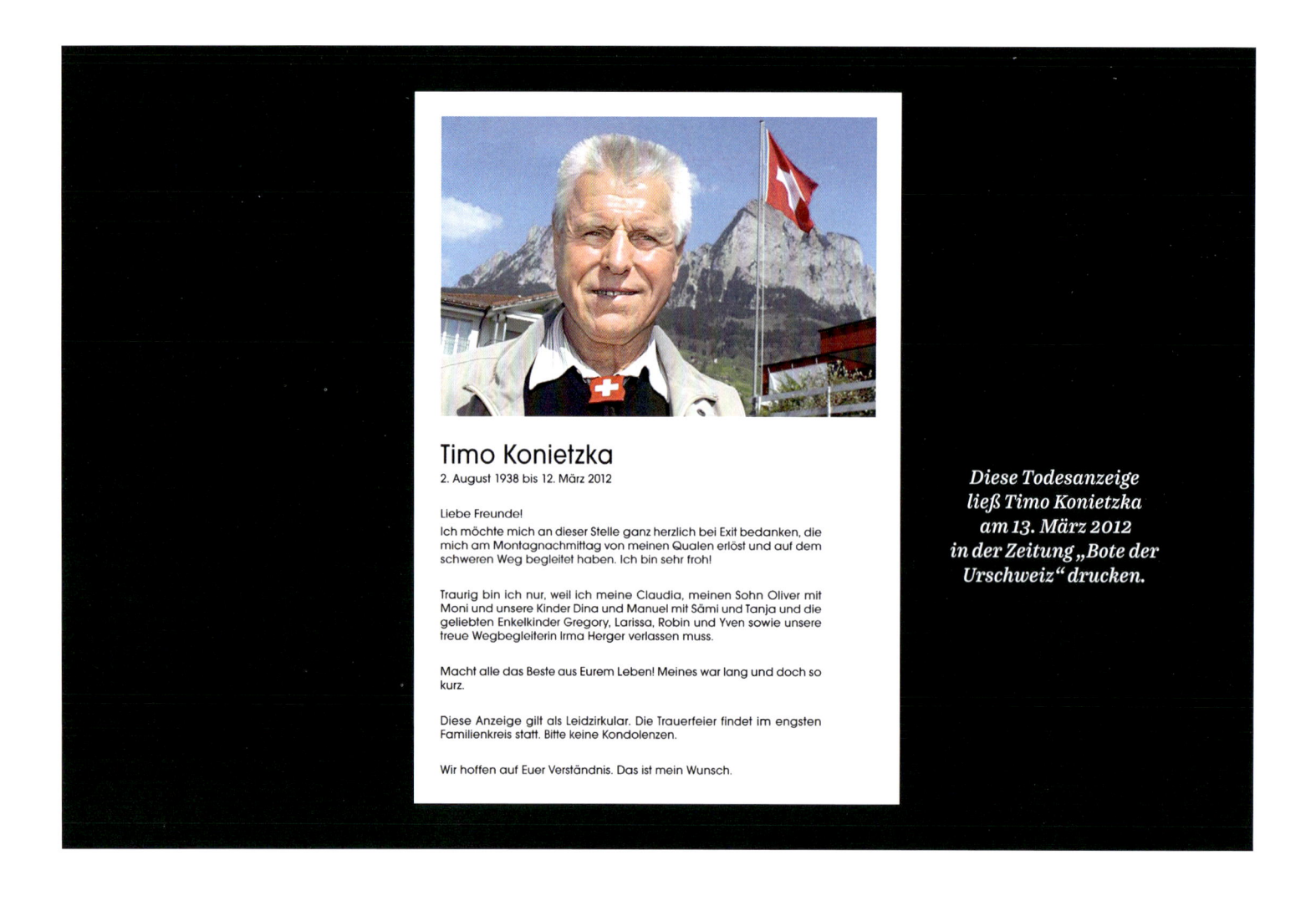

Diese Todesanzeige ließ Timo Konietzka am 13. März 2012 in der Zeitung „Bote der Urschweiz" drucken.

Typisch Timo

Der einstige Bergmann Friedhelm Konietzka war der erste Torschütze der Liga. Er hat seinen Namen und in der Schweiz sein Leben neu erfunden. Auch am Ende seiner Tage traf er eine rigorose Entscheidung.

VON FREDDIE RÖCKENHAUS

Dass der Mann aus einer fernen Zeit stammte, sah man seinem Namen an. Eigentlich, hat Timo Konietzka, der Schütze des ersten Bundesliga-Tores 1963, gerne erzählt, war sein Vorname laut Geburtsurkunde Friedhelm. Aber wegen seines stoppelkurz geschnittenen Haars hatten sie ihm, als er 1958 vom kleinen Ruhrpottklub VfB Lünen zur großen Borussia nach Dortmund kam, den Rufnamen Timo verpasst. Nach dem damals berühmten sowjetischen Marschall Semjon Timoschenko. Der war im Zweiten Weltkrieg Oberbefehlshaber der Roten Armee gewesen und hatte zeitweise die Schlacht um Stalingrad organisiert. Die Zeiten, in denen einer nach einem sowjetischen Militär benannt werden konnte, weil sein Haarschnitt an diesen erinnerte, wirken versunken. Und das ist wohl gut so.

Mit 14 Jahren war Konietzka, wie das damals so üblich war, aus der Volksschule entlassen worden. Wer damals in Lünen, der nördlichen Nachbarstadt von Dortmund, nach acht Jahren mit der Schule fertig war, der hatte als Berufsperspektive meist wenig mehr als das, was sein Vater auch schon gemacht hatte. Konietzka spielte schon Fußball, aber das war damals noch kein Beruf. Deshalb fing Friedhelm ohne weitere Berufsausbildung gleich als Bergmann an, als sogenannter „Hauer" auf der Zeche Victoria. „Wir haben damals unter Tage richtig malocht", hat Konietzka später oft erzählt, „in siebenhundert Metern Tiefe." Konietzka fuhr mit den anderen Kumpels morgens um 6 Uhr ein, und nachmittags um 14 Uhr brachte ihn der Förderturm wieder ans Tageslicht. So war das damals, wenn man „aus einer armen Familie" kam, wie er das später selbst beschrieben hat.

Timo Konietzka, Jahrgang 1938, ist am 12. März 2012 aus dem Leben gegangen. Mit 73 Jahren, im Kreise der Familie und mit Unterstützung der Schweizer Sterbehilfe-Organisation „Exit". Und zwischen seinen fünf Jahren unter Tage auf der Zeche Victoria und seinem Todestag hat der Schütze des ersten Tores nicht nur seinen Namen neu erfunden, sondern auch sein Leben. Das alte wollte er nicht mehr haben. Und so sperrig er bisweilen im Leben gewirkt hat, so eigenwillig ging Konietzka auch. Bei ihm war Gallenkrebs diagnostiziert worden. Weil er bei zwei Geschwistern erlebt hatte, wie der Krankheitsverlauf bei Krebs sein kann, wenn Therapien nicht anschlagen, traf Konietzka eine seiner rigorosen Entscheidungen. Für die war er zeit seiner Tage irgendwie bekannt.

Als Timo Konietzka zu Borussia Dortmund kam, hatte das viel damit zu tun, dass ihm der Verein einen Hilfsarbeiterjob bei der Union-Brauerei besorgen konnte. Das war eine vergleichsweise leichte Arbeit, und der BVB zahlte ihm obendrein 60 D-Mark im Monat fürs Fußballspielen. Später, so hat Konietzka berichtet, habe ihm Dortmund einen Hilfsarbeiterjob bei den Stadtwerken vermittelt. Timo, wie er sich jetzt schon selber nannte, hatte die Gaslaternen zu reinigen, die damals noch die Straßen in allen Städten säumten – nicht nur im Ruhrpott. Die Bundesliga gab es noch nicht, aber in der Oberliga West war der BVB in den Fünfziger- und den beginnenden Sechzigerjahren eine große Nummer. Und die Gaslaternen konnten auch mal warten, wenn Konietzka auf dem Rasen gebraucht wurde.

Beim BVB bildete Konietzka zusammen mit Jürgen Schütz, den sie Charly riefen, ein gefürchtetes Sturm-Duo. 1963 wurde die Borussia letzter Deutscher Meister in der alten Zeitrechnung, vor der Einführung der Bundesliga. Schütz wechselte zu AS Rom nach Italien, wo es schon richtiges Vollprofitum gab – mit Gehältern, die den Spielern nach wenigen Jahren den Kauf mehrerer Mietshäuser ermöglichten, von deren Erträgen man dann den Rest des Lebens bequem leben konnte. Konietzka hingegen blieb beim BVB und ließ sich auf das neue Abenteuer Bundesliga ein, bei dem man als Lizenzspieler jetzt um die 400 D-Mark verdienen konnte. Das war

> **Mit Dortmund gewann er 1965 den Pokal. Dann bot 1860 deutlich mehr.**

damals gutes Geld für einen wie ihn – und dafür, dass man es fürs Fußballspielen bekam, was man sowieso gemacht hätte. Aber es war nicht einmal ein Bruchteil von dem, was damals schon in Spanien oder Italien gezahlt wurde.

Mit Dortmund erreichte Konietzka 1964 das Halbfinale des Europapokals der Landesmeister, der ein paar Jahrzehnte später zur Champions League wurde, zudem gewann er 1965 noch den DFB-Pokal. Dann bot 1860 München deutlich mehr und – was wichtiger war – garantierte nach der Laufbahn die Übernahme eines Toto-Lotto-Ladens. Und Timo wechselte.

Den Europapokalsieg des BVB ein Jahr später gegen den FC Liverpool verpasste er dadurch, aber mit den Sechzigern gewann er dafür 1966 wieder die Deutsche Meisterschaft. Inzwischen konnte Konietzka an die 30 000 Mark im Jahr verdienen. Dank einer Torquote von 0,72 pro Spiel, die in allen Bundesligazeiten nur einer übertraf, nämlich der legendäre Gerd Müller. In seinen genau 100 Bundesligaspielen traf Konietzka 72 Mal.

Dann rastete Timo in einem Spiel gegen seinen alten Verein, Borussia Dortmund, aus, schubste den Schiedsrichter und riss ihm die Pfeife weg. Ein halbes Jahr Sperre. Und der ohnehin eigenbrötlerische Konietzka fand, dass die Bundesliga nicht seine Welt sei. Am Saisonende 1966/67 verkündete er der staunenden Öffentlichkeit, dass er erneut wechseln werde, und zwar zum damaligen Schweizer Zweitligaklub FC Winterthur. Und nicht zu Inter Mailand oder Real Madrid, die sich um die Torarbeit des inzwischen 29-Jährigen bemüht hatten. Typisch Timo, haben sie damals in Dortmund gesagt.

Aber für ihn schien es der einfachste Weg. Nach Italien oder Spanien? Wo kein Deutsch gesprochen wird? Für einen Jungen aus dem Pott schien die Schweiz genau das Richtige zu sein. Und: 100 000 Schweizer Franken im Jahr. Winterthur stieg auf, Konietzka spielte noch ein paar Jahre und konnte dann als Trainer anfangen. Mit dem FC Zürich wurde er 1974 bis 1976 drei Mal hintereinander Schweizer Meister. Darauf ließ sich aufbauen. Sogar in der Bundesliga, bei Bayer Uerdingen und für einige Monate sogar noch einmal bei Borussia Dortmund, versuchte sich Konietzka – ohne allerdings groß zum Zug zu kommen. 1985 ließ sich Konietzka seinen neuen Namen Timo offiziell als Vornamen eintragen, drei Jahre später nahm er die Schweizer Staatsbürgerschaft an. Ein paar Jahre später ließ er sich mit dem Ersparten am malerischen Vierwaldstättersee nieder und betrieb mit seiner Frau ein Hotel.

Für einen wie Konietzka hat es sich wohl so angefühlt, als hätte er das große Los gezogen: Aus dem „Pütt" auf Zeche Victoria in die gediegene Schweiz, und aus der spießigen Nachkriegszeit, in der die Männer noch viel von Stalingrad und Kriegsgefangenschaft sprachen, zum Hotelier am Vierwaldstättersee. Konietzka hat mal beschrieben, dass er beim Religionsunterricht nicht teilnehmen musste, weil seine Familie keiner Kirche angehörte. Stattdessen hat er auf dem Pausenhof Fußball gespielt. Einem Biographen erzählte er: „Für mich war das Leben so: Man wird geboren und irgendwann hört es auch wieder auf." Konietzka hat seine Todesanzeige selber verfasst, um das seiner Frau Claudia zu ersparen. Dann hat er einen Giftcocktail genommen und ist eingeschlafen.

Timo Konietzka 1965 im Trikot der Münchner Löwen.

In memoriam

BRUNO PEZZEY (1955 – 1994)
Österreicher von Welt

Die Wertschätzung, die Bruno Pezzey im österreichischen Fußball weiterhin genießt, ist am besten an der Trophäe abzulesen, die Österreichs Fußballer-Gewerkschaft jedes Jahr vergibt: Ausgewählte Spieler erhalten den „Bruno", in Andenken an den 1994 verstorbenen Fußballer, den man wohl als besten Verteidiger, den das Land je hatte, bezeichnen kann. Der 84-malige Nationalspieler Pezzey hat seine Klasse auch in der Bundesliga bewiesen, wo er als Abwehrspieler von 1978 bis 1987 für Eintracht Frankfurt und Werder Bremen 45 Tore erzielte. In Österreich aber war er einer der Allergrößten: Er hatte das Wunder von Cordoba mitbewirkt und 1978 dort mit der österreichischen Nationalelf die Deutschen besiegt, was ihm einen Platz in der Fifa-Weltauswahl bescherte. Und er galt in allen Belangen als Musterschüler von Trainer-Legende Ernst Happel. Pezzey trainierte 1994, im Jahr seines Todes, die U21 Österreichs und galt als kommender Nationaltrainer. Am Silvestertag jenes Jahres nahm er an einem Eishockeyspiel von Prominenten teil, Pezzey war ein leidenschaftlicher Eishockeyspieler. Er starb am 31. Dezember 1994 an plötzlichem Herzversagen, mit nur 39 Jahren.

MAURICE BANACH (1967 – 1991)
Mucki, der Torjäger

Drei Tage nach dem Unfall gedachte die Nationalelf mit einer Schweigeminute dem Stürmer, der oft als Kandidat für sie genannt worden war. Maurice Banach, genannt „Mucki", wurde 1990 Zweitliga-Schützenkönig, mit 21 Toren für Wattenscheid. In der Bundesliga erzielte er 24 Tore für den 1. FC Köln, die letzten beiden 1991 beim 4:1 gegen Düsseldorf. Eine Woche später spielte Köln in Schalke, Banach übernachtete danach bei seinen Eltern. Auf der Rückfahrt Sonntagfrüh, am 17. November 1991, verunglückte er auf der A1 bei Remscheid. Sein Wagen kam von der Fahrbahn ab, prallte gegen einen Brückenpfeiler und ging in Flammen auf. Banach verbrannte in seinem Auto. Als Unfallursache wurde erhöhte Geschwindigkeit vermutet. Der 1. FC Köln und die Liga waren geschockt.

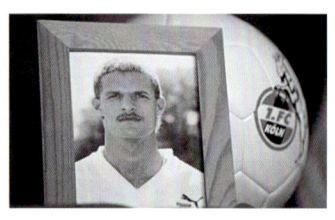

RUDI BRUNNENMEIER (1941 – 2003)
Volksheld für Giesing

Die alten Freunde von 1860 München bekommen immer noch feuchte Augen, wenn sie an Rudi Brunnenmeier denken. Weil er ein begnadeter Stürmer war, Nationalspieler, Torschützenkönig, ein Idol der jungen Liga. Und weil sein Name für die große Zeit eines Vereins steht, der auf dem Weg in die Zukunft seine Identität als Arbeiterklub verloren hat. Mit Brunnenmeier war 1860 die erste Fußball-Adresse in der Stadt, Pokalsieger (1964), Europapokal-Finalist (1965), Meister (1966). Er galt als Münchner Volksheld, außerhalb des Fußballs allerdings kam er schlecht zurecht. Sein Leben war unstet, bis er 2003 mit 62 Jahren an Krebs und an den Folgen seiner Alkoholsucht starb.

JÖRG BERGER (1944 – 2010)
Der Feuerwehrmann

Die Künste von Jörg Berger hat Jan-Aage Fjørtoft treffend beschrieben. 1998/99 hatte Berger Eintracht Frankfurt aus fast aussichtsloser Lage zum Klassenerhalt geführt. Am letzten Spieltag gab es ein 5:1 gegen Kaiserslautern, und Stürmer Fjørtoft schwärmte: „Jörg Berger hätte auch die Titanic gerettet." Berger, 1944 in Gdingen geboren, hatte sich 1979 aus der DDR in den Westen abgesetzt. Dort bekam er oft Vereine in Abstiegsnot. Sie nannten ihn daher „Feuerwehrmann". Die Chance, eine Mannschaft langfristig aufzubauen, bekam er nie, seine größten Erfolge waren zwei dritte Plätze (1990 mit Frankfurt, 1996 mit Schalke) und der Einzug ins Pokalfinale mit dem damaligen Zweitligisten Alemannia Aachen 2004. Berger starb am 23. Juni 2010 nach langer Krebserkrankung.

KRZYSZTOF NOWAK (1975 – 2005)
Nummer zehn der Herzen

In Wolfsburg denken sie weiter an Krzysztof Nowak, sie nennen ihn „Die Nummer zehn der Herzen", der Stadionsprecher ruft ihn nach der Aufstellung auf. Nowak, geboren 1975, hatte 83 Bundesligaspiele für Wolfsburg und zehn Länderspiele für Polen bestritten, dann musste er 2001 seine Karriere beenden, im Alter von 25 Jahren. Er litt an Amyotropher Lateralsklerose (ALS), einer degenerativen Erkrankung des motorischen Nervensystems. Die Ärzte diagnostizierten die unheilbare Krankheit spät, sicher waren sie sich erst im März 2001. Ein Jahr später gründete Nowak eine Stiftung, die ALS-Patienten und Forschungsprojekte unterstützt. Er besuchte weiter Heimspiele des VfL, entkräftet, im Rollstuhl sitzend. Nowak starb am 26. Mai 2005 im Alter von 29 Jahren.

ROLF RÜSSMANN (1950 – 2009)
Ruhrpott-Verteidiger

Schwelm liegt bei Wuppertal, nach Dortmund dauert es in etwa gleich lang wie nach Gelsenkirchen. Hier lernte Rolf Rüssmann, Jahrgang 1950, das Fußballspielen, hier nahm eine Karriere ihren Lauf, die zu einer der prägnantesten des Ruhrgebiets werden sollte. Rüssmann spielte 304 Mal für Schalke 04, er wurde 1973 wegen der Spielmanipulationen im Zuge des Bundesligaskandals für zwei Jahre gesperrt, ging nach Brügge, kehrte zurück nach Gelsenkirchen. 1980 wechselte er zu Borussia Dortmund, wo er in fünf Jahren 149 Mal spielte. Rüssmann war ein kopfballstarker Verteidiger, der großen Wert auf Fairness legte. Nach seiner aktiven Laufbahn arbeitete er als Manager, am längsten für Borussia Mönchengladbach und zuletzt beim VfB Stuttgart (2001 – 2002). Galt er als Spieler als zu nett, war er nun einer, der fast schon störrisch für seine Ansichten kämpfte. Am 2. Oktober 2009 starb Rüssmann an den Folgen einer Prostatakrebserkrankung. Liga-Präsident Reinhard Rauball würdigte Rüssmann als einen, „der wie kein Zweiter für den Ruhrgebietsfußball stand".

HEINZ BONN (1947 – 1991)
Angst im Spiel

Am 5. Dezember 1991 brach die Polizei die Tür einer Einzimmer-Wohnung in Hannover auf. Die Nachbarn hatten sich über den Geruch beschwert. Gefunden wurde die Leiche von Heinz Bonn. Der ehemalige HSV-Profi war da schon mehr als sieben Tage tot. Bonn machte zwischen 1970 und 1973 dreizehn Bundesligaspiele, er fiel zunächst vor allem wegen seiner goldblonden Pilzkopf-Frisur und wegen seiner epischen Verletzungsakte auf. Für die Außenwelt war er ein harter Abwehrspieler, sein Innenleben sah offenbar anders aus. Posthum kam heraus, dass Heinz Bonn, genannt „der Eisenfuß", homosexuell war. Er führte ein Doppelleben in den Schwulenbars des Hamburger Bahnhofsviertels. Wie vermutlich viele andere Fußballer vor und nach ihm, zerbrach er fast an seiner Angst, ertappt zu werden. Die Polizei fand ihn von Messerstichen durchlöchert in seiner blutverschmierten Wohnung. Angeblich war Heinz Bonn von einem Strichjungen erstochen worden. Der Fall wurde nie ganz aufgeklärt.

2012/13

25. Mai 2013, London, Wembley-Stadion, 89. Spielminute: Arjen Robben allein vor Roman Weidenfeller. Wird er die Nerven behalten? Zwei Mal war der Münchner zuvor am Dortmunder Torwart gescheitert. Jetzt trifft er zum 2:1, Bayern hat den Champions-League-Pokal.

Endlich erwachsen

Sie gewinnen doch was! Nach zahlreichen Finalniederlagen feiert die FC-Bayern-Generation Lahm/Schweinsteiger im ersten deutschen Finale der Champions League ihren ersten internationalen Titel – und kurz darauf ein historisches Triple.

VON ANDREAS BURKERT

Die richtige Party stieg ganz woanders, im Teamquartier der Bayern an der Marylebone Station, und man muss das natürlich verstehen: Junge Menschen wollen ohne die Erwachsenen feiern, auf jeden Fall ohne Gerhard Mayer-Vorfelder, Andrea Berg oder Veronica Ferres. Philipp Lahm hat dem Vernehmen nach um halb sechs im Landmark Hotel in London die Sau rausgelassen: Lahm, der trotz seiner bald 30 Jahre manchmal immer noch aussieht wie der Knirps von der Schokoriegelpackung, zumindest aus der Ferne; auf dem Balkon des Wembley-Stadions zum Beispiel, wo er am 25. Mai 2013 endlich dieses verdammte Ding zu fassen bekam: die silberne Henkelvase, die Trophäe für die beste Fußballmannschaft Europas.

Vermutlich hat Philipp Lahm bis zum frühen Sonntagmorgen – als Vereinskoch Alfons Schuhbeck nicht nur dem hungrigen Präsidenten Uli Hoeneß noch einige sogenannte „Mitternachtswürstl" zubereitete – eher einen Abschied gefeiert. Er mag das zwar vielleicht noch nicht wahrhaben: Aber auch er ist jetzt erwachsen.

Im Fußball heißt das: Führungsspieler mit Titel.

Wie Getriebene sind sie in den vergangenen Jahren durch Europa getourt, Lahm oder auch Bastian Schweinsteiger, sein 28 Jahre alter Stellvertreter als Kapitän beim FC Bayern. Den Henkelpott haben sie zwei Mal aus nächster Nähe sehen können. Aber gewonnen haben ihn im Finale dann doch die anderen. Nicht mal eine klitzekleine Europameisterschaft gewannen Lahm und Schweinsteiger mit dem Nationalteam. Raus gegen Italien, so war das im Halbfinale 2012. Die gewinnen nichts, nada, nichts Großes jedenfalls: keinen internationalen Titel. Dieses Gerede haben sie sich jahrelang anhören müssen. Aber damit ist Schluss.

„Bis heute sind das doch alles Pfeifen gewesen", sagt tief in der Nacht Hermann Gerland. Der Assistenztrainer ist noch auf der offiziellen Finalparty im Grosvenor Hotel am Hyde Park, fast 2000 Gäste sind da. Vor Gerlands Bauch baumelt eine Goldmedaille, in seiner rechten Hand schwenkt er ein dunkles Kaltgetränk. Pfeifen, das meint er ironisch. Philipp Lahm und Bastian Schweinsteiger durchliefen einst die harte Gerland-Schule. Er liebt sie wie Söhne. Auch der Vater ist stolz: „Jetzt haben sie alles gewonnen, das war so wichtig", sagt Gerland.

Es hat sich ungemein viel entladen bei den Münchnern nach dem hochklassigen und am Ende auch gerechten 2:1 über Borussia Dortmund. Jeder trug ja sein eigenes Päckchen mit über den Rasen oder durch die Ehrenlogen der heiligen Londoner Stätte. Die Vereinsoberen drückte die Last, dass ihr Verein zwar wirtschaftlich pumperlgesund ist und von oben herab den europäischen Schuldenmeistern zulächeln kann – aber der Pokal fand einfach nicht zu ihnen nach München: Zwölf Jahre hatte der letzte Europacup-Triumph zurückgelegen. Auch wegen der „Generation Lahm/Schweinsteiger", wie Trainer Jupp Heynckes sie nach Mitternacht auf der Festbühne nennt – einer Generation, die acht Tage nach dem Champions-League-Triumph sogar noch Einmaliges schaffen sollte: Ein 3:2 im Pokalfinale gegen Stuttgart machte das Titel-Triple perfekt; das hatte es in der Geschichte dieses seit Jahrzehnten großen Klubs noch nie gegeben.

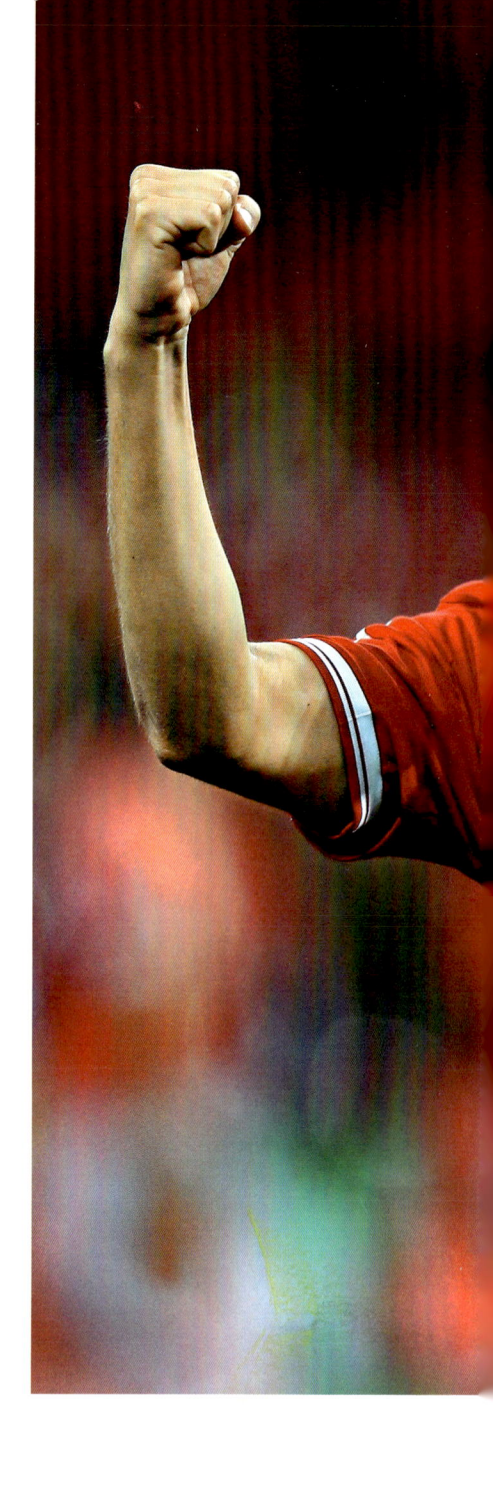

Lahm ist wahrscheinlich der beste Rechtsverteidiger des Planeten, Schweinsteiger wurde zuletzt von Heynckes in eine ähnliche Höhe gelobt. „Aber die Zeit wäre ihnen jetzt weggelaufen", sagte Heynckes in seiner Rede in London, nachdem ihn der semierwachsene Kindskopf Franck Ribéry (30, zwei Kinder) sprechen ließ. Auch Ribéry und Arjen Robben seien solche Unvollendeten, sagte Heynckes, er bezog auch die Ergänzungsspieler Daniel van Buyten, 35, Claudio Pizarro, 34, und Anatoli Timoschtschuk, 34, ein. „Deswegen ist es großartig, dass sie jetzt endlich den internationalen Titel geholt haben, der die Krönung ist für jeden Fußballer."

„Wenn man eine goldene Generation werden will, muss man unbedingt so einen Titel holen, und den haben wir jetzt!", sagte Philipp Lahm kurz nach dem Abpfiff.

Ein fesches Mannsbild, sagen die Bayern, wenn sich einer ordentlich in Pose wirft. Philipp Lahm zeigt Muskeln, Mario Mandzukic seine Beute: das Wembley-Tornetz.

Was er im Moment des Schluss-Signals gedacht habe, bevor sie alle wild durcheinander sprangen? Lahm beantwortete die Frage mit einem Wort: „Endlich!"

Endlich, das galt vor allem für ihn und Schweinsteiger sowie den Siegtorschützen Arjen Robben, der den Pokal diesmal nicht angeschaut hatte beim Einmarsch der Gladiatoren, wie der Holländer vergnügt erzählte: „Das habe ich bewusst gemacht, ich dachte mir: Wir sehen uns später." Doch so aufgedreht und zumeist konstruktiv wie Robben sind dann die wenigsten Bayern gewesen. Eine halbe Stunde schnürte die Borussia ihnen die Luft ab mit hochtourigem Pressing. Die Bayern wussten ja genau, was der BVB plante. Aber sie waren zunächst unfähig zum Spielaufbau, „der Gegner hat uns zugesetzt", gestand Heynckes, „Manuel Neuer war in dieser Phase der beste Bayern-Spieler". Nicht Schweinsteiger, der wenige Bälle an den Mann brachte und die Not im Mittelfeld verstärkte, indem er sich auf Höhe der Innenverteidigung zurückzog.

Bastian Schweinsteiger zeigte im Finale eine seiner diskretesten Leistungen der Saison. Auch Lahm rang bis zur Pause manchmal um Übersicht. Der Kapitän konnte sich das später gut erklären. „Der Druck war unheimlich groß", sagte er. Die Angst vor dem Nicht-schon-wieder, die ja auch Neuer zwischendurch erfasste: „Nach dem 1:1 ging mir ehrlich gesagt der Arsch auf Grundeis."

Die Bayern haben bei der Weltausstellung der Deutschen in Wembley ihren besten Fußball nach Gündogans Strafstoß zum 1:1 gezeigt. Davor hielten sie Neuer und der Finalneuling Javier Martínez im Spiel, der Spanier drehte die Partie vor der Pause mit einigen symbolträchtigen Zweikampf-Erfolgen. Lahm kam nach der Pause vehement über rechts, Schweinsteiger fand in den Schlussminuten in die Partie. Spät. Aber nicht zu spät.

Was gerade ihm dieser Erfolg bedeutet, welche Erleichterung den letzten Fehlschützen des Elfmeterschießens von 2012 im Finale gegen den FC Chelsea da befiel, das war in Wembley zu sehen. Denn dort entstanden die Bilder für die Geschichtsbücher: Schweinsteiger hatte einen ukrainischen Schal seines Teamkollegen Timoschtschuk um die Stirn gebunden, mit der Schampusflasche in der Hand gab er ausgelassen den Clown und Animateur auf der Tanzfläche. Sogar der etwas hüftsteife Vorstandsvorsitzende Karl-Heinz Rummenigge ließ sich von seiner Gattin animieren. „Ungelenk wie schon früher", frotzelte Präsident Hoeneß aus sicherer Entfernung.

Vom „Sport-Comeback des Jahres" hatte Rummenigge zuvor mit Verweis auf das Drama von 2012, das Drama dahoam, gesprochen. „Viele haben erwartet, dass wir am 19. Mai 2012 zusammenbrechen, in eine Schockstarre verfallen", sagte er, „aber das wäre nicht bayern-like gewesen, wir haben angepackt", besonders die Mannschaft und der Trainer. „Dieser Verein ist eine Maschine, du verlierst zwei Finals, und alle bleiben dran", sagte Ribéry – „et voilà, jetzt ist alles gut."

Hauptdarsteller unter sich: Siegtorschütze Arjen Robben und Gratulant Thomas Müller. Unten Javier Martínez, der sündteure Spanier, mit dem Silberpokal als Rendite.

Die teuersten Transfers der Bundesliga-Klubs

	Spieler	Jahr	von	zu	Ablöse (in Mio. Euro)
1.	**Javier Martínez**	2012	Athletic Bilbao	FC Bayern	40,0
2.	**Mario Götze**	2013	Borussia Dortmund	FC Bayern	37,0
3.	**Mario Gomez**	2009	VfB Stuttgart	FC Bayern	35,0
4.	**Edin Dzeko**	2011	VfL Wolfsburg	Manchester City	34,0
5.	**Marcio Amoroso**	2001	AC Parma	Borussia Dortmund	25,0
	Franck Ribéry	2007	Olympique Marseille	FC Bayern	25,0
	Owen Hargreaves	2007	FC Bayern	Manchester United	25,0
8.	**Diego**	2009	Werder Bremen	Juventus Turin	24,5
9.	**Arjen Robben**	2009	Real Madrid	FC Bayern	24,0
10.	**Manuel Neuer**	2011	Schalke 04	FC Bayern	22,0
11.	**Emerson**	2000	Bayer Leverkusen	AS Rom	20,0
	Carlos Eduardo	2010	TSG Hoffenheim	Rubin Kasan	20,0
13.	**Roy Makaay**	2003	Deportivo La Coruna	FC Bayern	19,75
14.	**Nigel de Jong**	2009	Hamburger SV	Manchester City	18,0
	Mesut Özil	2010	Werder Bremen	Real Madrid	18,0
16.	**Marco Reus**	2012	Bor. Mönchengladbach	Borussia Dortmund	17,1
17.	**Luiz Gustavo**	2011	TSG Hoffenheim	FC Bayern	17,0
18.	**Shinji Kagawa**	2012	Borussia Dortmund	Manchester United	16,5
19.	**Dimitar Berbatov**	2006	Bayer Leverkusen	Tottenham Hotspur	15,7
20.	**Diego**	2010	Juventus Turin	VfL Wolfsburg	15,5

Summen teilweise geschätzt

SAISON 2012/2013

Schrei auf der Videowand

Drei Endspiele hatte Arjen Robben zuvor verloren. In Wembley dribbelte er an gegen die alten Bilder. Sein Siegtreffer in der 89. Minute ist der Lohn der Beharrlichkeit.

Schon wieder kommt der weite Ball von Jérôme Boateng, er legt erneut diese erstaunliche Flugkurve zurück. Aber noch erstaunlicher ist, dass Franck Ribéry den Ball aufs Neue kontrolliert wie ein Zirkusdompteur den Löwen. Nur Arjen Robben erstaunt das offenbar nicht. Er läuft los.

Er habe „Francks Bewegung antizipiert", erzählte Arjen Robben in der Nacht nach dem Finale von Wembley, „ich war frei und dachte nur, hoffentlich lässt er den Ball da liegen." Was einem so durch den Kopf geht, wenn man die eigene Geschichte umschreiben will.

Arjen Robben hat sein Tor zum Champions-League-Triumph des FC Bayern dann noch ein paar Mal gesehen; er begutachtete es jedes Mal mit sichtbarer Begeisterung über sich selbst, auf einer der Videowände, die unter der Decke des Festsaals im Grosvenor House hingen, wo die Münchner ihr Festbankett abhielten. In Endlosschleife wurden die Szenen eines historischen Abends gezeigt, auch das Tor, das den Fußballer Robben veränderte.

Arjen Robben sieht den Ball also noch einmal unter Ribérys Schuhsohle liegen, einen Dortmunder hinter sich, der schiebt und drückt und nach dem Ball trachtet. Aber Robben ist schon unterwegs, und er ist tatsächlich frei, was Ribéry eigentlich gar nicht sehen kann, doch er ahnt es, er muss es ahnen: Mit dem Absatz gibt Ribéry den Ball frei, es geschieht im perfekten Moment, dem das perfekte Dribbling folgt.

Mats Hummels grätscht ins Leere. Er verfolgt mit entgeistertem Blick den Lauf der Dinge. Robbens Lauf. Auch Neven Subotic kommt zu spät, Robben ist enteilt und erscheint erneut vor Roman Weidenfeller, der sich ihm in der ersten Halbzeit zwei Mal erfolgreich in den Weg gestellt hatte; einmal hielt Dortmunds Torwart den Ball sogar mit seinem Charakterkinn auf.

Nun ist Weidenfeller chancenlos. Robben streichelt den Ball mit seinem linken Fuß rechts an Dortmunds Torwart vorbei – eine unkonventionelle Lösung, gegen die Bewegung des Keepers. Der Ball kullert lässig über die Linie. Robben dreht ab. Entrückt. Ungläubig. Er kann's nicht fassen. Seine Geschichte. Das Glück.

Arjen Robben sieht sich auf der Videowand schreiend abdrehen, auf die Knie sinken, die Fäuste vor dem Gesicht, ehe ihn die Kameraden einholen, irre schreiend, durchdrehend, wie auf Droge. Jetzt, beim Bankett, legt er den Kopf zur Seite. Schaut seine Frau an, er sagt etwas zu ihr. Sie lachen herzhaft.

Arjen Robben war am Abend seines ersten internationalen Titelgewinns 29 Jahre alt, er gehörte zu jenen „älteren Spielern", denen Trainer Jupp Heynckes den Triumph nach eigener Aussage mehr gönnt als sich selbst. Zum vierten Mal habe er in einem großen Finale gestanden, betont

Statistik aus London

Borussia Dortmund – FC Bayern 1:2 (0:0)
Dortmund Weidenfeller – Piszczek, Subotic, Hummels, Schmelzer – S. Bender (ab 90.+1 Sahin), Gündogan – Blaszczykowski (90.+1 Schieber), Großkreutz – Reus, Lewandowski – Trainer: Klopp
München Neuer – Lahm, Boateng, Dante, Alaba – Martínez, Schweinsteiger – Robben, T. Müller, Ribéry (90.+1 Luiz Gustavo) – Mandzukic (90.+4 Gomez) – Trainer: Heynckes **Tore** 0:1 Mandzukic (60.), 1:1 Gündogan (68., Foulelfmeter), 1:2 Robben (89.) **Schiedsrichter** Rizzoli (Italien) – **Gelbe Karten** Großkreutz – Dante, Ribéry – **Zuschauer in London** 86 298 (ausverkauft)

Vollbracht!
Arjen Robben nach dem Abpfiff.

Robben eine Stunde nach Spielende unten im Wembley-Stadion. Soeben hatte ihm der große Alex Ferguson die Trophäe für den „Man of the Match" überreicht, „meine erste Handlung im Ruhestand", witzelte der kurz zuvor zurückgetretene Trainer von Manchester United. Ferguson hat viel gewonnen. Robben verlor zwei Mal mit dem FC Bayern das europäische Finale, 2010 und 2012, und mit den Niederlanden verlor er 2010 auch das WM-Endspiel. In Südafrika war er beim Stand von 0:0 frei vor Spaniens Torwart Iker Casillas aufgetaucht. Er scheiterte. 2012, im epochalen Münchner Drama gegen Chelsea, nahm er sich wider jede Vernunft den Elfmeterball in der Verlängerung. Obwohl er doch zuvor beim Liga-Gipfel in Dortmund schon einmal in einem großen Moment verschossen hatte. Kein Tor!

Robben war im Sommer 2012 ein trauriges Verlierergesicht. Selbst im Münchner Stadion pfiffen sie ihn aus, und wie sehr ihn das gekränkt hatte, belegte er in den Tagen vor dem Finale 2013, als er Fragen über die Vergangenheit als „echt blöd" zurückwies.

In Wembley, als in der 89. Minute sein listiger Ball in aller Seelenruhe an Weidenfeller vorbei schlich zum Sieg, kehrte dieser schlechte Film noch einmal zurück in seinen Kopf. Das vergangene Jahr, all diese Momente seien da in ihm hochgekommen, sagte Robben. Aber diesmal ist er nicht der Dumme gewesen, der Schuldige. „Am Ende willst du nicht der Loser sein, du willst mal was gewinnen. Und mit dem Titel kann man jetzt alles wegschieben."

Man of the Match, Mann des Spiels. Robben verdiente sich die Auszeichnung mit seinem Siegtor zum 2:1 und seiner Torvorlage zum 1:0. Und wegen seiner Beharrlichkeit. Immer wieder ist er seit dem Mai 2012 angedribbelt gegen die alten Bilder. Er hat sich außerdem Heynckes' Vorgabe der Verteidigungsarbeit im Kollektiv nicht widersetzt, ganz im Gegenteil. Das war auch nicht möglich, sonst hätte ein anderer gespielt als dieser Individualist, der endlich zu der raren Anzahl von Spielern in Europa gehört, die die ganz großen Spiele entscheiden können.

Vor allem aber scheint Robben seine Lektion gelernt zu haben. Am Ende seiner erfolgreichsten Saison beim FC Bayern sagte der Angreifer: „In der Defensive waren wir unglaublich."

ANDREAS BURKERT

SAISON 2012/2013

Mission erfüllt!

1990 hatte Jupp Heynckes dem FC Bayern auf dem Rathausbalkon den Europapokal versprochen. Ein kühnes Vorhaben, das ihn zunächst den Job kostete. Doch er kehrte zurück und löste sein Versprechen ein.

Um zwei Uhr am frühen Sonntagmorgen hat Jupp Heynckes getanzt. Kurz. Aber lässig. Eine junge Gestalt war an seinen Tisch gekommen, mit Verführer-Lächeln und Darf-ich-bitten-Blick, den Arm lasziv ausgestreckt. Widerspruch zwecklos. Also hat der sehr laszive Bastian Schweinsteiger seinen Trainer auf die Bühne geführt. Jupp Heynckes hat dort einige Male die Arme in die Luft geworfen. Er hat sehr gelöst gewirkt. Dann ist er wieder hinuntergestiegen, mit dem heiteren Gesichtsausdruck desjenigen, der gerade etwas sehr Frivoles getan hat.

Jupp Heynckes, der tanzende Trainer des FC Bayern, ist wenige Wochen vor dem Champions-League-Finale 68 Jahre alt geworden. Jetzt sitzt er in einem riesigen Ballsaal in einem Londoner Luxushotel. Vorhin hat er den silbernen Henkelpokal kurz in den Himmel über dem Wembley-Stadion gereckt. Und unten auf dem Rasen hat Jürgen Klopp, 45, der Dortmunder Trainer, applaudiert. Aber dann hat sich Jupp Heynckes schnell wieder darum gekümmert, dass alle mit aufs Siegerfoto kommen, seine Assistenztrainer, die Busfahrerin. Er hat wieder alles organisiert und optimiert – mit einer Akribie und Beharrlichkeit, die jedem Personalchef die Schamesröte ins Gesicht treiben müsste, der schon wieder ein paar 55-Jährige in den Frühruhestand geschickt hat.

Es gibt nicht viele Geheimnisse rund um diesen Triumph des FC Bayern im bedeutendsten Klub-Wettbewerb der Welt. Auf dem Rasen haben die Münchner im Jahr 2013 den modernsten und effektivsten Fußball gespielt. Sie verfügen über einen klug zusammengestellten Luxuskader. Daran hatte es zuvor lange gefehlt. Wenn es also ein Geheimnis zu lüften gibt, dann wohl dieses: Wie hat der Trainer-Senior Jupp Heynckes mit knapp 70 Jahren nicht nur den FC Bayern neu erfunden – sondern auch sich selbst?

Es ist auch die Geschichte eines Versprechens: 1987 geht der Trainer Heynckes das erste Mal zum FC Bayern. Er ist damals reizbar, verbissen. Aber erfolgreich: 1989 holt er die Meisterschaft, 1990 erneut. Er stellt sich mit der Schale auf den Rathausbalkon. Und dann muss es mit ihm durchgegangen sein: „Ich verspreche euch", ruft er den Fans auf dem Münchner Marienplatz zu: „Nächstes Jahr holen wir den Europapokal!"

Es wurde nichts daraus. Aber was macht so ein Versprechen aus einem ehrbaren Mann, der die Überzeugung lebt, dass Versprechen zu halten sind? London, Wembley-Stadion, 25. Mai 2013: Versprechen eingelöst! 23 Jahre später.

Jupp Heynckes sitzt auf dem Pressepodium im Bauch des Wembley-Stadions. Er triumphiert nicht. Er sagt: „Was mich betrifft: Ich freue mich für den Klub, für die Spieler." Jupp Heynckes trägt seit 40 Jahren dieselbe Bürstenfrisur, bloß etwas grau geworden. Es sind die Details, die sein Alter verraten. Dazu die Sprache: „Das Fluidum wird sicher einzigartig sein", sagt er vor dem Spiel. Kurzer Blick in den Duden: „Flu|i|dum, das: von einer Person od. Sache ausströmende Wirkung." Heynckes meint die Stimmung im Stadion.

> **Die Niederlage 2012 war der letzte Puzzlestein in seiner Entwicklung.**

Aber wenn es stimmt, dass Fußball-Mannschaften immer auch das Wesen ihres Trainers widerspiegeln, dann kann dieser Jupp Heynckes mit 68 nicht mehr so altmodisch sein, wie er es mit 58 noch war. Oder mit 46. In Frankfurt Mitte der Neunzigerjahre, später auf Schalke (2003-2004) und in Mönchengladbach (2006-2007): Immer schien er aus der Zeit gefallen zu sein. Nun sagt er: „Stillstand ist Rückschritt. Sie müssen immer innovativ sein. Und die Menschenführung ist von allergrößter Bedeutung. Respektvoll sein, aber auch Respekt einfordern. Harmonien schaffen." Dass er das jetzt so sehen könne, sei wohl „die Gelassenheit des Alters".

Aber ist das schon alles? Man hat das vor dem Finale zum Beispiel den Mann fragen können, der Heynckes in den letzten Münchner Jahren am nächsten gewesen ist: Peter Hermann, Heynckes' langjähriger Trainerassistent.

Frage: Ist Jupp Heynckes wirklich so gelassen geworden auf seine alten Tage?

Überraschte Antwort: „Gelassen? Was heißt hier gelassen?"

Das wäre nun auch wieder ein Irrglaube: dass hinter der spielerischen Weiterentwicklung der Mannschaft nur Altersweisheit des Trainers, nicht aber harte Arbeit steckt. Hermann sagt: „Lockerer ist der Jupp in Bereichen, wo er früher vielleicht verbissen war: Wenn einer mal frei braucht. Oder ob einer abends ein Bier trinkt." Ansonsten? „War der Jupp hier hinter allem her." Ob auch alle ihre Bauchmuskelübungen mit vollem Einsatz absolvieren – selbst solche Details hat er persönlich überwacht.

Das erste Jahr nach seiner Rückkehr zu den Bayern endete am 19. Mai 2012 tragisch: das Champions-League-Finale im eigenen Stadion, die Niederlage gegen den FC Chelsea. Diese bittere Nacht von München ist wohl der letzte Puzzlestein in der erstaunlichen Entwicklung des Jupp Heynckes.

Schon aus dem Sommerurlaub hat er fast täglich angerufen; diesen und jenen Ablauf können wir optimieren. „Wir haben in allen Bereichen noch akribischer gearbeitet", sagt Hermann. „Für jeden hatte Jupp immer einen Plan, Extra-Schichten, Waldlauf." Und nicht zuletzt war Heynckes streng zu sich selbst: Er vergrub sich hinter seinen Videos, „den Gegner studieren". Früh morgens saß er schon auf dem Crosstrainer, abends ist er oft noch mal in den Turnraum gegangen, hat seine Rückenübungen gemacht.

Es wurde Winter. Alles lief rund. Die Bayern hätten sich keinen besseren Trainer wünschen können. Das war ziemlich genau die Zeit, in der sie beschlossen, für die nächste Saison den Trainer-Popstar Pep Guardiola aus Barcelona zu verpflichten. Ohne Heynckes zu fragen, wie er sich eigentlich seine Zukunft vorstellt. Es war wohl die letzte von vielen Kränkungen in bald 34 Trainerjahren.

Einige Tage hat Heynckes danach mit keinem gesprochen, nicht mit Rummenigge, nicht mit Sammer, auch nicht mit Hoeneß. Sie haben es plötzlich mit der Angst zu tun bekommen – dass sie den Zugang zu ihm verlieren. Aber nicht nur das Alter macht ja versöhnlich. Sondern auch der Erfolg.

In London, draußen wartete schon der Bus zum Bankett, sagte Heynckes noch: „Ich werde meinem Nachfolger eine perfekt harmonierende Mannschaft übergeben." Er hat dabei feinsinnig gelächelt. Er freute sich nicht nur über den Pokal und all die Titel, die er dem neuen Guardiola-FC-Bayern hinterließ. Sondern auch über die mögliche Fallhöhe. **CLAUDIO CATUOGNO**

Trostsuche unterm Dino

Im Museum für Naturgeschichte in London betrauern die Dortmunder ihre Niederlage. Die Borussia scheint für die Zukunft gerüstet zu sein. Doch die Frage ist, wie schnell eine solche Final-Chance wiederkommt.

VON FREDDIE RÖCKENHAUS

Das Skelett eines riesigen Dinosauriers dominiert die Eingangshalle des Natural History Museums in Kensington, die Architektur erinnert an eine Kirche. Unter dem Dinosaurier wurde eigens herangeschafftes Dortmunder Bier gezapft und Sushi verteilt, auf die Fassade projizierten Scheinwerfer die Farben und das Logo der Borussia. An alles war gedacht. Feierlaune wollte trotzdem nicht aufkommen. Im Tempel der Naturgeschichte schien es eher so zu sein, als mühe man sich ein wenig mit der prähistorischen Kulisse ab.

Irgendjemand meinte, angemessen wissenschaftlich, dass große Niederlagen eine Mannschaft weiterbrächten. Niemand wollte das bestreiten, genauso aber wollte es an diesem Abend keiner hören. Ein schmerzhaftes Lächeln konnte sich Kapitän Sebastian Kehl abringen, als er pflichtgemäß den Stargast der Fete ankündigen musste, die Schlagersängerin Helene Fischer. Die Mannschaft, so hieß es, habe sich den früheren Musicalstar gewünscht, jedenfalls Teile der Mannschaft. Aber die gute Helene stand da nun sichtlich im Mark getroffen auf der überdimensionierten Bühne vis-a-vis vom Dinosaurier-Skelett und tat sich schon mit dem Stehen schwer, geschweige denn mit irgendeiner Form von Rest-Begeisterung.

Auch den Partygästen fiel es merklich schwerer, die matten Helden aufzumuntern, als es zuvor in Wembley den sturmerprobten Fans auf den Rängen gelungen war, die Sekunden nach dem Schlusspfiff schon in Jubelstürmen über ihre Verlierer ausgebrochen waren. „Da hast du wieder mal gemerkt", meinte Dortmunds Abwehrmann Mats Hummels, „bei was für einem Verein wir hier sind. So eine Finalniederlage wird sicher nicht überall bejubelt. Unsere Fans machen immer etwas Besonderes aus allem."

Doch selbst Hummels tat sich schwer, zu seiner sonst so selbstsicheren Rhetorik zu finden. Es fühle sich schlimmer an, in vorletzter Minute verloren zu haben, schlimmer als bei einer klaren, unvermeidbaren Niederlage. Der Trennungsschmerz von den eigenen Hoffnungen stach da noch – und die Frage, ob dies nicht womöglich schon die einzige und größte Chance gewesen sein könnte, einmal die Champions League zu gewinnen. „Real Madrid bemüht sich seit zehn, elf Jahren vergeblich darum, wenigstens ins Finale zu kommen.

Dortmunder Fotoalbum: Trainer Klopp mit Lewandowski (1), das Duo Hummels/Gündogan (2) und das Foul des Münchners Dante an Reus (3) vor dem Elfmeter. Prominente Zuschauer: der verletzte Götze und Kapitän Kehl, die nicht zum Einsatz kamen (4).

Und zwar mit erheblichen finanziellen Mitteln. Da können wir nicht damit rechnen, dass sich Dortmund in den nächsten Jahren fünf, sechs Mal dafür qualifiziert", klagte Hummels. Es sei still gewesen in der Kabine nach dem Abpfiff, jeder sei mit sich selbst beschäftigt gewesen.

Noch deutlicher wurde Kapitän Kehl: „Ich glaube ehrlich gesagt nicht, dass ich diese Chance noch einmal bekomme. Und ich gehe jetzt lieber, sonst kommen mir auch noch die Tränen." Nach Spielende waren emotionale Anspannung und überhöhter Adrenalinspiegel so offen wie nie bei den Dortmunder Spielern ausgebrochen. Fast alle, vor allem der kaum mehr zu beruhigende Marco Reus, hatten nach Spielschluss Tränen der Enttäuschung in den Augen, manche heulten wie die Schlosshunde. Die Jugend der Mannschaft schien dazu beizutragen, dass in diesen Minuten, nach dem Spiel und vor der für alle Mannschaften schwierigen Übergabe der Silbermedaillen, ein paar Dämme bei den Dortmundern brachen.

Über die beiden eigentlich fälligen Platzverweise, die den Münchnern Dante und Ribéry dank der Großzügigkeit des Schiedsrichters erspart geblieben waren, wollten alle nur hinter vorgehaltener Hand reden. Wer will sich schon als schlechter Verlierer bezeichnen lassen? Sportdirektor Michael Zorc konnte das Leid aus eigener Erfahrung als Spieler nachvollziehen. „In so einem Moment", sagte Zorc, der 1997 den Finalsieg des BVB gegen Juventus Turin miterleben durfte, „hast du als Spieler das Gefühl, dass du eine einmalige Chance verpasst hast, die nie wieder

> **Mario Götze musste dem Finale wegen Verletzung traurig zuschauen.**

kommt." Später lernt man, dass das Leben oft viel verschlungenere Umwege macht. Für den Augenblick aber bricht die Welt zusammen. Auch deshalb meinte Trainer Klopp: „Wir werden viel Arbeit haben, eine neue Mannschaft aufzubauen."

Das klang leicht dramatisch. Aus der Stammelf verkündete bis zum Finale nur Mario Götze seinen Abschied. 37 Millionen Euro Ablöse zahlten für ihn die Bayern, die kurz vor Wembley eine Ausstiegsklausel aktiviert hatten. Götze selbst musste in London wegen einer Verletzung traurig zuschauen. Rund ums große Spiel gab es Gerüchte um weitere Abwerbeversuche von BVB-Stammspielern – besonders begehrt: Torjäger Robert Lewandowski, der im Finale keinen glücklichen Abend hatte. Verteidiger Lukasz Piszczek teilte mit, dass er sich einer überfälligen Hüftoperation unterziehen und lange ausfallen werde. Mit welcher Startelf die Borussia in die Saison 2013/2014 einsteigen würde, war in der Nacht der Trauer mit den Sauriern offen. Zumal der Verlust des Solitärspielers Götze auch Umstellungen in der Spielweise nach sich ziehen sollte.

Dortmund hat zwar wieder sehr viel Geld in der Kasse, nachdem erst 2005 eine Insolvenz gerade noch abgewendet wurde. Ersatz zu beschaffen, Transfers zu realisieren, wird jedoch mit zunehmender Popularität des Vereins schwieriger. Der BVB gehört 2013 wieder zu den Großen, von denen aber auch große Ablösesummen erwartet werden – oft unrealistische.

Am Morgen danach hatte der BVB in der Flughafen-Abflughalle eine improvisierte Show- und Tanznummer organisiert mit Konfetti und Gitarre zum Song „Our love shines on", unsere Liebe funkelt weiter. Da war Borussia Dortmund wieder halbwegs bei sich. Doch nicht nur Verteidiger Marcel Schmelzer war sich sicher: „Die nächsten Tage und Wochen werden richtig hart."

Mann in Fesseln

Ausgerechnet in der Saison, in der der FC Bayern zur besten Mannschaft Europas aufsteigt,
stürzt der Erfinder dieser Mannschaft über seine Steueraffäre.
Der Fall des Uli Hoeneß erinnert fast an eine griechische Tragödie. *Von Ralf Wiegand*

Jedes Ereignis für sich alleine wäre ja schon ein Superlativ in der 50-jährigen Geschichte der Bundesliga: zum einen die Superbilanz des FC Bayern München in dieser Jubiläumssaison, in der er sowohl Meisterschaft als auch Champions League auf besonders beeindruckende Weise gewann. Und zum anderen der Steuerfall Uli Hoeneß, der sogar seine ärgsten Feinde sprachlos zurückgelassen hatte: Uli Hoeneß, ein Steuersünder? Der Saubermann des Fußballs, das Gewissen der Liga?

Der Bayern-Präsident hatte sich selbst bei den Steuerbehörden angezeigt, weil er über viele Jahre ein geheimes Konto in der Schweiz unterhielt und dem deutschen Fiskus auf diese Weise mehrere Millionen Euro vorenthielt. Während der FC Bayern der Neuzeit, Hoeneß' Lebenswerk, der Perfektion zustrebte, stürzte sein Erfinder gnadenlos ab. Es war ein Drama, bei dem sich viele fragten:

Durfte man Mitleid mit Uli Hoeneß haben?

Nur vordergründig liefen die beiden Handlungsstränge parallel, ohne sich zu berühren. Hier die einer Naturgewalt ähnelnde Saison des unfassbar erfolgreichen FC Bayern München, der alles zu gewinnen drohte, was im Klubfußball in einer Spielzeit so an Preisen ausgeschrieben ist. Pokale, Schalen, Henkeltöpfe, nichts war vor ihm sicher. Sogar in Schönschrift gab es eine Eins mit Stern, der Stil war einfach rauschhaft.

Und dort der Kriminalfall Hoeneß, der im Privaten der Zockerei mit Wertpapieren derart verfallen war, dass ihm echte Millionen wie Spielgeld vorkamen, mit denen er so lax umging, dass am Ende eine Selbstanzeige wegen Steuerhinterziehung stand. Dazu Ermittlungen der Staatsanwaltschaft, ein Haftbefehl, der Sturz als moralische Instanz.

Doch sie ließen sich gegenseitig seltsam unberührt, dieser Aufstieg des FC Bayern zur womöglich besten Mannschaft der Welt und der Absturz von Hoeneß. Die Bayern eilten mit ihrem Präsidenten im Gepäck weiter von Sieg zu Sieg, als wäre nichts gewesen, und Hoeneß, trotz aller Debatten im und um den Aufsichtsrat, der ihn im Amt als Bayern-Boss beließ, legte sich den Bayern-Schal um und setzte sich auf seinen Tribünenplatz. Die TV-Kameras waren fest darauf justiert.

Fast hätte man glauben können, es sei alles wie immer, als seien die beiden Geschichten wie Wasser und Öl. Sie verbanden sich einfach nicht, wie man sie auch schüttelte.

Das war ganz erstaunlich, und es war natürlich auch nicht richtig. Es lag eine ungeheure Fallhöhe in dieser in allen Belangen außergewöhnlichen Situation. Nach den ganz speziellen Maßstäben des Fußballs waren es zwei epochale Ereignisse, diese nimmer endende Krönungsmesse des FC Bayern und der Existenzkampf des Königsmachers Uli Hoeneß. In der Gleichzeitigkeit lag etwas Symbolhaftes, als würde der Abstieg des einen den anderen erst nach oben ziehen können, wie die langsam absinkenden Gewichte einer Standuhr das Räderwerk am Laufen halten. Die besondere Tragik ist, dass es sein Lebenswerk war, dessen Vollendung Uli Hoeneß zuschauen musste wie ein Fremder.

So kam er einem tatsächlich vor, aus der Distanz betrachtet, wie ein Fremder. Die Kameras zoomten ihn aus der Ferne heran, man merkte das an den manchmal wackeligen Bildern. Nah kam er, dessen Wort Gewicht hatte, kaum noch einer Linse oder einem Mikrofon. Menschen mussten aufpassen, nicht mit ihm aufs Bild zu geraten, niemand wusste ja, wie die andere Sache ausgehen würde. Hoeneß drohte ein Verfahren, sogar Gefängnis. Und auch er selbst musste sich auf eine Art kontrollieren, die seinem Naturell widersprach. Uli Hoeneß war immer ein unkontrollierter Jubler und ein maßloser Ärgerer, ein emotionaler Vulkan, ein offenes Buch im Moment von Triumph und Niederlage. Aber jetzt war er ein Mann in Fesseln: Als die Mannschaft ihm auf der Tribüne im Wembley-Stadion den Champions-League-Pokal anreichte, als große Geste der Solidarität, zierte er sich auf fast unbeholfene Art. Sich mit dem Pokal zu zeigen, dem er zwölf Jahre nachgejagt war, erschien ihm plötzlich unangemessen.

Er war zwar überall dabei, bei den Siegen auf der Tribüne, im Autokorso, bei Banketten, aber er war nicht mehr mittendrin. Er wirkte wie ein Zuschauer in seinem eigenen Stück, ein entmachteter Regisseur. Was für eine Qual.

War also Mitleid mit Uli Hoeneß erlaubt?

Tragödien definieren sich so, dass es einen schuldlos Schuldigen geben muss, einen Protagonisten in ausweg-loser Situation. Auf eine Weise ist Hoeneß das nicht, denn er hat seine Fallhöhe selbst bestimmt. Er hat stets zum

2012, München: Uli Hoeneß, getröstet von seiner Frau Susi nach dem Chelsea-Drama.
2013, London: Uli Hoeneß lässt sich den Silberpokal zunächst nur ungern aushändigen.

Maßstab erhoben, was er für Recht und Ordnung hielt, und er hat jene angeprangert, die seiner Wertewelt nicht folgten. Selbst schuld.

Und auf andere Weise ist er es doch. Er ist der Erfinder des FC Bayern. Andere Vereine sind die Summe ihrer Einzelteile, sie bleiben stets größer als jeder Einzelne. Der FC Bayern der Neuzeit aber ist die Vision eines Einzelnen. Seit er 27 Jahre alt war und Manager des Vereins wurde, im Prinzip schon früher, als Spieler, hat er das Leitbild eines perfekten Vereins entworfen und den FC Bayern danach entwickelt. Er hat sich nie dafür geschämt, den FC Bayern als Nonplusultra zu benennen und den anderen ihren Platz in der Peripherie zuzuweisen, und sei es durch Gratulation für vorübergehenden Erfolg. Er war das böse und das liebe Gesicht des FC Bayern.

Und obwohl jeder eine Meinung über ihn hatte, sagte er einmal, am Ufer des Tegernsees stehend und aufs Wasser schauend: Den privaten Uli Hoeneß, wie er wirklich ist, den kenne niemand da draußen.

Und jetzt geriet das alles durcheinander, der private und der öffentliche Hoeneß, seine Wertewelt im Sport und seine eigene, bisher verborgene. Sein Lebenswerk FC Bayern wird nun immer mit einem Sternchen versehen sein, das auf eine Fußnote verweist. In dieser Fußnote wird „Ja, aber" stehen.

Er kannte das schon, einige Endspiele seines Lebens haben solche Sternchen: Das EM-Finale 1976, bei dem er einen Elfmeter verschossen hat, nein: den Elfmeter. Das Champions-League-Finale 1999, bei dem Manchester United gewann, als das Spiel schon zu Ende war. Und 2012, das „Finale dahoam", geschlagen von einem unterlegenen FC Chelsea. Immer wieder aber hat Hoeneß vom Schicksal ein noch größeres Endspiel bekommen.

Doch jetzt, mit dem 2:1-Triumph von London im Champions-League-Finale gegen Dortmund, schien das Ende aller Superlative erreicht zu sein. Auch das machte die Situation für Hoeneß so besonders schmerzhaft. Er sah, wie alles zu Ende ging mit diesem Showdown von Wembley, sah, wie würdevoll sein Freund Jupp Heynckes abtreten durfte, dessen Untadeligkeit nicht vor der Zeit aufgebraucht war. Gefeiert von Freund und Gegnern im Moment des größten Triumphes, wer würde nicht davon träumen?

Man hätte Mitleid haben können.

Deutsche Endspiele in der Champions League

Zwei Triumphe

Dortmund in München, München in Mailand: Die ersten beiden deutschen Titel in der Champions League, die 1992 ihren neuen Namen erhalten hatte, wurden an besonderen Schauplätzen errungen. Der BVB feierte 1997 in der damaligen Heimspielstätte des Rivalen FC Bayern: im Münchner Olympiastadion. Mit einem 3:1 gegen Juventus Turin krönten die Dortmunder dort ihre goldene Ära unter Trainer Ottmar Hitzfeld, nach zwei Meisterschaften 1995 und 1996. Zwei Tore von Stürmer Karl-Heinz Riedle (Bild 3, mit Pokal) brachten die Borussia gegen die favorisierten Turiner 2:0 in Führung. Das 3:1 erzielte der junge Lars Ricken – mit der ersten Ballberührung, nur wenige Sekunden nach seiner Einwechslung (4). Beim 100. Klubjubiläum des BVB 2009 wurde Rickens Bogenlampe zum „Tor des Jahrhunderts" gewählt. Auch der Finalsieg der Bayern 2001 hatte historische Dimensionen, das zeigte schon eine famose Fan-Choreographie (2) vor dem Spiel. Zwei Jahre nach dem Finaldrama gegen Manchester United (1:2) holten sich die Bayern in Mailands Fußball-Oper San Siro den Henkelpott. Direkt nach dem Anpfiff begann ein Elfmeter-Krimi: Der FC Valencia ging durch einen Strafstoß in Führung, gegenüber verschoss Mehmet Scholl. Den zweiten Münchner Elfmeter verwandelte Stefan Effenberg zum 1:1 – und im Elfmeterschießen wurde Oliver Kahn der Held (1), mit drei Paraden für die Ewigkeit. Der Trainer der Sieger hieß erneut: Ottmar Hitzfeld.

Vier Trauerspiele

Von vier Niederlagen deutscher Teams in Endspielen der Champions League bis 2013 erlitt der FC Bayern drei. Zwei dieser Niederlagen taten besonders weh, beide Male gegen Mannschaften aus England: 1999 kollabierten die Bayern in der schwarzen Nacht von Barcelona in der Nachspielzeit – als sie gedanklich schon auf dem Siegerpodest standen, machte Manchester United aus einem 0:1 ein 2:1 (Bild 7). Ähnlich brutal fühlte sich das „Finale dahoam" 2012 an (5 und 6). Gegen den FC Chelsea verpassten die Bayern die historisch äußerst seltene Gelegenheit, den Pott in der eigenen Arena in die Luft zu stemmen. Zudem verhöhnte die Niederlage nach Elfmeterschießen den Spielverlauf – hoch überlegene Bayern hatten in der 88. Minute das 1:1 kassiert und in der Verlängerung durch Robben einen Strafstoß vergeben. 2010 unterlagen die Münchner Inter Mailand 0:2, Trainer Louis van Gaal musste seinem ehemaligen Lehrling José Mourinho gratulieren (8). Bayer Leverkusen stand 2002 im Finale, ein Traumtor von Zidane sicherte Real Madrid den glücklichen 2:1-Erfolg (9).

Europapokal-Historie

Eurofighter

Erster deutscher Europacup-Sieger war 1966 Dortmund: Ein 2:1 gegen Liverpool brachte den Titel im Pokalsieger-Wettbewerb, zu Hause fand ein Autokorso statt (Bild 5). Den ersten Landesmeister-Titel der Bayern, 1974 gegen Atletico Madrid, machte Schwarzenbeck mit dem 1:1 kurz vor Ende der Verlängerung möglich (1). Im selben Jahr jubelten Magdeburg und Jürgen Sparwasser bei den Pokalsiegern (7) – der einzige Titel für einen DDR-Klub. 1975 zeigte Bayern-Trainer Dettmar Cramer am Rathausbalkon den Meisterpott (8), während Gladbachs Berti Vogts den Uefa-Cup hochhielt (6). 1979 sicherte ein Elfmeter von Simonsen gegen Belgrad der Borussia erneut den Sieg (3), ein Jahr später zog Gladbach im deutschen Finale gegen Frankfurt knapp den Kürzeren (10). 1988 gewann Leverkusen einen Elfmeter-Krimi gegen Espanyol Barcelona (2, Trainer Ribbeck und Torwart Vollborn). Letzter deutscher Uefa-Cup-Sieger waren 1997 die „Eurofighter" des FC Schalke (9). Im Pokalsieger-Wettbewerb siegte letztmals Bremen 1992 (4, Wynton Rufer).

Europapokal-Endspiele mit deutschen Teams

Jahr	Austragungsort	Begegnung	Ergebnis
Europapokal der Landesmeister			
1960	Glasgow	Real Madrid – Eintracht Frankfurt	7:3
1974	Brüssel	Bayern München – Atletico Madrid	n.V. 1:1
		Wiederholungsspiel	4:0
1975	Paris	Bayern München – Leeds United	2:0
1976	Glasgow	Bayern München – AS St. Etienne	1:0
1977	Rom	FC Liverpool – Borussia Mönchengladbach	3:1
1980	Madrid	Nottingham Forest – Hamburger SV	1:0
1982	Rotterdam	Aston Villa – Bayern München	1:0
1983	Athen	Hamburger SV – Juventus Turin	1:0
1987	Wien	FC Porto – Bayern München	2:1
Champions League			
1997	München	Borussia Dortmund – Juventus Turin	3:1
1999	Barcelona	Manchester United – Bayern München	2:1
2001	Mailand	Bayern München – FC Valencia	i.E. 5:4 (1:1)
2002	Glasgow	Real Madrid – Bayer Leverkusen	2:1
2010	Madrid	Inter Mailand – Bayern München	2:0
2012	München	FC Chelsea – Bayern München	i.E. 4:3 (1:1)
2013	London	Bayern München – Borussia Dortmund	2:1
Europapokal der Pokalsieger			
1965	London	West Ham United – TSV 1860 München	2:0
1966	Glasgow	Borussia Dortmund – FC Liverpool	n.V. 2:1
1967	Nürnberg	Bayern München – Glasgow Rangers	n.V. 1:0
1968	Rotterdam	AC Mailand – Hamburger SV	2:0
1974	Rotterdam	1. FC Magdeburg – AC Mailand	2:0
1977	Amsterdam	Hamburger SV – RSC Anderlecht	2:0
1979	Basel	FC Barcelona – Fortuna Düsseldorf	n.V. 4:3
1981	Düsseldorf	Dynamo Tiflis – Carl Zeiss Jena	2:1
1987	Athen	Ajax Amsterdam – Lokomotive Leipzig	1:0
1992	Lissabon	Werder Bremen – AS Monaco	2:0
1998	Stockholm	FC Chelsea – VfB Stuttgart	1:0
Uefa-Pokal			
mit Hin-und Rückspiel			
1973		FC Liverpool – Bor. Mönchengladbach	3:0 / 0:2
1975		Bor. Mönchengladbach – Twente Enschede	0:0 / 5:1
1979		Roter Stern Belgrad – Bor. Mönchengladbach	1:1 / 0:1
1980		Bor. Mönchengladbach – Eintracht Frankfurt	3:2 / 0:1
1982		IFK Göteborg – Hamburger SV	1:0 / 3:0
1986		Real Madrid – 1. FC Köln	5:1 / 0:2
1988		Espanyol Barcelona – Bayer Leverkusen	3:0 / 0:3, i.E. 2:3
1989		SSC Neapel – VfB Stuttgart	2:1 / 3:3
1993		Borussia Dortmund – Juventus Turin	1:3 / 0:3
1996		Bayern München – Girondins Bordeaux	2:0 / 3:1
1997		FC Schalke 04 – Inter Mailand	1:0 / 0:1, i.E. 4:1
1 Finale			
2002	Rotterdam	Feyenoord Rotterdam – Borussia Dortmund	3:2
2009	Istanbul	Schachtjor Donezk – Werder Bremen	n.V. 2:1

Tor zur Welt

Hertha BSC soll so sein wie Berlin. Das Problem ist nur, dass Berlin heute dies und morgen das ist. Und dass die Hauptstadt-Hertha schnell mal zweitklassig sein kann – und bald schon wieder Erstligist.

VON CLAUDIO CATUOGNO

Berlin im Frühjahr 2013. Mal wieder keine so guten Nachrichten aus der Hauptstadt. Die weltberühmte East Side Gallery, das längste real existierende Stück Berliner Mauer, wird von einem Immobilieninvestor in Trümmer geschlagen; angeblich kann niemand was dagegen tun. Hartmut Mehdorn wird neuer Chef der lustigen Flughafen-Attrappe „BER", aber die Passagiere müssen weiter mit der Bahn fahren, deren Chef Mehdorn nicht mehr ist. Und der „Arm-aber-Sexy"-Bürgermeister Klaus Wowereit hat eines seiner zwei Attribute verloren: Er ist jetzt nur noch Ersteres, sagen die Meinungsumfragen.

Klappt denn mal wieder gar nichts in Berlin? Aber doch! Hertha BSC ist wieder da!

Wiederaufstieg in die Bundesliga – schon am 30. Spieltag macht der Klub durch ein 1:0 gegen den SV Sandhausen alles klar. Anderswo kann so ein Erfolg auf dem Rasen einer Stadt einen Schub geben, wenigstens einen emotionalen. Aber die meisten Berliner geben sich traditionell Mühe, ihren Hauptstadtklub bloß nicht irgendwie gut zu finden. Schon zu jener Zeit, als Dieter Hoeneß noch als eine Art regierender Mittelstürmer die Geschicke der Hertha lenkte, war diese zynische Gleichgültigkeit des Publikums ein Berliner Alleinstellungsmerkmal.

Die Geschichte der Hertha ist untrennbar mit der Figur Hoeneß verbunden, vom Wiederaufstieg 1997 bis 2009 saß der streitbare Uli-Hoeneß-Bruder auf dem Managerstuhl. Auf dem dazugehörigen Managertisch stand anfangs nichts außer einer alten Schreibmaschine. Alles andere hat er erschaffen. Das weiß man deshalb so genau, weil Hoeneß die Episode hin und wieder erzählt hat. Genau genommen hat er sie sogar so oft erzählt, dass sie zum Running Gag wurde: Wenn Hoeneß an ein Pult trat, um Rechenschaft über sein Tun abzulegen, rief oft jemand: „Dieter! Schreibmaschine!"

Dass Dieter Hoeneß mit Hertha BSC keinen Plan hatte, kann man nicht sagen. Er hatte sogar einen sehr konkreten Plan: Seine Hertha sollte so sein wie Berlin. Das Problem war nur, dass Berlin heute dies und morgen das sein kann. Berlin als vielsprachige Weltmetropole. Als Riese, der geweckt werden muss. Aber auch als Hartz-IV-Hauptstadt, in der ein Drittel der Einwohner von der Fürsorge lebt. Und so war dann die Hertha auch heute dies und morgen das, in der Hinsicht war Hoeneß sehr konsequent. Mal kaufte er Brasilianer, dann „Typen", dann setzte er auf Jugendliche aus dem Problembezirk Wedding. Aber als klar war, dass die Jungs nicht nur ihr Wedding-Talent, sondern auch ihre Wedding-Umgangsformen mit in die Kabine brachten, war das auch wieder nichts. Die einzige Konstante war der ständige Strategiewechsel. Einmal vom West-Berliner Mief in die Champions League und wieder zurück.

Nur im Frühjahr 2009, da war mal für ein paar Monate alles anders. Lucien Favre war der Trainer und die Hertha Tabellenführer, alles erschien möglich zu dieser Zeit. Berlin – endlich die Nummer eins!

*Hertha vergisst allzu oft,
worauf es ankommt.
Dabei stehen so schöne, leere
Tore im Olympiastadion.*

Selbstverständnis und Realität in seltenem Einklang. Sogar der Osten der Stadt fand die Hertha, nun ja, nicht gerade schick. Aber okay. Der Mief war weg. Favre, dem Taktik-Kauz aus der Westschweiz, flogen die Sympathien zu. Das Problem war: Auf ihrem Weg zu Favre flogen sie an Dieter Hoeneß vorbei. Das war dann auch wieder nicht recht. Also: Machtkampf! In den entscheidenden Wochen der Saison. Es war wie meistens in Berlin: Irgendwas kommt immer dazwischen, wenn man gerade große Pläne hatte. Hertha wurde nicht Meister, sondern der VfL Wolfsburg. Dieter Hoeneß wurde aus dem Amt gedrängt.

Er hinterließ dem Klub eine Mahnung: Ohne ihn werde der Weg direkt in den Abgrund führen. Mit etwas Abstand muss man Hoeneß mindestens prophetische, wenn nicht noch ganz andere Fähigkeiten unterstellen.

Immerhin, es blieb unterhaltsam. Auch im Abgrund. Es begann damit, dass der Hertha-Präsident Werner Gegenbauer, ein millionenschwerer Unternehmer, den längst gecasteten Hoeneß-Nachfolger Michael Preetz noch rasch vor einem Assessment-Center ein Bewerbungs-Referat halten ließ. Die Personal-Experten kamen zu dem Ergebnis, dass man Preetz den Job ohne Sorge anvertrauen könne. Man kann aus dieser Geschichte lernen, dass gute Referate im Fußball nicht alles sind. In vier Jahren unter Preetz stieg Hertha BSC zwei Mal ab. Das ist aber nur ein Teil der Wahrheit. In vier Jahren unter Preetz stieg Hertha BSC nämlich auch zwei Mal auf.

In der zweiten Liga funktionierte der Manager Preetz jeweils recht gut. Nur in der ersten Liga misslang immer alles. In seiner Lehrlings-Saison, 2009/2010, warf Preetz den Trainer Favre raus und strich dann mit dessen Nachfolger Friedhelm Funkel die Segel. In seiner Gesellen-Saison, 2011/2012, ersetzte Preetz den Trainer Markus Babbel am Ende einer Affäre um Lügen und andere Schlüpfrigkeiten durch Michael Skibbe.

Skibbe wiederum feuerte er fünf Pflichtspiele (fünf Niederlagen) später, und am Ende stieg die Hertha dann mit Otto Rehhagel ab. Was aber fast nachrangig daherkam angesichts des Glamours, den dieser Coup der Hauptstadt bescherte: König Otto speiste in der Borsig-Villa mit dem Außenminister, stellte der Elf des FC Bundestag ein Showtraining in Aussicht, zitierte Goethe („Denk' ich an Bayern in der Nacht, bin ich um den Schlaf gebracht") und nannte seinen Mittelfeldspieler Perdedaj immer „Paradise", weil er sich, inzwischen auch schon 73 Jahre alt, den Namen nicht merken konnte. Ja, der Entertainment-Faktor ist in Berlin traditionell ziemlich hoch.

Aber auf Dauer geht das so natürlich nicht. Der Flughafen: Lachnummer statt Tor zur Welt. Der Denkmalschutz: nicht in der Lage, ein Denkmal zu schützen. Und der Hauptstadtklub spielt gegen Sandhausen, Paderborn und Regensburg. Nicht sexy. Bloß arm. Aber im Frühjahr 2013 ist auch das wieder Geschichte. Im 51. Jahr der Bundesliga wird die Hertha wieder dabei sein. Michael Preetz ist wieder Erstliga-Manager. Und nicht nur Dieter Hoeneß verfolgt mit Interesse, was jetzt wieder alles schiefgeht.

Geschichten aus der 50. Saison

Koreaner in der Puppenkiste

Sascha Mölders spielte eine wichtige Rolle in dieser traumähnlichen Geschichte, er erzielte in der Saison 2012/13 zehn Tore, sechs davon in der Rückrunde, er hatte einen wesentlichen Anteil am Klassenerhalt des FC Augsburg – allerdings ist Mölders, geboren 1985 in Essen, kein Südkoreaner. Die Aussichten des FCA für das neue Jahr waren bescheiden am 1. Januar 2013. Der Klub war mit neun Punkten Vorletzter, punktgleich mit der SpVgg Greuther Fürth, zu einem Nichtabstiegsplatz fehlten zehn Zähler, nie zuvor war ein Klub nach einem solchen Halbjahr noch in der Liga geblieben. Im Frühjahr verletzte sich zudem Mittelfeldspieler Ja-Cheol Koo. Trainer Markus Weinzierl musste etwas ändern. Er stellte seine Mannschaft offensiver ein, ließ sie nicht nur verteidigen, vertraute auf ein spielstarkes Mittelfeld, gewährte den Außenverteidigern mehr Freiheiten nach vorne. Dazu kam Dong-Won Ji, geboren 1991 in Jeju, Südkorea. Der Stürmer harmonierte prächtig mit Mölders, erzielte in 17 Spielen fünf Tore, er hatte also einen wesentlichen Anteil an der Aufholjagd. Augsburg kletterte auf den Relegationsrang, und am letzten Spieltag überholte das Team mit einem 3:1 gegen das längst nicht mehr punktgleiche Fürth auch noch Düsseldorf. Das letzte Tor erzielte Ji. Traumähnlich war diese Geschichte, weil sie sich wiederholt hatte. 2011/12 war Augsburg nach der Hinrunde ebenfalls Vorletzter gewesen. Dann kam Ja-Cheol Koo, geboren 1989 in Nonsan, Südkorea. Der Mittelfeldspieler erzielte in 15 Spielen fünf Tore, er hatte also einen wesentlichen Anteil an der Aufholjagd. Augsburg sicherte sich schon am vorletzten Spieltag den Klassenerhalt, besiegte in der letzten Partie den Hamburger SV 1:0. Das letzte Tor der Spielzeit erzielte Koo. Er war ausgeliehen von Wolfsburg. Ji war 2013 eine Leihgabe von Sunderland. Nach dem Klassenerhalt hüpften Koo und Ji mit den anderen Augsburger Spielern über den Rasen. Auf ihren T-Shirts stand „Die Puppen tanzen weiter durch die Bundesliga". Die, die da hüpften, waren keine Traumtänzer.

Die ewigen Schalker Pointen

Am Ende wurde der Vertrag von Trainer Jens Keller doch verlängert, um zwei Jahre, bis zum Sommer 2015. Es war die logische Pointe einer Saison, in der der FC Schalke 04 wieder einmal durch den ewigen Hang zur Selbstzerstörung auffiel. Und fast scheiterte. An sich selbst.
Die Jubiläumssaison der Schalker war exemplarisch für all die Jahre des Klubs in der Bundesliga. Schalke in der Bundesliga, das waren wilde Jahre voller Höhen und Tiefen, wobei sich selbst die Höhen anfühlten wie Tiefen. Der Verein war in den Bundesliga-Skandal verwickelt. Er hatte finanzielle Probleme. Er wurde häufig als Anwärter auf die Meisterschaft gehandelt und gewann sie doch nie. Seit 1958 – vor Gründung der Bundesliga – wartet Schalke auf den achten Meistertitel, das ewige Scheitern des Ruhrpottklubs war manchmal rührend („Meister der Herzen") und immer voller Lust am eigenen Leiden.
Vor der Jubiläumssaison also wurde auch Schalke wieder zu den Mannschaften gezählt, die den Bayern und Borussia Dortmund gefährlich werden könnten. Sie waren ein harmloser Rivale. Gefährlich wurde der FC Schalke 04 nur sich selbst.
Mitte Dezember 2012 wurde Trainer Huub Stevens entlassen, auf ihn folgte Jens Keller. Wenige Wochen später ging es vor allem darum, wer auf Keller folgen werde. Armin Veh galt lange als der Favorit, dann verlängerte er aber doch in Frankfurt. Irgendwann wurden sogar Stefan Effenberg gute Chancen auf den Trainerposten eingeräumt. Nur einer wurde selten als ernsthafte Alternative zu Jens Keller genannt: Jens Keller. Bis der Verein mit ihm verlängerte.
Das Team war unter Keller zwischenzeitlich nur Tabellenzehnter – trotz vorzüglicher Offensivspieler wie Klaas-Jan Huntelaar (rechts) und Talent Julian Draxler (links) –, kletterte jedoch wieder auf den vierten Rang. Im letzten Spiel ging es im direkten Duell in Freiburg darum, wer an der Champions-League-Qualifikation teilnehmen darf. Schalke gewann 2:1, weil ausnahmsweise die anderen an sich scheiterten. Das Siegtor war ein Eigentor des SC Freiburg.

Abschied nach 14 Jahren Werder

Am fünften Tag des 15. Jahres erkannte Thomas Schaaf, dass es nun gut war. Er erkannte, dass es nicht mehr besser wurde. Also beschloss Thomas Schaaf, dass es an der Zeit sei, zu gehen. Drei Tage, nachdem er und seine Mannschaft in einer Zittersaison den Klassenerhalt gesichert hatten. Vier Tage vor dem letzten Spieltag. Schaaf trennte sich von Werder Bremen, und weil Werder Bremen sich auch von Schaaf trennen wollte, nannten sie das eine „einvernehmliche Trennung". Es war ein leiser Abgang, wenn man etwas zu hören glaubte, dann allenfalls ein Grummeln. Es war ein Abgang, typisch für den Fußballtrainer Thomas Schaaf. 41 Jahre lang war er bei Werder Bremen gewesen, er spielte dort als Jugendlicher und als Erwachsener, er trainierte die Amateure und vom 10. Mai 1999 an die Profis, 14 Jahre und fünf Tage lang. Er gewann als Spieler die Meisterschaft und den Pokal, genauso als Trainer. Doch diese Erfolge verblassten in den letzten Monaten seiner Zeit in Bremen. Es überwogen die Gedanken an die graue Gegenwart, in der die Mannschaft sich lange im Mittelfeld der Tabelle versteckte und dann in den Abstiegskampf rutschte. Vor allem aber schwand der Glaube daran, dass Schaaf mit seiner leisen, grummeligen Art eine Zukunft bauen könne, wie man sie in Bremen in der Vergangenheit bereits erlebt hatte. Als Schaaf gemeinsam mit Manager Klaus Allofs Jahr für Jahr dort, wo niemand hinschaute, perfekte Zugänge für die Mannschaft entdeckte und diese Mannschaft einen hemmungslosen Offensivfußball spielen ließ, angetrieben durch den Glauben, dass sie schon einmal häufiger ins Tor treffen werde als der Gegner. Im November 2012 wechselte Allofs abrupt nach Wolfsburg und wurde als Sportchef durch Thomas Eichin ersetzt. Danach verloren der Verein und sein treuer Mitarbeiter Schaaf die Freude aneinander. Im ersten Spiel ohne Schaaf, dem letzten der Saison, trat Bremen beim 1. FC Nürnberg an, es war ein Spiel mit vielen Toren, wie so oft in der Ära des Verabschiedeten. Es endete 2:3.

Freiburger Streich

Max Kruse, hängende Spitze: elf Tore. Daniel Caligiuri, linkes Mittelfeld: fünf Tore. Jan Rosenthal, Sturm: vier Tore. Johannes Flum, defensives Mittelfeld: ein Tor. Kruse, Caligiuri, Rosenthal und Flum, vier Stützen der Überraschungself des SC Freiburg in der Jubiläumssaison, als die Mannschaft von Trainer-Kauz Christian Streich sich in einen Rausch spielte. Doch Kruse, Caligiuri, Rosenthal und Flum stehen auch für die Kehrseite des Erfolges. Sie verkündeten schon vor Saisonende, dass sie den SC verlassen werden, obwohl der sich als Tabellenfünfter für die Europa League qualifiziert hatte. Kruse wechselte zum Achten Mönchengladbach, Caligiuri zum Elften Wolfsburg, Flum und Rosenthal immerhin zum Sechsten: Frankfurt. Dass Konkurrenten kleinen Vereinen Spieler abwerben, sobald diese außerordentlich erfolgreich sind, ist nicht ungewöhnlich. In Freiburg kannten sie das schon aus früheren Hochphasen – und sie hatten das stets akzeptiert. Auch Streich wusste, dass er vier Stützen verliert, und er war sehr traurig. Er hoffte aber auch, dass er eine Struktur aufgebaut hatte, die nicht von vier Stützen abhängig war. Die Stärke seiner Mannschaft war das offensive Verteidigen, das schnelle Angreifen über die Flügel. Die Stärke war nie: ein Einzelner. Hinter diesem System steckte eine Idee, und die Idee steckte im Kopf von Streich, und Streich hatte vor, diese Idee weiter in den SC zu stecken. Diese Idee, auch das wusste er, würde sein Team nicht automatisch vor Misserfolg bewahren. Aber Angst vor der Zukunft? Streich sagte, der Verein bleibe „hochattraktiv". Als Lehrbetrieb. Im Sommer zuvor hatte sich zum Beispiel ein aufstrebender Fußballprofi den Freiburgern angeschlossen. Er wollte nicht einfach spielen, er wollte schönen, erfolgreichen Fußball spielen. Sein Name war Max Kruse.

SZENE DER SAISON
Kanone für den Verkannten

Deutschland war 2013 ein wundersames Fußball-Land. Es gab Innenverteidiger, die selten foulten. Es gab kleine Mittelfeldspieler, die ein Kurzpassspiel wie die Spanier pflegten. Doch in diesem Land der Seelers, Müllers und Klinsmanns gab es keinen Stürmer. Miroslav Klose? 34 Jahre alt. Mario Gomez? Reservist beim FC Bayern. Gut, es gab Stefan Kießling von Bayer Leverkusen. Kießling war 1,91 Meter groß, 29 Jahre alt, er erzielte 25 Saisontore, neun mehr als der zweitbeste deutsche Torschütze Alexander Meier, und ein Tor mehr als Dortmunds Robert Lewandowski. Kießling wurde Torschützenkönig und erhielt die Kanone aus den Händen des ersten Schützenkönigs der Liga, Uwe Seeler. Doch in Kießlings Land zählte das wenig. Bundestrainer Joachim Löw, der oberste Interpret dieses Fußballlandes, sagte, Kießling passe nicht in sein den spanischen Kurzpässen nachempfundenes System, Löw ließ lieber einen der Mittelfeldtrickser als Stürmer auflaufen und nannte das einen „falschen Neuner". Kießling, der Verkannte, war erst mürrisch, aber irgendwann nahm er es würdevoll hin. Bevor ihn Löw für eine Länderspiel-Reise in die USA nominieren konnte, sagte er ab und belohnte sich für eine starke Saison. Kießling machte Urlaub.

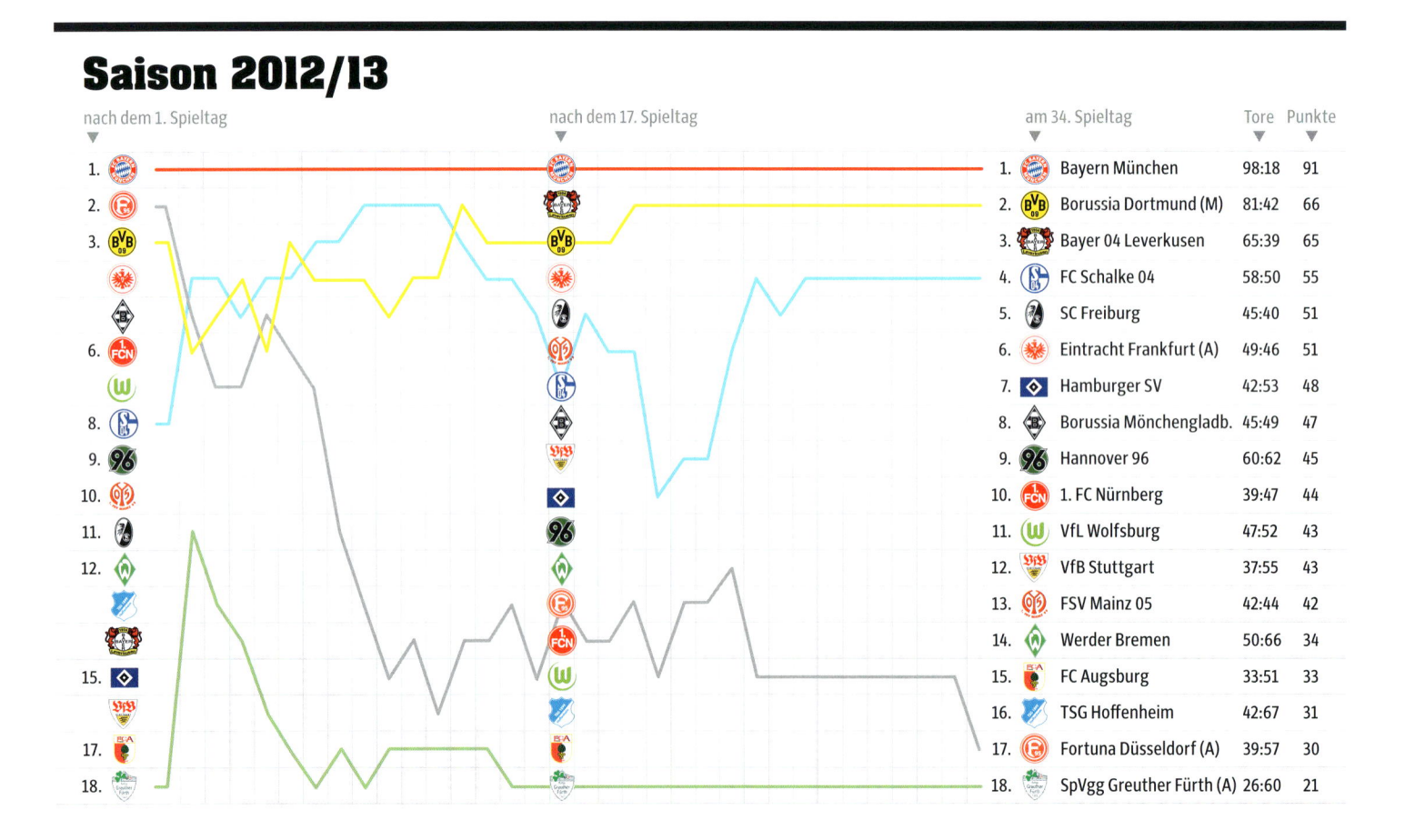

Saison 2012/13

am 34. Spieltag	Tore	Punkte
1. Bayern München	98:18	91
2. Borussia Dortmund (M)	81:42	66
3. Bayer 04 Leverkusen	65:39	65
4. FC Schalke 04	58:50	55
5. SC Freiburg	45:40	51
6. Eintracht Frankfurt (A)	49:46	51
7. Hamburger SV	42:53	48
8. Borussia Mönchengladb.	45:49	47
9. Hannover 96	60:62	45
10. 1. FC Nürnberg	39:47	44
11. VfL Wolfsburg	47:52	43
12. VfB Stuttgart	37:55	43
13. FSV Mainz 05	42:44	42
14. Werder Bremen	50:66	34
15. FC Augsburg	33:51	33
16. TSG Hoffenheim	42:67	31
17. Fortuna Düsseldorf (A)	39:57	30
18. SpVgg Greuther Fürth (A)	26:60	21

Mit einem 3:0 bei Aufsteiger Greuther Fürth erobert der FC Bayern am ersten Spieltag die Tabellenführung – und gibt sie bis zum Ende nicht mehr ab. Die Fürther hingegen müssen nach nur einem Jahr wieder in die zweite Liga. Gemeinsam mit Fortuna Düsseldorf, das am letzten Spieltag erstmals in der Saison auf einen direkten Abstiegsplatz rutscht.

Die ewige Tabelle – von 1963 bis 2013

Platz	Verein	Saisons	Spiele	g.	u.	v.	Tore	Differenz	Punkte
1	Bayern München	48	1636	936	378	322	3510:1861	1649	3186
2	Werder Bremen	49	1662	717	413	532	2834:2360	474	2564
3	Hamburger SV	50	1696	701	458	537	2759:2377	382	2561
4	VfB Stuttgart	48	1628	692	398	538	2760:2325	435	2474
5	Borussia Dortmund	46	1560	669	409	482	2706:2241	465	2416
6	Borussia Mönchengladbach	45	1534	608	413	513	2620:2259	361	2237
7	FC Schalke 04	45	1526	597	383	546	2253:2199	54	2174
8	1. FC Köln	43	1458	593	361	504	2459:2170	289	2140
9	1. FC Kaiserslautern	44	1492	575	372	545	2348:2344	4	2094
10	Eintracht Frankfurt	44	1492	552	377	563	2376:2313	63	2031
11	Bayer 04 Leverkusen	34	1160	485	331	344	1933:1559	374	1786
12	VfL Bochum	34	1160	356	306	498	1602:1887	-285	1374
13	Hertha BSC	30	1012	372	256	384	1466:1559	-93	1372
14	1. FC Nürnberg	31	1050	336	265	449	1365:1656	-291	1273
15	MSV Duisburg	28	948	296	259	393	1291:1520	-229	1147
16	Hannover 96	25	846	265	215	366	1193:1432	-239	1010
17	Karlsruher SC	24	812	241	230	341	1093:1408	-315	953
18	Fortuna Düsseldorf	23	786	245	215	326	1160:1386	-226	950
19	1860 München	20	672	238	170	264	1022:1059	-37	884
20	Eintracht Braunschweig	20	672	236	170	266	908:1026	-118	878
21	VfL Wolfsburg	16	544	201	138	205	813:814	-1	741
22	Arminia Bielefeld	16	544	153	139	252	645:883	-238	598
23	SC Freiburg	14	476	150	115	211	603:756	-153	565
24	KFC Uerdingen 05	14	476	138	129	209	644:844	-200	543
25	Hansa Rostock	12	412	124	107	181	492:621	-129	479
26	FSV Mainz 05	7	238	78	67	93	307:335	-28	301
27	Waldhof Mannheim	7	238	71	72	95	299:378	-79	285
28	Kickers Offenbach	7	238	77	51	110	368:486	-118	282
29	Rot-Weiss Essen	7	238	61	79	98	346:483	-137	262
30	FC St. Pauli	8	272	58	80	134	296:485	-189	254
31	TSG 1899 Hoffenheim	5	170	55	47	68	240:255	-15	212
32	Energie Cottbus	6	204	56	43	105	211:338	-127	211
33	Alemannia Aachen	4	136	43	28	65	186:270	-84	157
34	SG Wattenscheid 09	4	140	34	48	58	186:248	-62	150
35	1. FC Saarbrücken	5	166	32	48	86	202:336	-134	144
36	Dynamo Dresden	4	140	33	45	62	132:211	-79	140
37	Rot-Weiß Oberhausen	4	136	36	31	69	182:281	-99	139
38	Wuppertaler SV	3	102	25	27	50	136:200	-64	102
39	Borussia Neunkirchen	3	98	25	18	55	109:223	-114	93
40	FC 08 Homburg	3	102	21	27	54	103:200	-97	90
41	SpVgg Unterhaching	2	68	20	19	29	75:101	-26	79
42	Stuttgarter Kickers	2	72	20	17	35	94:132	-38	77
43	FC Augsburg	2	68	16	23	29	69:100	-31	71
44	SV Darmstadt 98	2	68	12	18	38	86:157	-71	54
45	Tennis Borussia Berlin	2	68	11	16	41	85:174	-89	49
46	SSV Ulm 1846	1	34	9	8	17	36:62	-26	35
47	Fortuna Köln	1	34	8	9	17	46:79	-33	33
48	Preußen Münster	1	30	7	9	14	34:52	-18	30
49	SpVgg Greuther Fürth	1	34	4	9	21	26:60	-34	21
50	Blau-Weiss Berlin	1	34	3	12	19	36:76	-40	21
51	VfB Leipzig	1	34	3	11	20	32:69	-37	20
52	Tasmania Berlin	1	34	2	4	28	15:108	-93	10

50 Spielzeiten auf ein, zwei Blicke

Saison	Meister	Meistertrainer	Torschützenkönig	DFB-Pokal-Sieger
1963/64	1. FC Köln	Georg Knöpfle	Uwe Seeler, Hamburger SV, 30	TSV 1860 München
1964/65	Werder Bremen	Willi Multhaup	Rudolf Brunnenmeier, 1860 München, 24	Bor. Dortmund
1965/66	TSV 1860 München	Max Merkel	Lothar Emmerich, Bor. Dortmund, 31	FC Bayern München
1966/67	Eintracht Braunschweig	Helmuth Johannsen	Lothar Emmerich, Bor. Dortmund, 28	FC Bayern München
1967/68	1. FC Nürnberg	Max Merkel	Gerd Müller, FC Bayern, 28 / Hannes Löhr, 1. FC Köln, 27	1. FC Köln
1968/69	FC Bayern München	Branko Zebec	Gerd Müller, FC Bayern, 30	FC Bayern München
1969/70	Bor. Mönchengladbach	Hennes Weisweiler	Gerd Müller, FC Bayern, 38	Kickers Offenbach
1970/71	Bor. Mönchengladbach	Hennes Weisweiler	Lothar Kobluhn, Rot-Weiß Oberhausen, 24	FC Bayern München
1971/72	FC Bayern München	Udo Lattek	Gerd Müller, FC Bayern, 40	Schalke 04
1972/73	FC Bayern München	Udo Lattek	Gerd Müller, FC Bayern, 36	Bor. Mönchengladbach
1973/74	FC Bayern München	Udo Lattek	Jupp Heynckes, Bor. Mönchengladbach, 30 / Gerd Müller, FC Bayern, 30	Eintracht Frankfurt
1974/75	Bor. Mönchengladbach	Hennes Weisweiler	Jupp Heynckes, Bor. Mönchengladbach, 27	Eintracht Frankfurt
1975/76	Bor. Mönchengladbach	Udo Lattek	Klaus Fischer, Schalke 04, 29	Hamburger SV
1976/77	Bor. Mönchengladbach	Udo Lattek	Dieter Müller, 1. FC Köln, 34	1. FC Köln
1977/78	1. FC Köln	Hennes Weisweiler	Dieter Müller, 1. FC Köln, 24 / Gerd Müller, FC Bayern, 24	1. FC Köln
1978/79	Hamburger SV	Branko Zebec	Klaus Allofs, Fortuna Düsseldorf, 22	Fortuna Düsseldorf
1979/80	FC Bayern München	Pal Csernai	Karl-Heinz Rummenigge, FC Bayern, 26	Fortuna Düsseldorf
1980/81	FC Bayern München	Pal Csernai	Karl-Heinz Rummenigge, FC Bayern, 29	Eintracht Frankfurt
1981/82	Hamburger SV	Ernst Happel	Horst Hrubesch, Hamburger SV, 27	FC Bayern München
1982/83	Hamburger SV	Ernst Happel	Rudi Völler, Werder Bremen, 23	1. FC Köln
1983/84	VfB Stuttgart	Helmut Benthaus	Karl-Heinz Rummenigge, FC Bayern, 26	FC Bayern München
1984/85	FC Bayern München	Udo Lattek	Klaus Allofs, 1. FC Köln, 26	Bayer Uerdingen
1985/86	FC Bayern München	Udo Lattek	Stefan Kuntz, VfL Bochum, 22	FC Bayern München
1986/87	FC Bayern München	Udo Lattek	Uwe Rahn, Bor. Mönchengladbach, 24	Hamburger SV
1987/88	Werder Bremen	Otto Rehhagel	Jürgen Klinsmann, VfB Stuttgart, 19	Eintracht Frankfurt
1988/89	FC Bayern München	Jupp Heynckes	Thomas Allofs, 1. FC Köln, 17 / Roland Wohlfarth, FC Bayern, 17	Bor. Dortmund

Saison	Meister	Meistertrainer	Torschützenkönig	DFB-Pokal-Sieger
1989/90	FC Bayern München	Jupp Heynckes	Jörn Andersen Eintracht Frankfurt, 18	1. FC Kaiserslautern
1990/91	1. FC Kaiserslautern	Karl-Heinz Feldkamp	Roland Wohlfarth FC Bayern, 21	Werder Bremen
1991/92	VfB Stuttgart	Christoph Daum	Fritz Walter VfB Stuttgart, 22	Hannover 96
1992/93	Werder Bremen	Otto Rehhagel	Ulf Kirsten Bayer Leverkusen, 20	Bayer Leverkusen
1993/94	FC Bayern München	Franz Beckenbauer	Anthony Yeboah Eintracht Frankfurt, 20 Stefan Kuntz 1. FC Kaiserslautern, 18	Werder Bremen
1994/95	Bor. Dortmund	Ottmar Hitzfeld	Anthony Yeboah Eintracht Frankfurt, 18 Mario Basler Werder Bremen, 20 Heiko Herrlich Bor. Mönchengladbach, 20	Bor. Mönchengladbach
1995/96	Bor. Dortmund	Ottmar Hitzfeld	Fredi Bobic VfB Stuttgart, 17	1. FC Kaiserslautern
1996/97	FC Bayern München	Giovanni Trapattoni	Ulf Kirsten Bayer Leverkusen, 22	VfB Stuttgart
1997/98	1. FC Kaiserslautern	Otto Rehhagel	Ulf Kirsten Bayer Leverkusen, 22	FC Bayern
1998/99	FC Bayern München	Ottmar Hitzfeld	Michael Preetz Hertha BSC, 23	Werder Bremen
1999/00	FC Bayern München	Ottmar Hitzfeld	Martin Max TSV 1860 München, 19	FC Bayern
2000/01	FC Bayern München	Ottmar Hitzfeld	Sergej Barbarez Hamburger SV, 22 Ebbe Sand Schalke 04, 22	Schalke 04
2001/02	Bor. Dortmund	Matthias Sammer	Marcio Amoroso Bor. Dortmund, 18	Schalke 04
2002/03	FC Bayern München	Ottmar Hitzfeld	Martin Max TSV 1860 München, 18 Thomas Christiansen VfL Bochum, 21 Giovane Elber FC Bayern, 21	FC Bayern
2003/04	Werder Bremen	Thomas Schaaf	Ailton Werder Bremen, 28	Werder Bremen
2004/05	FC Bayern München	Felix Magath	Marek Mintal 1. FC Nürnberg, 24	FC Bayern
2005/06	FC Bayern München	Felix Magath	Miroslav Klose Werder Bremen, 25	FC Bayern
2006/07	VfB Stuttgart	Armin Veh	Theofanis Gekas VfL Bochum, 20	1. FC Nürnberg
2007/08	FC Bayern München	Ottmar Hitzfeld	Luca Toni FC Bayern, 24	FC Bayern
2008/09	VfL Wolfsburg	Felix Magath	Grafite VfL Wolfsburg, 28	Werder Bremen
2009/10	FC Bayern München	Louis van Gaal	Edin Dzeko VfL Wolfsburg, 22	FC Bayern
2010/11	Bor. Dortmund	Jürgen Klopp	Mario Gomez FC Bayern, 28	Schalke 04
2011/12	Bor. Dortmund	Jürgen Klopp	Klaas-Jan Huntelaar Schalke 04, 29	Bor. Dortmund
2012/13	FC Bayern München	Jupp Heynckes	Stefan Kießling Bayer Leverkusen, 25	

*Das ist Jörg Butt – festgehalten von Regina Schmeken.
In ihren Schwarz-Weiß-Bildern konzentriert
sich die Fotografin auf den entscheidenden Moment
zwischen Stillstand und Aktion im Fußball.
Obiges Bild stammt aus ihrer Ausstellung „Unter Spielern".
Weitere Fotos der Künstlerin finden sich
auf den Seiten 32, 342/343, 352/353, 357 und 422/423.
Regina Schmeken fotografiert seit 1986 für die SZ.*

Impressum

Herausgeber
Klaus Hoeltzenbein Jahrgang 1959, verließ 1996 nach elf Jahren die SZ, um in die USA auszuwandern. Landete als Sportchef bei der *Berliner Zeitung*. Seit 2003 zurück, seit Sommer 2010 Ressortleiter. Spielt den klassischen Libero, passt auf, dass nichts anbrennt.

Autoren
Johannes Aumüller Jahrgang 1983, im SZ-Sport seit 2008, beschäftigt sich bevorzugt mit Sportpolitik und allem, was sich östlich von Warschau oder südlich des Kaspischen Meeres tut.
Andreas Burkert Jahrgang 1967, im SZ-Sport seit 2001, zuvor beim *Kölner Stadt-Anzeiger*. Schreibt über Fußball. Weitere Leidenschaften: Basketball und die Tour de France (früher mal).
Javier Cáceres geb. 1970 in Santiago de Chile, war SZ-Sportkorrespondent in Berlin. 2007 wechselte er nach Madrid, seit 2012 berichtet er aus Brüssel über die EU. Stand beim Kutzop-Elfmeter als Balljunge im Weserstadion.
Claudio Catuogno Jahrgang 1978, Stv. Ressortleiter seit 2010. Zuvor vier Jahre SZ-Sportkorrespondent in Berlin. Nach dem Studium Filmemacher für das TV-Satiremagazin „quer". Sozialisiert mit dem Karlsruher SC und daher Satire gewohnt.
Hans Eiberle Jahrgang 1938, war 14, als der *Reutlinger General-Anzeiger* seinen ersten Zwölfzeiler druckte. Wurde 1960 freier Mitarbeiter im SZ-Sport, war dort Volontär und von 1963 bis 1999 Redakteur. Berichtete seit deren Gründung über die Bundesliga.
Michael Gernandt Jahrgang 1939, bei der SZ seit 1960, ab 1981 Sportchef, 2003 als solcher emeritiert. Besondere Vorkommnisse: war in 42 SZ-Jahren drei Mal (!) als Fußballreporter unterwegs.
Holger Gertz Jahrgang 1968, war von 1996 bis 1999 Mitglied der Sportredaktion, zuständig für Tennis, Berufsboxen und Elefantenpolo. Seitdem Reporter für die Seite Drei und Streiflichtautor.
Axel Hacke Jahrgang 1956, von 1981 bis 2000 SZ-Redaktionsmitglied, zunächst als Sportredakteur, dann als politischer Reporter und Streiflicht-Autor. Lebt als Schriftsteller und Kolumnist weiterhin in München.
Thomas Hahn Jahrgang 1972, SZ-Sportredakteur seit 1999. Prägende Fußballreporter-Erfahrungen als Begleiter von 1860 München in der Lorant/Wildmoser-Phase. Seither Leichtathletik- und Skisprung-Berichterstatter.
Ulrich Hartmann Jahrgang 1970, berichtet seit 2003 für die SZ aus NRW, begleitete 2003 und 2009 Bielefeld, 2006 und 2008 Duisburg, 2007 Gladbach, 2010 Bochum und 2013 Düsseldorf beim Abstieg. Weist jede Schuld zurück.
Boris Herrmann Jahrgang 1978, seit 2010 SZ-Sportkorrespondent in Berlin. Einsatzgebiet: von Rostock bis Zwickau, von Wolfsburg bis Warschau. Davor Stv. Sportchef bei der *Berliner Zeitung*.
Susanne Höll Jahrgang 1957, Korrespondentin im In- und Ausland, zunächst bei der Agentur Reuters; seit 2000 mit Unterbrechung Parlamentskorrespondentin in Berlin. Erprobt im Umgang mit fußballbegeisterten Politikern aller Parteien.
Christopher Keil Jahrgang 1963, im SZ-Sport von 1989 bis 1999, dann Medienressort, seit 2013 im Investigativ-Team. Augenzeuge von Trapattonis „Flasche-leer"-Wutausbruch.
Josef Kelnberger Jahrgang 1961, langjähriger SZ-Sportredakteur, heute Gestalter der SZ-Seite 2 (Thema des Tages). Fußball wurde ihm zu langweilig, deshalb schreibt er Kriminalromane.
Moritz Kielbassa Jahrgang 1974, im SZ-Sport seit 2006, in der SZ seit 1994. Ausgebildeter Trainer und Cheftaktiker der Redaktion.
Thomas Kistner Jahrgang 1958, schreibt seit Jahrzehnten in der SZ über Sportpolitik. Autor des Bestsellers: „Fifa-Mafia". Wäre fast mal als Stürmer beim KSC gelandet. Aber eben nur fast.
Gerald Kleffmann geb. 1970 in New York, statt cooler Knicks-Reporter nun Löwen-Dauerkondolierer. SZ-Redakteur seit 2002. Autor des Bestsellers: „Golf. Das Buch." Autor des Lowsellers: „Meister des runden Leders – kleines Wörterbuch zu Ottmar Hitzfeld".
Christof Kneer Jahrgang 1969, ehemals *Weserkurier* und *Berliner Zeitung*, heute mit der Nationalelf unterwegs. Eine Knieverletzung verhinderte eine Torhüterkarriere oberhalb der Bezirksliga.
Jörg Marwedel Jahrgang 1954, seit 2001 Korrespondent der SZ für Norddeutschland. Abgebende Vereine: *Welt am Sonntag*, *Hamburger Abendblatt*, Deutsche Presse-Agentur.
Milan Pavlovic Jahrgang 1965, im SZ-Sport seit 2000, vorher *Kölner Stadt-Anzeiger*. Von 1982 bis 2007 Herausgeber der Filmzeitschrift *Steadycam*.
Herbert Riehl-Heyse Jahrgang 1940, gestorben im April 2003. Prägender politischer Journalist der *Süddeutschen Zeitung*. Suchte und fand Ablenkung im Sportressort bei Olympischen Spielen und Fußball-Weltmeisterschaften.
Freddie Röckenhaus Jahrgang 1956, Filmemacher und Journalist, schreibt im SZ-Sport vorwiegend über Dortmund. Wurde mit dem Henri-Nannen-Preis, dem Deutschen Fernsehpreis und dem Deutschen Kamerapreis ausgezeichnet. Sein Film „Deutschland von oben" ist eine der erfolgreichsten Dokus in deutschen Kinos.
Christoph Ruf Jahrgang 1971, Journalist in Karlsruhe, Mitarbeiter des SZ-Sports in Fan- und SC-Freiburg-Fragen seit 2006. Schreibt Fußball- und politische, aber auch fußball-politische Bücher.
Markus Schäflein Jahrgang 1977, seit 2002 im SZ-Sport. Aktuelles Buchprojekt: „111 Gründe, den 1. FC Nürnberg zu lieben".
Philipp Schneider Jahrgang 1980, behauptet, er kennt in Düsseldorf einen, der einen kennt, der den kennt, der bei der Fortuna 2012 den Elfmeterpunkt klaute. Im SZ-Sport seit 2008.
Birgit Schönau Jahrgang 1966, zog aus Soest/Westfalen passend zur WM 1990 nach Rom und kam nicht wieder. Schreibt im SZ-Sport und in Büchern („Calcio") seit 1998 über Glanz und Niedergang der Serie A. Hat vier Esel, die nicht Fußball spielen können.
Guido Schröter Jahrgang 1967, zeichnet seit 2004 für die SZ die Comic-Reihe „Fussballgötter". Idealisierte früher Karl Allgöwer.
Ludger Schulze Jahrgang 1950, begann als SZ-Volontär 1976. Von 1993 bis 2010 in der Ressortleitung. Freut sich, dass er nicht mehr objektiv sein muss, sondern dem aktuellen Champions-League-Sieger die Daumen drücken darf.
Helmut Schümann Jahrgang 1956, war SZ-Volontär, später Stationen bei *Spiegel*, *Berliner Zeitung*, *Stern*. Seit 1999 „Redakteur für besondere Aufgaben" beim *Tagesspiegel* in Berlin. Co-Autor der Günter-Netzer-Autobiographie „Aus der Tiefe des Raumes".
Philipp Selldorf Jahrgang 1964, SZ-Korrespondent an Rhein und Ruhr. SZ-Redakteur seit 1999. Gründungsmitglied (ohne Ausstiegsklausel) der in Köln weltberühmten „Kickers Grüngürtel".
Kathrin Steinbichler Jahrgang 1974, im SZ-Sport seit 1998. Hat in Soweto/Südafrika, Shanghai/China und Augsburg/Bayern festgestellt, dass Fußball stets den Effekt hat, keinen kalt zu lassen.
Benedikt Warmbrunn Jahrgang 1987, SZ-Volontär. Abgeworben aus Stuttgart.
Ralf Wiegand Jahrgang 1967, innenpolitischer Reporter seit 2012, von 2003 bis 2012 Norddeutschland-Korrespondent, von 1997 bis 2003 im SZ-Sport. Buch: „Rund um den Fußball". Was für Kinder.
Matthias Wolf Jahrgang 1967, einer von denen, die am 19. Mai 2001, ca. 17.15 Uhr, etwas voreilig auf den Rasen des Gelsenkirchener Parkstadions stürmten. Leitet heute die Fernsehproduktionsfirma media akzent in Berlin und schreibt für den SZ-Sport.
Christian Zaschke Jahrgang 1971, heuerte kurz vor dem 30. Geburtstag im SZ-Sport an und verließ diesen erst wieder kurz vor dem 40. Geburtstag, um SZ-Korrespondent in London zu werden.

© Süddeutsche Zeitung GmbH, München,
für die Süddeutsche Zeitung Edition 2013

Projektleitung: Sabine Sternagel, Felix Scheuerecker
Art Direction: Stefan Dimitrov
Redaktion: Moritz Kielbassa
Redaktionsassistenz: Ingrid Elster, Gaby Klein
Gestaltung: Marion Prix, Dennis Schmidt
Bildredaktion: Jörg Buschmann, Benjamin Wenz
Infografik: Hanna Eiden, Michael Mainka
Tabellen: Michael Dose, Werner Harasym
Litho: Matthias Worsch
Herstellung: Herbert Schiffers, Hermann Weixler
Druck und Bindung: Firmengruppe APPL, Wemding
Printed in Germany. 2. Auflage, 06/2013
ISBN: 978-3-86497-027-6

Bildnachweis

Regina Schmeken: 32, 342/343, 352/353, 357, 422/423, 430/431.
Imago: 6/7, 8/9, 12/13, 14/15, 18 (4), 19 (2), 20, 20/21 (2), 21, 26, 27, 29, 30, 33(2), 36, 37, 38/39, 41, 45, 46, 50 (2), 57, 58, 59, 62, 64, 65 (2), 66, 69 (2), 71(4), 72, 73, 74/75, 76, 77, 79 (4), 86 (2), 87, 90, 93, 94, 95, 96, 97, 98, 99, 101 (3), 102, 102/103, 103, 106 (2), 107 (4), 109 (3), 110, 111, 112, 114, 115, 116 (2), 116/117, 118/119, 120, 121, 123, 124, 125, 126/127, 128, 129 (2), 130, 132, 133, 134, 136, 137 (11), 138, 140/141, 142/143, 145, 147, 148, 149 (4), 150, 151, 152 (2), 153 (2), 154, 155, 157 (3), 158, 159, 160, 161, 162 (2), 163 (2), 166, 167, 168, 169 (5), 171, 173, 174, 175, 176, 179, 182, 183 (2), 184 (2), 185, 188, 190/191, 192, 193 (2), 194, 195, 196, 197, 198, 200, 201 (2), 202, 203, 204 (3), 205, 212, 213, 215, 218/219, 220, 221, 222/223 (2), 225, 226, 228 (2), 229 (3), 232, 233, 234, 234/235, 235, 236, 237, 238/239, 241 (2), 242/243, 244, 245, 246 (2), 247 (3), 249 (3), 250, 251, 253 (3), 254/255, 256, 258, 259 (3), 262, 264 (4), 265 (3), 267, 269 (2), 271, 272, 273 (2), 274, 276, 277, 280 (2), 281, 282, 283, 285, 286, 287 (7), 292 (3), 294 (4), 296 (2), 297, 298/299, 300/301, 302 (3), 303 (3), 305 (10), 307, 310, 314, 315, 316, 318 (4), 319, 320/321, 321, 322, 325 (2), 328, 329 (2), 330 (3), 331, 332/333, 335, 337, 339, 340 (3), 341, 344 (2), 345 (2), 346/347, 348 (4), 349 (4), 350, 351, 354/355, 356, 358 (6), 359 (3), 360/361, 362, 363 (2), 364 (2), 365, 368 (4), 370/371, 372, 373, 375, 378, 379 (11), 381, 383, 385, 386/387, 389, 390, 392, 393, 396, 397, 399, 400 (5), 403, 404 (4), 405 (3), 418 (4), 419 (3), 420 (3), 420/421 (3), 421 (3), 424, 425 (2), 426, 428 (27), 429 (32).

dpa/picture-alliance: 4/5, 25 (3), 26, 28, 32, 44, 47, 48, 64, 78, 88/89, 93, 112/113, 117, 139, 141, 181, 198, 228/229, 230/231, 240, 248, 263, 278 (4), 280, 309, 315 (2), 316, 317 (3), 319, 334, 335, 338, 377, 378, 380, 400, 414, 420, 433.
Witters: 32, 33, 85, 144, 164/165, 167, 172, 178, 188, 241, 268 (2), 275, 284, 288/289, 307, 308, 313, 319, 385.
Getty/Bongarts: 20/21, 173, 227, 290, 291, 292 (2), 295, 312, 326/327, 374, 382, 388, 398/399, 408/409, 409, 415.
Augenklick: 86, 129 (2), 274, 424. **Hartmut Neubauer:** 10/11. **Stephan Rumpf:** 70. **Alfred Harder:** 210/211, 245. **Ralf Wiegand:** 61 (2), 63 (3). **Dennis Schmidt:** 25 (5). **Lorenz Baader:** 414, 419. **Horstmüller:** 29, 35, 56, 82/83, 201, 287, 403. **Werek:** 77. **Firo:** 323, 330, 335, 336, 394. **Fishing 4:** 415. **Ullstein:** 22/23, 31, 51, 422/423. **Team 2:** 120. **Kunz:** 434. **Max Mühlberger:** 67. **Andreas Teichmann:** 366/367 (7).
ddp images: 86, 314, 416. **AFP:** 410 (2), 419. **AP:** 308, 314. **Reuters:** 306, 406/407. **actionpress:** 411. **Contrastphoto:** 412. **Pixathlon:** 417. **Landesarchiv Saarland:** 62 (2). **TSV 1860 München:** 42/43. **Eintracht Frankfurt:** 245. **FC Schalke 04:** 80/81, 91. **FC St. Pauli:** 224. **ZDF:** 86 (3), 256. **ARD/WDR:** 140, 240, 263. **Premiere/Sky:** 279.

Innenteil 50 Jahre, 50 Meister, 50 Bilder:
Imago (45), **Witters** (2), **dpa** (2), **Ulmer**.

Danksagung

Ein genereller Dank geht an die Deutsche Fußball Liga (DFL) und den Deutschen Fußball-Bund (DFB), die sich bei allen Anfragen zu diesem Buch stets kooperativ und interessiert gezeigt haben. Was der besonderen Erwähnung wert ist, da sich die Verbände und die Sportredaktion der *Süddeutschen Zeitung* im Alltag gelegentlich durchaus in manch kontroverser Debatte beggenen. Ein besonderer Dank gilt Brigitte Klein vom DFB-Archiv in Frankfurt/Main für den Zugang in die ehrwürdige Kellerhöhle der Verbandsgeschichte. Zudem der DFL für die freundliche Genehmigung zum Abdruck der Meisterschale. Außerdem gilt ein Dank den Vereinsarchiven und Vereinsarchivaren. Das Schalke-Archiv und das Archiv von 1860 München erteilten die Genehmigung zum Abdruck von Fotos; gemeinsam mit dem 1. FC Köln konnte in der Historie von Geißbock Hennes geforscht werden; Eintracht Frankfurt stellte jene Autogrammkarte zum Abdruck zur Verfügung, die bitter an die verpasste Meisterschaft von 1991/92 erinnert. Zudem ergeht Dank an Hanna Schmalenbach, die Zugang zur Erlebniswelt des FC Bayern ermöglichte, wodurch beispielsweise die Präsentation des ersten Gerd-Müller-Vertrages möglich wurde. Und natürlich auch an den VfL Wolfsburg, der die Bauunterlagen für den Felix-Magath-Hügel zur Darstellung freigab.

Außerhalb der Verbände und Vereine dankt die Redaktion in ungeordneter Reihenfolge folgenden Personen: Trevor Wilson für die Einblicke in seine umfassende Fußball-Song-Sammlung. Dem Museum für Photographie in Braunschweig für die Genehmigung zum Abdruck eines Bildes aus einer Ausstellung des Fotografen Hartmut Neubauer. Der Firma Jägermeister für die Motive aus einer historischen Werbekampagne. Den Firmen Bergmann, Panini und Topps Trading Cards für die Genehmigung zum Abdruck ihrer Fußball-Sammelbilder. Toni Schmid vom Bayerischen Kultusministerium für seine Suche im Archiv nach einer amüsanten Presse-Erklärung von 1995 zu den Ambitionen der Familie Rehhagel. Chefredakteur Werner Langmaak für eine Ausgabe des *MillernTor-Magazins*. Karl-Heinz Hesch vom VfR Wormatia Worms für das erste Foto einer Trikotwerbung in Deutschland. Raimund Simmet für die Porträts der Spieler von Tasmania Berlin. Hans-Jörg Claußen für die Eintrittskarten aus den Anfangsjahren der Bundesliga. Matthias Dreisigacker vom KSC-Magazin *Auf ihr Helden!* für seine unbürokratische Amtshilfe. Dem Radiosender FluxFM in Berlin für seine unkomplizierte Partnerschaft. Zudem Hanns Leske, der bei der Prüfung und Präzisierung der Statistiken des DDR-Fußballs eine große Hilfe war. Und natürlich allen Darstellern aus der Geschichte der Bundesliga, den Spielern, Trainern, und Offiziellen, die für Informationen und Interviews bereitwillig zur Verfügung standen. Sowie dem ehemaligen Schiedsrichter Hans-Joachim Osmers für den Abdruck seines Fotos vom legendären Phantomtor 1994.

Meisterpyramide des FC Bayern im Mai 2013.

DAS OBIGE TRIO UND WEITERE
230 DARSTELLER AUS 50 JAHREN BUNDESLIGA,
DIE IN DIESEM BUCH
LEIDER VIEL ZU KURZKOMMEN.

ADDO, OTTO
ADELMANN, REINHOLD AGALI,
VICTOR AGOSTINO, PAUL AKPOBORIE, JONATHAN
ALBERTZ, JÖRG AMANATIDIS, IOANNIS ANDERBRÜGGE,
INGO BÄRON, KARSTEN BAFFOE, ANTHONY BEER, ERICH BELLA,
MICHAEL BENATELLI, FRANK BERNARDO BEVERUNGEN, KLAUS BIERHOFF,
OLIVER BINZ, MANFRED BISKUP, WERNER BJÖRNMOSE, OLE BONGARTZ,
HANNES BORCHERS, RONNY BORDON, MARCELO BORG, HASSE BRDARIC, THOMAS
BRENNINGER, DIETER BRINKMANN, ANSGAR BRUNS, HANS-GÜNTER BUTTGEREIT,
WERNER CALLSEN-BRACKER, JAN-INGWER CARDOSO, RODOLFO ESTEBAN CERNY, HARALD
COORDES, EGON CRIENS, HANS-JÖRG DAEI, ALI DAHLIN, MARTIN DAMMEIER, DETLEV DE BEER,
WOLFGANG DECHEIVER, HARRY DEL'HAYE, CALLE DICKEL, NORBERT DICKGIESSER, ROLAND DITTUS,
UWE DUBSKI, MANFRED DUNDEE, SEAN DUNGA EBERL, MAX EDVALDSSON, ATLI EHRMANTRAUT, HORST
EIGENRAUCH, YVES EILENFELDT, NORBERT EMERSON EMMERLING, STEFAN ENTENMANN, WILLI EVANILSON
FACH, HOLGER FALKENMAYER, RALF FAMULLA, ALEXANDER FODA, FRANCO FRANK, WOLFGANG FRONTZECK,
MICHAEL FUNKEL, WOLFGANG FURTOK, JAN GEILENKIRCHEN, RALF GEILS, KARLHEINZ GESCHLECHT, ROMAN
GOLDBAEK, BJARNE GOLZ, RICHARD GOMMINGINGER, THOMAS GORLUKOWITSCH, SERGEJ GRABOSCH, BERND
GRANITZA, KARL-HEINZ GRILLEMEIER, GREGOR HADEWICZ, ERWIN HAJTO, TOMASZ HANDSCHUH, KARLHEINZ
HANNES, WILFRIED HARGREAVES, OWEN HATTENBERGER, ROLAND HELLSTRÖM, RONNIE HERGET, MATTHIAS HERMAN-
DUNG, ERWIN HICKERSBERGER, JOSEF HINTERMAIER, REINHOLD HOFEDITZ, ERHARD HOLZ, PAUL HUBER, LOTHAR HUPE,
DIRK HUTWELKER, KARSTEN IDRISSOU, MOHAMADOU IVANAUSKAS, VALDAS JEREMIES, JENS JUSUFI, FAHRUDIN KAPELL-
MANN, HANS-JOSEF KASTENMAIER, THOMAS KEIM, ANDREAS KENNEDY, JOSHUA KENTSCHKE, GERD KEULER, CARSTEN
KIRJAKOW, SERGEJ KLEINHANSL, ANDREAS KOHLHÄUFL, ALFRED KOMLJENOVIC, SLOBODAN KONSTANTINIDIS, KOSTAS KRAUT-
HAUSEN, FRANZ KRÜMPELMANN, DIRK KUFFOUR, SAMUEL OSEI KUNSTWADL, ADOLF DR. KUNTER, PETER KUPFERSCHMIDT,
PETER KUTOWSKI, GÜNTER LAESSIG, HEIKO LAMECK, MICHAEL LANGBEIN, THOMAS LEIFELD, UWE VAN LENT, ARIE LESNIAK,
MAREK LEYENDECKER, WILFRIED LIEBERKNECHT, TORSTEN LINSENMAIER, HANS LÖW, JOACHIM LÖW, ZSOLT LOONTIENS,
PETER LORANT, WERNER LOTTERMANN, PETER MACLEOD, MURDO MAHDAVIKIA, MEHDI MARCELINHO MAUCKSCH, MATTHIAS
MELZER, WERNER MERKHOFFER, FRANZ METZELDER, CHRISTOPH METZGER, ERWIN MROSKO, KARL-HEINZ NAFZIGER,
RUDOLF NEUBARTH, FRANK NEUBERGER, WILLI NEUES, HANS-GÜNTER NIJHUIS, ALFRED NOGLY, PETER NÜSSING,
DIETER OHLICHER, HERMANN OKUDERA, YASUHIKO OLSEN, MORTEN ORDENEWITZ, FRANK OUDE KAMPHUIS, NIELS
PACULT, PETER PAGELSDORF, FRANK PANCEV, DARKO PASSLACK, STEPHAN PICKENÄCKER, INGO PIECKENHAGEN, MARTIN
PINKALL, KURT PLACENTE, DIEGO PRÄGER, ROY PRESTIN, DIETER RAMELOW, CARSTEN RAMZY, HANY RAUTIAINEN,
PASI REEKERS, ROB REGENBOGEN, RALF REHBEIN, DIRK REICHENBERGER, THOMAS REITMAIER, CLAUS RIZZITELLI,
RUGGIERO RÖBER, JÜRGEN ROGGENSACK, GERD RUDY, ANDRZEJ RYDLEWICZ, RENE SACKEWITZ, CHRISTIAN
SALOU, BACHIROU SANDMANN, HELMUT SCHATZSCHNEIDER, DIETER SCHLINDWEIN, DIETER SCHLOTTERBECK,
NIELS SCHLÜNZ, JURI SCHÜTTERLE, RAINER SEBESCEN, ZOLTAN SEEL, WOLFGANG SELIGER, RUDOLF SHAO,
JIAYI SIDKA, WOLFGANG SIEMENSMEYER, HANS SILBERBACH, GUIDO · STEFFENHAGEN, ARNO STÖRZEN-
HOFECKER, ARMIN STRAKA, FRANTISEK SÜHNHOLZ, WOLFGANG SUNDERMANN, JÜRGEN SVERRISSON,
EYJÖLFUR SZIEDAT, MICHAEL SZYMANEK, DANIEL TÄUBER, KLAUS TANKO, IBRAHIM TATTERMUSCH,
REINHOLD TENHAGEN, FRANZ-JOSEF THIELE, GÜNTER THOMFORDE, KLAUS TODT, JENS TÖFTING,
STIG TRULSEN, ANDRE TSCHERTSCHESSOW, STANISLAW TSCHISKALE, UWE UJFALUSI, TOMAS
UNGEWITTER, DIETER UNGLAUBE, RENE USBECK, INGO VALENCIA, ADOLFO VANDEREYCKEN,
RENE VANENBURG, GERALD VERLAAT, FRANK VÖGE, WOLFGANG WAAS, HERBERT WABRA,
KLAUS WALDOCH, TOMASZ WESTERBEEK, OLIVER WESTERTHALER, CHRISTOPH
WESTERWINTER, MATTHIAS WITECZEK, MARCEL WOELK, LOTHAR WOLLITZ,
CLAUS-DIETER WYNHOFF, PETER ZACZYK, KLAUS ZARATE, SERGIO
ZEMBSKI, DIETER ZEWE, GERD ZIMMERMANN, GERD ZIMMER-
MANN, HERBERT ZIMMERMANN, UWE ZUBERBÜHLER,
PASCAL ZUMDICK, RALF